Die antike Mathematik

Dietmar Herrmann

Die antike Mathematik

Geschichte der Mathematik in
Alt-Griechenland und im Hellenismus

3. Auflage

 Springer Spektrum

Dietmar Herrmann
FH München
Anzing, Bayern, Deutschland

ISBN 978-3-662-68477-1   ISBN 978-3-662-68478-8   (eBook)
https://doi.org/10.1007/978-3-662-68478-8

Die Deutsche Nationalbibliothek verzeichnet diese Publikation in der Deutschen Nationalbibliografie; detaillierte bibliografische Daten sind im Internet über http://dnb.d-nb.de abrufbar.

Planung/Lektorat: Frau Nikoo Azarm
Springer Spektrum ist ein Imprint der eingetragenen Gesellschaft Springer-Verlag GmbH, DE und ist ein Teil
von Springer Nature.
Die Anschrift der Gesellschaft ist: Heidelberger Platz 3, 14197 Berlin, Germany

Das Papier dieses Produkts ist recyclebar.

Vorwort

Von demjenigen nun, der die Geschichte irgendeines Wissens überliefern will, können wir mit Recht verlangen, dass er uns Nachricht gebe, wie die Phänomene nach und nach bekannt geworden, was man darüber phantasiert, gewähnt, gemeint und gedacht habe.[1]

Auch wenn die *Geschichte der Mathematik* kein prüfungsrelevantes Vorlesungsfach an deutschen Hochschulen ist, kann ein ergänzendes Buch von Interesse sein. Es bietet für alle Mathematik-Lehrenden und -Interessierten eine ganz neuartige Sicht auf die vielfältigen Problemstellungen, die im Laufe von elf Jahrhunderten in der antiken griechischen Mathematik entwickelt wurden. Aus Umfangsgründen können es nur Facetten der verschiedenen Werke sein, die sich jedoch zu einem Kaleidoskop der Wissenschaft zusammensetzen. Ein breites Spektrum von Aufgaben, Konstruktionen und historischen Abbildungen setzt sich zusammen zu einem neuen Gesamtbild, das mehr Einsicht verschafft als herkömmliche summarische Beschreibungen.

Die vielseitigen Methoden, die die griechischen Forscher erdacht haben, ringen auch dem heutigen Betrachter Respekt und Anerkennung ab. Diese erstaunlichen Leistungen sind ohne jegliche Hilfsmittel wie Rechenmaschinen und moderne Kommunikation entstanden. Es wurde Wert darauf gelegt, die ganze Bandbreite der griechischen Mathematik zu schildern, insbesondere mit Hilfe von literarische Quellen und einer gelungenen Bilderauswahl auch den Kontext der pythagoreisch-platonischen Philosophie einzubringen. Es gibt drei Möglichkeiten einer historischen Aufarbeitung: streng chronologisch, biografisch-personenbezogen oder sachgebunden mithilfe spezieller Themenkreise. Die vorliegende Darstellung wählt eine Mischung der beiden letztgenannten.

Ein erstes Problem bei der Darstellung antiker Mathematik wird von dem berühmten Artikel *On the Need to Rewrite the History of Greek Mathematics* von *Sabetai Unguru* aufgeworfen. Der Verfasser äußert darin die Auffassung, dass es prinzipiell unangemessen sei, antike Erkenntnisse mit modernen Formeln darzustellen. Der Formel- und Begriffsapparat der modernen Mathematik beinhaltete Konzepte und Abstraktionen, die

---

[1] J.W. von Goethe: Aus dem Vorwort der Farbenlehre (1810).

V

das Authentische am historischen Vorgehen möglicherweise verschleiern. Als Beispiel sei die binomische Formel $(a + b)^2 = a^2 + 2ab + b^2$ gewählt. In der modernen Mathematik gilt sie für alle abstrakten Elemente eines kommutativen Rings; eine solche Begriffsbildung ist einem Euklid völlig fremd. Ein Produkt zweier Zahlen oder ein Quadrat ist bei Euklid stets mit einem Flächeninhalt verbunden und kann nur mit Größen gleicher Dimension verknüpft werden. Das griechische Wort ἀριϑμός $(=arithmos)$ muss im pythagoreisch-platonischen Umfeld gesehen werden und kann nicht mit dem Wort *Zahl* adäquat übersetzt werden. Um die Darstellungen lesbar zu machen und kompakt zuhalten, wird die gewöhnliche Formelsprache verwendet und die lesende Person darauf hingewiesen.

Ein zweites Ziel ist die Schilderung des politisch-kulturellen Umfelds, in dem sich der griechische Wissenschaftler befindet. Das kulturelle Erblühen Athens in einer Phase relativen Friedens zwischen den Perserkriegen – aufgrund ihrer Führungsrolle im Bündnis gegen die Perser – ermöglichte den Bau einer Akademie, die Bildungswillige – wie Aristoteles – aus ganz Griechenland anzog. Alexander befreite Ägypten von der persischen Besatzung und bewirkte eine Machtverschiebung nach Südosten. Die nach seinem Tod durch die Reichsteilung entstehende ägyptisch-syrische Provinz wurde mit ihrer Hauptstadt Alexandria intellektuelles und wirtschaftliches Zentrum des Mittelmeerraums. Die dort gegründeten Schulen am Museion und Serapeion überstanden den Zusammenbruch des Ptolemäerreichs und gediehen auch unter der römischen Besatzung. Erst das Aufkommen des Christentums als Staatsreligion beendet das Schicksal der noch an der platonischen Lehre hängenden Wissenschaftler, wie man am Schicksal der Hypatia sieht.

Ein weiteres Anliegen ist das Einbeziehen von neuen, kritischen Gesichtspunkten im Vergleich zur älteren Literatur. Geschichten, dass der Vegetarier Pythagoras bei der Entdeckung eines Lehrsatz mehrere Stiere geopfert oder dass Archimedes mit Brennspiegeln die Segel der römischen Flotte in Brand gesetzt hat, kann man als Märchen abtun. Eine moderne Interpretation von Diophantos, Kritisches zum Werk des Klaudios Ptolemaios und Heron, sowie neue Übersetzungen von Nikomachos und Theon von Smyrna liefern eine neuartige Sicht auf die griechische Mathematik. Das umfangreiche Werk von Pappos wird völlig neu bewertet. Die verwendeten Methoden setzen meist nur mittlere Kenntnisse voraus.

Die Geometrie tritt gegenwärtig in der Ausbildung etwas in den Hintergrund; dies ist aber kein hinreichender Grund, die Euklidische Geometrie ganz abzuschaffen nach dem Motto von J. Dieudonné (Mitglied des Bourbaki-Kreises) *Euclid must go!*

Zur 2. Auflage:
Der Autor ist dem Verlag zu Dank verpflichtet für die Herausgabe des Buchs nunmehr in der 2., verbesserten Auflage. So konnte ein eigenes, neuartiges Kapitel zur römischen Mathematik eingebracht und mit neuem Bildmaterial illustriert werden. Auch das dem Fortwirken der hellenistischen Mathematik in Byzanz und Bagdad gewidmete Kapitel wurde aktualisiert und erweitert.

Ferner bedanke ich mich bei Herrn Prof. Lothar Profke für die hilfreichen Kommentare zur 1. Auflage. Ein besonderer Dank gebührt der Programmplanerin Frau Dr. Annika Denkert für ihre Unterstützung des Projekts!

Zur 3. Auflage:

Der Autor dankt dem Verlag für die Neuauflage des Buchs. Dadurch konnten zahlreiche Verbesserungen und Aktualisierungen eingebracht werden. Auch eine Reihe von neuen Abbildungen wurde aufgenommen. Neu hinzugekommen sind Abschnitte über Anaximander (Abschn. 3.3), Archytas (Abschn. 6.7), Porphyrios (Abschn. 9.2) und Pytheas (Abschn. 16.5). Erstmals in deutscher Sprache wird die zum Boethius zugeschriebene Geometrie behandelt (Abschn. 26.2).

Ferner danke ich der Programmplanerin Frau Nikoo Azarm für ihre freundliche Unterstützung! Das Buch behandelt die griechische Mathematik von 585 v. Chr. (Sonnenfinsternis des Thales) bis 529 n.Chr. (Schließung der Athener Akademie). Dieser Zeitraum brachte ganz erstaunliche und bewundernswerte mathematische Erkenntnisse. Lasst sie uns nützen und daran erfreuen! Gemäß dem Zitat *aut prodesse aut delectare* von Horaz (*Ars Poetica*, Z. 333) wünscht der Autor „Nutzen und Vergnügen" bei der Lektüre!

München   Dietmar Herrmann

Inhaltsverzeichnis

Einleitung

1

Das einleitende Kapitel beschreibt eine Grundsatzfrage der gegenwärtigen mathematik-geschichtlichen Diskussion, die die Forscher in zwei Gruppen teilt: Die einen, traditionell orientiert, versuchen die antiken Fragestellungen mit Hilfe der modernen Formelsprache zu behandeln; die anderen, angeführt von Sabatai Unguru, verwerfen dieses Vorgehen grundsätzlich und lehnen Begriffsbildungen wie *Algebra* für die Mathematik vor Diophantos strikt ab. Eine generelle Tendenz in der Mathematik ist die *Bourbakisierung:* Geometrie ist angewandtes Rechnen in linearen Räumen, Euklid historisches Beiwerk. Als Beispiel der neueren Literatur wird das Buch „New History of Greek Mathematics" (2022) von Reviel Netz, der als früherer Student von Sabatai Unguru ein Kritiker der „alten" Historiker ist.

1.1 Zum Inhalt des Buchs

Kap. 2 schildert das Aufkommen einer neuen griechischen Kultur, die zu einem Neubeginn der griechischen Zivilisation führt, die später in ganz Europa bestimmend wird. Mit dem Aufkommen der Wissenschaften entwickelt sich auch die Mathematik.

Die **Kap.** 3 bis **5** behandeln die Anfänge der Mathematik durch die Pioniere Thales, Pythagoras und Hippokrates, die allesamt von den ionischen Inseln bzw. Küstenstädten stammen.

Die **Kap.** 6 bis **8** berichten, wie Athen durch Errichtung der Akademie und des Lykeions zum wissenschaftlichen Zentrum wird. Obwohl Platon und Aristoteles keine eigentlichen Mathematiker waren, gingen von ihnen ganz entscheidende Impulse für die Mathematik aus.

Nach dem Tod von Alexander d. Gr. zerfiel sein Herrschaftsbereich in einzelne Diadochenreiche. Wie die Symbiose aus griechischer und ägyptischer Kultur unter dem

© Springer-Verlag GmbH Deutschland, ein Teil von Springer Nature 2024
D. Herrmann, *Die antike Mathematik,* https://doi.org/10.1007/978-3-662-68478-8_1

Herrscherhaus der Ptolemäer aus der neuen Hauptstadt Alexandria ein Handels- und Wissenschaftszentrum macht, schildert **Kap.** 9. Alexandria bot eine ideale Wirkungsstätte für eine ganze Reihe berühmter Mathematiker wie Euklid (**Kap.** 10) und Eratosthenes (**Kap.** 13). Auch Archimedes (**Kap.** 12) fand seine Briefpartner in Alexandria.

Die drei klassischen Probleme wie Würfelverdopplung, Winkeldreiteilung und Quadratur des Kreises sind als Themenbereiche in **Kap.** 11 zusammengefasst. Angeschlossen sind noch die Konstruierbarkeit der regulären Polygone und die Quadratur der sog. Möndchen, die Hippokrates kunstvoll entwickelte, um damit die Quadratur des Kreises zu finden.

Kap. 14 bietet einen allgemeinen Überblick über die Geometrie der Kegelschnitte, die sich nicht mehr in den Lehrplänen der weiterführenden Schulen findet. Es dient als Vorbereitung für das folgende Kapitel zu Apollonios von Perga (**Kap.** 15).

Auch nach der Eingliederung ins Römische Reich wirkte Alexandria noch lange als Ausbildungszentrum und Werkstatt berühmter Naturwissenschaftler. Zu nennen sind hier Astronomen wie Aristarchos und Hipparchos (**Kap.** 16) sowie Klaudios Ptolemaios (**Kap.** 18), Ingenieure wie Ktesibios und Heron (**Kap.** 17) und die Mathematiker Menelaos, Diophantos (**Kap.** 21), Pappos von Alexandria (**Kap.** 22). Besprochen werden auch die Gelehrten wie Nikomachos von Gerasa (**Kap.** 19), Theon von Smyrna (**Kap.** 20) und Theon von Alexandria (**Kap.** 23), die keine primären Mathematiker waren.

Seit der zweiten Auflage enthält **Kap.** 25 die Geschichte der römischen Mathematik. Das abschließende Kap. 26 berichtet das Weiterleben der griechischen Mathematik in Byzanz, im Islam und im frühen Mittelalter.

Wie schon im ersten Teil der Einleitung ausgeführt, ist es problematisch, antike Mathematik mit modernen Formeln zu beschreiben; die Leserin bzw. der Leser wird durch den Hinweis *in moderner Schreibweise* an den Sachverhalt erinnert. Aus Gründen der Lesbarkeit und Straffung des Textes werden an wenigen Stellen des Buchs Hilfsmittel der Differenzialrechnung eingesetzt; im Kap. 11 wird jedoch auf den Begriff der algebraischen Körpererweiterung verzichtet. Die Verwendung der den Griechen unbekannten trigonometrischen Funktionen konnte nicht ganz vermieden werden, da die ausschließliche Verwendung der Sehnenfunktion das Lesen des Textes erschwert.

Für manche Namen gibt es konkurrierende Formen im Griechischen und Lateinischen. Hier werden in der Regel die griechischen Namen verwendet wie *Nikomachos* statt Nicomachus, *Pappos* statt Pappus oder *Ptolemaios* statt Ptolemäus; in Zitaten wird die Original-Schreibweise beibehalten. Gängige Namen werden angewandt, wie Euklid statt *Eukleides* oder Alexandria statt *Alexandreia*. Sofern keine andere Quelle genannt wird, stammen alle Übersetzungen aus dem Lateinischen und Englischen vom Autor. Bei Hinweisen auf Euklid, Apollonius usw. geben die römischen Zahlen stets das Buch an, die lateinischen den Lehrsatz bzw. Paragrafen. Euklid [I, 47] ist der wohlbekannte Satz des Pythagoras im ersten Buch der *Elemente*. Kommentare und Erläuterungen des Autors stehen in eckigen Klammern. Die Platon- und Aristoteles-Hinweise werden in der üblichen Nummerierung nach Stephanus bzw. Bekker gegeben.

Dieses Buch ist aus Aufzeichnungen und Notizen entstanden, die der Autor in mehreren Jahren gesammelt hat in dem Wunsch, das Material in einem gut lesbaren, historisch bebilderten Band in moderner, kritischer Darstellung zu vereinen. Es ist natürlich unmöglich, alle mathematischen Leistungen dieses Jahrtausends aufzuzählen; aus Umfangsgründen erfolgt eine exemplarische Beschränkung auf bestimmte, für den jeweiligen Autoren typische, Fragestellungen. Dabei wird eine Fülle von Konstruktionen, Aufgaben und Algorithmen vorgestellt, die zur Eigenbeschäftigung und zur Verwendung im Unterricht anregen soll. Eine Vielzahl von Abbildungen erleichtert das Verständnis des Stoffs. Wie weit es gelungen ist, das Mosaik der griechischen antiken Mathematik Steinchen für Steinchen zusammenzusetzen und ihre Gelehrten in ihrem sozio-kulturellen, politischen und religiösen Kontext lebendig werden zu lassen, möge die geneigte Leserin bzw. der geneigte Leser entscheiden.

1.2   Zum Stand der mathematikgeschichtlichen Forschung

Ich glaube, dass der Versuch Mathematik ohne Bezug auf ihren kulturellen, sozialen, philosophischen und historischen Hintergrund zu lehren, ein schwerwiegender Irrtum und ein strategischer Fehler ist. R.L. Hayes, 6th Intern. Congress Math. Education, Budapest 1988.
It is the task of the historian to give back to the past its sense of the future *(Anonymous)*.
Über die sog. *geometrische Algebra* schrieb O. Neugebauer[1]:

> Die Antwort auf die Frage, wo der Ursprung aller grundlegenden Probleme in der geometrischen Algebra liegt [nämlich in den Flächenumwandlungen von Euklid (II,1–10) bzw. Euklid (VI,24–29)], kann heute vollständig gegeben werden: sie liegen einerseits in den Bedürfnissen der Griechen die generelle Gültigkeit ihrer Mathematik im Kielwasser der aufkommenden Irrationalitäten zu sichern, andererseits in der sich ergebenden Notwendigkeit die Resultate der vorgriechischen Algebra zu übersetzen. Ist einmal das Problem auf diese Art formuliert, erweist sich alles als trivial und liefert einen nahtlosen Übergang von der babylonischen Algebra zu den Formulierungen Euklids.

Diese Auffassung, dass Euklids Flächenumwandlungen eine Form von versteckter Algebra darstellen, wurde weitgehend Allgemeingut, wie man den Schriften von H.G. Zeuthen und B.L. van der Waerden entnehmen kann. Zeuthen schreibt ähnlich in seiner Schrift[2] über die Kegelschnitte:

> Obwohl die Griechen nicht den Begriff des Koordinatensystems hatten, würden sie rechtwinklige und schiefwinklige Koordinaten verwenden … Die Theorie der Proportionen

---

[1] O. Neugebauer: Zur geometrischen Algebra, Quellen u. Studien zur Geschichte d. Mathematik, Abt. B3,254–259.

[2] H.G. Zeuthen: Die Lehre von den Kegelschnitten im Altertum, Kopenhagen 1886.

würde ihnen erlauben, die wichtigsten algebraischen Operationen auszuführen. […] Die geometrische Algebra habe zu Euklids Zeiten eine solche Entwicklung erreicht, dass sie dieselben Aufgaben verrichten konnte wie unsere Algebra, solange diese nicht über die Behandlung von Ausdrücken zweiten Grades hinausgeht(!)

Auch B.L. van der Waerden setzt in seinem bekannten Buch *Science Awakening* (p. 119) die obengenannten Flächenumwandlungen von Euklid gleich mit der Anwendung der heutigen binomischen Formeln wie $(a + b)^2 = a^2 + b^2 + 2ab$. Dieser Auffassung bereitete ein grundlegender Artikel[3] des Israelis Sabetai Unguru ein Ende. Ein Großteil seiner Attacke betraf die lang etablierte Lehrmeinung über die griechische *geometrische Algebra*. Einen Vorläufer in dieser Debatte hatte Unguru in Jacob Klein (p. 5), der bereits 1965 schrieb:

> Die meisten Geschichtsdarstellungen versuchen die griechische Mathematik mit Hilfe der modernen Symbolik zu erfassen, als wäre dies nur eine äußere Form, die man für beliebige Inhalte maßschneidern könne. Selbst wenn die Nachforschungen auf einem wahren Verständnis der griechischen Wissenschaft beruhen, wird man erkennen, dass die Untersuchung auf einem Erkenntnisniveau verläuft, das durch moderne Vorstellungen geprägt ist.

Auch A. Szabó, der sich in seinem Buch (p. 457) schon 1969 gegen die Thesen von O. Neugebauer wandte:

> (1) Selbst wenn wir glauben, dass es eine babylonische Algebra wirklich gegeben hat, auch dann hat man bisher noch mit keiner konkreten Aufgabe wahrscheinlich machen können, dass die Griechen in voreuklidischer Zeit eine solche Algebra wirklich gekannt hätten.
> (2) Jene Sätze bei Euklid, die man gewohnt ist, als algebraische Sätze in geometrischem Gewand anzusehen, haben mit der Algebra in Wirklichkeit nur so viel zu tun, dass wir in der Tat sehr leicht unsere algebraischen Äquivalente für diese Sätze angeben können.

Den Begriff der geometrischen Algebra nannte Unguru ein *Fantasiegespinst, ein monströses Zwittergeschöpf, das sich Mathematiker ausgedacht haben, denen jegliches Gefühl für Historie fehlt*. Dieser Begriff dürfe auf keinen Fall auf die babylonische oder griechische Mathematik angewendet werden.

> Diese historiografische Auffassung, die sich hinter dem Begriff „geometrische Algebra" verbirgt, ist anstößig, naiv und historisch nicht haltbar. Historische Mathematiktexte unter dem Blickwinkel modernen Mathematik zu betrachten, ist die sicherste Methode, das Wesen der antiken Mathematik zu missverstehen, bei der philosophische Voreinstellungen und metaphysische Verflechtungen eine sehr viel grundlegendere und bedeutsamere Rolle gespielt haben als in der modernen Mathematik. Die Annahme, man könne automatisch und unterschiedslos auf jeden mathematischen Inhalt die moderne algebraische Symbolik anwenden, ist der sicherste Weg, die innewohnenden Unterschiede zu missverstehen, die in der Mathematik vergangener Jahrhunderte inbegriffen sind. Geometrie ist keine Algebra!

---

[3] S. Unguru: On the Need to Rewrite the History of Greek Mathematics: Archive for the History of Exact Sciences 15, 67–114 (1975)

Später ergänzt er an gleicher Stelle

> Es ist beklagenswert und traurig, wenn ein Student der antiken Kulturgeschichte sich erst mit den Bezeichnungsweisen und Operationen der modernen Mathematik anfreunden muss, um zu verstehen, welche Bedeutung und Intentionen moderne Kommentatoren in die alten Texte hineininterpretieren. … Das Ziel dieser sog. Historischen Studien ist wohl zu zeigen, wie die antiken Mathematiker ihre modernen Ideen und Prozeduren verstecken unter einem Deckmantel von unbeholfenen, peinlichen, antiquierten und altmodischen Ausdrucksweisen. Mit anderen Worten ist es wohl Aufgabe eines Mathematik-Historikers, die alten mathematischen Texte zu entwirren, sie in die moderne Sprache der Mathematik umzusetzen, damit sie für alle Interessenten verfügbar werden.

Seine Feststellung, dass diese Vorgehensweise *anachronistisch* und *unhistorisch* ist und deshalb die ganze griechische Mathematik neu geschrieben werden müsse, entfachte wütende Reaktionen. Hans Freudenthal, Andre Weil und B.L. van der Waerden publizierten ihre Antworten in derselben Zeitschrift; der Protest führte dazu, dass die Schriftleitung der Zeitschrift weitere Beiträge Ungurus ausschloss.

In seiner Gegenoffensive hielt sich van der Waerden nicht zurück:

> Unguru, wie viele Nicht-Mathematiker, überschätzt stark die Bedeutung der Symbolik in der Mathematik. Diese Leute sehen unsere Beiträge voller Formeln und meinen, dass diese Formeln den wesentlichen Inhalt des mathematischen Denkens ausmachen. Wir, die tätigen Mathematiker, wissen es besser, dass in vielen Fällen die Formeln nicht den wesentlichen Inhalt darstellen, sondern nur bequeme Hilfsmittel sind.

In einem Brief an den Herausgeber der Zeitschrift formulierte A. Weil[4]:

> Es empfiehlt sich, die Mathematik zu beherrschen, bevor man sich mit ihrer Geschichte abgibt. […] Die Bücher VII bis IX Euklids enthalten keinerlei Algebra und auch keine sog. geometrische Algebra. Es ist natürlich viel praktischer, die algebraischen Operationen mit unseren Algebra-Symbolen zu betreiben, als mit Worten, wie Euklid es macht; genau wie es einfacher ist, mit Dezimalbrüchen (oder wie die Computer im Binärsystem) zu rechnen als mit den Brüchen Archimedes', das ändert jedoch nichts am Kern der Sache.

Der Brief Weils schließt mit folgenden Worten, die man wohl selten in einer mathematischen Zeitschrift findet:

> Wenn eine wissenschaftliche Disziplin, die zwischen zwei bereits existierende (seien sie A und B genannt) in gewissem Sinne vermittelnd tritt, sich neu etabliert, so schafft dies oft Raum für das Aufkommen von Parasiten, die unwissend sind in A und B, aber versuchen davon zu leben, indem sie die in A Tätigen einschüchtern, sie würden nichts von B verstehen und umgekehrt. Wir sehen leider, dass genau dies zurzeit passiert in der Geschichte der Mathematik. Lasst uns versuchen, diese Infektion zu stoppen, bevor sie unser Schicksal wird.

---

[4]Andre Weil: *Who Betrayed Euclid? (Extract from a letter to the Editor),* Archive for the History of Exact Sciences 19 (1978), 91–93.

Unguru antwortet vier Jahre später in der Zeitschrift Isis[5]:

> Die Geschichte der Mathematik wurde in der Regel geschrieben, um das Sprichwort „Ana-
> chronismus ist keine Sünde" zu veranschaulichen. Die meisten zeitgenössischen Mathematik-
> historiker, Mathematiker seit Studientagen, nehmen schweigend oder auch explizit an, dass
> mathematische Einheiten aus der Welt der platonischen Ideen stammen, wo sie geduldig da-
> rauf warten, von dem genialen Geist eines tätigen Mathematikers entdeckt zu werden. Ma-
> thematische Konzepte sowohl konstruktive als auch rechnerische, werden als ewig und un-
> veränderlich angesehen, unbeeinflusst von den ureigenen Merkmalen der Kultur, in der sie
> auftreten; jedes Einzelne ist in seinen verschiedenen historischen Auftritten eindeutig identi-
> fizierbar, da alle diese Auftritte nur verschiedene Verkleidungen derselben platonischen
> Seinsstufe darstellen. [..] Verschiedene Formen desselben mathematischen Konzepts oder
> Vorgehens werden nicht bloß als mathematisch äquivalent, sondern auch als historisch gleich-
> wertig betrachtet.

Einen Überblick über die damalige Auseinandersetzung bietet der Überblicksartikel[6] von
D.E. Rowe. Andre Weil vertritt hier nach Rowes Ansicht die Philosophie des Bourbaki-
Kreises. Er ist der Meinung, dass ein geringes Wissen über Gruppentheorie helfe, den
Inhalt der Euklidischen Proportionentheorie (und anderes nebenbei) verständlich zu ma-
chen. Sein Ziel ist ein völlig anderes als das, die komplexen Probleme, die in den Büchern
V und VII von Euklids *Elementen* auftreten, aufzuzählen. Dieser mathematische Block
liefert zahlreiche, subtile Schwierigkeiten für unser Verständnis von griechischen Bezeichnungen von Zahlen, Größen und Verhältnissen und ihren wechselseitigen Wirkungen,
Schwierigkeiten, die auch heute noch Experten vor Rätsel stellen. Historiker neigen dazu,
sich zu fragen, ob mathematische Konzepte immer eine eindeutige Bedeutung haben – unabhängig von dem kulturellen Umfeld, in dem sie entstehen. Weil ist der Meinung und
auch der Überzeugung, dass er und andere Talentierte mit Hilfe der modernen Algebra imstande sind, die rätselhaften Probleme der Mathematikgeschichte zu lösen. Unguru nennt
dieses Verhalten *ahistorisch:*

> Wenn Gelehrte fortfahren, die besonderen, spezifischen Eigenheiten einer mathematischen
> Epoche zu vernachlässigen, sei es aufgrund von explizit gegebenen oder als stillschweigend
> anerkannten Prinzipien, dann ist ihre Arbeit ahistorisch und sollte als eine solche von der
> Historikergemeinschaft gekennzeichnet werden.

Als Erwiderung von Unguru meldete sich I. Bashmakova[7] zu Wort, deren moderne Diop-
hantos-Interpretation mehrfach kritisiert worden war. Nach einem Vergleich der chinesi-
schen, indischen und griechischen Mathematik kommt sie mit van der Waerden zu dem
Schluss, dass in *allen* erwähnten Mathematiken die binomischen Formeln stets in Form

---

[5] Unguru S.: History of Ancient Mathematics: Some Reflections on the State of Art, Isis 70, 555–
565 (1979).

[6] Rowe D.E.: New Trends and Old Images in the History of Mathematics, 1996; im Sammelband
Calinger.

[7] Bashmakova I.: A new view of the geometric algebra of the ancients, im Sammelband Bashmakova.

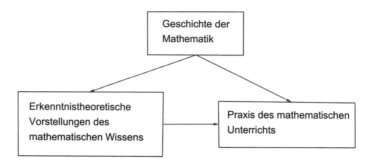

Abb. 1.1 Diagramm zur Mathematik-Rezeption

von geometrischen Flächenumwandlungen dargestellt worden sind, in Indien und China ohne Zusammenhang mit irgendwelchen geometrischen Theoremen. Nur in Griechenland wurde die Geometrie auf Axiomen aufgebaut und weiter entwickelt, auch als Probleme mit der Inkommensurabilität auftauchten.

Besonders I. Grattan-Guinness ging in einem Vortrag[8] mit Bashmakova hart ins Gericht, sie propagiere folgendes zweistufiges Vorgehen und widerspreche damit Unguru:

> Zuerst werde der [historische] Text in eine zeitgemäße mathematische Ausdrucksweise übersetzt; d. h. es wird ein äquivalentes Modell geschaffen. Dies sei absolut notwendig, um das eigentliche Verständnis des Textes zu entwickeln. Im nächsten Schritt sei es nötig, das betrachtete Werk in den mathematischen Kontext seiner Zeit einzubetten.

Die Bourbaki-Philosophie übte nicht nur Einfluss auf die Rezeption der hier behandelten Mathematikgeschichte aus, sondern bewirkte auch in den Siebziger und Achtziger-Jahren eine beträchtliche „Modernisierung" der Lehrpläne (vgl. Abb. 1.1). Besonders bekannt wurde der Vortrag von J. Dieudonné[9], der unter dem Motto stand: **Euclid must go!** und einige radikale Hypothesen enthält.

> (101) Diese Forderung mag vielleicht für einige ein Schock sein, aber ich möchte Ihnen mit einigen Details starke Argumente aufzeigen, die für diese These sprechen. Lassen Sie mich zuerst versichern, dass ich die tiefste Bewunderung für die Errungenschaften der griechischen Geometrie hege. Ich betrachte deren geometrische Erfindungen als die vielleicht außergewöhnlichste intellektuelle Leistung, die je von der Menschheit erbracht wurde. Dank des griechischen Geistes waren wir imstande, den hochragenden Bau der modernen Wissenschaft zu überblicken.

---

[8] Grattan-Guinness I.: History or Heritage? An Important Distinction in Mathematics and for Mathematics Education, im Sammelband Van Brummelen.

[9] Dieudonné J.: *New Thinking in School Mathematics, Organization for European economic cooperation, 1961.*

(102) Bis heute sind die grundlegenden Begriffe der Geometrie selbst ausgiebig analysiert worden, besonders seit der Mitte des 19. Jahrhunderts. Dies ermöglichte uns, für das Euklidische Werk einfache und robuste Grundlagen zu schaffen und so deren Bedeutung in Bezug auf die moderne Mathematik neu zu formulieren; dabei werden ihre Fundamente getrennt von der ungeordneten Menge von Resultaten, die keinerlei Relevanz haben, außer, dass sie verstreute Relikte von unzulänglichen Methoden oder einer veralteten Herangehensweise sind.

(103) Das Ergebnis mag vielleicht ein wenig bestürzend sein. Lasst uns annehmen – um die Argumentation zu vereinfachen -, dass die Euklidische Geometrie der Ebene für Fremde aus einer anderen Welt gelehrt werden soll, die noch nie davon gehört haben oder nur Einblick haben wollen in mögliche Anwendungen der modernen Forschung. Dann, denke ich, könnte der ganze Kurs in zwei bis drei Stunden in Angriff genommen werden – eine Stunde wird benötigt mit der Beschreibung des Axiomensystems, eine weitere mit nutzbaren Konsequenzen und die dritte möglicherweise mit einigen leichten, interessanten Übungen.

(104) Alles andere, das nun ganze Bände elementarer Geometrie füllt und dabei meine ich, zum Beispiel alles über Dreiecke (es ist vollkommen durchführbar und erwünscht, die ganze Theorie zu erläutern, ohne dabei überhaupt ein Dreieck zu definieren!), fast alles über Kreisinversionen, Büschel von Kreisen und Kegelschnitten usw., all dies hat so viel Relevanz für das, was (reine und angewandte) Mathematik heute ausmacht, wie Magische Quadrate oder Schachprobleme!

Ergänzung zur 2. Auflage:

Man will es kaum glauben, dass nach 45 Jahren die Diskussion über die sog. „geometrische Algebra" immer noch voll im Gange ist; J. Høyrup[10] formuliert es härter: ...*sometimes in disputes so hot that one would believe it to be blood.*

In seinem Grundsatz-Artikel nimmt Høyrup eine neutrale Stellung zwischen Unguru und den „Älteren" Autoren, er prüft, ob die gemachten Zitate der verschiedenen Autoren korrekt sind und der Kontext verstanden wurde. Dabei stellt sich bei aller Kritik an Zeuthen heraus, dass niemand sein Buch über die Kegelschnitte ausreichend studiert und verstanden hat. Er erinnert an den Text von H. Freudenthal[11]:

> Wer mit dem Lesen der griechischen Mathematik beginnt, ist beeindruckt von großen Teilen, die offenkundig algebraisch sind, sowie von anderen Teilen, in denen sich die Algebra scheinbar unter einer geometrischen Hülle verbirgt. [...]. S. Unguru hat diese Ansicht kürzlich in Frage gestellt. Alle, die über griechische Mathematik geschrieben haben, haben sich geirrt, behauptet er. Aus welchen Gründen? Hat er sensationelle, neue Fakten entdeckt? Nein, nichts! Er hat nicht einmal alte Tatsachen neu interpretiert. Er sagt einfach, dass sie falsch sind, und tut dies mit klarer rhetorischer Betonung. Wenn die Rhetorik nicht beachtet wird, besteht der Rest aus großen Auszügen aus der Arbeit anderer, die mit zahlreichen Ausrufezeichen und Fragezeichen versehen sind, und einigen präziseren Aussagen, die ordnungsgemäß einer Analyse unterzogen werden können.

---

[10] Høyrup J.: What is „geometric algebra" and what has it been in historiography? AIMS Mathematics, 2(1), 128–160 (2017)

[11] Freudenthal H.: What Is Algebra and What Has It Been in History? *Archive for History of Exact Sciences* **16**, 189–200 (1977).

Als Zitat Nr. 64 bringt er B.L. van der Waerden:

> Unguru bestreitet die Existenz einer babylonischen Algebra. Stattdessen spricht er unter Berufung auf Abel Rey von einem arithmetischen Stadium (der ägyptischen und babylonischen Mathematik), in der die Argumentation weitgehend elementar-arithmetisch verläuft oder auf empirisch paradigmatischen Regeln beruht, die aus erfolgreichen Versuchen als Prototyp abgeleitet wurden. Ich habe keine Ahnung, auf welchen Texten diese Aussage basiert. Für mich ist dies Geschichtsschreibung in seiner schlimmsten Form: Meinungen anderer Autoren zu zitieren und sie so zu behandeln, als wären sie feststehende Tatsachen, ohne die Texte selbst zu zitieren. Bleiben wir bei den Fakten und zitieren einen Keilschrifttext BM 13901, der sich mit der Lösung quadratischer Gleichungen befasst. Problem 2 dieses Textes lautet: *Ich habe die (Seite) des Quadrats von der Fläche abgezogen, und 14,30 ist es.* Die Aussage des Problems ist völlig klar: Es ist nicht notwendig, es in moderne Symbolik zu übersetzen. Falls wir es übersetzen, erhalten wir die Gleichung $x^2 - x = 14{,}30$.

An anderer Stelle versucht van der Waerden seinen damaligen Widerspruch zu relativieren:

> Wenn diese Definition des „algebraischen Denkens" akzeptiert wird, hat Unguru tatsächlich recht, wenn er zu dem Schluss kommt, dass es „in der vorchristlichen Ära nie eine Algebra gegeben hat" und dass eine babylonische Algebra nie existiert hat und dass alle Behauptungen von Tannery, Zeuthen, Neugebauer und mir über „geometrische Algebra" völliger Quatsch sind. Dies war natürlich in keiner Weise unsere Definition des algebraischen Denkens. Wenn ich von babylonischer, griechischer oder arabischer Algebra spreche, meine ich Algebra im Sinne von Al-Khwarizmi oder im Sinne von Cardanos „Ars magna" oder im Sinne unserer Schulalgebra. Algebra ist also: Die Kunst, mit algebraischen Ausdrücken wie $(a + b)^2$ umzugehen und Gleichungen zu lösen wie $x^2 + ax = b$.

Høyrup liefert ein Zitat von D.E. Rowe[12], das belegt, Ungurus These ist inzwischen allgemein akzeptiert:

> Heute scheinen die meisten Historiker der Mathematik gekommen zu sein, um diesen zentralen Grundsatz [von Unguru] zu akzeptieren. In der Tat sagte mir A. Jones auf dem Symposium zu Ehren von Neugebauer am Institut für Altertumsforschung (NY), dass Ungurus Position nun als akzeptierte Orthodoxie angesehen werden könne. Unguru jedoch bittet darum zu differenzieren; er machte mich schnell auf die jüngsten Arbeiten von Experten der babylonischen Mathematik aufmerksam, die seiner Ansicht nach weiterhin die gleichen Arten von Sünden begehen, über die er sich so lange *geärgert* hat.

Den Autoren M. Sialoros und J. Christianidis[13] ist es gelungen, eine gültige Definition von „Was ist die Vorstufe von Algebra", nunmehr *vormoderne Algebra* genannt, zu finden; Unguru hat das Manuskript gebilligt. Die „Vormoderne" wird erkannt an einem fünfstufigen Vorgehen:

---

[12] Rowe, D.E.: Otto Neugebauer and Richard Courant: On Exporting the Göttingen Approach to the History of Mathematics, *The Mathematical Intelligencer* **34**(2) 29−37 (2012).

[13] Sialaros M., Christianidis, J.: Situating the Debate on "Geometrical Algebra" within the Framework of Premodern Algebra, Science in Context 29(2), S. 129–150 (2016)

1. Alle Variablen erhalten einen Namen
2. Alle Operationen werden nur mit benannten Variablen ausgeführt
3. Als Resultat werden eine oder mehrere Gleichungen erstellt
4. Diese Gleichungen werden umgeformt und schließlich gelöst
5. Die Lösung beantwortet die Problemstellung

Sie illustrieren dies an einem Beispiel von al-Khwārizmī: *Summe zweier Zahlen ist 10, ihr Produkt 21.*

1. $A = x$; $B = 10 - x$
2. $x(10 - x) = 10x - x^2$
3. $10x - x^2 = 21$
4. $10 \div 2 = 5$; $5 \times 5 = 25$; $25 - 21 = 4$; $\sqrt{4} = 2$; $5 + 2 = 7$; $5 - 2 = 3$
5. $A = 7$; $B = 3$ oder umgekehrt

An einem Beispiel aus Abū Kāmils *Algebra* soll die Unterscheidung von „Arithmetik" und „Algebra" gezeigt werden: $x^2 + 10x = 39$. Abū Kāmil rechnet *arithmetisch*: $\frac{10}{2} = 5$; $5^2 = 25$; $39 + 25 = 64$; $\sqrt{64} = 8$; $8 - 5 = 3$.R. Rashed erklärt den Rechengang in einer Fußnote mittels quadratischer Ergänzung (*algebraische* Vorgangsweise):

$$x^2 + 10x = 39 \Rightarrow (x + 5)^2 = 64 \Rightarrow x = 8 - 5 = 3$$

Ergänzung zur 3. Auflage:

Die Diskussion über die Historiografie der griechische Mathematik ist noch keineswegs beendet. In der neueren Literatur herrscht Einheit darüber, dass die Kenntnis über die frühe griechische Mathematik sehr gering ist. S. Cuomo schreibt dazu in *Ancient Mathematics* (2001), S. 5:

> Obwohl das Umfeld, in dem die frühe griechische Mathematik entstand, vielfach beschrieben wurde, bleiben Details unklar, da kein rein mathematischer Text aus dem vierten oder fünften vorchristlichen Jahrhundert überdauert hat.

Ähnlich äußert sich B.L. van der Waerden (*Science Awakening* (1961), S. 4):

> Die drei Jahrhunderte von 600 bis 300 v. Chr. sind in Dunkel gehüllt, da wir über nur zwei Originaltexte verfügen: Die Abhandlungen über die Möndchen des Hippokrates und über die Würfelverdoppelung des Archytas. Dazu kommen eine Vielzahl von verstreuten Kommentaren bei Platon, Aristoteles, Pappos, Proklos und Eutokios, sowie eine Sammlung widersprüchlicher Legenden über die Pythagoreer. Aus diesem Grund enthalten die älteren Schriften, wie Cantors Geschichte der Mathematik, nur wenig mehr als Spekulationen über Dinge, von denen wir gar nichts wissen, wie z. B. den *Satz des Pythagoras*.

K. von Fritz ist der Meinung (*Die *archai* in der griechischen Mathematik* (1955), S. 13–103):

> Alles, was bis jetzt über die vorgriechische Mathematik der Völker des alten Orients bekannt ist, lässt es als äußerst unwahrscheinlich, um nicht zu sagen, unmöglich erscheinen, dass der Eindruck, es habe Derartiges vor den Griechen nicht gegeben, nur auf die Lückenhaftigkeit unseres Wissens zurückzuführen wäre.

J. Høyrup lässt die griechische Mathematik erst bei Hippokrates beginnen (*Hippokrates of Chios*, Preprint 2019):

> Aber immerhin ist dies das früheste Zeugnis, das wir von der griechischen theoretischen Geometrie haben, viel informativer als alle neuplatonischen und neo-pythagoreischen Fabeln über Pythagoras. Es macht auch viel mehr Sinn als diese und die Erzählungen über griechische Mathematik, die *wie Athene in voller Rüstung dem Haupt des Zeus entsprungen sein soll.*

A. Szabó schreibt über den Streit, ob das babylonische Rechnen als „Algebra" gelten kann (Anfänge der griechischen Mathematik (1969), S. 457):

> Selbst wenn wir glauben, dass es eine "babylonische Algebra" wirklich gegeben hat – wovon O. Neugebauers Forschungen uns überzeugen möchten, auch dann hat man bisher noch mit gar keiner konkreten Angabe wahrscheinlich machen können, dass die Griechen in voreuklidischer Zeit eine solche Algebra wirklich gekannt hätten, geschweige denn, dass sie dieselbe übernommen und geometrisiert hätten. (Die Griechen haben nicht einmal die positionelle Bezeichnungsart der Zahlen von den Babyloniern übernommen!)

Dies führt aber bei einigen Autoren zu unterschiedlichen Schlussfolgerungen. Eine Abrechnung mit der Mathematik-Historie im alten Stil betreibt R. Netz in seinem neuen Buch *A new History of Greek Mathematics* (2022). Hier einige Ausschnitte daraus mit einigen Zitaten im Original:

> Thales und Pythagoras waren tatsächlich historische Personen, beide aktiv um das sechste Jahrhundert v.Chr. (Thales etwas früher, Pythagoras später). Obwohl viele Forscher über diese Frage verschiedener Meinung sind, die Standard-Meinung ist: *Thales and Pythagoras did no mathematics whatsoever.* Das alles ist Mythos! ... Die späteren Erzählungen berichten uns mehr über die Agenda der späteren Griechen als über die griechische Kultur der archäischen Ära. (p. 17).

Netz spart nicht an der Kritik der älteren Historiker:

> Frühere Generationen von Gelehrten glaubten naiv an solche Märchen, indem blindlings einer [literarischen] Quelle glaubten... Mein Vorgänger Heath und viele anderen Historiker – die letzte Generation eingeschlossen – schenkten der Meinung Glauben, dass Thales und später Pythagoras fortdauernde Beiträge zur Mathematik gemacht haben. Dies erschließt sich nahezu vollständig aus dem Kommentar von Proklos, der wegen stets gezeigten Nüchternheit *(sobriety),* ernst genommen wurde, sogar bei seinen offensichtlich unbegründeten Annahmen (p. 423)

Netz ist hier überzeugt, dass die ersten Kommentare über Thales von Proklos kommen. Die Berichte über Thales sind jedoch viel älter; außerdem übersieht er, dass Proklos hier die *Mathematikgeschichte des Eudemos* wiedergibt. Wie Høyrup akzeptiert er das Werk Hippokrates':

> Ich plädiere dafür, dass die Schriften Hippokrates' mit zu den frühesten Werken der griechischen Mathematik überhaupt zählen. … Das mag überraschend klingen. Könnte die Mathematik auf diese Weise – aus dem Kopf des Zeus – entstanden sein? Würden wir nicht erwarten, dass die Mathematik in einer rudimentäreren Form entsteht? Ich denke sogar, dass wir genau das erwarten sollten: dass die Mathematik dem Kopf des Zeus entspringt [wie Athene], voll bewaffnet. Was wäre denn die Alternative? … Natürlich würden die allerersten mathematischen Werke, die in Umlauf kämen, bemerkenswerte und überraschende Ergebnisse enthalten. Warum sollte man sich sonst die Mühe machen, sie in Umlauf zu bringen? … Wie würde ein rudimentäres Stück Mathematik aussehen? Würde es einige wirklich elementare Ergebnisse beweisen, wie zum Beispiel die Gleichheit der Winkel an der Basis eines gleichschenkligen Dreiecks? Warum sollte sich jemand für eine solche Abhandlung interessieren, die ein solches Ergebnis beweist? (p. 48)

Statt den alten Historikern glaubt er dem Philologen und Nicht-Mathematiker Burkert:

> [Burkerts Buch] *Lore and Science in Early Pythagoreanism* … ist eine sorgfältige, professionelle klassische Philologie, die darauf bedacht war, die Autoren, die wir lesen, nicht als bloße Papageien zu verstehen, die ihre Quellen wiederholen, sondern stattdessen als durchdachte Akteure, die die Beweise so gestalten und nacherzählen, wie es ihrer Agenda entspricht. Pythagoras bricht bei einer solchen Lesart in sich zusammen. Fast alles … wird als das Werk späterer Autoren (ab Aristoteles) angesehen. Macht nichts: die Historiker der Mathematik machten weiter wie bisher! (p. 23)

Netz übergeht hier völlig die Problematik bei der Überlieferung der antiken Schriften. Zur Frage, wie die Pythagoras-Figur entstand, zieht er Ergebnisse der Ethno-Mathematik in Betracht. Speziell betrachtet er ein Flechtwerk aus Mosambik, das der Forscher P. Gerdes gefunden hat (Abb. 1.2).

In fact, with a little manipulation, we can derive, from this pattern, Pythagoras's theorem itself! Die Grundidee ist, dass wir ein großes Quadrat sehen – bestehend aus vier identischen rechtwinkligen Dreiecken – und ein kleineres Quadrat in der Mitte. Es ist wahrscheinlich, wie

Abb. 1.2 Pythagoras-Figur
nach Reveil Netz

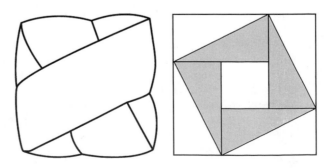

ich glaube, dass das Theorem von Pythagoras tatsächlich mit solchen Zeichnungen entdeckt worden ist – von babylonischen Lehrern, die in einer ganz anderen Umgebung gearbeitet haben (p. 4).

Hier mag die Leserin – bzw. der Leser – entscheiden, ob dieser Vergleich zwingend ist.

Literatur

Grattan-Guinness, I.: History or Heritage? An Important Distinction in Mathematics and for Mathematics Education. im Sammelband Van Brummelen (2005)

Neugebauer, O.: Zur geometrischen Algebra, Quellen u. Studien zur Geschichte d. Mathematik. Springer (1936)

Netz, R.: A new history of greek mathematics. Cambridge University (2022)

Netz, R.: The shaping of deduction in greek mathematics. Cambridge University (1999)

Rowe, D.E.: New trends and old images in the history of mathematics. im Sammelband Calinger (1996)

Wie die griechische Wissenschaft begann

2

Eine neuere Tendenz der Mathematikhistorie ist die Hervorhebung von nichtgriechischen Quellen, wie die babylonischen Keilschrifttafeln oder die altägyptischen Papyri. Zu beachten ist jedoch die zeitliche Abfolge. Ganz sicher hatten die Griechen Zugang zu den babylonischen Schriften, als Alexander d.Gr. Babylon aus der persischen Herrschaft befreite. Es gibt keine historisch nachprüfbaren Fakten, die eine Übernahme der babylonischen Mathematik vor dem sechsten Jahrhundert beweisen. So kann man davon ausgehen, dass die Mathematik, die sich ab dem 5. Jahrhundert v. Chr. in Griechenland und seinen Kolonien entwickelte, eigenständig dem griechischen Geist entsprungen ist. Der systematische Aufbau von geometrischen Lehrsätzen und die Einführung von Axiomen bei den Griechen ist einzigartig.

> Denn dies ist der Zustand eines Freundes der Weisheit, die Verwunderung; ja es gibt keinen anderen Anfang der Philosophie als diesen. Platon *[Theaitetos 155C]*
> *Das antike Griechenland ist eine Erfindung der Neuzeit (Paul Valery 1871-1945)*

Um 1400 v. Chr. wurden die mächtigen Paläste der mykenisch-minoischen Kultur, wie Mykene, Tirnys und Knossos zerstört und verlassen, die genaue Ursache kennt man nicht. Unklar ist, ob der durch den Vulkanausbruch auf der Insel Thera entstandene Tsunami eine der Ursachen ist; dies liegt daran, dass das Datierung des Ausbruchs umstritten ist. Ein ägyptische Papyrus spricht von einer ähnlichen Katastrophe im Jahr 1520 v. Chr.; dem gegenüber liefert eine C_{14}-Analyse eines in der Vulkanasche verbliebenen Holzes eines Olivenbaums ein ca. 100 Jahre älteres Datum. Mit dem Ende dieser Kultur ging auch die Kenntnis der alten Schriften *Linear A* und *B* verloren.

Um 1200 v. Chr. herum kam es zu einer Welle von Einwanderungen indogermanischer Stämme der Ionier, Achäer und Dorer vermutlich aus dem Balkan. Nicht bekannt ist, ob eine zweite Welle der Zerstörung (ebenfalls um 1200 v. Chr.), ausgelöst durch die sog. Seevölker, damit zusammenhängt. Dabei wurde eine Reihe von kleinasiatischen Stätten (wie Troja), der Levante (wie Ugarit) und Inselsiedlungen (wie Kreta und Zypern) vernichtet. Der Einfall ins Nildelta (um 1177 v. Chr.) ist dokumentiert auf ägyptischen Papyri und Darstellungen an den Tempelwänden von *Medinet Habu*.

Der Historiker *Thukydides* [I, 12] setzt in seinen *Historiae* die beiden ersten Einwanderungswellen auf 60–80 Jahre nach dem Trojanischen Krieg an, also auf etwa 1120 v. Chr. Die Dorer eroberten mit Eisenwaffen einen Großteil des griechischen (noch in der Bronzezeit lebenden) Festlands und gründeten Sparta. Dabei vertrieben sie die am Festland lebenden Achäer und Ionier auf die griechischen Inseln und an die kleinasiatische Küste, die damals von Persern, Lydern und Medern bewohnt war. Herodot berichtet über diese Völkerwanderung, dass die Ionier

> ihre Städte in einer Gegend gegründet hätten, die das angenehmste Klima im ganzen bekannten Erdkreis hätten.

Pausanias bemerkt in seiner *Beschreibung Griechenlands:*

> Das Land der Ionier erfreut sich des günstigsten Klimas; es hat Heiligtümer, wie man sie nirgends findet. […] Die Wunderwerke in Ionien sind zahlreich und stehen denen im (sonstigen) Griechenland kaum nach.

Bis etwa 700 v. Chr. waren die meisten der Stadtstaaten *(polis)* gegründet, die im Laufe der Zeit zu wirtschaftlichen und kulturellen Zentren heranwuchsen. Zunächst war Sparta führend im Peloponnesischen Bund. Erfindungsreichtum und handwerkliche Geschicklichkeit, sowie die Verfügbarkeit von Sklaven, ermöglichten den Griechen Schiffbau, Bergbau, Metallverarbeitung, Töpferei und Weberei zu betreiben. Dies geschah so erfolgreich, dass die Produktion den Eigenverbrauch überstieg. Abb. 2.1 zeigt mithilfe von Vasenbildern die Vielfalt des griechischen Lebens: Männer am Schmelzofen, beim Faustkampf, bei der Jagd und bei Festgelagen, Frauen bei der Viehzucht, beim Musizieren, bei der Totenklage, Kindererziehung und beim Schmücken der Braut.

Abb. 2.1 Ausschnitte aus griechischen Vasenbildern

Als Folge entwickelte sich eine rege Handelstätigkeit im Mittelmeerraum, die zur Gründung von Niederlassungen und Kolonien an den Küsten des Schwarzen Meeres, in Süditalien und sogar in Südfrankreich führte. (Platon sagte humorvoll darüber: *Die Griechen sitzen um das Mittelmeer herum wie die Frösche am Rand eines Teiches*). Der englische Historiker W.G. Forrest nannte folgende Gründe für den sozialen und geistigen Umbruch im 7. und 6. Jahrhundert:

- Ausweitung des Handels und Kolonisierung im Mittelmeerraum
- Die dadurch erfolgte Steigerung der handwerklichen und landwirtschaftlichen Produktion für den Export
- Das Erwachen der Philosophie, die sich mit der Natur der Dinge beschäftigte und die Freiheit und Individualität des Einzelnen forderte

T. Gomperz schreibt in seinem Werk „Aus der Hekale des Kallimachos" (1893):

Die Kolonien waren das große Experimentierfeld des hellenischen Geistes, auf welchem dieser unter der denkbar größten Mannigfaltigkeit von Umständen erproben und die in ihm schlummernden Anlagen entfalten konnte.

Neben den Kolonien im Mittelmeerraum wurden auch wichtige Handelsvertretungen in Persien, Ägypten und Nordafrika gegründet. Konkurrenten waren insbesondere die Phöniker, die im Gebiet des heutigen Libanon lebten und ebenfalls den Mittelmeerraum kolonisierten. Handelszentrum der Phöniker war Tyros. Das um 900 v. Chr. als Kolonie gegründete Karthago übernahm später die phönizischen Besitzungen und wurde so mächtig, dass es erst nach drei Punischen Kriegen von den Römern besiegt wurde (Ende 146 v. Chr.)

Neben dem kaufmännischen Gewinn kam es auch zu einem regen Kulturaustausch mit den genannten Völkern. So übernahmen die Griechen die erfolgreichste Erfindung der Phöniker, nämlich die Schriftzeichen des Alphabets. Im Gegensatz zu den semitisch-arabischen Sprachen, die nur Konsonanten schreiben, glänzte das Griechische durch seine Vokalisierung. Die Dichtungen des *Homer,* entstanden im Ionien des achten und siebten Jahrhunderts v. Chr., wurden zunächst nur mündlich überliefert, sorgten aber später bei ihrer Aufzeichnung für eine einheitliche Sprache. Bei den Olympischen Spielen, die zunächst unregelmäßig ab 776 v. Chr. stattfanden, gab es einen Sängerwettbewerb mit der Darbietung der *Ilias* und *Odyssee.*

Man schätzt, dass von der Athener Bevölkerung zur Zeit des *Themistokles* (um 500) nur etwa die Hälfte, im juristischen Sinne betrachtet, Freie waren; von diesen wiederum hatte nur ein knappes Drittel das athenische Bürgerrecht. Nur diese Minderheit konnte das Wahlrecht ausüben und politische Ämter übernehmen. Wie in der Polis, so bildete sich auch in den griechischen Kolonien eine Oberschicht heraus, die aufgrund ihres Einflusses und ihres Reichtums nicht mehr von ihrer Hände Arbeit leben musste. Diese privilegierte Schicht hatte Zeit und Geld, um sich mit Kunst, Kultur und Philosophie zu beschäftigen.

Unter den Städten, die am meisten vom Handel profitierten, war Milet, das in Ägypten sogar über eine eigene Handelsniederlassung namens Naukratis verfügte. Milet bildete mit Chios, Ephesos, Samos u. a. den sog. *Ionischen Bund.* Dessen bekannteste Siedlungen in Süditalien *(Magna Graeca)* waren Kroton, Metapont und Tarent, die später die Wirkungsstätten der Pythagoreer wurden. Die Seeleute und Händler Milets konnten daher ein reiches Wissen an Seefahrt, Astronomie, Länder- bzw. Völkerkunde und Geografie erfahren. Während der Perserkriege (500–479 v. Chr.) wurde Milet zunächst noch geschont, so dass es weiterhin lukrativen Handel treiben konnte. Nach dem Ionischen Aufstand unter der Führung Milets gegen die Perser wurde die Stadt 496 jedoch dem Erdboden gleichgemacht. Nach dem Wiederaufbau war Milets Vormachtstellung gebrochen und es wurde im gegen Persien gerichteten Ersten Attischen Seebund tributpflichtig gegen Athen (ab 477).

In dem oben geschilderten günstigen Umfeld trat in der **Ionischen Phase** (7. bis 5. Jahrhundert) eine Gruppe von herausragenden Persönlichkeiten an der ionischen Küste auf, deren Weltbild nicht länger durch die überlieferten Götter-Mythen bestimmt wurde. Vielmehr versuchten sie durch rationales Denken eine umfassende Erklärung der irdischen und astronomischen Naturerscheinungen zu geben; dies war die Geburtsstunde der Naturphilosophie, in der englischen Literatur *The Greek Miracle* genannt. Warum dieses Ereignis dort und zu diesem Zeitpunkt stattfand, hat eine Unzahl von Kommentaren hervorgebracht, mit denen man ganze Bibliotheken füllen könnte. Der berühmte Philosoph und Mathematiker B. Russell[1] beginnt Kap. 1 seiner *Philosophie des Abendlandes* mit den Worten:

> In der ganzen Weltgeschichte ist nichts so überraschend oder so schwer erklärlich wie das plötzliche Aufblühen der Kultur in Griechenland. Vieles, was zum Begriff der Kultur gehört, hatte es Jahrtausende zuvor in Ägypten und Mesopotamien gegeben; seither hatte es sich in den benachbarten Ländern ausgebreitet. Aber gewisse, bislang fehlende Elemente trugen erst die Griechen bei. Was sie im Reich der Kunst und Literatur geschaffen haben, ist allgemein bekannt; was sie auf dem Gebiet des reinen Denkens geleistet haben, ist einzigartig. Sie erfanden die Mathematik und die Philosophie…

In seiner Schrift *Vom Ursprung und Ziel der Geschichte* (1949) geht K. Jaspers von der Annahme aus, dass es einen empirisch abgrenzbaren Zeitabschnitt gebe, in dem annähernd gleichzeitig die Grundkategorien des Denkens und die Ansätze der Weltreligionen entstanden sind, in denen die Menschen bis heute leben. Jaspers nennt diesen Zeitabschnitt, den er von ca. 800 bis 200 vor Christus ansetzt, die *Achsenzeit der Weltgeschichte.* In dieser Zeit seien unabhängig voneinander bedeutsame kulturelle Grundlagen und Denkkategorien geschaffen worden, die auch heute noch aktuell sind und es erlauben, von einer gewissen Einheit der Weltgeschichte zu sprechen.

---

[1] Russell B.: Philosophie des Abendlandes, Piper 2004, S. 25.

Zarathustra	628–551 v. Chr	Parsischer Religionsstifter
Lao Tse	Geb. 571 v. Chr	Begründer des Taoismus
Buddha	560–480 v. Chr	Indischer Religionsstifter
Konfuzius	551–479 v. Chr	Chinesischer Religionsstifter

Ebenso wirkten kulturstiftend im Abendland (Homer, Thukydides) und in Palästina (jüdische Propheten wie Elias, Jesaias). Eine *Achse* der Weltgeschichte scheine um 500 v. Chr. zu liegen in einem zwischen 800 und 200 stattfindenden geistigen Prozess. Dort liege der tiefste Einschnitt der Geschichte; es sei der Mensch entstanden, mit dem wir heute leben. Mittlerweile ist die These von Jaspers umstritten, da sie eigentlich nichts erklärt.

Die (griechischen) Philosophen dieser Zeit werden heute als *Vorsokratiker* bezeichnet. Unter diesen weisen Männern befanden sich Thales von Milet und Pythagoras von Samos, die der Überlieferung nach die Anfänge der Mathematik begründeten. Über die Babylonier und Ägypter hinausgehend, die Tontafeln und Papyri mit bloßen Zahlenbeispielen füllten, versuchten sie Lehrsätze aufzustellen und allgemeine Zusammenhänge zu finden.

Nach dem Ende der Perserkriege konnte Athen eine führende Stellung unter den griechischen Städten einnehmen. Während der Zeit des Perikles (ca. 495–429) war Athen nicht nur politisch, militärisch und wirtschaftlich führend, sondern es bildete auch ein Zentrum der Kunst und Wissenschaft. Es kam hier zur Gründung der Akademie und zum Bau der Akropolis. Die wissenschaftliche Lehre fand in diesem Zeitraum in der Akademie des Platon bzw. des Lykeion des Aristoteles statt; dieser Zeitraum wird daher die sog. **Athenische Phase** genannt. Die Machtstellung Athens forderte Sparta heraus. Der mit den Spartanern geführte Peloponnesische Krieg schwächte Athen so sehr, dass es ab 338 unter makedonischen Einfluss geriet.

Nach Alexanders Tod (323 v. Chr.) wurde das eroberte Reich aufgeteilt; die Ptolemäer übernahmen die Herrschaft in Ägypten. Sie machten Alexandria (eine der 11 von Alexander gegründeten Städte gleichen Namens) zur Hauptstadt, die nun Zentrum des Handels und der Gelehrsamkeit im Mittelmeerraum wurde. Hier wirkten am Museion und am Nachfolge-Institut die Mathematiker Euklid, Eratosthenes und Apollonius. Archimedes arbeitete zwar in Syrakus, stand aber in engem Kontakt mit Alexandria. Der Zeitraum von 300 v. Chr.–190 n. Chr., also bis zum Tod des Apollonios, wird die **Alexandrinische Phase** genannt.

Nach dem Ende der Ptolemäer-Herrschaft (Tod der Kleopatra VII 30 v. Chr.) wurde Ägypten römische Provinz, konnte aber noch lange Zeit seine führende Rolle als Zentrum der Wissenschaft ausfüllen. In den folgenden vier Jahrhunderten wirkten dort namhafte Mathematiker, wie Heron, Klaudios Ptolemaios, Pappos, Diophantos und Theon mit Tochter Hypatia (letztere um 415). In Athen ist als Mathematiker noch Proklos Diadochos (= Nachfolger) zu nennen, der mit seinen Euklid- und Platon-Kommentaren wertvolle mathematische Hinweise gibt (um 485). Mit der Schließung der neuen

Akademie (529 n. Chr.) endete die **Phase der hellenistischen Mathematik;** die Antike war mit dem Zusammenbruch des Römischen Reiches im Jahre 476 beendet.

Das *Erbe der* hellenistischen Mathematik wurde in Rom, Konstantinopel und Bagdad verwaltet. Rom lernte die Arithmetik des Spätpythagoreers *Nikomachos* in der lateinischen Übersetzung des Boethius kennen. In Konstantinopel ließ *Leon, der Geometer,* alle erreichbaren Werke des Archimedes vervielfältigen. In Rom zehrten die Landvermesser vom griechischen Wissen, insbesondere von den Lehren des Heron. In Bagdad ließen die Kalifen wichtige Werke von Euklid, Archimedes, Apollonius und Ptolemaios ins Arabische übersetzen und bewahrten damit wertvolle Schriften, deren griechische Originale im Laufe der Jahrhunderte verloren gingen. Ein Großteil dieser arabischen Schriften wurde später im Mittelalter bzw. in der Renaissance ins Lateinische übersetzt und somit für die Gelehrtenwelt Europas zugänglich. Dieser Vorgang ist noch nicht beendet; falls sich die islamischen Bibliotheken öffnen, besteht heute noch die Möglichkeit, Übersetzungen verlorener griechischer Schriften zu finden.

2.1   Die Entwicklung der griechischen Mathematik

> Als der sokratische Philosoph Aristippos bei einem Schiffbruch an die Küste von Rhodos geworfen, dort geometrische Figuren hingezeichnet sah, soll er seinen Gefährten zugerufen haben: *Lasst uns guten Mutes sein, ich sehe Spuren von Menschen!*[2]

Vorbemerkung: Die Mathematik von Mesopotamien und Altägypten ist in dem Band „Mathematik im Vorderen Orient" des Autors ausführlich besprochen worden. In der gegenwärtigen Literatur wird beim Thema „Griechische Mathematik" pauschal der Bezug auf die babylonische Mathematik genommen. R. Netz schreibt pauschal (p. 8): *...the emergence of Greek mathematics was in debt to previous civilizations, it was to Babylon mathematics.* J. Friberg hat ein ganzes Buch darüber verfasst: *Amazing Traces of a Babylonian Origin in Greek Mathematics* (2007).

Jedoch sollte man den zeitlichen Auflauf beachten. Zum einen ist zu bedenken, dass Alt-Babylon schon um 1600 v. Chr. zerstört wurde und ein unmittelbarer Zugang nicht möglich war. Die Alt-Mesopotamische Schrifttafeln wurden erst ab 1850 ausgegraben – aus Schutt und Asche!

Ferner gilt, dass Neu-Babylon *Feindesland* war, da es bereits seit 539 v. Chr. unter der Herrschaft der Perser stand! Es ist keine belastbare Quelle bekannt, die eine unmittelbare Übernahme von mesopotamischen Wissen in der Frühzeit bezeugt! Die Beschreibung Herodots von Babylon ist weitgehend fiktiv; eine Sage ist, dass Thales das Datum der Sonnenfinsternis (585 v. Chr.) von den Chaldäern erfahren hat. Enge Kontakte zwischen Griechen und Babyloniern gab es später nach Alexanders Sieg über die Perser. Erst die

---

[2] Marcus Vitruvius Pollio: *De Architectura,* Vorwort Buch VI.

Schriften von Heron (ab 20 n. Chr.) und Diophantos (um 250? n. Chr.) lassen deutlichen babylonischen Einfluss erkennen.

Die Mathematik entwickelte sich in Griechenland als Teil der Philosophie. Den Anfang der Philosophie schildert Aristoteles [*Metaphysik* 982B] so:

> Denn Verwunderung war den Menschen jetzt wie vormals der Anfang des Philosophierens, indem sie sich anfangs über das nächstliegende Unerklärte verwunderten, dann allmählich fortschritten und auch über Größeres Fragen aufwarfen, z. B. über die Erscheinungen an dem Mond und der Sonne und den Gestirnen und über die Entstehung des Alls. ... Wenn sie [die Alten] daher philosophierten, um der Unwissenheit zu entgehen, so suchten sie das Erkennen offenbar um des Wissens wegen, nicht um irgendeines Nutzens willen. Das bestätigt auch der Verlauf der Sache; denn als so ziemlich alles zur Annehmlichkeit und (höheren) Lebensführung vorhanden war, da begann man diese Art der Einsicht zu suchen.

An späterer Stelle kommt er auf die Mathematik zu sprechen [983 A]:

> Denn es beginnen, wie gesagt, alle mit der Verwunderung, dass die Dinge so sind, wie sie sind, angesichts sich selbst bewegender Marionetten, der Sonnenwende oder der Inkommensurabilität der Diagonalen im Quadrat [...]. Denn über nichts würde sich ein der Geometrie Kundiger mehr verwundern, als wenn die Diagonale kommensurabel sein sollte.

„Mathematik" bedeutete ursprünglich: *Das, was man lernen muss* (= μάϑεσιζ oder μάϑεμα); Wortstamm ist μανϑα΄νειν (= lernen). Platon verwendet den Begriff [Timaios 88c] teilweise noch in der ursprünglichen Bedeutung. Ein Zitat von *Anatolius* ist bei den Definitionen Herons[3] überliefert:

> Warum hat Mathematik diesen Namen? Die Peripatetiker [Schüler des Aristoteles] sagen, während man die Rhetorik, die Dichtung und die populäre Musik praktizieren könne, ohne sie studiert zu haben, so könne niemand das, was Mathematik genannt wird, verstehen, ohne es zuerst zu studiert zu haben. So erklären sie, warum die Theorie dieser Gegenstände *Mathematik* genannt wird.

Aulus Gellius schreibt (Noctes atticae I.9.6):

> Die alten Griechen nannten die Geometrie, den Bau von Sonnenuhren, die Musik und andere Disziplinen μαθήματα.

Ein Fragment des Pythagoreers Archytas:

> **DK47 B1:** Treffliche Erkenntnisse scheinen mir die Mathematiker gewonnen zu haben, und es ist gar nicht sonderbar, dass sie über die Beschaffenheit der einzelnen Dinge richtig denken. Denn da sie über die Natur des Alls treffliche Erkenntnisse gewonnen haben, mussten sie auch für die Beschaffenheit der Dinge im Einzelnen einen trefflichen Blick gewinnen. So haben sie uns denn auch über die Geschwindigkeit der Gestirne und über ihren Auf- und

---

[3] Heroninis Alexandrini opera quae supersunt omnia, Buch IV, Teubner 1914.

Untergang eine klare Einsicht überliefert und über Geometrie, Zahlen [=Arithmetik] und
Sphärik und nicht zum mindesten auch über die Musik.

Unter den Pythagoreern und später unter Aristoteles gewinnt das Wort *Mathematik* die
speziellere Bedeutung von heute. Über die Entstehung der Mathematik berichtet Aristoteles [Metaph. 891B]:

> Und werden dann mehrere Künste erfunden, die einen für die unumgänglichen Notwendig-
> keiten des Lebens, andere aber für eine gehobene Lebensführung, so halten wir die letzteren
> gerade deshalb, weil ihr Wissen nicht auf den Nutzen abzielt, für weiser als die ersteren.
> Erst als bereits alle derartigen Künste entwickelt waren, entdeckte man die Wissenschaften,
> die sich nicht allein auf die Lust und die Lebensnotwendigkeiten bezogen, und das erstmals
> in den Gebieten, wo man sich Muße leisten konnte. Daher entstanden auch die mathema-
> tischen Wissenschaften in Ägypten, denn dort gestattete man dem Priesterstand, Muße zu
> pflegen.

Heron von Alexandria schlüsselt die mathematischen Wissenschaften auf:

> Mathematik ist eine Wissenschaft, die sowohl durch Denken wie als auch durch die Sin-
> nen Fassbare untersucht, um das in ihr Gebiet fallende festzulegen. […] Der edleren und
> höchsten gibt es zwei Hauptteile, Arithmetik und Geometrie, der mit dem Sinnlichen sich
> beschäftigenden aber sechs: Rechenkunst, Feldmessung, Optik, Musiktheorie, (theoretische)
> Mechanik und Astronomie. Weder die sog. Taktik, noch die Baukunst, noch die populäre
> Musik oder das Kalenderwesen sind Teile der Mathematik, auch nicht die (praktische) Me-
> chanik.

Die griechische Mathematik war vor allem Geometrie, systematisch angeordnet von Euklid und auf Kegelschnitte erweitert durch Apollonios. Das Rechnen mit Ganzzahlen
diente vor allem den Pythagoreern als Schlüssel zur Erklärung der Welt; Brüche gab es
nur als Proportion. Eine Vorstufe des Gebiets, das später Algebra bzw. Zahlentheorie genannt wird, findet sich bei Diophantos. Arithmetik im Sinne der Pythagoreer wird von
Nikomachos von Gerasa betrieben. Numerische Rechnungen im großen Umfang werden
im babylonischen Hexagesimalsystem ausgeführt, bei der Wurzelrechnung des Heron
von Alexandria und bei der Berechnung der Sehnentafel von Klaudios Ptolemaios. Über
die Geometrie berichtet Heron im Vorwort zu seiner Schrift *Geometrica*:

> Wo die Grundlagen der Geometrie herstammen, lässt sich mithilfe der Philosophie zeigen.
> Damit wir nicht gegen die Grundsätze verstoßen, ist es angebracht, die Definition der Geo-
> metrie zu erläutern. Die Geometrie ist also die Wissenschaft von Figuren und Größen und
> ihren Veränderungen und ihr Zweck ist, diese zu bewerkstelligen; die Methode, aber ihrer
> Darstellung ist synthetisch: Sie beginnt mit dem Punkt, der ohne Ausdehnung ist, und geht
> über Linie und Fläche in den Raum.
>
> Die Geometrie erreicht ihre Darstellung durch Abstraktion; sie behandelt zunächst den
> physikalischen Körper und seinen stofflichen Inhalt; durch Entfernen der Stofflichkeit erhält
> sie den mathematischen Körper, der räumlich ist. Durch fortgesetzte Abstraktion erreicht sie
> wieder den Punkt.

Ähnlich äußert er sich im Vorwort seiner *Metrica*[4]:

> In ihren Anfängen beschäftigt sich die Geometrie, wie die Erzählung der Alten uns lehrt, mit den Landvermessungen und Landteilungen. Da dies Geschäft für die Menschen nützlich war, wurde sein Gattungsbegriff erweitert, sodass die Handhabung der Messungen und Teilungen auch zu den festen Körpern fortschritt und da die zuerst gefundenen Sätze nicht ausreichten, so bedurften jene Operationen noch weiterer Forschung, sodass sogar bis zum gegenwärtigen Moment manches davon noch ungelöst ist, obwohl Archimedes und Eudoxos den Gegenstand trefflich behandelt haben.

Ein wichtiges Zitat kommt von W. Schadewaldt[5], der die Rolle der griechischen Mathematik in Hinblick auf die mesopotamische abgrenzt:

> Und doch betonen Kenner dieser Dinge [Mathematik bei den Babyloniern und Ägyptern], dass die Mathematik mit den Griechen eine ganz andere Wendung nimmt. Vorher handelte es sich doch überwiegend um praktische Rechenkunst zu irgendwelchen Zwecken, Landmessung oder Astrologie. Jetzt aber wird das plötzlich nicht mehr betrieben aus einem praktischen Interesse heraus, sondern weil man sich für das Wesen der Zahl selbst interessiert, das, was man antrifft bei diesen Betrachtungen: die Symmetrie, in der man einerseits etwas Göttliches sieht, andererseits etwas Seins-Begründendes. Das ist die eigentliche Wendung damals, weg vom bloß Anwendbaren auf das Prinzipielle. Von hier hat die Wissenschaft der Mathematik begonnen und sich in strenger Problementwicklung bis heute fortbewegt. Es ist einer der deutlichsten Einzelzusammenhänge, wo der Fortschritt der Problembewegung von den Griechen über eine Spanne, wo das dann ruhte, bis heute klar ersichtlich ist.

R. Wilder[6] bringt es auf den Punkt:

> Die Babylonier haben die Mathematik entwickelt bis zu einer Stufe, in der zwei grundlegende Ideen bereit waren, entdeckt und entwickelt zu werden: das Konzept des Lehrsatzes und das Konzept des Beweises.

2.2   Die griechischen Zahlzeichen

Die attischen Zahldarstellungen

Etwa seit Beginn des 5. Jahrhunderts v. Chr. ist der Gebrauch der attischen Zahlen, die fälschlicherweise auch herodianisch genannt werden nach dem byzantinischen Autor Herodianos, der die Zahlzeichen als Erster erwähnte. Dabei werden die Anfangsbuchstaben des Zahlwortes zur Schreibweise des entsprechenden Zahlwertes benützt.

---

[4] Heronis Alexandrini opera quae supersunt omnia, Band III, Teubner 1914.

[5] Schadewaldt W.: Die Anfänge der Philosophie bei den Griechen, Suhrkamp Wissenschaft 1978, S. 81–82

[6] Wilder R.: Evolution of Mathematical Concepts, John Wiley 1968, S. 156.

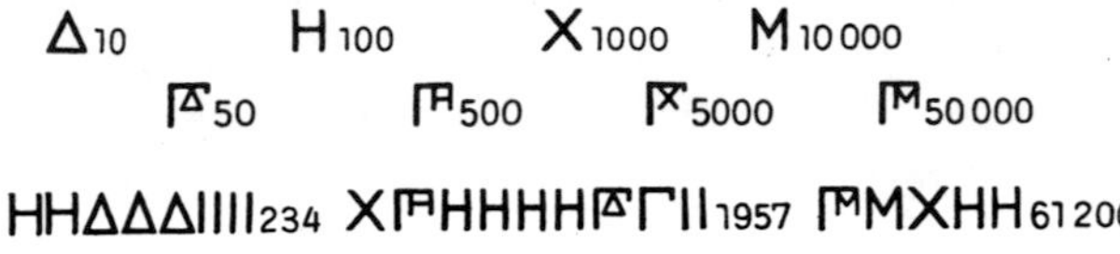

Abb. 2.2 Attische
Zahlzeichen

Δ 10   H 100   X 1000   M 10 000

Ͱᴬ50   Ͱᴴ500   Ͱˣ5000   Ͱᴹ50 000

HHΔΔΔΙΙΙΙ234   XͰᴴHHHHͰᴬΓΙΙ1957   ͰᴹMXHH61 200

Es ergibt sich ein System ähnlich dem der fast gleichzeitig entwickelten römischen Zahlen. Es verwendet (außer I = 1) den großen Anfangsbuchstaben als Zahlzeichen:

pente(5) = Π;   deka(10) = Δ;   hekaton(100) = H;   chilioi(1000) = X;   myrioi(10 000) = M.

Die Zwischenwerte 50, 500, 5000 und 50.000 werden geschrieben, indem die Zeichen für 10, 100, 1000, 10.000 in verkleinerter Form in das Zeichen „Π" einfügt, das etwa die Form „Γ" annimmt. Die Zeichen werden additiv nebeneinander geschrieben (siehe Abb. 2.2).

Diese Schrift tritt im 5.-1. Jahrhundert v. Chr. in Attika an öffentlichen Schautafeln auf, ebenso bei der berühmten Rechentafel von Salamis (2. Jahrhundert v. Chr.). Abb. 2.3 zeigt die Tafel aus bläulich-weißem Marmor, eine Umzeichnung mit Rechensteinen und die Beschriftung.

Abb. 2.3 Rechentafel von
Salamis und Umzeichnung,
science-illu

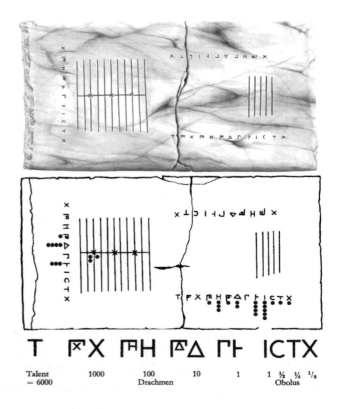

Abb. 2.4 Persischer Zahlmeister auf der Darius-Vase (Wikimedia Commons)

Hier gilt: 1 Talent $=$ 6000 Drachmen, 1 Drachme $=$ 6 Oboli. Die attischen Zahlzeichen erkennt man auch auf der berühmten Darius-Vase (Neapel), die einen bärtigen, persischen Schatzmeister von Darius' Kriegsrat bei einer Berechnung zeigt, in der Hand eine aufklappbare Wachstafel mit Notizen. Von links und rechts kommen zwei Gesandte in asiatischen Gewändern, die Tribut in Form von Geld und Naturalien zahlen (Abb. 2.4).

Die milesischen Zahldarstellungen

Das Alphabet als Zahlzeichen zu verwenden, war nach H. Haarmann[7] eine phönizische Idee, die die Griechen ausgebaut haben und der viele semitische Sprachen gefolgt sind, wie das Hebräische (Abb. 2.5). Jeder der 22 Buchstaben hat dort einen Laut- und einen Zahlenwert.

Durch die Erweiterung des phönikischen Alphabets konnten die Griechen mehr Zahlen darstellen. Durch Einfügen von drei Extrasymbolen ς (Digamma $=$ 6), φ (Koppa $=$ 90) und $\mathcal{D}$ (Sampi $=$ 900) erreichen sie die Darstellung bis 900. Diese „Ziffern", nach der Stadt Milet die milesischen Zahlen genannt, wurden im 1. Jahrhundert n.Chr. populär; Archimedes und Diophantos haben damit gerechnet (Abb. 2.6). Die Beschriftung von geometrischen Figuren mittels Buchstaben A, B, Γ, Δ, E usw. hatte den Nebeneffekt gleichzeitig eine Nummerierung zu sein.

Um den Zahlbereich zu erweitern, wurden die Tausender mit Einer-Ziffern durch einen vorangestellten Tiefstrich gekennzeichnet, z. B. $5000 =$,ε. Größere Zahlen wie Myriaden wurden in späteren Handschriften mit Doppelpunkten markiert; zuvor hatte man das Vielfache über das „M" gesetzt, Beispiel ist $20.000 = \overset{B}{M}$. Diophantos kennzeichnet die Myriaden mittels nachgestelltem Punkt, ein Beispiel ist:

---

[7] Haarmann H.: Weltgeschichte der Zahlen, C.H. Beck München 2008, S. 101.

Abb. 2.5 Hebräische Zahlzeichen

Hebräische Buchstaben	Namen und Umschrift der Buchstaben		Zahlwerte
א	ALEF	'	1
ב	BET	b	2
ג	GIMEL	g	3
ד	DALET	d	4
ה	HE	h	5
ו	WAW	v	6
ז	SAJIN	z	7
ח	CHET	ch	8
ט	TET	ṭ	9
י	JOD	y	10
כ	KAF	k	20
ל	LAMED	l	30
מ	MEM	m	40
נ	NUN	n	50
ס	SAMECH	s	60
ע	AJIN	'	70
פ	PE	p	80
צ	ZADE	s	90
ק	KOF	k	100
ר	RESCH	r	200
ש	SCHIN	sch	300
ת	TAW	t	400

EINER				ZEHNER				HUNDERTER			
A	α	Alpha	1	I	ι	Iota	10	P	ρ	Rho	100
B	β	Beta	2	K	κ	Kappa	20	Σ	σ	Sigma	200
Γ	γ	Gamma	3	Λ	λ	Lambda	30	T	τ	Tau	300
Δ	δ	Delta	4	M	μ	My	40	Y	υ	Ypsilon	400
E	ε	Epsilon	5	N	ν	Ny	50	Φ	φ	Phi	500
Ϛ	Ϛ	Digamma	6	Ξ	ξ	Xi	60	X	χ	Chi	600
Z	ζ	Zeta	7	O	o	Omikron	70	Ψ	ψ	Psi	700
H	η	Eta	8	Π	π	Pi	80	Ω	ω	Omega	800
Θ	θ	Theta	9	Ϙ	ϙ	Koppa	90	ϡ	ϡ	San	900

Abb. 2.6 Milesische Zahlzeichen

$$1.507.284 = \rho\nu., \zeta\sigma\pi\delta$$

Hier eine einfache Multiplikation

$$25 \cdot 43 = 800 + 60 + 200 + 15 = 1075 \; \kappa\varepsilon \cdot \mu\gamma = \omega + \sigma + \xi + \iota\varepsilon =, \alpha o\varepsilon$$

Die Tatsache, dass eine Myriade die größte, benannte Zahl war, bereitete Archimedes erhebliche Schwierigkeiten bei seiner Schrift *Die Sandrechnung,* in der er die Anzahl (10^{63}) der Sandkörner im Weltall abschätzt.

Eine umfangreiche Darstellung der griechischen Arithmetik gibt Fowler[8] im Kap. 7.3 seines Buchs; in Kap. 7.4 bespricht er einige bekannte Texte, wie *Messung des Kreises* (Archimedes), *Größe und Abstände von Sonne und Mond* (Aristarchos), den Papyrus London ii265 und das Ostrakon Bodleian II1847.

2.3   Die griechische Schule

Etwa im Alter von sieben Jahren wurden die Kinder, meist Knaben, von einem Lehrer unterrichtet, dessen Lohn von den Schülereltern finanziert wurde. Der Lehrer war also angewiesen auf die Zahlungen der Eltern, was seiner Reputation nicht gerade förderlich war. Ein Beispiel ist der Philosoph Epikur, dem man vorwarf, *nur* Elementarlehrer gewesen zu sein. Ab dem dritten Jahrhundert v. Chr. wurde die schulische Ausbildung stärker überwacht, was dazu führte, dass auch kommunale oder staatliche Schulen eingerichtet wurden. Die Schulen werden von erfahrenen Schuldirektoren geleitet; um sie scharen sich die Eltern und Förderer, die Schulgeld zahlen und das Recht haben, über die Schulleitung abzustimmen. Vorträge und Diskussionen werden teilweise öffentlich geführt. Der Schulleiter wachte über die Ordnung in der Schule, hielt Prüfungen ab und war weisungsbefugt über die Lehrkräfte.

Ein Redner des 4. Jahrhunderts beschreibt die gesetzlichen Bestimmungen über den Schulunterricht, die auf Solon zurückgehen, wie folgt (nach Gigon[9]):

> Obschon die Lehrer, denen wir unsere Kinder anvertrauen müssen, ihren Lebensunterhalt durch ihre Sittsamkeit verdienen und bei gegenteiligem Verhalten dem Elend preisgegeben sind, bemerkt man doch, dass der Gesetzgeber ihnen nicht recht traut und so genaue Vorschriften darüber erlässt, erstens, zu welcher Stunde sich der frei geborene Knabe in der Schule einzufinden hat, dann wie groß die Klasse sein darf und wann der Schüler die Schule wieder verlassen kann. Es wird sowohl den Lehrern an der Schule wie auch den Sportlehrern in den Turnhallen vorgeschrieben, dass sie ihren Betrieb nicht vor Sonnenaufgang öffnen dürfen und es vor Sonnenuntergang schließen müssen, da Einsamkeit und Dunkelheit die schwersten Befürchtungen erregen [...]. Vorschriften werden endlich erlassen über die Sklaven (griech. παιδᾰγωγός), die die Kinder auf dem Schulweg begleiten, bei den Musenfesten in den Schulen, den Hermesfesten auf den Sportplätzen und bei Teilnahme der Kinder an Chorveranstaltungen.

Dass die Bemühungen der Schulmeister zahlreiche Schüler zu versammeln nicht immer erfolgreich waren, zeigt die folgende Anekdote:

---

[8] Fowler D.H.: The Mathematics of Plato's Academy, A New Reconstruction, Oxford Science 1987.

[9] Gigon O.: Die Kultur der Griechen, VMA-Verlag Wiesbaden 1979.

Abb. 2.7 Darstellung des Paidagogos auf griechischen Vasen

Der witzige Musiklehrer Stratonikos, der in seinem Unterrichtszimmer die Bildsäulen der neun Musen aufgestellt hatte, antwortete auf die Frage, wie viel er Schüler habe: *Mit den Göttern zwölf!*

„Zur Mäßigung junger Männer" wurde vom Areopag eine eigene Aufsicht installiert [Pseudo-Platon, Axiochos 366D]. Der *Paidagogos* als Begleiter fungierender Haussklave ist erstmals für das Jahr 480 v. Chr. bezeugt [Herodot VIII, 75]. Er genießt nur ein geringes Ansehen [Platon, Alkibiades I, 122B]. Vasenbilder und Terrakotten zeigen ihn als Ausländer mit Glatze, struppigem Bart und Stock (Abb. 2.7a, b). Ständig an der Seite des Kindes, beschützte er es vor Gefahren und brachte ihm rechtes Benehmen und gesittetes Verhalten bei; mancher Pädagoge wird auch die schulischen Aufgaben beaufsichtigt haben.

Auf Anregung von Platon wird der Lehrplan erweitert [Nomoi 819A-C]. O. Toeplitz[10] fasst diese Stelle zusammen:

Zuerst empfiehlt er [Platon] den propädeutischen Unterricht im Abzählen und Anordnen von Gegenständen, etwas, das alle ägyptischen Kinder im Spielen und nicht auf wissenschaftliche Art lernen. Sodann kommt er auf das Messen von Strecken, Flächen und Körpern zu sprechen. [...] Es sei eine Schande, wenn der gebildete Grieche das [richtige Messen] nicht kennt, und von höchstem Wert, wenn er es richtig, wissenschaftlich lernt und auch alle damit zusammenhängenden falschen Vorstellungen ignoriert, von denen die Lehre von rationalen und irrationalen Verhältnissen ihren Ausgangspunkt nimmt.

---

[10] Toeplitz O.: Mathematik und Ideenlehre bei Platon, S. 55 im Sammelband Becker.

Auch Dichterlesungen, Redekunst, Philosophie und Hinwendung zu neueren Wissenschaften soll die Jugend zu nützlichen und erfolgreichen Bürgern machen; sie werden
jedoch zur Mäßigung und Tugendhaftigkeit angehalten [Politeia 431A] [Nikom. Ethik X,
10, 8].

Von Schulbüchern ist relativ wenig bekannt. Sehr viele kurze Fragmente von Schul-
texten hat E. Ziebarth[11] gesammelt. Der umfangreichste Schul-Papyrus aus dem hellenistischen Ägypten (Fajum) wurde 1935 von zwei französischen Forschern[12] in Kairo
erworben und später publiziert; sie nennen ihn „Buch für den kleinen Schüler". Hier eine
kurze Beschreibung des Papyrus nach G. Schade[13]:

> Der Text beginnt mit einer Schreibübung, bei der alle Buchstabenpaare (Konsonant, Vokal)
> geübt werden. Es folgen mehrere Zahlenreihen, dann eine Liste mit Götter- und Fluss-
> namen. Daran schließt sich eine kleine poetische Anthologie an, mit Ausschnitten aus Eu-
> ripides, Homer (Odyssee) und aus einer unbekannten Komödie. Es folgt eine Liste mit
> Quadratzahlen bis 800 und eine Tabelle mit Umrechnungen von Währungseinheiten.

Andere Schul-Papyri enthalten Aphorismen und Gleichnisse von Menander und Hesiod
sowie philosophische Sentenzen. Ferner gibt es Listen von Gottheiten, Städteinventaren,
Aufstellungen von Festen oder Monatsnamen, Wochentagen und Fluss- oder Vogel-
namen.

Im Alter von 16–17 wurden viele Jünglinge in den Haushalt eines begüterten älteren
Mannes aufgenommen, der für den Unterhalt und die Unterweisung, auch in sexuellen
Dingen sorgte; die Päderastie ist auf zahlreichen Vasenbilder bezeugt.

Ein junger Mann im Alter von 18–20 Jahren wurde *Ephebe* genannt, damit beginnt
sein Erwachsensein. In diesem Alter begann für die Adligen und Reichen der Sportunter-
richt, der gesellschaftlich gefördert wurde, da er zu einer vormilitärischen Erziehung
führte. Der Militärdienst – zunächst nur für Reiche – wurde nach dem Schulabschluss
absolviert, zunächst ein Jahr als Rekrutenschule, dann im aktiven Dienst. Später wurden
auch Jünglinge aus Familien aufgenommen, die nicht das volle Bürgerrecht hatten, *Metöken* genannt. Für sie war die Ableistung des Militärdienstes eine Voraussetzung dafür,
später das volle Bürgerrecht zu erlangen.

Der Name *Gymnasium* (griech. γυμνάσιον) leitet sich vom griechischen Wort für
nackt *(gymnós)* ab; Übungen und Sport wurden von männlichen, unbekleideten Sport-
lern ausgeübt. Die frühesten Beispiele für Sportstätten kennt man aus dem 6. Jahrhundert; sie waren anfangs nur gefestigte Sandbahnen, von Bäumen umringt, die sich
in der Nähe eines Heiligtums, wie Delphi, Olympia und Nemea befanden. Die Nähe zu
einem Fluss oder einer Quelle war erforderlich. Einige Philosophenschulen benutzten die

---

[11] Ziebart E.: Aus der alten Schule, Maraus & Webers-Verlag Bonn 1910

[12] Guéraud O., Jouguet P.: Un livre d'écolier du IIIᵉ siècle avant J.-C., Publications de la société
royale égyptienne de papyrologie 2, Le Caire 1938

[13] Schade G.: Pegasus-Onlinezeitschrift IV/3 (2004), S. 60 ff.

Nachbarschaft von öffentlichen Sportstätten, um dort Unterrichtsstätten zu bauen, wie die Akademie und das Lykeion. Dort wurden auch öffentliche Vorträge und Diskussionen abgehalten, die oft auch in den angeschlossenen Bibliotheken geführt wurden.

Die Verwalter der Gymnasien hießen *Gymnasiarch*. Eine Stele aus Beroia (2. Jahrhundert v. Chr.) beschreibt die Funktion des Gymnasiarchen genauer:

> Er war generell verantwortlich für die Verwaltung und Buchhaltung und hatte auch die Macht, Geldstrafen oder sogar körperliche Bestrafung zu verhängen bei groben Verstößen gegen die Hausordnung. Die Stele beschreibt weiter, wer zum Sport zugelassen wird: Freie Männer bis 30 Jahre, jedoch nicht Sklaven, Freigelassene, Händler, männliche Prostituierte, Betrunkene, Verrückte und körperlich Unfähige.

Die Gymnasiarchen wurden jährlich gewählt und waren verpflichtet, die öffentlichen Spiele und Wettbewerbe zu organisieren und überwachen. Dies bedeutete, dass er auch für die Fitness, Moral und ärztliche Betreuung der Sportler sorgen musste, was mit hohen Kosten verbunden war.

Der Rhetor Prodikos von Keos schildert die Ausbildungsphase als lange Qual dar:

> Dem siebenjährigen Kind, das auch zuvor schon manche Qual ausgekostet hat, treten nun in Gestalt von Erzieher, Schreib- und Sportlehrer seine ersten Unterdrücker entgegen. Wird das Kind älter, heißen sie Literatur-, Geometrie- und Exerzierlehrer, erneut eine Vielzahl von Sklaventreibern. Lässt sich das Kind bei den Epheben einschreiben, so hat es mit militärischen Ausbildern und Furcht vor Schlägen zu tun; dann folgen Lykeion und Akademie sowie die mit Ruten ausgerüstete Gymnasion-Aufsichten – auch diese ein Bündel von Übeln.

Über Schulen für Mädchen ist nichts bekannt. Nur von der bekannten Dichterin Sappho weiß man, dass sie eine Gruppe von Schülerinnen zum Unterricht um sich versammelte. Mädchen wurden im Familienkreis erzogen; die Erziehung war dem Ideal der Schönheit und der Tugendhaftigkeit verpflichtet. Der musische Unterricht umfasst das Zitieren von Gedichten, Spielen eines Instruments und Singen im Frauenchor. Die Beschäftigung im Haushalt beinhaltet insbesondere das Weben. Im Alter von 17–18 Jahren wurden junge Frauen verheiratet, wobei der Heiratsvertrag von den Vätern ausgehandelt wurde. Dieses Alter wurde auch von Platon als Heiratsalter für Frauen empfohlen, für Männer ist dies 37 Jahre.

Mehrere Unterrichtszenen zeigt die bekannte *Schulvase* (Staatl. Museen Berlin F 2285) des Malers D(o)uris (um 480 v. Chr.). Abb. 2.8 zeigt links den Musiklehrer mit der Lyra, ihm gegenübersitzt ein Schüler, der ihn auf einer Lyra begleitet. Die Bildmitte zeigt den Literaturlehrer, der eine Buchrolle hält; der Text beginnt mit „O Musen, lasst mich singen an den Ufern des fließenden Scamanders" [Fluss bei Troja] den Beginn meines Gesanges". Der gegenüberstehende Schüler rezitiert den Text aus dem Gedächtnis. Auf der rechten Seite sitzt der Schuldirektor *(didaskalos),* der den Unterricht überwacht, wie auch im zweiten Bild.

Abb. 2.8 Schulvase, Unterrichtsszene 1 (Wikimedia Commons)

Abb. 2.9 Schulvase, Unterrichtsszene 2 (Wikimedia Commons)

Auf der Gegenseite der Schale ist links der Musikunterricht zu sehen, wobei der Schüler stehend der Aulos des Lehrers lauscht (Abb. 2.9). In der Mitte kontrolliert der Lehrer den Text eines Schülers auf einer aufgeklappten Schreibtafel, wobei er korrekturbereit einen Schreibgriffel *(diptychon)* hält. Der griechische Begriff für Musik (griech. μουσική) umfasst nicht nur das Musizieren, sondern auch das rhythmische Sprechen mit Begleitung und den Tanz.

Literatur

Becker O. (Hrsg.): Zur Geschichte der griechischen Mathematik, Wissenschaftl. Buchgesellschaft (1965)

Becker, O.: Das mathematische Denken der Antike, Vandenhoek & Ruprecht (1967)

Friedlein, G.: Die Zahlzeichen und das elementare Rechnen der Griechen und Römer, Sändig Re-
    print (1898)
Gemelli-Marciano, M.L. (Hrsg.): Die Vorsokratiker Band I-III, Artemis & Winkler, Akademie-Ver-
    lag (2007–2016)
Kedrovskij, O.I.: Wechselbeziehungen zwischen Philosophie und Mathematik im geschichtlichen
    Entwicklungsprozess, Leipzig (1984)
Haarmann, H.: Weltgeschichte der Zahlen, C.H. Beck, München (2008)
Kirk, G.S., Raven, J.E., Schofield, M. (Hrsg.): Vorsokratische Philosophen, Metzler (2001)
Menninger, K.: Zahlwort und Ziffer, Vandenhoeck & Ruprecht (1979)

Thales von Milet

3

Thales aus Milet ist der älteste, namentlich bekannte griechische Mathematiker. In seinem Leben gibt es ein datierbares Datum, da er die totale Sonnenfinsternis vom 585 v. Chr. vorhergesagt haben soll. Das benötigte Mathematikwissen soll er angeblich in Babylon gelernt haben. Auch die Zuordnung zu dem nach ihm benannten Satz ist ungesichert; Diogenes Laertius schreibt lapidar: *Er hat zuerst das rechtwinklige Dreieck dem Kreis einbeschrieben.* Alle Nachrichten über ihn stammen aus späterer Zeit und sind überlagert durch vielfältige Überlieferungstränge. Dies hat zur Folge, dass viele Mathematikhistoriker Thales jegliche wissenschaftliche Bedeutung absprechen.

In der neueren Literatur wird dem Thales jegliches mathematisches Wirken abgesprochen, da von ihm keinerlei Schriften vorliegen. R. Netz lässt in seinen Büchern[1,2] die griechische Mathematik erst bei Archytas bzw. bei Archimedes beginnen!

Thales von Milet ($\Theta\alpha\lambda\tilde{\eta}\varsigma$ $\dot{o}$ $M\iota\lambda\dot{\eta}\sigma\iota o\varsigma$) (640–546 v. Chr.) ist der erste namentlich bekannte Philosoph gewesen. Der historischen Person Thales geht es in der modernen Literatur wie dem historischen Pythagoras. Es sind keine Hinweise auf schriftliche Werke von Thales vorhanden; schon bei Platon oder Aristoteles fehlt ein jeglicher Hinweis auf eine Schrift von Thales. Aristoteles [Metaph. 983] berichtet aber über die Schule von Milet, die sich unter seinen Nachfolgern Anaximander bzw. Anaximenes immer mehr der Philosophie widmet.

Da er keine schriftlichen Werke hinterlassen und die Überlieferung kein einziges nachprüfbares historische Faktum geliefert hat, wird ihm jegliches mathematisches Wirken aberkannt. Manche Autoren sind der Meinung, dass Thales mit dem nach ihm benannten Satz nichts zu tun habe, da der Beweis die Kenntnis der Innenwinkelsumme des

---

[1] Netz, R.: A New History of Greek Mathematics, Cambridge (2022).

[2] Netz, R.: The Transformation of Mathematics in the Early Mediterranean World, Cambridge (2004).

D. Herrmann, *Die antike Mathematik,* https://doi.org/10.1007/978-3-662-68478-8_3

Dreiecks voraussetze. Diese Erkenntnis kommt nach Eudemos erst den Pythagoreern zu. Einen Ausweg dazu hat T. Heath gefunden; nach seiner Ansicht reicht das Erkennen der Punktsymmetrie des Rechtecks im Umkreis zum Beweis aus.

Extrem kritisch äußert sich D.R. Dicks[3] in einem Artikel zu Thales. Er schreibt, die Berichte über ihn, die über 700 Jahre später geschrieben worden sind,

> seien Anekdoten von wechselndem Grad der Plausibilität und historisch wertlos. Dies erkenne man daran, dass nicht einmal die Berichte über Grundtatsachen seines Lebens übereinstimmen. Generationen von Kompilatoren hätten Berichte ihrer Vorgänger fehlerhaft abgeschrieben und ihre Biografien ergänzt mit fiktiven Attributen; so sei mit der Zeit eine biografische Tradition entstanden, die eine scheinbare Authentizität besitzt. Auch sei es wahrscheinlich, dass die philosophischen Positionen, die ihm Aristoteles zuschreibt, in Wahrheit dessen eigene Interpretationen waren, die später in der doxografischen Tradition fehlerhaft Thales zugeschrieben wurden.

Die Kritik Dicks' ist sicher überzogen, da die Überlieferung von Texten nicht zielgerichtet erfolgt, sondern zufallsbestimmt und von den antiken Autoren nicht verlangt werden kann, neutral zu kommentieren. Dies ist ein generelles Problem der Überlieferung. Sieben Jahre später bekräftigt Dicks[4] seine Ansichten in einem Kommentar zu einem Buch von S. Bochner. Eine Entgegnung zu Dicks schreibt M. Cornelius[5] in einem Reprint der Universität Köln.

3.1 Die Überlieferung

Da die Griechen den Ursprung der Wissenschaft in Ägypten vermuteten, hat man generell bei allen Gelehrten einen Aufenthalt in Ägypten unterstellt, so auch Thales.

Nach Diogenes Laertios [I, 22] ist er Kaufmann gewesen, sodass er auf seinen Handlungsreisen auch nach Ägypten kam, wo er bei den Priestern die ägyptische Mathematik kennenlernte. Nach Plutarch übertraf er bald seine Lehrer und bestimmte zur Überraschung des Pharao *Ahmose* II (570–526 v. Chr.), griechisch Amasis, die Höhe der Pyramiden mit Hilfe eines Stabes durch einen Vergleich der Schattenlängen (Abb. 3.1). Plutarch schreibt in einem Text über Ahmose:

> Obgleich er dich [Thales] auch um anderer Dinge willen bewundert, so schätzt er über alle Maßen die Messung der Pyramiden, dass du nämlich ohne alle Mühe und ohne ein Instrument zu benützen, indem du nur einen Stock in den Endpunkt des Schattens steckst, den die

---

[3] D.R. Dicks: Thales, The Classical Quarterly 11/59, 9, S. 294–309.

[4] Dicks, D.R.: Commentary to Solomon Bochner, The Role of Mathematics in the Rise of Science, Princeton (1966)

[5] www.rhm.uni-koeln.de/115/M-Cornelius.pdf [20.12.2013].

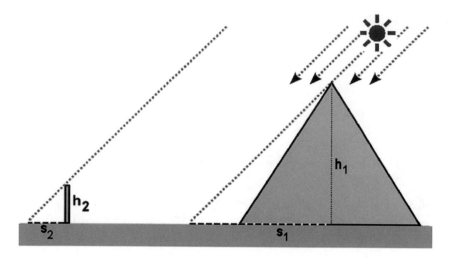

Abb. 3.1 Höhenmessung der Pyramide mittels Schattenstab

Pyramide wirft, aus den durch die Berührung des Sonnenstrahls entstehenden zwei Dreiecken zeigst, dass der eine Schatten zum anderen das Verhältnis hat wie die Pyramide zum
Stock.

Denselben Vorgang schildert er auch in seiner Schrift *Über die sieben Weisen* (Conv.
Sept. Sap. 2147 A). Einen ähnlichen Bericht darüber liefert Plinius in seiner Naturgeschichte. Aristoteles [Metaphy. 983B] nennt ihn *Vater der Philosophie.* Thales wird
von allen Autoren zu den „Sieben Weisen" Griechenlands gezählt. Er selbst nennt sich
nur Freund (φίλος) der Weisheit (σοφία). Proklos, der noch die (später verloren gegangene) Mathematikgeschichte des Eudemos von Rhodos (ca. 325 v. Chr.) kennt,
schreibt in seinem *Kommentar zum ersten Buch von Euklids Elementen* (um 450 n. Chr.)
Thales die Kenntnis folgender Lehrsätze zu:

- Scheitelwinkel sind kongruent Euklid [I, 15].
- Basiswinkel im gleichschenkligen Dreieck sind kongruent. Euklid [I, 5]
- Ein Dreieck ist eindeutig bestimmt durch eine Seite und den beiden anliegenden Win-
  kel. Euklid I, 26]
- Kreise werden durch ihren Durchmesser halbiert [10. Axiom bei Euklid]
- Entsprechende Seiten ähnlicher Dreiecke stehen im selben Verhältnis. Euklid [VI, 4]
- Der Umfangswinkel im Halbkreis ist ein Rechter. Euklid [III, 31]

Ein rechter Winkel (R) ist damit definiert als Umfangswinkel über einem Kreisdurch-
messer. Nach Festlegen des rechten Winkels kann die Winkelsumme im rechtwinkligen
Dreieck bestimmt werden. Vorausgesetzt muss jedoch werden, dass die Winkelsumme
(S) bei allen diesen Dreiecken konstant ist.

Abb. 3.2 Zum Beweis der
Winkelsumme

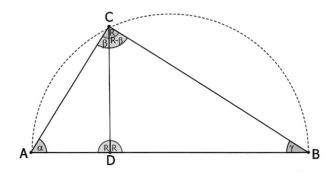

Möglicher Beweis (Abb. 3.2): Betrachtet wird das rechtwinklige Dreieck $\triangle ABC$ mit der Höhe CD. In den drei (Teil)-Dreiecken $\triangle ABC$, $\triangle ADC$, $\triangle DBC$ ergeben sich damit folgende Winkelsumme:

$$S = \alpha + R + \gamma$$
$$S = \alpha + \beta + R$$
$$S = R + (R - \beta) + \gamma$$

Paarweises Gleichsetzen liefert:

$$\beta = \gamma \Rightarrow S = R + (R - \beta) + \beta = 2R$$

Die Winkelsumme im rechtwinkligen Dreieck ist gleich 2 Rechten. Proklos schreibt über die Erkenntnisse Thales':

> Vieles entdeckte er selbst, von Vielem überlieferte er die Anfänge seinen Nachfolgern; das Eine machte er allgemeiner, das Andere mehr sinnlich fassbar.

Den Ähnlichkeitssatz soll Thales angewandt haben bei der oben beschriebenen Höhenbestimmung der Pyramiden. Nur mit Hilfe des Kongruenzsatzes soll Thales nach Proklos die Entfernung von Schiffen in Milets Hafen gemessen haben.

Ein mögliches Vorgehen zeigt Abb. 3.3: Ein drehbarer Stab AB, der oben einen waagrechten Richtungszeiger trägt, wird senkrecht am Uferrand aufgestellt und so gedreht, dass der Zeiger in Richtung Schiff weist. Nun dreht man den Stab so, dass über den Zeiger genau ein Punkt C' am Ufer anvisiert werden kann. Die Entfernung $|AC|$ des Schiffs kann jetzt mit Hilfe der Strecke $|AC'|$ abgemessen werden, da die Dreiecke $\triangle ABC$ und $\triangle ABC'$ kongruent sind (Übereinstimmung in zwei Winkeln und der Seite $|AB|$).

Wie Abb. 3.4 illustriert, bietet der Ähnlichkeitssatz eine sehr viel einfachere Lösung für die Entfernungsmessung. Unklar ist, ob Thales einen Beweis für die angegebenen Lehrsätze geliefert hat. Die in Euklids *Elementen* verwendeten Beweise zu den oben erwähnten Sätzen schreibt Proklos allein dem Euklid zu.

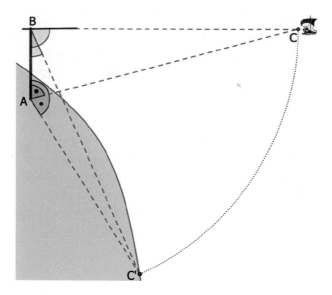

Abb. 3.3 Entfernungsmessung mittels Kongruenzsatz

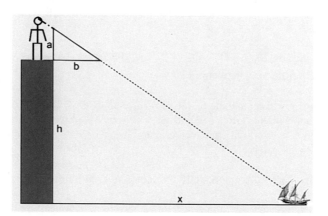

Abb. 3.4 Entfernungsmessung mittels Ähnlichkeit

3.2   Weitere Berichte über Thales

Thales soll schon zu Lebzeiten berühmt gewesen sein durch seine Vorhersage der Sonnenfinsternis vom 28. Mai 585 v. Chr (Julianischer Kalender). Nach Herodot [1, 74] spielte diese Sonnenfinsternis eine entscheidende Rolle im Krieg zwischen den Medern und Lydern. O. Neugebauer streitet vehement ab, dass Thales selbst mit babylonischen

Astronomie-Kenntnissen imstande gewesen wäre, das Datum und insbesondere die Sichtbarkeit in Kleinasien präzise vorherzusagen. Denkbar ist jedoch, dass Thales von der *Möglichkeit* einer Sonnenfinsternis wusste. Falls er von der Sonnenfinsternis von 604 v. Chr. und die zugehörige Periode (18 Jahre + 11 Tage) der Chaldäer kannte, konnte er das Datum von 585 *vermuten.*

Eudemos zitiert zwei (inzwischen verloren gegangene) astronomische Werke *Über die Tag- und Nachtgleichen* bzw. *Über die Sonnenwenden,* die von Thales stammen sollen. Letzteres Werk wird allerdings von Diogenes Laertios dem Phönizier Phokos zugeschrieben. H. Diels verneint diese Zuordnung an Thales in seinen Fragmenten der Vorsokratiker. A. Szabó[6] dagegen ist der Meinung, dass Thales genügend astronomische Kenntnis gehabt habe, das Datum einer Sonnenwende zu bestimmen, da dies mit Hilfe eines Schattenstabs (Gnomon) möglich sei. Einen solchen Schattenstab hat er, wie bereits erwähnt, zur Messung der Pyramidenhöhe verwendet. Timon von Phleius schreibt in seiner satirischen Gedichten *Silloi:*

> Thales allein von den Sieben war weise in *astronomia.*

Theon von Smyrna berichtet, Thales habe zum ersten Mal eine Erklärung einer Sonnenfinsternis gegeben; dies ist auch Inhalt eines Scholions zu Platons Politeia [600 A]:

> Thales wurde als erster *sophós* genannt und fand, dass die Sonne sich verfinstert, wenn der Mond vor sie läuft.

Sehr populär ist die von Platon [Theaitetos 174a] überlieferte Anekdote der thrakischen Magd, die er dem Sokrates in den Mund legt:

> Wie auch Thales […], als er, um die Sterne zu beschauen, den Blick nach oben gerichtet in einen Brunnen fiel, soll eine artige und witzige thrakische Magd ihn verspottet haben, dass er, was am Himmel wäre, wohl strebte zu erfahren, was aber vor ihm läge und zu seinen Füßen, ihm unbekannt bliebe.

Als lebenstüchtigen Geschäftsmann stellt ihn dagegen Aristoteles [Politica 1259 A] dar:

> Man hielt ihm seine Armut vor, vermutlich um zu beweisen, dass man mit der Philosophie nicht sehr weit komme. Wie der Erzähler fortfährt, wusste Thales aus seiner Kenntnis der Sternenwelt, obwohl es noch Winter war, dass im kommenden Jahr eine reiche Olivenernte zu erwarten sei; da er ein wenig Geld besaß, mietete er alle Olivenpressen von Chios und Milet; er bekam sie preiswert, da niemand ihn überbot. Als plötzlich zur Erntezeit alle Pressen gleichzeitig benötigt wurden, lieh er sie zu jedem in seinem Belieben stehenden Betrag aus und verdiente eine Menge Geld daran. So bewies er der Welt, dass auch Philosophen leicht reich werden können, wenn sie nur wollen, dass das aber nicht ihr Ehrgeiz ist.

---

[6] Szabó A.: Die Entfaltung der griechischen Mathematik, BI Wissenschaftsverlag 1994.

Abb. 3.5 Griechische Briefmarke für Thales (Wikimedia Commons)

Plutarch schreibt in der *Vita Solonis:*

> Er war offenbar der einzige unter ihnen, dessen Weisheit in der theoretischen Betrachtung über die Grenzen des praktischen Nutzens hinausging: Die anderen erwarben den Ruf der politischen Weisheit.

Ein Vergleich zweier Autoren macht den Wandel im Denken deutlich. Für Hesiod, der sich noch der alten Mythen bedient, sind Erdbeben die Folge von Zeus' Zorn; für den ersten der Naturphilosophen Thales sind sie das Ergebnis der instabilen Lage der Erde, die auf einer Wasserfläche dahintreibt und gelegentlich von Wellen in Aufruhr versetzt wird. Aristoteles [Metaph. 983B] schreibt über die Rolle Thales' in der Philosophie, er habe das Wasser als Urprinzip entdeckt:

> Aber Thales, der Urheber dieser Art Philosophie, sagt, das Wasser sei dieses Prinzip (deshalb erklärte er auch, die Erde ruhe auf dem Wasser), wobei er vielleicht zu dieser Annahme kam, weil er sah, dass die Nahrung aller Dinge flüssig sei und die Wärme selbst daraus entstehe und ihre Lebenskraft von dorther nehme (das aber, woraus alles entsteht, ist das *Prinzip* von allem).

Aristoteles erinnert hier an Homer [Ilias 1, 201][1, 246], der erzählt, wie Okeanos und Tethys in der Mythologie die Götterwelt erschaffen haben. Neben den astronomischen Beobachtungen soll Thales auch die Reibungselektrizität des Bernsteins entdeckt haben (Briefmarke Abb. 3.5). Zur Erklärung dieses Phänomens, wie auch des Magnetismus, schreibt Thales der unbelebten Natur eine Seele zu. Bei Aristoteles [De Anima 411a] findet sich das ihm zugeschriebene Fragment:

> Einige sagen aber auch, sie [die Seele] sei mit dem All vermischt, weshalb vielleicht auch Thales glaubte, *alles ist voller Götter* [DK 11 A22].

Ein weiteres Fragment bei Aristoteles [de An. 405 A] lautet:

> Nach dem, was man berichtet, scheint auch Thales die Seele als etwas Bewegliches an-
> gesehen zu haben, wenn er wirklich gesagt hat, der *Magnetstein sei beseelt,* weil er Eisen in
> Bewegung setzt [**DK** 11 A22].

Eine Anekdote im Stil eines *poeta doctus* erzählt der Dichter Kallimachos (Fr. 191). Der Arkader Bathykles lag im Sterben und ordnete deshalb seinen Besitz. Seinem mittleren Sohn Amphalkes, legte er einen goldenen Becher in die Hände, mit dem Auftrag, ihn den besten der Sieben Weisen zu schenken.

> Er segelte nach Milet: Der Sieg gehörte nämlich dem Thales, der überhaupt sehr verständig
> war und von dem es heißt, er habe die Sterne des [Kleinen] Wagens vermessen, nach dem
> die Phönizier segeln.
>   Nun fand der Arkader unter glücklichen Vogelzeichen im Heiligtum des Apolls von Di-
> dyma den Greis, wie der im Sand kratzte, um die Figur zu zeichnen, auf die der Phryger
> Euphorbos einst kam – der als erster Mensch ein ungleichseitiges Dreieck gezeichnet hat
> *-mit einem Kreis darum.*

Der Jambus des Kallimachos erklärt Thales zum Entdecker des Sternbilds „Kleiner Wagen", aber den Wieder-Entdecker des „Satz des Thales" als Euphorbos [=Pythagoras].

   In der englischen Literatur[7] wird der Vierstreckensatz oder Ähnlichkeitssatz für Drei-ecke auch „Theorem des Thales" benannt. J. Stillwell schreibt den *Satz des Thales* wie folgt: „Jede Parallele zu einer Dreieckseite teilt die beiden anderen Seiten im gleichen Verhältnis".

3.3   Anaximander, ein Nachfolger

Wie oben erwähnt, bildeten Thales und seine Nachfolger Anaximander und Anaxime-nes die sog. *Milesische Schule,* die sich zunehmend der Philosophie widmete und ins-besondere der Frage nach dem Ursprung aller Dinge angestoßen hat.

   Anaximander (um 610–547 v.Chr.) war vermutlich ein Schüler Thales' und verfügte wohl über dessen astronomische und geografische Kenntnisse. Er war nicht nur Philo-soph, sondern auch Praktiker. Er gründete die Milesische Kolonie Apollonia am Schwar-zen Meer, führte den Gebrauch der Sonnenuhr ein und zeichnete eine erste Erdkarte, die später von Hekateios weiterentwickelt wurde. Abb. 3.6 zeigt ein im Trier gefundenes Mosaik, das vermutlich Anaximander mit Gnomon bzw. Sonnenuhr zeigt. Sein Wissen fasste er später in seiner Prosa-Schrift *Über die Natur* zusammen. Plinius d. Ä. schreibt in seiner Naturgeschichte (Nat. Hist. II):

---

[7] Ostermann, A., Wanner, G.: Geometry by its History, Springer 2012, S. 7

Abb. 3.6 Anaximander mit
Sonnenuhr (Mosaik aus Trier)

Man sagt, dass Anaximander von Milet der Erste war, die die Tür zur Natur öffnete.

Über sein geografisches Werk hinaus, formte er die Vorstellung, dass die Erde von zy-
lindrischer Gestalt in der Mitte des Alls schwebt, da sie von den Fixsternen, Mond und
Sonne jeweils den gleichen Abstand hat. Die Erde ruht nicht auf Säulen, wie sie in der
Bibel (Hiob 26,11) erwähnt werden:

> Die Säulen des Himmels zittern und entsetzen sich vor seinem [=Gottes] Schelten.

Damit grenzt er sich von Thales ab, der die Erde auf dem Weltmeer *Okeanos* schwim-
mend ansah. Um die Erde befinden sich nach seiner Beschreibung mehrere feuer gefüllte
Kugelschalen, durch deren Öffnungen das Licht als Sternenlicht zu sehen ist. Schon das
Erkennen der freischwebenden Erde zeichnet ihn als großen Denker aus. Aber Anaximander war noch mehr. Indem er die Tür zur Physik, zur Geografie und zum Studium
der meteorologischen Phänomene öffnete, setzte er einen Prozess in Gang, der zur Neu-
orientierung des alten Weltbildes führte. Nach Eusebios hat erst Anaximander die Tag- und
Nachtgleichen erkannt. Insbesondere schreibt ihm Herodot (II, 109) die Übernahme des
Gnomons aus Babylon zu. Ähnlich äußert sich Diogenes Laertios (II, 1+2)[**DK** 12 A1]:

> Er [Anaximander] erfand als erster den Gnomon, wie Favorin in „Bunter Wissensspeicher"
> angibt und ihn, der die Sonnenwenden und die Tag- und Nacht-Gleichen anzeigt, als
> Sonnenstandmesser in Sparta aufgestellt. Auch Zeitmessgeräte [Sonnenuhren] hat er kons-
> truiert und als erster den Umriss von Landmasse und Meer gezeichnet, aber auch einen
> Himmelsglobus gebaut.

Sambursky[8] schreibt dazu:

> In Anaximanders Kosmologie wird zum ersten Mal von einem wissenschaftlichen Modell Gebrauch gemacht, das zur Beschreibung oder Erklärung von Naturerscheinungen diente. Zitat: *Er war der Erste, der die Umrisse von Land und Wasser zeichnete und auch einen Himmelsglobus baute.*
>
> Anaximanders mechanisches Modell, das er zur Verdeutlichung der Ausmaße und Bewegungen der Himmelskörper benutzte, war ein ungeheurer Fortschritt gegenüber den Allegorien und mythologischen Phantasien, die vor seiner Zeit ausschließlich im Schwange waren.

Bei der Neuordnung des Weltbildes stellte sich die Frage nach dem Urprinzip (ἀρχή, wörtlich *der Anfang*) der Welt und ihrer Ordnung. Als den Anfang von allem bezeichnete er das *Unbegrenzte* (ἄπειρου, wörtlich *das Grenzenlose*), d. h. die unendliche Masse des Stoffs, aus der alle Dinge entstanden sind und in die sie zurückkehren. Diese Rückkehr wird beschrieben in dem wohl ältesten philosophischen Zitat, das Simplikios in seinem Physik-Kommentar (24,17) als wörtlich anführt [**DK** 12 A9]:

> Und was den seienden Dingen die Quelle des Entstehens ist, dahin erfolgt auch ihr Vergehen gemäß der Notwendigkeit, denn sie strafen und vergelten sich gegenseitig ihr Unrecht nach der Ordnung der Zeit.

Dieses Zitat, dessen genaue Deutung umstritten ist, besagt zum einen, dass die Entwicklung der Welt nicht dem Zufall überlassen ist, sondern durch *Gesetze irgendeiner Form* bestimmt ist. Weiter besagt es, dass diese Gesetze der *Ordnung der Zeit* folgen. Es gibt also Naturgesetze, die den zeitlichen Ablauf der Dinge regeln. Damit grenzt er sich von Hesiod ab, der das Chaos als Beginn der Welt setzt. Dies zeigt das gereimte Gedicht *Theogonie* des Hesiod in der Übersetzung von Voß (Zeile 116 ff.):

> Siehe, vor allem zuerst ward *Chaos;* aber nach diesem ward die gebreitete Erd', ein dauernder Sitz den gesamten Ewigen, welche bewohnen die Höh'n des beschneiten Olympos, …
> Erebos ward aus dem *Chaos,* es ward die dunkle Nacht auch.

Literatur

Anglin, W.S., Lambek, J.: The Heritage of Thales, Springer (1995)

Gemelli-Marciano, M.L. (Hrsg.): Die Vorsokratiker Band I-III, Artemis & Winkler, Akademie (2007–2016)

Kirk, G.S., Raven, J.E., Schofield, M. (Hrsg.): Vorsokratische Philosophen, Metzler (2001)

Krafft, F.: Geschichte der Naturwissenschaft I, Rombach Freiburg (1971)

Lattmann, C.: Mathematische Modellierung bei Platon zwischen Thales und Euklid, de Gruyter (2019)

Russell, B.: Philosophie des Abendlandes, Piper München (2007)

---

[8] Sambursky, S.: Das physikalische Weltbild der Antike, Artemis Zürich 1965, S. 29,30.

Pythagoras und die Pythagoreer

4

Obwohl eine der (indischen) Sulbasutra-Schriften (800–600 v. Chr.) bereits den Satz des Pythagoras in Wortform (ohne Beweis) erwähnt, ist es sehr wohl möglich, dass Pythagoras den Satz unabhängig davon entdeckt hat. Da von ihm keinerlei Schriften bekannt sind und seine Schüler das Bestreben hatten, auch später entdecktes dem *Meister* zuzuschreiben, ist es nicht möglich zwischen dem Wissen Pythagoras' und dem seiner Schüler, Pythagoreer genannt, zu unterscheiden. Das Kapitel behandelt daher das Wissen der Pythagoreer: Figurierte Zahlen, pythagoreische Tripel, die Musiktheorie und die Mittelwerte. Eine neuere Tendenz der Mathematikhistorie ist es, eine Vielzahl der als pythagoreisch überlieferten Erkenntnisse als spätplatonisch nachzuweisen.

> Der Zahlbegriff wurde geboren aus dem Aberglauben und verborgen im Geheimnisvollen; [...] Zahlen bildeten die Grundlagen von Religion und Philosophie und die kunstvollen Figuren hatten einen wundersamen Effekt auf leichtgläubige Leute (F. W. Parker).
>
> In der Tat hat alles, was erkannt wird, Zahl. Denn es ist unmöglich, irgendwas zu erfassen oder zu erkennen ohne diese. (Platon **DK** 44 B4).
>
> Thales and Pythagoras did no mathematics whatsoever (R. Netz)

4.1 Pythagoras von Samos

Es gibt kaum eine historische Person des Altertums, deren Biografie so umstritten ist, wie die des Pythagoras. Abb. 4.1 zeigt eine historische Büste von Pythagoras (im orientalischen Stil) aus Pompeji. Für einige war er ein Philosoph, dessen Lehre auch noch nach Jahrhunderten eine Vielzahl von Anhängern fand. Für andere war er ein religiöser Sektenführer, der mit seiner Lehre über Vegetarismus und Seelenwanderung einen Geheimbund gründete, dessen Wirken durch Legendenbildung undurchschaubar war. Noch extremer sieht ihn W. Burkert, der ihn als *Schamane* bezeichnet.

Abb. 4.1 „Kapitolinischer"
Pythagoras (Wikimedia
Commons)

Proklos übernimmt aus dem Eudemos-Bericht die Bemerkung

Nach diesem verwandelte Pythagoras die Beschäftigung mit diesem Wissenszweig in eine
wirkliche Wissenschaft, indem er seine Grundlage von einem höheren Gesichtspunkt aus
betrachtete und seine Theoreme immaterieller und intellektueller erforschte. Er ist es auch,
der die Theorie des Irrationalen und die Konstruktion der kosmischen [=Platonischen] Körper erfand.

Die wichtigsten Biografen Diogenes Laertios, Porphyrios und Iamblichos lebten bis
zu sieben Jahrhunderte später! Wir möchten uns hier auf mathematische Inhalte beschränken. Da Pythagoras kein schriftliches Werk hinterlassen hat, konnte bereits Aristoteles nicht mehr zwischen seinem Wirken und dem seiner Anhänger unterscheiden. Er
schreibt in seinem verlorenen Buch *Über die Pythagoreer* (Apollonios *Histor. Mirab. 6*)

Er arbeitete anfangs auf dem Gebiet Mathematik und ließ sich plötzlich zu den Scharlatane-
rien eines *Pherekydes* herab.

Pythagoras (Πυθαγόρας) wurde um 570 v. Chr. als Sohn einer Kaufmannsfamilie geboren auf der Insel Samos vor der Küste der florierenden Handelsstadt Milet. Abb. 4.2
zeigt eine zur Zeit von Trajan auf Samos geprägte römische Münze, deren Rückseite Pythagoras sitzend darstellt. In der linken Hand hält er den Stab, der ihn als Gelehrten aus-
weist, seine rechte Hand umfasst eine Fackel, die er an eine auf einer Säule ruhenden
Weltkugel hält.

Abb. 4.2 Römische Münze aus Samos (ca. 190 n. Chr.): Vorderseite Traianus Decimus, Rückseite Pythagoras (Münzkabinett der Staatlichen Museen Berlin)

Schon in seiner Jugend machte er zahlreiche Reisen in die griechischen Kolonien. Wie bei allen Philosophen schreibt die Tradition auch Pythagoras einen Aufenthalt in Ägypten zu. Milet hatte enge Beziehungen zu Ägypten und verfügte dort über eine eigene Handelsniederlassung. Das Inselzentrum Samos war eine technologisch gerüstete Stadt. Dies sieht man am besten an dem berühmten 1036 m Tunnel des Eupalinos von Megara, den der Tyrann Polykrates zum Zweck einer Wasserleitung durch den Felsen von beiden Seiten bohren ließ. Dieser Tunnel hat an der Schnittstelle der beiden Bohrungen eine Vertikalabweichung von nur 60 cm. Er wurde etwa 100 Jahre später von dem Historiker Herodot (482–424 v. Chr.) besucht; in *Historien* (III, 60) hat er darüber die Nachwelt informiert.

Nach der Rückkehr nach Samos unterrichtete Pythagoras den Sohn des Tyrannen Polykrates, verließ aber dann mit etwa 40 Jahren seine Heimatstadt und siedelte sich in der Stadt Kroton an. Kroton, Sybaris und Metapont waren die wichtigsten Siedlungen der, schon seit 700 v. Chr. bestehenden, griechischen Kolonien in Süditalien; dieses Gebiet wurde später von den Römern *Magna Graecia* genannt.

In vier aufsehenerregenden Reden rief er die Bevölkerung zu einem Lebenswandel auf, der auf Moral, Tugend, Treue und Götterverehrung beruht. Er gewann dadurch eine große Anhängerschaft, die durch Zusammenleben und Treueversprechen miteinander verbunden war. Die Mitglieder des Bundes durchliefen zunächst ein fünfjähriges Noviziat, wurden in Zahlenkunde, Musik und Himmelsbeobachtung geschult und mussten ein enthaltsames Leben (ohne Fleisch und Alkohol) führen. Kleidung war der weiße Philosophentalar, der nicht aus Wolle sein durfte. Neben dem Vegetarismus bestimmten auch *Katharsis* (geistige Reinigung durch Musik), *Anamnese* (=Wiedererinnerung an die Präexistenz) und *Metempsychose* (=Seelenwanderung) die Lehre der Pythagoreer. Platons Kommentar [Gorgias 507e] über die pythagoreische Gemeinschaft lautet:

Die Weisen aber sagen [...] den Himmel und die Erde, die Götter und die Menschen hielten Gemeinschaft, Freundschaft, Ordnungsliebe, Besonnenheit und Gerechtigkeit zusammen; und das All nennt man deshalb Weltordnung, nicht Unordnung und auch nicht Zügellosigkeit.

W. Schadewaldt[1] beurteilt das Wirken Pythagoras' neutral:

Den Anfang hat also Pythagoras gemacht, jedenfalls den Anstoß gegeben, wenn wir auch im Einzelnen nicht wissen, was er selbst getan hat. Mit ihm beginnt es, dass man die Mathematik nicht mehr als Mittel der Weltbewältigung betrachtet – auch das kommt dann bald wieder auf und hat bis heute eine große Rolle gespielt -, sondern als reine Mathematik, eine Weise, wie das Phänomen von Verhältnissen, die in großer Fülle im Erfahrbaren vorliegen, nun an sich genommen und auf Prinzipielles zurückgeführt werden kann.

Über die Lehre Pythagoras berichtet Iamblichos in seiner Biografie (XXIX, 158):

Sodann lehrt er auch alle Gebiete der Naturlehre, hat Ethik und Logik vollständig bewältigt und vermittelt mannigfaltige mathematische Lehren und die besten Formen des Wissens. Überhaupt ist alles, was den Menschen je über etwas zur Kenntnis gelangt ist, in diesen Schriften aufs genaueste behandelt. Wenn nun zugegebenermaßen die gegenwärtig umlaufenden Schriften zum Teil von Pythagoras stammen, zum anderen Teil auf Grund seines mündlichen Vortrags aufgezeichnet sind (darum haben die Pythagoreer diese Schriften auch nicht für ihr Eigentum ausgegeben, sondern sie dem Pythagoras als sein Werk zugeschrieben), so ist aus alledem klar, dass Pythagoras zur Genüge in aller Weisheit erfahren war.

Besondere Sorgfalt soll er auf die Geometrie verwandt haben. Bei den Ägyptern gibt es nämlich viele geometrische Aufgaben, sind doch unter den Ägyptern die Kundigen seit alters von Seiten der Götter gezwungen, alles bebaute Land zu vermessen Auch die Sternkunde haben sie nicht nur beiläufig erforscht – in ihr war Pythagoras ebenfalls bewandert.

Die historische und philologische Forschung früherer Jahrhunderte war geneigt, den Biographien des Porphyrios, Iamblichos und anderer Autoren der Spätantike Glauben zu schenken, in denen Pythagoras neben zahlreichen wunderbaren und übernatürlichen Taten auch eine ganze Reihe bedeutender Entdeckungen auf den Gebieten der Mathematik, der Astronomie und anderer Wissenschaften zugeschrieben wurde. Später betrachtete man diese Zeugnisse, dem kritischen Geist der neueren Zeit entsprechend, als eine Art der Mythenbildung, die im Schoße der neupythagoreischen und der neuplatonischen Schule gepflegt wurde.

Die erste Untersuchung der „pythagoreischen Frage" kam von E. Franks Abhandlung über „Plato und die sogenannten Pythagoreer" (1923), die eine radikale Neubewertung der bisher gewonnenen wissenschaftlichen Erkenntnisse vornahm. Die pythagoreischen

---

[1] Schadewaldt W.: Die Anfänge der Philosophie bei den Griechen, Suhrkamp wissenschaft 1978, S. 282.

Entdeckungen auf dem Gebiet der Mathematik und der Astronomie wurden nach der Ansicht Franks erst nach 400 v. Chr., also zur Zeit Platons, von Archytas und seiner Schule, dabei nicht ohne den wesentlichen Einfluss der Atomistik des Demokrit gemacht. Von einer pythagoreischen Wissenschaft vor dieser Zeit zu sprechen, haben wir nach Ansicht des Autors keinen Anlass.

Der gleichen Richtung gehört auch W. Burkerts Arbeit über die Pythagoreer an, die aufgrund einer detaillierten Analyse aller zur Verfügung stehenden Quellen zu dem Schluss kommt, dass der Beitrag des frühen Pythagoreismus zur Wissenschaft praktisch gleich null war, die griechische Mathematik müsse einen außerpythagoreischen Ursprung haben[2]. Burkert weist nach (S. 409), dass die Hauptzeugnisse für die Mathematik des Pythagoras nicht auf Aristoteles und dessen Schüler zurückgehen, sondern auf andere späte Quellen oder sie sind von der Beschäftigung der späteren Pythagoreer mit der Mathematik beeinflusst. Die frühesten Quellen erwähnen keine Leistungen in diesem Bereich.

M.L. Gemelli-Marciano[3] schreibt, dass die Warnung Herodots, einige Griechen hätten ägyptische Weisheiten als eigene Erkenntnisse ausgegeben, sei auf Pythagoras gemünzt. Ferner erwähnt sie, dass Heraklit die Weisheit, die Gelehrsamkeit und die Betrügereien des Pythagoras als Plagiat aus verschiedenen Quellen bezeichnet. Sie schreibt weiter:

> Über diese Quellen besteht große Unsicherheit: Orphische Dichtung, Hesiod, Pherekydes, Anaximander?

Leider ist ihre Quellenangabe wenig präzise. Vielleicht bezieht sie sich auf folgende Zitate: Heraklit urteilt in [**DK** 22 B122]:

> Pythagoras, Sohn des Mnesarchos, hat von allen Menschen die meisten Erkundungen gemacht und nachdem er sich diese Schriften herausgesucht hat, machte er sich daraus eine eigene Weisheit: Vielwisserei, Betrügerei.

Diogenes Laertios[4] (VIII, 6) bezieht sich auf dieses Zitat:

> Einige behaupten irrtümlich, Pythagoras habe keine Schrift hinterlassen, denn Heraklit, der Naturphilosoph, betont recht lautstark: Pythagoras, Sohn des Mnesarchos, hat von allen Menschen am meisten geforscht, sich diese Schriften ausgesucht und daraus eine eigene Weisheit fabriziert: Vielwisserei, Betrugskunst.

Von dem griechischen Wort γόης (=Betrüger, Gaukler) ist das Wort γόητος abgeleitet. Der Philologe W. Burkert übersetzt es mit dem Wort *Schamane;* er hat das Wort bei Herodot gefunden, der über Schamanen bei den Skythen berichtet. Der Vorwurf des

---

[2] Burkert W.: Weisheit und Wissenschaft, Hans Carl 1962, S. 202.

[3] Gemelli-Marciano M.L.: Die Vorsokratiker Band I, Artemis & Winkler 2007, S. 177.

[4] Diogenes Laertios, Jürß F. (Hrsg.): Leben und Lehren der Philosophen, Reclam 1998.

Schamanismus ist von W. Burkert[5,6] aus seiner Sicht eingehend begründet worden. Er kann folgendermaßen zusammengefasst werden:

> Sein Anliegen war kein wissenschaftliches, sondern es ging ihm um spekulative **Kosmologie,** um Zahlensymbolik und besonders um die Anwendung magischer Techniken im Sinne des Schamanismus. Für seine Anhänger war er ein übermenschliches Wesen und hatte Zugang zu unfehlbaren göttlichem Wissen. Der Legitimierung dieses Anspruchs dienten die ihm zugeschriebenen Wundertaten. Wissenschaftliche Bestrebungen traten erst später nach dem Tod Pythagoras' hinzu. Von einer pythagoreischen Mathematik könne zu Lebzeiten des Pythagoras nicht gesprochen werden, sondern erst ab der Zeit des Pythagoreers Philolaos.

Er macht damit Philolaos, der die pythagoreische Musiktheorie mitentwickelt hat, auch noch zum Ahnherrn der griechischen Mathematik. Gegen diese kritische Richtung haben sich in jüngerer Zeit Gegenstimmen erhoben, die in den Zeugnissen des Iamblichos und anderer Neuplatoniker Informationen erkennen, die auf eine Zeit zurückgehen, in der noch es Nachfahren der pythagoreischen Gemeinschaft gegeben hat. Diese Nachrichten könnten daher Informationen enthalten, die auf einer realen historischen Grundlage basieren. In einer Reihe neuerer Arbeiten ist Material analysiert worden, das von den Philologen bislang gänzlich außer acht gelassen wurde (z. B. numismatische Daten). Dabei stellte sich heraus, dass einiges, was bisher ins Reich der Legende verwiesen wurde, durch diese Daten bestätigt wird. Diese Einsicht bewirkte aber kein Einlenken der Pythagoras-Kritik. Als Vertreter dieser vermittelnden Tendenz kann K. von Fritz[7] gelten, der eine Reihe grundlegenden Arbeiten über die frühpythagoreische Wissenschaft veröffentlicht hat.

Der These Burkerts tritt insbesondere von L. Zhmud[8,9] entgegen. Zmud ist überzeugt, dass es im griechischsprachigen Kulturraum zur Zeit des Pythagoras die für Schamanismus typischen Phänomene nicht gab. Eine Beeinflussung Pythagoras' durch einen sibirischen oder orientalischen Schamanismus (wie Burkert) sieht er nicht gegeben. Seiner Auffassung zufolge sind die Berichte über den Glauben der Schüler des Pythagoras an übermenschliche Fähigkeiten und Taten ihres Lehrers unglaubwürdig. Diese Legendenbildung um Pythagoras erfolgte Jahrhunderte später und findet sich auch bei Heiligenerzählungen *aller* Religionen. Der historische Pythagoras war ein Philosoph, der sich um Mathematik, Musiktheorie und Astronomie bemühte und dessen Schüler einschlägige Forschungen durchführten. Unter anderem dürften manche Lehrsätze auf Pythagoras zurückgehen, die später von Euklid bewiesen wurden.

---

[5] Burkert W.: Weisheit und Wissenschaft: Studien zu Pythagoras, Philolaos und Platon, Hans Carl Verlag Nürnberg 1962.

[6] Burkert W.: Lore and Science in Ancient Pythagoreanism, Harvard University 1972.

[7] Von Fritz K.: Grundprobleme der Geschichte der antiken Wissenschaften, de Gruyter Berlin 1971.

[8] Zhmud l.: Philosophie und Religion im frühen Pythagorismus, Akademie Verlag 1997[1], de Gruyter 2016[2].

[9] Zhmud l.: Pythagoras and the Early Pythagoreans, Oxford University 2012.

4.2 Die Pythagoreer

Gegen Mitte des 6. Jahrhunderts v.Chr. entstand dagegen in den griechischen Kolonien in Süditalien eine neue philosophische Schule. Es war dies der *pythagoreische Bund,* der seinen Namen nach seinem Begründer trägt. Die Abb. 4.3 zeigt eine Gruppe von Pythagoreern (in weißen Philosophengewändern), die bei ihrer Morgenandacht den Sonnenaufgang begrüßen.

Die Entstehung dieser Schule geht letzten Endes auf den ionischen Kulturkreis zurück, denn Pythagoras selbst stammte von der ionischen Insel Samos. Nach ausgedehnten Reisen kehrte Pythagoras nicht in seine Heimat zurück, sondern ließ sich in der süditalienischen Stadt Kroton nieder, wo er eine Bruderschaft oder Sekte gründete. Deren Mitglieder verpflichteten sich, die „pythagoreische Lebensweise" zu befolgen, die neben einer Vielzahl von Vorschriften zur Lebensweise, Ernährung und Askese bestand; sicher wurde auch die pythagoreische Zahlenlehre unterrichtet.

In den folgenden Jahrzehnten verbreitete sich die pythagoreische Lehre im ganzen Mittelmeerraum. Bekannte Alt-Pythagoreer sind Hippasos von Metapont (angeblich der Entdecker des Irrationalen), Philolaos von Kroton und Archytas. Philolaos schrieb eine erste Naturphilosophie, die Platon angeblich als Quelle für seinen *Timaios*-Dialog diente. Archytas war Schüler von Philolaos und Retter von Platon, da er das Schiff ausrüstete, das diesen aus der Gefangenschaft in Sizilien befreite.

Abb. 4.3 Pythagoreer feiern den Sonnenaufgang, Gemälde von Bronnikov: (1869). (Wikimedia Commons)

In der Anfangszeit der pythagoreischen Schule hatte die religiös-philosophische Lehre des Pythagoras rein esoterischen Charakter; sie wurde nicht in schriftlicher Form festgehalten. Aus diesem Grunde und weil bei den Pythagoreern die Tradition herrschte, alle Leistungen der Schule ihrem Begründer zuzuschreiben, ist es praktisch unmöglich, den eigenen Beitrag von Pythagoras zu trennen von dem seiner Schüler.

Solche Gruppierungen der Elite erweckten das Misstrauen des einfachen Volkes. Als einmal eine größere Gruppe aus Sybaris in Kroton Asyl suchten, riet Pythagoras diese Leute nicht auszuliefern. Es kam zu einer kriegerischen Auseinandersetzung, bei der Sybaris unterlag. Bei der Verteilung der Kriegsbeute kam es zu politischen Unruhen, die ein Verbleiben der Pythagoreer unmöglich machten. Pythagoras und seine Anhänger flohen erst nach Tarent und schließlich nach Metapont, wo er auch starb im Jahr 497 v. Chr. Sein dortiges Haus wurde als Tempel lange in Ehren gehalten, sodass es Cicero im Jahre 78 v. Chr. noch persönlich besichtigen konnte. Cicero spricht zu seinem Bruder Brutus und erinnert sich [*De finibus* V, 2, 4]:

> Als ich einmal mit dir nach Metapont gekommen bin, aber nicht eher bei unserem Gastgeber einkehren wollte, bis ich den Ort selbst, wo Pythagoras' Leben geendet hatte, und seinen Wohnsitz in Augenschein genommen hatte.

In der Tat kann man mit hoher Wahrscheinlichkeit annehmen, dass die pythagoreische Schule vom Zeitpunkt ihrer Gründung an Interesse an mathematischen Problemen hegte und der Leitsatz *Alles ist Zahl* auf Pythagoras selbst zurückgeht. Wie in anderen Theorien frühgriechischer Autoren stellte dieser Leitsatz eine Verallgemeinerung aus einer sehr beschränkten Anzahl von Beobachtungen dar. Nicht allein die antiken Zeugnisse, sondern auch die frühe mathematische Terminologie deuten darauf hin, dass diese Beobachtungen mit der Musik verknüpft worden waren. Von entscheidender Bedeutung war dabei die Entdeckung, dass die Intervalle der Tonleiter in Verhältnissen ganzer Zahlen ausgedrückt werden können: $1 : 2, 2 : 3$ und $3 : 4$. Diese Entdeckung diente als Anregung für die Suche nach analogen Verhältnissen auf anderen Gebieten, z. B. in der Geometrie und der Kosmologie.

So bestand der Sinn des Leitsatzes *Alles ist Zahl* in der Überzeugung, dass in jedem Ding Zahlen oder Zahlenverhältnisse verborgen sind. Die Aufgabe der Erkenntnis besteht folglich darin, diese Verhältnisse in ähnlicher Weise aufzudecken, wie man sie in der Musik gefunden hatte. Dabei ging es im Prinzip um die Zahlen der ersten Dekade. Einigen dieser Zahlen wurde eine besonders wichtige Rolle zugeschrieben, so der Drei (τριάς), der Vier (τετάς), der Sieben (ἕβδομς) und der Zehn (δεκάς). Die Eins galt nicht als Zahl, sondern als Ausgangspunkt und der Ursache aller Zahlen und folglich aller Dinge. Schematisch lässt sich der Anwendungsbereich der Zahlen einteilen in:

Arithmetik	Zahlen an sich
Geometrie	Zahlen im Raum
Musik-Harmonie	Zahlen in der Zeit
Astronomie	Zahlen in Raum und Zeit

Die Suche nach den einfachen Zahlenverhältnissen konnte in einzelnen Fällen zu wissenschaftlichen Ergebnissen führen. Es ist gut möglich, dass die Pythagoreer entdeckten, dass Strecken, die sich wie 3 : 4 : 5 verhalten, ein rechtwinkliges Dreieck bilden. Dieser nach Pythagoras benannte Satz war schon in Alt-Babylon bekannt. Viele grundlegende Sätze der Zahlentheorie ergaben sich aus dem geschickten Anlegen von Rechensteinchen. Besonders beliebt war das Legen von Polygonalzahlen, d. h. das Legen von Steinchen in Form von Dreiecken, Quadraten, Rechtecken usw.

Aristoteles schreibt in seiner Metaphysik [985B], dass die Pythagoreer ihr Prinzip nach der Musik auch auf das Weltall anwenden wollten:

> Während dieser Zeit und schon vorher befassten sich die sog. Pythagoreer mit der Mathematik und förderten sie als Erste. Und weil sie sich so viel mit ihr beschäftigten, glaubten sie, ihre Grundlagen seien die Grundlagen der Dinge überhaupt. Weil nun in der Mathematik die Zahlen den natürlichen Ausgang bilden und sie in den Zahlen für alles, was ist und wird, Gleichnisse zu erkennen glaubten, mehr als im Feuer, in der Erde und im Wasser, insofern als diese Eigenschaft der Zahlen Gerechtigkeit bedeutet, jene wie – der Seele und Vernunft, eine andere den rechten Augenblick und ähnlich alles andere, auch erblickten sie ja bei den Zusammenklängen Wesen und Verhältnisse in den Zahlen — weil es ihnen also schien, als gleiche sich alles Übrige seiner Natur nach den Zahlen an, als seien also die Zahlen in allem Wesen das erste, so nahmen sie an, dass die Elemente der Zahlen auch die Elemente aller andern Dinge seien und also der ganze Himmel Harmonie sei und Zahl.

Aristoteles (Metaphysik [986A][987A]) fährt fort:

> Es scheint also, dass auch sie in den Zahlen eine Art Ursache sehen, und zwar nach der Weise des Stoffes alles Wirklichen und seiner Eigenschaften und Zustände, die Bausteine der Zahl wieder sind das Gerade und das Ungerade, hierfür endlich das Unendliche und das Begrenzte; die Einheit, so lehren sie, leite sich aus beiden her (denn sie sei sowohl gerade wie ungerade), die Zahlen wieder aus der Einheit, und die Zahlen bilden den ganzen Himmel, wie sie behaupten. ....
>
> Die Pythagoreer fügten hinzu, dass Begrenzt-Unbegrenzt und Einheit nicht zu denken seien wie fremde Naturen nach Art von Feuer oder Erde oder dergleichen, sondern dass das Unbegrenzte und die Einheit selbst das Wesen dessen ausmache, wovon sie ausgesagt würden, weswegen eben das Wesen aller Dinge die Zahl sei.

4.3 Mathematische Erkenntnisse der Pythagoreer

Neben dieser Philosophie der Zahlen haben sich die Pythagoreer mit folgenden mathematischen Erkenntnissen befasst.

(1) Sie kannten den nach Pythagoras benannten Satz und seine Umkehrung. Die Seitenzahlen (3; 4; 5) des kleinsten rechtwinkligen Dreiecks wurden verallgemeinert für den Fall, dass die Hypotenuse eine Kathete um Eins übertrifft: $\left(2n + 1; 2n^2 + 2n; 2n^2 + 2n + 1\right)$.

(2) Sie kannten die Winkelgesetze an Parallelen und benützten diese zur Erkenntnis, dass die Winkelsumme im Dreieck gleich 2 Rechten ist. Sie kannten den Satz vom Außenwinkel und wussten die Innenwinkel-Summe aller regulären Vielecke.

(3) Sie erfanden das Prinzip der Flächenumformungen, mit dem sie alle Umformungen von quadratischen Termen durchführten. Das Prinzip der Flächenanlegungen mit den drei Fällen (Gleichheit, Überschuss, Mangel) verwendete Apollonios als Konstruktionsprinzip und Namensgebung für die Kegelschnitte.

(4) Sie hatten eine Theorie der Proportionen, die sie auf alle ähnlichen Figuren anwenden wollten. Die Theorie schloss zunächst nur rationale Verhältnisse ein; die Entdeckung von irrationalen Verhältnissen (bei der Quadratdiagonale bzw. Teilung des Pentagramms) bereitete anfangs Probleme, wurde aber später durch Einführung von Doppel-Proportionen gelöst. Die Irrationalität von $\sqrt{2}$ diente Aristoteles (also vor Euklid) als Prototyp eines Widerspruchsbeweises *(reductio ad absurdum)*. Die Behandlung der quadratischen Irrationalitäten im Buch X der *Elemente* geht auf Theaitetos zurück und übersteigt sicher pythagoreisches Wissen.

(5) Sie entdeckten die fünf regulären Polyeder – später nach Platon benannt – und konnten diese vollständig konstruieren. Ein Großteil der später von Euklid im Buch XIII angegebenen Konstruktionen dürfte auf die Pythagoreer zurückgehen.

(6) Sie legten mit ihren Definitionen von geraden bzw. ungeraden, Prim- und teilerfremden Zahlen die Grundlage der Zahlentheorie. Die Spät-Pythagoreer wie Nikomachos und Iamblichos führten weitere Begriffe ein, wie defiziente bzw. abundante, befreundete und vollkommene Zahlen. Einigen Zahlen, wie der Vier und der Zehn wurde eine besondere symbolische Bedeutung zugeschrieben. Die *Tetraktys* (= *Vierfachheit*) in Form einer Dreieckzahl $1 + 2 + 3 + 4 = 10$ war sogar Gegenstand des pythagoreischen Schwurs. Nikomachos betrachtet auch (6; 8; 9; 12) als weitere Tetraktys, da diese vier Zahlen in einer harmonisch-musikalischen Proportion stehen (Abb. 4.4 nach Nikomachos).

Über die (heilige) Zahl 10 schreibt Aristoteles spöttisch an der oben genannten Stelle:

> Da ihnen die Zahl 10 etwas Vollkommenes ist und das ganze Wesen der Zahlen umfasst, behaupten sie auch, die Zahl der bewegten Himmelskörper sei 10; dabei sind nur neun wirklich sichtbar.

Abb. 4.4 Tetraktys-
Darstellungen

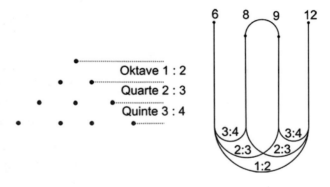

Abb. 4.5 Zerlegung
einer Quadratzahl in 2
Dreieckzahlen

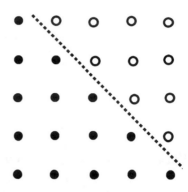

(7) Sie entdeckten mit Hilfe der figurierten Zahlen, die sie mittels Rechensteine
(Ψῆφος = Rechenstein) realisierten, wichtige arithmetische Formeln, wie die Summe der
natürlichen und der ungeraden Zahlen. Ein Beispiel ist die Zerlegung einer Quadratzahl
in zwei aufeinander folgende Dreieckzahlen (Abb. 4.5)

$$\frac{1}{2}n(n-1) + \frac{1}{2}n(n+1) = n^2$$

(8) Sie kannten die drei Mittelwerte (arithmetisch, geometrisch und harmonisch) und
interpretierten diese Mittelwertbildung vielfältig, insbesondere auch in der Musik.
(9) Sie wussten, dass es drei reguläre Vielecke gibt, die in einem Punkt der Ebene neben-
einandergelegt, dessen Umgebung nahtlos überdecken. Eine solche *Parkettierung* der
Ebene liefern 6 gleichseitige Dreiecke, 3 reguläre Sechsecke oder 4 Quadrate.

4.4   Figurierte Zahlen

Viele Beziehungen über Zahlenreihen haben die Pythagoreer durch Legen von Rechen-
bzw. Spielsteinen gewonnen. Aristoteles spricht in seiner Metaphysik [1092B], *dass gewisse Leute Zahlen in die Gestalt von Dreiecken und Rechtecken bringen*.

Rechteckzahlen
Die Partialsummen der geraden Zahlen heißen Rechteckzahlen, bei den Griechen *Heteromeken* genannt (Abb. 4.6)

$$2 = 1 \cdot 2$$

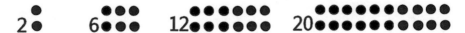

Abb. 4.6 Rechteckzahlen

$$2 + 4 = 2 \cdot 3$$

$$2 + 4 + 6 = 3 \cdot 4$$

$$2 + 4 + 6 + 8 = 4 \cdot 5$$

$$2 + 4 + 6 + 8 + 10 = 5 \cdot 6$$

Die n-te Rechteckzahl hat die Formel

$$2 + 4 + 6 + 8 + \cdots + 2n = n(n + 1)$$

Dreieckzahlen

Die Partialsummen der natürlichen Zahlen wurden gelegt in Form von Dreiecken

$$1 = \frac{1}{2} \cdot 1 \cdot 2$$

$$1 + 2 = \frac{1}{2} \cdot 2 \cdot 3$$

$$1 + 2 + 3 = \frac{1}{2} \cdot 3 \cdot 4$$

$$1 + 2 + 3 = \frac{1}{2} \cdot 3 \cdot 4$$

$$1 + 2 + 3 + 4 = \frac{1}{2} \cdot 4 \cdot 5$$

$$1 + 2 + 3 + 4 + 5 = \frac{1}{2} \cdot 5 \cdot 6$$

Klammert man aus einer Folge von Rechteckzahlen den Faktor 2 aus, so erhält man eine Summe von natürlichen Zahlen. Somit hat die n-te Dreieckzahl die Formel

$$1 + 2 + 3 + 4 + \cdots + n = \frac{1}{2}n(n + 1) = \binom{n + 1}{2}$$

Quadratzahlen

Die Partialsummen der ungeraden Zahlen wurden gelegt in Form von Quadraten

$$1 = 1^2$$

$$1 + 3 = 2^2$$

Abb. 4.7 Erzeugung der
Quadratzahlen durch Addition
ungerader Zahlen

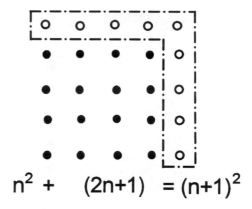

$$n^2 + \quad (2n+1) \quad = (n+1)^2$$

$$1 + 3 + 5 = 3^2$$

$$1 + 3 + 5 + 7 = 4^2$$

$$1 + 3 + 5 + 7 + 9 = 5^2$$

Somit gilt für die Summe von ungeraden Zahlen

$$1 + 3 + 5 + 7 + \cdots + (2n - 1) = n^2$$

Die Folge der Quadratzahlen kann also durch fortgesetzte Addition einer ungeraden Zahl erzeugt werden. Anschaulich gesehen, wird hier an ein Quadrat ein Gnomon (Winkelhaken) gelegt und so zu einem neuen Quadrat ergänzt (Abb. 4.7).

Pentagonal- und Hexagonalzahlen

Werden mit Rechensteinen regelmäßige Fünf- und Sechsecke gelegt, so spricht man von Pentagonal- bzw. Hexagonalzahlen (Abb. 4.8).

Die Rekursionsformel für die Pentagonalzahlen lautet:

$$1 + 4 + 7 + \cdots + (3n - 2) = \frac{1}{2}n(3n - 1)$$

Analog für die Hexagonalzahlen:

$$1 + 5 + 9 + \cdots + (4n - 3) = 2n(n - 1)$$

Hat die zugrunde gelegte Figur k Ecken, so lautet die allgemeine Rekursionsformel für die n-te Polygonalzahl $P(k, n)$ der Reihe

$$P(k, n) = \left(\frac{k}{2} - 1\right)n^2 - \left(\frac{k}{2} - 2\right)n$$

Die Formel gilt nicht für die Rechteckzahlen, da $(k = 4)$ für die Quadratzahlen steht. Für $(k = 4; n = 6)$ erhält man hier die sechste Quadratzahl

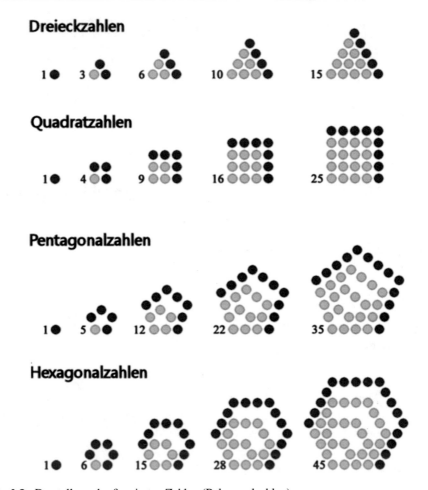

Abb. 4.8 Darstellung der figurierten Zahlen (Polygonalzahlen)

$$P(4;6) = \left(\frac{4}{2} - 1\right)6^2 - \left(\frac{4}{2} - 2\right)6 = 6^2$$

Die Darstellung der Quadrat- und Rechteckzahlen liefert auch eine Interpretation der Aristoteles-Stelle [Physik 203A10] über die Pythagoreer:

> Außerdem sagen erstere [die Pythagoreer], das Unbegrenzte (απειρον) sei die gerade Zahl. Indem diese nämlich eingeschlossen und von der ungeraden Zahl zur Abgrenzung gebracht werde, sorge sie für die Unbegrenztheit in der Vielzahl des Seienden. Ein Zeichen dafür sei, was bei den Zahlen passiert. Wenn die Gnomone um die Eins herum und ohne die Eins angeordnet werden, so entstehe im einen Fall immer eine andere Figur, in anderen dagegen nur eine.

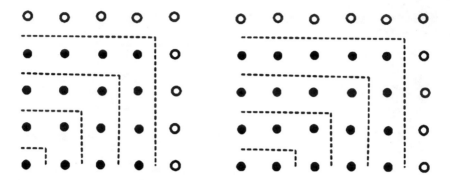

Abb. 4.9 Erzeugung von Quadratzahlen und Rechteckzahlen

Dies kann wie folgt interpretiert werden:

Die Erzeugung der Quadratzahlen aus der Eins [=Einheit] durch sukzessives Hinzufügen von Gnomonen liefert stets Quadrate; also zueinander ähnliche Figuren. Dagegen werden die Rechteckzahlen erzeugt aus der Zwei durch Anfügen von *Gnomonen*. Die so entstehenden Rechtecke sind jedoch *nicht* ähnlich; sie ergeben also stets verschiedene Formen (Abb. 4.9). Dies ist eine Interpretation der Aussage über die Begrenztheit der ungeraden Zahlen gegenüber der Unbegrenztheit der geraden Zahlen, die in der umfangreichen pythagoreischen Literatur sonst nirgends erklärt wird.

Plutarch erwähnt ebenfalls (in *Plat. Quaest.*), dass vier Rechteckzahlen um die Eins herum gelegt, eine quadratische Figur ergeben. Da jede Rechteckzahl in zwei Dreieckzahlen zerlegt werden kann, gilt folgende Formel:

$$8 \cdot \frac{1}{2}n(n+1) + 1 = 4n^2 + 4n + 1 = (2n+1)^2$$

Jede ungerade Quadratzahl größer als 9 kann also in eine Summe aus 8 Dreieckzahlen und der Eins zerlegt werden (Abb. 4.10). Diese Eigenschaft wird von Diophantos in seiner Arithmetik mehrfach verwendet. Es gilt also in moderner Formulierung

$$(2n+1)^2 \equiv 1 \bmod 8$$

Auch binomische Formeln konnten mit Steinen gelegt werden (Abb. 4.11), wie

$$(n+1)^2 = (n-1)^2 + 4n$$

Plutarch schreibt in seinem Werk „Isis und Osiris":

> Die Pythagoreer schreckten vor der Zahl 17 zurück. Denn 17 liegt genau zwischen 16 und 18, die erste Zahl ein Quadrat, die zweite das Doppelte eines Quadrats. Diese beiden Zahlen sind die Einzigen, die Flächen darstellen, deren Inhalt gleich dem Umfang ist.

Abb. 4.10 Jedes Quadrat
einer ungeraden Zahl ist 1
mod 8

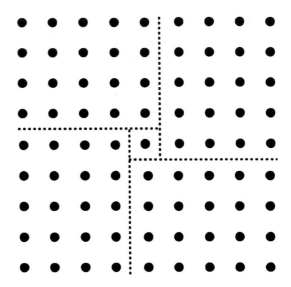

Abb. 4.11 Darstellung einer
binomischen Formel

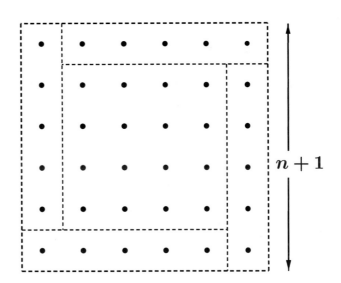

$n + 1$

Für Rechtecke soll gelten:

$$xy = 2(x + y) \Rightarrow y = \frac{2x}{x - 2} = 2 + \frac{4}{x - 2}$$

Damit y ganzzahlig ist, muss $(x - 2)$ ein Teiler von 4 sein. Dies ist der Fall für

$$x = 3; y = 6 \Rightarrow xy = 18$$

$$x = 4; y = 4 \Rightarrow xy = 16$$

Abb. 4.12 Figur zum
Pythagorassatz, Euklid I,47

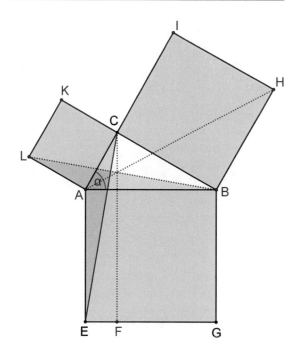

$$x = 6; y = 3 \Rightarrow xy = 18$$

Da in der neueren Literatur jeglicher mathematischer Beitrag Pythagoras' verneint wird, bleibt festzustellen, dass alle „pythagoreischen" Erkenntnisse über Zahlen von seinen Nachfolgern gewonnen wurden. So schreibt K. Reidemeister[10]:

> M. Cantor, T. Heath u. a. stehen mehr oder minder unter dem Einfluss von Nikomachos und Theon, und ich kann mich daher nicht der Aufgabe entziehen, die angeblich archaischen Theorien der Mittelwerte und der figurierten Zahlen als neupythagoreische *Pseudomathematik* zu entlarven und auf ihren trivialen mathematischen Kern zurückzuführen.

4.5 Der Satz des Pythagoras

Der Beweis in Euklid [I, 47] ist ein Kongruenzbeweis. Die Bezeichnungsweise ist aus Abb. 4.12 ersichtlich. Er erfolgt in fünf Schritten.

(1) Behauptung: $\triangle ABL$ ist kongruent zu $\triangle AEC$.

Da die Vierecke AEGB und ACKL Quadrate sind, stimmen die Dreiecksseiten $|AE|$ und $|AB|$ bzw. $|AL|$ und $|AC|$ überein. Der Winkel $\angle EAC$ ist gleich der Summe aus α und

---

[10]Reidemeister K.: Das exakte Denken der Griechen, Claasen & Goverts 1949, S. 23.

Abb. 4.13 Pythagoras-Satz
mit ähnlichen Figuren

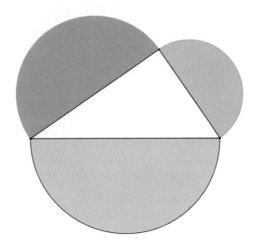

dem Innenwinkel 90°. Damit ist $\angle EAC$ kongruent zum $\angle BAL = \alpha + 90°$. Somit stimmen die beiden Dreiecke in zwei Seiten und dem Zwischenwinkel überein und sind kongruent nach dem SWS-Satz.

(2) Behauptung: $\triangle AEC$ flächengleich dem halben Rechteck AEFD. Das Dreieck hat die Rechteckseite AE als Grundlinie und die Rechteckseite AD als Höhe. Somit ist die Dreiecksfläche die Hälfte der Rechteckfläche.

(3) Behauptung: $\triangle ABL$ flächengleich dem halben Quadrat ACKL. Das Dreieck hat die Quadratseite $|AL|$ als Grundlinie und die Quadratseite $|AC|$ als Höhe. Somit ist die Dreiecksfläche die Hälfte der Quadratfläche. Aus Schritt 2 und 3 folgt schließlich, dass das Rechteck AEFD flächengleich zum Quadrat □ACKL ist.

(4) In analoger Weise beweist man, dass die Dreiecke $\triangle ABH$ und $\triangle CBG$ kongruent sind. Damit folgt wie in Schritt 3, dass auch das Rechteck DFGB flächengleich ist zum Quadrat □BHIC.

(5) Somit gilt: $\mathrm{F}(AEGB) = \mathrm{F}(AEFD) + \mathrm{F}(DFGB) = \mathrm{F}(ACKL) + \mathrm{F}(BHIC)$. Das Quadrat über der Hypotenuse ist flächengleich der Summe der Quadrate über den Katheten.

Schritt 3 ist der Kongruenzbeweis des Kathetensatzes von Euklid, der aber nur *implizit* in den Elementen erscheint. Auch die Erweiterung des Pythagoras-Satzes auf ähnliche Figuren über den Seiten des rechtwinkligen Dreiecks war Euklid [VI, 31] bekannt. Die Abb. 4.13 zeigt Halbkreise als ähnliche Figuren über den Katheten bzw. der Hypotenuse.

Ergänzung durch Heron

Heron hat den Beweis Euklids ausführlich studiert und zusätzlich bewiesen, dass in der Pythagoras-Figur die drei Geraden AH, BL und CF sich in einem Punkt schneiden (vgl. Abb. 4.12).

Von den zahlreichen Beweisen zum Pythagoras-Satz sind diejenigen besonders anschaulich, die durch Flächenzerlegungen in paarweise kongruente Figuren *(cut & paste geometry)* beruhen (Abb. 4.14).

Abb. 4.14 Beweis des Pythagoras-Satzes mittels verschiedener Zerlegungen

Abb. 4.15 Beweisfigur nach
Leonardo

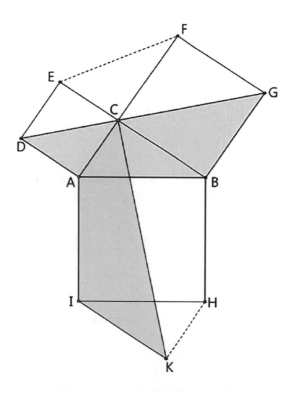

Bekannt ist auch die Beweisfigur von Abb. 4.15, die vermutlich von dem berühmten Künstler Leonardo da Vinci stammt. Hier sind die Vierecke AIKC und ABGD kongruent; damit folgt die Flächengleichheit der Sechsecke AIKHBC bzw. ABGFED durch Punktsymmetrie bzw. Spiegelung. Subtraktion der kongruenten Dreiecke ABC, IKH vom ersten Sechseck bzw. Subtraktion der kongruenten Dreiecke ABC, ECF vom zweiten liefert die Behauptung.

4.6   Pythagoreische Zahlentripel

Pythagoreische Tripel sind natürliche Zahlen $x, y, z \in \mathbb{N}$, die folgende diophantische Gleichung erfüllen

$$x^2 + y^2 = z^2$$

Eine mögliche Parameter-Darstellung, die Proklos den Pythagoreern zuschreibt, ist

$$x = \frac{1}{2}\left(m^2 - 1\right); y = m; z = \frac{1}{2}\left(m^2 + 1\right)$$

Ausgangspunkt ist die binomische Formel:

$$(n + 1)^2 = n^2 + (2n + 1)$$

Einsetzen von $(2n + 1) = m^2$ und Auflösen nach n bzw. $(n+1)$ zeigt

$$n = \frac{m^2 - 1}{2} \therefore n + 1 = \frac{m^2 + 1}{2}$$

Dies liefert ein pythagoreische Tripel:

$$\left(\frac{m^2 + 1}{2}\right)^2 = m^2 + \left(\frac{m^2 - 1}{2}\right)^2$$

Da hier jeder Wert von m ein Tripel erzeugt, spricht man auch von einem *Generator*. Ein Vielfaches davon ist der Generator, den Proklos dem Platon zuschreibt.

$$x = m^2 - 1; y = 2m; z = m^2 + 1$$

Es sei $(a; b; c)$ ein teilerfremdes pythagoreisches Tripel; dabei soll a, c ungerade und b gerade sein. Dann gilt

$$a^2 + b^2 = c^2 \Rightarrow b^2 = c^2 - a^2 = (c + a)(c - a)$$

Da b^2 den Teiler 4 hat, gilt in ganzen Zahlen

$$\left(\frac{b}{2}\right)^2 = \frac{c + a}{2}\frac{c - a}{2}$$

Wegen der Teilerfremdheit von a, c sind auch $(c - a), (c + a)$ teilerfremd. Da auf der linken Seite ein Quadrat steht, kann man den Ansatz machen:

$$m^2 = \frac{c + a}{2} \therefore n^2 = \frac{c - a}{2}$$

Auflösen liefert die Darstellung für ganzzahliges $m > n$

$$a = 2mn; b = m^2 - n^2; c = m^2 + n^2$$

Abb. 4.16 Liste der
Pythagoras-Tripel

	A	B	C
1	**teilerfremde Tripel bis 100**		
2	**3**	**4**	**5**
3	**5**	**12**	**13**
4	**15**	**8**	**17**
5	**7**	**24**	**25**
6	**21**	**20**	**29**
7	**35**	**12**	**37**
8	**9**	**40**	**41**
9	**45**	**28**	**53**
10	**63**	**16**	**65**
11	**11**	**60**	**61**
12	**33**	**56**	**65**
13	**55**	**48**	**73**
14	**77**	**36**	**85**
15	**13**	**84**	**85**
16	**39**	**80**	**89**
17	**65**	**72**	**97**

Dies ist ein 2-parametriger Generator, wie ihn auch Euklid [VIII, 20] verwendet.

$$x = mn; \; y = \frac{1}{2}\left(m^2 - n^2\right); \; z = \frac{1}{2}\left(m^2 + n^2\right)$$

Alle Pythagoras-Tripel (ohne Vielfache) kann man erzeugen mithilfe dieses Generators, wenn (m, n) teilerfremd sind und von ungleicher Parität:$ggT(m, n) = 1 \wedge (m \neq n)mod2$. Der Abb. 4.16 entnimmt man, dass es 16 teilerfremde.
   Lösungen bis 100 gibt.

Beispiele: Das erste Tripel $(3, 4, 5)$ ergibt sich für die Parameter $m = 3, n = 1$ mit $ggT(3,1) = 1$. Dies sieht man an

$$x = 3 \cdot 1; \; y = \frac{1}{2}(9 - 1) = 4; \; z = \frac{1}{2}(9 + 1) = 5$$

Beliebige Vielfache (ax, ay, az) erzeugen ähnliche Dreiecke und somit ebenfalls rechtwinklige. Vielfache des ersten Tripels sind u. a.

$$(6, 8, 10); (9,12, 15); (12,16, 20)$$

Suche nach Tripel bei vorgegebener Kathete
Um zu einer bestimmten Zahl ein zugehöriges Pythagoras-Tripel zu bestimmen, kann die folgende Formel verwendet werden:

$$\left(\frac{a+b}{2}\right)^2 = ab + \left(\frac{a-b}{2}\right)^2$$

Beispiel: Gesucht ist ein Tripel zur Zahl 15. Das Quadrat $15^2 = 25 \times 9$ hat das konjugierte Teilerpaar $a = 25, b = 9$. Von beiden Teilern bildet man die halbe Summe bzw. Differenz. Dies liefert die beiden fehlenden Pythagoras-Zahlen:

$$\frac{a+b}{2} = 17 \therefore \frac{a-b}{2} = 8$$

Ein rechtwinkliges Dreieck mit der Seite 15 ist somit $(8; 15; 17)$. Für das konjugierte Teilerpaar $(75, 3)$ erhält man das Dreieck $(15; 36; 39)$, für $(45, 5)$ das Dreieck $(15; 20; 25)$.

4.7   Heronische Dreiecke und Anwendungen

Bei Berechnungen von allgemeinen Dreiecken ist es oft störend, dass die Höhe (zur Grundlinie) nicht ganzzahlig ist. Abhilfe schafft hier die Verwendung eines heronischen Dreiecks, das aus zwei rechtwinkligen Dreiecken passend zusammengesetzt wird. Man sucht zwei rechtwinklige Dreiecke mit gleicher Kathete und setzt sie an dieser Kathete (als neue Höhe) zu einem Dreieck zusammen (Abb. 4.17).

Als Beispiel werden die Tripel $(6; 8; 10)$ und $(15; 8; 17)$ verwendet. An der gemeinsamen Kathete 8 zusammengesetzt, erhält man ein heronisches Dreieck mit den Seiten $a = 10, b = 15, c = 23$. Mit der geradzahligen Höhe $h = 8$ ist auch der Flächeninhalt A des heronischen Dreiecks ganzzahlig.

$$A = \frac{1}{2}gh = \frac{21 \cdot 8}{2} = 84$$

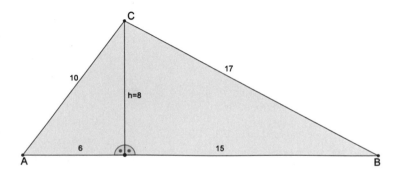

Abb. 4.17 heronisches Dreieck

Abb. 4.18 Quader
mit ganzzahligen
Flächendiagonalen

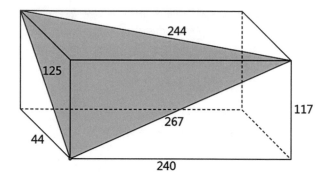

Dies bestätigt auch die Flächenformel von Heron: Mit dem halben Umfang $s = \frac{1}{2}(10 + 17 + 21) = 24$ folgt wie oben

$$A = \sqrt{24(24 - 10)(24 - 17)(24 - 21)} = \sqrt{24 \cdot 14 \cdot 7 \cdot 3} = 84$$

Die Umkreis- bzw. Inkreisradien des Dreiecks sind nicht notwendig ganzzahlig, da hier eine Division auftritt.

$$R = \frac{abc}{4A} = \frac{10 \cdot 17 \cdot 21}{4 \cdot 84} = \frac{85}{8} \therefore r = \frac{A}{s} = \frac{84}{24} = \frac{7}{2}$$

Durch eine geeignete Zusammensetzung von pythagoreischen Tripeln kann man auch einen Quader mit ganzzahligen Flächendiagonalen konstruieren. Abb. 4.18 zeigt ein Zahlenbeispiel von Paul Halke (1719).

Aus heronischen Dreiecken konnte Brahmagupta sogar heronische Vierecke zusammensetzen (Abb. 4.19). Er verwendete die Dreiecke (3; 4; 5) und (5; 12; 13), wobei die Hypotenuse des ersten Dreiecks gleich ist einer Kathete des zweiten. Wegen $3 \times 5 = 15$ vergrößert man das erste Dreieck auf (15; 20; 25), entsprechend das zweite auf (15;36; 39). Damit ist das Teildreieck BCD festgelegt. Wegen $4 \times 12 = 48$ ver-

Abb. 4.19 Brahmagupta-
Viereck

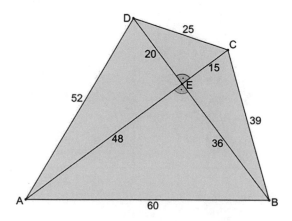

größert man das erste Dreieck auf (36; 48; 60), entsprechend das zweite auf (20; 48; 52). Zusammensetzen liefert das Teildreieck ABD. Man erhält damit ein Viereck mit den Seiten (52; 60; 30; 25) mit ganzzahligen, sich rechtwinklig schneidenden Diagonalen. Prüft man das Produkt der Diagonalabschnitte ($48 \times 15 = 20 \times 36$), so ist der Sehnensatz (Umkehrung) erfüllt. Das Viereck hat also einen Umkreis!

4.8   Pythagoras und die Musik

Pythagoras wird die Erkenntnis zugeschrieben, dass sich alle (harmonischen) Musikintervalle durch einfache Verhältnisse von (ganzen) Zahlen ausdrücken lassen. Abb. 4.20 zeigt Pythagoras (und Philolaos) beim Spielen verschiedener Musikinstrumente wie Glockenspiel, Helikon und Aulis (Flöte). Pythagoras übernimmt dieses Schema und erklärt das arithmetische Mittel aus dem Oktavsprung $\frac{1+2}{2} = 3 : 2$ als Quinte *(dioxeian)* und das harmonische Mittel $\frac{2 \cdot 2 \cdot 1}{2+1} = 4 : 3$ als Quarte *(syllaba)*. Die Quint und Quart ergeben somit genau eine Oktave

$$(3 : 2) \cdot (4 : 3) = 2 : 1$$

Zusammen mit dem Grundton bilden diese vier Tonintervalle eines ursprünglichen Tetrachords der Pythagoreer.

Durch 12 Quintensprünge erreicht man die siebente Oktave; diese hat das Frequenzverhältnis $(2 : 1)^7$, die 12-fache Quinte$(3 : 2)^{12}$. Dies führt jedoch nicht exakt zur gleichen Frequenz; der relative Fehler heißt das pythagoreische Komma

$$\frac{(3 : 2)^{12}}{(2 : 1)^7} = 1,0136$$

Abb. 4.20   Holzschnitt von Gaffurio, Theorica musice (1492) (Wikimedia Commons)

Für eine Quint muss man die Quart und einen Ganzton ausführen. Daraus erhält man das Verhältnis des Ganztons zu

$$(4:3) \cdot x = 3:2 \Rightarrow x = \frac{3}{2} : \frac{4}{3} = \frac{3}{2} \cdot \frac{3}{4} = \frac{9}{8}$$

Die Oktave kann dann eingeteilt werden zu 2 Quarten und einem Ganzton (nach Platon *Timaios* [36 A,B])

$$(4:3)^2 \cdot (9:8) = \frac{16}{9} \frac{9}{8} = 2:1$$

Will man die Oktave durch 6 Ganztöne aufbauen, so entdeckt man, dass eine Oktave etwas weniger als 6 Ganztöne umfasst:

$$\frac{2:1}{(9:8)^6} = 2 : \frac{531.441}{262.144} = \frac{1}{1{,}0136}$$

Dies ist der Kehrwert des pythagoreischen Kommas! Eine weitere Unterteilung bietet die Große Terz mit dem Verhältnis (5 : 4). Diese entspricht etwa, aber nicht genau, zwei Ganztönen (= *ditonos*). Der relative Fehler ist hier

$$\frac{(9:8)^2}{5:4} = \frac{81}{64} \cdot \frac{4}{5} = \frac{81}{80} = 1{,}0125$$

Diesen relativen Fehler nennt man das syntonische Komma. Mit dem Aufkommen der Mehrstimmigkeit ersetzte man den *ditonos* durch die angenehmer klingende große Terz; dies führt später in der Harmonielehre zusammen mit der Quinte zu einem Dur-Akkord.

Die oben genannten Intervalle waren unter anderen Namen den Pythagoreern bekannt und gehen vermutlich auf Philolaos zurück, wie Boethius in seiner Musiklehre schreibt. Platon aber ging noch darüber hinaus; er findet bei der Festlegung des Halbtonschritts den Fehler $\frac{256}{243}$, den er λειμμα *(leimma = Rest)* nennt. Er setzt den Halbton als Differenz aus Quarte und den *ditonos* an und erhält

$$\frac{4:3}{(9:8)^2} = \frac{4}{5} \cdot \frac{64}{81} = \frac{256}{243}$$

Führt man die oben genannte Teilung für die Quinte aus, so folgen die Verhältnisse

$$\frac{\frac{3}{2}+1}{2} = 5:4 \therefore \frac{2 \cdot \frac{3}{2} \cdot 1}{\frac{3}{2}+1} = 6:5$$

Musikalisch gesprochen wird hier die Quinte in die große und kleine Terz zerlegt. Ersetzt man den ditonos durch die kleine Terz, so erhält man zusammen mit der Quinte einen Moll-Akkord.

Arithmetische und harmonische Teilung der großen Terz liefert die Verhältnisse

$$\frac{\frac{5}{4}+1}{2} = 9:8 \therefore \frac{2\cdot\frac{5}{4}\cdot 1}{\frac{5}{4}+1} = 10:9$$

Die große Terz wird hier in einen kleinen und großen Ganzton zerlegt. Die fehlenden Unterteilungen der Oktave erhält man wie folgt: Die kleine Sexte ergänzt die große Terz zur Oktave; dies zeigt

$$\frac{2:1}{5:4} = 8:5$$

Analog folgt für die Ergänzung jeweils zur Oktave: Die große Sexte ergänzt die kleine Terz, somit folgt 6:5; die große Septime den großen Halbton, dies zeigt 16:15; die kleine Septime den großen Ganzton, damit 9:8. Der oben benötigte große Halbton ist die Differenz zwischen großer Terz und der Quarte, dies liefert

$$\frac{4:3}{5:4} = 16:15$$

Aus dem oben gegebenen Schema fällt hier heraus der *tritonus,* die übermäßige Quarte mit dem Verhältnis 45:32.

Das Dilemma des syntonischen Kommas wurde um 1700 gelöst durch die Einführung der gleichstufigen Stimmung. In Europa wurde diese zuerst von Simon Stevin um 1585 beschrieben; eingeführt wurde das System in Deutschland um 1700 durch die Arbeiten von A. Werckmeister für J.S. Bach. Werckmeister empfiehlt die gleichschwebende Stimmung ganz emphatisch, da sie

> ein Vorbild seyn kan, wie alle fromme und wohl temperirte Menschen mit Gott in stets währender gleicher und ewiger Harmonia leben und jubiliren werden.

Dabei werden die Frequenzen der 12 Tonstufen einer Oktave mit Hilfe einer geometrischen Folge bestimmt; je zwei benachbarte Tonstufen erhalten das Frequenzverhältnis $\sqrt[12]{2} = 1{,}05946$. Für die Quinte und Quarte ergibt sich bei der gleichstufigen Stimmung im Vergleich zur pythagoreischen eine geringe Abweichung

$$\left(\sqrt[12]{2}\right)^{7} = 1{,}498301 \approx \frac{3}{2}; \left(\sqrt[12]{2}\right)^{5} = 1{,}33484 \approx \frac{4}{3}$$

Die Tabelle aller Tonstufen folgt:

Intervall	Ton	Pythagoreisch	Gleichstufig
Grundton	C	1	$\left(\sqrt[12]{2}\right)^{0} = 1$
Halbton (kl. Sekunde)	$C^{\#}$	$\frac{16}{15} = 1{,}0667$	$\left(\sqrt[12]{2}\right)^{1} = 1{,}05946$

Intervall	Ton	Pythagoreisch	Gleichstufig
Ganzton (gr. Sekunde)	D	$\frac{9}{8} = 1{,}125$	$\left(\sqrt[12]{2}\right)^2 = 1{,}12246$
Kl. Terz	$D^{\#}$	$\frac{6}{5} = 1{,}2$	$\left(\sqrt[12]{2}\right)^3 = 1{,}18921$
Gr. Terz	E	$\frac{5}{4} = 1{,}25$	$\left(\sqrt[12]{2}\right)^4 = 1{,}25992$
Quarte	F	$\frac{4}{3} = 1{,}33333$	$\left(\sqrt[12]{2}\right)^5 = 1{,}33484$
Tritonus	$F^{\#}$	$\frac{45}{32} = 1{,}40625$	$\left(\sqrt[12]{2}\right)^6 = 1{,}41421$
Quinte	G	$\frac{3}{2} = 1{,}5$	$\left(\sqrt[12]{2}\right)^7 = 1{,}49831$
Kl. Sexte	$G^{\#}$	$\frac{8}{5} = 1{,}6$	$\left(\sqrt[12]{2}\right)^8 = 1{,}58740$
Gr. Sexte	A	$\frac{5}{3} = 1{,}66667$	$\left(\sqrt[12]{2}\right)^9 = 1{,}68179$
Kl. Septime	B	$\frac{9}{5} = 1{,}8$	$\left(\sqrt[12]{2}\right)^{10} = 1{,}78180$
Gr. Septime	H	$\frac{15}{8} = 1{,}875$	$\left(\sqrt[12]{2}\right)^{11} = 1{,}88775$
Oktave	C'	2	$\left(\sqrt[12]{2}\right)^{12} = 2$

Der Blick auf den Kosmos regte die Pythagoreer an, auch den Planetenbahnen bestimmte Tonintervalle zuzuordnen, die zusammen eine himmlische Harmonie ergeben, später bei Eudoxos Sphärenmusik genannt. Unklar blieb, ob das Verhältnis der Planetenbahnen oder ihrer Umlaufszeiten bestimmend für die Harmonie war. Platon übernimmt in seinen Werken *Politeia* 616B und *Timaios* 35 A die pythagoreischen Vorstellungen. Obwohl sich Aristoteles in *De Caelo* 290b dagegen aussprach, dass die *Sphärenmusik* im hörbaren Bereich liegt, fand die Theorie zahlreiche Anhänger zunächst im griechischen und römischen Sprachraum. In der Neuzeit beschäftigte das Thema außer Kepler auch berühmte Dichter wie Dante, Shakespeare und Goethe. Besonders Cicero diskutierte diese Frage ausführlich in seinen Schriften *De re publica* 6, 17 und *De natura Deorum* 2, 7, 19ff.

Der Spät-Pythagoreer Nikomachos baute in seiner Harmonik (Ἐνχειρίδιον ἁρμονικῆς) die pythagoreische Musiktheorie weiter aus und führt dabei nicht weniger als 28 Tonbezeichnungen ein. In Kap. 6 der *Harmonik* erzählt Nikomachos die bekannte Legende, wonach Pythagoras beim Vorbeigehen an einer Schmiede den von den Hämmern erzeugten Tönen gelauscht und die Gewichte der gut zusammenklingenden

Hämmer notiert habe. Nach Meinung von Flora R. Levin[11] wird der Anteil, den Nikomachos an der pythagoreischen Musiktheorie hat, unterschätzt. Insbesondere ist sie der
Meinung, dass die mathematischen Begründungen für Oktave, Quinte und Quarte letztlich auf Nikomachos zurückgehen. Damit reduziert sie den Einfluss Platons stark.

Die Harmonik Nikomachos' war wohl die wichtigste Quelle für die Schrift *De Institutione musica* des Boethius. Am Anfang des Werks finden sich die dichterischen Zeilen:

> Und zuerst muss die Weltenmusik hier besonders untersucht werden,
> die im Himmel selbst und auch im Gefüge der Elemente und im Zeitenwechsel erfahren
> wird:
> Wie kann nämlich es sein, dass die rasante Himmelsmaschinerie so still und leise abläuft?
> Und wenn jener Klang nicht zu unseren Ohren gelangt, was doch aus vielen Gründen not-
> wendig wäre,
> wie könnte eine derart rasante Bewegung so großer Körper nicht einen einzigen Ton
> erregen?

Plinius d. Ä. (23–79) hatte zuvor die Tonintervalle der Planeten in seiner Naturgeschichte (II, 3, 6) dem Pythagoras zugeordnet:

> Aber Pythagoras bestimmte die Weiten zuweilen auch nach musikalischen Gesetzen und
> nannte die Entfernung von der Erde zum Mond einen Ganzton, vom Monde bis zum Mars
> einen Halbton, vom Mars bis zur Venus einen Halbton, von der Venus zur Sonne drei Halb-
> töne, von der Sonne zum Mars einen Ganzton, vom Mars bis zum Jupiter einen Halbton,
> vom Jupiter zum Saturn einen Halbton und von vom Saturn bis zum Tierkreis drei Halbtöne.
> So entstehen sieben Töne, die man die vollständige Harmonie nennt.

Literatur

Burkert, W.: Weisheit und Wissenschaft: Studien zu Pythagoras. Hans Carl Verlag Nürnberg, Philo-
    laos und Platon (1962)
Burkert, W.: Lore and Science in Ancient Pythagoreanism, Harvard University (1972)
Burkert, W.: The Orientalizing Revolution, Harvard (1992)
Burkert, W.: Die Griechen und der Orient, C.H. Beck (2003)
Guthrie, K.S. (Hrsg.), Pythagorean Sourcebook and Library, Phanes Press (1988)
Iamblichos of Chalcis: Theology of Arithmetic, Ed. R. Waterfield, Phanes Press (1988)
Iamblichos, von Albrecht, M., (Hrsg.) Pythagoras – Legende, Lehre, Lebensgestaltung, Artemis
    (1963)
Kahn, C.: Pythagoras and the Pythagoreans, Hackett Publishing (2001)
Porphyry of Tyre: The Life of Pythagoras, im Sammelband Guthrie (1988)
Riedweg, C.: Pythagoras, Leben, Lehre, Nachwirkung, C.H. Beck (2002)

---

[11] Levin F.R.: The Harmonics of Nicomachus and the Pythagorean Tradition, University Park 1975,
p. 46–50.

Thomas, I.: Selections Illustrating the History of Greek Mathematics I. II, London (1939)

Van der Waerden, B. L.: Die Arithmetik der Pythagoreer, Sammelband Becker (1965)

Zhmud, l.: Pythagoras and the Early Pythagoreans, Oxford University (2012)

Zhmud, l.: Philosophie und Religion im frühen Pythagorismus, de Gruyter (2016)[2]

Ziegler, K.: Plutarchos von Chaironeia, Druckenmüller Stuttgart (1964)

Hippokrates von Chios 5

Den Stand der voreuklidischen Geometrie zeigt uns das Werk von Hippokrates von Chios auf. Diesem gelang es, einigen originell erdachten möndchenförmigen Figuren einen Flächeninhalt zuzuschreiben; vergeblich aber versuchte er damit das Problem der *Quadratur des Kreises* zu lösen. Obwohl seine Schriften nicht erhalten sind, kennt man Teile seiner Berechnungen aus den Schriften von *Alexander* von Aphrodisias und *Eudemos* von Rhodos, letzterer ein Schüler Aristoteles'.

Hippokrates von Chios – nicht zu verwechseln mit seinem Namensvetter, dem Mediziner Hippokrates von Kos – lebte in der zweiten Hälfte des 5. Jahrhunderts v. Chr. Er war ein etwas naiver Kaufmann, der sein Vermögen verlor und daher zu Studien nach Athen übersiedelte. Aristoteles berichtet in [Ethik ad Eudem., VII, c.14]

> So war Hippokrates ein guter Geometer, während er im Übrigen einfältig und unverständig zu sein scheint; wenigstens verlor er, wie man sagt, durch Leichtgläubigkeit eine große Summe Geldes an die Zolleinnehmer von Byzanz.

J. Philoponos schreibt dagegen in *(Comm. In Arist. physicae auscultatio)*

> Hippokrates von Chios, ein Kaufmann, geriet in die Gewalt eines Piratenschiffes, verlor Hab und Gut und ging nach Athen, um die Räuber gerichtlich zu belangen; da er sich nun der Klage halber lange Zeit in Athen aufhielt und häufig Philosophenschulen aufsuchte, gelangte er mit der Zeit zu einem so hohen Maß an geometrischen Wissen, dass er die Quadratur des Kreises zu finden versuchte.

Bekannt geblieben sind drei mathematische Leistungen des Hippokrates

- Zurückführung der Würfelverdopplung auf die Einschiebung zweier mittlerer Proportionalen (die auch anderen zugeschrieben wird)
- Versuch der Quadratur des Kreises mithilfe von Möndchen
- Abfassung von *Elementen* der Mathematik

© Springer-Verlag GmbH Deutschland, ein Teil von Springer Nature 2024
D. Herrmann, *Die antike Mathematik,* https://doi.org/10.1007/978-3-662-68478-8_5

Die Werke des Hippokrates sind nicht überliefert. Die einzigen Hinweise lieferte der Dozent der neuen Akademie Simplikios (580 bis 640 n. Chr.), aus der Provinz Kilikien stammend, der zahlreiche wertvolle Kommentare zu Aristoteles schrieb. In einem dieser Kommentare[1] zur *physica auscultatio* des Aristoteles fügte er einen Bericht über die Quadraturversuche des Antiphon und Hippokrates ein, der aus zwei Quellen schöpft. Zum einen ist dies ein Bericht des Aristoteles-Kommentators Alexander von Aphrodisias (2. Jahrhundert n. Chr.), zum anderen die *Geometriegeschichte* des Eudemos (um 320 v. Chr.). Alexander wurde zur Regierungszeit des Kaisers Septimius Severus (198–209 n. Chr.) zum Vorstand des Lykeion berufen und widmete daher dem Kaiser sein Werk *Über das Schicksal*.

In seinem Kommentar versichert Simplikios den Eudemos fast wörtlich zu zitieren, bis auf gelegentliche Ergänzungen. Dieser Kommentar war bis 1860 unbekannt. Der deutsche Mathematiker C.A. Bretschneider[2] fand das einzig erhaltene Exemplar des Simplikios-Kommentars und publizierte es 1870. Die darin enthaltenen Passagen von Eudemos gehören zu den ältesten überlieferten Stücken von Mathematik-Literatur überhaupt und sind daher von besonderem Interesse. Eine Darstellung findet sich in W.R. Knorr[3] und I. Thomas[4], der sich später Bulmer-Thomas nannte.

In Bezug auf Satz Euklid [I, 45] schreibt Proklos:

> Nachdem sie Kunde von diesem Problem [I, 45] erhalten haben, glaube ich, versuchten die Alten die Quadratur des Kreises. Denn, wenn Parallelogramme flächengleich zu irgendwelchen Rechtecken sind, ist es wert nachzuforschen, ob man beweisen kann, Rechtecke sind flächengleich zu Figuren, die von Kreisbögen begrenzt sind.

5.1   Quadraturen nach Alexander von Aphrodisias

Über die Möndchen des Hippokrates berichtet Eudemos:

> Aber auch die Quadraturen der Möndchen, die als solche zu den nicht gewöhnlichen Figuren zu gehören schienen wegen der Verwandtschaft mit dem Kreis, wurden zuerst von Hippokrates beschrieben und sind als nach rechter Art auseinandergesetzt befunden worden; deshalb wollen wir uns ausführlicher mit ihnen befassen und sie durchnehmen. Er bereitete sich nun eine Grundlage und stellte als ersten der hierzu nützlichen Sätze auf, wie dass die ähnlichen Segmente der Kreise dasselbe Verhältnis zueinander haben wie die Quadrate ihrer

---

[1] Simplikios, H. Diels, H. (Hrsg.): In Aristotle's Physicarum laboris quattuor priores commentaria, Berlin 1932.

[2] Bretschneider, C.A.: Die Geometrie und die Geometer vor Euklides, Reprint Sändig 2002, S. 100–127.

[3] Knorr W.R.: The Ancient Tradition of Geometric Problems, Dover 1993, S. 30–41.

[4] Thomas, I.: Selections illustrating the History of Greek Mathematics I, William Heinemann 1962, S. 234–251.

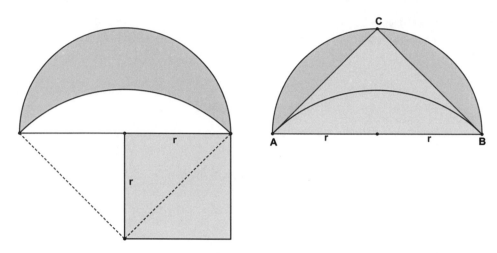

Abb. 5.1 Hippokrates' Konstruktion 1

Grundlinien. Dies bewies er aber dadurch, dass er zeigte, dass die Durchmesser in der zweiten Potenz dasselbe Verhältnis haben wie die Kreise, denn wie sich die Kreise zueinander
verhalten, so verhalten sich auch die ähnlichen Segmente. Ähnliche Segmente nämlich sind
die, die denselben Teil des Kreises ausmachen, wie z. B. Halbkreis zu Halbkreis und Drittelkreis zu Drittelkreis.

Konstruktion 1

Über der Hypotenuse eines rechtwinklig-gleichschenkligen Dreiecks wird ein Halbkreis errichtet; die Spitze des Dreiecks ist der Mittelpunkt eines weiteren Viertelkreises
(Abb. 5.1a). Das dadurch entstehende Möndchen ist flächengleich zum Dreieck bzw.
zum Quadrat über der halben Hypotenuse.

Beweis: Es gilt die Flächengleichheit:

Möndchen + Viertelkreis = Halbkreis + Dreieck

⇒ Möndchen = Halbkreis + Dreieck − Viertelkreis

Mit dem Radius r des Halbkreises folgt in moderner Schreibweise.

$$\text{Möndchen} = \tfrac{1}{2}\pi r^2 + r^2 - \tfrac{1}{4}\pi \left(r\sqrt{2}\right)^2 = r^2$$

Die Konstruktion wird auch oft dargestellt mit nach oben gespiegeltem Dreieck (siehe
Abb. 5.1b). Da sich nach Hippokrates ähnliche Kreisabschnitte verhalten wie die Quadrate der Radien, folgt für das Flächenverhältnis

$$\frac{\text{Segment(AC)}}{\text{Segment(AB)}} = \left(\frac{r\sqrt{2}}{2r}\right)^2 = \frac{1}{2}$$

Kreisabschnitte heißen dabei ähnlich, wenn die einbeschriebenen Dreiecke ähnlich sind. Der größere Kreisabschnitt über AB ist also flächengleich der Summe der

Abb. 5.2 Konstruktion 1
an zwei zusammengesetzten
Dreiecken

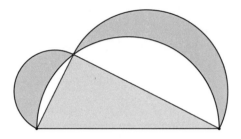

beiden kleineren. Ergänzt man den Abschnitt AB um die Möndchenfläche, so erhält man
den Halbkreis. Ebenfalls den Halbkreis erhält man, wenn man zu den kleineren Kreis-
abschnitten das rechtwinklig-gleichschenklige Dreieck addiert. Damit ist erneut gezeigt,
dass die Flächen des Dreiecks und das Möndchen gleich sind.

Fügt man zwei rechtwinklige Dreiecke mit gleicher Kathete zusammen zu einem großen Dreieck, so erhält man Abb. 5.2. Die Summe der beiden Möndchen ist flächengleich
dem roten Dreieck.

Konstruktion 2

Bemerkenswert ist die folgende Konstruktion. Ein gleichschenkliges Trapez ist gegeben
als Hälfte eines regulären Sechsecks. Über den drei (kongruenten) Seiten des Trapezes werden Halbkreise konstruiert, die zusammen mit dem Umkreis des Trapezes drei
Möndchen bilden. Die Flächensumme dieser drei Möndchen zusammen mit einem Halbkreis über dem Umkreisradius ist flächengleich dem Trapez! (Abb. 5.3).

Beweis: Der Radius des Umkreises sei r. Die Fläche eines Möndchens ergibt sich hier
aus

$$\text{Möndchen} = \text{Halbkreis (über r)} + \text{gleichseitiges} \triangle\text{- Sechstelkreis}$$

$$\text{Möndchen} = \frac{1}{2}\pi\left(\frac{r}{2}\right)^2 + \frac{1}{4}r^2\sqrt{3} - \frac{1}{6}\pi r^2$$

$$\Rightarrow \text{Möndchen} = \frac{1}{4}r^2\sqrt{3} - \frac{1}{24}\pi r^2$$

Die Flächensumme S der 3 Möndchen vermehrt um den Halbkreis über $|BC|$ ist damit

$$S = \frac{3}{4}r^2\sqrt{3}$$

Die Fläche des Trapezes ist gleich der Flächensumme von drei gleichseitigen Dreiecken

$$\text{Trapez} = \frac{3}{4}r^2\sqrt{3}$$

Damit ist die gesuchte Flächengleichheit bewiesen.

Abb. 5.3 Hippokrates'
Konstruktion 2

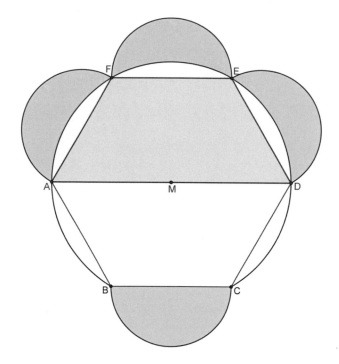

5.2 Quadraturen nach Eudemos von Rhodos

Konstruktion 3

Ebenfalls einfallsreich ist folgende Konstruktion. In einem Trapez mit 3 kongruenten Seiten $|BA| = |AC| = |CD|$ ist die Basis gegeben durch $|BD|^2 : |BA|^2 = 3$.

Das gleichschenklige Trapez ABCD besitzt wegen der Symmetrie einen Umkreis mit Mittelpunkt E und Radius r. Der Kreisbogen über AB ist ähnlich zum Kreisbogen AD; dies bedeutet, das Segment BD ist flächengleich dem dreifachen Segment AB.

Behauptung: Das Möndchen, gebildet aus Umkreis des Trapezes und dem Kreisbogen über der Basis AB, ist flächengleich dem Trapez ABDC (Abb. 5.4). Es gilt:

Segment AB = 3 × Segment AD = Segment AD + Segment DC + Segment CB.

Nimmt man von der ganzen Figur das Segment AB weg, so verbleibt das (blaue) Möndchen; nimmt man die 3 Segmente AD, DC, CB weg, so bleibt das Trapez. Somit sind beide Restfiguren flächengleich.

Konstruktion 4

Eine *Neusis*-Konstruktion ist die folgende: Gegeben ist ein Halbkreis mit Mittelpunkt K und Radius KB. Der Punkt Z liegt zunächst auf der Symmetrieachse zu KB; ebenso wie der Punkt E auf dem Halbkreis. Mit Hilfe eines Lineals wird nun die Strecke EZ so eingefügt, dass B auf der Verlängerung liegt und es gilt $|EZ|^2 : |EK|^2 = 3 : 2$. Der Punkt H

Abb. 5.4 Hippokrates'
Konstruktion 3

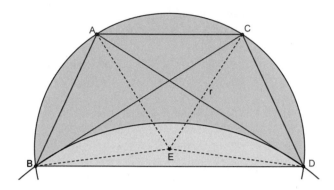

ist Spiegelpunkt von E bezüglich der Symmetrieachse von KB. Der äußere Kreisbogen EKBH ist der Umkreis des symmetrischen Trapezes KBHE. Das innere Kreissegment EZH ist dadurch bestimmt durch die Ähnlichkeit zum Kreissegment EKBH.

Behauptung: Das (blaue) Möndchen ist flächengleich dem Fünfeck EKBHZ (Abb. 5.5). Zu zeigen ist, $\varDelta$ZCB ist ähnlich zu $\varDelta$ABE; ACZE ist ein Sehnenviereck (Heath I, S. 193–196).

Konstruktion 5

Ebenfalls überraschend ist die folgende Konstruktion:

Gegeben sind zwei konzentrische Kreise, wobei der äußere Radius das $\sqrt{6}$-fache des inneren ist. Dem inneren Kreis K wird ein reguläres Sechseck einbeschrieben. Drei benachbarte Punkte des Sechsecks, das dem äußeren Kreis einbeschrieben ist, sollen A, C und D sein. Der über der Sehne AC errichtete Kreisabschnitt ist wieder ähnlich zum Kreisabschnitt über AD.

Behauptung: Die Flächensumme aus dem Dreieck ACD und dem inneren Sechseck ist gleich dem Möndchen vermehrt um den Inhalt des kleinen Kreises K (Abb 5.6).

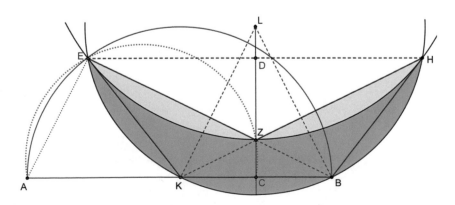

Abb. 5.5 Hippokrates' Konstruktion 4

Abb. 5.6 Hippokrates'
Konstruktion 5

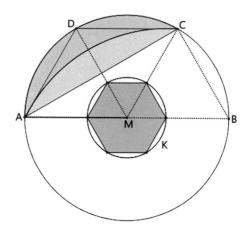

Nach Simplikios war Hippokrates der Meinung, damit die Quadratur des Kreises be-werkstelligt zu haben. Bei bekannter Möndchen-Fläche könnte mit Dreieck und Sechs-eck die Fläche des kleinen Kreises exakt konstruiert werden. Betrachtet man jedoch die raffinierten Konstruktionen, die Hippokrates erfunden hat, so sind die meisten Autoren der Meinung, dass Simplikios sich hier geirrt hat. Hippokrates hat sicher erkannt, dass mit diesem Aufgabentyp das allgemeine Problem der Kreisquadratur *nicht* gelöst worden ist. Aristoteles bezeichnet die Quadratur des Kreises mittels Möndchen als Trugschluss [Über die soph. Widerleg. 171b12-16].

In seinen Beweisen zeigt Hippokrates Kenntnis folgender Lehrsätze:

1. Zu ähnlichen Segmenten gehören kongruente Winkel; ihre Flächen verhalten sich wie die Quadrate ihrer Sehnen
2. Umfangswinkel in Halbkreisen sind Rechte; zu Segmenten kleiner als ein Halbkreis gehören spitze Winkel
3. Die Seite eines einem Kreis einbeschriebenen Sechsecks ist gleich dem Kreisradius
4. In einem Dreieck mit einem spitzen Winkel ist das Quadrat über der Gegenseite klei-ner als die Summe der Quadrate der anliegenden Seiten
5. In einem Dreieck mit einem stumpfen Winkel ist das Quadrat über der Gegenseite größer als die Summe der Quadrate der anliegenden Seiten
6. In einem gleichseitigen Dreieck ist das Quadrat über der Höhe das Dreifache des Quadrats über der halben Grundlinie
7. Kreisflächen verhalten sich wie die Quadrate ihrer Durchmesser
8. In ähnlichen Dreiecken stehen entsprechende Seiten im selben Verhältnis
9. Das gleichschenklige Trapez kann einem Kreis einbeschrieben werden

Diese Sätze waren sicher in den (verlorenen) *Elementen* des Hippokrates enthalten.

Literatur

Bretschneider, C.A.: Die Geometrie und die Geometer vor Euklid, Sändig Reprint (2002)
Heath, T.: A history of greek mathematics, Bd. 1. Dover Publications, New York (1981)
Knorr, W.R.: The ancient tradition of geometric problems. Dover Publications, NY (1993)
Thomas, I.: Selections illustrating the history of greek mathematics I, II, Heinemann London
     (1967)

Athen und die Akademie

Obwohl Athen in den Perserkriegen und in den Auseinandersetzungen mit den Rivalen Sparta und Theben erhebliche Verluste hinnehmen musste und letztlich gegen Makedonien unterlag, gelang es der Stadt Nährboden für bildende und darstellende Künste zu werden. Bedeutsam für Architektur und Bildhauerei waren der Bau und die stetige Erweiterung der Akropolis. Die glänzende Vertretung der Philosophie und ihrer Nachbargebiete Rhetorik, Sophistik usw. zog die geistige Elite nach Athen, sodass es zur Gründung von Akademien durch Platon und Aristoteles kam, die Jahrhunderte später noch als Vorbilder für mittelalterliche Universitäten und den (nationalen) Akademien der Wissenschaften dienten.

> *O glänzende, veilchenumkränzte, besungene Stätte,*
> *Bollwerk von Hellas, ruhmreichen Athena*
> *über der Stadt steht ihr Mond, sein Licht ausgießend*
> *auf des Theaters steinerne Stufen am Südhang des Burgbergs.*
> *den im Tanz sich bewegenden Chor,*
> *mit Fackeln unterm nächtlichen Himmel.*
> *Und weiter leuchtet sein Schein*
> *bis hinter die Zypressen, bei den Säulen des Zeus*
> *und bis hinter das Tor des griechenliebenden Hadrian.*
> Ode des Dichters Pindars auf die Stadt Athen

6.1 Athen

Die Herkunft des Namens *Athen* (altgriechisch Αθήναι, heute Αθήνα) ist bisher nicht geklärt, da die etymologischen Wurzeln des Begriffs unklar sind. Man vermutet, dass die Bezeichnung von der Schutzgöttin der Stadt, Athene, abstammt, umgekehrt ist es möglich, dass die Göttin nach der Stadt benannt wurde. In der Antike wird der Plural *Athinai*

© Springer-Verlag GmbH Deutschland, ein Teil von Springer Nature 2024
D. Herrmann, *Die antike Mathematik,* https://doi.org/10.1007/978-3-662-68478-8_6

Abb. 6.1 Athen und Akropolis um 100 n. Chr. (Wikimedia Commons)

genutzt, auch für Bewohner der attischen Halbinsel. Seit etwa 1300 v. Chr. existierte auf dem Burgberg ein mykenischer Königspalast. Die älteste Stadtanlage beschränkte sich auf die obere Fläche des Felshügels, der später als Akropolis (ἀκρῖς = Berggipfel, πόλις = Stadt) den militärischen und religiösen Mittelpunkt Athens bildete. Die Abb. 6.1 zeigt Athen und die Akropolis nach dem Wiederaufbau durch Augustus und Hadrian.

Als herausragende Leistung des (sagenhaften) Theseus priesen die Athener die Herbeiführung des *Synoikismos,* also des im rechtlichen und politischen Sinne verstandenen „Zusammensiedelns" der bis dahin über eine Vielzahl von Dörfern mit eigener Verfassung verstreuten Bevölkerung Attikas. Mit diesem Ziel habe Theseus die einzelnen Verwaltungen der Dörfer aufgehoben und alle Gewalt auf gemeinsame Behörden in Kekropia konzentriert, das nunmehr den Namen Athen erhielt. Gefeiert wurde dieses Ereignis seither in den von Erechtheus gestifteten Pan-Athenischen-Spielen und in den Synökien für die Göttin Athena; er hat auch das Erechtheion auf der Akropolis gestiftet.

Es bildete sich eine Herrschaft des Adels heraus, mit einem König an der Spitze. Der Adel, vertreten durch einen Adelsrat *(Areopag),* sammelte sich regelmäßig auf dem Ares-Hügel, um Einfluss auf die Staatsgeschäfte zu nehmen. Der Areopag bestimmte die ersten Beamten, Archonten genannt, und den militärischen Befehlshaber.

Durch die zentrale Lage und die rege Teilnahme am Seehandel, der über den Hafen Piräus lief, gewann Athen bald an Wohlstand, von dem allerdings nicht alle Athener Bürger profitierten. So kam es zu sozialen Spannungen zwischen den Landbesitzern und den rechtlosen Landarbeitern. Während der Amtszeit Drakons wurde die Notwendigkeit einer Reform erkannt; sein Nachfolger Solon sorgte mit seinem Verfassungsentwurf für einen Ausgleich der Interessen der Adligen und der Stadtbürger. Die Athener wurden in vier Klassen eingeteilt, von denen zwar nur die oberste zu politischen Ämtern zugelassen war; zugleich wurde aber die Schuldsklaverei auf den Landbesitzungen abgeschafft. In der Volksversammlung erhielten alle Klassen ein Stimmrecht, womit sich Anfänge einer Demokratie in der Athener Verfassung finden. Zwar gelang es 541 v. Chr. Peisistratos noch einmal als Tyrann die Macht an sich zu reißen; die Tyrannis endete mit dem Tod seiner beiden Söhne.

Persien, Griechenlands östlicher Nachbar, begann seine Expansion unter Kyros II. Unter seiner Führung wurde 546 das Reich der Lyder unter König Kroisos (lateinisch Croesus), 539 Babylonien und 530 v. Chr. das Meder-Reich erobert. Kyros' Nachfolger Kambyses II eroberte schließlich noch 525 Ägypten. Mit der Eroberung des Meder-Reichs war ganz Kleinasien in persischer Hand, so dass alle ionischen Städte tributpflichtig wurden. Athen unterstützte den ionischen Aufstand unter der Führung Milets, aber die Perser zerstörten unter Dareios I 494 Milet vollständig und verkauften die Einwohner als Sklaven.

Die wohl bekanntesten Schlachten der Perserkriege sind die von Marathon (490 v. Chr.) und Salamis (480 v. Chr.). Nach der Schlacht von Salamis gelang es den Athenern, ihre Macht auch auf andere Städte auszuweiten. Athen war führend in dem 477 gegründeten und 448 neu errichteten Attischen Seebund. Der Friedensvertrag 448 mit Persien (sog. *Kalliasfrieden*) und der 445 von Sparta erzwungene Friedensvertrag (auf 30 Jahre) verschafften Athen eine Erholungspause, die von 443–429 als das Perikleische Zeitalter bezeichnet wird. In dieser Zeit begann *Perikles* mit dem Neubau bzw. der Erweiterung der Akropolis, die zuvor von den Persern zerstört worden war. Die Bauleitung bildeten die Architekten Kallikratos und Iktinos, die Ausstattung erfolgt von dem berühmten Bildhauer Phidias (Bauzeit 467–406). Die Abb. 6.2 zeigt das Innere des Parthenons mit der vergoldeten Riesenstatue der Göttin *Athena* Parthenos.

Den Höhepunkt ihres politischen und kulturellen Einflusses erreichte Athen im 5. Jahrhundert v. Chr. Es wurde zum Zentrum für Wissenschaftler, Literaten, Philosophen und Künstler. Berühmte Dramatiker waren Aischylos (525–456), Sophokles (497–406), Euripides (480–406) und Aristophanes (445–385). Die Geschichtsschreibung wurde begründet durch Herodot (484–425), Thukydides (460–396) und Xenophon (430–354). Die Philosophie machte *Sokrates* (469–399) populär; ihm folgten Platon und Aristoteles. Beide gründeten eine bedeutende Akademie, der Name *Akademie* wird noch Jahrhunderte später für Wissenschaftsinstitute verwendet. Athen hatte eine Bevölkerung von ca. 40.000 Einwohner, jedoch waren die meisten Athener keine Vollbürger, sondern rechtlose Sklaven oder Fremde *(Metöken)*.

Nach dem Auslaufen des Friedensvertrags kommt es erneut zur Auseinandersetzung mit dem Dauerfeind Sparta im Peloponnesischen Krieg (431–404), der mit einer schweren Niederlage und der Besetzung Athens endet. Trotz der schwierigen Zeit kann Platon im Jahr 387 die *Akademie* in Athen gründen, die für Studenten aus ganz Griechenland zum Anziehungspunkt wird. Im Jahr 338 besiegt Philipp von Makedonien in der Schlacht von Chaironeia den hellenischen Bund aus Sparta, Athen und Theben. Ab 334

Abb. 6.2 Statue der Athena
im Parthenon (Wikimedia
Commons)

wird Athen neu besetzt und Aristoteles kann (ohne Bürgerrecht) das *Lykeion* gründen.
Athen war nun Teil des Makedonischen Reiches und musste für den Feldzug Alexanders
erhebliche Truppen bereitstellen.

Philipp und nach ihm sein Sohn Alexander d.G. achteten die große Tradition Athens
und schonten die Stadt. Nach dem Tod Alexanders erhoben sich Athen und andere griechische Stadtstaaten im so genannten Lamischen Krieg erneut gegen die Makedonen,
wurden aber geschlagen. Athen erhielt eine makedonische Besatzung: Von 317 bis 307
v. Chr. herrschte Demetrios von Phaleron, ein Schüler des Aristoteles, als makedonischer
Verwalter. Nach der Vertreibung des Demetrios wurde Athen noch einmal selbstständig
und verteidigte sich bis 262 v. Chr. erfolgreich gegen die makedonischen Eroberungsver-
suche. Nach einer erneuten Niederlage wurde Athen bis 229 v. Chr. wieder makedonisch,
danach war es frei. Das unabhängige Athen gewann wieder an kultureller Bedeutung und
wurde zu einem wichtigen politischen Aktionsfeld der Diadochen und deren Nachfolge-
staaten, die sich mit zahlreichen Stiftungen um die Gunst der griechischen Öffentlichkeit
bemühten. In den Auseinandersetzungen Makedoniens mit dem Römischen Reich stand
Athen auf der Seite Roms.

86 v. Chr. wurde Athen von Feldherr Sulla als Strafe für die Unterstützung des Mi-
thridates VI. erobert und geplündert. Damit wurde Griechenland römische Provinz,
später dann Teil des oströmischen Reiches (ab 395 n. Chr.). Doch auch unter der römischen Besatzung blieb die Stadt ein Zentrum kulturellen Lebens und hatte den Status
einer freien Stadt. Viele Mitglieder der römischen Oberschicht gingen eine Weile nach

Athen, um philosophische Studien zu betreiben. Zahlreiche Neu- und Umbauten erfolgen in römischer Zeit. So wird die römische Agora (unter Kaiser Augustus) und das neue Stadtviertel Hadrianstadt (unter Kaiser Hadrian) errichtet. Schließlich wird der schon in archaischer Zeit begonnenen Tempel des Olympischen Zeus (Olympieion) vollendet.

6.2   Die Akademie

Die Akademie war von Anfang an auf Dauer angelegt; d. h. über den Tod Platons hinaus. Im Athener Stadtplan von 1781 (Abb. 6.3) ist die Lage der Akademie (nordwestlich außerhalb der antiken Stadtmauern) noch gut erkennbar; ebenso wie die Lage des Lykeion, dort als „Lyceum" bezeichnet. Der Akademievorstand wurde jeweils aus der Gruppe der Älteren ausgewählt. Der Unterricht war größtenteils öffentlich: Lehrgespräche, Dialoge, Disputationen und Vorträge wechselten sich ab. Ein fester Lehrplan war nicht vorgesehen. Gelehrt und geforscht wurde nicht nur auf philosophischem, sondern fast jedem (damals noch zur Philosophie gerechneten) wissenschaftlichen Gebiet, wie Mathematik und Astronomie. Die zahlreichen Feierlichkeiten und Symposien zu den

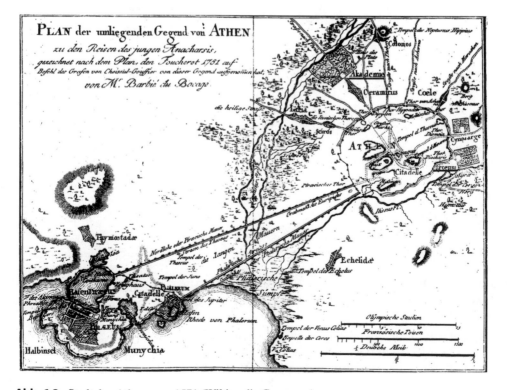

Abb. 6.3   Stadtplan Athens von 1571 (Wikimedia Commons)

verschiedenen Anlässen – wie Jahrestage von Sokrates und Platon – werden wohl nicht öffentlich gewesen sein.

Die Nachfolger Speusippos' waren Xenokrates von Chalkedon (339–315), Polemon von Athen (315–270) und Crates von Athen (ab 270). Danach erlosch die alte Akademie. Es ist keineswegs so, wie man oft in der Literatur liest, dass die Akademie nach kontinuierlichem Bestehen 529 n. Chr. geschlossen worden sei. Sie existierte vielmehr in sechs verschiedenen Perioden:

1. Die Fortsetzung der *alten* Akademie von 347–270; ihre besten Vertreter sind Xenokrates und Krantor.
2. Die *mittlere* Akademie wurde von *Arkesilaos* (316–241) gegründet. Die Lehre weicht von Dogma Platons ab und wendet sich dem Skeptizismus zu. Sein Nachfolger Karneades d. Ä. (156–137), der als Gesandter nach Rom geschickt wurde, hatte dort solchen Erfolg mit seinem Unterricht, dass ihn der berühmte Cato d. Ä. als lästigen Konkurrenten aus Rom ausweisen ließ
3. Die *neuere* Akademie wurde von *Karneades d.J.* geführt (214–129). Sie verwirft das Dogma Platons; die reine Wahrheit ist prinzipiell unzugänglich, es reicht, das Wahrscheinliche zu erforschen.
4. Die *vierte* Akademie wurde von Philon von Larissa und Antiochos von Askalon gegründet, nach der Eroberung Athens durch Sulla (86 v. Chr.). Die Lehre orientierte sich wieder an Platon. Beide Philosophen reisten auch nach Rom, wo sie zahlreiche Hörer fanden.
5. Die *fünfte* Akademie wurde von Plutarch von Athen gegründet um 410 n.Chr.. Ihr Bestreben war es, die Anliegen der Stoa mit der Platonischen Lehre zu vereinen.

Die Liste der Diadochen (Nachfolger Plutarchs) ist:

- Syrianos von Alexandria
- Domninos von Larissa
- Proklos Diadochos
- Marinos von Sichem (Samaria)
- Isidor von Alexandria
- Damaskios von Damaskus (510–529).

Neben dem Peripatos des Aristoteles sind noch zwei weitere Schulen zu erwähnen, die jeweils Philosophiegeschichte geschrieben haben:

- Zenon von Kition (336–262 v. Chr.) wurde auf Zypern geboren. Ab 312/311 lebte er in Athen, studierte unter anderem die Philosophie der Kyniker und Platoniker und gründete um 300 eine eigene Philosophenschule, die *Stoa* (=Säulengalerie). Benannt wurde die Stoa nach der *stoa poikile,* einer farbig ausgemalten Wandelhalle an der Agora Athens, in der Zenon seine Schüler versammelte. Er lehrte fast vierzig Jahre lang bis zu seinem Tod, sein Nachfolger wurde Chrysippos. Die Stoa bestand bis zur Mitte des 3. Jahrhunderts n. Chr. Die bedeutendsten Vertreter der Stoa waren Kleanthes von Assos und Chrysippos von Soloi (Kilikien), ferner Panaitios von Rhodos und dessen Schüler Posidonios aus Apameia. Durch Panaitios' Beziehungen zu führenden Persönlichkeiten in Rom wurde die Philosophie in dieser Stadt hoffähig. Die bedeutendsten Stoiker in Rom sind der römische Philosoph Lucius Annaeus Seneca, der in Rom als Sklave geborene Epiktet und der römische Kaiser Mark Aurel.

- Epikur (341–270 v. Chr.) auf Samos geboren, ging mit achtzehn Jahren nach Athen um seinen Militärdienst abzuleisten; nebenbei besuchte auch die platonische Akademie. 310 eröffnete er mit seinen Brüdern zunächst in Mytilene, später in Lampsakos eine eigene Schule. Von vielen seiner Schüler gefolgt, ging Epikur 306 wieder nach Athen, wo er ein Haus mit einem großen Garten erwarb. Nach diesem Garten (griech. *kepos*) wurde seine Schule Kepos benannt, an der er dreieinhalb Jahrzehnte lehrte. Seine Naturphilosophie schlug sich nieder in dem berühmten Lehrgedicht *De rerum naturarum* (Von der Natur der Dinge), des römischen Dichters Lukrez. Epikur vertrat die Lehre, wahre Lebenslust bestehe aus „Freisein von körperlichen Schmerzen und seelischer Aufregung". Der Philosoph F. Nietzsche (*Unzeitgemäße Betrachtungen,* 192) formulierte das Anliegen der Epikureer spitzfindig so: *Ein Gärtchen, Feigen, kleiner Käse, dazu drei bis vier Freunde – das war die Üppigkeit desEpikurs.* Cicero lästert über ihn (*De nat. deorum* II, 18): *Es gibt unzählige, verschiedene Welten, was Epikur niemals sagen würde, wenn er jemals gelernt hätte, dass zwei plus zwei gleich vier sind.*

Als Cicero im Jahr 78–77 v. Chr. in Athen weilte, hörte er die Vorlesungen des *Antiochos.* In seiner Schrift *De finibus bonorum* (V, 1,1) berichtet Cicero, wie er mit Bruder und Neffe die alte Akademie besucht und die noch existierende Grabsäule Platons gefunden habe.

Zu jener Zeit, als ich [...] an der Schule des Ptolemaios die Vorlesungen des Antiochos hörte, verabredeten wir […] den Nachmittag einen Spaziergang nach der Akademie zu machen, weil der Ort um diese Tageszeit am wenigsten von der Menschenmenge besucht ist. So versammelten wir uns [...], wanderten in mancherlei Gespräch von Dipylos [= Stadttor Dipylon] aus die sechs Stadien fort und fanden uns in der Akademie, jenen mit Recht berühmten Räumen, angekommen, so einsam wie wir wünschten… Ich wurde dort an Platon, den ersten Philosophen, erinnert, der an diesem Ort seine Diskussionen abhielt, und in der Tat ruft der benachbarte Garten die Erinnerung an ihn wach.

An der neuplatonischen Akademie wirkte *Proklos* (um 450 n. Chr.), dessen Kommentar zum Buch I der *Elemente* eine wichtige Quelle der Mathematikgeschichte wurde. Im Jahre 529 feierten die christlichen Eiferer einen wichtigen Sieg über ihre Gegner, die dem alten heidnischen Glauben treu geblieben waren. Kaiser Justinian befahl die definitive Schließung der Akademie von Athen, *um den Wahnsinn der Hellenen ein Ende zu bereiten;* außerdem konfiszierte ihr Vermögen. Damit war auch in Athen, etwa 140 Jahre nach der Schließung des Serapeions in Alexandria, die hellenistische Kultur endgültig beendet.

Der letzte Diadoche Damaskios nahm zusammen mit sechs anderen Kollegen – Simplikios, Eulamios und anderen den Weg ins Exil. Die gesamte Gruppe ging nach Persien und stellte sich unter den Schutz von Kosroes I. Einige Jahre danach ließen sich die platonischen Philosophen im nordirakischen Harrân in der Nähe von Edessa nieder. Simplikios verfasste dort gelehrte Aristoteles-Kommentare, die heute noch eine unschätzbare Quelle für unsere Kenntnis der Ideen der Vorsokratiker bilden. Simplikios verteidigte ausdrücklich die Grundpositionen der aristotelischen Physik, insbesondere von der Ewigkeit der Welt, im Gegensatz zur christlichen Schöpfungslehre.

Das Christentum im Ost- und Weströmischen Reich war Staatsreligion geworden; die alten Schriften wurden als heidnische Zeugnisse betrachtet. Mathematik wurde dabei mit Astrologie gleichgesetzt; als *eigentliche* Mathematik wird die Geometrie angesehen. Augustinus schreibt:

> Der gute Christ soll sich hüten vor den Mathematikern und all denen, die leere Voraussagen zu machen pflegen, schon gar dann, wenn diese Vorhersagen zutreffen. Es besteht nämlich die Gefahr, dass die Mathematiker mit dem Teufel im Bunde den Geist trüben und in die Bande der Hölle verstricken.

Nicht nur die Mathematik, auch die Überlieferung über die Kugelgestalt der Erde wurde als gefährlich für das Seelenheil angesehen. So schreibt der Mönch *Kosmas* Indikopleustes im 6. Jahrhundert:

> Wer ein wahrer Christ sein will, der muss die geometrischen Methoden der Narren und Lügner loslassen. Zu denen, die Christen sein wollen und dennoch das Wort Gottes gering schätzen, wird Gott am Tage des Gerichts gemäß dem Apostel Matthäus sagen: *Ich kenne euch nicht, weicht weg von mir, die ihr Unrecht treibt.*

Tertullian (*Apologeticum*, 40) gibt den Heiden Teilschuld an allem Übel:

> Dass die allgemeinen Kalamitäten und Notstände von den Göttern aus Zorn gegen die Christen gesendet würden, ist bloßer Wahn, wie schon die Geschichte zeigt. Schuld daran ist in Wirklichkeit die allgemeine Schuldhaftigkeit, besonders die der Heiden. Den Christen ist es zu verdanken, dass es nicht noch schlimmer geht.

Theoderet schreibt in seiner Schrift *Heilmittel gegen die hellenistischen Krankheiten* [8, 68 f.]:

> Wahrlich, ihre Tempel sind so vollständig zerstört, dass man sich nicht einmal ihre frühere Stätte vorstellen kann, während das Baumaterial nunmehr den Märtyrerschreinen gewidmet ist. [...] Siehe, statt der Feste für Dionysios und andere werden die öffentlichen Veranstaltungen nun zu Ehren des Petrus, Paulus und Thomas zelebriert! Statt unzüchtige Bräuche zu pflegen, singen wir jetzt keusche Lobeshymnen.

Abb. 6.4 Mosaik der
„Akademie Platons"
(Wikimedia Commons)

6.3   Die Mathematiker der Akademie

Dank des Mathematiker-Verzeichnisses von Eudemos (teilweise überliefert bei Proklos)
haben wir einen guten Überblick über die an der Akademie tätigen Mathematiker; drei
davon werden hier vorgestellt.

Ein berühmtes Mosaik nach einem griechischen Vorbild aus Torre Annunziata bei
Pompeji (1. Jahrhundert n. Chr.) wird meist als Darstellung der Akademie Platons an-
gesehen. Möglich ist auch, dass hier die *Sieben Weisen* Griechenlands abgebildet werden
(Abb. 6.4):

> Drei der Gelehrten halten Papyrusrollen in der Hand, die sie aus dem geöffneten Kästchen
> im Vordergrund entnommen haben. Ebenfalls im Vordergrund sieht man eine Erdkugel
> (σφαῖρα) mit Koordinatensystem, auf die einer der Gelehrten mit einem Zeigestab weist.
> Eine Säule in Bildmitte trägt eine Sonnenuhr; auf dem Torbogen links im Bild befinden sich
> mehrere große Öllampen, die auch bei Dunkelheit Licht spenden.

Das Motiv der Sieben Weisen scheint sehr populär gewesen zu sein, da eine ähnliche
Kopie des Mosaiks (ohne Baum in der Mitte) in der Villa Albani (Rom) existiert[1].

---

[1] Stückelberger A.: Einführung in die antiken Wissenschaften, Wissenschaftl. Buchgesellschaft
1988, Tafel VII.

6.3.1 Eudoxos von Knidos

Eudoxos (EÜ$\delta o\xi o\zeta$) stammte von der Halbinsel Knidos (Kleinasien) und erhielt zunächst eine medizinische Ausbildung. Sein Geburtsjahr kann man etwa auf 395 v.Chr. festlegen, da er in seinem Werk explizit auf Platons Tod Bezug nimmt. Da Diogenes Laertios (VIII, 86) sein Alter mit 53 Jahren angibt, wird er etwa um 340 gestorben sein. Im Alter von etwa 23 Jahren ging er nach Athen, um die dort lehrenden Sokratiker zu hören. Dieser erste Aufenthalt in Athen dauerte nur wenige Monate, da die Begegnung mit Platon für ihn enttäuschend verlief. Den genauen Grund für das Verlassen der Akademie kennt man nicht; jedenfalls kehrte Eudoxos bald nach Knidos zurück. Später nahm er eine Unterrichtstätigkeit in Zykikos (Marmara-Küste) auf, wo er eine eigene Schule gründete. Sein bekanntester Schüler ist Menaichmos von Cheronesos (Trakien).

Nicht bekannt ist, wo er sein Wissen über Astronomie erworben hat. Bedeutsam in diesem Fach ist seine Theorie, in der er durch Verwendung von 27 konzentrischen Sphären um die im Zentrum ruhend, gedachte Erde die unterschiedlichen Winkelgeschwindigkeiten der Planeten erklärte. Die Erklärung dieses Phänomens hatte Platon als Aufgabe gestellt.

Von seinem späteren Aufenthalt an der Akademie ist nur wenig bekannt; es wird berichtet, dass Aristoteles zur Zeit des Eudoxos in die Akademie eingetreten ist. Aristoxenos von Tarent berichtet, dass Eudoxos das Fach Mathematik während der zweiten Sizilienreise Platons vertreten habe. Dies scheint vom Alter her möglich, ist aber kaum plausibel bei der doch kurzen Aufenthaltsdauer in Athen. Nach einer weiteren Unterrichtstätigkeit in Zykikos kehrte er in seine Heimat zurück, wo er sich auch politisch betätigte.

Das mathematische Werk

Von seinen mathematischen Entdeckungen sind nur Bruchstücke aus Werken anderer Autoren bekannt. Seine Beiträge zur Mathematik sind bedeutsam, da er eine umfassende Theorie der Proportionen lieferte. Man nimmt an, dass die Bücher V und XII der Elemente im Wesentlichen von ihm stammen. Ferner stammen von ihm folgende Lehrsätze, die sich später bei Euklid finden:

1. Kreisflächen verhalten sich wie die Quadrate der Radien: Euklid [XII, 2]
2. Kugelvolumina verhalten sich wie die Kuben der Radien: Euklid [XII, 18]
3. Das Pyramidenvolumen ist ein Drittel des Prisma mit gleicher Grundfläche und Höhe: Euklid [XII, 3–7]
4. Das Kegelvolumen ist ein Drittel des Zylinders mit gleicher Grundfläche und Höhe: Euklid [XII,10]

Das prinzipielle Problem, das bei der Behandlung von Proportionen vor Eudoxos auftauchte, war die Verknüpfung aller Größen mit den jeweiligen Einheiten. Es war also nur möglich, Strecken mit solchen, ebenso Flächen, Volumina, Zeiten usw. ins Verhältnis zu setzen. Aristoteles schreibt in [Anal. post. I, 5] über den Lehrsatz von Proportionen

> Früher wurde dieser Satz für Zahlen, Strecken, Körper und Zeiten einzeln bewiesen. Erst nach Aufstellen eines allgemeinen Größenbegriffs konnte dieser Satz allgemein bewiesen werden.

Aristoteles vermerkt an anderer Stelle [Topika 158B]:

> Es scheint auch in der Mathematik einiges wegen des Fehlens einer [geeigneten] Definition nicht leicht zu beweisen sei, wie z. B., dass eine Gerade, die ein Flächenstück [Parallelogramm] parallel zu einer Seite schneidet, die Strecke und den Flächeninhalt im gleichen Verhältnis teilt. Wenn aber die Definition ausgesprochen wird, ist das Gesagte sofort einsichtig, denn die Flächeninhalte und Strecke haben dieselbe *Anthyphairesis*.

Anthyphairesis heißt *wechselseitiges Wegnehmen* und kennzeichnet genau die Vorgehensweise beim Euklidischen Algorithmus. Dieses Verfahren endet genau in endlich vielen Schritten, wenn das Verhältnis der Größen rational ist. Was ist jedoch, wenn das Verhältnis irrational ist? Die Griechen hatten Probleme damit, unendliche Prozesse in der Mathematik als gültig zu erklären. Irrationale Zahlen wie $\sqrt{2}$ konnten aber durch eine Proportion ausgedrückt werden:

$$x : y = y : 2$$

Regeln für Proportionen

Die neue, allgemein gültige Definition findet sich bei Euklid [V, 5]: Man sagt, dass Größen in demselben Verhältnis stehen, wenn die erste zur zweiten sich verhält, wie die dritte zur vierten. In Formeln ausgedrückt, impliziert $a : b = c : d$, dass genau einer der drei folgenden Fälle eintritt:

$$na > mb \iff nc > md \quad na = mb \iff nc = md \quad na < mb \iff nc < md$$

Dabei sind n, m beliebige ganzzahlige Vielfache. Insbesondere lässt sich die Vertauschbarkeit zeigen

$$a : b = c : d \iff c : d = a : b \lor b : a = d : c$$

Ebenso ist die korrespondierende Addition bzw. Subtraktion zu beweisen

$$a : b = c : d \; (a + c) : b = (c + d) : d$$

$$a : b = c : d \; (a - c) : b = (c - d) : d; \text{für } a > c > d$$

Von Eudoxos stammt insbesondere das Prinzip des Exhaustionsbeweises (vgl. Kreismessung des Archimedes). In der Formulierung von Euklid [X, 1] heißt es:

> Nimmt man beim Vorliegen zweier ungleicher (gleichartiger) Größen von der größeren ein Stück weg, das größer als die Hälfte ist und vom Rest wieder ein Stück weg, das größer als die Hälfte ist und wiederholt das beliebig oft, so muss einmal eine Größe übrig bleiben, die kleiner ist als die kleinere Ausgangsgröße.

6.3.2   Theodoros von Kyrene

Nach dem Bericht Iamblichos' war Theodoros (465–399 v. Chr.) Pythagoreer und einer
der Mathematiklehrer Platons. Im Dialog *Theaitetos* [147E] berichtet dieser:

> Von den Diagonalen der Quadrate zeichnete uns Theodoros etwas vor, indem er uns von
> dem mit drei Quadratfuß Inhalt und dem mit fünf Quadratfuß zeigte, dass sie der Länge
> nach nicht kommensurabel wären mit dem mit einem Quadratfuß. Und so ging er jede ein-
> zeln durch bis zu dem mit siebzehn Quadratfuß, bei dieser hielt er inne. Uns nun fiel ein,
> da der Streckenlängen unendlich viele zu sein schienen, wollten wir versuchen, einen zu-
> sammenfassenden Begriff zu finden, wodurch wir diese alle bezeichnen könnten.

Diese Stelle wird in der Literatur meist so interpretiert, dass Theodoros Quadrate mit den
Flächeninhalten 3 bis 17 konstruiert und für diese Inhalte (ohne die Quadrate 4, 9 und
16) die Irrationalität von jeweiligen Diagonalen und Seite gezeigt habe. Ferner wird angenommen, dass Theodoros die Inkommensurabilität in Einzelfällen gezeigt, Theaitetos
jedoch den Allgemeinfall behandelt habe:

> Strecken, über denen errichtete Quadrate zwar ein ganzzahliges Flächenmaß haben, jedoch
> keines, das eine Quadratzahl ist, haben kein gemeinsames Maß mit der Längeneinheit.

Der Autor A. Szabò ist mit dieser Interpretation nicht einverstanden. Nach einer lang-
wierigen philologischen Diskussion der Begriffe *dynamis* (=Quadratwert eines Rechtecks) und *tetragonismos* (=Umwandlung in ein flächengleiches Quadrat) entdeckt er
Unstimmigkeiten in der Terminologie des Platon, der ja bekanntlich kein geschulter Mathematiker war. Er schreibt[2]:

> Vor allem kann ich nicht einverstanden sein, wenn man unter Berufung auf die mathemati-
> sche Stelle im Dialog Theaitetos behauptet: Dem Theaitetos seien die exakten Definitionen
> *messbar, quadriert messbar, rational* und *irrational* zu verdanken […]. Auch damit bin ich
> nicht einverstanden, wenn man behauptet, dass am Schluss unserer mathematischen Stelle
> zwar kurz, aber sehr deutlich der Satz von Theaitetos (s. o.) ausgesprochen werde.

Später spricht Szabò davon, dass man *keine* neuen mathematischen Begriffe bzw. Bezeichnungen für solche Sätze dem platonischen Theaitetos zuschreiben kann. Theaitetos
ist sozusagen nur ein von Platon erdachter Gesprächspartner, wie auch der Mathematiker
Timaios von Lokri vermutlich nicht existiert hat. In seinem Buch *Das exakte Denken der
Griechen* (S. 24) hat bereits K. Reidemeister 1949 als erster den Verdacht geäußert, dass

> der Mathematiker Theaitetos nur eine Legende ist, die sich um den Theaitet[os] des platoni-
> schen Dialogs kristallisiert hat.

---

[2] Szabo, A.: Anfänge der griechischen Mathematik, Oldenbourg (1969), S. 97.

Abb. 6.5 Wurzelschnecke
nach Theodoros

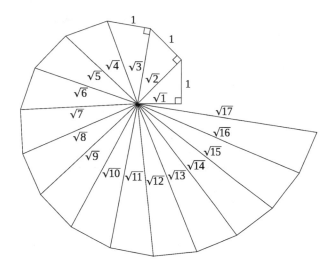

Aus der Tatsache, dass der Theaitetos-Satz möglicherweise bereits den Pythagoreern bekannt war, kann man wohl nicht die Existenz des Theaitetos leugnen; aber die viel beschworene Erschütterung der pythagoreischen Philosophie durch die Entdeckung des Irrationalen hat wohl nicht stattgefunden. Es ist unklar, warum Theodoros bei der Flächenmaßzahl 17 aufgehört hat. Die Betrachtung der sog. Wurzelspirale (Abb. 6.5), die sich bei $\sqrt{18}$ überschneiden würde, dürfte keine hinreichende Erklärung sein. Eine ausgeklügelte Interpretation der Wurzelschnecke hat B.L. van der Waerden in einer Artikelserie[3] aufgestellt.

Es ist nicht einmal belegt, dass Theodoros nach Athen gekommen ist. Viele Autoren gehen davon aus, dass er Platon noch vor dem Tod Sokrates' unterrichtet hat, dazu muss er die Akademie besucht haben. Falls Theodoros nicht in Athen war, hat ihn Platon wohl nach dem Tod Sokrates' auf einer seiner Sizilien-Mittelmeer-Reisen angetroffen.

6.3.3   Theaitetos von Athen

Theaitetos (ca. 415–369) – wenn er denn existiert hat – war einer der wenigen Lehrer der Akademie, die aus Athen stammten. Außer dem nach ihm benannten Platon-Dialog, in dem er als Schüler des Theodoros von Kyrene bezeichnet wird, gibt es ein Scholion[4], das für seine Existenz spricht. Es findet sich in der frühen Euklid-Ausgabe des Commandino

---

[3] Van der Waerden B. L.: Die Arithmetik der Pythagoreer, Sammelband Becker (1965).

[4] Scholion ist eine in eine Handschrift nachträglich eingefügte Bemerkung, die oft wertvolle Hinweise gibt.

und bezeugt, dass die Sätze Euklid [X, 9–10] von Theaitetos stammen. Die Quelle Suidas notiert:

> Theaitetos aus Athen, Astronom, Philosoph, Schüler des Socrates, lehrte in Herakleia. Er war der Erste, der *über die berühmten 5 Körper* schrieb. Er lebte nach dem Peloponnesischen Krieg.

Ein Scholion zu Euklid [XIII, 1] schreibt dazu:

> In diesem Buch, es ist das 13., werden die 5 platonischen Körper beschrieben, von denen jedoch 3 nicht seine sind, denn diese wurden von den Pythagoreern gefunden, nämlich Würfel, Tetraeder und Dodekaeder, während Oktaeder und Ikosaeder dem Theaitetos zu verdanken sind. Sie wurden Platonisch genannt, da dieser im *Timaios* darüber diskutierte.

In ihrer Dissertation hat die Mathematikerin E. Sachs[5] nachgewiesen, dass Theaitetos tatsächlich Autor von Buch XIII der *Elemente* ist.

6.3.4 Archytas von Tarent

Möglicherweise ist er nicht nach Athen gekommen: Archytas war ein griechischer Philosoph (der pythagoreischen Schule), Mathematiker und Musiktheoretiker. Er lebte in seiner Heimatstadt Tarent; er wurde dort geboren zwischen 435 und 410 v. Chr. und starb wohl zwischen 355 und 350 v. Chr. Platon hatte Archytas auf seiner ersten Süditalien-Sizilien-Reise kennengelernt, der damals im Kreise der Pythagoreer lehrte und blieb mit ihm freundschaftlich verbunden. In dem bekannten Siebenten Brief Platons (von 13) wird berichtet, dass Archytas diesen auf seiner dritten Sizilienreise durch eine Intervention aus der Hand Diktators Dionysos II. von Syrakus gerettet hat. Einer seiner Lehrer soll zeitweise Philolaos gewesen sein, Eudoxos von Knidos, der zum engeren Kreis um Platon gehört, ein Schüler.

Im Kontext der Aufgabe der Würfelverdopplung (*Delisches Problem)* stellte Archytas seine Lehre der Proportionen auf; er konnte zeigen, dass die mittlere Proportion auch an räumlichen Körpern bestimmt werden kann, nämlich am Durchschnitt dreier Körper:

Dem Torus $x^2 + y^2 + z^2 = a\sqrt{x^2 + y^2}$, dem Zylinder $x^2 + y^2 = ax$ und dem Kegel $x^2 + y^2 + z^2 = \frac{a^2}{b^2}x^2$.

Setzt man $u = \sqrt{x^2 + y^2 + z^2}$ bzw. $v = \sqrt{x^2 + y^2}$, so folgt

$$u^2 = av;\ v^2 = ax;\ u^2 = \frac{a^2}{b^2}x^2 \Rightarrow a : u = u : v = v : b$$

---

[5] Sachs E.: Die fünf platonischen Körper, Philol. Unters. Heft 24, Berlin 1917.

Für $b = 2a$ erhält man den gewünschten Zusammenhang (siehe unten). Eine Beschreibung der umfangreichen Konstruktion findet sich bei van der Waerden[6]. Diogenes Laertios (Buch VIII, 83) schreibt über ihn:

> Archytas hat als erster die Mechanik mit mathematischen Prinzipien verbunden und dadurch methodisch bearbeitet … Auch suchte er durch einen Schnitt des Halbzylinders zwei mittlere Proportionalen für das Problem des Würfelverdopplung zu erhalten. Platon gibt in der *Politeia* [538B] an, *Archytas habe in der Geometrie den Würfel entdeckt.*

Nach einem Bericht Plutarchs (*Questiones convivales* VIII, 2) wurde Archytas von Platon für eine mechanische Lösung getadelt:

> Und Plato selbst rügte diejenigen im Umkreis von Eudoxos, Archytas und Menaechmus, die danach streben, die Verdoppelung des Würfels auf mechanische Vorgänge zurückzuführen, weil sie auf diese Weise versuchen, zwei mittlere Proportionale mit einer praktischen Methode zu finden; denn auf diese Weise würde alles Gute in der Geometrie zerstört und ins Nichts gebracht, weil die Geometrie wieder auf das Beobachtbare zurückfällt, anstatt sich darüber zu erheben und den ewigen, sinnlichen Bildern anzuhaften, in denen der immanente Gott der ewige Gott ist.

Plutarch schreibt am Beginn der Schrift *Vita Marcelli:*

> Die hochgeschätzte Mechanik wurde zuerst von Leuten um Eudoxos und Archytas aktiv betrieben. Sie führten eine elegante Änderung der Geometrie ein, indem sie intuitive Modelle für Probleme einführten, für die es keine hinreichende theoretische Lösung gab. Zum Beispiel wurde das Problem der zwei mittleren Proportionalen, von dem so viele Konstruktionen abhängig sind, von beiden gelöst, indem sie bestimmte Geräte entwarfen, die die mittleren Proportionalen mittels Kurven und ihren Schnitten bestimmten.

Diogenes Laertios (VIII, § 83) äußert sich über Archytas:

> Archytas hat als erster die Mechanik mit mathematischen Prinzipien verbunden und dadurch methodisch bearbeitet, desgleichen die mechanische Bewegung mit Hilfe geometrischer Zeichnung dargestellt. Auch suchte er durch den Schnitt des Halbzylinders zwei mittlere Proportionale für das Problem der Würfelverdopplung zu erhalten. Platon im *Staat* [538B] gibt an, er habe in der Geometrie den Würfel entdeckt.

Menaichmos, dem Schüler des Eudoxos, gelang eine geometrische Lösung des delischen Problems mittels Schnitt einer Parabel mit einer Hyperbel:

$$a : x = x : y = y : 2a \Rightarrow \begin{cases} x^2 = ay \, (\text{Parabel}) \\ xy = 2a^2 \, (\text{Hyperbel}) \end{cases}$$

---

[6]Van der Waerden B.L.: Science awakening, Oxford University 1961, p. 150–152.

Aus der dreifachen Proportion folgt wie gewünscht:

$$a : x = x^2 : 2a^2 \Rightarrow 2a^3 = x^3 \Rightarrow x = \sqrt[3]{2}a$$

In der neueren Literatur wird vor allem von C. Lattman[7] und R. Netz[8] die Ansicht vertreten, dass die Lösung des Delischen Problems trotz des Einspruchs Platons mechanisch versucht wurde. Lattman schreibt darüber ein ganzes Kapitel mit fast 100 Seiten. Es ist im Rahmen des Buchs nicht möglich, darauf näher einzugehen.

In seiner Schrift „Über die Musik" definiert Archytas das arithmetische, geometrische und subkonträre Mittel. Letzteres wurde von Nikomachos bzw. Iamblichos umbenannt in *harmonisch.* Van der Waerden[9] und andere sind der Meinung, das ganze Buch VIII der *Elemente* ist der Musiklehre Archytas' entnommen, ebenso Euklids Musiklehre *Sectio canonis.* Beispiele für solchen Lehrsätze mit Proportionen sind:

Euklid [VIII, 11]: Zwischen zwei Quadratzahlen gibt es *eine* mittlere Proportionalzahl; und die Quadratzahl steht zur Quadratzahl zweimal im Verhältnis wie die Seite zur Seite.

$$a^2 : b^2 = (a : b)^2$$

Euklid [VIII, 12]: Zwischen zwei Kubikzahlen gibt es *zwei* mittlere Proportionalzahlen; und die Kubikzahl steht zur Kubikzahl dreimal im Verhältnis wie die Seite zur Seite.

$$a : x = x : y = y : b \Rightarrow a^3 : x^3 = a : b$$

Euklid [VIII, 13]: Hat man beliebig viele Zahlen in geometrischer Proportion und bildet jede, indem sie sich selbst vervielfacht, eine weitere, so müssen die Produkte in Proportion stehen; und wenn die ursprünglichen Zahlen, indem sie die Produkte vervielfältigen, weiter bilden, so müssen auch diese in Proportion stehen [und dies gilt auch stets von den letzten].

Ein Originalbeweis von Archytas findet sich bei Boethius (*De Musica* III, 11). Dort wird bewiesen, dass es zu zwei Zahlen $(n + 1) : n$ (*superparticularis* bei Boethius genannt) keine mittlere Proportionale geben kann. Der komplizierte Beweis ist zu umfangreich, um hier dargestellt zu werden.

Das Rechnen mit Proportionen, das von Archytas und Eudoxos begründet wurde, ist von grundlegender Bedeutung in der griechischen Mathematik, da die Pythagoreer und Euklid *niemals* Brüche, sondern stets Proportionen von Ganzzahlen verwendet haben. Platon setzt in [Politeia 546 C] die Diagonale im Einheitsquadrat gleich 7 : 5.

---

[7] Lattmann C.: Mathematische Modellierung bei Platon zwischen Thales und Euklid, de Gruyter Berlin 2019, S. 177–270.

[8] Netz R.: The Works of Archimedes, Vol. 1, Cambridge University 2004, p.273–275.

[9] Van der Waerden B.L.: Science awakening, Oxford University 1961, p.112.

Außer dem schon erwähnten Archytas-Fragment **DK47** B1, findet sich bei Diels-Kranz noch das Fragment:

DK47 B4: Und die Rechenkunst hat, wie es scheint, in Bezug auf Wissenschaft vor den anderen Künsten einen recht beträchtlichen Vorrang; besonders aber auch vor der Geometrie, da sie deutlicher als diese, was sie will, behandeln kann... Und wo die Geometrie wiederum versagt, bringt die Rechenkunst sowohl Beweise zustande wie als auch die Darlegung der Formen, wenn es überhaupt eine wirkliche Behandlung der Formen gibt.

O. Neugebauer kommentiert die Rolle Platons an der Akademie wie folgt (zitiert nach Kedrovskij[10]):

Es scheint mir offensichtlich, dass Platons Rolle stark übertrieben worden ist. Sein eigener direkter Beitrag zum mathematischen Wissen ist offenbar gleich null gewesen. Dass im Verlaufe einer kurzen Zeit Mathematiker solchen Ranges wie Eudoxos zu seinem Kreis gehörten, ist kein Beweis für den Einfluss Platons auf die mathematische Forschung. Der ausschließlich elementare Charakter der Beispiele mathematischer Überlegungen, die von Platon und Aristoteles angeführt werden, erhärtet nicht die Hypothese, dass Theaitetos oder Eudoxos irgendwas bei Platon gelernt hätten.

Literatur

Fowler, D.H.: The Mathematics of Plato's Academy, A New Reconstruction, Oxford Science (1987)

Fritz von, K.: Platon, Theaetet und die antike Mathematik, Wissenschaftliche Buchgesellschaft (1969)

Eudoxos von Knidos, Lasserre, F. (Hrsg.): Die Fragmente, De Gruyter, Berlin (1966)

---

[10] Kedrovskij O.I.: Wechselbeziehungen zwischen Philosophie und Mathematik im geschichtlichen Entwicklungsprozess, Leipzig 1984, S. 57

Platon

7

Platon, vom Ruhm *Sokrates'* angezogen, gründete nach dessen Tod eine eigene Akademie mit dem Ziel, durch eine philosophisch fundierte Bildung die künftige Elite auf eine bessere politische Praxis vorzubereiten. Diese Ausbildung sollte auch die Kenntnis der Mathematik umfassen, die in seinen Schriften (u. a. im *Menon*-Dialog) und in seiner Ideenlehre eine besondere Bedeutung hatte. Platons (alte) Akademie existierte mit Unterbrechungen bis zur Zerstörung Athens durch den römischen Feldherren Sulla 86 v. Chr. Einige Autoren, wie Diogenes Laertius, nennen die Phase von 266-86 v. Chr. die mittlere Akademie. Die neue Akademie wurde um 410 n. Chr. durch *Plutarch* von Athen neu gegründet und durch Kaiser Justinian 529 als „heidnisch" endgültig geschlossen.

> Platon sagte: „Gott ist Geometer". Jacobi änderte dies in: „Gott ist Arithmetiker". Dann kam Kronecker und prägte den unvergesslichen Satz: „Gott schuf die natürlichen Zahlen, alles andere ist Menschenwerk" (Felix Klein).
>
> ἀριϑμὸν εἶναι τὴν οὐσίαν ἁπάντων (Platon: *Das Wesen aller Dinge ist die Zahl*) (Aristoteles Metaph. 987 A).

Im Peloponnesischen Krieg gegen Sparta (431–404) erlitt Athen eine empfindliche Niederlage. Um 429 v. Chr. kam es zu einer verheerenden Epidemie, von der man lange Zeit glaubte, es sei die Pest gewesen; neuere Forschungen sprechen jedoch von Typhus. In dieser schwierigen Zeit wurde Platon 427 v. Chr. (Abb. 7.1) in eine vornehme Familie Athens hineingeboren und erhielt eine sorgfältige Ausbildung für seine Zukunft als Politiker. Sein Vater *Ariston* und seine Mutter *Periktione* stammten beide aus vornehmen Familien; Platon hatte zwei Brüder Glaukon und Adeimantos und eine Schwester Potone. Rückblickend auf seine Jugend, schrieb er im Siebenten Brief (Epist. VII, 324b), warum er sich aus der Politik zurückzog.

© Springer-Verlag GmbH Deutschland, ein Teil von Springer Nature 2024

D. Herrmann, *Die antike Mathematik,* https://doi.org/10.1007/978-3-662-68478-8_7

Abb. 7.1 Platon (Wikimedia
Commons)

Als ich noch jung war, ging es mir, wie es vielen anderen zu ergehen pflegt, ich wollte mich,
sobald ich volljährig geworden sei, sofort in die Politik stürzen. Da griffen Ereignisse, die
die politischen Verhältnisse der Stadt betrafen, in mein Leben ein, und zwar folgende. […]
Es erfolgte ein Umsturz, […] 30 Männer der Oligarchie übernahmen die Führung des ganzen Staates; unter diesen hatte ich einige Verwandte […]. Ich glaubte nämlich, aus einem
ungerechten Leben würden sie den Staat zu einer gerechten Lebensweise führen und dem-
entsprechend verwalten. […] Da musste ich nun sehen, wie diese Männer in kurzer Zeit die
frühere Verfassung als goldrichtig erscheinen lassen - unter anderem wollten sie auch einen
mir lieben älteren Freund, Sokrates, den ich unbedenklich den gerechtesten unter seinen
Zeitgenossen nennen möchte, [...] gewaltsam zur Hinrichtung holen [...]. Da ich dies alles
mit ansehen musste, und noch manch anderes nicht geringfügiges solcher Art, empfand ich
Widerwillen, und ich zog mich von jenem üblen Treiben zurück.

Nach dem Sieg über Athen hatte Sparta ein Regime von 30 Männern eingesetzt; unter
diesen befanden sich seine Onkel Kritias und Charmides, die ihm eine Mitarbeit anboten.
Diese Dreißig übten eine Schreckensherrschaft aus, die 1500 Athenern das Leben kos-
tete. Dadurch gelangte Platon zur Überzeugung, dass eine sinnvolle politische Karriere
angesichts des zunehmenden Verfalls der Sitten nicht möglich sei. Nur die Philosophie
sei imstande, die Gerechtigkeit im öffentlichen und privaten Bereich wiederherzustellen.
Nach einer Begegnung mit Sokrates beschloss er, sich diesem für längere Zeit, als Schüler anzuschließen (Diogenes Laertios III, 6). Die Begegnung mit Sokrates war so ent-
scheidend für sein Leben, dass er sich selbst als Verkörperung Sokrates' sah. Im Zweiten
Brief (Epist. II, 314c) schrieb er später *übertrieben* scherzhaft:

> Ich selbst habe nichts über Philosophie geschrieben. Alle Schriften, welche als die Meinigen bezeichnet werden, sind Werke von Sokrates, *welcher jung und schön geworden ist.*

Als nun 399 v.Chr. sein Vorbild Sokrates zum Tode verurteilt wurde, sah er in Athen keinerlei Möglichkeit mehr, sich sinnvoll politisch zu betätigen. Ihm schwebte ein eigener Entwurf zum *idealen Staat* vor. Er verließ Athen und wandte sich zunächst nach Megara, wo er von Euklid, einem Schüler von Sokrates, mathematisch unterwiesen wurde. Euklid von Megara wurde noch im Mittelalter mit dem berühmteren Euklid von Alexandria verwechselt. Seine Reise führte weiter zu den griechischen Kolonien des Mittelmeerraums, wo er die bedeutsame Bekanntschaft mit den wichtigsten Pythagoreern machte. In Tarent traf er den berühmten und politisch bedeutsamen Pythagoreer Archytas von Tarent und Theodoros in Kyrene (Nordafrika).

Um 389/388 unternahm Platon seine erste Sizilienreise; in Syrakus traf er den Tyrannen Dionysios I, den er von der Ausbildung bei Sokrates her kannte. Er schloss eine enge Freundschaft mit Dionysios' Schwager und Schwiegersohn Dion, der ein eifriger Platon-Anhänger wurde. Es ist ungewiss, was den Unwillen Dionysos' erregte; jedenfalls ließ man Platon nicht abreisen. Er kam später jedoch wieder frei und konnte nach Athen zurückkehren.

Nach seiner Rückkehr kaufte Platon 387 v. Chr. – als Athener Bürger – bei dem *Akademeia* (Ακαδήμεια) genannten Hain des attischen *Heros Akademos* im Nordwesten von Athen ein Grundstück, auf dem er seine philosophisch-wissenschaftliche Schule errichtete. Ziel seines Lebenswerkes war es, in jungen begabten Menschen Begeisterung für Philosophie zu wecken, ihren Geist im dialektischen Unterricht zu schulen und im Wissen um das Wahre, Gute und Gerechte für eine politische Laufbahn vorzubereiten. Bald sammelten sich die angesehensten Wissenschaftler an der Akademie, wie die Schule genannt wurde: Theaitetos von Athen, Eudoxos von Knidos, Amyklas von Herakleia und auch Aristoteles.

Platon selbst war kein Mathematiker; sein Einfluss auf die Mathematik durch seine Philosophie und Bildung eines Lehrkanons war immens. Proklos schreibt über ihn in seinem Euklid-Kommentar:

> *Er bewirkte in der Mathematik im allgemeinen und in der Geometrie im Speziellen einen sehr großen Fortschritt durch seine Begeisterung für diese [Fächer], die ersichtlich ist aus der Art, wie er seine Bücher mit mathematischen Beispielen füllte und überall versuchte, Bewunderung bei denen zu erzeugen, die Philosophie betreiben.*

O. Neugebauer[1] kann keine Erklärung geben für die plötzliche Entwicklung der Mathematik in Athen und in den Kolonien. Aber er sieht die Rolle Platons dabei als gering an:

---

[1] Neugebauer O.: The exact Sciences in Antiquity, Brown University 1957, Dover Reprint 1969, S. 152.

Abb. 7.2 Darstellung eines Symposions – Vasenbild (Wikimedia Commons)

Es scheint mir offensichtlich, dass Platons Rolle stark übertrieben worden ist. Sein eigener direkter Beitrag zum mathematischen Wissen ist offenbar gleich null gewesen. Dass im Verlaufe einer kurzen Zeit Mathematiker solchen Ranges wie Eudoxos zu seinem Kreis gehörten, ist kein Beweis für den Einfluss Platons auf die mathematische Forschung. Der ausschließlich elementare Charakter der Beispiele mathematischer Überlegungen, die von Platon und Aristoteles angeführt werden, erhärtet nicht die Hypothese, dass Theaitetos oder Eudoxos irgendwas bei Platon gelernt hätten.

Ergänzend zu den Lehrtätigkeiten wurden in der Akademie auch Symposien abgehalten, zu denen auch Gäste Zutritt hatten (Abb. 7.2). So berichtet der bedeutende athenische Politiker und Feldherr Timotheus, *er sei von Platon eingeladen worden und habe festgestellt, dass Speise und Trank zwar schlicht, die Gespräche aber reichhaltig waren.*

Trotz der schlechten Erfahrungen auf der ersten Sizilienreise, folgte er einer Einladung, die der Sohn und Nachfolger des Tyrannen, Dionysios II., auf Veranlassung von Platons Freund Dion ausgesprochen hatte. Dionysios I hatte den Kampf um Sizilien gegen Karthago gewonnen und sich zum Alleinherrscher aufgeschwungen. Platon hoffte, im Zusammenwirken mit Dion seine politischen Vorstellungen beim jungen Herrscher zur Geltung zu bringen und nach Möglichkeit ein Staatswesen nach dem Ideal der Philosophenherrschaft einzurichten. Dies aber schlug fehl, da Dionysios II andere Pläne hatte.

361 v. Chr. reiste Platon zum dritten Mal nach Sizilien. Dionysios II hatte Dion verhaften lassen und Platon versuchte ihn zu befreien. Dadurch geriet Platon in Verdacht, einen politischen Umsturz zu planen und wurde selbst gefangen genommen. Aus dieser gefährlichen Lage rettete ihn Archytas, der von Tarent aus intervenierte und ihm im Sommer 360 die Heimkehr nach Athen ermöglichte.

Seine letzten Lebensjahre verbrachte Platon an der Akademie lehrend und forschend. Er starb nach einem Bericht von Cicero im Alter von 81 Jahren, also 347 v. Chr., und wurde in der Nähe der Akademie begraben. Zum Nachfolger an der Akademie wurde, zur Enttäuschung von Aristoteles, Platons Neffe Speusippos gewählt.

Dass Platon über den Eingang der Akademie die Inschrift *Kein der Geometrie Un-kundiger (ageometretos) trete ein* habe anbringen lassen, wie J. Tzetzes in den Chiliaden [VIII, 974] berichtet, dürfte Erfindung aus späterer Zeit sein. D. Fowler[2] (p. 201) stellte fest, dass der Spruch den damals üblichen Wortlaut gehabt habe, um zu verhindern, dass nicht Geweihte Personen das Innere eines Tempels betreten. Das Wort *ageometretos* hat er bei Aristoteles [Anal. Post. 77b] gefunden:

Man muss daher nicht Geometrie diskutieren mit denen, die geometrieunkundig *(ageome-tretos)* sind, denn in einer solchen Gesellschaft wird ein nicht stichhaltiges Argument un-bemerkt durchgehen.

Die früheste vollständig erhaltene Biografie stammt erst aus der Mitte des 2. Jahr-hunderts n. Chr., sie wurde also erst 500 Jahre nach Platons Tod von Apuleius von Ma-daura (heute Algerien) verfasst. Das gesamte biografische Material ist also verloren ge-gangen; dies hatte zur Folge, dass die späten Biografen auf nicht verlässliche Fakten an-gewiesen waren. Ein ausführlicher Bericht darüber stammt von Klaus Döring[3].

7.1   Die schönsten Dreiecke Platons

Nach der Zuordnung der fünf platonischen Körper zu den Elementen versucht Platon im *Timaios* [53B-55C], die als Oberfläche der Körper auftretenden regulären Vielecke durch besondere Dreiecke zu erklären.

Alle Dreiecke aber gehen auf zwei zurück, von denen jedes einen rechten und zwei spitze Winkel hat: Das eine, in welchem zwei Seiten gleich sind [...] und das andere mit zwei un-gleichen Seiten [...]. Unter diesen beiden Dreiecken lässt das gleichschenklige nur eine Art, das ungleiche aber deren unzählige zu.

Platon meint hier, dass alle gleichschenklig-rechtwinkligen Dreiecke ähnlich sind, im Gegensatz zu den nicht gleichschenkligen. Unter den letzteren trifft er eine Auswahl

Zwei Dreiecke wollen wir also ausgewählt haben: eines, das gleichschenklige und das an-dere dasjenige, in welchem das Quadrat der größeren Kathete das Dreifache von dem der kleineren beträgt.

Platon meint hier das rechtwinklige Dreieck mit den Winkeln (30°; 60°; 90°), das ähnlich ist zum Dreieck mit den Seiten $\left(1; \sqrt{3}; 2\right)$ (Abb. 7.3). Zur Zusammensetzung der gleich-seitigen Dreiecke schreibt er:

---

[2] Fowler D.H.: The Mathematics of Plato's Academy, A New Reconstruction, Oxford Science 1987, S. 201.

[3] Döring K.: Die antike biographische Tradition, S. 13–17, im Sammelband Platon-Handbuch.

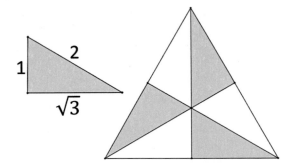

Abb. 7.3 Platons schönes
Dreieck Nr. 1

> Grundbestandteil derselben ist (wie gesagt) das Dreieck, dessen Hypotenuse die doppelte
> Länge der kleineren Kathete hat. Wenn nun zwei solcher Dreiecke zu einem Viereck zu-
> sammengesetzt werden, sodass ihre Hypotenuse zu dessen Diagonale wird, und sich die-
> ses noch zweimal dergestalt wiederholt, dass alle Diagonalen und die kleineren Katheten in
> einem Punkt zusammenstoßen, so entsteht aus sechs solcher Dreiecken ein einziges gleich-
> seitiges, dessen Mitte eben jener Punkt bildet.

Setzt man zwei dieser Dreiecke an ihrer Hypotenuse zusammen, so entsteht ein (gleich-
schenkliger) Drachen; drei dieser Drachen ergeben ein gleichseitiges Dreieck. Mit diesen
Dreiecken setzt sich die Oberfläche des Tetraeders, Oktaeders und Ikosaeder zusammen.

Für die Quadrate als Oberflächenfiguren des Würfels benötigt Platon das rechtwinklig-gleichschenklige Dreieck. Je zwei dieser Dreiecke ergeben, an der Hypotenuse zusammengesetzt, ein Quadrat; vier solcher kleinen Quadrate liefern ein großes
(Abb. 7.4).

Platon gelingt es aber nicht, das für den Dodekaeder benötigte Fünfeck in kongruente, rechtwinklige Dreiecke in eine der beiden oben genannten Art zu zerlegen. Eine
Zerlegung des Pentagons in 30 rechtwinklige Dreiecke gelingt; jedoch stammen je zehn

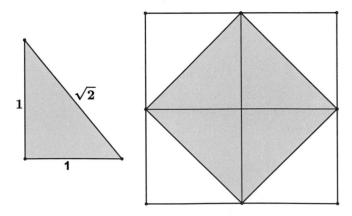

Abb. 7.4 Platons schönes Dreieck Nr. 2

Abb. 7.5 Zerlegung des
Pentagramms in rechtwinklige
Dreiecke

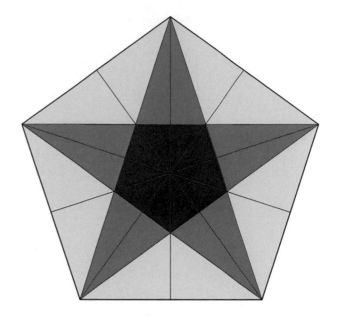

Dreiecke aus drei verschiedenen Kongruenzklassen. Die Zahl 30 des Pentagons findet
sich bei Albino (*Introd. doctrinae Plat.,* 13), der schreibt:

> Für das Universum machte Gott Gebrauch vom Dodekaeder. Daher sehen wir am Himmel
> die Formen von 12 Tieren in den Tierkrciszeichen […] Und fast so wie beim Dodekaeder,
> der aus 12 Fünfecken besteht, von denen jedes in 5 Dreiecke zerlegt werden kann, von
> denen jedes wiederum aus sechs Dreiecken besteht, ergeben sich 360 Teile, die sich auch
> bei den Tierkreiszeichen finden.

Die Diagonalen im regulären Fünfeck bilden ein Stern-Fünfeck (*Pentagramm* genannt),
das vermutlich ein Geheim- bzw. Erkennungszeichen der Pythagoreer gewesen ist
(Abb. 7.5). Das Zeichen wurde von den Pythagoreern ὑγίεία (*Hygieia* = Gesundheit) genannt; der Wunsch nach Gesundheit war obligatorischer Bestandteil der pythagoreischen
Begrüßung.

7.2   Aus dem Buch Menon

Menon 87A

Das frühe Buch Menon (entstanden um 388, also nach der ersten Sizilienreise) enthält
den berühmten Dialog, bei dem Sokrates einem Sklaven die Verdopplung der Quadrat-
fläche erklärt. Außer dieser Stelle gibt es noch eine Stelle [Menon 86E-87C], die nicht
ganz einfach zu interpretieren ist. Diese Stelle dürfte der älteste (erhaltene) griechische
Text sein, der zu einem Problem der höheren Mathematik führt. Platon lässt Sokrates
sprechen:

Abb. 7.6 Figur zu Menon
87A

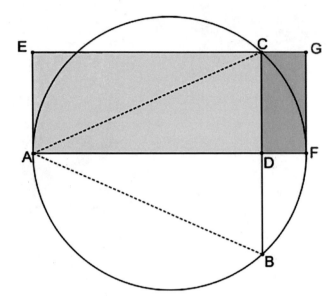

Wenn jemand fragt, z. B. über eine Figur, ob es möglich sei, diese dreieckige Figur einem Kreis einzuspannen? [...]. Wenn die Figur so beschaffen ist, dass, wenn man die gegebene Linie derselben so verlängert, der Raum, den man abschneidet, so groß ist wie der durch die Verlängerung hinzugekommene.

Nach O. Becker lässt sich die Stelle so interpretieren: Ein gleichschenkliges Dreieck △ABC, dessen Fläche durch ein Rechteck ADCE vorgegeben ist, soll einem Kreis einbeschrieben werden (Abb. 7.6). Die Basis AD des Rechtecks, die zugleich Symmetrieachse des Dreiecks ist, wird verlängert bis zum Punkt F, in der Art, dass das neu entstehende Rechteck DFGC ähnlich dem gegebenen Rechteck ist. Die Strecke AF ist dann ein Durchmesser des gesuchten Umkreises von △ABC.

Analyse: Ist die Konstruktion gemäß der Beschreibung durchgeführt, so bilden die Strecken BC und AF im Umkreis ein sich schneidendes Sekantenpaar und es gilt

$$|CD||DB| = |AD||DF|$$

Für das Dreieck △AFC folgt nach Höhensatz

$$|CD|^2 = |AD||DF| \Rightarrow \frac{|CD|}{|DF|} = \frac{|AD|}{|CD|}$$

Diese Proportion zeigt die Ähnlichkeit der beiden Rechtecke ADCE bzw. DFGC. Gelingt die Verlängerung von AD nicht der Art, dass DFGC ähnlich ist, so existiert keine Lösung mit hier gegebener Methode.

Heath (I, S. 301) gibt eine ähnliche Lösung für die Einschreibung an (Abb. 7.7):

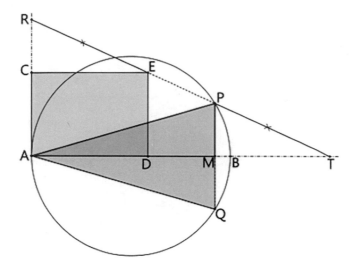

Abb. 7.7 Alternativ-Figur zu Menon 87A

Sei AB der Durchmesser des gegebenen Kreises; das Rechteck ADEC von der vorgegebenen Fläche wird so gelegt, dass die Seite AD auf dem Durchmesser liegt. Im
Punkt A wird ein Koordinatensystem errichtet. Im Eckpunkt E wird ein Lineal angelegt; die Gerade durch E soll die Schnittpunkte R und T mit den Koordinatenachsen
und P mit dem Kreis haben. Die Gerade durch E wird so lange gedreht, bis die Strecken
$|RE| = |PT|$ kongruent sind (Neusis-Konstruktion). Der Punkt P und sein Spiegelpunkt
Q bezüglich AT bilden mit dem Punkt A das gesuchte gleichschenklige Dreieck $\triangle$APQ
flächengleich zu Rechteck ADEC.

Menon 84E

Sokrates entwickelt hier in einem Fragen-Antwort-Gespräch mit einem Sklaven, der
keine mathematische Vorbildung hat, die Vorgehensweise zur Flächenverdopplung eines
gegebenen Quadrats ABCD (Seitenlänge 2 Einheiten) (Abb. 7.8). Eine Verdopplung
der Seitenlänge (auf 4 Einheiten) führt erkennbar zu einem vierfachen Inhalt (Quadrat AHKL). Die Wahl des Quadrats AEFG mit dem mittleren Wert (3 Einheiten) liefert
ebenfalls keine Lösung. Erst die Wahl des Quadrats DBMN über der Diagonale BD des
Ursprungsquadrats führt zum gewünschten Ergebnis. Da der Sklave das Ergebnis nicht
kannte, führt Sokrates dies auf die *Wiedererinnerung der Seele* (Anamnesis) des Sklaven
zurück.

Die Haltung des Sokrates zur Mathematik ist gespalten: einerseits spottet er über mathematische Tätigkeiten, andersseits kennt er aber an, dass mathematische Kenntnisse
Gegenstände des ewigen Seins sind. Folgender Dialog zwischen Glaukon und Sokrates
findet sich in Politeia 527:

Abb. 7.8 Figur zu Meno 84E

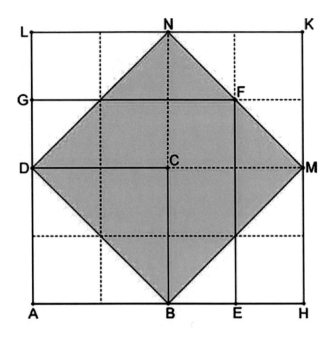

Sokrates: Ihre Ausdrücke [die der Geometrie] sind höchst lächerlich und gezwungen;
             denn als ob sie etwas ins Werk setzen und eine reale Wirkung erzielen woll-
             ten, wählen sie alle ihre Ausdrücke, als da sind viereckig machen (quadrie-
             ren), beispannen (oblongieren), hinzutun (addieren) und was sie sonst noch
             alles für Worte im Munde führen; tatsächlich aber ist der eigentliche Zweck
             dieser ganzen Wissenschaft nichts anderes als reine Erkenntnis.

Glaukon: Ganz entschieden.

Sokrates: Dazu müssen wir uns doch über folgendes verständigen?

Glaukon: Worüber?

Sokrates: Dass diese Erkenntnis auf das ewig Seiende geht, nicht aber auf dasjenige,
             was bald entsteht und wieder vergeht.

Glaukon: Damit hat es keine Not, denn die geometrische Erkenntnis bezieht sich
             immer auf das Seiende.

Sokrates: So läge denn, mein Trefflicher, in ihr eine Kraft, die die Seele nach der
             Wahrheit hinzieht und philosophische Denkart erzeugt insofern, als wir dann
             nach oben richten, was wir jetzt verkehrter Weise nach unten richten.

In dem etwa gleichzeitig entstandenen Werk *Gorgias* [450C] findet sich eine Textstelle,
bei der Sokrates die Mathematik zu den leichteren Wissenschaften zählt:

> Es gibt aber auch andere Künste, welche ihr Ziel ganz durch die Rede erreichen und eine
> Arbeit, sozusagen, entweder gar nicht oder doch sehr wenig nötig machen, z. B. Arithmetik,
> Geometrie, Brettspiel und viele andere Künste; bei einigen von ihnen halten sich Reden und
> Tun so ziemlich das Gleichgewicht.

7.3   Platonische Körper

Unter einem Platonischen Körper (Abb. 7.9) versteht man ein konvexes Polyeder, dessen Oberfläche aus kongruenten, regulären Polygonen (gleicher Eckenzahl) besteht. Aus gleichseitigen Dreiecken besteht die Oberfläche des Tetraeders (4), des Oktaeders (8) und des Ikosaeders (20). Die Oberfläche des Würfels enthält 6 Quadrate; die des Dodekaeders 12 Fünfecke. Die 5 Körper wurden nach Platon benannt, da sie in dessen Dialog [*Timaios* 54, 55] erwähnt werden; er definiert den regulären Polyeder

> als einen Körper, vermittels dessen die ganze (um ihn herum beschriebene) Kugel in gleiche und ähnliche Teile geteilt wird.

Den alten Pythagoreern waren zunächst nur vier Körper (ohne Ikosaeder) bekannt. Vier dieser Körper (ohne Dodekaeder) wurden die Elemente Feuer, Erde, Luft, Wasser zugeordnet. Platon schreibt in *Timaios* 55b

> Verteilen wir vielmehr die vier Gestaltungen […] unter die vier sogenannten Elemente Feuer, Erde, Wasser und Luft […]. Da es aber noch eine fünfte Art der Zusammensetzung mit entsprechender Eigenschaft gibt, so bediente sich Gott dieser [Dodekaeder] vielmehr für das Weltganze, als er diesem seinen Bilderschmuck (κόσμος = Schmuck, Weltall) gab.

Auf der Suche, was mit dem Dodekaeder in Verbindung gebracht werden kann, kommt Platon hier auf die Idee mit dem All, da die 12 Flächen den 12 Sternbildern der Tierkreiszeichen entsprechen. Er lässt Sokrates im Dialog [Phaidon 110b] sprechen:

> Nun als Erstes, mein Freund, ist gesagt worden, dass die Erde, von außerhalb gesehen, ausschaut wie ein Ball, der aus 12 Lederflecken gefertigt, bemalt mit verschiedenen Farben, die uns bekannt sind wie die Proben, die unsere Maler verwenden. Bis oben hinzeigt die ganze Erde Farben, die heller und reiner sind, als jene.

Im Mittelalter symbolisierte der Dodekaeder das sog. *Fünfte Element* (quinta essentia). Die Abb. 7.10 zeigt die fünf Elemente aus dem Werk *Harmonices Mundi* von J. Kepler. Kepler hatte zunächst versucht, den Aufbau des damaligen Planetensystems (mit 6 Planeten) durch Einbeschreiben der platonischen Körper zwischen den Planetenbahnen zu beschreiben.

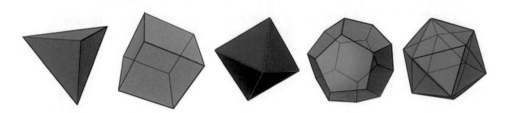

Abb. 7.9 Die fünf Platonischen Körper (Wikimedia Commons)

Abb. 7.10 Platonische Körper in Keplers *Weltharmonik* (1619), koloriert vom Autor

Abb. 7.11 Bild zu Euklid
XIII,18a

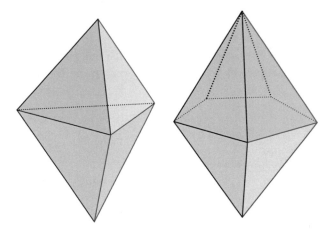

Euklid [XIII, 18a] behauptet, dass nur die fünf oben erwähnten Körper aus gleich-
artigen, kongruenten Polygonen aufgebaut sind. Hier wird implizit vorausgesetzt, dass
in allen Ecken gleich viele Flächen zusammenstoßen. Diese Bedingung ist nicht erfüllt,
beispielsweise beim Doppel-Tetraeder oder bei der doppelten fünfseitigen Pyramide.
Diese Körper entstehen, wenn zwei Tetraeder oder zwei 5-seitige Pyramiden zusammen-
gefügt werden (Abb. 7.11). Die Oberfläche des Doppel-Tetraeders umfasst also 6 gleichseitige Dreiecke; es erfüllt mit $E = 5$ Ecken, $F = 6$ Flächen und $K = 9$ Kanten ebenfalls
die Eulersche Polyederformel

$$E + F - K = 2$$

Eine weitere implizite Annahme Euklids steckt in den Definitionen 9/10 von Buch XI:
Gleich und ähnlich sind Körper, die von ähnlichen ebenen Flächen in gleicher Anzahl
und Größe umfasst werden. Zwei Polyeder sind somit kongruent, wenn entsprechende
Flächen ihrer Oberfläche kongruent sind. Hier wird die Konvexität der Polyeder vorausgesetzt. Abb. 7.12 zeigt einen Quader, dem eine vierseitige Pyramide zugefügt bzw.
herausgeschnitten wurde.

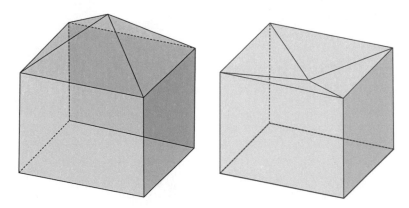

Abb. 7.12 Bild zu Euklid Definition XI,9

Für die platonischen Körper ergibt sich folgende Tabelle

	Ecken E	Flächen F	Kanten K
Tetraeder	4	4	6
Würfel	8	6	12
Oktaeder	6	8	12
Ikosaeder	12	20	30
Dodekaeder	20	12	30

Außer den 5 platonischen Körpern gibt es keine weiteren konvexen Polyeder, die von kongruenten, regulären Figuren umrandet werden und bei denen an jeder Ecke gleich viele Flächen zusammenstoßen. Es fällt auf, dass die Paare (Würfel, Oktaeder) und (Ikosaeder, Dodekaeder) gleiche Kantenzahlen haben und die Eckenzahl E des ersten gleich ist der Kantenzahl K des zweiten. Solche Körper heißen *dual;* einen Oktaeder erhält man beispielsweise, wenn man die Mittelpunkte aller Würfelflächen miteinander verbindet (Abb. 7.13).

Beweis nach Euklid [XIII, 18a]:
Aus 2 Dreiecken oder anderen ebenen Flächen lässt sich keine (räumliche) Ecke errichten; jedoch aus 3 Dreiecken der Pyramide (Tetraeder), aus 4 des Oktaeders oder 5 des Ikosaeders. Eine Ecke aus 6 und mehr Dreiecken kann es nicht geben, da die Summe der Innenwinkel dann mindestens $6 \bullet \frac{2}{3}R = 4R$ beträgt, was nicht möglich ist nach Euklid [XI, 21]. Eine Würfelecke erfasst 3 Quadrate; 4 Quadrate würden 4R ergeben. Eine Dodekaeder-Ecke umfasst 3 (reguläre) Fünfecke; 4 würden die Summe $4 \cdot \frac{6}{5}R > 4R$ ergeben.

Abb. 7.13 Dualität von
Platonischen Körpern

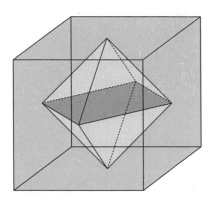

Beweis mit Polyeder-Formel:
Mit Hilfe der Polyeder-Formel lässt sich die Anzahl der Platonischen Körper einfach bestimmen. Das reguläre Polyeder habe F Flächen, von denen jede ein reguläres Polygon mit n Ecken ist. An jeder Ecke sollen r Kanten zusammentreffen. Zählt man die Kanten einerseits anhand der Flächen ab und berücksichtigt, dass jede Kante zu 2 Flächen gehört, so folgt

$$nF = 2K$$

Zählt man die Kanten dagegen anhand der Ecken ab und berücksichtigt, dass jede Kante zu 2 Ecken gehört, so ergibt sich $rE = 2K$. Auflösen nach E bzw. F und Einsetzen in die Polyeder-Formel liefert

$$\frac{2K}{r} + \frac{2K}{n} - K = 2 \Rightarrow \frac{1}{r} + \frac{1}{n} = \frac{1}{2} + \frac{1}{K}$$

Wie oben gilt $n \geq 3$ und $r \geq 3$. Man sieht leicht, dass nicht beide Parameter n, r größer als 3 sein können, da sonst die rechte Seite nicht größer als $\frac{1}{2}$ ist. Wir setzen $n = 3$, damit folgt

$$\frac{1}{r} - \frac{1}{6} = \frac{1}{K}$$

Eine ganzzahlige Lösung ergibt sich nur für $3 \leq r \leq 5$. Diese 3 Werte liefern $K \in \{6; 12; 30\}$. Diese Kantenzahlen entsprechen genau den oben angegebenen Polyedern. Im Fall $r = 3$ folgt ganz analog

$$\frac{1}{n} - \frac{1}{6} = \frac{1}{K}$$

Dies liefert die Ungleichung $3 \leq n \leq 5$. Diese 3 Werte führen ebenso zu $K \in \{6; 12; 30\}$. Diese Kantenzahlen kennzeichnen die bereits gegebenen Polyeder.

Abb. 7.14 Fünf der 13 Archimedischen Körper

Alle platonischen Körper besitzen eine Umkugel, wie Euklid im Buch XIII beweist. Ist R der Radius der umbeschriebenen Kugel, so gilt für Kantenlänge des eingeschriebenen Körpers nach Euklid.

Körper	Kantenlänge
Tetraeder	$\frac{2}{3}R\sqrt{6}$
Würfel	$\frac{2}{3}R\sqrt{3}$
Oktaeder	$R\sqrt{2}$
Ikosaeder	$\frac{1}{5}R\sqrt{10\left(5-\sqrt{5}\right)}$
Dodekaeder	$\frac{1}{3}R\left(\sqrt{15}-\sqrt{3}\right)$

Ausblick

Lässt man die Bedingung fallen, dass alle Polygone der Oberfläche kongruent sein müssen, so erhält man 13 halbreguläre Körper. Der einzige Hinweis darüber findet sich bei Pappos (*Collectio* V, 33–36), der sie dem Archimedes zuschreibt. Eine ausführliche Behandlung findet sich bei Kepler. Abb. 7.14 zeigt fünf der 13 archimedischen Körper, die durch Abschneiden von Ecken aus den Platonischen entstehen. Weitere Hinweise gibt Aumann[4].

Der fünfte abgebildete Körper ist ein Ikosaederstumpf und ähnelt einem klassischen Fußball. Da er aus 12 regulären Fünfecken und 20 Sechsecken besteht, ist seine Flächenzahl $F = 32$. Er erfüllt ebenfalls die Eulersche Polyeder-Formel, da er $E = 60$ Ecken und $K = 90$ Kanten hat.

---

[4]Aumann G.: Archimedes – Mathematik in bewegten Zeiten, Wissenschaftliche Buchgesellschaft 2013, S. 181–202.

7.4   Platons Lambda

Im Buch *Timaios* 35B mischt Gott Körper- und die Seelensubstanz:

> Der Demiurg begann aber auf folgende Weise einzuteilen. Zuerst nahm er einen einzigen
> Teil von dem Ganzen hinweg, nach diesem das Doppelte, als dritten das Anderthalbfache
> des Zweiten beziehungsweise das Dreifache des Ersten; als vierten das Doppelte des Zwei-
> ten, als fünften das Dreifache des ersten; als sechsten das Achtfache des Ersten, als sieben-
> ten das Siebenundzwanzigfache des Ersten.

Platon erhält damit die Zahlenreihe 1, 2, 3, 4, 9, 8, 27. Diese Zahlenfolge entsteht durch
Quadrate und den Kuben der Zahlen $\{1,2,3\}$ (Abb. 7.15).

Auffällig ist hier die Summe $1 + 2 + 3 + 4 + 8 + 9 = 27$, ferner das Auftreten
der musikalischen Verhältnisse 1 : 2 : 4 : 8 (drei Oktaven), 2: 3 (die Quinte), 3 : 4 (die
Quarte) und 8 : 9 (der Ganzton).

Der Bericht des *Timaios* [35C] wird später fortgesetzt:

> Dieses ganze Gebilde aber spaltete er auf der Länge nach in zwei Teile, verband diese
> kreuzweise in ihrer Mitte, sodass sie die Gestalt eines Chi (χ) bildeten, und bog dann jede
> von beiden in einen Kreis zusammen [...]. Den inneren [Raum] aber spaltete er sechsfach
> und teilte ihn so in sieben ungleiche Kreise, je nach den Zwischenräumen des Zweifachen
> und Dreifachen.

Die Bildung der Kreise in dieser Figur wird meist interpretiert als Einbeschreiben eines
regulären Sechsecks in die Lambda-Figur; dadurch wird die Figur ergänzt zu dem von
Platon hochgeschätzten gleichseitigen Dreieck. Da die Elementezahl gleich ist der *heiligen* Zahl 10 und Figur aus 4 Zeilen besteht, kann sie ebenfalls als *Tetraktys* bezeichnet
werden (Abb. 7.16). Der *Timaios*-Text erklärt nicht, wie die entstehenden Leerstellen gefüllt werden sollen. Laut Text sollen die Abstände der Verbindungsglieder $1\frac{1}{3}$ bzw. $1\frac{1}{8}$ betragen. Eine überzeugende Interpretation, wie diese Verhältnisse $\frac{4}{3}$ bzw. $\frac{9}{8}$ realisiert werden, ist noch nicht gefunden. Die Leerstellen des mittleren Sechsecks können aber so
gefüllt werden, dass die zentrale *Sechs* das geometrische Mittel der gegenüberliegenden
Nachbarn ist:

$$6 = \sqrt{2 \bullet 18} = \sqrt{3 \bullet 12} = \sqrt{4 \bullet 9}$$

Abb. 7.15 Lambda-Figur
nach Platon

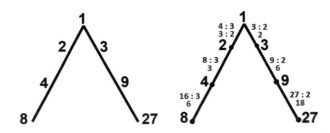

Abb. 7.16 Erweiterte
Lambda-Figur

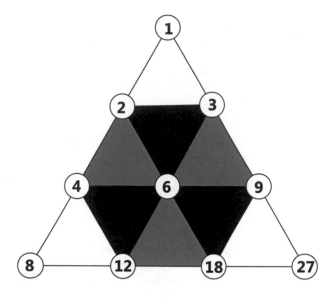

Die Verhältnisse benachbarter Zahlen der Basiszeile sind hier konstant $\frac{2}{3}$

$$\frac{8}{12} = \frac{12}{18} = \frac{18}{27} = \frac{2}{3}$$

Somit stellen alle Elemente der Dreiecksseiten (außer den Ecken) das geometrische Mittel ihrer beiden Nachbarn dar. Dies verleiht der Dreiecksfigur eine besondere Symmetrie. Das genannte Verhältnis tritt ebenfalls auf, wenn man die Zahlensumme (= 36) der Dreiecksecken ins Verhältnis setzt zur Summe im Sechseck (= 54)

$$\frac{36}{54} = \frac{2}{3}$$

Die Symmetrie der Figur führt auch dazu, dass die Zahlensumme (= 54) der Lambda-Figur gleich Summe im Sechseck (= 54) ist.

Eine andere Interpretation (nach F. Krafft[5]) ist die folgende: Die Zwischenräume bei der Lambda-Figur werden gefüllt mit dem arithmetischen und harmonischen Mittelwerten der jeweiligen Punktepaare. Dazu passt die *Timaios*-Stelle [36A]:

> Da aber durch diese Verbindungsglieder Zwischenräume 3 : 2, 4 : 3 und 9 : 8 in den vorherigen Zwischenräumen entstanden waren, füllte er alle Zwischenräume von 4 : 3 mit dem Zwischenraum von 9 : 8 aus, sodass jeweils ein Teil übrigblieb, der durch das Zahlenverhältnis von 256 : 243 bestimmt wurde. Und so er denn die Mischung, von welcher er diese Teile abschnitt, ganz aufgebraucht.

---

[5] Krafft F.: Geschichte der Naturwissenschaft I, Rombach, Freiburg 1971, S. 348 ff.

Diese Werte können aus den vorher gegebenen Proportionen zu Oktave, Quinte und Quarte ermittelt werden:

$$\frac{3}{2} : \frac{4}{3} = \frac{9}{8} \quad \frac{4}{3} : \frac{9}{8} = \frac{32}{27} \quad \frac{32}{27} : \frac{9}{8} = \frac{256}{243}$$

Besondere Zahlen bei Platon

Zu erwähnen sind noch zwei Zahlen, die Platon im Buch Politeia explizit erwähnt, deren Bedeutung aber ungeklärt ist. Zum einen ist dies die berühmte Hochzeitszahl 5040 [Politeia 546A-D], von der Platon behauptet, dass sie die Zahlen 1 bis 10 als Teiler hat und die Anzahl aller echter Teiler $60 - 1$ ist. Die Primzahlzerlegung lautet

$$5040 = 2^4 \cdot 3^2 \bullet 5 \cdot 7 = 7!$$

Hieraus ergibt sich die Anzahl aller Teiler zu 60, die Summe der echten Teiler ist tatsächlich 59, wie behauptet. Die zweite mysteriöse Zahl ist die sog. *Tyrannenzahl* [Politeia 578B-588 A]. Dort wird gefragt, um welches Maß die Tyrannenseele von der vernünftigen, königlichen Seele abweicht. Platon lässt Sokrates sprechen:

Also, fuhr ich fort, steht der Tyrann in Summa um das dreimal Dreifache von dem wahren Vergnügen entfernt. [...] Und wenn man sie potenziert bis zur dritten Vermehrung, so kommt ganz augenfällig heraus, wie groß der Abstand ist.

Es geht hier um die Zahl

$$\left(3^2\right)^3 = 3^6 = 729$$

Welche besondere Bedeutung die Zahl, die nur durch Dreierpotenzen teilbar ist, für Platon hat, erklärt er nicht.

7.5   Das Parmenides-Verfahren

Das Platon-Zitat Parmenides[154B-D] lautet:

Denn Gleiches zu Ungleichem hinzugefügt, sei es bei einem Zeitquantum, sei es bei etwas andrem, bewirkt stets den Unterschied um dasjenige Maß, um welches derselbe von vornherein stattfand.[...].

   Wenn wir zu mehr oder weniger Zeit die gleiche Zeit hinzusetzen, wird dann das Mehr von dem Weniger noch um einen gleichen (Bruch-)Teil verschieden sein oder um einen kleineren.

D.H. Fowler interpretierte in seinem Buch *Mathematics of Plato's Academy* (p. 42–44) das Zitat mathematisch. Für das Alter $r > s$ folgert er :

$$\frac{p}{p} < \frac{r}{s} \Rightarrow \frac{p}{p} < \frac{p+r}{p+s} < \frac{r}{s}$$

Dies verallgemeinerte er zur Ungleichung

$$\frac{p}{q} < \frac{r}{s} \Rightarrow \frac{p}{q} < \frac{p+r}{q+s} < \frac{r}{s}$$

Diese Ungleichung fand N. Chuquet bei Pappos [VII, 8] und publizierte sie in seinem Buch *Triparty* (1484). Zur Näherung für $\sqrt{3}$ beginnt Fowler eine Iteration mit den Startwerten $\left(\frac{p}{q} = \frac{1}{1}; \frac{r}{s} = \frac{2}{1}\right)$.

$$\frac{p}{q} < \sqrt{3} < \frac{r}{s} \Rightarrow \frac{p+r}{q+s} = \frac{3}{2}$$

Für einen exakten Bruch $\frac{p}{q} = \sqrt{3}$ muss gelten $p^2 = 3q^2$. Gilt $p^2 < 3q^2$, so kann die untere Schranke durch den Näherungswert $\frac{p+r}{q+s}$ verbessert werden, andernfalls die obere Schranke. Durch Iteration erhält man die ersten Werte:

Unterschranke	Oberschranke
1/1	2/1
3/2	2/1
5/3	2/1
5/3	7/4
12/7	7/4
19/11	7/4
19/11	26/15
45/26	26/15
71/41	26/15

Der letzte Schritt liefert die Schranken: $\frac{71}{41} < \sqrt{3} < \frac{26}{15}$; das Verfahren kann fortgesetzt werden bis die gewünschte Genauigkeit erreicht ist. Gemäß dem oben genannten Zitat, nennt Fowler den Algorithmus das *Parmenides*-Verfahren.

Das Verfahren hat eine ganz aktuelle Bedeutung erfahren. Es wurde nämlich verwendet, um das Verhältnis der Zahnräder am Antikythera-Mechanismus zu erklären. Eine ausführliche Darstellung findet sich in *Nature Scientific Reports,* 2021 11:5821 [doi.org/https://doi.org/10.1038/s41598-021-84310-w].

7.6 Die Rolle der Mathematik bei Platon

Man kann davon ausgehen, dass Platon eine Ausbildung erfahren hat, bei der Mathematik nur eine untergeordnete Rolle gespielt hat. Auf seinen Reisen hatte er längere Begegnungen mit führenden Pythagoreern, sodass ihm deren Mathematikkenntnisse geläufig waren. Bloße Rezeption des Gehörten war Platons Rolle nicht. Anhand seiner Schriften *Gorgias, Menon,* und *Theaitetos* lässt sich erkennen, dass er in einem bestimmten Maße in die Mathematik eindringt und schließlich diese zur Grundlage und zum Maßstab aller Wissenschaft macht.

Die Bedeutung der Mathematik muss sich auch auf die Lehre bzw. Erziehung beziehen. Die philosophisch gebildeten Herrscher sollen der Geometrie nicht unkundig sein [Politeia 527C]. In den Büchern *Politeia* und *Nomoi* wird die philosophische Ausbildung der Jugend in Arithmetik, Geometrie, Stereometrie und Astronomie gefordert, was sicher dazu geführt hat, dass sich Mathematik – als unser kulturelles Erbe, obgleich vom Christentum zunächst bekämpft – noch immer in unseren Lehrplänen befindet. Diese Ausbildung war aber nur für freie Bürger gedacht. Im Dialog [Nomoi 918B] lässt Platon den Athener sprechen:

> Nun gibt es ferner, für die Freigeborenen drei Fächer zum Erlernen: Rechnen und Arithmetik ist nur *ein* Fach, die Kunst, Linien, Flächen und Körper zu messen, ein zweites; das dritte handelt von dem Lauf der Gestirne nach ihren natürlichen Bahnen und Stellungen zueinander.

Von Aristoxenes und zahlreichen anderen wird folgende Anekdote erzählt, die Aristoteles während seiner Akademiezeit erlebt hat (zitiert nach O. Toeplitz[6]). Platon kündigt eine Vorlesung *Über das Gute* an und zahlreiche Hörer finden sich erwartungsvoll ein:

> Alle erscheinen in der Annahme, sie würden irgendeines von den menschlichen Gütern erlangen, wie Reichtum, Gesundheit, Kraft oder überhaupt eine wundervolle Glückseligkeit. Als aber dann die Auseinandersetzungen mit Mathematik, Zahlen, Geometrie und Astronomie anhuben, *Grundprinzip des Guten sei das Eine,* dürfte die Überraschung allgemein gewesen sein. Ein Teil verlor das Interesse am Gegenstand, die anderen kritisierten ihn.

Wie man sieht, gab Platon bereits seinen Zeitgenossen Rätsel auf. Neben der Idee des Guten gibt es die Ideen der Schönheit, der Gerechtigkeit usw. Die Geometrie ist es, die als Prototyp für diese Ideen dient. Im siebenten Brief (Epist. VII, 342B) unterscheidet Platon vier Momente an jedem Ding.

> Das erste der Momente ist der Name, das zweite ist die sprachlich ausgedrückte Begriffsdefinition, das dritte ist das durch die körperlichen Sinne wahrnehmbare Bild, das vierte ist die volle geistige Erkenntnis.

Platon erklärt dieses an einem mathematischen Beispiel, dem Kreis:

> Der Kreis ist ein besonderes prädiziertes Ding, das eben den Namen hat, den wir gerade erwähnt haben. Das Zweite von jenem Ding, die [...] Begriffserklärung wäre: Das von seinen Enden bis zum Mittelpunkt überall gleich weit Entfernte - dies wäre wohl die Definition von jenem Dinge, das den Namen *Rund, Zirkel, Kreis* trägt. Das Dritte ist das in die äußeren Sinne fallende körperliche Bild davon, z.B. vom Zeichner oder vom Drechsler, was sich wieder auslöschen und vernichten lässt - Ereignisse, welchen das Urbild [die Idee] des

---

[6]Toeplitz O.: Mathematik und Ideenlehre bei Plato, im Sammelband Becker, S. 61.

Kreises an sich [...] nicht unterworfen ist, weil es etwas ganz anderes und ganz davon Verschiedenes ist.

Alle Ideen haben folgende Merkmale: Sie sind nicht empirisch wahrnehmbar und sie sind unvergänglich. Sie sind ferner nur gedanklich erfassbar oder können *erahnt* werden. Eine schöne Blume repräsentiert die Idee des Schönen; verwelkt die Blume, so bleibt doch die Idee des Schönen bestehen. Das, was wir an der Blume sehen können, ist ihre Vergänglichkeit. Das, was wir wahrnehmen, zeigt nur die Unzulänglichkeit und Vergänglichkeit des Exemplars „Blume".

Dass die Sinneseindrücke uns etwas vorgaukeln können, zeigt das berühmte Höhlengleichnis [Politeia 514A]. Die in der Höhle gefesselten Menschen sehen nur die Schatten der Außenwelt und des flackernden Höhlenlichts. Dies ist der Bereich des sinnlich Wahrnehmbaren. Nach ihrer Befreiung steigen die Menschen nach oben und sehen – zunächst noch schmerzhaft geblendet von der zunehmenden Helligkeit – die Bilder der wahren Welt; sie kommen aus dem Stadium des bloßen Wahrnehmens zur Erkenntnis des Wahren. Das Gleichnis symbolisiert hier den mühevollen Werdegang der Seele des Ungebildeten zum wahren Philosophen. In [Politeia 520] sagt Sokrates zu denen, die es aus der Höhle geschafft haben:

> Ihr werdet tausendmal besser sehen als die dortigen [in der Höhle] sehen und jedes Schattenbild erkennen, was es ist und wovon, denn ihr habt das Schöne, Gute und Gerechte selbst gesehen.

Für Platon ist es Auftrag der Philosophie, das wahre Wesen der Dinge zu entdecken, das sich hinter der äußeren Erscheinung, die dem steten Wandel und Fluss der Zeit unterliegt, verbirgt. Bei dieser Aufgabe nimmt die Mathematik einen zentralen Platz ein, denn das mathematische Wissen ist ein herausragendes Beispiel für das Wissen, das unabhängig von sinnlicher Erfahrung und Erkenntnis der ewigen und notwendigen Wahrheit ist. Für Sokrates in dem berühmten Menon-Dialog, war das Wissen des Sklaven eine Erinnerung an ein Leben zuvor. Für Platon ist dies ein Hinweis, dass es ein wahres Wissen und Erkenntnis des Ewigen gibt. Es gibt also Wahrheiten in der Geometrie, die wir nicht durch Schulung oder Erfahrung gelernt haben. Dieses Wissen ist ein Teil der unveränderlichen, universalen Wahrheit. Aristoteles [Metaphys. 987B] kommentiert dies:

> Ferner behauptet er [=Platon], neben der Sinneswelt und den Ideen stünden die mathematischen Formen der Dinge in der Mitte, von der sinnlichen Welt dadurch unterschieden, dass sie ewig und unbewegt seien, von den Ideen aber dadurch, dass sie in vielfachen einander ähnlichen Ausprägungen auftreten, während die Idee nur eine sei.
>   Da nun aber die Ideen Ursachen für alles Übrige sein sollten, so meinte er, ihre Bausteine sind die Bausteine aller Dinge überhaupt. Die gleichsam stoffliche Grundlage bilde das Große und Kleine, die Wesensgrundlage der Einheit: aus jenem nämlich entstünden gemäß ihrer Anteilnahme an der Einheit die Ideen, deswegen die Zahlen Ideen seien.

Die verschiedenen Stufen der Erkenntnis schildert Platon in dem berühmten Liniengleichnis [Politeia 510A] (Abb. 7.17). Die Wertschätzung der Mathematik zeigt sich

Abb. 7.17 Darstellung des
Linien-Gleichnisses

	Art des Erkennens	Art des Objekts
Dem Denken zugänglich — Einsicht (*Noesis*)		Ideen
— Nachdenken (*Dianoia*)		Mathematische Figuren und Zahlen
Sinnlich wahrnehmbar — Glauben (*Pistis*)		Lebenwesen und Gegenstände
— Vermuten (*Eikasia*)		Schatten und Spiegelbilder

daran, dass er darin die Gegenstände der Mathematik als eine eigene Klasse von Objekten des Geistes präsentiert, wenngleich er ihnen einen niedrigeren Seins- und Erkenntnisgrad als den Ideen selbst zuordnet.

Eine ausführliche Analyse des Liniendiagramms findet man bei L. Lattmann[7].

Literatur

Burkert, W.: Weisheit und Wissenschaft: Studien zu Pythagoras. Hans Carl Verlag Nürnberg, Philolaos und Platon (1962)

Fritz von, K.: Platon, Theaetet und die antike Mathematik, Wissenschaftliche Buchgesellschaft (1969)

Kedrovskij, O.I.: Wechselbeziehungen zwischen Philosophie und Mathematik im geschichtlichen Entwicklungsprozess, Leipzig (1984)

Lattmann, C.: Mathematische Modellierung bei Platon zwischen Thales und Euklid, de Gruyter (2019)

Platon-Handbuch: Horn, C., Müller, J., Söder, J. (Hrsg.), Metzler (2009)

[7]Lattmann C.: Mathematische Modellierung bei Platon zwischen Thales und Euklid, de Gruyter 2019, S. 271–347

Sachs, E.: Die fünf platonischen Körper, Philol. Unters. Heft 24, Berlin (1917)

Theon of Smyrna, Ed. R. Lawlor: Mathematics Useful for Understanding Plato, Wizards Booksshelf (1979)

Theonis Smyrnaei philosophi Platonici expositio rerum mathematicarum ad legendum Platonem utilium, Ed. E. Hiller, Leipzig (1878)

Aristoteles und das Lykeion

8

Aristoteles, an Platons Akademie ausgebildet, gründet mit dem Lykeion eine eigene Lehranstalt, die wegen ihrer Säulengangs auch Peripatos genannt wird. Platon ist seiner Ansicht nach nur der Wegbereiter von Ideen, die er nun eigenständig zu ganzen Theorien ausbaut. Er schafft damit die Grundlagen von neuen Wissenschaften, die heute noch gültig sind: Dialektik, Analytik, Rhetorik, Metapysik, Logik, Ökonomie, Poetik, Biologie und andere. Negative Folgen bis zur Neuzeit zeigte seine korrekturbedürftigen Physikvorstellungen und insbesondere sein geozentrisches Weltbild, das die katholische Kirche im Mittelalter als Glaubenswahrheit fixiert hat und noch im Jahr 1600 Giordano *Bruno* das Märtyrerschicksal erleiden lässt.

> Aristoteles ist eins der reichsten und umfassendsten wissenschaftlichen Genies gewesen, die je erschienen sind, — ein Mann, dem keine Zeit ein Gleiches an die Seite zu stellen hat. [Denn er] ist in die ganze Masse und alle Seiten des realen Universums eingedrungen und hat ihren Reichtum und Zerstreuung dem Begriffe unterjocht; und die meisten philosophischen Wissenschaften haben ihm ihre Unterscheidung, ihren Anfang zu verdanken. G.W.F. Hegel

8.1   Leben und Werk Aristoteles'

Aristoteles (Ἀριστοτέλης) wurde 384 v. Chr. in Stageira (Makedonien) geboren. Sein Vater Nikomachos war Leibarzt des Königs Amyntas III. von Makedonien, an dessen Hof in Pella Aristoteles aufwuchs. Da sein Vater starb, als er noch minderjährig war, wurde Aristoteles (Abb. 8.1) von Proxenus von Atarneus als Vormund aufgenommen. Proxenus ließ Aristoteles eine umfassende Ausbildung erfahren, an deren Ende er zu m Studium nach Athen gesandt wurde.

© Springer-Verlag GmbH Deutschland, ein Teil von Springer Nature 2024
D. Herrmann, *Die antike Mathematik,* https://doi.org/10.1007/978-3-662-68478-8_8

Abb. 8.1 Aristoteles, die
Büste ist vermutlich das von
Alexander d.G. gestiftete
Original (Wikimedia
Commons)

367 v. Chr. kam er als Siebzehnjähriger dorthin und trat in Platons Akademie ein, wo
er insgesamt 20 Jahre verbrachte. Da Platon in dieser Zeit insgesamt drei Reisen nach
Sizilien unternahm, kann man annehmen, dass Aristoteles auch an Vorlesungen anderer
Akademiemitglieder teilnahm, u. a. bei dem Mathematiker und Astronom Eudoxos von
Knidos. Mit dem etwa 40 Jahre älteren Platon verbindet ihn eine Freundschaft. Berühmt
ist sein Zitat[1]

> Plato amicus, magis amica veritas (Platon ist mir ein Freund, aber mehr befreundet bin ich
> mit der Wahrheit)

Nach Diogenes Laertios (III, 46) gehört Aristoteles zum engeren Kreis von 19 Schülern
(wie Speusippos und Xenokrates) um Platon. Man kann davon ausgehen, dass Aristoteles
bereits an der Akademie eigene Vorlesungen über Rhetorik oder Dialektik gehalten hat,
auch wenn die überlieferten Werke dieser Thematik aus seinem Spätwerk stammen. Aristoteles entwickelte dabei eine eigene philosophische Sichtweise, die die Ideenlehre Platons kritisiert; seine persönliche Wertschätzung hielt er jedoch bei, wie das Zitat[2] (Fragment 673) zeigt:

> …die Schlechten [unter den Philosophen] dürfen ihn [Platon] nicht einmal loben.

---

[1] Vita Vulgata § 9, zitiert nach: Düring I.: Aristotle in the ancient biographical tradition 1957
[2] Rose V. (Hrsg.): Aristotelis qui ferebantur librorum fragmenta, Teubner Leipzig 1886

In den Fragmenten preist er die Tugend, Platon sei:

> …der einzige oder erste der Sterblichen, der durch sein eigenes Leben und die Methode seiner Worte deutlich machte, wie der tugendhafte zugleich ein glücklicher Mensch wird.

Nach Platons Tod verließ Aristoteles 347 v. Chr. Athen; es folgen 12 Wanderjahre. Ein möglicher Grund war seine Unzufriedenheit, dass wider Erwarten Platons Neffe Speusippos die Leitung der Akademie übernahm. Nach Diogenes Laertios (V, 1) soll Platon beim plötzlichen Abgang Aristoteles' gesagt haben: *Aristoteles hat mir einen Fußtritt versetzt, wie ein Fohlen seiner Mutter.*

Außerdem herrschte in Athen eine gegen die makedonische Besatzung gerichtete Stimmung, die sich auch gegen ihn aufgrund seiner Abstammung richtete. Er folgte einer Einladung des Tyrannen Hermias, eines ehemaligen Platon-Schülers, der in der Stadt Assos (bei der Insel Lesbos) herrschte. 341 heiratete er dessen Schwester (oder Nichte) Pythia. In Assos lernte er auch Theophrastos von Eresos kennen, der Freund und später sein Mitarbeiter wurde. Nach der Hinrichtung des Hermias im Jahre 342 durch die Perser verließ er Assos und siedelte über in die Heimatstadt Theophrastos' Mytilene auf Lesbos, wo er zusammen mit ihm biologische Studien aufnahm.

Die in dieser artenreichen Bucht *Kolpos Kalloni* gemachten Beobachtungen stellen den Beginn der Biologie als Naturwissenschaft dar, viele seiner naturwissenschaftlichen Schriften gehen auf die dort gemachten Erfahrungen zurück. Seine Erkenntnis war: *Die Natur macht nichts umsonst. Jedes Lebewesen erfüllt in seiner Umgebung seinen Zweck.* In seinen Schriften erwähnt Aristoteles mehr als 500 Tierarten! Besonders aufschlussreich sind seine Studien an Fischen. Athenaios von Naukratis (um 300 n.Chr.) äußerte sich über:

> Doch ehrlich erstaunt mich Aristoteles. Wann hatte er all dies gelernt, und von wem? Einem Proteus oder Nereus, der aus der Tiefe des Meeres aufgetaucht ist? Was Fische tun, wie sie schlafen, wie sie ihre Zeit verbringen – das sind die Fragen, die er behandelte. Und nur, um die Unwissenden zu erstaunen, wie der komische „Dichter" sagte!

Abb. 8.2 zeigt, welche Vielfalt von Fischarten damals schon bekannt waren. Eine ausführliche Beschreibung dieser Studien findet man bei A.M. Leroi[3]. Als C. Darwin zwei Monate vor seinem Tod (1882) ein Exemplar von Aristoteles' Buch *De partibus animalium* erhielt, schrieb er an den Übersetzer:

> Ich hatte bereits eine hohe Meinung von Aristoteles' Verdiensten, aber nicht die geringste Ahnung, was für ein wundervoller Mensch er war. Linné und Cuvier waren – auf sehr unterschiedliche Weise - meine beiden Götter, aber im Vergleich zum alten Aristoteles waren sie doch bloße Schuljungen.

---

[3] Leroi A. M.: Die Lagune oder wie Aristoteles die Naturwissenschaft erfand, Theiss 2017

Abb. 8.2 Fisch-Mosaik aus
Pompeji (pricyl.com)

343 erreichte Aristoteles eine Einladung von Philipp II. an den Königshof, Erzieher des
13-jährigen Sohnes Alexander zu werden. Der Unterricht endete nach 3 Jahren, als der
16-jährige Alexander die Regentschaft übernahm. Aristoteles ließ für Alexander eine Abschrift der Ilias anfertigen, die letzterer auf allen seinen Eroberungszügen mit sich führte.
Um den Widerstand von Restgriechenland gegen die makedonische Vorherrschaft zu bre-
chen, ließ Alexander 335 Theben vollständig zerstören und alle Bewohner in die Sklave-
rei verkaufen. Daraufhin hatte er freie Hand in Griechenland und konnte 334 den Perser-
feldzug starten.

Infolge der makedonischen Hegemonie konnte Aristoteles 335 v. Chr. nach Athen
zurückkehren. Als nach dem Tode des Speusippos 339 v.Chr. das Amt des Akademie-
leiters frei wurde, war er wiederum nicht zum Zug gekommen. Da Aristoteles kein
Bürgerrecht und somit kein Baurecht in Athen hatte, ließ er sich von Antipatros, dem
makedonischen Statthalter, ein Grundstück zuweisen und gründete zusammen mit Theophrastos ein öffentliches Gymnasium. Auf dem Gelände befand sich ein parkähnlicher
Hain, der dem Apollon Lykeios gewidmet war, die Schule erhielt daher den Namen Lykeion (λύκειον, lateinisch *lyceum*). Da die Schule eine große öffentliche Säulenhalle
(Stoa) hatte, wurde sie auch Peripatos (περίπᾶτος = Spaziergang, Säulengang) genannt,
die dort wirkenden Gelehrten als *Peripatetiker*. Abb. 8.3 zeigt den Prototyp einer Säulenhalle in Athen, die von König Attalos gestiftet wurde. Das Lykeion umfasste auch ein
Sportgelände mit Rennbahn und mehrere Schreine. Bei der Eroberung Athens durch
Sulla wurde das Lykeion zerstört. Als Cicero 97 v. Chr. den Ort besuchte, fand er nur
noch ein Ödland vor.

Abb. 8.3 Beispiel einer
Säulenhalle (stoa) (Wikimedia
Commons)

In den folgenden 12 Jahren gelang es ihm, die Schule auszubauen und eine große universale Bibliothek zu gründen, was ihm Anerkennung in ganz Griechenland verschaffte. Aristoteles beschäftigte einen ganzen Stab von wissenschaftlichen Mitarbeitern, wie *Theophrastos* für Naturkunde, *Eudemos* von Rhodos für Mathematik und Astronomie, *Menon* für Medizin und andere. Auch Theophrastos, der für 36 Jahre sein Nachfolger am Lykeion wurde, war erfolgreich beim Anwerben hochrangiger Wissenschaftler an sein Institut. Dies waren *Herakleides* von Pontos für Astronomie, *Straton* von Lampsakos für Physik, *Aristoxenos* von Tarent für Musik und *Dikaiarchos* von Messana für Länderkunde. Letztere Wissenschaft nahm durch die Erkenntnisse, die durch die Eroberungen Alexanders im Orient gewonnen wurden, enormen Aufschwung. In seinem Testament verfügte Theophrastos, dass alle gefertigten Landkarten öffentlich in der Säulenhalle auszustellen seien.

Dem wissenschaftlichen Wirken des Lykeions verdanken wir zwei Sammelwerke, die das Verständnis der griechischen Wissenschaft grundlegend sind:

- Das erste Sammelwerk ist die berühmte *Geschichte der Mathematik* von Eudemos, die sich teilweise bei Proklos (Kap. 24.1) erhalten hat.
- Der zweite Sammelband, dem wir unsere Kenntnis der frühen Philosophie verdanken, ist das Werk Theophrastos' Φυσικῶν δόξαι (=Lehrmeinungen der Physiker), das nach Diogenes Laertios 16 bis 18 Bücher umfasste. Er beteiligte sich an den enzyklopädischen Aktivitäten, die sein Lehrer Aristoteles organisiert hatte und übernahm es in diesem Rahmen, die Geschichte der vorhergehenden Philosophie von Thales bis Platon darzustellen. Dieses Werk des vierten Jahrhunderts v.Chr. ist die erste große Zusammenfassung der alten Überlieferung in einer Zeit, da die alten Schriften noch

existierten und man noch Zeugnisse und gute Berichte hatte. Damit wurde Theophrastos für die antike Welt zur Autorität und begründete eine doxographische Tradition. W. Schadewaldt[4] bemerkt dazu:

Wenn also Thales auf uns gekommen ist, so beruht das darauf, dass Theophrast im Sinne seines Lehrers Aristoteles dieses Buch geschrieben hat, das in der ganzen Antike gekannt und benützt worden ist.

Das Wort *Doxographie* (griechisch δόξᾰ = Meinung, γράφιν = schreiben) ist kein altes griechisches Wort, sondern ein Neologismus, den Hermann Diels prägte. Wie Diels feststellte, erfuhr das Werk Theophrasts später mehrere Revisionen: Die Sammlung wurde ergänzt durch Schriften von Cicero, Sextus Empiricus, Galen, Plutarch von Chaironeia, Hippolytus und anderen. Diels nannte sie *Vetusta placita* (Älteste Lehren) und versuchte die - seiner Meinung nach – authentischen Textauszüge herauszufiltern und zu einem Pionierwerk *Doxographi Graeci*[5] (1879) zusammenzufassen.

Diese Rekonstruktion der sekundären Überlieferung bildet das Rückgrat von Diels' glänzender Ausgabe der *Fragmente der Vorsokratiker*[6] (1903), zu der Walther Kranz den wichtigen Indexband hinzufügte. Dieses Werk ist immer noch die Basis der Texte der frühen griechischen Philosophen. Fragmente, die wörtlichen ebenso wie die sekundären überlieferten, werden gewöhnlich nach der Nummerierung von Diels-Kranz (abgekürzt **DK**) zitiert. Nach neuerer Forschung ist die Authentizität einzelner Fragmenten umstritten; ebenso fehlen aber auch Fragmente, die von späterer Forschung als echt eingestuft werden.

Mit dem Tod Alexanders 323 v. Chr. brach das makedonische Reich zusammen. In Athen und anderen griechischen Städten erhob sich eine antimakedonische Stimmung. Auch Aristoteles erfuhr in Athen Anfeindungen; es wurde ihm sogar ein Prozess wegen Untergrabung der Gottesfürchtigkeit (*Asebie*) angedroht. Daher flüchtete er aus Athen; wie Aelian in *Varia historica* berichtet, habe Aristoteles die Stadt verlassen mit der Bemerkung:

Er könne nicht zulassen, dass die Athener sich [nach dem Todesurteil gegen Sokrates] ein zweites Mal gegen die Philosophie vergingen.

Er ging ins Exil und zog sich nach Chalkis (auf Euboia) in das Haus seiner Eltern zurück, wo er im Oktober 322 v. Chr. im Alter von 62 Jahren starb. Nach dem Tod seiner Gattin Pythia hatte Aristoteles in Herpyllis, seiner Lieblingssklavin, eine Lebensgefährtin gefunden. Sie war vermutlich die Mutter seines Sohnes Nikomachos; beide wurden in seinem Testament materiell abgesichert. Das bei Diogenes Laertios (V 1,11–16) wiedergegebene Testament hat literarische und juristische Qualität.

---

[4] Schadewaldt W.: Die Anfänge der Philosophie bei den Griechen, suhrkamp wissenschaft, Frankfurt a.M. 1978, S. 215

[5] Diels H.: Doxographi Graeci[4], de Gruyter, Berlin 1965

[6] Diels H., Kranz W.: Die Fragmente der Vorsokratiker[9], Weidemann, Berlin 1952

Nicht erhalten geblieben sind die literarischen Schriften Aristoteles', die noch Cicero zugänglich waren; Cicero spricht in seiner Schrift *Lucullus* (38, 119) vom *goldenen Fluss der Rede* des Aristoteles'. Dessen gesammelte Bibliothek ging als Erbe an seinen Nachfolger Theophrastos (Strabon 13, 1,54). Dieser vererbte die Bücher wiederum an Neleos, der diese in seine Heimatstadt Skepsis (Kleinasien) brachte (Diogenes Laertios V, 52). Große Teile der Bücher wurden von Ptolemaios II für die Bibliothek in Alexandria erworben, mit Ausnahme der Schriften Aristoteles'. Die restlichen Bücher wurden schließlich von Apellikon von Teos erworben und nach Athen gebracht.

Bei der Eroberung Athens 86 v.Chr. konfiszierte Sulla diese Bücher und brachte sie als Kriegsbeute nach Rom (Plutarch, Sulla 26). Dort wurden die Schriften von Andronikos von Rhodos als *Corpus Aristotelicum* gesammelt und bearbeitet. Die 14 Bücher, die *nach* den physikalischen Schriften angeordnet wurden, erhielten den Namen *Metaphysik* (τα μετα τα φυσικά), eine bibliografische Bezeichnung, die erst nachträglich entstand.

Kritik an Platons Ideenlehre

Die Aussage Platons, dass die *Ideen unabhängig von den wahrnehmbaren Dingen existieren,* erregt die Kritik Aristoteles' [Metaph. 1086B]

> Ohne das Allgemeine ist nämlich unmöglich, eine Wissenschaft zu betreiben, ist doch das Unterscheiden [des allgemein Gültigen von speziellen Dingen] der Grund der Schwierigkeiten, die sich hinsichtlich der Ideen ergeben.

Große Teile des Buchs XIII seiner Metaphysik widmet Aristoteles der Auseinandersetzung mit der Ideenlehre Platons. Einige Kritikpunkte in verkürzter Version sind:

a) *Wozu sind die Ideen überhaupt gut?* Die Ideen erklären nach Ansicht Aristoteles' nichts; sie sind daher wenig hilfreich, wenn nicht gar überflüssig. Wenn man gut handeln kann, auch ohne die Idee des Guten *geschaut* zu haben, wozu braucht man eigentlich noch diese Ideen? [*Ethica Nikom.* 1097]

b) *Probleme bei Überschneidung*: Das Gute und das Schöne sind voneinander verschieden, da sich das Gute stets in einer Handlung findet, das Schöne aber auch im Unbeweglichen. Die Mathematik aber entspricht im höchsten Maß dem Guten und Schönen [*Metaph.* 1078 A]. Es ist unklar, wie dieser Widerspruch zu überwinden ist.

c) *Wie kann man nur durch Denken Ideen schauen?* Beim Betrachten von schönen Dingen kann man nur durch Sehen an der Idee des Schönen teilhaben; hier ist also eine Sinneswahrnehmung notwendig. Platon argumentiert hier, dass das Wieder-Erinnern der Seele die Ideenschau ermöglicht. Dies erklärt nichts, denn damit wird das Problem der Wahrnehmung nur auf die Seele verlagert.

d) *Wie verhält sich das Reich der Ideen?* Gibt es eine 1: 1-Abbildung zwischen den Ideen und ihren Manifestationen? Gibt es also zu jedem Ding eine Idee und umgekehrt? Die Ideen sind jedenfalls nicht die Ursache, wenn sich die Dinge ändern, wie Heraklit davon überzeugt ist, dass alle Sinnesdinge im steten Fluss sind (πάντα ῥεῖ)? [*Metaph.* 1078 A].

Aristoteles wendet sich insbesondere gegen die Annahme, Platons mathematische Erkenntnisse seien unabhängig von der Anschauung. Er betont mehrfach, dass mathematische Schlussfolgerungen stets von gewissen Annahmen abhängen:

> Wenn gegenteilige Annahmen gemacht werden, kann ein Dreieck nicht die Winkelsumme von zwei Rechten haben oder die Diagonale [im Quadrat] inkommensurabel sein.(*De Caelo* 281B)

> Sogar in der Mathematik gilt, wenn ein gegebenes Prinzip geändert wird, dass fast alle Sätze, die daraus gefolgert werden, geändert werden müssen. ... Wenn ein Dreieck die Winkelsumme von zwei Rechten hat, dann folgt es zwangsläufig, dass ein Quadrat die Winkelsumme von vier Rechten hat. Hier ist die Feststellung, dass ein Dreieck zwei rechte Winkel umfasst, Ursache für die Schlussfolgerung. Nimmt man jedoch an, ein Dreieck habe die Winkelsumme von drei Rechten, dann umfasst das Quadrat sechs rechte Winkel. (*Ethica Eudeumia* [1222B])

Paradoxa des Zenon

Zenon von Elea (480–430 v.Chr.), Schüler des Parmenides, tritt in Platons Dialog *Parmenides* als so geschickter Redner auf, dass ihm Aristoteles bescheinigt, *er [Zenon] habe die Dialektik erfunden* [Diogenes Laertios IX, 25]. Vier von Zenons Paradoxa der Bewegung bespricht und diskutiert Aristoteles ausführlich in seiner *Physik* (239B). Die drei einfacheren werden hier erwähnt a) Dichotomie, b) der Pfeil und c) Achilles.

a) Zenon behauptet, kein Körper könne von *A* nach *B* gelangen. Denn bevor dieser nach *B* kommt, muss er zunächst die Hälfte der Strecke *AB,* also |*AB*|/2 zurücklegen. Bevor er diese Strecke zurücklegt, muss er erst davon die Hälfte, also |*AB*|/4, durchlaufen; die Argumentation setzt sich entsprechend fort. Da die Strecke *AB* beliebig oft geteilt werden kann, können die Halbierungsschritte unbegrenzt vollzogen werden. Da die Summe dieser Intervalle nach Zenon nicht endlich sein könne, sei die Bewegung unmöglich.

b) Bewegt sich der Pfeil von *A* nach *B,* so gibt es beliebig viele Punkte zwischen *A* und *B,* die der Pfeil durchlaufen muss. Setzt man die Zeit gleich null, die der Pfeil zum Durchlaufen eines Punktes benötigt, so ruht der Pfeil in diesen Punkten. Nach Zenon verhindere die Existenz von unendlich vielen Zeitpunkten, in denen der Pfeil ruht, die Bewegung des Pfeils.

c) Zenon behauptet hier, dass der schnelle Achilles niemals eine langsame Schildkröte, die einen bestimmten Vorsprung hat, einholen könne. Denn in der Zeit, in der Achilles den anfänglichen Vorsprung der Kröte durchläuft, gewinnt die Kröte einen neuen Vorsprung. Diesen neuen Vorsprung muss Achilles erneut einholen und so weiter. Da es unendlich viele Zeitpunkte gibt, bei denen die Schildkröte einen Vorsprung hat, könne Achilles nach Zenon die Schildkröte niemals erreichen.

8.2   Mathematik bei Aristoteles

Aristoteles legte mit seinen Schriften die Grundlage folgender Wissenschaften: Dialektik, Analytik, Metaphysik, Logik, Ökonomie, Politik, Ethik, Rhetorik, Poetik, Biologie. Seine Schriften zur Physik hemmten den Fortschritt bis Galilei; das von ihm propagierte geozentrische Weltbild konnte erst von Kopernikus überwunden werden. Eine rein mathematische Schrift von ihm ist nicht überliefert; er besaß jedoch einen umfassenden Einblick in die Mathematik. Dies zeigt die Vielzahl der in seine Werke eingestreuten Bemerkungen; sie stellen ebenfalls eine wertvolle Quelle über den Stand der voreuklidischen Mathematik dar.

Ein typisches Zitat aus Metaphysik (1051a) zeigt die Kenntnis von Euklid [I, 32] und [III, 31]:

> Lehrsätze findet man in der Mathematik nur durch aktives Tun; denn wir entdecken sie nur durch den Prozess des Zerlegens. Ist die [geeignete] Zerlegung einer Figur bereits erfolgt, so sind die Lehrsätze offensichtlich; ansonsten sind sie potenziell verborgen.
>
> Weshalb ist die Summe der Winkel eines Dreiecks gleich zwei rechten Winkeln? Weil die Winkel um einen Punkt zwei rechten Winkeln gleichen. Wenn nun die mit der einen Seite parallel verlaufende Linie gezogen wäre, so wäre der Sachverhalt auf dem ersten Bild sogleich klar.
>
> Weshalb ist im Halbkreis allgemein ein Winkel ein rechter? Wenn die drei Linien gleich sind, und zwar die Grundlinie das Zweifache und die in der Mitte errichtete Senkrechte das Einfache, so ist die Sache jedem auf den ersten Blick klar, der den ersten Satz eingesehen hat.

A) Aristoteles' Beweis zur Winkelsumme wurde auch von Eudemos übernommen:
Der Beweis verwendet das Parallelen-Axiom. Sei ABC ein beliebiges Dreieck mit der Parallele DE zu BC durch den Punkt A. Die Winkel $\angle$ABC bzw. $\angle$DAB sind kongruente Wechselwinkel an Parallelen, ebenso $\angle$BCA bzw. $\angle$CAE. Der Winkel $\angle$DAE ist natürlich ein gestreckter; somit gilt (Abb. 8.4)

$$\angle DAE = \angle DAB + \angle BAC + \angle CAE = 2R \Rightarrow \angle ABC + \angle BAC + \angle ACB = 2R$$

B) Der Beweis zum Thales-Kreis verläuft folgendermaßen: Zu zeigen ist: $\angle BAC = R$
   (Abb. 8.5)

Die Senkrechte *AM* zerlegt das Dreieck – hier als gleichschenklig vorausgesetzt – in zwei gleichschenklige Dreiecke. Die Seite *BA* wird über A hinaus verlängert auf D. Die Winkel $\angle$MAB und $\angle$MBA sind kongruent wegen $|AM| = |MB|$. In gleicher Weise folgt $\angle MAC = \angle MCA$. Für die Winkelsumme bei A erhält man damit:

$$\angle BAC = \angle BAM + \angle MAC = \angle ABM + \angle MCA$$

Abb. 8.4 Alternativ-
Beweis von Aristoteles zur
Winklesumme

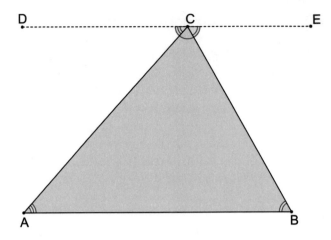

Abb. 8.5 Alternativ-
Beweis von Aristoteles zum
Thaleskreis

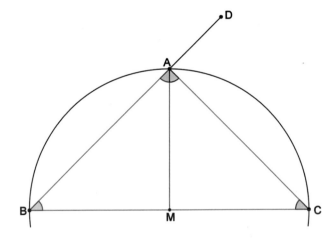

Die Summe der Basiswinkel gleich dem Außenwinkel ∡DAC (Euklid [I, 32]),
somit gilt: ∠BAC = ∠DAC. Da der Winkel ∡BAD ein gestreckter Winkel ist, folgt:
∠BAC = ∠DAC = R. Nach Axiom Euklid [I, 10] sind alle rechten Winkel einander
gleich.

Aristoteles setzt hier ein gleichseitiges Dreieck im Halbkreis voraus. Dies ist für den
Beweis nicht notwendig, wie sein Zitat zum selben Sachverhalt in [Anal. Post. II, 94]
zeigt. Bezeichnend dabei ist auch, dass er Sätze, die vom philosophischen Standpunkt
unbefriedigend sind, wie das Parallelenaxiom und den Winkelsummensatz, mehrfach anspricht.

Überraschend findet man bei ihm einen Lehrsatz, der bei Euklid fehlt. Es ist dies der
Satz über den geometrischen Ort, der viel später von Eutokios dem 150 Jahrespäter ge-
borenen Apollonios zugeschrieben wird (siehe unten (9)).

Mathematische Erkenntnisse bei Aristoteles

Hier eine Auswahl von mathematischen Themen aus Aristoteles' Schriften in moderner Formulierung

(1) In einem Kreis schließen kongruente Sehnen kongruente Umfangswinkel ein [Anal. Prior I,24]
(2) Basiswinkel im gleichschenkligen Dreieck sind kongruent [Anal. Prior I,24]
(3) Beim Schnitt einer Geraden mit einem Parallelenpaar sind die Scheitelwinkel kongruent [Anal. Prior II,17]
(4) Die Innenwinkelsumme im Dreieck ist gleich zwei Rechten 2R [Anal. Post. I,35] [Metaph. IX,9]
(5) Der Umfangswinkel im Halbkreis ist ein Rechter [Anal. Post. I,1] [Metaph. IX,9]
(6) Bestimmung der mittleren Proportionale zweier Strecken [De anima II,2] [Metaph. III,2]
(7) Die Außenwinkelsumme eines Vierecks ist gleich vier Rechten 4R [Anal. Post. II,17]
(8) Die Schenkel eines gleichschenkligen Dreiecks sind größer als die von der Spitze gefällte Höhe [*De incessu animalium,* 9]
(9) Der geometrische Ort aller Punkte, die von zwei gegebenen Punkten ein gegebenes Abstandsverhältnis $a : b \neq 1$ haben, ist ein Kreis [Meteor. III,5]
(10) Schneidet eine Gerade ein Parallelogramm, so teilt die Gerade die Seite und Fläche im gleichen Verhältnis [Topik VIII,3]
(11) Für Proportionen gilt $a : b = c : d \Rightarrow a : c = b : d$ [Anal. Post. I,5; II,17][De anima III,7]
(12) Das Verhältnis von Diagonale zur Seite eines Quadrats ist inkommensurabel [Anal. Prior I,24; I,44]
(13) Im Dreieck liegt der größeren Seite auch der größere Innenwinkel gegenüber [Meteor. 376 A]
(14) [Gleichsinnige] Außenwinkel eines beliebigen n-Ecks ergeben in der Summe eine volle Drehung.

Syllogistik

Das griechische Wort Syllogismus (Συλ-λογισμός) besteht aus der Vorsilbe *syl* (=zusammen) und dem Wort *logismus* (=Berechnung, Erwägung). Aristoteles verwendet den Begriff im Sinne von *gültiger deduktiver Schluss.* Er definiert mehrfach in seinen Schriften:

> Ein Syllogismus ist ein *logos,* in dem nach bestimmten Setzungen [den Prämissen] etwas von diesen Setzungen Verschiedenes [die Konklusion] sich mit Notwendigkeit durch die Setzungen ergibt.

Ein Syllogismus ist demnach eine argumentativ geordnete Folge von Sätzen, von denen einige als Prämissen fungieren und einer als Konklusion (Schlussfolgerung). Bekannte Beispiele sind

Alle Menschen sind sterblich	*Kein Rechteck ist ein Kreis*
Sokrates war ein Mensch	*Alle Quadrate sind Rechtecke*
⇒ *Sokrates ist sterblich*	⇒ *Kein Quadrat ist ein Kreis*

Es werden vier Typen von Aussageformen (mit ihrer mengentheoretischen Schreibweise) unterschieden, wie die Tabelle zeigt

Typ	Urteil	Mengenschreibweise
A	Alle S sind P	$S \subseteq P, S \neq \varnothing$
E	Keine S sind P	$S \cap P = \varnothing, S \neq \varnothing$
I	Einige S sind P	$S \cap P \neq \varnothing$
O	Einige S sind nicht P	$S \not\subseteq P$

Eine Merkregel für die Buchstaben der a-, e-, i-, o-Aussagen sind die beiden Worte: *affirmo* (ich bejahe) und *nego* (ich verneine).

Es werden stets Aussagen über nichtleere Mengen vorausgesetzt, d. h. wenn alle S auch P sind, dann existieren auch P. Ferner besteht ein Folgezusammenhang zwischen allgemeiner und spezieller Aussage, da die spezielle Aussage aus der allgemeinen Aussage resultiert:

Aus SaP (*Alle S sind P*) folgt SiP *(es gibt einige S, die P sind)*

Aus SeP (*Kein S ist P*) folgt SoP *(es gibt einige S, die nicht P sind)*

Beispiele für Aussageregeln sind:

Prämisse 1 (Obersatz): *Alle Menschen (M) sind sterblich (P)*

Prämisse 2 (Untersatz): *Alle Griechen (S) sind Menschen (M)*

Konklusion (Schlusssatz)*: Also sind alle Griechen (S) sterblich (P).*

Die Stellung der Prädikate (hier M-P, S-M, S-P) gibt die Art der Schlussfolgerung an, die *Figur* genannt wird. Die drei Figuren der folgenden Tabelle stammen von Aristoteles; sie wurden im Mittelalter noch durch eine vierte Figur ergänzt:

	1.Figur	2.Figur	3.Figur
Erste Prämisse	M – P	P – M	M – P
Zweite Prämisse	S – M	S – M	M – S
Konklusion	S – P	S – P	S – P

Diese drei Figuren kann man formal schreiben (mit der syllogistischen Verknüpfung x) als

$$(MxP) \wedge (SxM) \Rightarrow (SxP) \tag{8.1}$$

$$(PxM) \wedge (SxM) \Rightarrow (SxP) \tag{8.2}$$

$$(MxP) \wedge (MxS) \Rightarrow (SxP) \tag{8.3}$$

Da x für eine der vier syllogistischen Relationen (a, e, i, o) steht, gibt es theoretisch insgesamt $3 \times 4 \times 4 \times 4 = 192$ Modi; von diesen sind aber nur 24 gültig. Diese Modi tragen alle seit dem Mittelalter einen mnemotechnischen Namen. Die vier bekanntesten Modi davon sind

$$(MaP) \wedge (SaM) \Rightarrow (SaP)(B\underline{a}rb\underline{a}r\underline{a})$$

$$(PeM) \wedge (SaM) \Rightarrow (SeP)(C\underline{e}l\underline{a}r\underline{e}nt)$$

$$(MaP) \wedge (MiS) \Rightarrow (SiP)(D\underline{a}r\underline{ii})$$

$$(MeP) \wedge (SiM) \Rightarrow (SoP)(F\underline{e}r\underline{io})$$

Die e-Relation kann als Verneinung der i-Relation aufgefasst werden und umgekehrt; in gleicher Weise die a-Relation als Verneinung der o-Relation

$$SeP \iff \neg(SiP)$$

$$SaP \iff \neg(SoP)$$

Eine detaillierte Beschreibung der Syllogistik findet sich im Kapitel[7] (IV, 33) des Aristoteles-Handbuchs.

Nach Prof. Marco Malink[8] (Chicago) gilt Aristoteles als Begründer der formalen Logik. Seine Schrift *Organon* hat in beispielloser Weise die Entwicklung der westlichen Logik beeinflusst. Eine solche Darstellung übersteigt den Rahmen des Buches. Erwähnt aber werden sollen die zwei wichtigsten Prinzipien seiner Logik (Metaph. IV, 3–8):

- Nicht-Widerspruchsprinzip: Es besagt, dass ein Satz und seine Negation nicht zugleich wahr sein kann.
- Prinzip des ausgeschlossenen Dritten: Dies besagt, dass ein Satz und seine Negation nicht zugleich falsch sein können, sondern stets genau eines von beiden wahr: $P \vee (\neg P)$.

---

[7] Malink M.: Syllogismus, S. 343–348, im Sammelband: Aristoteles-Handbuch
[8] Malink M.: Logik, S. 480–484, im Sammelband: Aristoteles-Handbuch

Damit verwandt ist die Ansicht Aristoteles', dass kein Satz aus seinem kontradiktorischen folgen kann:

$$\neg\left(\neg P \Rightarrow P\right)$$

Ferner ergibt sich auch das Prinzip des Widerspruchsbeweises. Will man beweisen, dass gilt:

$R \wedge S \Rightarrow T$, so zeigt man $(\neg T) \wedge S \Rightarrow (\neg R)$.

Abschließend ein Zitat von H. Flashar[9]:

> Überblickt man das Leben [des Aristoteles] im Ganzen, steht man staunend vor einer für die damaligen wie für die heutigen Verhältnisse ungeheuren Leistung, die sich in einem in sich so geschlossenen und homogenen Werk manifestiert, das nicht ahnen lässt, unter welch schwierigen äußeren Bedingungen es zustande gekommen ist.

Nachwort: Der Einfluss Aristoteles' auf die Weiterentwicklung der Philosophie beschränkt sich nicht auf die Antike; seine Werke werden in späteren Zeiten intensiv diskutiert. Im Christentum gilt Aristoteles als Heide und wird weitgehend vergessen. Jedoch beschäftigt sich die jüdische Philosophie (seit Alexandria) sich mit seiner Lehre; ab dem achten Jahrhundert werden seine Schriften auch ins Arabische übersetzt und interpretiert. Erst durch die Schriften Boethius' im Anschluss an Augustinus lernt das christliche Abendland die aristotelischen Schriften wieder neu. Eine vollendende Synthese von Aristotelismus und Kirchenlehre vollzieht die Scholastik unter Thomas von Aquin. In der kirchlichen Lehre wird Aristoteles zum Philosophen, der maßgebend auch in allen Fragen weltlicher Wissenschaft wird; Dante preist ihn als „Meister aller Wissenden". Das durch Aristoteles geprägte Weltbild wird erst durch die neuere Philosophie und Naturwissenschaft (Galilei, Descartes) überwunden.

Literatur

Rapp, C., Corcilius, K. (Hrsg.): Aristoteles-Handbuch. Metzler (2011)

Düring I.: Aristotle in the ancient biographical tradition. Göteborg (1957)

Flashar, H.: Das Leben, Rapp C., Corcilius K. (Hrsg.): Aristoteles-Handbuch, Metzler (2011)

Malink M.: Logik, Rapp C., Corcilius K. (Hrsg.): Aristoteles-Handbuch, Metzler (2011)

Malink M.: Syllogismus, Rapp C., Corcilius K. (Hrsg.): Aristoteles-Handbuch, Metzler (2011)

Schadewaldt, W.: Die Anfänge der Philosophie bei den Griechen. suhrkamp wissenschaft, Frankfurt a. M. (1978)

Simplikios, D.H. (Hrsg.): In Aristotle's Physicarum laboris quattuor priores commentaria. de Gruyter, Berlin (1932)

---

[9] Flashar H.: Das Leben (S. 5), im Sammelband: Aristoteles-Handbuch

Alexandria

9

Nach dem Zerfall des Alexanderreiches gewinnt die Provinz Ägypten-Syrien mit der Hauptstadt Alexandria unter der Herrschaft der Ptolemäer an Bedeutung und wird zum Zentrum des Handels, der Kultur und der Wissenschaften. Die Gründung der berühmten Bibliothek führte dazu, dass nicht nur ein Großteil der gesamten griechischen Literatur zusammengeführt und neu editiert wurde; sondern auch Übersetzungen aus fremden Sprachen gefördert wurden. Bedeutsam ist die Liste der in Alexandria wirkenden Mathematiker, wie Euklid, Eratosthenes, Heron, Ptolemaios u. a. Die Rolle, die Alexandria bei der Vermittlung von babylonisch-persischem Wissen gespielt hat, kann wohl kaum überschätzt werden.

> *Sind wir nicht tot und bilden uns nur ein zu leben,*
> *wir Griechen, die wir tief ins Unglück stürzten*
> *und im Traume nur das Leben sahen?*
> *Oder leben wir zwar - indes das wahre Leben unterging?*
> Klage des Dichters Palladas über die Zerstörung des Museion (Anthologia Graeca, X,82)

Nach dem Tod Alexanders d.Gr. 323 v.Chr. wurde das Reich unter seinen Heerführern Antigonos (Makedonien), Lysimachos (Kleinasien), Seleukos I. (Mesopotamien und Syrien) und Ptolemaios I (Ägypten und Palästina) aufgeteilt. Da die Mutter Arsinoe des Ptolemaios am Hofe von Philipp von Makedonien gelebt hat, besteht die Möglichkeit, dass er mit Alexander blutsverwandt war. Im Jahre 305 v.Chr. erklärte er sich zum König und nannte sich Ptolemaios I. Soter (= Retter), da er als Leibwächter Alexanders dessen Leben gerettet habe. Abb. 9.1 zeigt den Königspalast am Hafen. Die Machtübernahme nach Alexanders Tod wird in der Bibel im 1. Buch der Makkabäer (1. Makk., 1,1) anschaulich geschildert.

© Springer-Verlag GmbH Deutschland, ein Teil von Springer Nature 2024
D. Herrmann, *Die antike Mathematik*, https://doi.org/10.1007/978-3-662-68478-8_9

Abb. 9.1 Architekturzeichnung Alexandria (Wikimedia Commons)

Alexander, der Sohn Philippus von Mazedonien, brach zu einem Eroberungszug auf und besiegte Darius, den König von Persien und Medien. Er wurde König über dessen ganzes Reich, so wie er zuvor schon über ganz Griechenland geherrscht hatte. […] Sobald Alexander tot war, übernahmen seine Offiziere die Regierung. Sie machten sich zu Königen, jeder in dem Gebiet, das er bekommen hatte, und vererbten die Herrschaft auf ihre Nachkommen. Das ging so durch viele Generationen. Die Nachfolger Alexanders brachten viel Elend über die Menschen.

Ebenso der Kampf gegen Seleukos' Nachfolger Antiochos (1. Makk., 1,16):

Als Antiochos sah, dass seine Herrschaft gesichert war, fasste er den Plan, auch über Ägypten König zu werden und so über zwei Reiche zu herrschen. Er drang mit einem starken Heer in Ägypten ein, mit Streitwagen, Kriegselefanten, Reitern und einer großen Flotte, und griff den ägyptischen König Ptolemäus VI. an, Ptolemäus wurde geschlagen und musste fliehen; sein Heer erlitt schwere Verluste. Die befestigten Städte wurden erobert und das ganze Land ausgeplündert.

Trotz der Diadochen-Kriege begann sich Ägypten unter seiner Regierung zum kulturellen Zentrum im Mittelmeerraum zu entwickeln. Nicht Athen, sondern Alexandria wurde – trotz seiner Randlage -mit seinem wirtschaftlichen Reichtum und der Förderung von Literatur und Wissenschaft, zum leuchtenden Zentrum der hellenistischen Kultur. Alexandria wurde von den Dichtern und Poeten besungen; Dichter Herondas schwärmt:

Denn alles, was es nur irgendwie gibt und was neu in Mode kommt, gibt es in Ägypten: Reichtum, Gymnasien, Macht, angenehmes Klima, Ruhm, kulturelle Vorführungen, Gelehrte, Gold, Jünglinge, den Tempel der Geschwistergötter, einen guten König, das Museion, Wein, ja überhaupt alles Gute, was man sich wünscht.

Von Strabon, der längere Zeit in Alexandria gewohnt hat, gibt es eine umfangreiche Beschreibung Alexandrias; hier ein Ausschnitt (XVII, 1, 8):

Abb. 9.2 Ptolemaios I. genehmigt den Bau des Museions (Göll 1876)

Die ganze Stadt enthält für Reiter und Streitwagen bequemen Straßen, zwei davon - mehr als 100 Fuß breit - sind die breitesten, welche einander rechtwinklig treffen. Die Stadt enthält die schönsten öffentlichen Tempel und königlichen Paläste, welche ein Viertel oder sogar ein Drittel des ganzen Areals ausmachen. Denn wie jeder König den öffentlichen Prachtgebäuden aus Verschönerungslust neue Zierden hinzufügte, so baute jeder für sich einen Palast zu den schon vorhandenen hinzu, sodass jetzt des Dichters Ausspruch anwendbar ist: *Anderes aus Anderem wird.* Alle Bauten hängen zusammen und haben einen Zugang zum Hafen, auch die, die außerhalb errichtet sind. Teil der königlichen Gebäude ist auch das Museion, welches eine Wandelhalle, eine Vorhalle mit Sitzen und einen großen Bau umfasst, der als Speisesaal der am Museion angestellten Gelehrten dient. Der Verein dieser Männer verwaltet die Einkünfte gemeinschaftlich; als Leiter des Museion fungierte damals ein vom König eingesetzter Priester, jetzt wird er von Caesar gewählt.

Ptolemaios I selbst hatte literarische Interessen; er schrieb eine Biografie über Alexander d. Gr. Sein Sohn Ptolemaios II hatte zwei Jahre (285–283) als offizieller Mitregent die Regierungsgeschäfte seines Vaters mitbestimmt; mit dessen Tod 283 v.Chr. wurde er Alleinherrscher. Dabei wurde sein Halbbruder Ptolemaios Kernaunos entmachtet; dieser versuchte durch die Heirat mit der gemeinsamen Halbschwester Arsinoe II, die zuvor mit dem Thraker-König Lysimachos' liiert war, Einfluss zu gewinnen. Doch Arsinoe II flüchtete zu Ptolemaios II, der sie, nach Verstoßung seiner Gattin Arsinoe I, heiratete. Er erhielt daher den Beinamen Philadelphos (= Geschwisterliebender). Arsinoe II adoptierte die drei Kinder aus erster Ehe ihres Bruders, sodass der älteste Sohn Ptolemaios III, später Euergertes (= Wohltäter) genannt, in der Regierung nachfolgen konnte.

Ein Grund für Alexandrias kulturellen Aufstieg war die Gründung des Museion (= Sitz der Musen) und der Bibliothek. Abb. 9.2 zeigt Ptolemaios I bei der Baugenehmigung für das Museion. Später wurde mit dem Serapeion eine Tempelanlage mit einer eigenen Schule errichtet.

Für den wirtschaftlichen Aufschwung sorgte das Geschwister-Ehepaar durch eine rigorose Planwirtschaft, die das ganze Land zum persönlichen Eigentum des Pharaos erklärte. Ein gut gebildeter, streng gestaffelter Beamtenapparat überwachte nicht nur den Getreideanbau, sondern auch den Anbau von Früchten und die Tierzucht. Indem es Monopole auf den Olivenhandel, die Papyrusproduktion und das Bankwesen errichtete, erwirtschaftete das Herrscherhaus große Einnahmen und konnte sich durch Wohltaten beliebt machen. Der Doppel-Seehafen und der Bau des berühmten Leuchtturms (*Pharos*, griech. φάρος) (Abb. 9.3) waren das Symbol dieses wirtschaftlichen Erfolgs, der Alexandria zum Handelszentrum des gesamten Mittelmeerraums machte. Der Name des Bauherrn des *Pharos* geht aus einer später gefundenen Inschrift hervor:

ΣΩΣΤΡΑΤΟΣ ΔΕΞΙΦΑΝΟΥ ΚΝΙΔΙΟΣ
ΤΟΙΣ ΘΕΟΙΣ ΣΩΤΗΡΣΙΝ
ΥΠΕΡ ΤΩΝ ΠΛΩΙΖΟΜΕΝΩΝ
(Sostratos von Knidos, Sohn des Dexiphanos, den rettenden Göttern [geweiht], für die Seefahrer [errichtet])

Sie ist Teil eines Epigramms des Dichters Posidippos von Pella, der während der Regierungszeit von Ptolemaios II. lebte:

Zur Rettung der Griechen wurde dieser Leuchtturm als Wächter, oh Lord Proteus, von Sostratos errichtet, Sohn von Dexiphanos, aus Knidos. Denn in Ägypten gibt es keine

Abb. 9.3 Leuchtturm
(Rekonstruktion), (E.V.
Shenouda, gemeinfrei)

Aussichtspunkte auf einem Berg, wie auf den Inseln, tief liegen die Wellenbrecher des Hafens, an dem Schiffe anlegen. Dieser Turm, erbaut wie ein senkrechter Pfeiler, scheint tagsüber den Himmel hoch zu stützen. Nachts sieht der Matrose zur See an seiner Spitze das große Feuer leuchten.

Diodoros (XVII, 52) berichtet, dass im Jahr 756 der Leuchtturm teilweise zerstört wurde. Im Jahr 1183 schien er wieder in Funktion zu sein, wie man dem Reisebericht *Tagebuch eines Mekkapilgers* von Ibn Dchubair[1] entnimmt:

Zu den größten der Wunder, die wir selbst gesehen haben, gehört der Leuchtturm, den Allah gegründet hat, mit den Händen derer, denen er diese Fronarbeit auferlegt hat […] als Führung für die Reisenden. […] Das Innere des Leuchtturms bietet wegen seiner Weitläufigkeit, seiner Stufen, seiner Hallen einen überwältigenden Anblick […] Auf der Spitze befindet sich eine Art Moschee, ein gesegneter Ort […] Am Donnerstag, dem 1.April, bestiegen wir den Leuchtturm und verrichteten unsere Gebete in dieser gelobten Moschee. Dabei erblickten wir solche Wunder der Architektur, dass man sie nicht in Worte kleiden kann.

Die Abgaben, die die Händler aus aller Herren Länder zu verrichten hatten, waren so geregelt, dass ein Gutteil des Gewinns dem Handel verblieb. Weniger sanft ging man mit den Tempeln bzw. Klöstern um; die Tempel wurden gezwungen, das Spendeneinkommen an das Königshaus abzuführen. Arsinoe II errichtete einen Kult auf einen neuen Gott, der merkwürdigerweise eine Personalunion des Gottes *O-Siris* und des Stiergottes *Apis* darstellte; sein Name war *Serapis*. Der Name wurde passend gewählt, da bereits ein Gott mit gleichem Namen Sarapis/Serapis existierte, der mit einem Fruchtkorb auf dem Kopf (als Symbol des fruchtbaren Ägyptens) dargestellt wird. Die neu gegründete Tempelanlage, *Serapeion* genannt, wurde auf einem künstlichen Hügel erbaut und prächtig ausgestattet (Abb. 9.4). Er bestand nicht aus einem einzelnen Bauwerk, sondern war eine größere Anzahl von Gebäuden, die sich alle um ein zentrales Gebäude gruppierten, umsäumt von Säulen gewaltiger Größe und anmutigen Proportionen.

Der Glanz des alexandrinischen Hofs und die königliche Förderung der Wissenschaften zog die berühmtesten Wissenschaftler nach Alexandria. Dies waren zum einen der Dichter Philitas von Kos, der Grammatiker Zenodot von Ephesos und der Physiker Straton von Lampsakos. Nachdem letzterer als Erzieher des Königssohns gewirkt hatte, kehrte er 288 v.Chr. als Bibliothekar zum Lykeion nach Athen zurück.

Straton ist nicht zu verwechseln mit dem Geographen Strabon von Amaseia, der im Jahre 25 v. Chr. mit dem Kaiser Aelius Gallus eine Nilfahrt unternahm und dabei Alexandria besuchte

Das *Museion* gehört zum Bereich der königlichen Paläste; es enthält eine öffentliche Halle zum Herumgehen und Studierräume zum Sitzen, ferner einen großen Bau mit einem Speisesaal für die Studenten. Die Gemeinschaft der Männer verwaltet ihr Eigentum

---

[1] Ibn Dchubair: Tagebuch eines Mekkapilgers, Bibliothek arabischer Erzähler, Goldmann 1988, S. 24.

Abb. 9.4 Gebäudekomplex des Serapeions (Wikimedia Commons)

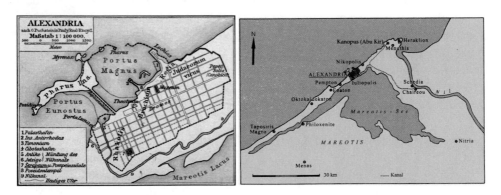

Abb. 9.5 Stadtplan von Alexandra (Wikimedia Commons), Umgebungsplan (koloriert vom Autor)

gemeinschaftlich; Vorsteher ist ein Priester, der früher vom König, jetzt vom römischen Kaiser bestimmt wird. […] Jenseits des Kanals aber liegt das *Serapeion,* als auch andere heilige Gebäude, die jetzt wegen der in Nikopolis neu gebauten [Gebäude] fast verlassen ist.

Abb. 9.5a zeigt den Stadtplan von Alexandria, Abb. 9.5b den Umgebungsplan mit den Ortschaften Nikopolis und Kanopus; letztere Ortschaft wurde später Abu Kir genannt;

dies ist der Ort der Seeschlacht, in der Admiral Nelsons Schiffe die französische Flotte Napoleons vernichtete.

Für den Betrieb der Bibliothek ist die Katalogisierung der Buchbestände von großer Wichtigkeit; sie wurde von dem Philologen und Dichter Kallimachos von Kyrene (320/303–240 v.Chr.) erfunden. Resultat seiner Arbeit war ein 120 Rollen umfassendes Autorenverzeichnis, das zu jedem griechischen Autor jeweils eine Kurzbiografie und ein Werkverzeichnis aufführte (*pinakes* genannt) und damit den ersten wissenschaftlichen Bibliothekskatalog der Welt schuf. Bekannt ist sein Ausspruch:

Ein großes Buch ist ein großes Übel (μέγα βιβλίον μέγα κακόν)

der sich sicher auf die Schwierigkeit beim Katalogisieren bezog. Mehrere erhaltene Gedichte auf Ptolemaios II. und dessen zweite Frau Arsinoë II. erweisen Kallimachos als Hofdichter dieses Königspaars. Die zahlreich gefundenen Papyri mit seinen Schriften und seine häufige Zitierung lassen vermuten, dass Kallimachos einer der meistgelesenen Autoren seiner Zeit war. Allein in der *Anthologia Graeca* finden sich 63 Epigramme von ihm. Seine Dichtung übte einen großen Einfluss auf die römischen Autoren Catull, sowie Properz und Ovid aus. Zu Kallimachos' Schülern zählten neben Apollonios von Rhodos auch Eratosthenes von Kyrene und Aristophanes von Byzanz.

Sein bekanntestes Gedicht (letztes in seinem Werk *Aitia* = Ursprungsgedichte) erzählt die Sage von Berenikes Haar. Berenike II, die Gemahlin von Ptolemaios III., hatte vor der Göttin Aphrodite ein Gelübde abgelegt, dass sie ihr Haar opfere, wenn ihr Gatte unversehrt vom Syrien Feldzug (241 v.Chr.) zurückkehre. Das Haar wurde im Tempel der Arsinoe Zepheritis aufbewahrt und war durch Wirken der Göttin plötzlich verschwunden. Tage später berichtete der Astronom Konon von Samos, dass er das Haar als neues *Sternbild* am Himmel gesichtet habe. Das Haar der Berenike (lateinisch *coma berenice*) ist heute noch ein Sternbild des Nordhimmels. Jahrhundertelang war das Gedicht Kallimachos' nur in der lateinischen Übersetzung Catulls aus dem Jahr 66 n.Chr. bekannt, bis 1929 auf einem Papyrus der Originaltext wiedergefunden wurde. Hier ein Ausschnitt[2] aus Catulls Fassung in der Übersetzung von Pressel-Hertzberg; Catull lässt die Locke sprechen:

Nicht *Ariadne* nur strahl' in jenem goldenen Kranz,
Welcher die Stirn ihr einst geziert, dass neben ihr leuchte,
Ich, ihres blonden Haupts Schmuck, der den Göttern geweiht.
Noch von den Tränen benetzt, die mich zum Tempel geleitet,
Ward ich als jüngstes Gestirn unter die alten versetzt,
Wo ich, der *Jungfrau* Licht und des grimmigen *Löwen* berührend,
Mit des Lykaon Kind, mit der *Kallisto,* vereint,
Mich gegen den Abend bewege, als Führer des trägen *Bootes,*
Welcher in säumenden Lauf nieder zum Ozean taucht.

---

[2] Catulli carmina 66, 59–68, in Balss H. (Hrsg.): Antike Astronomie, Tusculum München 1949.

Neben *Jungfrau* und *Löwe* sind hier folgende Sternbilder erwähnt: Ariadne ist die *Kleine Krone,* Kallisto der *Große Bär,* Bootes der *Bärenhüter.*

Es ist keine Übertreibung zu sagen, dass ein großer Teil der überkommenen griechischen Literatur entweder direkt oder indirekt über Alexandria zu uns gelangt ist. Alle Schriften der griechischen Dichtung, insbesondere die Dramen und Komödien wurden dort editiert; besondere Beachtung erfuhren die Handschriften des Philosophen Platon. Die Werke Homers, *Ilias* und *Odyssee* wurden in je 24 Gesänge eingeteilt; merkwürdigerweise sucht man die Geschichte vom Trojanischen Pferd vergeblich in der Ilias; sie wurde in den 8. Gesang der Odyssee [Zeile 492 ff.] aufgenommen.

Alexandria bildete einen Sammelpunkt für Juden, die teilweise aus Syrien – ebenfalls zum Ptolemäer-Reich gehörend – einwanderten und bald ein eigenes Stadtviertel bildeten. Viele der Juden wurden hellenisiert und nahmen die griechische Sprache an. Das apokryphe Buch der Bibel, die sog. *Weisheit Salomonis,* wurde zu dieser Zeit von einem jüdischen Autor in Alexandria verfasst. Der Vers Sapientia (Weisheit XI, 21) der Bibel zeigt eindeutig pythagoräisches Gedankengut:

> Gott schuf die Welt nach Maß, Zahl und Gewicht.

Der Vers Sapientia (Weisheit XIII, 1) verrät Kenntnis der frühen griechischen Philosophie, die aber als heidnisch verworfen wird:

> Es sind zwar alle Menschen von Natur nichtig, so von Gott nichts wissen, und an den sichtbaren Gütern den, der es ist, nicht kennen, und an den Werken nicht sehen, wer der Meister ist; sondern halten entweder das *Feuer,* oder *Wind,* oder *schnelle Luft,* oder die Sterne, oder mächtiges *Wasser,* oder die *Lichter am Himmel* für Götter, die die Welt regieren.

Hier wird angespielt auf den Urstoff *Wasser* (bei Thales) bzw. den Urstoff *Luft* (bei Anaximander); bei Empedokles ist das *Unvergängliche Sein* eine Mischung der vier Elemente: Feuer, Luft, Erde, Wasser. Die *Lichter am Himmel* deuten auf die Astrologie hin. Die Bibelübersetzung führte zu internen Auseinandersetzungen. Den Ägyptern gefiel nicht, dass der biblische Bericht über die Flucht aus Ägypten und Moses' Teilung des Roten Meers als heroischer Sieg der Juden über Ägypten gefeiert wurde. In *Exodus* (15, 1), (15, 21) heißt es dazu:

> Lasst uns dem Herrn singen, denn er hat eine herrliche Tat getan; *Ross und Reiter hat er ins Meer gestürzt.*

Auch die Mathematik und die Naturwissenschaften nahmen in Alexandria großen Aufschwung. Euklid selbst hat in der Regierungszeit Ptolemaios' I gewirkt; seine Werke aber wurden erst später von Theon von Alexandria bearbeitet und in die uns bekannte Form und Reihenfolge gebracht. Auch Ktesibios und sein späterer Nachfolger Heron bewirkten durch ihre spektakulären Vorrichtungen und Maschinen (wie automatische Türöffner und Weihwasserautomaten) Aufsehen in den Tempeln Alexandrias (siehe Kap. 17.8).

9.1 Die Bibliothek

Die Bibliothek von Alexandria (Abb. 9.6) war zwar die berühmteste ihrer Art, aber keineswegs die einzige. Andere Bibliotheken existierten in Athen, Pergamon, Rhodos oder Smyrna (heute Izmir/ Türkei). Nach der Überlieferung soll bereits zu Lebzeiten von Ptolemaios II die Bibliothek etwa 200 000 Papyrusrollen umfasst haben. Überliefert wird, dass jedes in Alexandria ankernde Schiff Kopien der an Bord befindlichen Schriftrollen abliefern musste, sofern sie nicht schon in der Bibliothek vorhanden waren. Als Demetrios von Phaleron, der frühere Stadtverwalter von Athen, aus Athen flüchten musste, erhielt er Asyl bei Ptolemaios II. Er ernannte ihn 284 zum ersten Bibliothekar und ließ ihn, nach dem Vorbild des Lykeion, die Bibliothek einrichten. Aristeas Judeos berichtet in einem Brief an Philokrates, dass Demetrios über einen so großen Etat verfügte, dass er alle Bücher, falls möglich, aufkaufen, ansonsten kopieren lassen konnte. Als wichtigen Beitrag zur Erweiterung der Bibliothek betrachtet Aristeas die Übersetzung der 5 Bücher Moses' (*Pentateuch*) des Alten Testaments aus dem Hebräischen ins Griechische durch 72 jüdische Gelehrte (abgerundet auf 70) Septuaginta (LXX) genannt wurde. Athenaeos von Naukratis erzählt, dass speziell Bücher von Aristoteles und seines Nachfolgers Theophrastos mit unfairen Methoden akquiriert wurden. Zur Zeit Caesars befanden sich nach Angaben des byzantinischen Gelehrten Johannes Tzetzes 500 000 Schriftrollen in der Bibliothek.

Der Papyrus P. Oxy. 1241 überliefert 6 Namen von Bibliothekaren, darunter finden sich einige bekannte Personen:

Abb. 9.6 Das Innere der Bibliothek von Alexandria (AKG5700772, Copyright/ Heritage Image/ Fine Arts Image/ akgimages

- Zenodotos von Ephesos
- Apollonios von Rhodos
- Eratosthenes von Kyrene
- Aristophanes von Byzanz
- Apollonios Eidographos
- Aristarchos von Samothrake

Nach den Punischen Kriegen (264–146 v.Chr.) wurde Karthago zerstört und Nordafrika geriet unter römische Herrschaft. Alexandria blieb zunächst von römischer Politik unbehelligt und konnte ungehindert Handel betreiben. Die Stadt erlitt einen Verlust an Ansehen, als Ptolemaios VIII 145 v. Chr. in einer politischen Säuberungsaktion einige missliebige griechische Gelehrte beseitigen ließ. Zum Leiter der Bibliothek wurde sogar einmal ein Soldat namens Kydas aus einer Einheit von Lanzenträgern(!) gewählt.

Der Einfluss Roms wurde spürbar, als Alexandria in den Bürgerkrieg zwischen Julius Caesar und Pompeius (48 v.Chr.) hineingezogen wurde. Nachdem Pompeius in der Schlacht von Pharsalos gegen Caesar verloren hatte, floh dieser nach Alexandria, um dort Zuflucht zu suchen. Um Rom einen Gefallen zu erweisen, wurde er dort auf Befehl vom Mitregenten Ptolemaios XIII. getötet. Caesar zeigte sich „empört" und startete mit seiner Flotte einen Angriff auf Alexandria. Als die alexandrinische Flotte versuchte, die römischen Schiffe im Hafen zu blockieren, ließ Caesar die Schiffe in Brand stecken. Da die Alexandriner auch die Wege an Land mit großen Hindernissen aus Holz verbarrikadiert hatten, kam es zu einem Großbrand; dabei verbrannten alle zur Ein- und Ausfuhr im Hafen gelagerten Schriftrollen. Wie Caesar in seiner Schrift *bellum alexandrinum* berichtet, wurden insgesamt 110 Schiffe[3] zerstört.

Nach Caesars Ermordung im Jahr 44 v.Chr. heiratete Marcus Antonius Kleopatra und flüchtete mit ihr nach Alexandria. Als Ausgleich für die Bücherverluste durch Caesar verschenkte Marcus Antonius, nach Angabe von Plutarch, die Bücher der Bibliothek von Pergamon an Kleopatra. Von Alexandria aus führte er 13 Jahre Krieg gegen Rom, bis er 31 v.Chr. in der Schlacht von Actium von Octavian besiegt wurde. Mit dem Selbstmord Kleopatras endete die Dynastie der Ptolemäer. Ägypten wurde römische Provinz und wurde verpflichtet, als Kornkammer des Römischen Reiches zu dienen.

Es kam zu zwei großen Aufständen der Juden gegen die römische Besatzung, der *Jüdische Krieg* und der *Bar-Kochba-Aufstand;* Alexandria wurde dabei 115 n.Chr. erneut zerstört. Kaiser Hadrian ließ die Stadt wiederaufbauen, an der er als Gelehrter großes Interesse zeigte. Hadrian besuchte die Provinz Alexandria acht Monate lang; seine Gedichte auf die Stadt sind jedoch verloren gegangen. Erhalten blieb des Kaisers Epigramm auf Pompeius, dessen Grab er in Pelusium besuchte: *Er, der an Tempeln so reich war, wie ärmlich und klein ist sein Grab* (Anthologia Graeca IX, 402).

---

[3] Caesar G. J., Jahn C.(Hrsg.): Bellum Alexandrinum, S. 18, im Sammelband: Kriege in Alexandrien, Afrika und Spanien.

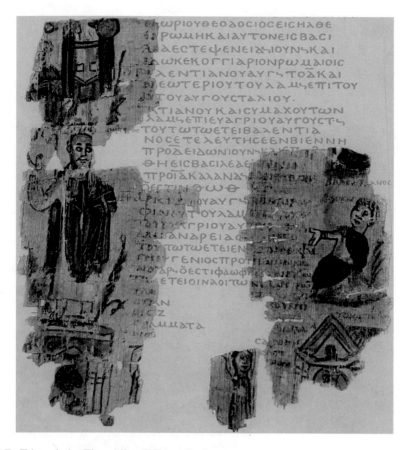

Abb. 9.7 Triumph des Theophilos (Wikimedia Commons)

Um einen angeblichen Aufstand niederzuschlagen, kam Kaiser Caracalla zur Jahreswende 215/16 n.Chr. nach Alexandria und richtete ein furchtbares Blutbad an. Unter Kaiser Aurelius ging die Provinz Ägypten 269–270 kurzzeitig verloren an das Königreich *Palmyra.* Nach der Rückeroberung gehörte es zum Oströmischen Reiches. Nachdem der Kaiser Konstantin d. G. 313 n.Chr. das Mailänder Toleranz-Edikt verabschiedet hatte, wurden die Christen in religiösen Dingen gleichberechtigt.

Auf Anraten des fanatischen Bischofs von Alexandria Theophilos, ließ Kaiser Theodosius I 391 n.Chr. das Serapeion zerstören. Der Golenischew-Papyrus zeigt Theophilos, der mit der Bibel in der Hand triumphierend auf den Ruinen des zerstörten Serapeions steht (Abb. 9.7). *Nach dem Tod Hypatias machte sich in Alexandria kein Philosoph mehr zu schaffen,* schreibt Gibbon, der bekannte Autor des Buchs *Verfall und Untergang des römischen Imperiums.* Aber die Glaubenskämpfe waren noch nicht ausgestanden. Im Jahr 412 wurde Kyrill, der Onkel von Theophilos, Patriarch von Alexandria. Er war ein fanatischer Eiferer und startete ein Pogrom gegen die zahlreichen Juden dort. Auch seinen Konkurrenten Nestor, den Patriarchen von Konstantinopel, beseitigte er, indem er ihn auf dem Konzil von Ephesus (431) zum Ketzer erklären ließ. Zum Dank für seine Dienste wurde er später zum Heiligen erklärt.

Ammianus Marcellinus (*Res Gestae* XXII, 16, 17) schreibt 363 n.Chr. über den Zustand von Alexandria (zitiert nach[4]):

> Außerdem gibt es hier Tempel mit hochragenden Giebeln. Besondere Bedeutung unter ihnen hat das Serapeum, das zu beschreiben Worte nicht ausreichen. Seinen Schmuck bilden weite Säulenhallen, lebensvolle Statuen und viele weitere Kunstwerke in einem solchen Ausmaß, dass die Welt nichts Prunkvolleres kennt, abgesehen vom Kapitol, mit dem sich das verehrungswürdige Rom zur Ewigkeit erhebt. In ihm [Serapeion] befanden sich zwei unschätzbare Bibliotheken. Wie die alten Zeugnisse mit übereinstimmender Zuverlässigkeit aussagen, verbrannten 70 000 Bände, die die Ptolemäischen Könige mit unermüdlicher Sorge zusammengebracht hatten, im Alexandrinischen Krieg Zeit des Diktators Caesar, als die Stadt geplündert wurde.

An späterer Stelle berichtet Marcellinus über die wissenschaftliche Atmosphäre der Spätperiode:

> Obwohl außer denen, die ich erwähnt habe, in alter Zeit viele hier in Blüte standen, schweigen dennoch auch jetzt nicht einmal die verschiedenen Wissenschaften in dieser Stadt. Denn die Lehrer dieser Disziplinen leben einigermaßen, und mit dem Zeichenstab der Mathematiker bringt man alles ans Licht, was sich noch im Dunkeln verborgen hält; noch ist bei den Alexandrinern die Musik nicht gänzlich versiegt, die Harmonie nicht ganz verstummt, und bei bestimmten, wenn auch seltenen Leuten bleibt die Betrachtung der Welt- und der Sternbewegung lebendig; andere sind bewandert in den Versmaßen; darüber hinaus verstehen sich wenige auf das Wissen, das die Wege des Schicksals weist. Die Studien der Medizin jedoch [...] blühen von Tag zu Tag in solchem Umfang auf, dass es für einen Arzt [...] anstelle eines jeden Beweises genügt zu sagen, er sei in Alexandria ausgebildet.

Derselbe Dichter berichtet von einem Erdbeben im Jahr 365 n.Chr., das die alexandrinische Küste stark beschädigte. Inzwischen weiß man, das am 21. Juni 365 der stärkste Tsunami stattgefunden hat, der je im Mittelmeer-Raum registriert wurde. Es ist möglich, dass Teile der Bibliothek erhalten geblieben sind, da der Römer Aphthonius von Antiochia, der Alexandria nach 391 n.Chr. besuchte, noch intakte Gebäude vorfand:

> … auf der Innenseite der Säulenhalle waren Räume vorhanden, von denen einige als Buchmagazine dienten und denjenigen offenstanden, die sich der Gelehrsamkeit widmeten. Es waren diese Studienräume, die die Stadt zu Ersten in der Philosophie gemacht hatten. Einige andere Räume waren zur Verehrung der alten Götter bestimmt.

Die Zerstörungen der Bibliothek durch christliche Eiferer (Abb. 9.8) hat die „heidnische" antike Literatur in einem *unschätzbaren* Umfang vernichtet. Man schätzt, dass mehr als

[4] Sartorius J. (Hrsg.): Alexandria Fata Morgana, Wissenschaft. Buchgesellschaft o. J., S. 235 ff.

Abb. 9.8 Erstürmung des Serapeions (gemeinfrei)

90 % der vorhandenen Literatur verloren gegangen ist! (nach C. Nixey[5]). Unter anderem haben die oströmischen Kaiser Konstantin und Theodosios II Bücherverbrennungen „heidnischer" Autoren angeordnet (vgl. Abschn. 9.3). Die Fanatiker beriefen sich auf die Bibel Deuteronomium (5. Moses, 12):

> Zerstört alle heiligen Stätten, wo die Heiden, die ihr vertreiben werdet, ihren Göttern gedient haben, sei es auf hohen Bergen, auf Hügeln oder unter jedem grünen Baum, und reißt um ihre Altäre und zerbrecht ihre Steinmale und verbrennt mit Feuer ihre heiligen Pfähle, zerschlagt die Bilder ihrer Götzen und vertilgt ihren Namen von jener Stätte.

Hinzu kommt, dass in den Klöstern des frühen Mittelalters die auf Pergament erhaltenen heidnischen Schriften systematisch ausradiert und überschrieben wurden (sog. Palimpseste).

> Bemerkung: In der amerikanischen Literatur wird der christliche „Eifer" heruntergespielt. Der berühmte Astronom Carl Sagan beschreibt die christlichen Eiferer als *deliberate action*

---

[5] Nixey C.: Heiliger Zorn – Wie die frühen Christen die Antike zerstörten, DVA München 2019, S. 241.

of an anti-intellectual mob (bedachtsame Aktion eines Mobs gegen die intellektuelle Elite). Der Tod Hypatias sei nur ein Protest gegen den römischen Statthalter Orest gewesen, der vergeblich versuchte, zwischen den Religionen (Heiden, Christen, Juden) zu vermitteln.

619 n.Chr. wurde Alexandria zum ersten Mal von den Persern unter ihrem Feldherrn Chosrau erobert. Die Truppen von Byzanz konnten die Stadt 628 unter Kaiser Heraklios zunächst zurückerobern, verloren sie jedoch 641 n.Chr. erneut an die Truppen des Kalifen Umar. Bei der muslimischen Eroberung war der Buchbestand der Bibliothek von Alexandria unbedeutend. Bekannt ist der Ausspruch Umars:

> Wenn diese Bücher nur das enthalten, was im Koran steht, so sind sie unnütz. Wenn sie etwas anderes enthalten, so sind sie schädlich; sie sind daher auf alle Fälle zu verbrennen.

Im Jahr 646 n.Chr. siegten die muslimischen Truppen des Propheten gegen Byzanz und ganz Ägypten geriet endgültig unter islamische Herrschaft.

Seit man 1890 im Dorf Oyxrhynchos (heute Al Banasa) eine Papyrusrolle mit der Aristoteles-Schrift zur *Verfassung von Athen* fand, wird hier systematisch gegraben. Der spektakulärste Fund war das Auffinden einer apokryphischen Schrift, des sog. Thomas-Evangeliums. Da inzwischen viele Ausschnitte aus Werken von Pindar, Sappho, Sophokles und Euripides gefunden wurden, vermuteten einige Autoren, dass hier eine Auslagerung der alexandrinischen Bibliothek stattgefunden habe, da sich Papyri im trockenen Sand besser erhalten als im feuchten Untergrund des Nil-Deltas. Aber die große Entfernung zu Alexandria spricht gegen diese Annahme.

Das schwere Erdbeben um 1330, das den Leuchtturm endgültig zerstört hat, ließ auch große Teil der Küste zwischen Alexandria und Heraklion ins Meer stürzen. In den Jahren 1994–1998 wurde eine Reihe von Relikten, Statuen und Gebäuderesten im Hafenbecken von Alexandria entdeckt, die von dem Team der französischen Unterwasserarchäologen J.-Y. Empereur teilweise geborgen wurden. Abb. 9.9 zeigt das Team von F. Goddio beim Tauchgang vor der Küste Heraklions. Von Seiten der UNESCO besteht seit 2009 der Plan, die im Meer verbliebenen Artefakte in einem Unterwasser-Museum zu repräsentieren; eine Realisierung scheint nicht in Sicht.

9.2   Porphyrios, Gelehrter aus Alexandria

Porphyrios von Tyros (232–302 n.Chr.) war ein Schüler des Philosophen Plotin (204–270), der aus Alexandria kommend in Rom eine Philosophen-Schule gegründet hat. Dieser baute die von seinem Lehrer *Longin* begonnene Lehre des *Neuplatonismus* aus, der von der Nachwelt *Ein-Mann-Universität* genannt wurde. Porphyrios hatte vermutlich in Athen studiert und war in mathematischen Dingen und Kommentaren zu den Schriften Platons und Aristoteles' geschult. Ein bedeutsames Werk war seine Schrift *Eisagoge,* die eine Einführung in die aristotelische Logik darstellt und jahrhundertelang als Standardwerk für Logik verwendet wurde (auch als Übersetzung ins Lateinische bzw. Arabische). Dies bestätigt Kirchenvater Hieronymus und Boethius, der die Schrift ins Lateinische übersetzt hat.

Abb. 9.9 Unterwasser-Archäologie vor der Küste Heraklions, Christoph Gerik (C) Frank Goddio/ Hilti Foundation

Bekannt ist, dass Porphyrios über 70 Werke verfasst hat: Er war bewandert in Mathematik und Harmonielehre, beherrschte Grammatik und Logik, interpretierte die Werke von Homer und kannte die Naturphilosophie. Ein wichtiges Werk war seine vierbändige *Geschichte der Philosophie;* erhalten geblieben davon ist nur ein Teil, nämlich eine lesenswerte Biographie[6] von Pythagoras. Porphyrios war der letzte griechisch schreibende Philosoph, dessen Werke im Ost- und Weströmischen Reich anerkannt wurden, die Akzeptanz in Ostrom sollte sich bald ändern.

In seiner Schrift *Gegen die Christen* setzte er sich kritisch mit der Bibel auseinander; er erkannte, dass das Buch Daniel unecht ist und machte auf die Widersprüche in den Evangelien aufmerksam. Dies missfiel dem Kaiser Konstantin d.Gr, der zuvor das Toleranzedikt verkündigt hatte. In einem Schreiben nannte er Porphyrios einen *Feind der Frömmigkeit,* einen *Urheber von haltlosen Abhandlungen gegen die Religion.* Auf dem Konzil von Nicäa (315) forderte er die Bischöfe auf, dessen gottlose Schriften zu verbrennen (Abb. 9.10). Die Synode von Ephesos (447) beschloss die Verbrennung von Porphyrios' Schriften, was ab 448 auf Befehl der Kaiser Theodosios II bzw. Valentinianus III geschah. Daher ist keine einzige Schrift von Porphyrios bis heute vollständig überliefert, man kennt nur zahlreiche Fragmente[7] und Zitate von anderen Autoren.

---

[6] Porphyry: Life of Pythagoras, im Sammelband Guthrie, The Pythagorean Sourcebook and Library, p. 123–136.

[7] Porphyrios, Becker M. (Ed.): Contra Christianos, de Gruyter, Berlin 2016.

Abb. 9.10 Konzil von Nizäa (315): Konstantin fordert zur Bücherverbrennung auf (Wikimedia commons)

Die Namen von zwei mathematischen Werken haben sich erhalten: Ein Kommentar zu Ptolemaios *Harmonielehre* und ein *Abriss der Arithmetik* und *Zahlenmysterien*. In der erst genannten Schrift gibt Porphyrios folgende Definition:

Drei Zahlen a, b, c stehen in einem harmonischen Verhältnis, wenn die erste Zahl, um welchen Bruchteil auch immer von sich selbst die zweite überschreitet, so überschreitet die zweite die dritte Zahl um denselben Bruchteil der dritten.

Ist n der jeweilige Bruchteil, so gilt damit:

$$a = b + \frac{a}{n}; b = c + \frac{c}{n} \Rightarrow \frac{a}{c} = \frac{a-b}{b-c} \Rightarrow \frac{1}{a} + \frac{1}{c} = \frac{2}{b}$$

Bei Proklos haben sich zwei alternative Beweise Porphyrios' erhalten:

Euklid [I, 18]: Im Dreieck liegt der größeren Seite der größere Winkel gegenüber.

Auf der größeren Seite AC wird von C aus die Strecke $|AB|$ abgetragen, so dass gilt: $|AB| = |CD|$. Die Seite AB wird um die Strecke $|AD|$ über B hinaus verlängert; damit gilt $|AD| = |BE|$. Somit ist das Dreieck $\triangle \triangleleft AEC$ gleichschenklig und es gilt $\angle AEC = \angle ACE$. Im Dreieck $\triangleleft BEC$ ist der Winkel $\angle ABC$ ein Außenwinkel. Nach Euklid I, 16 ist der

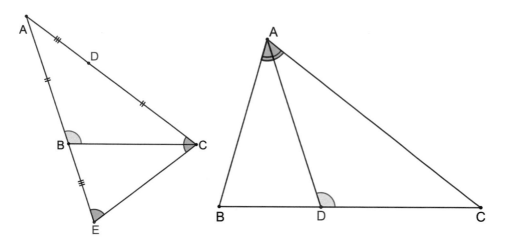

Abb. 9.11 Alternativ-Beweise von Porphyrios

Innenwinkel $\angle AEC$ kleiner als der Außenwinkel $\angle ABC$. Da gilt $\angle AEC = \angle ACE$, folgt $\angle ABC > \angle ACE \Rightarrow \angle ABC > \angle ACB$. (Abb. 9.11a).

Euklid [I, 20]: Im Dreieck sind stets zwei Seiten zusammen stets größer als die dritte.

Zu zeigen ist $|AB| + |AC| > |BC|$. Der Winkel $\angle BAC$ wird halbiert, die Halbierende schneidet BC im Punkt D. Für das Dreieck ⊲ABD stellt $\angle ADC$ ein Außenwinkel dar, der größer ist als der Innenwinkel $\angle BAD$. Dieser ist wegen der Winkelhalbierung kongruent zum Winkel $\angle DAC$. Somit folgt im ⊲ADC: $\angle ADC > \angle DAC \Rightarrow |AC| > |DC|$. Analog lässt sich zeigen, dass im ⊲ABD die Seite $|AB|$ größer ist als $|BD|$. Insgesamt ergibt sich $|AB| + |AC| > |BD| + |DC| = |BC|$. (Abb. 9.11b)

Literatur

Clauss, M.: Alexandria – Eine antike Weltstadt. Klett Cotta, Stuttgart (2003)
Cuomo, S.: Pappus of Alexandria and the Mathematics of Late Antiquity. Cambrifge University (2007)
Deakin, M.: Hypatia of Alexandria - Mathematician and Martyr. Prometheus Books (2007)
Fraser, P.M.: Ptolemaic Alexandria I. Oxford, Stuttgart (2000)
Nixey, C.: Heiliger Zorn - Wie die frühen Christen die Antike zerstörten. DVA, München (2019)
Pollard, J., Reid, H.: The rise and fall of Alexandria. Penguin, Stuttgart (2007)
Sartorius, J. (Hrsg.): Alexandria Fata Morgana. Wissenschaftliche Buchgesellschaft (o.J.), Stuttgart
Sidoli, N., Van Brummelen, G. (Hrsg.): From Alexandria through Baghdad. Springer, Stuttgart (2014)

Euklid von Alexandria

Euklid war der Erste der bedeutenden Mathematiker in Alexandria. Er verstand es, das gesamte geometrische Wissen seiner Zeit in wohlgeordneten Lehrsätzen und systematisch aufeinander aufbauenden Beweisen zu formulieren. Er führte Axiome in der Mathematik ein und machte seine Schrift *Elemente* zum wichtigsten mathematischen Unterrichtswerk für viele Jahrhunderte. Erst das Aufkommen der sog. *nicht-Euklidischen* Geometrie zeigt die Grenzen seiner Theorie auf. Das Werk Euklids erhebt die griechische Mathematik weit über den Stand der Wissenschaft anderer Völker hinaus. Wichtig ist auch Euklids Beitrag zur Zahlentheorie, wie man am Beispiel des Primzahlsatzes sieht.

> Geometrie ist hier in ihren ersten Elementen gedacht,
> wie sie uns in Euklid vorliegt, und wie wir sie einen
> Anfänger beginnen lassen. Alsdann aber ist sie die
> vollkommenste Vorbereitung, ja Einleitung in die Philosophie.[1]

Euklid, eigentlich Eukleides (Ενκλείδης) genannt, wurde vermutlich um 360 v. Chr. in Alexandria geboren. Seine Ausbildung hat er wohl in Athen erfahren, da er von dort durch Ptolemaios I Soter (regierte von 305–285 v.Chr.) nach Alexandria berufen wurde. Proklos berichtet über ihn:

> Nicht viel jünger als jene [Schüler des Platon] ist Eukleides, der die Elemente zusammenstellte, vieles von Eudoxos [Gefundenes] sammelte, vieles von Theaitetos [Begonnene] vollendete, indem er das von den Vorgängern nachlässig Bewiesene auf unwiderlegbare Beweise brachte. Er wurde in der Zeit des ersten Ptolemaios geboren; dies erwähnt auch Archimedes in [seinem] ersten Buche.

---

[1] J. W. Goethe am 28.2.1809 im Gespräch mit dem Pädagogen J.D. Falk.

© Springer-Verlag GmbH Deutschland, ein Teil von Springer Nature 2024
D. Herrmann, *Die antike Mathematik*, https://doi.org/10.1007/978-3-662-68478-8_10

Abb. 10.1 zeigt den Empfang
Euklids bei König Ptolemaios
I Soter

Im Bericht des Proklos folgt die berühmte Anekdote:

> Auch erzählt man, dass ihn Ptolemaios Soter einmal fragte, ob es nicht einen einfacheren
> Weg zur Geometrie - außer dem der Elemente - gebe, sagte dieser: *Es gibt keinen Königs-*
> *weg zur Geometrie*. Er ist jünger als die Schüler Platons, aber älter als Eratosthenes und
> Archimedes, die beide Zeitgenossen waren, wie Eratosthenes berichtet (Abb. 10.1).

Bis etwa 1950 war die vorherrschende Meinung, dass Archimedes nach Euklid lebte.
Ebenfalls bekannt war, dass Archimedes in Bezug auf frühere Lehrsätze stets *von den*
Elementen sprach, aber niemals Euklid direkt erwähnte, bis auf eine Stelle im Lehrsatz
2 von Kap. 1 in der Schrift *Kugel und Zylinder*. Dies erregte das Interesse des Dänen J.
Hjelmslev; er stellte schnell fest, dass hier auf den falschen Euklid-Satz (I, 2) Bezug ge-
nommen wurde, statt auf den sinngemäß richtigen Euklid-Satz (I, 3). Daher äußerte er

in einem Artikel[2] den Verdacht, dass es sich hier um einen Einschub von fremder Hand handeln müsse. Er schrieb (auf Deutsch):

> Der Hinweis ist aber jedenfalls vollkommen naiv und muss von einem nicht sachkundigen Abschreiber eingesetzt worden sein.

Sein niederländischer Kollege E.J. Dijksterhuis[3] gab ihm recht, warum sollte Archimedes bei einem so einfachen Sachverhalt den Namen Euklid zitieren, wo er es doch bei allen seinen anderen Schriften niemals getan hat? Allerdings muss der Einschub schon in früher Zeit erfolgt sein, da bereits Proklos vom Euklid-Zitat Archimedes' spricht. Da Alexandria 332 v.Chr. gegründet wurde, kann man nach etwa 10 Jahren Aufbau Euklids Wirken in einem Zeitraum von etwa 320 bis 260 ansetzen. Da Archimedes etwa 287 geboren wurde, könnte er noch ein Zeitgenosse Euklids in Alexandria gewesen sein. Ptolemaios Soter regierte ab 323 und war König von 304 bis 285.

Besonderes Lob finden die *Elemente* bei Proklos:

> Vorzüglich aber dürfte man ihn bewundern in Bezug auf die Elemente der Geometrie, wegen ihrer Ordnung und der Auswahl der für die Elemente zubereiteten Theoreme und Probleme. Denn er nahm nicht alles auf, was er hätte sagen können, sondern nur das, was sich in der Reihe behandeln lässt.

P. Fraser[4] konnte zeigen, dass die zuerst erwähnte Proklos-Stelle sprachlich nicht eindeutig ist. Sie könne auch interpretiert werden als: *Euklid lebte unter dem ersten Ptolemaios, denn Archimedes, der noch sein Zeitgenosse war, zitierte ihn in seinem ersten Buch.* Da aber *Kugel und Zylinder* sicher nicht das erste Buch Archimedes' war, scheint die bisherige Interpretation angemessen.

Pappos erzählt am Beginn des VII. Buchs, dass Apollonios *lange Zeit bei den Schülern Euklids in Alexandria verbracht habe*. Er rühmt ihn als guten Pädagogen:

> Er [Euklid] war von mildester Gesinnung und, wie es sich geziemt, wohlwollend gegen jeden, der, und wär's noch so wenig, die mathematischen Disziplinen zu fördern vermochte, in keiner Weise anderen gehässig, sondern im höchsten Grad rücksichtsvoll.

Ob Euklid am Museion oder an anderer Stelle gewirkt hat, ist nicht bekannt; jedenfalls sicher ist, dass er kein Bibliothekar der berühmten Bibliothek war, wie man oft liest. Arabische Quellen berichten, dass die Elemente – angeblich von einem Apollonius verfasst – verstreut waren und dann, im Auftrag des Königs von Euklid gesammelt und systematisch bearbeitet wurden.

---

[2] Hjelmslev J.: Über Archimedes Größenlehre, Kogelike Dansk Videnskabernes Selskabs Skrifter, Matematisk-fysiske Meddelelser, 25, 15 (1950), p. 7

[3] Dijksterhuis E.J.: Archimedes, Eijnar Munksgaard 1956, p.150.

[4] Fraser P.M.: Ptolemaic Alexandria I, p.386–388.

B.L. van der Waerden schreibt, dass Euklid kein großer Mathematiker war; er gesteht ihm nur didaktische Fähigkeiten zu. Euklid hat jedenfalls die Anerkennung seiner Landsleute gehabt. Proklos ergänzt in seinem oben genannten Bericht zum Beweis des Pythagoras-Satzes:

> Bewundere ich nun schon diejenigen, die die Wahrheit dieses Theorems zuerst erforschten, so muss man den Verfasser der Elemente hoch schätzen: Er hat nicht nur durch den überzeugendsten Beweis dieses Theorems erhärtet, sondern auch noch im sechsten Buch [VI, 31] das noch umfassendere Theorem durch unwiderlegbare wissenschaftliche Beweise [Ähnlichkeit] begründet.

T. Heath [I, 75] schreibt, dass die Elemente keinen Vermerk auf Originalität tragen. Euklid aber habe große Veränderungen an der Anordnung ganzer Bücher vorgenommen, Hilfssätze völlig neu verteilt, Beweise neu entwickelt, so dass in der neuen Anordnung das Verständnis des Inhalts erleichtert wurde. Er habe keine Änderungen oder neue Erkenntnisse zulassen, die seine Kenntnis überstiegen. Ferner habe Euklid großen Respekt vor der Tradition gezeigt, indem er einige Theoreme übernommen habe, die nutzlos oder veraltet waren.

L. Mlodinow beginnt sein Buch[5] *Euclid's Window* mit dem Zitat:

> Euklid war ein Mann, der möglicherweise keinen einzigen signifikanten Lehrsatz der Geometrie entdeckt hat. Dennoch ist er der berühmteste, jemals bekannte, Geometer und das aus gutem Grund: Für Jahrtausende war es sein „Fenster", durch das die Leute blickten, wenn sie die Geometrie betrachteten.

B.A. Rosenfeld[6] erklärt die Elemente als Revision älterer griechischer Schriften. Seiner Meinung nach stammen die Bücher I-IV und XI von Hippokrates von Chios, die Bücher VII-IX von den älteren Pythagoreern, die Proportionslehre (Buch V-VI) und die Exhaustionsmethode (Buch XII) von Eudoxos und schließlich die quadratischen Irrationalitäten (Buch X) und die regulären Polyedern (Buch XIII) von Theaitetos.

Erwähnt werden muss noch, dass Euklid von Alexandria jahrhundertelang mit dem etwa 100 Jahre früher lebenden *Euklid von Megara* verwechselt worden ist. In eine ähnliche Kerbe schlägt J. Itard[7], der in einer Ausgabe der *Elemente* folgende drei Thesen zur Diskussion stellt:

• Euklid war eine Einzelperson, die alle die Werke zusammenfügte, die man ihm heute zuschreibt.
• Euklid war eine Einzelperson, die das Oberhaupt einer Schule war, deren Schüler auch nach seinem Tode noch unter seinem Namen publizierten.

---

[5] Mlodinow L.: Euclid's Window, Free Press (2002).
[6] Rosenfeld B.A.: A History of Non-Euclidean Geometry, Springer 1988, S. 35.
[7] Itard J.: Les livres arithmétiques, Hermann 1961, p. II.

- Euklid war eine Gruppe von alexandrinischen Mathematikern, die unter dem Namen Euklid von Megara veröffentlichten.

Itard selbst hält seine Hypothese b) für am wahrscheinlichsten.

Am Anfang der griechischen Mathematik gab es ein Stadium, in dem man glaubte „alles" beweisen zu können, ohne auf *willkürlich* ausgewählte Axiomen zurückzugreifen zu müssen. Es war Aristoteles, der erkannte, dass jedes auf Beweisen basierendes Wissenssystem letztlich auf unbewiesene Prämissen ruhen muss. Er stellte die Forderung [Anal. Post. 72B29], dass diese ersten unbewiesenen Prämissen *einsichtiger* und *einfacher* sein müssten als die aus ihnen abgeleiteten bzw. mit ihrer Hilfe bewiesenen Lehrsätze. Es war Euklid, der der Forderung von Aristoteles Folge leistete und den für die weitere Entwicklung der Mathematik bedeutsamen Versuch unternahm, die Geometrie auf Axiome oder Postulate zu gründen.

Die ersten fünf der 23 *Definitionen* bei Euklid[8] lauten:

(1)   Ein Punkt ist, was keine Teile hat.
(2)   Eine Linie ist eine breitenlose Länge.
(3)   Die Enden einer Linie sind Punkte.
(4)   Eine gerade Linie (Strecke) ist eine solche, die zu den Punkten auf ihr gleichmäßig liegt.
(5)   Eine Fläche ist, was nur Länge und Breite hat.

L. Russo[9] ist überzeugt, dass diese Definitionen von Heron von Alexandria stammen. Kommentare von Sextus deuten nach seiner Meinung darauf hin, dass er sich nicht auf die *Elemente*, sondern auf das Werk *Definitionen von Begriffen aus der Geometrie* bezieht, das Heron zugeschrieben wird.

Die Definitionen (1) bis (5) erscheinen heute naiv. Euklid unterschied noch Postulate und Axiome. Die ersten vier Postulate lauten:

Gefordert soll sein:

- Dass man von jedem Punkt nach jedem Punkt die Strecke ziehen kann.
- Dass man eine begrenzte gerade Linie zusammenhängend gerade verlängern kann.
- Dass man mit jedem Mittelpunkt und Abstand den Kreis zeichnen kann.
- Dass alle rechten Winkel einander gleich sind.

Das fünfte Postulat ist das berühmte Parallelen-Axiom:

---

[8] Euklid, Thaer C. (Hrsg.): Die Elemente, Oswalds Klassiker Band 235, Harri Deutsch 1997³.
[9] Russo L.: Die vergessene Revolution, Springer 2005, p. 369 ff.

- Dass, wenn eine gerade Linie beim Schnitt mit zwei geraden Linien bewirkt, dass innen auf derselben Seite entstehende Winkel zusammen kleiner als zwei Rechte werden, dann die zwei geraden Linien bei Verlängerung ins Unendliche sich treffen auf der Seite, auf der die Seite, auf der die Winkel liegen, die kleiner als zwei Rechte sind.

Es brauchte aber über zwei Jahrtausende, bis D. Hilbert[10] ein erstes Axiomensystem der Geometrie im modernen Sinne vorlegt (1901). Einen Vorgänger hatte Hilbert in M. Pasch, der bereits 1882 ein erstes Anordnungsaxiom vorgelegt hatte. Wie weit dabei der Formalismus fortgeschritten ist, zeigt Hilberts[11] berühmter Ausspruch, den er spontan in einem Berliner Wartesaal gemacht hat:

> Man muss jederzeit an Stelle von „Punkte, Geraden, Ebenen" „Tische, Stühle, Bierseidel" sagen können.

Die Werke

Die um 325 v. Chr. verfassten *Elemente* (Στοιχεῖα = Anfangsgründe) enthielten 13 Bücher, die später auf 15 Bücher erweitert wurden. Proklos schreibt über Euklids weitere Schriften:

> Von ihm stammt auch noch eine große Menge anderer mathematischer Schriften, alle ausgezeichnet durch ihre bewundernswerte Exaktheit und wissenschaftliche Spekulation.

Erhalten sind noch die folgenden Werke von Euklid:

- Data
- Über die Zerlegung von Figuren
- Optica (Perspektive)
- Katoptika (Spiegelungen, optische Täuschungen)
- Sectio Canonis (Musiklehre)
- Phainomena (Erdkunde, Astronomie)

Nicht überliefert sind die Schriften

- Pseudaria (Denkfehler)
- Konika (Kegelschnitte)
- Porismata (Grundlegende Sätze zwischen Theorie und Konstruktion)

Wie man sieht, hat Euklid Werke über alle von Platon geforderten Wissenszweige geliefert.

---

[10] Hilbert D.: Die Grundlagen der Geometrie, Teubner 1968[13]
[11] Hilbert D.: Gesammelte Abhandlungen Band III, Springer 1970, S. 403

Abb. 10.2 Figur zu Euklid
I, 1

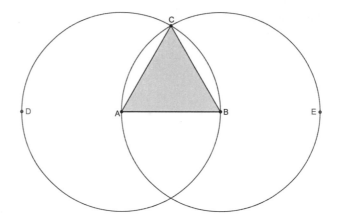

10.1   Aus Buch I der Elemente

Euklid [I,1]

An diesem Beispiel sollen die fünf Schritte einer euklidischen Konstruktion bzw. eines Beweises gezeigt werden (nach I. Mueller[12]):

- **Protarsis**: Über einer gegebenen Strecke ist ein gleichseitiges Dreieck zu errichten.
- **Ekthesis:** Es sei *AB* die gegebene Strecke.
- **Diorismos:** Gefordert wird ein gleichseitiges Dreieck über *AB* (Abb. 10.2).
- **Kakatskeué**: Ziehe einen Kreis *BCD* um Mittelpunkt A mit dem Radius *AB*, ebenso einen Kreis *ACE* um B mit dem Radius *BA*. Vom gemeinsamen Schnittpunkt C der beiden Kreise ziehe die Strecken *CA* bzw. *CB* zu den Punkten A, B.
- **Apodeixis**: Da A der Mittelpunkt des Kreises *BCD* ist, sind die Strecken *AC* und *AB* kongruent. Ebenso: Da B der Mittelpunkt des Kreises *CAE* ist, sind die Strecken *BC* und *BA* kongruent. Wie bewiesen, ist die Strecke *CA* kongruent zu *AB*, somit ist auch jeder der Strecken *CA*, *CB* kongruent zu *AB*. Da Dinge, die zum selben gleich sind, auch untereinander gleich sind, ist somit *CA* kongruent zu *CB*. Deshalb sind alle drei Strecken kongruent.
- **Sumperasma**: Somit ist das Dreieck ABC gleichseitig, und es wurde über der gegebenen Strecke errichtet. *Was zu beweisen war.*

Euklid [I, 2]

An einem Punkt A soll zu einer gegebenen Strecke BC eine kongruente Strecke angetragen werden.

---

[12] Mueller I.: Philosophy of Mathematics and deductive Structure in Euclid's Elements, Dover New York (1981), p. 11.

Abb. 10.3   Figur zu Euklid
I, 2

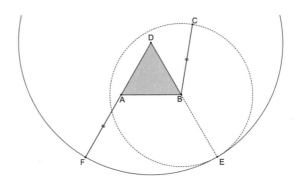

Euklid gibt folgende Konstruktion (Abb. 10.3): Ist *BC* die vorgegebene Strecke und *A* ∉ *BC* der gegebene Punkt, so wird über der Strecke *AB* das gleichseitige Dreieck △ABD errichtet. Man verlängert *DB* über *B* hinaus um die Strecke der Länge |BC|; Endpunkt ist E. Nun wird *DA* ebenfalls verlängert um die Strecke *BC*; Endpunkt ist *F*. Die Strecke *AF* ist nun die gesuchte Strecke.

Beweis: Die Konstruktion des gleichschenkligen Dreiecks △ABD liefert |DA| = |DB|. Der Kreis um B durch C liefert mit der Geraden *BD* den Schnittpunkt E. Somit gilt |BC| = |BE|. Der Kreis um D durch E liefert mit der Geraden *DA* den Schnittpunkt F. Somit gilt |DF| = |DE|. Subtraktion der Dreiecksseite zeigt |AF| = |BE| = |BC|. Somit ist am Punkt A die zu *BC* kongruente Strecke *AF* angetragen.

Bemerkung: Die Konstruktion mittels gleichseitigem Dreieck erscheint hier kompliziert, ist aber nötig, da Euklid keine Streckenübertragung mit Hilfe eines festgestellten Zirkels oder markierten Lineals gestattet.

Euklid [I, 5]

Die Kongruenz der Basiswinkel im gleichschenkligen Dreieck beweist Euklid durch eine gelungene Erweiterung der Fragestellung: Auch müssen die bei der Verlängerung der gleichen Strecken unterhalb der Basis entstehenden Winkel kongruent sein.

Beweis: Gegeben ist das gleichschenklige Dreieck ABC mit den kongruenten Schenkeln |AC| = |BC|. Diese Schenkel werden um die kongruenten Strecken |AD| = |BE| verlängert (Abb. 10.4).

(1) Die Dreiecke *CDB* und *CAE* sind kongruent nach dem SWS-Satz, da sie in zwei Seiten |CD| = |CA| + |AD| bzw. |CE| = |CB| + |BE| und dem gemeinsamen Zwischenwinkel ∢ACB übereinstimmen. Somit sind auch die Winkel ∢CAE und ∢DBC kongruent.

(2) Die Dreiecke △ADB und △AEB sind kongruent, da sie aus den kongruenten Dreiecken △CDB bzw. △CAE entstehen unter Wegnahme des gemeinsam enthaltenen Dreiecks △ABC. Somit sind auch die Winkel ∢EAB und ∢DBA kongruent.

(3) Da die Winkel ∢CAE und ∢CBD und ihre Teilwinkel ∢BAE bzw. △ABD kongruent sind, sind auch die Restwinkel ∢CAB und ∢ABC kongruent.

Unnötig kompliziert schätzt Aristoteles [Anal. prior. I,24,41B] eine frühe Version des Euklidischen Beweis ein. Er geht von einer zweifachen Symmetrie der Winkel aus: Sowohl der Winkel, den die Schenkel A, B des Dreiecks mit dem Kreisbogen, wie als auch

Abb. 10.4 Figur zu Euklid
I, 5

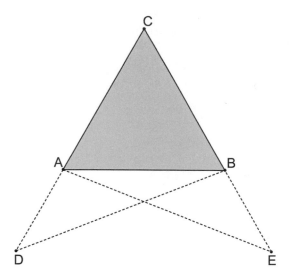

der Winkel, der die Sehne mit dem Kreisbogen einschließt, sollen symmetrisch sein. Subtraktion der letzteren Winkel von den erstgenannten liefert die Kongruenz der Innenwinkel (Abb. 10.5). Dieser Beweisversuch könnte noch auf Thales zurückgehen.

Euklid [I, 9]: Hier findet sich Euklids Konstruktion einer Winkelhalbierenden (Abb. 10.6).

Konstruktionsbeschreibung: Gegeben ist der (spitze) Winkel BAC. Wähle einen beliebigen Punkt D auf AB. Der Kreis um A durch D schneidet AC in E, sodass gilt $|AD| = |AE|$. Errichte über der Strecke DE ein gleichseitiges Dreieck △DEF. Die Gerade AF ist dann die gesuchte Halbierende des Winkels ∡BAC.

Euklid [I, 10] Eine gegebene Strecke ist zu halbieren.

Konstruktion: Errichte über der gegebenen Strecke AB ein gleichseitiges Dreieck △ABC. Nach Lehrsatz Euklid [I,9] wird der Winkel ∡ACB halbiert. Die Winkelhalbierende schneidet die gegebene Strecke AB im Mittelpunkt D (Abb. 10.7a).

Im Proklos-Kommentar wird die heute übliche Halbierungsmethode dem Apollonios zugeschrieben (Abb. 10.7b).

Abb. 10.5 Alternativ-Beweis
des Aristoteles

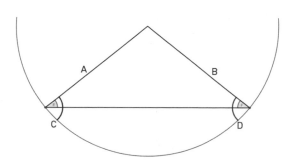

Abb. 10.6   Figur zu Euklid
I, 9

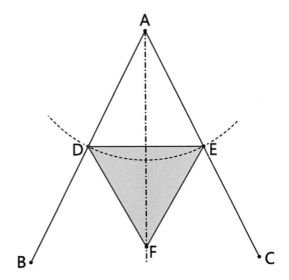

Euklid [I, 12] Konstruiere von einem Punkt P außerhalb, das Lot auf eine Gerade!

Konstruktion (Abb. 10.8): Man schlägt einen Kreis um P, der die Gerade in zwei Punkten A, B schneidet (dies ist stets möglich). Der Mittelpunkt C der Strecke AB ist der Fußpunkt des gesuchten Lots auf die Gerade.

Euklid [I, 16]

Jeder Außenwinkel eines Dreiecks ist größer als jeder der beider gegenüberliegenden Innenwinkel.

Euklid [I, 27]

Bildet eine Gerade beim Schnitt mit zwei weiteren Geraden kongruente Wechselwinkel, so sind diese Geraden parallel.

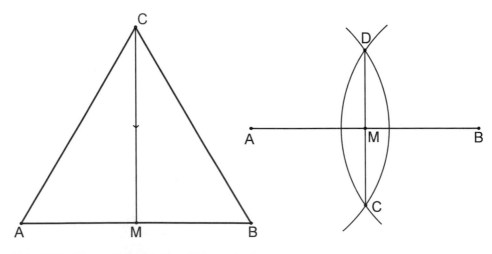

Abb. 10.7   Figur zu Euklid I, 10 und Alternative

Abb. 10.8 Figur zu Euklid
I, 12

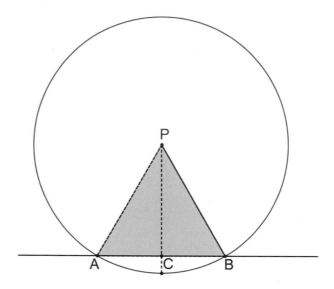

Euklid [I, 28]

Schneidet eine Gerade zwei weitere Geraden so, dass die Wechselwinkel kongruent sind oder die Nachbarwinkel sich zu zwei Rechten ergänzen, dann sind die beiden Geraden parallel.

Euklid [I, 29]

Schneidet eine Gerade ein Parallelenpaar, so sind die entstehenden Wechselwinkel kongruent.

Euklid [I, 35]

Parallelogramme, die in der Grundlinie und Höhe übereinstimmen, sind flächengleich.

10.2   Aus Buch II der Elemente

Euklid [II,4]: parabolische Flächenanlegung

Zu einem gegebenen Rechteck mit den Seiten a, b soll ein flächengleiches Rechteck konstruiert werden, das eine vorgegebene Seite c als Verlängerung einer Rechteckseite enthält (parabolische Flächenanlegung).

Es gilt hier nach Konstruktion $ab = cx$. Die gesuchte Strecke x erfüllt die Proportion (Abb. 10.9).

$$\frac{a}{c} = \frac{x}{b}$$

Gleichzeitig wurde hier eine Division geometrisch durchgeführt: $x = \frac{ab}{c}$

Abb. 10.9 Parabolische
Flächenanlegung

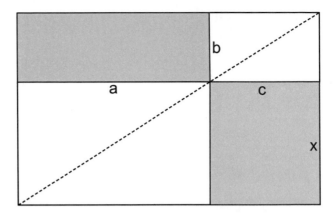

Euklid [II,5]: elliptische Flächenanlegung

Wird eine Strecke AB durch C in gleiche Teile bzw. durch D in ungleiche Teile geteilt, so ist das aus den ungleichen Teilen gebildete Rechteck zusammen mit dem Quadrat über den beiden Teilpunkten flächengleich dem Quadrat über der halben Strecke CB.

Mit den Bezeichnungen der Abb. 10.10 lautet die Behauptung:

$$|AD| \bullet |DB| + |CD|^2 = |BC|^2$$

Man zeichne das Quadrat CILB über $|CB|$, ziehe die Strecken BI und DG∥CI durch D, ebenso EH∥AB durch G, ebenso AE∥CF durch A. Nach Konstruktion gilt Rechteck(CFGD) flächengleich Rechteck(GKLH). Addition von Rechteck(DGHB) auf beiden Seiten liefert Rechteck(CFHB) flächengleich Rechteck(DKLB). Da C Mittelpunkt ist, gilt $|AC| = |CB|$ und somit Rechteck(AEFC) flächengleich Rechteck(CFHB). Beiderseitige Addition des Rechtecks(CFGD) liefert Rechteck(AEGD) flächengleich

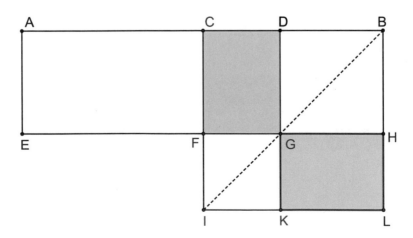

Abb. 10.10 Elliptische Flächenanlegung

Gnomon CFGKLB. Rechteck(AEGD) ist flächengleich $|AD| \bullet |DG| = |AD| \bullet |DB|$. Damit ist ebenfalls Gnomon CFGKLB flächengleich $|AD| \bullet |DB|$. Addition von Quadrat(FIKG)$=|CD|^2$ ergibt.

$$\text{Rechteck}(AEGD) + \text{Quadrat}(FIKG) = |AD| \bullet |DB| + |CD|^2$$

Dies liefert

$$|AD| \bullet |DB| + |CD|^2 = |AC| \bullet |AE| + |CD| \bullet |CF| + |FG|^2 \Rightarrow |AD| \bullet |DB| + |CD|^2$$

$$= |CB| \bullet |CF| + |GH| \bullet |GK| + |FG|^2$$

Damit ist gezeigt, dass das Gnomon AEFIKD flächengleich ist dem Quadrat $|BC|^2$.

Euklid [II,6]: hyperbolische Flächenanlegung.

Wird eine Strecke AB durch C in gleiche Teile geteilt und um die Strecke BD verlängert, so ist das aus der verlängerten Strecke und der hinzugefügten Strecke gebildete Rechteck zusammen mit dem Quadrat über der halben Strecke CB flächengleich, dem Quadrat über der Summe aus halber Strecke und Zusatzstrecke BD. Mit den Bezeichnungen der Abb. 10.11 lautet die Behauptung

$$|AD| \bullet |DB| + |BC|^2 = |CD|^2$$

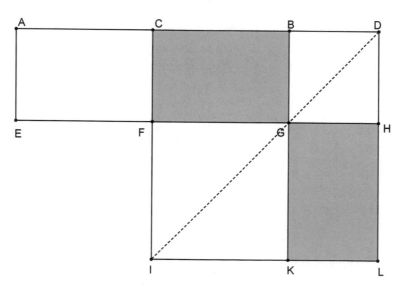

Abb. 10.11 Hyperbolische Flächenanlegung

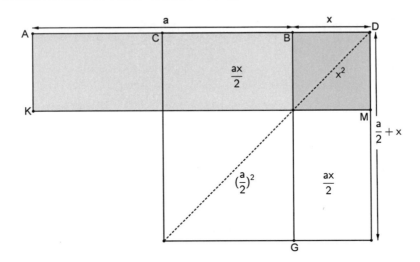

Abb. 10.12   Alternative Interpretation zu Euklid II, 6

Nach Konstruktion gilt

$|AD| \cdot |DB| + |BC|^2 = 2\,|CB| \cdot |BG| + |FG|^2$

$\Rightarrow |AD| \cdot |DB| + |BC|^2 = (|AC| + |CB| + |BD|) \cdot |DB| + |BC|^2 = (2|CB| + |BD|) \cdot |BG| + |BC|^2$

$\Rightarrow |AD| \cdot |DB| + |BC|^2 = |CB| \cdot |BG| + \underbrace{|CB| \cdot |BG|}_{|GH| \cdot |KL|} + |BD| \cdot |BG| + |BC|^2 = |CD|^2$

Eine umstrittene Interpretation von Euklid [II,6]:

In der älteren Literatur der Autoren Zeuthen, Tannery, van der Warden und Heath u. a. wird vielfach der Lehrsatz II, 5 bzw. II, 6 als Lösung einer quadratischen Gleichung propagiert. Zeuthen[13] schreibt:

> Auf ganz dieselbe Weise gibt Euklid eine Lösung zur Gleichung $ax + x^2 = b^2$ (∗) die die Alten folgendermaßen ausdrückten: An eine gegebene Strecke $|AB| = a$ ein Rechteck AM gleich einem gegebenen Quadrat (b^2) so anzulegen, dass das (über das Rechteck ax mit der Seite AB) überschießende Flächenstück BM ein Quadrat (b^2) wird (vgl. Abb. 10.12).

Wie zuvor gezeigt, gilt $|AD||BD| = |CD|^2 - |CB|^2$. Mit den Strecken a, x soll nun gelten

$$ax + x^2 = \left(\frac{a}{2} + x\right)^2 - \left(\frac{a}{2}\right)^2 (= b^2)$$

$|CD| = \left(\frac{a}{2} + x\right)$ lässt sich mittels Pythagoras konstruieren; damit ist die Gleichung (∗) bestimmt.

Diese Interpretation (*algebraische Geometrie* genannt) ist in der neueren Literatur *äußerst* umstritten. Ein Grundsatz-Artikel zur algebraischen Geometrie stammt von Jens

---

[13] Zeuthen H.G.: Die griechische Mathematik, im Sammelband O. Becker (1965), S. 18–44.

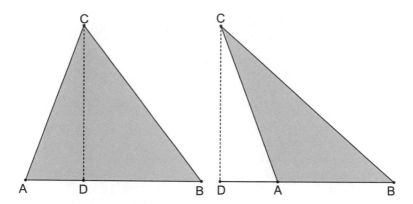

Abb. 10.13 Figur zu Euklid II, 12+13

Høyrup[14]. In dem 40 Seiten umfassenden Beitrag wird diese Auffassung verworfen; die Ablehnung der genannten Autoren schließt auch noch M. Cantor und Neugebauer ein. Die Interpretation stellt *keinesfalls* ein algebraisches Vorgehen im modernen Sinne dar und ist *ahistorisch*, da Euklid im Buch II nur Strecken und Flächen addiert und *niemals* abstrakte Gleichungen löst.

Euklid [II,12 + 13].

Hier beweist Euklid einen Satz analog zum Kosinussatz (Abb. 10.13)

Fall A) des stumpfwinkligen Dreiecks:

Ist ∡BAC der stumpfe Winkel und D der Lotfußpunkt von C auf die Gerade AB, dann gilt nach Euklid II,4

$$|DB|^2 = (|DA| + |AB|)^2 = |DA|^2 + |AB|^2 + 2|DA||AB|$$

Nach Pythagoras gilt in den rechtwinkligen Dreiecken $\triangle$DAC bzw. $\triangle$DBC

$$|CD|^2 + |DA|^2 = |AC|^2 \therefore |CD|^2 + |DB|^2 = |BC|^2 \Rightarrow |AC|^2 - |DA|^2$$

$$= |BC|^2 - |DB|^2 \Rightarrow |DB|^2 = |BC|^2 - |AC|^2 + |DA|^2$$

Gleichsetzen liefert

$$|BC|^2 - |AC|^2 + |DA|^2 = |DA|^2 + |AB|^2 + 2|DA||AB||BC|^2 = |AB|^2 + |AC|^2 + 2|DA||AB|$$

Fall B) des spitzwinkligen Dreiecks: Beweis verläuft analog.

Beide Fälle lassen sich zusammenfassen zu

$$|BC|^2 = |AB|^2 + |AC|^2 \pm 2|AB||AD|$$

---

[14] Høyrup J.: What is Geometric Algebra and what has it been in History, im Sammelband Collected Essays, Springer 2019, p. 591–632.

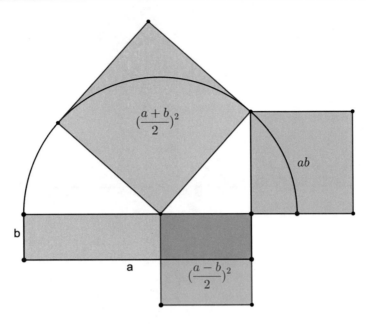

Abb. 10.14 Alternative Interpretation zu Euklid II, 14

Im Fall eines rechtwinkligen Dreiecks ist die Projektion einer Kathete auf die andere gleich null (hier $|AD| = 0$); es ergibt sich der Satz des Pythagoras als Spezialfall.

Euklid [II,14]: Zu einer gegebenen geradlinigen Figur ist ein [flächen-]gleiches Quadrat zu errichten.

Euklid geht aus von einem Rechteck der Fläche ab. Einzeichnen des Thales-Kreises über der Strecke $(a + b)$ liefert die Höhe im zugehörigen rechtwinkligen Dreieck. Gemäß dem Höhensatz beträgt das Quadrat über die Höhe ab, was genau die gesuchte Fläche ist. Eintragen des Radius $\frac{a+b}{2}$ liefert die bekannte Pythagoras-Figur (Abb. 10.14). Früher wurde dies die geometrische Veranschaulichung der folgenden Formel interpretiert:

$$\left(\frac{a+b}{2}\right)^2 - \left(\frac{a-b}{2}\right)^2 = ab$$

10.3   Die Kreissätze im Buch III

Der Sehnensatz Euklid [III,35]

Schneiden sich zwei Sehnen AB bzw. CD eines Kreises in einem Punkt P, so ist das Produkt der Sehnenabschnitte konstant (Abb. 10.15); d. h. es gilt

$$|AP| \bullet |BP| = |CP| \bullet |DP|$$

Abb. 10.15 Figur zum
Sehnensatz

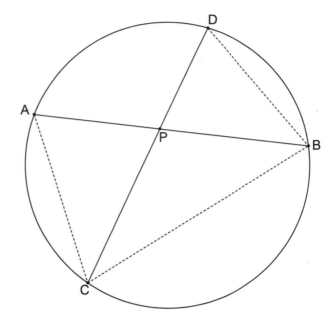

Beweis: Die Dreiecke ACP und PBD sind ähnlich, da sie im Scheitelwinkel bei P übereinstimmen. Ferner sind die Winkel CAB bzw. CBD kongruent, da diese Umfangs-winkel zur gemeinsamen Sehne CB sind. Wegen der Ähnlichkeit folgt die Behauptung:

$$\frac{|AP|}{|CP|} = \frac{|DP|}{|BP|} \Rightarrow |AP| \bullet |BP| = |CP| \bullet |DP|$$

Der Sekantensatz Euklid [III,36]

Schneiden sich zwei Sekanten in einem Punkt P außerhalb eines Kreises und sind A,B bzw. C,D die Schnittpunkte mit dem Kreis, so gilt (Abb. 10.16)

$$|AP| \bullet |BP| = |CP| \bullet |DP|$$

Auch hier ist der Ähnlichkeitsbeweis einfach: Die △APD und CBP sind ähnlich, da sie im Winkel bei P übereinstimmen. Ferner sind die ∢ PAD bzw. BCP kongruent, da sie Umfangswinkel über der Sehne BD sind. Wegen der Ähnlichkeit folgt die Behauptung:

$$\frac{|AP|}{|CP|} = \frac{|DP|}{|BP|} \Rightarrow |AP| \bullet |BP| = |CP| \bullet |DP|$$

Der Tangenten-Sekantensatz Euklid [III,37]

Schneiden sich eine Tangente und Sekante in einem Punkt P außerhalb eines Kreises und sind A, B die Schnittpunkte der Sekante mit dem Kreis bzw. ist C der Berührpunkt, so gilt (Abb. 10.17)

$$|AP| \bullet |BP| = |CP|^2$$

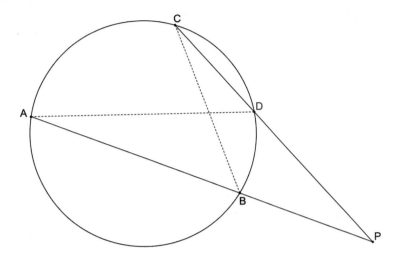

Abb. 10.16 Figur zum Sekantensatz

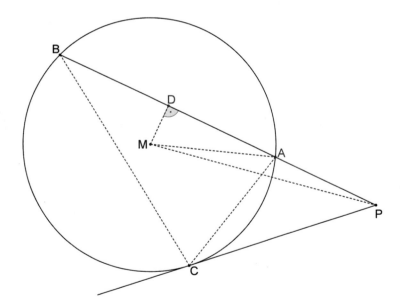

Abb. 10.17 Figur zum Sehnen-Tangentensatz

Beweis: Die Dreiecke △ APC und CBP sind ähnlich, da sie im Winkel bei P übereinstimmen. Ferner sind die ∡ PAC bzw. ∡BCP kongruent, da der Tangenten-Sehnen-
winkel ∡BCO kongruent ist zum Umfangswinkel über der Sehne BC. Wegen der Ähnlichkeit folgt die Behauptung:

$$\frac{|AP|}{|CP|} = \frac{|PC|}{|PB|} \Rightarrow |AP| \bullet |BP| = |CP|^2$$

Euklid liefert hier einen Kongruenzbeweis.

10.4   Geometrische Reihe bei Euklid

Euklid [IX, 35]: Nicht leicht zu lesen ist Euklids Formulierung zur geometrischen Reihe, die erst im Buch IX erscheint: Hat man beliebig viele Zahlen in geometrischer Reihe und nimmt man sowohl von der zweiten als auch von der letzten der ersten Gleiches weg, dann muss sich, wie der Überschuss der zweiten zur ersten, so der Überschuss der letzten zur Summe der ihr vorangegangenen verhalten.

Schreibt man die geometrische Reihe in der Form $\{a_1, a_2, a_3, \ldots, a_n, a_{n+1}\}$, so gilt nach Euklid in moderner Bruchschreibweise

$$\frac{a_{n+1} - a_1}{a_1 + a_2 + \ldots + a_n} = \frac{a_2 - a_1}{a_1} \quad (10.1)$$

Dies ist gleichwertig mit:

$$\frac{a_{n+1}}{a_n} = \frac{a_n}{a_{n-1}} = \cdots = \frac{a_2}{a_1} \quad (10.2)$$

Nach dem Gesetz der korrespondierenden Subtraktion gilt nämlich:

$$\frac{a_{n+1} - a_n}{a_n} = \frac{a_n - a_{n-1}}{a_{n-1}} = \cdots = \frac{a_2 - a_1}{a_1}$$

Das Gesetz zur korrespondierenden Addition findet sich bei Euklid [VII, 12]:

$$\frac{a}{a\prime} = \frac{b}{b\prime} = \frac{c}{c\prime} = \cdots = \frac{a + b + c + \ldots}{a\prime + b\prime + c\prime + \ldots}$$

Durch wiederholte Anwendung folgt Gleichung (10.2). Schreibt man die Reihe in der modernen Form $\{a, aq, aq^2, \ldots, aq^n\}$, , so erhält man aus (10.1) mit der Summe $S = a_1 + a_2 + \ldots + a_n$ die übliche Formel:

$$\frac{aq^n - a}{S} = \frac{aq - a}{a} \Rightarrow S = a\frac{q^n - 1}{q - 1}$$

10.5   Vollkommene und befreundete Zahlen

Der Zahlbegriff wird von Euklid erst im Buch VII eingeführt. Definition (2) in der Edition Heiberg-Menge[15] lautet einfach: *Numerus autem est multitudo ex unitatibus composita* (Eine Zahl besteht aus einer Vielzahl von Einheiten). Boethius berücksichtigt bereits Größen mit Einheiten: *Numerus est unitatis collectio vel quantitis acervus ex unitatibus profusus* (Eine Zahl ist eine Sammlung von Einheiten oder eine Menge von Größen, freigiebig an Einheiten). In die Definition nimmt Leonardo von Pisa noch die Möglichkeit auf, durch sukzessive Addition der Einheit nach Unendlich zu gelangen. Am Anfang seines *Liber Abbaci* schreibt er:

> Nam numerus est unitatum perfusa collectio sive congregatio unititatum, que per suos in infinitum ascendit gradus.

Diese Definition der Zahl wird sinngemäß während des ganzen Mittelalters beibehalten, obwohl sie die Brüche nicht einschließt.

Definition (VII,22) lautet: *Perfectus numerus est, qui partibus suis aequalis est* (Eine vollkommene Zahl ist gleich ihren Teilen bzw. Teilern). Die griechische Mathematik kennt nur echte Teiler t einer Zahl n; dies sind alle Teiler mit $1 \leq t < n$. Im modernen Sinn ist auch jede Zahl Teiler von sich selbst. Die Teilersumme einer vollkommenen Zahl n ist daher gleich $2n$ bzw. n für echte Teiler.

Satz Euklid [IX,36] lautet: Addiert man fortgesetzt, beginnend mit eins, alle Summanden jeweils verdoppelt, solange bis sich eine Primzahl ergibt, so ist das Produkt aus der Summe und ihren letzten Summanden eine vollkommene Zahl. Behauptet wird also, die folgende Zahl ist vollkommen:

$$\left(\underbrace{1 + 2 + 2^2 + \cdots + 2^{n-1}}_{prim} \right) 2^{n-1}$$

Mit Hilfe der geometrischen Reihe erhält man die Formel $2^{n-1}(2^n - 1)$. Für $n \in \{2, 3, 5, 7\}$ ergeben sich die schon den Griechen bekannten vollkommenen Zahlen 6, 28, 496 und 8128. Als Beispiel sei $496 = 2^4 \bullet 31$ gewählt. Die Anzahl der Teiler von 496 ist gleich 10; die zugehörige Teilersumme ergibt

$$1 + 2 + 4 + 8 + 16 + 31 + 62 + 124 + 248 + 496 = 2 \bullet 496$$

Die beiden nächsten vollkommenen Zahlen sind 33 550 336 und 8 589 869 056.

L. Euler konnte zeigen, dass jede gerade vollkommene Zahl notwendig die Form von Euklid hat. Alle bisher gefundenen vollkommenen Zahlen sind gerade. Ob es auch ungerade vollkommene Zahlen gibt, ist noch ungeklärt.

---

[15] Euclidis Opera Omnia, Ed. Heiberg, Menge, Band II, Teubner 1884.

Die oben geführte Herleitung stammt vermutlich von dem Pythagoreer Archytas. Dies zeigt, dass Euklid hier aus dem Wissen der Pythagoreer geschöpft hat. Dieses Wissen um die vollkommenen Zahlen hat im Altertum und auch im Mittelalter Anlass zu vielfältigen Spekulationen gegeben. So erklärt Augustinus (354–430) zur Zahl „6" in seiner Schrift *Der Gottesstaat* (11,30):

> Gott hätte die Welt zwar in einem Augenblick erschaffen können. Er habe sich jedoch für die 6 Tage entschieden, um die Vollkommenheit des Universums darzutun. … Denn die Zahl 6 ist die erste, die sich aus ihren Teilen ergänzt, d.i. aus ihrem Sechstel, ihrem Drittel und ihrer Hälfte, gleich eins, zwei und drei, die in Summe 6 ergeben.

Augustinus traf die wichtige Feststellung, die Zahl 6 sei nicht deshalb vollkommen, weil Gott sie gewählt habe, vielmehr sei ihr diese Vollkommenheit wesenseigen:

> Die 6 ist an und für sich eine vollkommene Zahl, doch nicht, weil Gott alle Dinge in 6 Tagen erschaffen hätte. Das Gegenteil ist wahr: Gott schuf alle Dinge in 6 Tagen, weil diese Zahl vollkommen ist. Und sie würde vollkommen bleiben, selbst wenn das Werk der 6 Tage nicht existierte.

Iamblichos ergänzt dazu die Formel: $6 = 1 + 2 + 3 = 1 \bullet 2 \bullet 3$. Auch Alkuin, Lehrer am Hofe Karl d.G., ist der Meinung, dass die Zahl 6 das Universum bestimmt, weil sie vollkommen ist. Die zweite Schöpfung der Menschheit sei entstanden aus der defizienten Zahl 8; dies sei nämlich die Anzahl der Seelen an Bord der Arche Noah. Da die Zahl 8 unvollkommen ist, sei diese zweite Schöpfung weniger gelungen als die erste, resultierend aus der perfekten Zahl 6.

Befreundete Zahlen

Zahlenpaare mit der Eigenschaft, dass eine Zahl die echte Teilersumme der anderen darstellt und umgekehrt, heißen befreundet. Die Pythagoreer kannten das befreundete Paar (220; 284); die Freundschaft der Zahlen erkennt man mit Hilfe der Summe aller echten Teiler; hier 284 bzw. 220. Mit Hilfe der Euklidischen Formel für vollkommene Zahlen konnte Thābit ibn Qurra sogar eine explizite Formel für befreundete Zahlen aufstellen. Die Formel lautet: Sind folgende drei Zahlen (p, q, r) prim:

$$p = 3 \bullet 2^n - 1; q = 3 \bullet 2^{n-1} - 1; r = 9 \bullet 2^{2n-1} - 1$$

dann erhält man ein Paar befreundeter Zahlen aus

$$a = 2^n pq; b = 2^n r$$

Im Fall von $n = 2$ erhält man die Primzahlen $p = 11; q = 5; r = 71$; dies liefert die (bereits bekannten) befreundeten Zahlen $a = 220; b = 284$. Für $n = 3$ versagt der Algorithmus, da sich für $r = 287 = 7 \bullet 41$ keine Primzahl ergibt. Für $n = 4$ und $n = 7$ ergeben sich die Paare (17296; 18416) und (9363584; 9437056). Weitere Paare befreundeter Zahlen sind

(1184; 1210), (2620; 2924), (5020; 5564), (6232; 6368)

10.6   Der Euklidische Algorithmus

Euklid [VII,2]: Zu zwei gegebenen Zahlen, die nicht prim gegeneinander sind, ist ihr größtes Maß zu finden.

Der Algorithmus von Euklid bestimmt den größten gemeinsamen Teiler (ggT) zweier natürlichen Zahlen a, b durch wechselseitige Wegnahme der kleineren Zahl von der jeweils größeren. Endet die Subtraktion mit zwei gleichen Werten, so ist dies das gemeinsame Maß $ggT(a, b)$. Gleichzeitig wird damit bewiesen, dass das Verhältnis $\frac{a}{b}$ rational ist.

Beispiel: Die Berechnung des $ggT(81, 51) = 3$ erfolgt nach folgendem Algorithmus:

$$(81, 51) \rightarrow (51, 30) \rightarrow (30, 21) \rightarrow (21, 9) \rightarrow (12, 9) \rightarrow (9,3) \rightarrow (6,3) \rightarrow (3,3)$$

Vereinfacht wird das Verfahren, indem man die wiederholte Subtraktion durch die Division ersetzt:

$$
\begin{aligned}
81 &= 51 \cdot 1 + 30 \\
51 &= 30 \cdot 1 + 21 \\
30 &= 21 \cdot 1 + 9 \\
21 &= 9 \cdot 2 + 3 \\
9 &= 3 \cdot \boxed{3}
\end{aligned}
$$

Das Verfahren wird durch Abb. 10.18 geometrisch veranschaulicht. Im letzten Schritt kann die Strecke der Länge 3 *ohne Rest* von der Strecke 9 dreimal weggenommen werden. Somit gilt *ggT(81, 51)=3*.

Erweiterter Euklidischer Algorithmus.

Nach einem Satz von J.G. Bachet (de Meziriac) (1581–1638) lässt sich der größte gemeinsame Teiler $ggT(x, y)$ zweier ganzer Zahlen x, y stets als Linearkombination dieser Zahlen schreiben

$$ax + by = ggT(x, y)$$

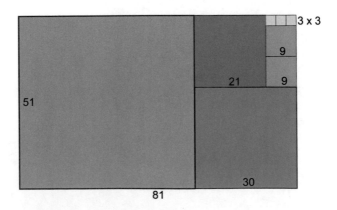

Abb. 10.18 Veranschaulichung der Wechselwegnahmen

Die entsprechenden Vielfachen lassen sich mit dem erweiterten Euklidischen Algorithmus ermitteln. Wir bestimmen $ggT(81,51)$, wie oben:

$$81 = 51 \cdot 1 + 30 \Rightarrow 30 = 81 - 51 \cdot 1$$
$$51 = 30 \cdot 1 + 21 \Rightarrow 21 = 51 - 30 \cdot 1$$
$$30 = 21 \cdot 1 + 9 \Rightarrow 9 = 30 - 21 \cdot 1$$
$$21 = 9 \cdot 2 + 3 \Rightarrow 3 = 21 - 9 \cdot 2$$
$$9 = 3 \cdot \boxed{3}$$

Durch Rückwärtsrechnen erhält man sukzessive

$$3 = 21 - 9 \bullet 2 = 21 - (30 - 21 \bullet 1) \bullet 2 = 21 \bullet 3 - 30 \bullet 2$$
$$\Rightarrow 3 = (51 - 30 \bullet 1) \bullet 3 - 30 \bullet 2 = 51 \bullet 3 - 30 \bullet 5$$
$$\Rightarrow 3 = 51 \bullet 3 - (81 - 51 \bullet 1) \bullet 5 = 51 \bullet 8 - 81 \bullet 5$$
$$3 = ggT(81,51) = 51 \bullet 8 + 81 \bullet (-5)$$

Eine andere Methode registriert die Differenzenbildung mittels Variablen:

(81, 51)	(a, b)
(51, 30)	(b, a-b)
(30, 21)	(a-b, 2b-a)
(21, 9)	(2b-a, 2a-3b)
(12, 9)	(5b-3a, 2a-3b)
(9, 3)	(2a-3b, 8b-5a)
(6, 3)	(7a-11b, 8b-5a)
(3, 3)	(12a-19b, 8b-5a)

Die letzte Zeile zeigt eine weitere Linearkombination:

$$3 = ggT(81,51) = 51 \bullet 12 + 81 \bullet (-19)$$

Kettenbruchentwicklung
Das Verfahren von Euklid kann auch zur Berechnung von Kettenbrüchen verwendet werden, die sich in der griechischen Literatur nicht direkt finden.

Die Rationalität der Zahl $\frac{81}{51}$ zeigt sich durch einen *endlichen* Kettenbruch.

$$81 = 51 \cdot 1 + 30 \Rightarrow \frac{81}{51} = 1 + \frac{30}{51}$$
$$51 = 30 \cdot 1 + 21 \Rightarrow \frac{51}{30} = 1 + \frac{21}{30}$$
$$30 = 21 \cdot 1 + 9 \Rightarrow \frac{30}{21} = 1 + \frac{9}{21}$$
$$21 = 9 \cdot 2 + 3 \Rightarrow \frac{21}{9} = 2 + \frac{3}{9}$$
$$9 = 3 \cdot \boxed{3}$$

Zusammensetzen der Brüche liefert den endlichen Kettenbruch

$$\frac{81}{51} = 1 + \frac{30}{51} = 1 + \frac{1}{\frac{51}{30}} = 1 + \frac{1}{1 + \frac{21}{30}} = 1 + \frac{1}{1 + \frac{1}{\frac{30}{21}}}$$

$$\Rightarrow \frac{81}{51} = 1 + \frac{1}{1 + \frac{1}{1+\frac{9}{21}}} = 1 + \frac{1}{1 + \frac{1}{1+\frac{1}{2+\frac{1}{3}}}} = [1; 1, 1, 2, 3]$$

Das Verfahren des Kettenbruchs kann auch auf irrationale Zahlen ausgedehnt werden. Es endet jedoch nicht, da der entstehende Kettenbruch periodisch wird.

10.7   Der Primzahlsatz des Euklid

Der Satz von der Unendlichkeit der Primzahlmenge, auch Primzahlsatz genannt, findet sich bei Euklid [IX, 20] in der Form

Es gibt mehr Primzahlen als jede Anzahl vorgelegter Primzahlen.

Euklids Beweis

Unter der Annahme, es gibt nur endlich viele verschiedene Primzahlen $p_i (1 \le i \le n)$ bildet man den Term

$$N = p_1 \bullet p_2 \bullet p_3 \cdots p_n + 1 = 1 + \prod_{i=1}^{n} p_i (*)$$

Für die so gebildete Zahl N gibt es zwei Möglichkeiten.

Fall 1) N ist selbst Primzahl. Wegen $N > p_i$ ist N eine neue weitere Primzahl $p_j (j > n)$. Damit hat man einen Widerspruch erhalten.

Im Fall 2) ist N zusammengesetzt und besitzt mindestens einen Primteiler $q|N$. Nach Voraussetzung muss für einen Index gelten $q = p_i$. Somit gilt auch $q|p_1 \bullet p_2 \bullet p_3 \cdots p_n$. Nach Euklid [VII, 5]] muss ein Teiler zweier Zahlen auch deren Differenz teilen $t|a \wedge t|b \Rightarrow t|(a - b)$. Somit folgt

$$\left. \begin{array}{c} q|N \\ q|p_1 \bullet p_2 \bullet p_3 \cdots p_n \end{array} \right\} \Rightarrow q|1 \Rightarrow q = 1$$

In beiden Fällen erhält man einen Widerspruch. Die Primzahlmenge ist daher unendlich. Nach W. Dunham ist der Euklidische Beweis unter die Top 10 der schönsten Beweise gewählt worden!

Der Beweis von Euklid, dass es unendlich viele Primzahlen gibt, kann verallgemeinert werden auf die Menge aller Primzahlen der Form 1 *mod*4 oder 3*mod*4.R.

Dedekind hat den allgemeinen Fall bewiesen: Jede Restklasse *amodb* enthält unendlich viele Primzahlen.

Obwohl Euklid die Eindeutigkeit der Primzahl-Faktorisierung nicht direkt anspricht, so kommt er doch mit folgenden Sätzen diesem Prinzip nahe:

Euklid [VII, 30]: Wenn zwei Zahlen, indem sie einander vervielfältigen, irgendeine Zahl bilden und irgendeine Primzahl dabei das Produkt misst, dann muss diese auch eine der ursprünglichen Zahlen messen.

Euklid [VII, 31]: Jede zusammengesetzte Zahl wird von irgendeiner Primzahl gemessen.

Euklid [VII, 32]: Jede Zahl ist entweder Primzahl oder wird von einer Primzahl gemessen.

Beweis zu Satz [VII;30]: Teilt eine Primzahl p ein Produkt ab natürlicher Zahlen, so teilt p mindestens einen der Faktoren a oder b : $p|ab \Rightarrow p|a \lor p|b$. Nach Voraussetzung gilt: $kp = ab$. Zu zeigen ist: Gilt $ggT(a,p) = 1 \Rightarrow p|b$. Multiplizieren mit b liefert mit $m, n \in \mathbb{Z}$

$$1 = ma + np \Rightarrow b = mab + npb = mkp + npb = p(mk + nb)$$

Somit ist p ein Teiler von b; was zu beweisen war.

10.8   Das Parallelenaxiom

Euklid formuliert in Buch I der Elemente das Parallelenaxiom (P) als fünftes Postulat:

> Schneidet eine Gerade zwei weitere Geraden so, dass die auf derselben Seite entstehende Winkelsumme kleiner als zwei Rechte ist, dann schneiden sich die beiden Geraden bei Verlängerung bis ins Unendliche (auf der Seite, auf der die beiden Winkel mit der Summe kleiner als zwei Rechte liegen).

Oft wird das Axiom zitiert in der Formulierung von J. Playfair (18. Jahrhundert): Zu jedem Punkt P außerhalb einer Geraden g ($P \notin g$) gibt es **genau** eine Parallele $h \parallel g$ zu der gegebenen Geraden mit ($P \in h$).

Eine Folgerung des Parallelenaxioms ist der **Innenwinkelsatz** im Dreieck: Euklid [I,32].

Beweis: Im $\triangle ABC$ wird die Seite AB verlängert zum Punkt D; im Punkt B wird die Parallele $BE\|AC$ gezogen (Abb. 10.19). Da das Parallelenpaar AC bzw. BE von der Geraden BC geschnitten wird, sind die Wechselwinkel $\angle ACB = \angle CBE$ kongruent. Die Gerade AD schneidet ebenfalls das Parallelenpaar; somit ist die Winkelsumme $\angle CAB + \angle ABE = 2R$ und die Winkel $\angle CAB = \angle EBD$ sind kongruent. Da der Winkel $\angle ABD$ ein gestreckter ist, folgt

$$\angle ABD = \angle ABC + \angle CBE + \angle EBD = \angle ABC + \angle ACB + \angle CAB = 2R$$

Abb. 10.19 Figur zum
Innnenwinkelsatz

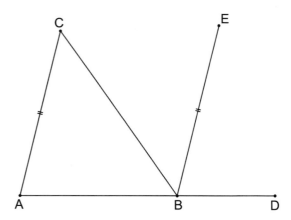

Damit ist gezeigt, dass die Innenwinkelsumme im Dreieck gleich zwei Rechten ist. Ferner folgt, dass der Außenwinkel $\angle CBD$ gleich ist der Winkelsumme der beiden nicht anliegenden Innenwinkel

$$\angle CBD = \angle CAB + \angle ACB$$

Euklid entnimmt hier der Anschauung, dass die Gerade BE nicht im Inneren des Dreiecks ABC verläuft.

Eigenschaften von Parallelen

(1) Haben zwei Geraden $g \neq h$ ein gemeinsames Lot l, so sind sie parallel.
(2) Werden zwei parallele Geraden $g \parallel h$ von einer dritten Geraden geschnitten, so sind die Wechselwinkel kongruent: Euklid [I, 28]
(3) Sind zwei Geraden parallel und fällt man von einer Geraden zwei Lote auf die andere Gerade, so sind die Lotlängen kongruent.

10.9   Gleichwertige Postulate zum Parallelenaxiom

Auffällig am ersten Buch der Elemente ist, dass die ersten 29 Sätze unabhängig vom Parallelenaxiom formuliert sind; alle späteren Sätze jedoch verwenden das Axiom. Offensichtlich wollte Euklid dieses Axiom erst möglichst spät einsetzen. Der erste Gelehrte, von dem wir wissen, dass er mit dem Parallelenaxiom unzufrieden war, war Posidonios (135–51 v.Chr.). Er definierte die Parallele als Gerade mit stets gleichem Abstand und versuchte dies im Rahmen der Euklidischen Sätze zu beweisen.

In den darauffolgenden Jahrhunderten haben immer wieder Mathematiker versucht, gleichwertige Postulate zum Parallelenaxiom zu formulieren und so beweisbar zu machen. Solche Postulate sind:

- Schneidet eine Gerade eine Gerade eines Parallelenpaars, so wird auch die andere Parallele geschnitten (Proklos um 440)
- Ein Viereck, bei dem zwei Gegenseiten je ein Lot auf eine Grundseite bilden, ist ein Rechteck (G. Vitale 1680, G. Saccheri 1733)
- Zu einem gegebenen Dreieck kann stets ein ähnliches Dreieck konstruiert werden (*J. Wallis* 1663)
- Jedes Viereck mit 3 rechten Winkeln ist ein Rechteck (J.H. Lambert 1766)
- Jede Gerade, die durch einen Punkt im Inneren eines Winkelfelds geht, schneidet mindestens einen Schenkel des Winkels (J.F. Lorentz 1791)
- Durch drei Punkte, die nicht auf einer Geraden liegen, kann stets ein Kreis gezeichnet werden (J.M. Legendre)
- Es gibt ähnliche (nicht kongruente) Dreiecke beliebiger Größe (J. Wallis 1693)

Eine Beschreibung dieser Beweisversuche findet man bei B.A. Rosenfeld[16].

10.10 Buch der Flächenteilungen

Euklids *Buch der Teilungen* ist zwar verloren gegangen, kann aber teilweise aus arabischer Überlieferung konstruiert werden; es enthält eine Vielzahl von anspruchsvolleren Aufgaben zur Flächenteilung einer Figur.

Satz 19 (vereinfacht):

Gegeben ist ein spitzwinkliges Dreieck ABC und ein Punkt D auf der Dreiecksseite AC. Gesucht ist wieder die Transversale DF des Dreiecks, die den Flächeninhalt von ABC halbiert.

Konstruktion (Abb. 10.20): Man konstruiert den Mittelpunkt E der Seite AB, verbindet E mit D und zieht die Parallele durch den Eckpunkt C (CF ∥ ED). Die Transversale DF halbiert den Inhalt der Fläche F(ABC).

Begründung: Es gilt nach Voraussetzung $|AE| = |EB|$; somit ist das Dreieck AEC flächengleich zum Dreieck EBC. Wegen der halbierten Grundlinie hat das Dreieck $\triangle$AEC die halbe Fläche von Dreieck $\triangle$ABC. Da $\triangle$AEC zerlegt werden kann in die Teildreiecke $\triangle$AED und $\triangle$ECD, folgt

$$\mathcal{F}(AED) + \mathcal{F}(ECD) = \frac{1}{2}\mathcal{F}(ABC)$$

Nach Konstruktion ist auch Dreieck EFD flächengleich zu ECD. Somit gilt

$$\mathcal{F}(AED) + \mathcal{F}(EFD) = \frac{1}{2}\mathcal{F}(ABC)$$

---

[16] Rosenfeld B.A.: A History of Non-Euclidean Geometry, Springer 1988, S. 35–109.

Abb. 10.20 Figur zur
Flächenteilung, Satz 19

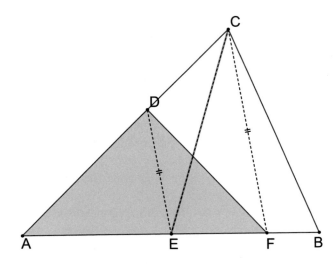

Da die Dreiecke △AED und △EFD zusammen Dreieck △AFD ergeben, hat △AFD den halben Flächeninhalt von △ABC. Die Aufgabe ist lösbar, wenn die Parallele zu DE durch C die Dreiecksseite AB trifft. Dies ist der Fall, wenn gilt |CD| < |AD|.

Satz 28: Gegeben ist das Flächenstück *ABCD*, bestehend aus dem (spitzwinkligen) △*ABC* und dem Kreissegment *ABD*, wobei *D* der Mittelpunkt des Kreisbogens über *AB* ist. Gesucht ist eine Gerade durch *D*, die das Flächenstück halbiert.

Konstruktionsbeschreibung (Abb. 10.21): Es sei E der Mittelpunkt der Seite AB. Die Parallele zur Geraden CD durch E schneidet das Dreieck im Punkt F und den Kreisbogen im Punkt G. Die Verbindungsgerade FD ist die gesuchte Gerade.

Beweis: Der Streckenzug $CE \cup ED$ halbiert das gegebene Flächenstück, da E bzw. D die Mittelpunkte von AB bzw. des Bogens sind. Das △DCE ist flächengleich zum △DCF, da beide in der Grundlinie DC und der Höhe wegen GF∥DC übereinstimmen. Das Flächenstück DBCE enthält nach Voraussetzung genau den halben Inhalt; somit gilt für die Flächeninhalte

$$\mathcal{F}(\mathrm{DBCE}) = \mathcal{F}(\mathrm{DBC}) + \underbrace{\mathrm{DCE}}_{\mathrm{DCF}} = \mathcal{F}(\mathrm{DBCF})$$

Somit ist FD die gesuchte Gerade.

Satz 29: Gesucht ist das Flächenstück, das den Bruchteil *p* der Kreisfläche enthält, wenn die Kreisfläche durch zwei parallelen Sehnen geteilt werden soll.

Konstruktionsbeschreibung (Abb. 10.22): Im gegebenen Kreis wird ein gleich-schenkliges Dreieck mit der Basis |*AB*| so einbeschrieben, dass die Spitze im Mittelpunkt M liegt und der zugehörige Mittelpunktswinkel $\mu = p \bullet 360°$ ist. Die Symmetrieachse des Dreiecks schneidet den Kreis im Punkt D. Die Parallele zu AB durch M schneidet den Kreis im Punkt C; die Parallele zu AC durch D im Punkt E. Das Flächenstück zwischen den parallelen Sehnen AC bzw. DE enthält den gesuchten Anteil der Kreisfläche.

Abb. 10.21 Figur zur
Flächenteilung, Satz 28

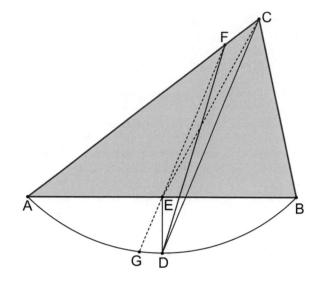

Abb. 10.22 Figur zur
Flächenteilung, Satz 29

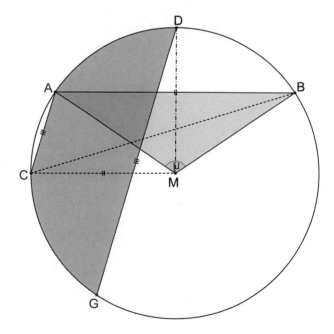

Literatur

Artmann, B.: Euclid - The Creation of Mathematics. Springer, Berlin (1999)

Aumann, G.: Euklids Erbe. Wissenschaftliche Buchgesellschaft, Darmstadt (2006)

Bretschneider, C.A.: Die Geometrie und die Geometer vor Euklides. Sändig Reprint (2002)

Cantor, M.: Euclid und sein Jahrhundert. Zeitschrift für Mathematik und Physik (1867)

Euclidis Opera Omnia, (Hrsg.) Heiberg, Menge, Teubner, Leipzig (ab 1886)

Euklid, Heath, T. (Hrsg.): Euclid's Elements. Green Lion Press (2002)

Euklid, T.C. (Hrsg.): Die Elemente, Oswalds Klassiker Bd. 235. Harri Deutsch (1997)

Hartshorne, R.: Geometry - Euclid and Beyond. Springer, Berlin (2000)

Heath, Th.: The Thirteen Books of Elements Bd. I – III. Dover (1956)

Heiberg, J.L.: Litterärgeschichtliche Studien über Euklid. Teubner, Leipzig (1870)

Honsberger, R.: Episodes in 19th and 20th century Euclidean Geometry. MAA (1995)

Knorr, W.R.: The wrong text of Euclid. Science in Context, **14**, 208–276 (2001)

Knorr, W.R.: The Wrong Text of Euclid: On Heiberg's Text and its Alternatives*. Centaurus **38**, 208–276 (1996)

Mainzer, K.: Geschichte der Geometrie. B.I. Wissenschaftsverlag Mannheim (1980)

Proklus Diadochos, S. M.(Hrsg.): Euklid-Kommentar, Deutsche Akademie d. Naturforscher. Halle (1945)

Rosenfeld, B.A.: A history of Non-Euclidean geometry. Springer, Berlin (1988)

Schönbeck, J.: Euklid, Birkhäuser Basel (2003)

Schreiber, P.: Euklid, Teubner Leipzig (1987)

Trudeau, R.: Die geometrische Revolution, Birkhäuser (1998)

Die klassischen Probleme der griechischen Mathematik

Das Kapitel behandelt die drei klassischen Probleme wie die Winkeldreiteilung, Quadratur des Kreises und Würfelverdopplung. Es gibt keinen genauen Hinweis bei Euklid, welche Konstruktionen er als legitim erachtet. Deswegen haben Mathematiker nach Euklid auch Konstruktionen mit Linealmarkierungen (sog. *Neusis*-Konstruktionen) und Schnitte mit höheren Kurven, wie Kegelschnitten, zugelassen. Ferner wird die Konstruierbarkeit von regulären Vielecken, wie dem Fünf- bzw. Siebeneck dargestellt; allgemein wird untersucht, bei welchen Möndchenfiguren die Quadratur gelingt. Von den Kurven zweiter bzw. höherer Ordnung werden besprochen die Quadratrix, die Konchoide, die Zissoide und die Spirale des Archimedes.

11.1 Die Inkommensurabilität

Dass das Verhältnis von Diagonale zur Seite im Quadrat nicht kommensurabel ist, war eine große Enttäuschung für die frühen Pythagoreer, nach deren Auffassung (*Alles ist Zahl*) alle Verhältnisse kommensurabel, d. h. durch ein Verhältnis ganzer Zahlen, darstellbar sind.

Dass nicht alle Lernenden von der Inkommensurabilität wissen, war für Platon lächerlich und schmählich. In seiner Schrift [Nomoi 819e] lässt er den Athener sprechen:

> Und ich musste mich über diesen Übelstand bei uns im höchsten Maße wundern. Es kam mir vor, als wäre dies gar nicht beim Menschen möglich, sondern eher nur beim Schweinevieh. Und da schämte ich mich, nicht nur für mich selbst, sondern für alle Hellenen.

Für Aristoteles ist die Inkommensurabilität [Metaphysik 983a] eines der vielen Beispiele, die er aus der Mathematik bezieht:

© Springer-Verlag GmbH Deutschland, ein Teil von Springer Nature 2024
D. Herrmann, *Die antike Mathematik*, https://doi.org/10.1007/978-3-662-68478-8_11

Leute sind zuerst verwundert und fragen sich, ob die Dinge wirklich so sind wie sie scheinen, wie das Staunen über sich selbst bewegende Marionetten, über die Sonnenwende oder die Inkommensurabilität der Diagonale (denn es scheint allen verwunderlich, dass es etwas gibt, das nicht mit dem kleinsten Maß gemessen werden kann). […] Über nichts geriete ein Geometer mehr in Erstaunen, als wenn die Diagonale kommensurabel sei.

Der Beweis findet sich in Euklid [X, 10]:

Gegeben sei ein Quadrat der Seitenlänge $s = |AB|$ und der Diagonale $d = |AC|$. Man macht nun die Annahme, das Verhältnis $\frac{d}{s}$ sei rational (und damit kommensurabel) und habe kein gemeinsames Maß; d. h. es gilt $\mathrm{ggT}(d, s) = 1$.

$$\frac{|AC|}{|AB|} = \frac{d}{s} \Rightarrow \frac{|AC|^2}{|AB|^2} = \frac{d^2}{s^2}$$

Dann gilt nach Pythagoras

$$|AC|^2 = 2|AB|^2 \Rightarrow d^2 = 2s^2$$

Mit der Schreibweise $a|b$ für *a ist Teiler von b* folgt

$$d^2 = 2s^2 \Rightarrow 2|d \Rightarrow 4|d^2 \Rightarrow 4|s^2 \Rightarrow 2|s$$

Dies ist ein Widerspruch zur Annahme, dass die Strecken d, s kein gemeinsames Maß haben. Somit kann das Verhältnis $\frac{d}{s}$ nicht rational sein; in moderner Ausdrucksweise ist $\sqrt{2}$ irrational bzw. inkommensurabel. Für Aristoteles ist dies der Prototyp eines Widerspruchsbeweises (*reductio ad absurdum*).

Neben der (linearen) Kommensurabilität definiert Euklid auch eine quadratische. Die grundlegenden Definitionen und Sätze über kommensurable Strecken finden am Anfang des Buchs X. Eine ausführliche Diskussion findet sich bei Kurt von Fritz[1].

Der Versuch, das Verhältnis Diagonale zur Seite (im Quadrat) genau zu bestimmen, zeigt sich beispielhaft am Problem der Seiten- /Diagonalzahlen bei Theon von Smyrna (vgl. Kap. 20.1).

11.2   Die Konstruierbarkeit nach Euklid

In den *Elementen* sind die Bedingungen für die Konstruierbarkeit nach Euklid einer geometrischen Figur nicht explizit gegeben. Nach den Postulaten zum Buch I muss es möglich sein

- von jedem Punkt zu jedem Punkt eine Strecke zu ziehen
- eine vorgegebene Strecke beliebig zu verlängern

---

[1] Von Fritz K.: Die Entdeckung der Inkommensurabilität, im Sammelband Becker, S. 271–307.

- das Zeichnen eines Kreises, der einen vorgegebenen Punkt als Mittelpunkt hat und durch einen weiteren vorgegebenen Punkt verläuft

Ebenfalls erlaubt soll es sein

- zwei Geraden oder zwei Kreise zum Schnitt zu bringen
- eine Gerade mit einem Kreis zum Schnitt zu bringen
- an einem Punkt eine Strecke anzutragen Euklid [I, 2]
- über einer Strecke ein gleichseitiges Dreieck zu errichten Euklid [I, 1]
- auf einer größeren Strecke eine zu einer kleineren gleichen Strecke anzutragen Euklid [I, 3]
- eine gegebene Strecke zu halbieren Euklid [I, 10]

Bei Platon ist ebenfalls von Zirkel und Lineal die Rede, in Philebos [51 C] schreibt er:

> Als Schönheit von Figuren versuche ich das nicht zu bezeichnen, was die Mehrheit dafür annehmen dürfte, wie z.B. die von Lebewesen oder Gemälden, sondern ich verstehe darunter [...] Gerade und Kreis und die durch Zirkel und Lineal und Winkel entstehenden ebenen und räumlichen [Figuren].

Generell sind alle Konstruktionen mit Zirkel und einem Lineal ohne Markierung erlaubt. Strecken können nur mittels g) oder i) übertragen werden, aber nicht mit Hilfe einer Markierung auf einem Lineal. Weitere mögliche Konstruktionen sind

- einen Kreis durch drei verschiedene Punkte zu zeichnen Euklid [V, 5]
- Lote von einem Punkt außerhalb auf eine Gerade zu fällen Euklid [I, 12]
- in einem Punkt einer Geraden ein Lot zu errichten Euklid [I, 11]
- eine Strecke oder einen Winkel zu halbieren Euklid [I, 9],[I, 10]
- eine Tangente an einen Kreis zu zeichnen von einem Punkt außerhalb Euklid [III, 17]

Nicht erfasst sind die sog. Neusis-Konstruktionen, die ein Lineal mit Markierung voraussetzen. Mit diesen wäre es beispielsweise möglich, ein Lineal so lange zu verschieben, bis eine bestimmte Markierung in ein vorgegebenes Winkelfeld passt.

Alle konstruierbaren Punkte, Strecken, Geraden und Kreise lassen sich koordinatenmäßig in der sog.

Euklidischen Ebene darstellen. In dieser Ebene (mit Nullpunkt und Einheit) können Strecken beliebig.

addiert, subtrahiert, multipliziert und dividiert werden. Zu jeder Strecke a lässt sich auch eine Strecke der Länge $\sqrt{a}$ konstruieren (Abb. 11.1). Durch Verknüpfung der angegebenen Operationen lassen sich auch Strecken wie $x = a \pm \sqrt{b}$ erzeugen; algebraisch gesehen ist x Wurzel der quadratischen Gleichung.

$$x = a \pm \sqrt{b} \Rightarrow x^2 - 2ax + (a^2 - b) = 0$$

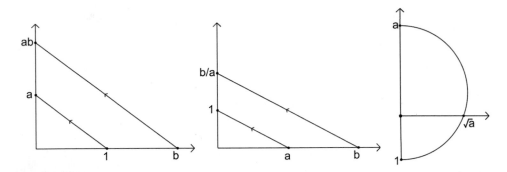

Abb. 11.1 Multiplikation, Division und Wurzelzeihen von Strecken

Euklid klassifiziert im Buch X der *Elemente* folgende Irrationalitäten:

$$a + \sqrt{b} \therefore \sqrt{a} + \sqrt{b} \quad Binomiale$$

$$a - \sqrt{b} \therefore \sqrt{a} - \sqrt{b} \quad Apotome$$

$$\sqrt{\sqrt{a}\sqrt{b}} \quad Mediale$$

Auch kompliziertere Strecken $x = \sqrt{\sqrt{a} \pm \sqrt{b}}$ können konstruiert werden. Die Klassifikation solcher quadratischen Irrationalitäten ist Inhalt von Euklids Buch X, das wegen seines Schwierigkeitsgrades von Simon Stevin *Le croix des mathematiciens* (= Kreuz der Mathematiker) geheißen wurde. Viele der Ausführungen Euklids können mithilfe folgender Formel (für $a^2 > b$) zusammengefasst werden, wie schon M. Chasles in seiner Mathematikgeschichte feststellte

$$\sqrt{a \pm \sqrt{b}} = \sqrt{\frac{a + \sqrt{a^2 - b}}{2}} \pm \sqrt{\frac{a - \sqrt{a^2 - b}}{2}}$$

Für $a = 6, b = 20$ erhält man beispielsweise eine Vereinfachung des Wurzelterms

$$\sqrt{6 - \sqrt{20}} = \sqrt{\frac{6 + \sqrt{36 - 20}}{2}} - \sqrt{\frac{6 - \sqrt{36 - 20}}{2}} = \sqrt{5} - 1$$

Solche Apotome bzw. Binomiale erfüllen im Allgemeinen eine biquadratische Gleichung, die mit einer geeigneten Substitution in eine quadratische Gleichung übergeführt werden kann.

$$x = \sqrt{a \pm \sqrt{b}} \Rightarrow x^4 - 2ax^2 + \left(a^2 - b\right) = 0 \underset{x^2 \to y}{\Rightarrow} y^2 - 2ay + \left(a^2 - b\right) = 0$$

Eine Strecke x ist also genau dann konstruierbar, wenn ihre Länge eine quadratische bzw. biquadratische Gleichung erfüllt. Entsprechend ist der Winkel φ konstruierbar, wenn die Länge $\cos\varphi$ konstruierbar ist. Eine ausführliche Diskussion dazu liefert A.D. Steele[2].

11.3   Die Winkeldreiteilung

Bestimmte Winkel, wie Rechte, lassen sich exakt dritteln. Hier wird nun untersucht, ob ein beliebiger Winkel φ nach Euklid gedrittelt werden kann. Dazu muss der Winkel mit seinem Drittel in Beziehung gesetzt werden; dies macht die trigonometrische Formel

$$\cos\varphi = 4\left(\cos\frac{\varphi}{3}\right)^3 - 3\cos\frac{\varphi}{3}$$

Ist der Kosinus des gegebenen Winkels gleich a, so ergibt sich mit der Substitution $x = \cos\frac{\varphi}{3}$ die Gleichung

$$4x^3 - 3x - a = 0$$

Um zu zeigen, dass die Dreiteilung nicht für alle Winkel gelingt, reicht es, *einen* solchen Winkel anzugeben. Wir wählen $\varphi = 60° \Rightarrow \cos\varphi = a = \frac{1}{2}$. Es wird also geprüft, ob der Winkel $20°$ konstruiert werden kann. Einsetzen von a liefert

$$8x^3 - 6x - 1 = 0$$

Um die Gleichung zu normieren, substituieren wir $z = 2x$

$$z^3 - 3z = 1$$

Es ist zu untersuchen, ob dieses Polynom im Bereich der rationalen Zahlen Q in ein Produkt mit einem quadratischen Polynom zerlegt werden kann. Die Zahlen $z = \pm 1$ sind keine Lösung, wie man leicht feststellt. Zu prüfen ist daher eine rationale Lösung $\frac{a}{b}$ mit $ggT(a, b) = 1$. Einsetzen und Vereinfachen zeigt

$$\left(\frac{a}{b}\right)^3 - \frac{3a}{b} - 1 = 0 \Rightarrow a^3 - 3ab^2 - b^3 = 0$$

Ausklammern von a zeigt wegen der Teilerfremdheit

$$a\left(a^2 - 3b^2\right) = b^3 \Rightarrow a \mid b^3 \Rightarrow a \mid b \Rightarrow a = \pm 1$$

Analog liefert das Ausklammern von b

$$b\left(b^2 + 3ab\right) = a^3 \Rightarrow b \mid a^3 \Rightarrow b \mid a \Rightarrow b = \pm 1$$

---

[2] Steele A.D.: Über die Rolle von Zirkel und Lineal in der griechischen Mathematik, im Sammelband Becker, S. 146–202

Da a und b Einheiten sind, folgt $z = \pm 1$, was bereits ausgeschlossen worden ist. Damit ist gezeigt, dass es keine rationale Lösung gibt. Der 60°-Winkel, und damit ein beliebiger Winkel, kann daher nach Euklid nicht dreigeteilt werden.

11.4 Die Quadratur des Kreises

Unter der Quadratur des Kreises versteht man die Aufgabe zu einem Kreis ein exakt flächengleiches Polygon zu konstruieren. Da dies im Altertum nicht mithilfe eines Zirkels und eines Lineals (ohne Skala) gelang, wurde die Redewendung *die Quadratur des Kreises versuchen* synonym mit dem *Versuch eine unlösbare Aufgabe zu bewältigen*. Da der Dichter Aristophanes in seiner Komödie *Die Vögel* diese Redewendung verwendet hat, kann der Spruch in der damaligen Zeit als allgemein bekannt vorausgesetzt werden.

Da es reguläre Polygone gibt, deren Umfang kleiner ist der Umkreis (analog größer ist Inkreis), erwarteten einige frühere Mathematiker, dass es auch ein Polygon gibt mit einem Umfang exakt dem Kreisumfang. Die ersten Versuche der Quadratur unternahm Hippokrates von Chios (vgl. Kap. 5). Da der Einheitskreis die Fläche π hat, müsste ein flächengleiches Quadrat die Fläche $a^2 = \pi \Rightarrow a = \sqrt{\pi}$ haben. Da π keine algebraische Zahl ist, kann das Quadrat nicht konstruiert werden. Daher versuchte schon Archimedes in mühseliger Rechenarbeit π mit einer Intervallschachtelung einzugrenzen (vgl. Kap. 12.4).

11.5 Die Würfelverdopplung

Das Problem geht angeblich auf die Forderung zurück, dass ein würfelförmiges Grab, das als zu klein erachtet wurde, doppeltes Volumen erhalten solle. Wie Theon von Smyrna (Buch I) berichtet, wurde das Problem von Eratosthenes aufgerufen in einem Brief an Ptolemaios II. Eutokios hat den Brief in seinem Archimedes-Kommentar überliefert. Es wird auch eine andere Version der Geschichte erzählt, bei der die Leute aus Delos nach einer Forderung des Orakels den würfelförmigen Altar verdoppeln sollten und Gesandte zu Platon schickten, um eine Lösung zu finden. Beide Geschichten sind wohl Legenden; vielleicht wurden sie erfunden, um ein mathematisches Problem durch ein Alltagsproblem zu motivieren.

Geht man von einem Einheitswürfel aus, so ist die Kantenlänge des Würfels von doppeltem Volumen gleich $a = \sqrt[3]{2}$; a ist somit Wurzel des Polynoms dritten Grades $x^3 - 2$. Da die Funktion $x \to f(x) = x^3 - 2$ auf R streng monoton steigend ist, besitzt sie nur die eine Nullstelle $\sqrt[3]{2}$. a kann nicht Wurzel eines linearen oder quadratischen Polynoms sein und ist somit nicht konstruierbar nach Euklid.

11.6 Konstruierbarkeit des Fünfecks

Die folgenden Untersuchungen zum regulären Fünf- bzw. Siebeneck stammen von Pierre Wantzel (1814–1848) aus seinem Werk *Recherche sur les moyens de reconnaître sur en problème de geometrie* (1837). Er löste später auch das Problem der Winkeldreiteilung und der Würfelverdopplung. Die Herleitung wurde hier gewählt, um die Anwendung der Galois-Theorie zu vermeiden.

Das reguläre Fünfeck
Schreibt man dem Einheitskreis ein reguläres Fünfeck ein (gemäß Abb. 11.2), so sind die Eckpunkte als komplexe Zahlen gegeben durch.

$\zeta_k = e^{\frac{i2\pi k}{5}} \, (0 \le k \le 4)$

Da diese Einheitswurzeln den Betrag 1 haben, erfüllen sie das Kreisteilungspolynom

$\zeta^5 - 1 = 0$

Eine ganzzahlige Wurzel des Polynoms ist $\zeta = 1$. Abspalten dieser Wurzel liefert nach der Formel der geometrischen Reihe das Polynom

$$\frac{\zeta^5 - 1}{\zeta - 1} = \zeta^4 + \zeta^3 + \zeta^2 + \zeta + 1 = 0 \tag{11.1}$$

Für die Einheitswurzel $\zeta = e^{i2\pi/5}$ führt man folgende Substitution ein

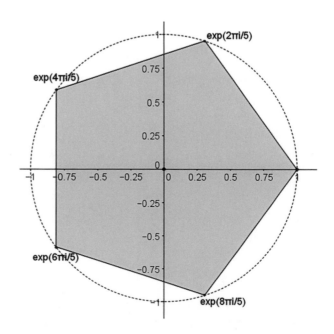

Abb. 11.2 Reguläres Fünfeck in der komplexen Zahlenebene

$$x = \zeta + \zeta^{-1} = \zeta + \zeta^4 = e^{i\frac{2\pi}{5}} + e^{i\frac{8\pi}{5}} = 2Re\left(e^{i\frac{2\pi}{5}}\right) = 2\cos\frac{2\pi}{5} \qquad (11.2)$$

$$x^2 = \left(\zeta + \zeta^{-1}\right)^2 = \zeta^2 + \zeta^{-2} + 2\zeta\zeta^{-1} = \zeta^2 + \zeta^{-2} + 2 = \zeta^2 + \zeta^3 + 2 \quad (11.3)$$

$Re()$ kennzeichnet hier den *Realteil* der komplexen Zahl. Für Polynom (11.1) folgt nach Division durch ζ^2

$$\zeta^2 + \zeta + 1 + \zeta^{-1} + \zeta^{-2} = \left(\zeta^2 + \zeta^{-2}\right) + \left(\zeta + \zeta^{-1}\right) + 1 = 0$$

Mit den oben gegebenen Substitutionen ergibt dies

$$x^2 + x - 1 = 0$$

Diese quadratische Gleichung hat wegen $x > 0$ die Lösung $x = \frac{1}{2}\left(-1 + \sqrt{5}\right)$. Durch Erweitern mit ζ folgt mit (11.2)

$$x = \zeta + \zeta^{-1} = \frac{1}{2}\left(-1 + \sqrt{5}\right) \Rightarrow \zeta^2 - \frac{1}{2}\left(-1 + \sqrt{5}\right)\zeta + 1 = 0$$

Die positive Lösung dieser Gleichung liefert die fünfte Einheitswurzel

$$\zeta = \frac{1}{4}\left(-1 + \sqrt{5}\right) + \sqrt{\left(\frac{-1 + \sqrt{5}}{4}\right)^2 - 1} \Rightarrow \zeta = \frac{1}{4}\left(-1 + \sqrt{5} + i\sqrt{10 + 2\sqrt{5}}\right)$$

Da eine Wurzel der Gleichung $\zeta^5 - 1 = 0$ Lösung einer quadratischen Gleichung ist, ist das reguläre Fünfeck konstruierbar im Sinne von Euklid.

11.7   Konstruierbarkeit des Siebenecks

Das reguläre Siebeneck
Das Kreisteilungspolynom lautet hier
$$\zeta^7 - 1 = 0$$
Eine ganzzahlige Wurzel des Polynoms ist $\zeta = 1$. Abspalten dieser Wurzel liefert das Polynom

$$\frac{\zeta^7 - 1}{\zeta - 1} = \zeta^6 + \zeta^5 + \zeta^4 + \zeta^3 + \zeta^2 + \zeta + 1 = 0$$

Division durch ζ^3 zeigt

$$\zeta^3 + \zeta^2 + \zeta + 1 + \zeta^{-1} + \zeta^{-2} + \zeta^{-3} = \left(\zeta^3 + \zeta^{-3}\right) + \left(\zeta^2 + \zeta^{-2}\right) + \left(\zeta + \zeta^{-1}\right) + 1 = 0$$
$$(11.4)$$

Für die siebente Einheitswurzel $\zeta = e^{i2\pi/7}$ führen wir die Substitution ein

$$x = \zeta + \zeta^{-1} = \zeta + \zeta^6 = 2Re\left(e^{i\frac{2\pi}{7}}\right) = 2cos\frac{2\pi}{7}$$

$$x^2 = \left(\zeta + \zeta^{-1}\right)^2 = \zeta^2 + \zeta^{-2} + 2\zeta\zeta^{-1} = \zeta^2 + \zeta^{-2} + 2$$

$$x^3 = \left(\zeta + \zeta^{-1}\right)^3 = \zeta^3 + \zeta^{-3} + 3\zeta\zeta^{-2} + 3\zeta^2\zeta^{-1} = \zeta^3 + \zeta^{-3} + 3\zeta^{-1} + 3\zeta$$

$$(11.5)$$

Einsetzen in (11.4) liefert nach Substitution die kubische Gleichung

$$x^3 + x^2 - 2x - 1 = 0 \tag{11.6}$$

Das reguläre Siebeneck ist also genau dann konstruierbar, wenn diese kubische Gleichung zerlegbar ist. Wie man leicht nachprüft, ist $x = \pm 1$ keine ganzzahlige Wurzel. Zu zeigen bleibt, dass (11.6) keine rationale Lösung $x = \frac{a}{b}$ hat. Der Bruch darf als gekürzt vorausgesetzt werden, d. h. es gilt $ggT(a,b) = 1$. Einsetzen und Erweitern mit b^3 liefert

$$\left(\frac{a}{b}\right)^3 + \left(\frac{a}{b}\right)^2 + \frac{2a}{b} - 1 = 0 \Rightarrow a^3 + a^2b + 2ab^2 = b^3 \Rightarrow a\left(a^2 + ab - 2b^2\right) = b^3$$

Dies ist gleichbedeutend mit $a|b^3 \Rightarrow a|b$. Wegen der Teilerfremdheit kann a nur eine Einheit sein: $a = \pm 1$. Auflösen nach a^3 zeigt analog

$$a^3 = b^3 - a^2b - 2ab^2 = b\left(b^2 - a^2 - 2ab\right)$$

Dies liefert wieder $b|a^3 \Rightarrow b|a \Rightarrow b = \pm 1$. Insgesamt kann nur $x = \frac{a}{b} = \pm 1$ sein. Dies haben wir jedoch schon ausgeschlossen. Somit ist Gleichung (11.6) nicht rational lösbar; $x = cos\frac{2\pi}{7}$ und damit das reguläre Siebeneck nicht nach Euklid konstruierbar. Kap. 12.4 zeigt eine Neusis-Konstruktion des Archimedes.

Ausblick: C.F. Gauß konnte bereits als Erstsemester (1796) zeigen, dass das reguläre n-Eck genau dann konstruierbar ist, wenn n die Zerlegung hat

$$n = 2^k p_1 p_2 \cdots p_m; \, k, m \in \mathbb{N}_0$$

Dabei müssen die Faktoren p_i Fermatsche Primzahlen von der Form $2^{2^j} + 1$ sein. Im einfachsten Fall für $n = 2^{2^2} + 1 = 17$ ergibt sich eine Primzahl. Somit ist das reguläre 17-Eck konstruierbar. Gauß konnte das zugehörige Kreisteilungspolynom zerlegen

$$\frac{\zeta^{17} - 1}{\zeta - 1} = \sum_{i=0}^{16} \zeta^i$$

Er fand die Darstellung:

$$cos\frac{2\pi}{17} = \frac{1}{16}\left(-1 + \sqrt{17}\right) + \frac{1}{16}\sqrt{34 - 2\sqrt{17}}$$

$$+ \frac{1}{8}\sqrt{17 + 3\sqrt{17} - \sqrt{34 - 2\sqrt{17}} - 2\sqrt{34 + 2\sqrt{17}}}$$

11.8   Quadrierbarkeit von Möndchen

Gegeben sei ein Kreis mit dem Mittelpunkt D und dem Radius $r = |DF|$; ebenso ein Kreis mit Mittelpunkt B und dem Radius $R = |BE|$.

Die Fläche des Möndchens (AECF) lässt sich berechnen aus der Flächenzerlegung (Abb. 11.3):

$$M\ddot{o}ndchen(AECF) + Sektor(ABCE) = Viereck(ABCD) + Sektor(ADCF)$$

Für die Fläche der Sektoren(ABCE) bzw. (ADCF) gilt im Bogenmaß

$$Sektor(ABCE) = \alpha R^2 \therefore Sektor(ADCF) = \beta r^2$$

Die Fläche des Drachens ABDC besteht aus zwei paarweise kongruenten rechtwinkligen Dreiecken. Somit gilt nach der Dreiecksformel $A = \frac{1}{2}ab\sin\gamma$

$$Viereck(ABCD) = Rr\sin|\beta - \alpha|$$

Damit gilt

$$M\ddot{o}ndchen(AECF) = \beta r^2 - \alpha R^2 + Rr\sin(\beta - \alpha)$$

Das Möndchen ist sicher quadrierbar, wenn gilt

$$M\ddot{o}ndchen(AECF) = Viereck(ABCD) \Rightarrow \beta r^2 - \alpha R^2 = 0 \Rightarrow \frac{r}{R} = \sqrt{\frac{\alpha}{\beta}}(*)$$

Diese Radien sind über den Sinussatz im Dreieck BCD miteinander verknüpft

$$\frac{r}{\sin\alpha} = \frac{R}{\sin(\pi - \beta)} \Rightarrow \frac{\sin\alpha}{\sin\beta} = \frac{r}{R} \Rightarrow \frac{\sin\alpha}{\sin\beta} = \sqrt{\frac{\alpha}{\beta}}$$

Abb. 11.3   Figur zur Quadratur der Möndchen

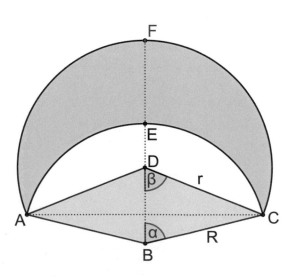

Es ist zu prüfen, ob obige Formel eine Lösung hat. Es kann gezeigt werden, dass es hier nur endlich viele Lösungen gibt, nämlich 5 Fälle $\frac{\beta}{\alpha} \in \{2, 3, \frac{3}{2}, 5, \frac{5}{3}\}$. In diesen Fällen ergibt sich eine durch Quadratwurzel darstellbare Lösung.

Fall (1): Hier gilt $\beta = 2\alpha$. Damit folgt

$$\frac{\sin 2\alpha}{\sin \alpha} = \sqrt{2} \Rightarrow \frac{2 \sin \alpha \bullet \cos \alpha}{\sin \alpha} = \sqrt{2} \Rightarrow \cos \alpha = \frac{1}{2}\sqrt{2} \Rightarrow \alpha = 45°, \beta = 90°$$

Fall (2): Hier gilt $\beta = 3\alpha$. Damit folgt

$$\frac{\sin 3\alpha}{\sin \alpha} = \sqrt{3} \Rightarrow \frac{3 \sin \alpha - 4(\sin \alpha)^3}{\sin \alpha} = \sqrt{3} \Rightarrow 3 - 4(\sin \alpha)^2 = \sqrt{3}$$

Die quadratische Gleichung hat eine Lösung

$$\sin \alpha = \frac{1}{2}\sqrt{3 - \sqrt{3}} \Rightarrow \alpha = 34.265°, \beta = 3\alpha$$

Fall (3): Hier gilt $\beta = \frac{3}{2}\alpha$. Der Ansatz $\alpha = 2\varphi, \beta = 3\varphi$ liefert

$$\frac{\sin 3\varphi}{\sin 2\varphi} = \sqrt{\frac{3}{2}} \Rightarrow \frac{3 \sin \varphi - 4(\sin \varphi)^3}{2 \sin \varphi \cos \varphi} = \sqrt{\frac{3}{2}} \Rightarrow \frac{3 - 4(\sin \varphi)^2}{2 \cos \varphi} = \sqrt{\frac{3}{2}}$$

Die Substitution $(\sin \varphi)^2 = 1 - (\cos \varphi)^2$ zeigt

$$\frac{3 - 4[1 - (\cos \varphi)^2]}{2 \cos \varphi} = \sqrt{\frac{3}{2}} \Rightarrow -1 + 4(\cos \varphi)^2 = 2\sqrt{\frac{3}{2}} \cos \varphi$$

Mit der Substitution $x = \cos \varphi$ erhält man die quadratische Gleichung mit einer Lösung

$$\Rightarrow 4x^2 - \sqrt{6}x - 1 = 0 \Rightarrow x = \cos \varphi = \frac{\sqrt{6} + \sqrt{22}}{8}$$

Hier ergibt sich $\varphi = 26.8124°.., \alpha = 2\varphi, \beta = 3\varphi$.

Fall (4): Hier gilt $\beta = 5\alpha$. Es folgt

$$\frac{\sin 5\alpha}{\sin \alpha} = \sqrt{5} \Rightarrow \frac{(\sin \alpha)^5 + 5 \sin \alpha (\cos \alpha)^4 - 10(\sin \alpha)^3 (\cos \alpha)^2}{\sin \alpha} = \sqrt{5}$$

Vereinfachen zeigt

$$(\sin \alpha)^4 + 5(\cos \alpha)^4 - 10(\sin \alpha)^2 (\cos \alpha)^2 = \sqrt{5}$$

Mit der Substitution $(\cos \alpha)^2 = 1 - (\sin \alpha)^2$ folgt die biquadratische Gleichung

$$16(\sin \alpha)^4 - 20(\sin \alpha)^2 = \sqrt{5} - 5$$

Mit der Substitution $x = (\sin \alpha)^2$ erhält man die Gleichung mit einer Lösung

$$16x^2 - 20x + \left(5 - \sqrt{5}\right) = 0 \Rightarrow (\sin\alpha)^2 = \frac{5 - \sqrt{5 + 4\sqrt{5}}}{8} \Rightarrow \sin\alpha = \frac{1}{2}\sqrt{\frac{5 - \sqrt{5 + 4\sqrt{5}}}{2}}$$

Hier folgt $\alpha = 23.4391° \ldots$, $\beta = 5\alpha$.

Fall (5): Hier gilt $\beta = \frac{5}{3}\alpha$. Der Ansatz $\alpha = 3\varphi$, $\beta = 5\varphi$ liefert

$$\frac{\sin 5\varphi}{\sin 3\varphi} = \sqrt{\frac{5}{3}} \Rightarrow \frac{(\sin\varphi)^5 + 5\sin\varphi(\cos\varphi)^4 - 10(\sin\varphi)^3(\cos\varphi)^2}{3\sin\varphi - 4(\sin\varphi)^3}$$

$$= \sqrt{\frac{5}{3}} \Rightarrow \frac{(\sin\varphi)^4 + 5(\cos\varphi)^4 - 10(\sin\varphi)^2(\cos\varphi)^2}{3 - 4(\sin\varphi)^2} = \sqrt{\frac{5}{3}}$$

Mit der Substitution $(\cos\varphi)^2 = 1 - (\sin\varphi)^2$ folgt mit $x = \sin\varphi$

$$\frac{16(\sin\varphi)^4 - 20(\sin\varphi)^2 + 5}{3 - 4(\sin\varphi)^2} = \sqrt{\frac{5}{3}} \Rightarrow 12x^4 + \left(\sqrt{15} - 5\right)x^2 = \frac{3\sqrt{15} - 15}{4}$$

Dies ist eine biquadratische Gleichung, die mittels Substitution in eine quadratische überführt werden kann. Eine der Lösungen ist

$$x = \sin\varphi = \frac{1}{2}\sqrt{\frac{15 - \sqrt{15} - \sqrt{60 + 6\sqrt{15}}}{6}} = 0.28893\ldots$$

Hier ergibt sich $\varphi = 16.7939..° \Rightarrow \alpha = 50.3818..°$, $\beta = 83.970..°$

Die Fälle 1 bis 3 führen zu Konstruktionen, die schon von Hippokrates gefunden wurden. Die Fälle 4 und 5 sind erst 1840 durch den deutschen Mathematiker T. Clausen[3] entdeckt worden nach Vorarbeiten von Vieta und Euler.

11.9   Die stetige Teilung

Die Geometrie birgt zwei große Schätze: der eine ist der Satz von Pythagoras, der andere ist der Goldene Schnitt. Den ersten können wir mit einem Scheffel Gold vergleichen, den zweiten dürfen wir ein kostbares Juwel nennen. (J. Kepler).

Die stetige Teilung heißt bei Euklid die Teilung nach *der äußeren und mittleren Proportion* und wird auf die Umwandlung eines Quadrats in ein flächengleiches Rechteck

---

[3] Clausen T.: Vier neue mondförmige Flächen, Journal für die reine und angewandte Mathematik 21(1840), S. 375–376.

zurückgeführt [Euklid II, 11]. Pacioli und Kepler verwenden den Ausdruck *sectio divina* (göttlicher Schnitt). Der Name *Goldener Schnitt* entsteht erst im 19. Jahrhundert.

Konstruktion nach Euklid

Gegeben ist die Strecke $|AB| = a$. Sie soll durch einen Punkt D mit $|AD| = x$ so geteilt werden, dass gilt

$$a : x = x : (a - x) \iff a(a - x) = x^2$$

(Abb. 11.4). Über der Strecke AB wird das Quadrat ABCI konstruiert; der Punkt E ist der Mittelpunkt von AC. Der Kreis um E mit dem Radius $|EB|$ schneidet die Verlängerung von AC im Punkt F. Über AF wird nun das Quadrat konstruiert; die Seitenlänge ist $x = |AF| = |AD|$. Kreis um B mit Radius $|DH|$ schneidet die Quadratseite in *I*. Das Rechteck *DHIB* ist nach Euklid flächengleich zum Quadrat *ADGF*. Die Konstruktion des gleichschenkligen Dreiecks, dessen Schenkel stetig geteilt wird, findet sich auch bei Euklid [IV, 10]. Es hat die spezielle Eigenschaft, dass ein Basiswinkel doppelt so groß wie der Winkel an der Spitze ist.

Konstruktion nach Heron

Etwas einfacher ist die von Heron verwendete Konstruktion (Abb. 11.5). Hier ist $\triangle$ ABC rechtwinklig mit den Katheten $|BC| = \frac{1}{2}|AB|$. Kreis um C mit Radius $|BC|$ schneidet die Hypotenuse AC im Punkt D. Kreis um A mit Radius $|AD|$ liefert als Schnittpunkt X mit AB den gesuchten Teilungspunkt.

Euklid behandelt die stetige Teilung insbesondere an zwei Stellen, nämlich bei der Konstruktion des Dreiecks, bei dem ein Basiswinkel das Doppelte des Winkels an der

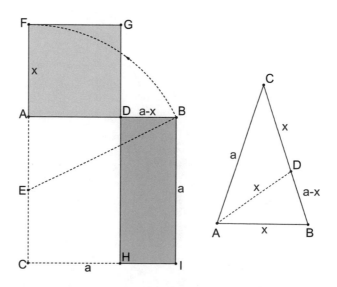

Abb. 11.4 Stetige Teilung nach Euklid

Abb. 11.5 Stetige Teilung
nach Heron

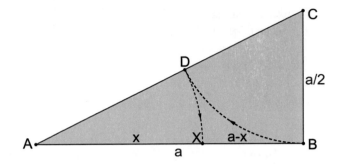

Spitze ist (Euklid [IV, 10]) und bei der Konstruktion des regulären Zehnecks (Euklid [XIII, 10]).

Euklid [IV,10]

Zu konstruieren ist ein gleichschenkliges Dreieck, bei dem ein Basiswinkel doppelt so groß ist wie der Winkel an der Spitze (Abb. 11.6).

Beweis: Gegeben ist die stetig geteilte Strecke AB mit dem Teilungspunkt C. Um A wird ein Kreis mit dem Radius $|AB|$ geschlagen. Vom Punkt B wird auf dem Umfang die Strecke $|BD| = |AC|$ angetragen. Der Umkreis von $\triangle$ ACD schneidet den Kreis um A im Punkt E. $\triangle$ ACD ist das gesuchte Dreieck. Da C die Strecke AB stetig teilt, gilt $|AC|^2 = |AB||BC|$. Wegen $|BD| = |AC|$ folgt $|BD|^2 = |AB||BC|$. Nach dem Sekanten-Tangentensatz folgt daraus, dass die Strecke $|BD|$ ein Tangentenabschnitt an den Umkreis

Abb. 11.6 Figur zu Euklid
IV, 10

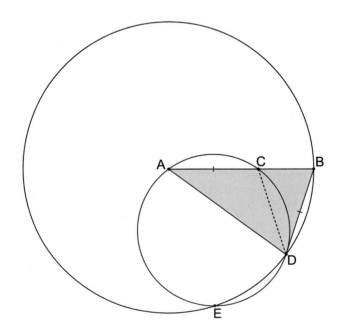

zu △ ACD ist; AB ist die zugehörige, gegenüberliegende Sekante. Zur Sehne CD des Umkreises stellt ∡CDB den Sehnen-Tangentenwinkel und ∡DAC den zugehörigen Umfangswinkel dar; beide Winkel sind somit kongruent ∡CDB = ∡DAC.

Addiert man zur letzten Gleichung ∡CDA, so erhält man ∡BDA = ∡DAC + ∡CDA. Die Winkel der rechten Seite sind Innenwinkel von △ ACD; für den Außenwinkel folgt somit ∡DCB = ∡DAC + ∡CDA. Diese Gleichheit zeigt ∡BDA = ∡DCB. ∡BDA ist auch noch kongruent zu ∡CBD, da auch die Seiten $|AB| = |AD|$ als Radien des Kreises um A kongruent sind. ∡DBA ist somit kongruent zu ∡BCD. Insgesamt sind die Winkel ∡BDA, ∡BCD und ∡DBA paarweise kongruent.

Da die Winkel ∡BCD = ∡DBC kongruent sind, ist das △ ACD gleichschenklig mit $|CD| = |AC|$. Da nach Voraussetzung gilt: $|BD| = |AC|$ folgt noch $|BD| = |CD|$; somit ist auch △ DBC gleichschenklig. Schließlich ist ∡BDA bzw. ∡DBA das Doppelte von ∡BDC. Dies ist die Behauptung.

Bemerkung: Der Beweis von Euklid ist hier umfangreich, da er die Ähnlichkeit der Dreiecke △ ADB bzw. △ BCD nicht verwenden kann. Ähnliche Dreiecke verwendet Euklid erst im Buch VI der Elemente. Somit könnte dieser Beweis bereits von den Pythagoreern stammen. Mit seiner Hilfe lässt sich nämlich das reguläre Fünfeck konstruieren.

Euklid [XIII, 9]:
Hilfssatz zu Euklid [XIII, 10]: Fügt man die Seiten des demselben Kreis einbeschriebenen Sechs- und Zehnecks zusammen, so wird die Summenstrecke stetig geteilt; der größere Abschnitt ist die Sechseckseite (Abb. 11.7).

Beweis: Im Kreis vom Durchmesser $|AB| = 2r$ sei die Strecke $|BC| = s_{10}$ die Seite des eingeschriebenen regulären Zehnecks einbeschrieben. BC wird verlängert um die Strecke $|CD| = s_6 = r$ des eingeschriebenen regulären Sechsecks verlängert zum Endpunkt

Abb. 11.7 Figur zu Euklid XIII, 9

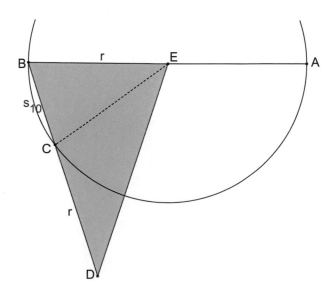

D. Der Bogen(ACB) ist gleich dem fünffachen Bogen(BC), somit ist Bogen(AC)=4 Bogen(CB). Da sich die Bögen verhalten wie die zugehörigen Mittelpunktswinkel, folgt

$$\frac{Bogen(AC)}{Bogen(CB)} = \frac{\angle AEC}{\angle ECB}$$

Somit gilt auch $\angle AEC = 4\angle ECB$. Da $\triangle BCE$ gleichschenklig ist, gilt $\angle EBC = \angle ECB$. Daraus folgt $\angle AEC = 2\angle ECB$. Nach Konstruktion ist $\triangle CDE$ gleichschenklig, so gilt $\angle CED = \angle CDE$, somit auch $\angle ECB = 2\angle EDC$. Wie oben gezeigt, gilt $\angle AEC = 2\angle ECB$, also auch $\angle AEC = 4\angle EDC$. Ebenfalls gezeigt ist: $\angle AEC = 4\angle BEC$, also auch $\angle EDC = \angle BEC$. Da die Dreiecke $\triangle BCE$ und $\triangle BDE$ ähnlich sind, folgt

$$\frac{|DB|}{|BE|} = \frac{|EB|}{|CB|}$$

Da $|BD| > |DC|$ folgt auch $|DC| > |CB|$. Die Strecke BD ist somit stetig geteilt und DC ist der größere Abschnitt.

Euklid [XIII, 10]

Schreibt man demselben Kreis ein reguläres Fünf-, Sechs- und Zehneck ein und setzt die drei Seiten zu einem Dreieck zusammen, so ergibt sich ein rechtwinkliges Dreieck (Abb. 11.8)

Beweis: Es sei E der Mittelpunkt von DC und zugleich Mittelpunkt eines Kreises mit dem Radius $|BE|$. Es folgt: $|DE| = |EC|$; $|BE| = |ZE|$. Dann gilt nach Euklid [II, 6]

$$|EZ|^2 = |ED|^2 + |CZ||ZD|$$

Es gilt nach Pythagoras

$$|EZ|^2 = |EB|^2 = |ED|^2 + |DB|^2 \Rightarrow |DB|^2 = |DG|^2 = |CZ||ZD|$$

Letzteres ist die Proportion der stetigen Teilung

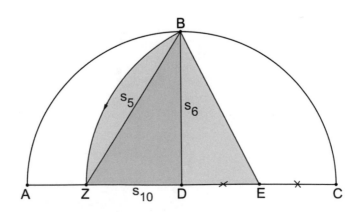

Abb. 11.8 Figur zu Euklid IXIII, 10

$$\frac{|DZ|}{|DC|} = \frac{|DC|}{|ZC|}$$

$|DG|$ ist als Radius zugleich die reguläre Sechseckseite. Nach dem Hilfssatz (XIII, 9) ist $|DZ|$ die reguläre Zehneckseite und somit Sehne zum 36°-Winkel. Für den zweiten Winkel folgt $\angle DBZ = 72°$; $|BZ|$ ist daher die reguläre Fünfeckseite.

11.10 Der goldene Schnitt

Am Pentagramm (Abb. 11.9a) gilt folgende Proportion

$$\frac{|EC|}{|EH|} = \frac{|EH|}{|EJ|} = \frac{d}{a} = \varphi$$

Dieses Verhältnis nennt man den Goldenen Schnitt φ. Es gilt somit
φ wird durch die quadratische Gleichung bestimmt:
$$\frac{d}{a} = 1 + \frac{d-a}{a} = 1 + \frac{a}{d} \Rightarrow \varphi = 1 + \frac{1}{\varphi}$$

$$\varphi^2 - \varphi - 1 = 0 \Rightarrow \varphi = \frac{1}{2}\left(1 + \sqrt{5}\right)$$

Dies bedeutet anschaulich, dass sich der größere Teil (meist Major genannt) zum kleineren Teil (Minor) wie φ verhält. Die Wahl des Buchstaben φ soll angeblich auf das Andenken an den berühmten griechischen Bildhauer Phidias (490–432 v.Chr.) zurückgehen, der wohl

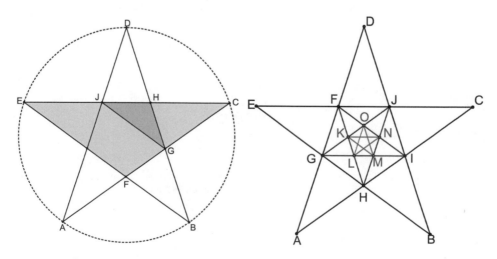

Abb. 11.9 Ähnlichkeit am Pentagramm

als erster das Prinzip des Goldenen Schnitts in der Architektur realisierte. Abb. 11.10 zeigt eine Briefmarke aus Macao, die die hier gezeigten Teilungsverfahren illustriert.

Hippasos von Metapont untersuchte, ob die Strecken $|EC|$ bzw. $|EH| = |EA|$ ein gemeinsames Maß haben. Annahme: $\frac{d}{a}$ ist rational. Mit $ggt(a, d) = 1$ gilt wie oben

$$\frac{d}{a} = 1 + \frac{a}{d} \Rightarrow \frac{d}{a} - \frac{a}{d} = 1 \Rightarrow (d - a)(d + a) = ad$$

Da a, d als teilerfremd vorausgesetzt sind, muss jeder Primteiler von a oder d auch Teiler von $(d \pm a)$ sein; dies ist nicht möglich. Widerspruch! Hippasos soll damit die Irrationalität entdeckt haben!

Das gleichschenklige Dreieck ΔEFC (grün) ist ähnlich zum Dreieck ΔJGH(rot). Es gilt die Proportion von oben

$$\frac{|EC|}{|EH|} = \frac{|EH|}{|EJ|} \Rightarrow \frac{d}{a} = \frac{a}{d - a} \Rightarrow a^2 = d(d - x)$$

Die Seite des Pentagramms wird damit *stetig* geteilt.

Interessant ist, dass hier eine Winkel-Dreiteilung vorliegt. Zwei Diagonalen des Pentagons bilden mit einer Seite ein gleichschenkliges Dreieck, bei dem jeder Basiswinkel

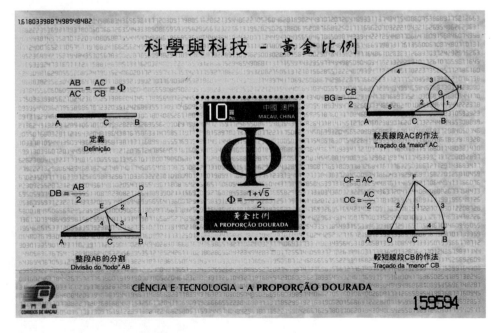

Abb. 11.10   Briefmarke von Macaozum Goldenen Schnitt

72° doppelt so groß ist wie der Winkel an der Spitze (36°). Dies ist genau ein Drittel des Pentagon-Innenwinkel von 108°.

Nach R. Herz-Fischler[4] war die Untersuchung der stetigen Teilung ein Teil des mathematischen Forschungsprogramms an der Akademie. Er konstruiert die Abfolge wie folgt:

(1) Zu Beginn der Akademie (um 386 v.Chr.) war der erste Forschungsauftrag *Reguläre Polygone*
(2) Die Einschreibung des regulären Pentagons in den Kreis führte zu Euklid III,36-37 bzw. II,6 und zur Konstruktion nach (II, 11).
(3) Ein zweites Forschungsprogramm Reguläre Polyeder wurde gestartet; es setzt noch nicht die Proportionslehre in Buch VI voraus.
(4) Es werden die Sätze Euklid (XIII, 3-5) entwickelt. Diese werden weitergeführt in (XIII, 6a) bzw. (XIII, 7a) mit der Konstruktion des Ikosaeders und des Dodekaeders.
(5) Als Folge dieser Ergebnisse wurde die Theorie der irrationalen Größen fortgeschrieben in (XIII, 1-2) und (XIII, 6) bzw. in (XIII, 17).
(6) Bei der Klassifikation der beim Ikosaeder betretenden Terme werden die Sätze Euklid (XIII, 11) und (XIII, 16) formuliert ohne die Proportionen aus Buch V zu verwenden.
(7) Nach der Fertigstellung der Proportionenlehre in Buch V wird Definition 3 von Buch VI und (VI, 30) als Ersatz von (II, 11) entwickelt.

11.11 Kurven höherer Ordnung

Um die drei klassischen Probleme zu lösen, wurden eine Reihe von Kurven höherer Ordnung entwickelt.

11.11.1 Die Quadratrix des Hippias

Nach dem Bericht des Proklos (In Eucl. I, 9) konstruierte Hippias von Elis (um 420 v.Chr.) eine Kurve, Quadratrix genannt, zur Winkeldreiteilung:

> So leitete Apollonius für jeden der Kegelschnitt das *Sympton* ab, ebenso Nikomedes für die Konchoide, Hippias für die Quadratrix und Perseus für die Spirale.

---

[4] Herz-Fischler R.: A Mathematical History of the Golden Number, Dover 1998, S. 98.

Pappos Kommentare finden sich in *Collectio* (IV, 45–50), er berichtet:

> Für die Quadratur des Kreises benutzten Deinostratos [Bruder von Menaichmos], Nikome-
> des und spätere Geometer eine Kurve, die ihren Namen danach hat, denn sie nannten sie
> Quadratrix.

Die Quadratrix ist eine Kurve, die auf folgende Art entsteht (Abb. 11.11):

> Die Strecke CD bewegt sich gleichförmig im Quadrat ABCD nach unten. Gleichzeitig dreht
> sich Strecke AD um den Drehpunkt A gleichförmig und synchron mit der Verschiebung von
> DC auf AB. Die Quadratrix ist die Menge aller Schnittpunkte (rot), die durch diese simul-
> tane Verschiebung bzw. Drehung entstehen.

Der zu drittelnde Winkel sei $\angle\,\mathrm{EAB} = \beta$. Der Schenkel AE schneidet die Quadratrix im
Punkt X. Das Lot vom Punkt X auf AB mit Fußpunkt Z wird dreigeteilt; Teilungspunkt
sei G. Die Parallele zu AB durch G schneidet die Quadratrix im Punkt Y. Die Gerade AY
schneidet den Viertelkreis im Punkt F. Der Winkel $\alpha = \angle\,\mathrm{FAB}$ ist das gesuchte Drittel
von $\angle\,\mathrm{EAB} = \beta$.

Ergänzung zur Quadratur des Kreises:
Die (implizite) Gleichung der Quadratrix im Einheitsquadrat ist

$$y = x\tan\left(\frac{\pi}{2}y\right)$$

Abb. 11.11   Quadratrix des
Hippias

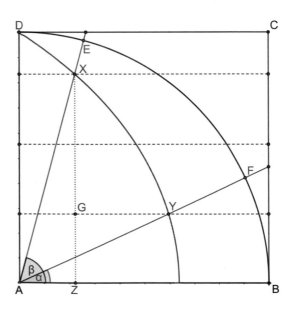

Der Funktionsterm ist im Punkt Z nicht definiert. Der Grenzwert liefert

$$\lim_{y\to 0}\frac{y}{\tan\left(\frac{\pi}{2}y\right)} = \frac{1}{\frac{\pi}{2}} = \frac{2}{\pi}$$

Damit gilt $|AZ| = \frac{2}{\pi}$. Daraus könnte mit Hilfe ähnlicher Dreiecke eine Strecke der Länge $\frac{\pi}{2}$ konstruieren. Ein Rechteck mit den Seiten 2 und $\frac{\pi}{2}$ hat die Fläche π und ist damit flächengleich zum Einheitskreis. Eine Konstruktion im Sinne von Euklid ist dies nicht.

11.11.2   Die Konchoide des Nikomedes

Nikomedes lebte im Übergang vom dritten zweiten Jahrhundert v.Chr., also nach Archimedes, aber vor Apollonius. Seine Schriften über Kurven höherer Ordnung sind verloren gegangen, Kenntnis davon haben wir durch Pappos (*Collectio* IV, 39–44).

Die Konchoide (Abb. 11.12) besteht aus zwei Zeigen und hat die Gleichung:

$$(y - a)^2 (x^2 + y^2) = b^2 y^2;\ a, b > 0$$

Der Punkt $(x = 0)$ ist für $b < a$ ein isolierter Punkt, für $b = a$ ein Rückkehrpunkt.

Pappos erklärt, wie mit Hilfe dieser Kurve Winkel gedrittelt werden können (Siehe Heath I, p. 266 oder Ostermann-Wanner, p. 80). Für Proklos war die Kurve ein Musterbeispiel dafür, dass sich zwei „Linien" beliebig nähern können ohne sich zu schneiden.

11.11.3   Die Zissoide des Diokles

Nach Eutokios (Comm. Archim. III) hat Diokles in seinem Buch über Brennspiegel eine Kurve (Zissoide) entworfen, die das Problem der Würfelverdopplung löst (Abb. 11.13).

Konstruktion: Im Kreis (Radius a) mit den senkrechten Durchmessern AB bzw. CD werden auf dem Durchmesser AD zwei symmetrische Punkte G, H zum Mittelpunkt

Abb. 11.12 Konchoide des Nikomedes

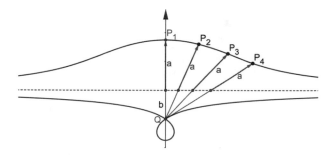

Abb. 11.13 Zissoide des
Diokles

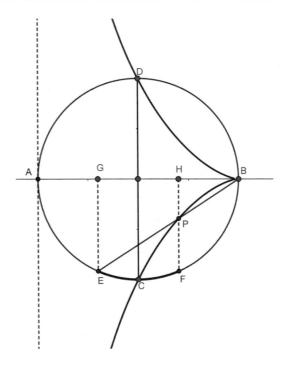

gewählt. Die senkrechten Lote auf den Kreis liefern die Schnittpunkte E, F, so dass Die
Kreisbögen EC und CF kongruent sind. Der Punkt E wird mit dem Punkt B verbunden,
der Schnittpunkt ist der Punkt P. Der geometrische Ort P liefert alle Punkte der Zissoide,
wenn E auf dem Kreis wandert. Die Kurve erfüllt die Gleichung

$$y^2(a+x)^2 = (a-x)^2$$

Die Gerade $x = -a$ ist die senkrechte Asymptote der Kurve. Ein Hinweis zum Beweis
von Pappos (III, Kap. 10) findet sich bei Ostermann-Wanner (p. 106–107).

11.11.4 Die Spirale von Archimedes

Pappos berichtet über die Spirale in *Collectio* (IV, 31–38). Er erkannte, dass mithilfe der
Archimedischen Spirale jeder Winkel in beliebige Teile geteilt werden kann. Abb. 11.14
zeigt den Fall der Winkel-Dreiteilung.

$$r\left(\frac{\varphi}{n}\right) = a\frac{\varphi}{n} = \frac{1}{n}r(\varphi)$$

Es muss also der Radiusvektor des Winkels entsprechend geteilt werden.

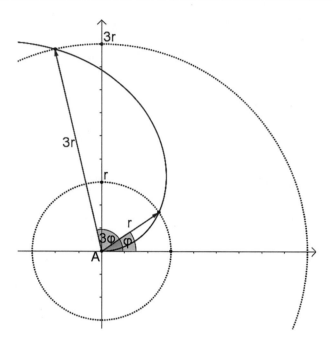

Abb. 11.14 Winkeldreiteilung mit Archimedes-Spirale

Literatur

Becker, O.: Das mathematische Denken der Antike. Vandenhoek & Ruprecht. Göttingen (1967)

Bold, B.: Famous Problems of Geometry. Dover New York (1969)

Herz-Fischler, R.: A Mathematical History of the Golden Number, Dover New York (1998)

Jones, A. (Hrsg.): Pappus of Alexandria, Book 7 of the Collection (Part 1 + Part 2). Springer New York (1968)

Ostermann, A., Wanner, G.: Geometry by its History. Springer Berlin (2012)

Pappus d'Alexandrie, V.E.P. (Hrsg.): La Collection Mathématique. Declée de Brouwer, Paris (1933)

Sefrin-Weis, H. (Hrsg.): Pappus of Alexandria, Book 4 of the Collection. Springer New York (2010)

Archimedes von Syrakus

Archimedes ist wohl der bedeutendste griechische Mathematiker; er leistete wichtige Beiträge zur Geometrie, wo er auch numerische Methoden einführte, wie die Intervallschachtelung zur Kreiszahl π. Mit seinen Berechnungen von Spiralen, Parabeln und Rotationskörpern leistete er wichtige Vorarbeiten zur Integralrechnung. Mit dem Auffinden des Hebel- und Auftriebgesetzes und der Bestimmung von Schwerpunkten legte er auch die Grundlagen der Mechanik. Die Entzifferung des Archimedes-Palimpsest nach einer Versteigerung bei Christie's (N.Y.) wurde sensationell vermarktet und war Thema der gesamten Weltpresse. Auch die wissenschaftliche Erklärung des Mechanismus von Antikythera (nach über 100 Jahren) hat die Frage aufgeworfen, ob das Gerät möglicherweise von Archimedes stammt.

> In Archimedes steckt mehr Vorstellungsvermögen (*imagination*) als in Homer (*Voltaire*). Derjenige, der die Schriften Archimedes' und Apollonios' versteht, wird die Erkenntnisse der berühmtesten Männer aus späterer Zeit weniger schätzen (*G.W. Leibniz*).

Archimedes wurde um 287 v.Chr., als Sohn des Astronomen Phidias, in der Hafenstadt Syrakus von Sizilien geboren. Das Geburtsdatum lässt sich erschließen aus einem Bericht des byzantinischen Historikers Johannes Tzetzes, der vermerkt, Archimedes sei 75 Jahre alt geworden. Sein Sterbedatum ist bekannt, da sein Tod verursacht wurde durch die römische Eroberung von Syrakus während des zweiten Punischen Krieges.

Der Zweite Punische Krieg wurde zwischen 218 und 202/201 v. Chr. geführt und ist durch Hannibals Überquerung der Alpen (mit Elefanten) bekannt geworden. Hier erlitten die Römer in der Schlacht von Cannae 216 ihre schwerste Niederlage (auf eigenem Territorium) überhaupt. Aber die Römer gaben den Krieg nicht verloren. Um Sizilien wieder unter ihre Kontrolle zu bekommen, schickten die Römer 214 den erprobten Feldherrn Marcus Marcellus, der sich bereits 222 gegen die Gallier Norditaliens ausgezeichnet hatte, auf die Insel. Für Syrakus begann eine zweijährige Belagerung zu Wasser und zu

D. Herrmann, *Die antike Mathematik*, https://doi.org/10.1007/978-3-662-68478-8_12

Lande. Erst 212 gelang die Einnahme der Stadt. Während der Belagerung, so schreibt Plutarch (Marcellus XVIII), sollen die von Archimedes erdachten Kriegsmaschinen ein großes Hindernis für die römischen Angreifer gewesen sein. Die Berichte, dass Archimedes mit großen Brennspiegeln die Segel römischer Schiffe in Brand gesetzt haben soll, sind nicht glaubhaft, da die Vorgänge mit der damaligen Technologie physikalisch nicht möglich waren. Der Historiker Polybios (III, 58) berichtet dagegen von einer unblutigen Eroberung, Syrakus sei überwältigt worden, da die Bewohner durch eine dreitägige Feier zu Ehren der Göttin Artemis nicht kampfbereit waren.

Bemerkung: Zu erwähnen ist hier das Experiment des griechischen Ingenieurs Iannis Sakkas, das er 1973 im Hafen von Skaramagas, dem militärischen Bereich des Piräus, gemacht hat: Er stellte 70 hochpolierte Kupferspiegel vom Format 1 m × 0,5 m im Abstand von 50 m vor einem Sperrholzmodell eines römischen Schiffs auf. Nach Fokussierung aller Spiegel gelang es Sakkas tatsächlich, das Modellschiff in Brand zusetzten.

Archimedes, der bedeutendste Gelehrte der hellenistischen Zeit, gehörte formal nicht der alexandrinischen Schule an. Es gilt jedoch als sicher, dass er Alexandria besucht hat und dort Kontakt mit den Gelehrten aufnam, wie sein Briefwechsel mit Konon, Dositheos und Eratosthenes bezeugt. Der eine Generation ältere Konon war Astronom am Hof von Ptolemaios III. Eugertes (= Wohltäter) und regte Archimedes vermutlich zur Beschäftigung mit rein mathematischen Problemen an. Nach seiner Rückkehr nach Syrakus unterhielt Archimedes eine regelmäßige Korrespondenz mit Konon, die er nach dessen Tod mit seinem Schüler Dositheos fortsetzte. Jeder der fünf erhaltenen Briefe stellt eine separate mathematische Abhandlung dar:

- 1. Parabelquadratur (*De Quadratura Parabolae*)
- 2./3. Über Kugel und Zylinder (*De Sphaera et Cylindro*)
- 4. Über Konoide und Sphäroide (*De Conoidibus et Sphaeroidibus*)
- 5. Über Spiralen (*De Lineris Spiralibus*)

Die mathematische Bedeutung dieser Korrespondenz ist kaum zu überschätzen. In diesen Briefen entwickelte Archimedes neue Methoden zur Flächenmessung an Parabeln, Anwendungen der Exhaustionsmethode von Eudoxos zur Volumenbestimmung von geometrischen Körpern. Archimedes entwickelt hier die Methode der Intervallschachtelung; d. h. die zu bestimmende Größe wird zwischen zwei integralen Summen eingeschlossen, deren Unterschied beliebig klein gemacht werden konnte. Die gesuchte Größe erscheint dabei als der gemeinsame Grenzwert. Damit bestimmte er die Kugeloberfläche, Segmente von Paraboloid und Hyperboloid sowie das Volumen des Drehellipsoids.

Mit Hilfe des gleichen Verfahrens löste er auch schwierigere Aufgaben, wie die Bestimmung von Bogenlängen und der Flächeninhalte einer Reihe gekrümmter Oberflächen. Alle diese Aufgaben sind in den Abhandlungen „Über Kugel und Zylinder", „Über Konoide und Sphäroide" und „Über Spiralen" enthalten. Für ihn waren die Ergebnisse wichtig, z. B. dass sich die Kugeloberfläche zum Flächeninhalt eines Großkreises wie 4 : 1 verhält oder das Volumen einer Kugel zu dem des umschriebenen

Zylinders wie 2 : 3. Diese letzte Figur soll er sich als Gedenkstein auf seinem Grab gewünscht haben.

Außer den erwähnten Flächen- und Volumina-Bestimmungen, entwickelte Archimedes eine Methode zur Bestimmung der Tangente einer Kurve, die das Prinzip der Ableitung vorwegnimmt. In der Abhandlung „Über Spiralen" wendet er das Verfahren auf die nach ihm benannte Spirale $r = a\varphi$ an. Die Überlegungen des Archimedes sind allgemeingültig und können auf jede differenzierbare Kurve angewendet werden.

Ein weiteres Thema, das Archimedes beschäftigte, war der Hebel; die zugehörigen, früheren Schriften „Über die Waage" und „Über den Hebel" sind nicht erhalten. In seinem Werk „Über das Gleichgewicht ebener Figuren" (*De planorum aequilibriis sive de centris gravitatis planorum*) hat er die mathematische Theorie des Gleichgewichts gegeben, gefolgt von einer Theorie des Schwerpunkts. Nachdem er eine Reihe von allgemeinen Sätzen aufgestellt hat, wendet er diese auf die Schwerpunktbestimmung von Dreieck, Parallelogramm, Trapez und Parabelsegment an.

Einige Fragmente der verlorenen Schriften finden sich bei Heron (in der Mechanik) und Pappos (in der *Collectio*); Pappos liefert die genaue Definition des Schwerpunkts eines Körpers nach Archimedes. Seine populärste Entdeckung ist unstrittig die des Auftriebs. Die märchenhafte Geschichte, wie er den Goldgehalt der Krone des Tyrannen Hieron von Syrakus mittels Auftriebs bestimmte, kennt man aus der Erzählung von Vitruv (Vorwort Buch IX). Das wesentliche, nämlich das *Archimedische Prinzip* kommt in der Erzählung nicht zum Tragen. Dieses erscheint in dem Brief *Ephodos,* der an Eratosthenes gerichtet war und 1905 von J.L. Heiberg in Byzanz gefunden wurde. Der Brief ist zusammen mit einem Fragment gefunden worden, das aus dem erst kürzlich wieder entdeckten Abhandlung „Über schwimmende Körper" (*De corporis fluitantibus*) stammt.

Auch nicht alle mathematischen Werke des Archimedes sind erhalten. Glücklicherweise hat die arabische Überlieferung die Schriften „Lemmata", „Über das Siebeneck" und „Über einander berührende Kreise" bewahrt. Einige der von Archimedes bewiesenen Lehrsätze findet man noch in einem Traktat des Gelehrten al-Bīrūnī (973–1048). Einige Schriften blieben erhalten durch eine frühe lateinische Übersetzung, wie *De mensura circuli* durch Platon von Tivoli und Gerard von Cremona. Letzterer entdeckte auch Teile der Schrift „Über die Kugel und Zylinder" in einem Manuskript „Verba filorum" der Gebrüder Banū Mūsā[1]; der genaue lateinische Titel ist: „Verba filorum Moysi Sekir, i.e. Maumeti, Hameti, Hasen".

Plutarch schreibt über das Werk Archimedes' in *Vitae parallelae* (Marcellus XVII, 4)

Es ist nicht möglich in der ganzen Geometrie tieferliegende und schwierige Fragen behandelt zu sehen, die auch einfach und klar erklärt werden. Einige schreiben diesen Erfolg seinem Genie zu; andere denken, dass es seinem unglaublichen Fleiß zu verdanken ist, dass alles Errungene ohne Mühe und mit Leichtigkeit erreicht scheint.

---

[1] Verba Filorum of the Banū Mūsā, im Sammelband Clagett (1964), S. 223–241.

Abb. 12.1   Briefmarken mit falschen Archimedes-Bildern (Wikimedia Commons)

Viele Briefmarken und Münzen zeigen ein angebliches Bild von Archimedes (Abb. 12.1). Wie es sich herausgestellt hat, handelt es sich hier um die Büste des Königs Archidamos III von Sparta (3. Jahrhundert v.Chr.).

Im Folgenden werden einige Ausschnitte aus seinen Werken vorgestellt. Erwähnt wird hier nur das berühmte Rinder-Problem (*Problema Bovinum*) das kurioserweise von dem deutschen Dichter G.E. Lessing in der Bibliothek von Wolfenbüttel entdeckt wurde. Die Rinderherde des Gottes Helios ist bereits bei Homer erwähnt (Odyssee XII, 129, 321 ff.). Die Aufgabe stellte Archimedes dem Eratosthenes als unlösbare Aufgabe:

$$x^2 - 4729494y^2 = 1; x, y \in \mathbb{Z}; 9304|y.$$

Die Lösung enthält nämlich eine Zahl mit mehr als 206 500 Ziffern!

12.1   Über die Schwerpunkte

In seiner Schrift *De planorum aequilibris* (Über das Gleichgewicht ebener Flächen*)* be-stimmt Archimedes nach Einführung zahlreicher Postulate folgende Schwerpunkte

- Satz (4): Wenn zwei gleiche Größen nicht denselben Schwerpunkt haben, dann ist der Schwerpunkt der Mittelpunkt der Verbindungsstrecke.
- Satz (6 + 7): Ungleiche Größen sind im Gleichgewicht, wenn ihre Gewichte um-gekehrt proportional zu ihren Hebelarmen sind.
- Satz (10): Der Schwerpunkt eines Parallelogramms ist der Schnittpunkt der Diagonalen.
- Satz (13): Der Schwerpunkt eines Dreiecks ist der Schnittpunkt der Seitenhalbierenden.

In Satz (15) behandelt Archimedes den Schwerpunkt eines Trapezes (Abb. 12.2):

Konstruktion: Ist ABCD das gegebene Trapez, so bestimmt man die Mittelpunkte E bzw. F der Parallelseiten. Durch Einzeichnen von zwei Parallelen GH bzw. KL zur Grundlinie AB werden die Schenkel gedrittelt. Die Schnittpunkte der Geraden AF und

Abb. 12.2 Zum
Trapezschwerpunkt

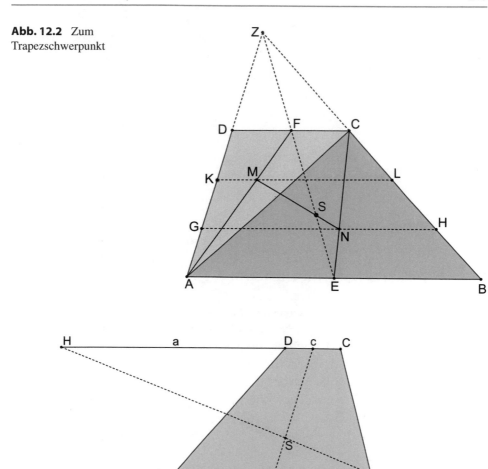

Abb. 12.3 Moderne Konstruktion des Trapezschwerpunkts

KL bzw. von GH mit CE seien M und N. Der Schnittpunkt der Geraden MN und EF ist der gesuchte Schwerpunkt S.

Das Trapez ABCD kann zerlegt werden in die $\triangle$ABC und $\triangle$ACD. Da die Schwerpunkte die Schwerlinien im Verhältnis 2:1 teilen, liefert die Dreiteilung die Schwerpunkte N des $\triangle$ABC bzw. M des $\triangle$ACD. Die Vereinigung der Dreiecksflächen hat daher den Schwerpunkt auf der Verbindungsgeraden MN. Der Schwerpunkt muss aus Symmetriegründen auch auf der Verbindungsgeraden der Mittelpunkte der Parallelseiten liegen. Somit ist der Schwerpunkt S des Trapezes ABCD gegeben durch den Schnittpunkt der Geraden MN und EF.

Eine alternative Konstruktion des Schwerpunkts S des Trapezes ABCD zeigt Abb. 12.3:

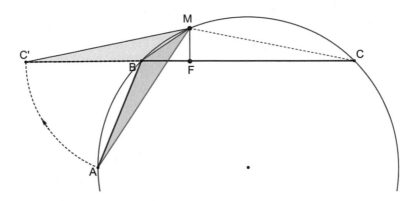

Abb. 12.4 Problem der gebrochenen Sehne

12.2 Problem der gebrochenen Sehne

Al-Bīrūnī (973–1050) schreibt Archimedes das Werk *Buch der Kreise* zu, ebenso erwähnt Ibn an-Nadīm die Schrift als *Buch der sich berührenden Kreise*. Das Werk[2] wurde als Band IV in die Opera Omnia aufgenommen. § 15 enthält folgenden Satz:

Sind in einem Kreis zwei Sehnen AB und BC (mit $|AB| < |BC|$) mit gemeinsamem Punkt B gegeben, so wird die Vereinigung der beiden Sehnen (nach der arabischen Quelle) als *gebrochene Sehne* ABC gezeichnet (Abb. 12.4). Es sei M der Mittelpunkt des zugehörigen Kreisbogens über $\overset{\frown}{AC}$ und F der Fußpunkt des Lotes von M auf BC.

Behauptung: F ist der Mittelpunkt der gebrochenen Sehne und es gilt $|AB| + |BF| = |FC|$.

Der linke Teil AB der Sehne wird um B gedreht auf die Strecke C'B, sodass die Punkte C', C eine Gerade bilden. Damit gilt $|AB| = |C\prime B|$. Da M der Mittelpunkt des Kreisbogens $\overset{\frown}{AC}$ ist, folgt aus der Symmetrie, dass auch der Fußpunkt F Mittelpunkt der Strecke $|C\prime C|$ ist. Damit gilt

$$|AB| + |BF| = |C\prime B| + |BF| = |C\prime F| = |FC|$$

Al-Bīrūnī erweitert den Satz zu folgendem Theorem:

$$|MC|^2 = |AB||BC| + |BM|^2$$

---

[2] Archimedis Opera Omnia, J.L. Heiberg (Hrsg.): Vol IV – Über einander berührende Kreise, Teubner Stuttgart (1975).

Abb. 12.5 Neusis-
Konstruktion zum regulären
Siebeneck

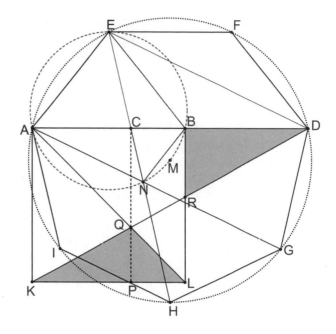

12.3   Das reguläre Siebeneck

Thābit ibn Qurra schreibt folgende Neusis-Konstruktion eines regulären Siebenecks dem
Archimedes zu (Abb. 12.5). Das Manuskript ist jedoch nicht vollständig überliefert. J.
Tropfke[3] konnte die fehlenden Teile der Abhandlung ergänzen.

Konstruktionsbeschreibung:

Man konstruiert das beliebige Quadrat ABKL, zeichnet die Diagonale AL ein und
verlängert die Strecke AB über B hinaus. Sei R zunächst ein beliebiger Teilungspunkt
der Strecke BL. Der Strahl KR schneidet die Verlängerung von AB im Punkt D.

*Der Punkt R werde nun so gewählt, dass das Dreieck KLQ flächengleich mit dem
Dreieck BRD ist!*

Der Schnittpunkt von KD mit AL sei der Punkt Q. Die Parallele durch Q zur Seite AK
liefert im Schnitt mit dem Quadrat die Punkte C bzw. P. Der Punkt E ist gegeben durch
die Bedingungen: $\triangle$ ACE ist gleichschenklig mit $|AC| = |CE|$ und $\triangle$EBD ist gleich-
schenklig mit $|BE| = |BD|$. E ist somit der Schnittpunkt des Kreises um C mit Radius

---

[3] Tropfke J.: Die Siebeneckabhandlung des Archimedes, Osiris I (1936), S. 636–651.

$|AC|$ mit dem Kreis um B mit Radius $|BD|$ (nicht abgebildet). Die gesuchte Seite des regulären Siebenecks ist damit $s_7 = |AE|$.

Ein weiterer Eckpunkt des Siebenecks ist der Punkt D. Der Umkreismittelpunkt M des Polygons kann gefunden werden durch den Schnitt der Mittelsenkrechten von AE bzw. ED. Durch Abtragen der Seitenlänge s_7 auf dem Umfang des Umkreises lässt sich das Siebeneck vollständig konstruieren. Zur Kontrolle der Zeichnung kann der Umkreis des Dreiecks ABE dienen. Der Schnitt der Geraden AC mit diesem Umkreis liefert den Punkt N. Die Eckpunkte G bzw. H liegen damit auf der Geraden AN bzw. EN.

Man kann zeigen, dass die Flächengleichheit der Dreiecke KLQ und BRD sich reduzieren lässt auf die Gültigkeit von $|AB| \bullet |AC| = |BD|^2$. Der Flächeninhalt von KLQ beträgt $\frac{1}{2}|PQ| \bullet |KL|$, derjenige von BRD $\frac{1}{2}|BR| \bullet |BD|$. Somit gilt $|PQ| \bullet |KL| = |BR| \bullet |BD|$ oder

$$\frac{|PQ|}{|BD|} = \frac{|BR|}{|KL|}$$

Die Dreiecke KPQ bzw. BRD sind ähnlich, da sie im rechten Winkel und den kongruenten Wechselwinkeln $\sphericalangle QKP = \sphericalangle BDR$ übereinstimmen. Somit folgt

$$\frac{|PQ|}{|KP|} = \frac{|BR|}{|BD|}$$

Aus beiden Proportionen folgt

$$\frac{|BC|}{|DI|} = \frac{|DI|}{|BF|} \Rightarrow |BC| \bullet |BF| = |DI|^2$$

Wegen der Kongruenz $|BC| = |AD|$ bzw. $|BF| = |AE|$, folgt die Behauptung $|AD| \bullet |AE| = |DI|^2$. In gleicher Weise lässt sich zeigen $|EI| \bullet |ED| = |AE|^2$.

12.4   Das Buch der Kreismessung

Das Werk *De Mensura Circuli*[4] (Kreismessung) von Archimedes ist nur stark verkürzt überliefert worden. Es existieren zahlreiche Manuskripte, die wichtigsten lateinischen Übersetzungen stammen aus den Bibliotheken von Cambridge, Neapel, Florenz, Corpus Christi und München. Ferner existieren die bereits erwähnten Übersetzungen aus dem Arabischen von Platon von Tivoli und Gerard von Cremona.

---

[4] Archimedis Opera omnia, Ed. Heiberg und Menge, Band 1, Leipzig 1880, S. 258–271.

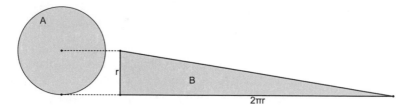

Abb. 12.6 Figur zu Satz 1 der Kreismessung

Die drei überlieferten **Lehrsätze** lauten:

(1) Der Kreis ist flächengleich einem rechtwinkligen Dreieck, bei dem eine Kathete gleich dem Radius, die zweite gleich dem Kreisumfang ist (Abb. 12.6).

$$A = \frac{1}{2}r \bullet 2\pi r = \pi r^2$$

(2) Die Kreisfläche A hat zum Quadrat des Durchmessers [fast] das Verhältnis 11:14.

$$\frac{A}{(2r)^2} \approx \frac{11}{14} \Rightarrow A \approx 3\frac{1}{7}r^2$$

(3) Der Kreisumfang U ist dreimal so groß wie der Durchmesser und noch etwas größer, nämlich um weniger als $\frac{1}{7}$, aber mehr als $\frac{10}{71}$

$$3\frac{1}{7} \bullet 2r > U > 3\frac{10}{71} \bullet 2r$$

Der Satz (1) ist bereits in der Antike stark kritisiert worden, u. a. von Pappos und Simplikios, da es nicht möglich ist, das Dreieck im Rahmen der Euklidischen Mathematik zu konstruieren.

Zu Satz(1): Exhaustionsbeweis
Es sei $|A|$ die Kreisfläche und $|B|$ die Summe der ein- oder umbeschriebenen Dreiecksflächen.

a) Annahme $|A| > |B|$
Dem Kreis werden beliebig viele gleichschenklige Dreiecke so einbeschrieben, dass die Spitze im Kreismittelpunkt liegt und die Basis jeweils eine Kreissehne ist; die Summe aller Basen a_i bildet somit ein eingeschriebenes Polygon P. Nach Voraussetzung gilt für dessen Fläche $|P| > |B|$. Sind h_i die Höhen der eingeschriebenen Dreiecke, so gibt es eine größte Höhe unter ihnen $h_i \leq h_{max} \leq r$

$$|P| = \sum_{1}^{n}\frac{1}{2}a_ih_i \leq \sum_{1}^{n}\frac{1}{2}a_ih_{max} = \frac{1}{2}h_{max}\sum_{1}^{n}a_i < \frac{1}{2}r \bullet 2\pi r = |B|$$

Dies ist ein Widerspruch zur Annahme.

b) Annahme $|A| < |B|$

Dem Kreis werden beliebig viele Dreiecke so umbeschrieben, dass alle Dreiecksspitzen auf dem Kreismittelpunkt liegen und die Basis jeweils ein Abschnitt einer Kreistangente ist; die Summe aller Basen b_i bildet somit ein umbeschriebenes Polygon Q. Nach Voraussetzung gilt für die Fläche $|Q| < |B|$. Da die Höhen h_i der umbeschriebenen Dreiecke gleich sind dem Radius r, folgt

$$|Q| = \sum_{1}^{n} \frac{1}{2} b_i h_i = \frac{1}{2} r \sum_{1}^{n} b_i > \frac{1}{2} r \bullet 2\pi r = |B|$$

Dies ist ebenfalls ein Widerspruch zur Annahme. Somit bleibt $|A| = |B|$.

Zu Satz(2):

$|CD|$ ist die Seite des Quadrats über dem Durchmesser $|AB|$ des Kreises (Abb. 12.7). Gegeben ist: $|DE| = 2|AB|$ und $|EZ| = \frac{1}{7}|AB|$. Damit verhalten sich die Flächen nach Satz (1): $\mathcal{F}(ACZ) : \mathcal{F}(ACD) = 22 : 7$. Ferner gilt für die Flächen $\mathcal{F}(CH) = 4\mathcal{F}(ACD)$ und $\mathcal{F}(ACZ) = \mathcal{F}(Kreis)$. Insgesamt folgt

$$\frac{\mathcal{F}(Kreis)}{|AB|^2} = \frac{\mathcal{F}(ACZ)}{|AB|^2} = \frac{22}{7} \frac{\mathcal{F}(ACD)}{|AB|^2} = 11 : 14$$

Die Kreisfläche verhält sich zum Quadrat über dem Durchmesser wie 11: 14.

Zu Satz(3)

Da Archimedes die Kreiszahl nicht genau bestimmen konnte, erfand er die Methode der Eckenverdopplung. Das Verfahren beginnt mit dem regelmäßigen Sechseck, das er dem Einheitskreis ein- und umgeschrieben; es hat die Seite $s_6 = 1$, wie der Radius des Einheitskreises. Die Verdopplung der Eckenzahl führte er bis zum 96-Eck durch.

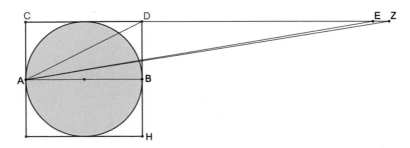

Abb. 12.7 Figur zu Satz 2 der Kreismessung

Abb. 12.8 Figur zu Satz 3 der
Kreismessung

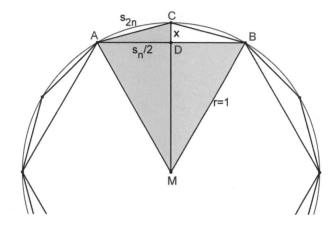

Betrachtet wird ein regelmäßiges Vieleck mit n Ecken (Seitenlänge s_n) im Einheits-kreis (Abb. 12.8), bei dem die Anzahl der Ecken sukzessive verdoppelt werden (Seiten-länge s_{2n}). Es sei $|CD| = x$. Nach Pythagoras gilt in $\triangle$AMD bzw. $\triangle$ADC:

$$1 = \frac{1}{4}s_n^2 + (1-x)^2 \therefore s_{2n}^2 = \frac{1}{4}s_n^2 + x^2$$

Auflösen nach x und Einsetzen ergibt

$$x = 1 - \sqrt{1 - \frac{1}{4}s_n^2} \Rightarrow s_{2n}^2 = \frac{1}{4}s_n^2 + \left(1 - \sqrt{1 - \frac{1}{4}s_n^2}\right)^2$$

Vereinfachen liefert die Rekursionsformel für die einbeschriebenen Polygone:

$$s_{2n}^2 = 2 - \sqrt{4 - s_n^2} \Rightarrow s_{2n} = \sqrt{2 - \sqrt{4 - s_n^2}}$$

Die Berechnung gestaltet sich mit Brüchen extrem kompliziert. Im Manuskript von Flo-renz[5] (Conv. Soppr. J.V. 30) umfasst der Rechengang insgesamt 12 Druckseiten(!). Daher wird hier die Berechnung in reellen Zahlen durchgeführt: (Abb. 12.9).

Archimedes erhielt für das *eingeschriebene* 96-Eck $\frac{1}{2}U = \frac{96 \bullet 66}{2017\frac{1}{4}}$; für das *umschriebene* $\frac{1}{2}U = \frac{96 \bullet 153}{4673\frac{1}{2}}$. Durch geeignete Rundung vereinfachte er die Ungleichungπ

$$3\frac{10}{71} < \pi < 3\frac{10}{70}$$

[5]Archimedes in the Middle Ages, Vol. I, M. Clagett (Ed.), University of Wisconsin, Madinson (1964), p. 91–141.

Abb. 12.9 Tabelle zur
Archimedes-Iteration

Iteration nach Archimedes		
Ecken	*Seite*	*halber Umfang*
6	1	3
12	0.5176381	3.1058285
24	0.2610524	3.1326286
48	0.1308063	3.1393502
96	0.0654382	3.1410320
192	0.0327235	3.1414525
384	0.0163623	3.1415576
768	0.0081812	3.1415839
1536	0.0040906	3.1415905
3072	0.0020453	3.1415921
6144	0.0010227	3.1415925

Aus der Rekursionsformel für die eingeschriebenen Polygone erhält man in moderner
Schreibweise bei fortgesetzter Verdopplung bis 96 Ecken die Näherung für π

$$\pi \approx 48 \sqrt{2 - \sqrt{2 + \sqrt{2 + \sqrt{2 + \sqrt{3}}}}}$$

12.5   Aus dem Buch der Spiralen

Vorbemerkung: Um das Verständnis der Leserin bzw. des Lesers zu erleichtern, wird in
diesem Abschnitt die Differenzialrechnung eingesetzt, ein Vorgehen, das natürlich *nicht*
historisch ist.

In seinem Werk *De lineis spiralibus*[6] definiert Archimedes die von ihm gefundene
Spirale als Weg eines Punktes, der sowohl eine Drehbewegung (mit konstanter Winkel-
geschwindigkeit ω) und wie auch eine radiale Bewegung nach außen mit konstanter Geschwindigkeit v durchführt (Abb. 12.10). Es gilt dann

$$v = \frac{r}{t} \therefore \omega = \frac{\varphi}{t}$$

Division liefert mit einer Konstanten $a = \frac{v}{\omega}$ die Polarform

$$\frac{r}{\varphi} = a \Rightarrow r = a\varphi$$

---

[6] Archimedis Opera omnis, Ed. Heiberg und Menge, Band 2, Leipzig 1881, S. 1–139.

Abb. 12.10 Die
Archimedische Spirale

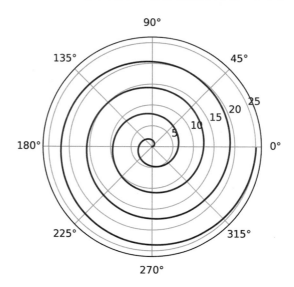

Eine auffällige Eigenschaft der Archimedischen Spirale ist ihr konstanter *Windungs-abstand*: Zieht man einen Radiusvektor vom Mittelpunkt an, so haben die Schnittpunkte mit der Spirale den konstanten Abstand $2\pi a$. Dies ist Inhalt von Lehrsatz 12.

Lehrsatz 12:
Jede Gerade, die man vom Mittelpunkt aus an die Spirale zieht, schneidet die Windungen unter gleichem Winkel und die Abstände der Schnittpunkte sind gleich.

Lehrsatz 18:
Die Tangente im Punkt B liefert auf der senkrechten Achse einen Abschnitt, dessen Länge gleich dem Kreisumfang vom Radius $r = |AB|$ ist (Abb. 12.11).

Mit modernen Mitteln kann man die Behauptung wie folgt nachvollziehen. Die (kartesische) Steigung in Polarkoordinaten ist

$$y\prime = \frac{r\prime\tan\varphi + r}{r\prime - r\tan\varphi}$$

Mit $r = a\varphi$ und $r\prime = \frac{dr}{d\varphi} = a$ folgt im Punkt $B(2\pi a|0)$ mit $\varphi = 2\pi$

$$y\prime = \frac{a\tan 2\pi + 2\pi a}{a - 2\pi a\tan 2\pi} = 2\pi$$

Die Tangentengleichung ist somit

$$t : y = \underbrace{y(2\pi a)}_{0} + y'(x - 2\pi) = 2\pi x - 4\pi^2$$

Abb. 12.11 Tangente an
Spirale

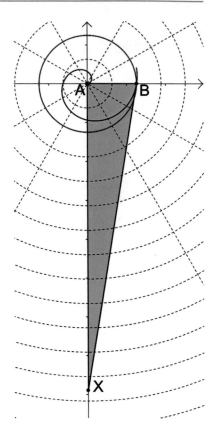

Der Tangentenabschnitt ergibt sich daraus für $x = 0$ zu:$|AX| = 4\pi^2$. Dies ist gleich dem Umfang des Kreises mit Radius $r = |AB|$

$$U = 2\pi r = 2\pi \bullet 2\pi = 4\pi^2$$

Im Lehrsatz 19 wird noch gezeigt, dass die Tangentenabschnitte im n-ten Punkt der waagrechten Achse gleich dem Umfang des n-ten Kreises ist.

Im Lehrsatz 25 gelingt Archimedes die Messung der Fläche K, die von der ersten Windung eingeschlossen wird. Da die Herleitung von Archimedes umfänglich und von vielen anderen Lemmata abhängig ist, wird hier die moderne Methode gewählt.

Lehrsatz 25:

Es soll gezeigt werden, dass die Fläche, die die Spirale bei der ersten Drehung beschreibt, gleich ein Drittel der Kreisfläche vom Radius $r = |AB|$ ist (Abb. 12.12).

Beweis: Die Sektorformel von G.W. Leibniz liefert für die erste Windungsfläche

$$K = \frac{1}{2}\int_0^{2\pi} r^2 d\varphi = \frac{1}{2}\int_0^{2\pi} (a\varphi)^2 d\varphi = \frac{1}{6}a^2[2\pi]^3 = \frac{4}{3}a^2\pi^3$$

Abb. 12.12 Fläche der ersten
Spiraldrehung

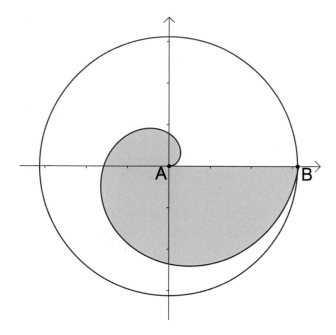

Dies ist gleich einem Drittel der Kreisfläche A_1 vom Radius $r = |AB| = 2\pi a$

$$\frac{1}{3}A_1 = \frac{1}{3}\pi r^2 = \frac{4}{3}a^2\pi^3$$

Im Verlauf des Beweises wird auch gezeigt, dass die Flächensumme K+L der ersten beiden Umläufe sich zur zweiten Kreisfläche A_2 wie 12: 7 verhält. Bei der Berechnung der Flächen ist zu beachten, dass bei der Integration über die Grenze 2π die erste Windungsfläche mitsummiert wird.

$$K + L = \frac{1}{2}\int_{2\pi}^{4\pi} r^2 d\varphi = \frac{1}{6}a^2\left[(4\pi)^3 - (2\pi)^3\right] = \frac{28}{3}a^2\pi^3$$

Die zweite Kreisfläche A_2 vom Radius $r = |AC| = 4\pi a$ ergibt

$$A_2 = \pi(4\pi a)^2 = 16a^2\pi^3$$

Das Flächenverhältnis ist

$$\frac{K + L}{A_2} = \frac{\frac{28}{3}a^2\pi^3}{16a^2\pi^3} = \frac{7}{12}$$

Für das Verhältnis der ersten beiden Windungsflächen folgt

$$\frac{L}{K} = \frac{(K + L) - K}{K} = \frac{K + L}{K} - 1 = \frac{\frac{28}{3}a^2\pi^3}{\frac{4}{3}a^2\pi^3} - 1 = 7 - 1 = 6 \Rightarrow K = \frac{1}{6}L$$

Abb. 12.13 Flächen der
ersten 5 Windungen

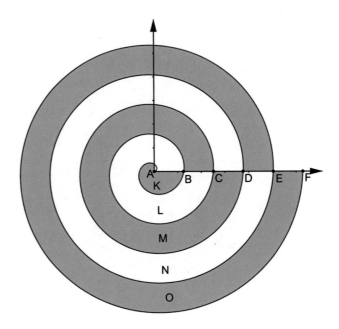

Die zweite Windungsfläche ist sechsmal größer als die erste (Abb. 12.13).

Lehrsatz 27

Hier liefert Archimedes eine rekursive Beziehung für die weiteren Windungsflächen

$$M = 2L \therefore N = 3L \therefore O = 4L \, usw.$$

Die Verhältnisse dieser Windungsflächen verhalten sich wie ganze Zahlen

$$L : M : N : O : \cdots = 1 : 2 : 3 : 4 : \cdots$$

Neben den Flächenberechnungen liefert Archimedes auch die Tangentensteigungen.

In seiner *Collectio* IV, 22 zeigt Pappos auch, dass sich die Flächen A, B, C, D innerhalb der ersten Windung verhalten wie 1 : 7 : 19 : 37 (Abb. 12.14).

Die Integration mit Polarkoordinaten in allgemeinen Grenzen ergibt

$$\frac{1}{2} \int_{\alpha}^{\beta} r^2 d\varphi = \frac{1}{6} a^2 \left[\beta^3 - \alpha^3 \right]$$

Im ersten Quadranten folgt

$$A = \frac{1}{6} a^2 \left[\left(\frac{\pi}{2} \right)^3 - 0^3 \right] = \frac{1}{48} a^2 \pi^3$$

Analog für den zweiten

$$B = \frac{1}{6} a^2 \left[\pi^3 - \left(\frac{\pi}{2} \right)^3 \right] = \frac{7}{48} a^2 \pi^3$$

Abb. 12.14 Unterteilung in
Quadranten

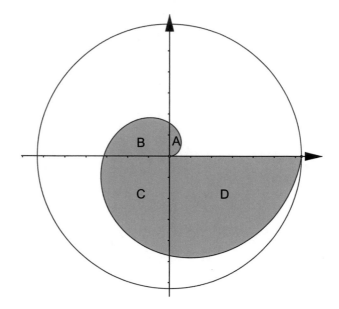

Im dritten Quadranten folgt

$$C = \frac{1}{6}a^2\left[\left(\frac{3\pi}{2}\right)^3 - \pi^3\right] = \frac{19}{48}a^2\pi^3$$

Schließlich ergibt sich im vierten

$$D = \frac{1}{6}a^2\left[(2\pi)^3 - \left(\frac{3\pi}{2}\right)^3\right] = \frac{37}{48}a^2\pi^3$$

Damit ist die Behauptung erwiesen. Pappos beweist dies mit den Verhältnissen der dritten Potenzen der Radiusvektoren. Fläche A verhält sich zur ganzen Windungsfläche wie

$$\frac{A}{A+B+C+D} = \left[\frac{r\left(\varphi=\frac{\pi}{2}\right)}{r(\varphi=2\pi)}\right]^3 = \left[\frac{a\frac{\pi}{2}}{2\pi a}\right]^3 = \frac{1}{64}$$

Für Fläche B ergibt sich zunächst

$$\left[\frac{r(\varphi=\pi)}{r(\varphi=2\pi)}\right]^3 = \left[\frac{a\pi}{2\pi a}\right]^3 = \frac{1}{8} = \frac{8}{64}$$

Da der Radiusvektor für B auch A überstreicht, muss der Anteil von A subtrahiert werden

$$\frac{B-A}{A+B+C+D} = \frac{7}{64}$$

Für die anderen Flächen verläuft der Beweis der Pappos-Behauptung analog.

Abb. 12.15 Zu Lemma 1

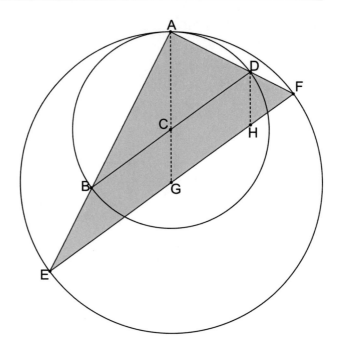

12.6   Das Buch der Lemmata

Die bekannten Figuren *Salinon* bzw. *Arbelos* und die Winkeldreiteilung des Archimedes finden sich im *Buch der Lemmata*[7] (lateinisch *Liber Assumptorum*), das von Thābit ibn Qurra im 9. Jahrhundert ins Arabische übersetzt wurde und später von Ahmad an-Nasawi bearbeitet und kommentiert wurde. Im Jahre 1661 wurde der Text von A. Ecchellensis ins Lateinische übertragen und von G. A. Borelli als „Archimedis Liber Assumptorum" in seinem Werk *Apollonii Pergaei Conicorum* herausgegeben. Das Werk ist nur in arabischer Sprache erhalten. Das Werk kann in der vorliegenden Form nicht direkt von Archimedes stammen, da der Name Archimedes mehrfach auftaucht und Archimedes niemals von sich in der dritten Person gesprochen hat. T. Heath (II, 75) ist der Meinung, dass die Originalität der Figuren *Arbelos* und *Salinon* für die Autorenschaft Archimedes' spricht.

Von den 15 Lemmata sollen hier einige wichtige besprochen werden:

Lemma 1:
Wenn sich zwei Kreise in einem Punkt A berühren und die beiden Durchmesser BD bzw. EF parallel liegen, dann sind die Punkte A, D, F kollinear (Abb. 12.15).

Es handelt sich hier um eine einfache zentrische Streckung mit dem Zentrum A.

---

[7] Archimedis Opera Omnia, Ed. Heiberg und Menge, Buch II, Teubner 1881, S. 428–446.

Lemma 4 behandelt die bekannte Figur des *Arbelos* (=Schustermesser). In den Thales-Kreis eines rechtwinkligen Dreiecks ABC werden Halbkreise über die beiden Hypotenusen-Abschnitte (Radien R bzw. r) und der Kreis über die Höhe als Durchmesser eingezeichnet. Zu zeigen ist, der Kreis ist flächengleich dem Arbelos; d. h. der Fläche zwischen den Halbkreisen (Abb. 12.16).

Beweis: Nach dem Höhensatz gilt $h^2 = 2R \bullet 2r$; die Kreisfläche ergibt sich zu

$$\pi \left(\frac{h}{2}\right)^2 = \pi R r$$

Die Fläche des Arbelos ergibt sich als Differenz der Halbkreisflächen

$$\frac{1}{2}\pi (R+r)^2 - \frac{1}{2}\pi R^2 - \frac{1}{2}\pi r^2 = \frac{1}{2}\pi \left[(R+r)^2 - R^2 - r^2\right] = \frac{1}{2}\pi \bullet 2Rr = \pi R r$$

Die Flächen sind daher gleich.

Lemma 5:
Schreibt man der Arbelos-Figur zwei Kreise ein, die die Dreieckshöhe berühren, so sind die Kreise flächengleich. Die beiden Kreise werden daher auch *Zwillingskreise* des Archimedes genannt (Abb. 12.17).

Beweis: Der linke Zwillingskreis habe die Berührpunkte F, G und den Durchmesser HE senkrecht zu CD. Nach Lemma 1 liegen daher die Punkte F, H, A bzw. F, E, B auf einer Geraden. Wegen der Berührung in G von außen, folgt ebenfalls nach Lemma 1, dass die Punkte H, G, C bzw. E, G, A jeweils kollinear sind. Da F, I auf dem Thaleskreis über AB liegen, sind die Winkel EFD und EID Rechte.

Im Dreieck ABD ist E der Höhenschnittpunkt; somit bildet die Strecke GI ein gemeinsames Lot von CH bzw. BD. Da CH∥BD, sind △ACH ähnlich △ABD und es gilt die Proportion

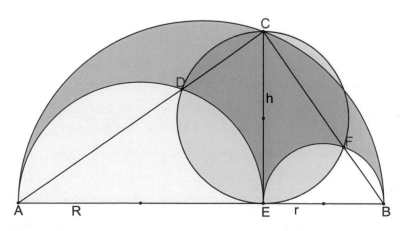

Abb. 12.16 Zu Lemma 4

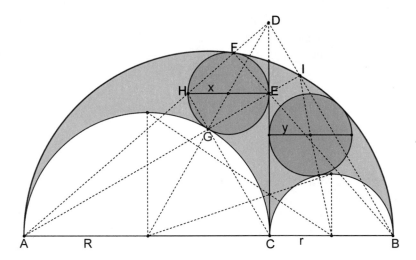

Abb. 12.17 Zu Lemma 5

$$\frac{|AD|}{|DH|} = \frac{|AB|}{|BC|}$$

Da auch $\triangle$ACD ähnlich $\triangle$HED, ergibt sich analog

$$\frac{|AC|}{|HE|} = \frac{|AD|}{|DH|}$$

Insgesamt folgt für den linken Zwillingskreis

$$\frac{|AC|}{|HE|} = \frac{|AB|}{|CB|} \Rightarrow |AC||CB| = |AB|\underbrace{|HE|}_{2x}$$

Analog ergibt sich für den rechten Kreis

$$|AC| \bullet |CB| = |AB| \bullet 2y$$

Daraus folgt die Gleichheit der Radien x=y; die beiden Zwillingskreise sind flächengleich. Die Radien ergeben sich zu

$$x = y = \frac{|AC| \bullet |CB|}{2|AB|} = \frac{2R \bullet 2r}{2 \bullet 2(R+r)} = \frac{Rr}{R+r}$$

Dies ist das halbe harmonische Mittel aus den beiden Halbkreisradien.

Lemma 6:

Der Arbelos-Figur wird ein Kreis einbeschrieben, der die umgebenden Kreise berührt. Gesucht ist das Verhältnis aus dem Durchmesser des eingeschriebenen Kreises GH zum Durchmesser des großen Halbkreises AB. (Abb. 12.18)

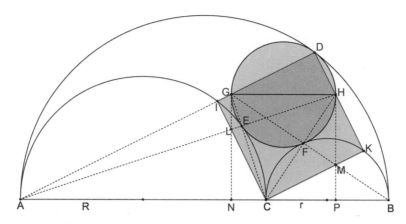

Abb. 12.18   Zu Lemma 6

Beweis: Nach Lemma 1 sind die Punkte A, G, D bzw. B, H, D kollinear. Analog liegen die Punkte A, E, H bzw. C, E, G auf einer Geraden, wie auch B, F, G bzw. C, F,
H. Der Schnittpunkt der Geraden AD mit dem linken Halbkreis (über AC) sei I, entsprechend K der Schnitt von BD mit dem rechten Halbkreis (über BC). Der Schnittpunkt
von IC mit AE sei L, entsprechend M der Schnitt von CK mit BG. Die Schnittpunkte der
Verlängerungen von GL bzw. HM mit AB seien N bzw. P.

Da I und E auf dem Thaleskreis über AC liegen, stellen AE bzw. IC Höhen im Drei-
eck AGC dar. Die Strecke GN geht durch den Höhenschnittpunkt L und ist daher selbst
Höhe; GN ist somit Lot auf AB. Auch CK und BF sind Höhen im Dreieck CBH. Die
Strecke HP geht durch den Höhenschnittpunkt M; HP ist somit ebenfalls Lot auf AB.
Auch die Winkel bei I, K und D sind Rechte; DK ist gemeinsames Lot von GD bzw. CK.
Somit gilt CK∥GD und CI∥DK. Daher sind die Dreiecke ACL und ABH ähnlich. Es gel-
ten daher die Proportionen

$$\frac{|AC|}{|CB|} = \frac{|AL|}{|LH|}$$

Da auch die Dreiecke ALN und AHP ähnlich sind, folgt

$$\frac{|AL|}{|LH|} = \frac{|AN|}{|NP|}$$

Analog lässt sich beweisen

$$\frac{|BC|}{|CA|} = \frac{|BM|}{|MG|} = \frac{|BP|}{|PN|}$$

Insgesamt ergibt sich die Beziehung

$$\frac{|AN|}{|NP|} = \frac{|NP|}{|BP|} \Rightarrow |NP|^2 = |AN| \bullet |PB|$$

$|NP|$ ist somit das geometrische Mittel der Abschnitte $|AN|$ bzw. $|PB|$. Das Verhältnis $\frac{|AC|}{|CB|}$ der gegebenen Halbkreis-Durchmesser sei x. Aus den obigen Gleichungen folgt mit $|AN| = x|NP|$:

$$|NP|^2 = |AN| \bullet |PB| \Rightarrow |NP| = x|BP| \Rightarrow |BP| = \frac{1}{x}|NP|$$

Dies liefert

$$|AB| = |AN| + |NP| + |PB| = |NP|\left(x + 1 + \frac{1}{x}\right)$$

Für das gesuchte Verhältnis der Durchmesser ergibt sich schließlich

$$\frac{|GH|}{|AB|} = \frac{|NP|}{|AB|} = \frac{|NP|}{|NP|\left(x + 1 + \frac{1}{x}\right)} = \frac{x}{x^2 + x + 1}$$

Lemma 9:

Schneiden sich zwei Kreissehnen AB und CD (die nicht durch den Mittelpunkt gehen) rechtwinklig, so ist die Summe gegenüberliegender Kreisbögen gleich (Abb. 12.19):

$$\text{Bogen(AD) + Bogen(BC) = Bogen(AC) + Bogen(BD)}$$

Beweis: Der Schnittpunkt der Sehnen sei G. Als Hilfslinie wird der Durchmesser EF⊥AB des Kreises gezogen. Der Durchmesser EF schneidet die zweite Sehne CD rechtwinklig im Punkt H, dem Mittelpunkt von CD. EF halbiert den

Abb. 12.19 Zu Lemma 9

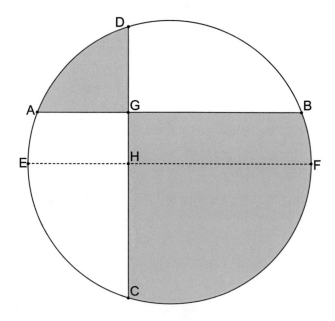

Kreis; die Halbkreisbögen EDF und ECF sind kongruent. Es gilt wegen AB∥EF

Bogen(ED) = Bogen(EA) + Bogen(AD) = Bogen(BF) + Bogen(AD)

Damit folgt

Halbkreisbogen(EDF) = Bogen(ED) + Bogen(DF) = Bogen(BF) + Bogen(AD) + Bogen(DF)

Wegen Bogen(DF) = Bogen(CF) folgt

$$\text{Bogen(AD) + Bogen(BF) + Bogen(FC) = Halbkreisbogen}$$

Daher müssen sich auch die restlichen Bögen zu einem Halbkreisbogen addieren

$$\text{Bogen(DB) + Bogen(AC) = Halbkreisbogen}$$

Daher ist die Summe gegenüberliegender Kreisbögen konstant.

Lemma 11:

Schneiden sich zwei Kreissehnen AB und CD rechtwinklig in einem Punkt F, der nicht der Kreismittelpunkt ist, so gilt (Abb. 12.20)

$$|AF|^2 + |BF|^2 + |CF|^2 + |DF|^2 = (Durchmesser)^2$$

Beweis: Als Hilfslinie wird der Durchmesser CE eingezeichnet. Der Winkel ∡CAB ist kongruent zu ∡CEB, da beide Umfangswinkel zur Sehne CB sind. Die Dreiecke △CAF und △CEB sind ähnlich, da sie neben dem Umfangswinkel auch in den rechten Winkeln ∡AFC = ∡CBE übereinstimmen. Somit sind auch die restlichen Winkel kongruent

Abb. 12.20   Zu Lemma 11

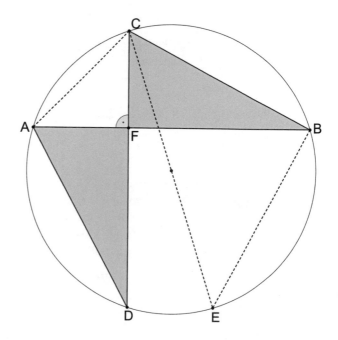

Abb. 12.21 Zu Lemma 13

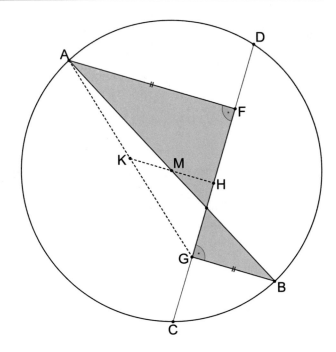

$\angle ACF = \angle ECB$. Diese Winkel sind daher Umfangswinkel zu den kongruenten Sehnen $|AD| = |BE|$. Es folgt somit nach Pythagoras

$$\left(|AF|^2 + |DF|^2\right) + \left(|BF|^2 + |CF|^2\right) = |AD|^2 + |CB|^2 = |BE|^2 + |CB|^2 = |CE|^2$$

Dies ist die Behauptung. Im Buch *Geometry by its History*[8] wird der Satz als Entdeckung von R. B. Nelson (2004) bezeichnet.

Lemma 13:

Werden von den Endpunkten eines Kreisdurchmessers AB die Lote AF bzw. B auf eine Sehne CD gefällt, so gilt (Abb. 12.21):

$$|DF| = |GC|$$

Beweis: Als Hilfslinie wird die Strecke AG eingezeichnet und die Parallele zu AF durch den Kreismittelpunkt M. Schnittpunkte der Parallelen mit AG bzw. GF sind K bzw. H. Da die Dreiecke $\triangle AKM$ und $\triangle AGB$ ähnlich sind, ist auch K Mittelpunkt von AG. Da die Dreiecke $\triangle GHK$ und $\triangle GFA$ ähnlich sind, ist auch H Mittelpunkt von FG. Da H auch Mittelpunkt der Sehne CD ist, gilt $|CH| = |HD|$. Damit folgt die Behauptung

$$|DF| = |DH| - |FH| = |CH| - |HG| = |CG|$$

---

[8] Ostermann A., Wanner G.: Geometry by its History, Springer (2012), S. 26.

Abb. 12.22 Zu Lemma 14

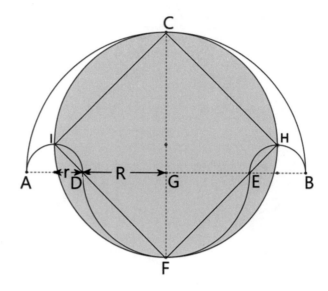

Lemma 14:

Folgende Figur wird *Salinon* (=Salzfass) des Archimedes genannt: Von den Endpunkten A, B eines Halbkreisdurchmessers werden zwei kongruente Strecken $|AD| = |EB| = 2r$ abgemessen und darüber zwei symmetrische Halbkreise nach oben errichtet. Über der Reststrecke $|DE| = 2R$ wird ein Halbkreis nach unten gezeichnet. Die Bogenmittelpunkte der Halbkreise über AB bzw. DE seien C bzw. F. Zu zeigen ist:

Die Fläche des Kreises mit dem Durchmesser CF ist flächengleich mit dem Salinon (Abb. 12.22).

Beweis: Die Fläche des Salinons setzt sich zusammen aus dem großen Halbkreis mit Radius $R + 2r$ und dem kleinen Halbkreis mit Radius R, vermindert um den kleinen Kreis vom Radius r.

$$\frac{\pi}{2}(R + 2r)^2 - \pi r^2 + \frac{\pi}{2}R^2 = \frac{\pi}{2}\left[R^2 + 4Rr + 4r^2 - 2r^2 + R^2\right] = \pi\left(R^2 + 2Rr + r^2\right) = \pi(R + r)^2$$

Dies ist auch die Fläche des Kreises über CF mit Radius $(R + r)$; dieser Kreis ist zugleich Umkreis des Quadrats CIFH, das durch die Schnittpunkte mit dem Salinon gebildet wird.

Eine schöne Darstellung aller Lemmata finden sich in dem griechischen Buch Ἀρχιμήδη – Βιβλίο Λημμάτων von N.L. Kechre[9].

---

[9] Κεχρῆ Ν.Λ., Ἀρχιμήδη – Βιβλίο Λημμάτων, Ἀθήνα, Ἰούνιος 2018.

Abb. 12.23 Parabel, Satz 19

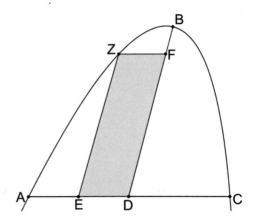

12.7   Die Quadratur der Parabel

Im Buch *Quadratura Parabolae*[10] bestimmt Archimedes erstmalig den Inhalt einer Fläche, die von einer Parabel begrenzt ist und nimmt somit eine Methode der Analysis vor-
weg. Zunächst beweist er zwei Hilfssätze.

Satz 19: Gegeben ist ein Parabelsegment ABC; durch den Mittelpunkt D von AC wird
die Parallele BD zur Parabelachse gezogen. Ist E der Mittelpunkt von AD, so werden die
Parallelen ZE∥BD und ZF∥AD gezeichnet. Dann gilt (Abb. 12.23):

$$|BD| = \frac{4}{3}|EZ|$$

Beweis: Nach Definition der Parabel gilt

$$\frac{|BD|}{|BF|} = \frac{|AD|^2}{|ZF|^2} = \frac{|AD|^2}{|ED|^2} = \frac{4|ED|^2}{|ED|^2} = 4 \Rightarrow |BF| = \frac{1}{4}|BD|$$

Wegen $|BF| = |BD| - |FD|$ folgt

$$|ZE| = |FD| = |BD| - |BF| = |BD| - \frac{1}{4}|BD| = \frac{3}{4}|BD| \Rightarrow |BD| = \frac{4}{3}|ZE|$$

Satz 20: Wird einem Parabelsegment ein Dreieck von gleicher Grundlinie und Höhe einbeschrieben, so ist das Dreieck größer als die Hälfte des Segments.
    Gleichzeitig wird damit gezeigt, dass die Dreiecksfläche eine untere Schranke, die
Parallelogrammfläche eine obere Schranke für die Fläche des Parabelsegments ist.

---

[10]Archimedis Opera omnia, Ed. Heiberg, Menge, Band 2, Leipzig 1881, S. 294–353.

Satz 21: Wird einem Parabelsegment das Dreieck mit gleicher Grundlinie und Höhe einbeschrieben und den Restsegmenten wiederum Dreiecke, die mit ihnen gleiche Grundlinie und Höhe haben, so hat das Dreieck des ganzen Segments einen achtfachen Inhalt von einem Dreieck des Restsegments.

Es sei ABC das Parabelsegment; AC werde in D halbiert und BD parallel zur Parabelachse gezogen. B ist dann der Scheitel des Segments; $\triangle$ABC stimmt in Grundlinie und Höhe mit dem Segment überein. AD werde in E halbiert und EZ parallel BD gezogen. EZ schneidet AB im Punkt F. Z ist dann Scheitel des Restsegments ABZ; $\triangle$ABZ stimmt in Grundlinie und Höhe mit dem Segment ABZ überein. Zu beweisen ist, die Fläche von $\triangle$ABC ist achtmal so groß wie die von $\triangle$ABZ (Abb. 12.24).

Beweis: Nach Satz 19 gilt: $|BD| = \frac{4}{3}|EZ|$. Wegen EF∥BD gilt $|BD| = 2|EF|$. Somit folgt

$$|EF| = \frac{2}{3}|EZ| \Rightarrow |EF| = 2|FZ|$$

Daher ist $\triangle$AEF doppelt so groß wie $\triangle$AFZ und $\triangle$ZFB. Dies zeigt: $\triangle$ABC ist achtmal so groß wie $\triangle$AZB. Analog ist $\triangle$ABC ist achtmal so groß wie $\triangle$BHC. Daher ist

$$\triangle ABC = 4(\triangle AZB + \triangle BHC)$$

Satz 22: Ist $A_1, A_2, A_3, \cdots A_n$ eine Reihe von Flächen, von denen jede viermal so groß ist wie die folgende und die größte Fläche A_1 die Fläche des Dreiecks ABC ist, dann gilt

$$A_1 + A_2 + A_3 + \cdots + A_n < \mathcal{F}(SegmentABC)$$

Begründung: Die Summe $A_1 + A_2 + A_3 + \cdots + A_n$ ist die Fläche eines dem Segment einbeschriebenen Polygons und ist daher kleiner als das Segment.

Abb. 12.24 Parabel, Satz 21

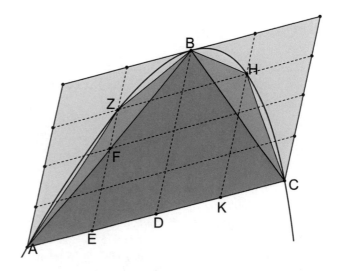

Satz 23: Ist $A_1, A_2, A_3, \cdots A_n$ eine Folge von Flächen, von denen jede Fläche A_i viermal so groß ist wie die folgende und die größte Fläche A_1, dann gilt

$$A_1 + A_2 + A_3 + \cdots + A_n + \frac{1}{3}A_n = \frac{4}{3}A_1 \ (*)$$

Beweis: Es gilt nach der dem Archimedes bekannten endlichen geometrischen Reihe

$$A_1 + \frac{1}{4}A_1 + \left(\frac{1}{4}\right)^2 A_1 + \left(\frac{1}{4}\right)^3 A_1 + \cdots + \left(\frac{1}{4}\right)^{n-1} A_1 = \frac{1 - \left(\frac{1}{4}\right)^n}{1 - \frac{1}{4}}A_1 = \left[\frac{4}{3} - \frac{1}{3}\left(\frac{1}{4}\right)^{n-1}\right]A_1$$

Dies liefert für die obige Summe (*)

$$\left[\frac{4}{3} - \frac{1}{3}\left(\frac{1}{4}\right)^{n-1}\right]A_1 + \frac{1}{3}\left(\frac{1}{4}\right)^{n-1} \bullet A_1 = \frac{4}{3}A_1$$

Satz 24: Die Fläche des Segments K ist gleich $\frac{4}{3}A_1$, wobei A_1 die Fläche des einbeschriebenen Dreiecks ist.

Beweis: Annahme $K \neq \frac{4}{3}A_1$

Fall 1: $K > \frac{4}{3}A_1$. Da das Segment größer ist als $\frac{4}{3}A_1$, kann man weitere Dreiecke in den Restsegmenten einbeschreiben bis für die Fläche des einbeschriebenen Polygons gilt

$$A_1 + A_2 + A_3 + \cdots + A_m + \frac{1}{3}A_m = \frac{4}{3}A_1 > K$$

Nach Satz 22 ist dies ein Widerspruch zur Annahme.

Fall 2: $K < \frac{4}{3}A_1$. Ist das Segment kleiner als $\frac{4}{3}A_1$, kann man solange Dreiecke aus den Restsegmenten entfernen, bis für die Fläche des einbeschriebenen Polygons gilt

$$A_1 + A_2 + A_3 + \cdots + A_k + \frac{1}{3}A_k = \frac{4}{3}A_1 < K$$

Nach Satz 22 ist dies ein Widerspruch zur Annahme. Insgesamt ist gezeigt, dass die Fläche des Parabelsegments das $\frac{4}{3}$-fache der Dreiecksfläche ist, die in Grundlinie und Höhe mit dem Segment übereinstimmt.

12.8   Das Palimpsest

Das am 29. Oktober 1998 durch eine Versteigerung bei *Christie's* in New York bekannt gewordene Palimpsest, in Fachkreisen Codex C genannt, hat eine bewegte Geschichte. Das Buch entstand – neben zwei anderen – aus einer Sammlung von Pergamentblättern mit Werken von Archimedes, die um 975 in Konstantinopel, für die 863 neugegründete Universität neu geschrieben wurde. Die Universität wurde von Leon dem Geometer geleitet, der auch eine Euklid- und Ptolemaios-Handschrift anfertigen ließ. Bei der

Plünderung Konstantinopels im Verlauf des vierten Kreuzzugs, initiiert von Papst Inno-
zenz III, wurde der Codex C, wie auch die Codizes A und B im Jahr 1204 geraubt.

Die Texte der Codizes überschneiden sich: „Über das Gleichgewicht ebener Flächen",
„Quadratur der Parabel" finden sich in A und B, „Kugel und Zylinder", „Messung des
Kreises" und „Über spiralförmige Linien" sind in A und C enthalten, „Schwimmende
Körper" in B und C. „Über Konoide und Sphäroide" und „Der Sandrechner" sind nur in
A, „Die Methode" und „Stomachion" nur in C aufgewiesen. Im Codex A hat der Schrei-
ber eine Widmung angefügt:

> Leo, dem Geometer gewidmet, mögest du erfolgreich sein und viele Jahre leben, du Freund
> der Musen.

Die Codizes A und B tauchen erst wieder 1269 im Vatikan auf, wo der Franziskaner-
Mönch Wilhelm von Moerbeke Teile ins Lateinische übersetzte. Codex B verschwand
irgendwann nach 1311. Im Jahr 1496 wollte Lorenzo de Medici den Codex A für seine
Bibliothek erwerben. Die Suche führt nach Venedig in die Bibliothek des Humanis-
ten Giorgio Valla, der aber nur das Erstellen einer Kopie erlaubte, die sich heute in der
Bibliotheca Laurenziana in Florenz befindet. 1531 kam die Bibliothek Vallas in den Besitz der Familie Alberto Pio. Nach dem Tod des letzten Angehörigen Ridolfo 1564 verschwand auch Codex A.

Codex C gelangte in der Folgezeit in das Kloster *Mar Saba* (Zum Heiligen Sabba) in
der Nähe von Betlehem, wo die Pergamentblätter abgekratzt und zusammen mit Pergamenten aus anderen Handschriften mit Gebeten neu beschrieben wurden. Das Gebetbuch
(griech. *Euchologion*) wurde am Ostersonntag, den 14. April 1229 von einem Mönch namens Ioannes Myronas fertiggestellt, dessen Widmung man in der Handschrift mittels
UV-Licht entziffern konnte. Für das Osterfest dieses Jahres gab es einen besonderen Anlass zu feiern, hatte doch das Ritterheer von Kaiser Friedrich II einen Monat zuvor Jeru-
salem zurückerobert.

Nach langer Zeit gelangte der Codex in das *Kloster zum Heiligen Grab* (Metochion)
in Konstantinopel. Dort entdeckte es 1846 der deutsche Theologe K. von Tischendorf
und die Erstellung eines Katalogs aller Schriften forderte. Diese Reise wurde berühmt,
da von Tischendorf im Katharinen-Kloster auf dem Sinai auch den *Codex Sinaiticus*
identifizierte, der die älteste (bekannte) Handschrift des Neuen Testaments darstellt. Es
gelang ihm ein einzelnes Blatt zu erwerben, das nach seinem Tod (1876) an die Cambridge University Library verkauft wurde. Das Gebetbuch wurde dann 1899 von dem
Bibliothekar *Papadopoulos-Kerameos* zusammen mit 890 Handschriften katalogisiert.
Kerameos erkannte im Gebetbuch einige Zeilen des zugrunde liegenden Archimedes-
Textes. Schließlich erfuhr der dänische Forscher J.L. Heiberg von dem Manuskript, der
1906 das Manuskript im Metochion begutachtete. Er konnte 1908 das Werk teilweise
fotografieren und ausgiebig studieren. Auf dem Codex C konnte er sieben verschiedene
Abhandlungen identifizieren. Völlig neu war das Schrift *Über die Methode,* die er in
mühevoller Kleinarbeit entziffern konnte (soweit wie es das Manuskript erlaubte). Die

Publikation des Werkes durch Heiberg stellte eine wissenschaftliche Sensation des Jahres 1907 dar.

Exkurs: 1938 wurden die Bücher des Metochion in die Nationalbibliothek Athen gebracht, wobei der Codex C beim Transport verschwand. Das Buch wurde von dem Kunsthändler Salomon Guerson in seinen Besitz gebracht, der nach Paris übersiedelte. Als deutsche Truppen 1940 Paris besetzen, geriet Guerson als Jude in Gefahr und versuchte den Codex zu verkaufen, was ihm jedoch nicht gelang. Um ihren Wert zu steigern, malte er in seiner Not amateurhaft vier griechische Ikonenbilder der Apostel in die Handschrift. 1942 wurde Gerson von der französischen Resistance außer Landes gebracht, den Codex musste er notgedrungen an Marie Louis Sirieix verkaufen, der es 1946 seiner Tochter A. Guersan vermachte. Das Buch blieb bis ca. 1960 im feuchten Keller der Familie.

Zwischen 1960 und 1970 wurde das Werk mehreren Professoren zur Begutachtung gebracht. Wegen das extrem schlechten Zustandes wurde ein Kauf von offizieller Seite abgelehnt. Auch eine Restaurierung kam nicht infrage, da man glaubte, keine neue Information zu erhalten, die über den Bericht Heibergs hinausgingen. So wurde im Oktober 1998 wurde der Codex von Frau Guersan bei Christie's New York zur Versteigerung eingeliefert. Obwohl der griechische Staat - vertreten durch den Generalkonsul - bei der Auktion mithielt, wurde das Euchologion von einem anonymen amerikanischen Handschriftsammler für 2.2 Millionen Dollar ersteigert, der den Codex zur wissenschaftlichen Auswertung an das *Walters Art Museum* in Baltimore übergab. Unter der Führung des Israeli-Amerikaners R. Netz wurde das Projekt in allen Medien sensationell vermarktet (www.archimedespalimpsest.net). Auch mit den verfügbaren modernsten Technologien war es schwierig, den gelöschten Text des Palimpsests zu rekonstruieren (Abb. 12.25).

Es dauerte allein vier Jahre die 174 Folios voneinander zu trennen. Es stellte sich heraus, dass der Codex weitere Schriften enthält, neben einem Aristoteles-Kommentar auch die Reden des bekannten Athener Rhetors *Hyperides* (geb. 389 v.Chr.), ein Rivale von Demosthenes. Hyperides ist bekannt geworden als Verteidiger der Hetäre Phryne, die des Verstoßes gegen die Eleusinischen Mysterien angeklagt war. Er überzeugte das Gericht durch ihre Schönheit, indem er ihr Gewand öffnete.

12.9   Das Stomachion

Neben einer verbesserten Version der *Methode* fand man auf dem Palimpsest neue Skizzen zu den Texten *Über die Spirale* und *Über schwimmende Körper.* Als angebliche Neuheit – so von R. Netz[11] gepriesen – bietet das Palimpsest die Entdeckung eines Puzzles, das fast sicher von Archimedes stammt. Dieses sog. Stomachion ($\sigma\tau\acute{o}\mu\alpha\chi o\varsigma$ = Magen) besteht aus 14 Puzzleteilen, das bereits vom Dichter M. Ausonius (310–395 n.Chr.) in seinem Werk *Cento Nuptalis* (Buch XVII) unter dem Namen *ostomachion* beschrieben worden ist; in der römischen Literatur wird es auch „Loculus" genannt. Das Stomachion war schon zuvor bekannt; es ist bereits bei E.J. Dijksterhuis[12] (p. 411) in seinem Buch

---

[11] Netz R., Noel W.: The Archimedes Codex, Weidenfeld & Nicolson (2007).

[12] Dijksterhuis E.J.: Archimedes, Ejnar Munksgaard, Copenhagen (1956).

Abb. 12.25 Palimpsest:
Sichtbar gemachten Skizzen
aus „De corporis fluitantibus"

Archimedes (1956) abgebildet, das aus Artikeln der gleichnamigen Zeitschrift von 1938 bis 1944 kompiliert wurde. Das Stomachion besteht aus 14 Teilen, die auf verschiedene Arten zu einem Quadrat zusammengesetzt werden können. Zwei der 14 Stücke sind doppelt vorhanden. Sechs Puzzleteile sind so gestaltet, dass sie nur paarweise auftreten können (Abb. 12.26).

Unklar bleibt die Motivation, warum Archimedes ein relativ einfaches Puzzle behandelt. Dem von Heiberg edierten Text fehlt aber nach Netz die zentrale Aussage, die zusammen mit ihrem Beweis seine Abfassung rechtfertigen würde. Eine solche Aussage findet sich allerdings in einer von Heinrich Suter 1899 herausgegebenen arabischen Fassung des Stomachions. Dort heißt es nach der Konstruktion der 14 Teile des Quadrats: *Wir beweisen nun, dass jeder der vierzehn Teile zum ganzen Quadrat in rationalem Verhältnis stehe.* Diese Aussage passt gut zu dem Bestreben von Archimedes, die Verhältnisse verschiedener Körper wie Kugel und Zylinder oder von Flächen als rational nachzuweisen.

Abb. 12.26 Zwei Zerlegungen des Stomachions

Netz sah offenbar die in der arabischen Fassung des Stomachions enthaltene Fassung als nicht spektakulär genug für die inzwischen geweckten Erwartungen an. Vor diesem Hintergrund erschien ihm die im arabischen Text enthaltene Lösung als zu trivial für ein Genie wie Archimedes. So kam er auf die Idee, das Stomachion als kombinatorische Problemstellung hinzustellen: Auf wie viele Arten lassen sich die Puzzleteile zu einem Quadrat zusammensetzen? beauftragte den Computerspezialisten Bill Cutler (Illionis) das Rätsel lösen. Mit Hilfe seines Programms konnte dieser zeigen, dass es genau 17 152 Möglichkeiten gibt, die Puzzleteile zum Quadrat zusammenzusetzen. Ohne Drehungen gibt es 536 Grundlösungen, wobei jeweils noch 32 Rotationen möglich sind.

Ist also Archimedes auch noch der Erfinder der Kombinatorik? Es gibt keinerlei Beweise dafür, dass Archimedes in seinem Schriften kombinatorische Abzählungen im Sinn gehabt hat. Netz beruft sich auf einen Satz, der in der Übersetzung von Heiberg fehlt. Diese Stelle heißt: *Es gibt also keine kleine Anzahl von Figuren aus denselben.* Daraus die Berechtigung zu beziehen, das Stomachion sei ein Kombinatorik-Problem, scheint nicht zwingend. Netz plant eine völlig neubearbeitete Herausgabe aller archimedischen Werke. Zwei Bände der Edition sind bereits im Verlag Cambridge erschienen[13,14].

---

[13] Netz R.: The works of Archimedes Vol. 1: The Two Books On the Sphere and the Cylinder, Cambridge University Press (2004).

[14] Netz R.: The works of Archimedes Vol. 2: On Spirals, Cambridge University Press (2017).

12.10   Die Methode, Satz 2

Ein zentrales Werk Archimedes' ist die Schrift *De mechanicis propositionibus ad Eratosthenes methodus*. Das Werk ist – wie erwähnt – erst 1906 von Heiberg aufgefundenen worden; es kann als Vorläufer der modernen Infinitesimalrechnung angesehen werden. Archimedes betrachtet in Satz 2 die abgebildete Konfiguration im mechanischen Gleichgewicht bezüglich des Drehpunkts A. Der einbeschriebene Kreis (Mittelpunkt O) hat die senkrechten Durchmesser $|AB|$ und $|CD|$, die Gerade AC schneidet die Lotgerade durch B im Punkt E, die Gerade AD im Punkt F. ABEH ist ein Quadrat, entsprechend EFGH ein Rechteck. Ist r der Radius des einbeschriebenen Kreises, so gilt:

$$|EB| = |BF| = 2r$$

Die Winkel $\sphericalangle$EAB bzw. $\sphericalangle$FAB betragen je 45°. Das Rechteck wird geschnitten durch die Gerade PQ senkrecht zu AB; der Schnittpunkt mit der Achse AB ist X. Die weiteren Schnittpunkte sind R, S mit dem Kreis, T mit AE. Wie in der Abb. 12.27 setzen wir

$$|XT| = x \therefore |XR| = y$$

Da $\triangle$AXT gleichschenklig-rechtwinklig ist, folgt

$$|AX| = x \Rightarrow x^2 + y^2 = |AR|^2 \tag{12.1}$$

Abb. 12.27 Figur zur „Methode", Satz 2

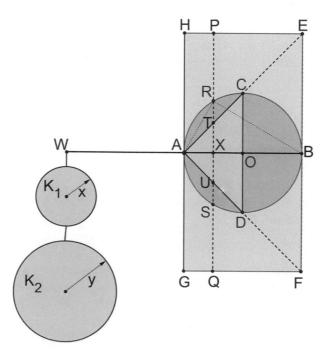

Das im Thaleskreis gelegene $\triangle$ARB ist rechtwinklig; nach dem Kathetensatz gilt

$$|AR|^2 = x \bullet 2r \tag{12.2}$$

Die Länge des linken Hebelarms $|WA| = 2r$. Damit ist die Konstruktion erklärt.

Die ganze Konfiguration wird nun um die Achse WB rotiert: Der einbeschriebene Kreis erzeugt eine Kugel vom Radius r, das Dreieck EAF einen Kegel mit dem Grundkreisradius $|BE| = 2r$ und der Höhe $|AB| = 2r$. Das Rechteck EFGH erzeugt einen Zylinder mit dem Grundkreisdurchmesser $|BE| = 2r$ und der Höhe $|AB| = 2r$. Bei dieser Rotation erzeugt die Gerade PQ eine Ebene, die den Zylinder in einem Kreis vom Radius $2r$ schneidet, den Kegel in einem Kreis K_1 vom Radius x und die Kugel in einem Kreis K_2 vom Radius y. Division von (1) durch $4r^2$ ergibt mit (1) und (2)

$$\frac{x^2 + y^2}{4r^2} = \frac{|AR|^2}{4r^2} = \frac{x}{2r}$$

Erweitern der linken Seite liefert die Gleichung

$$\frac{\pi \left(x^2 + y^2\right)}{\pi \left(2r\right)^2} = \frac{x}{2r} \tag{12.3}$$

Betrachtet man die Strecke WB als Hebel um den Drehpunkt A, so kann (3) wie folgt interpretiert werden: Das Verhältnis der Flächensummen von K_1 und K_2(ausgeschnitten aus Kegel und Kugel) zur Kreisfläche vom Radius $2r$(ausgeschnitten aus dem Zylinder) ist gleich dem Verhältnis der Entfernung $|AX| = x$ zur Entfernung $|AW| = 2r$. Denkt man sich PQ laufend von HG bis EF, so können die so entstandenen Scheibchen zusammengesetzt werden zu Kugel und Kegel. Mit dem Schwerpunkt des Zylinders O ergibt sich aus dem Hebelgleichgewicht das Verhältnis

$$\frac{Kugel + Kegel}{Zylinder} = \frac{|AO|}{|AW|} = \frac{1}{2} \Rightarrow 2(Kugel + Kegel) = Zylinder$$

Da nach [Euklid XII, 12] das Zylindervolumen das Dreifache des einbeschriebenen Kegels ist, folgt

$$2 \bullet Kugel = KegelEAF$$

Der Kegel ADC hat die halbe Höhe und den halben Grundkreisradius von Kegel EAF, somit gilt

$$KegelEAF = 8 \bullet KegelCAD \Rightarrow Kugel = 4 \bullet KegelCAD$$

Resultat: Das Kugelvolumen ist somit viermal so groß wie das des Kegels, der in Grundkreisradius und Höhe mit der Kugel übereinstimmt. Eine Folgerung ist: Ist die Höhe des Kegels gleich dem Kugeldurchmesser, so ist sein Volumen gleich dem halben Kugelvolumen. Somit ist das Kugelvolumen das $\frac{2}{3}$-fache des umbeschriebenen Zylinders.

12.11 Grabfigur des Archimedes

Die Darstellung einer Kugel in einem Zylinder (von der Höhe des Kugeldurchmessers) war eine geometrische Figur, die Archimedes besonders schätzte und sich als Figur auf seinem Grab wünschte (Plutarch, *Vita Marcelli, XVII, 7*). Die Belagerung von Syrakus (Sizilien) 212 v.Chr. durch die Römer während des zweiten Punischen Kriegs wird von Plutarch ausführlich beschrieben. Obwohl der Befehlshaber *Marcellus* den ausdrücklichen Befehl gegeben hatte, den Gelehrten zu schonen, wurde Archimedes von einem römischen Soldaten erschlagen, als sich dieser gerade mit einem Rechenbrett beschäftigte. Die Exekution wird in dem Mosaik von Abb. 12.28 dargestellt, das eine Kopie des berühmten Mosaiks in Neapel darstellt.

Dieses Mosaik hat eine *kuriose* Geschichte: Es stammte vermutlich aus dem Besitz von Jérôme Bonaparte, dem jüngsten Bruder von Napoléon Bonaparte. Es wurde nach dessen Tod (1860) versteigert und gehört jetzt zum Inventar des Städel-Museums Frankfurt a.M. Da das Alter des Mosaiks unbekannt und es stark beschädigt war, dachte man zunächst, es stamme aus der Antike. Es stellte sich als relativ neu heraus; der Kunsthistoriker Goethert vermutete ein Entstehen zur Zeit der Renaissance (Schule Raffaels).

Der Grund für die Untat des Soldaten könnte sein, dass er die von Archimedes in Bronze gefertigten Geräte, ein astronomisches Uhrwerk (vermutlich ein Planetarium)

Abb. 12.28 Mosaik zum Tod Archimedes' (Wikimedia Commons)

und einen Himmelsglobus, in seinen Besitz bringen wollte. Der Himmelsglobus kam als Kriegsbeute nach Rom in den Tempel der Vesta, wo ihn Ovid im Jahre 8 n.Chr. bestaunte und ein Gedicht darüber verfasste. Das Uhrwerk verblieb in Marcellus' Familie, so dass der astronomiebegeisterte Gajus S. Gallus (Consul im Jahr 166 v.Chr.), der es zu Gesicht bekam, damit die Sonnenfinsternis vom 21. Juni 168 v.Chr. vorhersagen konnte (die Sichtbarkeit in Rom war nicht vorhersagbar). Cicero berichtet in *De re publica* I, 21–22 über eine Vorführung der beiden kugelförmigen Geräte durch Gallus im Hause des Enkels von Marcellus:

> Da ließ Marcellus eine Kugel herbeibringen, die dessen Großvater nach der Eroberung von Syrakus [...] mitgenommen hatte [...]. Ich hatte schon oft von dieser Kugel gehört, die vom berühmten Archimedes stammen sollte, darum war ich beim ersten Anblick nicht so sehr begeistert. Gallus erklärte uns nämlich, dass die feste und volle Kugel [die im Tempel aufbewahrte] aus früher Zeit stamme und von Eudoxos aus Knidos, einem Schüler Platons, wie man sagt, mit den Sternbildern am Himmel bemalt worden sei. [...]
>
> Doch die andere Kugel, welche die Bewegungen der Sonne und des Mondes darstellen konnte und auch die der fünf Gestirne, die man die herumirrenden und gleichsam beweglichen nennt, die von der festen Kugel nicht dargestellt werden konnten, das sei eine bewundernswerte Erfindung des Archimedes, weil er sich ausgedacht hatte, wie eine einzige Umdrehung die ungleichmäßigen und verschiedenen Laufbahnen in ungleichen Bewegungen darstellte. Als Gallus dann diese Kugel bewegte, geschah es, dass der Mond auf dieser Bronze in genauso vielen Umläufen der Sonne folgte wie an Tagen am Himmel selbst; dadurch entstand auf der Kugel dieselbe Sonnenfinsternis und darauf geriet auch der Mond in den Schatten der Erde, als die Sonne auf der entgegengesetzten Seite stand.

Die beiden astronomischen Uhrwerke des Archimedes sowie das Planetarium von Antikythera waren aus einem Metall wie Bronze gefertigt. Die Herstellung eines solchen Instruments erforderte über mathematisch-astronomische hinaus feinmechanische und vor allem metallurgische Kenntnisse. Dazu musste es in Syrakus die dafür nötigen Metallwerker und Werkstätten gegeben haben; dies wirft ein ganz neues Licht auf die handwerklichen Fähigkeiten der Griechen um 220 v.Chr.

Die Grabstätte, die Archimedes nach seinem gewaltsamen Tod erhalten hatte, war im Laufe der Zeit in Vergessenheit geraten. Cicero, der im Jahr 75 v.Chr. Quästor von Sizilien war, ließ nach dem Grabmal in Syrakus suchen, prompt wurde es auch wiedergefunden. Cicero erzählt in (*Tusc. Disputat.*, 23):

> Das Grab des Archimedes, das den Bürgern von Syrakus unbekannt war und von dem sie behaupteten, es gebe es überhaupt nicht mehr, habe ich, als ich dort Quästor war, entdeckt, obwohl es von allen Seiten durch Dornenbüsche und Gestrüpp umschlossen und überwuchert war. Ich hatte nämlich noch einige jambische Verse im Gedächtnis, die, wie ich gehört hatte, auf dessen Grabmal eingeschrieben wären und die besagten, dass auf die Spitze des Grabsteins eine Kugel mit einem Zylinder gesetzt seien.
>
> Als ich aber die ganze Umgebung in Augenschein nahm, da bemerkte ich eine kleine Säule, die nur wenig aus dem Gebüsch herausragte, auf der die Form einer Kugel und eines Zylinders saßen. Ich rief sogleich den Syrakusanern, die sich bei mir befanden zu: „Ich glaube, das ist es, was ich suche!". Es wurden nun viele Leute mit Geräten hineingeschickt,

die den Platz reinigten und zugänglich machten. Hierauf traten wir zur Vorderseite der Säule und hier zeigte sich das Epigramm, nur dass die hinteren Teile der Verse schon zur Hälfte verwittert waren. So hätte die berühmteste, einst auch gebildetste Stadt Magna Graecias [=Syrakus] das Grabmal ihres scharfsinnigsten Mitbürgers nicht kennengelernt, wenn es nicht ein Mann aus Arpinum [=Cicero] gefunden hätte.

Der Grabstein soll 1995 beim Neubau eines Hotels in Syrakus wiedergefunden worden sein.

In seinem, dem Eratosthenes gewidmeten Werk *Über die Methode,* hatte Archimedes als Lehrsatz 2 formuliert:

Der Zylinder, dessen Grundfläche gleich dem Großkreis der Kugel und dessen Höhe gleich dem Kugeldurchmesser ist, ist $\frac{3}{2}$ der Kugel an Fläche.

Damit hat Archimedes die Zylinderoberfläche O_{zyl} bestimmt. Dass sich die Oberflächen wie 3: 2 verhalten, ist leicht einzusehen

$$\frac{O_{zyl}}{O_{kug}} = \frac{4\pi R^2 + \pi R^2 + \pi R^2}{4\pi R^2} = \frac{3}{2}$$

Bemerkenswert ist, dass dies auch das Verhältnis der Volumina ist:

$$\frac{V_{zyl}}{V_{kug}} = \frac{2\pi R^3}{\frac{4}{3}\pi R^3} = \frac{3}{2}$$

Die Mantelfläche des Zylinders stimmt sogar mit der Kugeloberfläche überein!

$$\frac{M_{zyl}}{V_{kug}} = \frac{4\pi R^2}{4\pi R^2} = 1$$

Nimmt man noch den eingeschriebenen Kegel hinzu, ergibt sich für die Volumina die schöne Proportion, die sicher das Herz des Pythagoras erfreut hätte:

$$V_{keg} : V_{kug} : V_{zyl} = \frac{2}{3}\pi R^3 : \frac{4}{3}\pi R^3 : 2\pi R^3 = 1 : 2 : 3$$

12.12 Der Mechanismus von Antikythera

Im April 1900 entdeckte ein griechischer Fischer, der mit anderen vor der Insel Antikythera nach Schwämmen tauchte, in der Tiefe einen antiken Bronze-Arm. Sein Kapitän D. Kontos, der Erfahrung mit historischen Funden hatte, tauchte nach und fand weitere Teile von antiken Statuen am Meeresgrund. Es kann vermutet werde, dass die Mannschaft Kontos' erst alle mit Bordmitteln zu bergende Gegenstände an Bord genommen hat, bevor die griechische Regierung informiert wurde. Diese sandte ein Marineschiff an den Fundort um die Bergungen bis zum Frühling 1901 zu überwachen. Die Schiffsroute zwischen den beiden Inseln wurde oft als Weg für Transporte aus dem östlichen Mittelmeerraum nach Rom gewählt; unter anderem sank dort 1802 eines von mehreren

Schiffen Lord Elgins, die die geraubten Marmorfiguren des Parthenon der Akropolis nach London bringen sollte.

Es wurden zahlreiche Artefakte gefunden, wie ca. 50 teilweise beschädigte Bronze- bzw. Marmorstatuen, Münzen, Amphoren und Schmuck. Die Beschriftung der Trinkgefäße zeigte an, dass es sich um ein griechisches Schiff handelte. Die gefundenen Bronze-Münzen stammten aus Rhodos und Ephesos (70–60 v.Chr.), die Silber-Münzen aus Pergamon (85–76 v.Chr.). Unter den vielen kleineren Funden befand sich auch ein stark korrodiertes metallisches Objekt, das nach einer Reinigung griechische Schriftzeichen und diverse Zahnräder zeigte, nunmehr *Mechanismus von Antikythera* genannt.

Im Mai 1902 erschien die erste Pressemeldung einer Athener Zeitung über den Mechanismus, die eine erste wissenschaftliche Untersuchungen veranlasste. Der deutsche Philologe A. Rehm reiste aus München an und fand bei seiner Untersuchung das Wort PAXΩN (pachon), der griechische Name für einen Monatsnamen des ägyptischen Kalenders. Er war daher der Meinung, dass es sich keinesfalls um ein Astrolabium handele, das Gerät sei viele zu kompliziert um es auf See benutzen. Er verwies auch auf oben zitierte Cicero-Stelle. Dort beschreibt Cicero die Vorführung eines kleinen Planetariums (*sphaera* genannt) von Archimedes, das Feldherr Gallus bei der Eroberung von Syrakus erbeutet hatte. Cicero zeigte sich begeistert über das Planetarium, da er es mehrfach in seinen Schriften erwähnte. In den *Tusc. Disput.*(I, 25) schreibt er:

> Denn als Archimedes die Bewegungen des Mondes, der Sonne und der fünf Planeten auf einer Sphäre darstellte, hat er genau das getan, was Platons Gott im *Timaios* bei der Erschaffung der Welt getan hat. Er machte es möglich, durch einfache Drehungen die Bewegungen von ganz unterschiedlichen Geschwindigkeiten darzustellen. Nun, wenn wir zugestehen, dass das, was wir auf Erden sehen, nicht ohne Hilfe Gottes vor sich geht, dann hätte Archimedes die gleichen Bewegungen auf seiner Sphäre nicht ohne göttliche Seele nachahmen können.

Als weiterer möglicher Erfinder des Mechanismus kommt Posidonios (Poseidonios) von Apameia (Syrien) infrage, der 95 v.Chr. eine Schule auf Rhodos gegründet hat und den Cicero persönlich kannte. Ciceros berichtet in *De Natura Deorum* (II, 87–89):

> Wenn aber die Sphäre, die unser Freund Posidonius unlängst gemacht hat, durch gleichbleibende Drehungen die Umläufe von Sonne, Mond und der fünf wandernden Sterne [=Planeten] bei Tag und Nacht zeigt, nach Skythien oder Britannien transportiert würde, wer in jenen barbarischen Ländern, würde bezweifeln, dass diese Sphäre durch genaue Berechnung perfektioniert wurde? ... Dem zufolge habe er, als er die Umdrehungen der Himmelskugel nachbildete, mehr geleistet als die Natur bei ihrer Erschaffung selbst. Und das, obwohl doch das Werk der Natur eine größere Kunstfertigkeit aufweist als diese Kopie.

In den Jahren um 1920 studierte der ehemalige Admiral I. Theophanidas den Mechanismus und ordnete ihn als Planetarium ein. Das Interesse daran ging verloren, und so verschwand der Apparat in einer Kiste, die jahrelang im Hof des Athener Antikenmuseums herumstand. Erst 1958 untersuchte der Engländer S. Price den Mechanismus und publizierte 1959 in der Zeitschrift *Scientific American* einen Bericht, in dem er den

Mechanismus als „Ancient Greek Computer" einstufte. 1971 beschäftigte sich Price erneut mit dem Apparat, nachdem er von Metalluntersuchungen mittels Röntgenstrahlung des Oak Ridge National Laboratory gehört hatte. Mit Hilfe dieser Technik wurden 1972 Hunderte von Fotos der Fragmente gemacht, sodass Price erkennen konnte, wie bestimmte Zahnräder den Lauf der Sonne und der Mondfinsternisse simulieren. Er baute damit ein mechanisches Modell; sein Tod im Jahr 1983 beendete seine Forschungen.

Aber die Publikation von Price erweckte das Interesse von M. Wright, Mitarbeiter des *Museum of Science* (London). Ab 1990 forschte er drei Jahre lang gemeinsam mit dem Kollegen A. Bromley, der zahllose weitere Röntgenaufnahmen machte. In seiner Publikation von 2007 verwarf er Prices Theorien und nannte den Apparat den „ältesten Zahnrad getriebenen Mechanismus der Welt". Im Jahr 2005 ergriff der englische Mathematiker Tony Freeth die Initiative und sammelte eine Gruppe von Naturwissenschaftlern um sich, um mit der neuesten Methoden den Mechanismus zu untersuchen. Die Firmen Hewlett-Packard (USA) und X-Tek (UK) gewährten technologische Unterstützung. Zunächst verweigerte das Athener Museum die Zusammenarbeit. Erst als drei weitere griechische Professoren in das Team aufgenommen wurden, konnte die Kooperation beginnen, nachdem der griechische Professor X. Moussas persönlich beim Kulturminister interveniert hatte. Mit Hilfe von Tausenden von neuen Aufnahmen konnte der Aufbau des Apparats und das Zusammenspiel der 82 Bronze-Fragmente und 30 Zahnrädern geklärt werden. Folgende astronomische Zyklen wurden erkannt: der Metonische Zyklus (235 synodische Monate) und der Saros-Zyklus (223 synodische Monate). Ebenfalls erklärt werden konnte die Anzeige der heliakischen Auf- und Untergangszeiten der wichtigsten Sterne, sowie die Sonnenbewegung in den Tierkreiszeichen (Zodiak). Die vollständige Mechanik wurde 2006 geklärt; die Ergebnisse publizierte das Team um T. Freeth in der Zeitschrift *Nature,* Bd. 444, p. 587–591. Abb. 12.29 zeigt einen modernen Nachbau des Mechanismus von verschiedenen Seiten.

Nachdem die technische Seite des Mechanismus geklärt war, wurde die archäologische Suche intensiviert. Im Herbst 2016 lieferten die Tauchgänge weitere Artefakte; es fand sich sogar ein menschlicher Unterkiefer. Der Biologe H. Schroeder vom Naturkunde-Museum von Dänemark will versuchen, die DNA aus den Zähnen zu extrahieren. Falls der Unterkiefer einem Matrosen dieses Schiffes gehört hat, könnte man bei Erfolg weitere Rückschlüsse ziehen.

Nach mehr als 100 Jahren ist nun eine endgültige, umfassende Darstellung des inneren Aufbaus und der Funktionsweise publiziert worden! Der Report von *Nature* von 2021 wurde verfasst von T. Freeth und seinem Team. Der 15 Seiten umfassende Bericht findet sich bei (https://doi.org/10.1038/s41598-021-84.310-w.). Besonders interessant ist die Schilderung der verwendeten Algorithmen; sie beruhen auf dem in Abschn. 7.5 beschriebenen Parmenides-Verfahren.

Weitere Informationen bieten die griechischen Seiten: antikythera.gr bzw. antikythera. org.gr.

Abb. 12.29   Rekonstruktion des Antikythera-Mechanismus' (Bild image/professionals)

12.13   Weitere Werke Archimedes'

Neben seinen mathematischen Abhandlungen sollen auch noch einige physikalische Erkenntnisse erwähnt werden.

a) **Auftrieb**

Archimedes sollte im Auftrag des Königs Hieron von Syrakus den Goldgehalt einer Krone zerstörungsfrei prüfen. Archimedes erkannte angeblich beim Hineinsteigen in eine Badewanne, so schreibt Vitruv am Anfang von Buch IX seiner *Architectura,* das Prinzip des Auftriebs. Er sei aus der Wanne gesprungen und auf die Straße gelaufen, ohne sich anzukleiden. Dabei habe er gerufen: εὕρεκα (= ich hab's gefunden). Durch Messung des verdrängten Wassers beim Eintauchen der Krone bzw. eines gleichschweren Goldklumpens habe Archimedes entdeckt, dass die Krone nicht aus reinem Gold bestehe. Die genaue Formulierung des archimedischen Prinzips ist: *Die Auftriebskraft eines eingetauchten Körpers ist betragsgleich der Gewichtskraft der verdrängten Flüssigkeit.*

b) **Hebelgesetz**

Das Hebelgesetz wird von Archimedes im Buch *Über ebene Körper* formuliert; es findet zahlreiche Anwendung bei den Beweisversuchen mithilfe der Mechanik. Damit bestimmte er den Schwerpunkt von Vierecken, Trapezen und von Segmenten des Kreises bzw. der Parabel. Pappos überliefert in Buch VIII, 11 den Ausspruch, den Archimedes bei der Entdeckung der Hebelwirkung getan haben soll:

Gebt mir einen festen Punkt und ich werde die Erde aus den Angeln heben!

c) **Flaschenzug**

Der Erfinder des Flaschenzugs ist nicht bekannt; die Erfindung wird jedoch dem Archimedes zugeschrieben. Plutarch berichtet in seinem Marcellus-Bericht (aus *Vitae parallelae*) von einem Schiff, das König Hieron von Syrakus für Ptolemaios I bauen ließ. Alle Hafenarbeiter konnten das Schiff nicht aus dem Dock ziehen. Hieron gelang es eigenhändig mit Hilfe eines von Archimedes angebrachten Flaschenzugs das ganze Schiff ins Wasser zu ziehen. Der König soll darauf gesagt haben: *Von diesem Tage an müsse man den Worten Archimedes' in allem glauben.*

d) **Wasserschraube**

Die Erfindung der Wasserschraube erfolgte während seines Aufenthalts in Ägypten, wie Diodorus Siculus (*Bibl. Hist. V.37.3*) schreibt.

Das Standardwerk Archimedes' wurde von Heiberg[15] herausgegeben. Ivo Schneider[16] bringt ergänzendes Material zu Archimedes' Wirken in Optik und Astronomie. Das Archimedes-Buch von G. Aumann[17] ist ein Fachbuch, das auf viele mathematische Details eingeht, die hier nicht dargestellt werden können.

Weitere Literatur

Archimedes, Czwalina, A., Heiberg (Hrsg.): Werke. Wissenschaftliche Buchgesellschaft Darmstadt (1983)

Archimedes, von Cremona, G. (Hrsg.): De Mensura Circuli, im Sammelband Clagett. American Philosophical Society, Wisconsin (1964)

Archimedes, Heath, T. (Hrsg.): Works of Archimedes, Dover New York (2003)

Archimedis Opera Omnia I-III (Hrsg.): Heiberg, Menge, Teubner Leipzig, ab (1880)

Aumann G.: Archimedes - Mathematik in bewegten Zeiten. Wissenschaftl Buchgesellschaft (2013)

Clagett, M. (Hrsg.): Archimedes in the Middle Ages, Bd. I. University of Wisconsin, Madison (1964)

Dijksterhuis, E.J.: Archimedes. Eijnar Munksgaard Kopenhagen (1956)

Freeth T., Bitsakis, Y., Moussas, X., et al.: Decoding the Ancient Greek astronomical calculator known as the Antikythera mechanism. Nature. **444,** 587–591 (2006)

Kechre, N.L.: Archimedes – Buch der Lemmata (Griechisch). Iounios, Athen (2018)

Netz R.: The Works of Archimedes, Bd. I. Cambridge University, Cambridge (2004)

Netz R.: The Works of Archimedes, Bd. II. Cambridge University, Cambridge (2017)

Netz, R., Noel, W.: Der Kodex des Archimedes. C.H. Beck München (2008)

Netz, R., Noel, W.: The Archimedes Codex. Weidenfeld & Nicolson (2007)

Schneider, I.: Archimedes. Wissenschaftl. Buchgesellschaft (1979), Springer Heidelberg (2019)

---

[15] Heiberg J.L.: Archimedis opera omnia cum commentariis Eutocii, Teubner 1880–1881.

[16] Schneider I.: Archimedes: Ingenieur, Naturwissenschaftler, Mathematiker, Wiss. Buchgesellschaft 1979[1], Springer 2015[2].

[17] Aumann G.: Archimedes: Mathematik in bewegten Zeiten, Wiss. Buchgesellschaft 2013.

Neben der Erfindung des nach ihm benannten Primzahlsiebs hat sich Eratosthenes insbesondere als Geograf, Chronologe und Bibliothekar hervorgetan. Berühmt ist insbesondere seine Messung des Erdumfangs; seine Erdbeschreibung erlaubt das Zeichnen
einer Erdkarte mit Wendekreisen und einem Gradnetz. Er war Brief- und Ansprechpartner Archimedes' für die Alexandriner Mathematiker.

Eratosthenes (Ἐρατοσθένης) von Kyrene (heute Shahat/Libyen) lebte um 273–192 v.
Chr. und war Zeitgenosse, Brief- und Ansprechpartner von Archimedes für die Alexandriner Mathematiker. Archimedes widmet ihm seine Schrift *Die Methode:*

> Da ich sehe, dass Du ein tüchtiger Gelehrter und nicht nur ein hervorragender Lehrer der
> Philosophie, sondern auch ein Bewunderer [mathematischer Forschung] bist.

Eine umfangreiche Diskussion über das Leben von Eratosthenes findet sich bei K. Geus[1],
dessen Habilitationsschrift ein Standardwerk (in deutscher Sprache) ist. Geus' Kapitel-
einteilung zeigt die Vielzahl der Talente Eratosthenes':

Philosophie, Dichtung, Platoniker, Astronom, Geograf, Philologe, Chronograph, Historiker.

Leider ist keines seiner Werke überliefert; von einigen kennt man jedoch den Namen:
Über Plato, Über die Komödie, Über die Erdvermessung und Über die Sternbilder.

Da ihn Strabon (*Geographica,* 15) mit einigen Schülern des Peripatos (u. a. Ariston
von Chios und Zenon von Kition) in Verbindung bringt, kann man vermuten, dass er in
Athen ausgebildet wurde. Nimmt das Sterbedatum von Zenon zu 262 v.Chr. an, so muss
man das Geburtsjahr früher ansetzen. Aber auch das Sterbedatum von Zenon ist umstritten; nach Diogenes Laertios (VII, 6–28) könnte es auch erst 256 gewesen sein.

---

[1] Geus K.: Eratosthenes von Kyrene – Studien zur hellenistischen Kultur- u. Wissenschaftsgeschichte, C. H. Beck (2002)

© Springer-Verlag GmbH Deutschland, ein Teil von Springer Nature 2024
D. Herrmann, *Die antike Mathematik,* https://doi.org/10.1007/978-3-662-68478-8_13

Die Suda überliefert dagegen, dass der berühmte Dichter Kallimachos einer seiner Lehrer war, der als Assistent des Bibliothekars Zenodotos von Ephesos wirkte und später in dieser Rolle einen Großteil der Handschriften der Alexandrinischen Bibliothek katalogisierte. Um 235 v. Chr. wurde er selbst von Ptolemaios III Evergestes (Regierungszeit 247–222) zum Chef-Bibliothekar berufen. Um 230 wurde er auch mit der Ausbildung des Sohns und Nachfolgers Ptolemaios IV Philopator beauftragt, der 222 den Thron bestieg.

Obwohl Strabon (Geographie 1, 49) das geographische Werk Eratosthenes' heftig kritisiert, kommt er nicht umhin, seine Humanität zu rühmen:

> Die Ratgeber Alexanders d.Gr. rieten ihm die Griechen als Freunde, die Barbaren aber als Feinde zu behandeln. Eratosthenes aber sagt, dass es besser wäre, nach guten und schlechten Eigenschaften zu unterscheiden; denn nicht nur viele der Griechen sind schlecht, aber auch viele der Barbaren sind gebildet, wie Inder und Arianer, die, wie Römer und Karthager, ihre Regierungsgeschäfte so vortrefflich ausüben.

In der Anthologia Graeca (VII, 78) findet sich ein Epitaph auf den Tod Eratosthenes', verfasst von Dionysius von Kyzikos:

> Ruhiges Alter, nicht lähmende Krankheit löschte dein Leben; doch in den Schlaf der Natur sankst, Eratosthenes, du erst nach den höchsten Erfolgen des Geistes. Nicht Mutter Kyrene freilich, du Sohn des Aglaos, bot dir ein Platz zum Grab neben den Stätten der Ahnen, nein, das Gestade des Proteus [=Meeresgott] nahm als geachtete Freund hier in der Fremde dich auf.

13.1   Eratosthenes als Mathematiker

Die dem Eratosthenes zugeschriebene Erfindung des Mesolabion ($\mu\epsilon\sigma o\lambda\acute{\alpha}\beta\iota o\nu$) ist eine mechanische Vorrichtung, die dazu dient, zu zwei gegebenen Strecken a und b die beiden mittleren Proportionalen x und y (definiert durch $\frac{a}{x} = \frac{x}{y} = \frac{y}{b}$) durch Verschieben zu bestimmen. Das Mesolabion ermöglicht es auch, das Problem der Würfelverdopplung mechanisch zu lösen.

Eutokios von Askalon berichtet von einem Brief Eratosthenes' an seinen König Ptolemaios III, in dem er ihm die Schwierigkeiten des Problems (Würfelverdopplung) berichtete. Hier ein Ausschnitt (zitiert nach Lattmann, S. 218):

> König Ptolemaios von Eratosthenes zum Gruß!
> Von einem alten Tragödiendichter sagt man, dass er Minos als jemanden auf die Bühne gebracht habe, der beim Bau des Grabes für Glaukos - nachdem er erfahren habe, dass es überall 100 Fuß lang sei - sagte:
> *Von einem kleinen Bezirk für ein königliches Grab hast du geredet, doppelt so groß sei er!*
> *Ohne vom Schönen abzuweichen, verdopple jedes Glied des Grabes in Schnelligkeit.*
> Er schien sich aber gründlich zu irren – denn wenn man die Seiten verdoppelt, wird die Fläche viermal, der Körper achtmal so groß.

Abb. 13.1 Primzahlsieb des
Eratosthenes

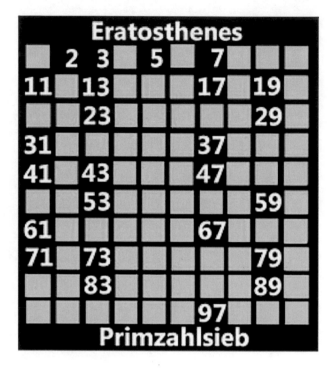

Seine berühmteste mathematische Leistung ist die Erfindung des nach ihm benannten Primzahlsiebs (Abb. 13.1). Es funktioniert folgendermaßen: Alle ungeraden Zahlen, beginnend mit der Drei im gewünschten Zahlbereich (bis N) werden in das Sieb gefüllt. Zunächst werden alle Vielfachen von drei ausgesiebt, also 6, 9, 12, usw. Die nächst kleinere, im Sieb verbleibende Zahl, ist 5, somit werden alle Vielfachen von 5 ausgesiebt. Dieses Verfahren wird fortgesetzt mit 7, 11, 13, 17, … bis die Zahl $\sqrt{N}$ überschritten ist. Die im Sieb verbleibenden Zahlen sind die gesuchten Primzahlen im Bereich von $\{3, .., N\}$. Die Zahl 2 wurde nicht als Primzahl angesehen. Da die Schriften Eratosthenes' verloren gingen, wurde die Siebmethode erst durch den Bericht Nikomachos' (1, 13) bekannt.

13.2 Eratosthenes als Geograf

Seine bedeutendste Leistung war die Begründung der wissenschaftlichen Geografie. Nach der *Geographia* des Strabon sammelte er Entfernungsmessungen (aus Aufzeichnungen der Ägypter und der Alexander-Feldzüge), führte Breiten- und Längengrade ein und zeichnete die zugehörigen Landkarten.

Eratosthenes wusste, dass die Sonne zur Sommer-Sonnenwende (21.Juni) über Syene (heute Aswan/ Ägypten) senkrecht steht (vgl. Abb. 13.2). Durch Vermessung der Sonnenhöhe in Alexandria an diesem Tag konnte bei bekannter Entfernung

Abb. 13.2 Zur
Erdvermessung Eratosthenes'

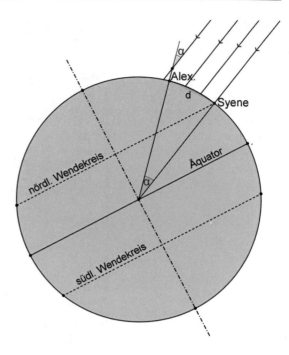

Alexandria-Syene ($d = 5000$ Stadien) der Erdumfang $U = 2\pi R$ und damit der Erdradius R berechnet werden. Dabei setzte er voraus, dass die beiden Städte auf demselben Längengrad liegen, was nicht exakt der Fall ist. Mit Hilfe der Sonnenhöhe konnte er den Winkel $\alpha = 7{,}2°$ messen, den die Sonnenstrahlen in Alexandria mit dem Lot einschließen. Unter der Annahme, dass die Sonne sehr weit entfernt ist und somit die Strahlen parallel verlaufen, lässt sich der Erdradius R ermitteln zu

$$\frac{d}{2\pi R} = \frac{\alpha'}{360°} \Rightarrow R = \frac{d \bullet 360°}{2\pi\alpha} = 250000 St.$$

Dies ist das von Kleomedes überlieferte Ergebnis; Theon von Smyrna und Strabon benützten den Wert 252 000 Stadien, vermutlich damit die Zahl durch 60 teilbar wurde. Nach einer Umrechnung, die sich in der Naturgeschichte (XII, 53) von Plinius findet, gilt: 1 Stadion = 157,5 m. Dies liefert einen Erdumfang von etwa 40.200 km, was ein sehr guter Wert ist. Nach Angaben des K. Ptolemaios rechnete Eratosthenes mit einem Winkelabstand der beiden Wendekreise zu $\frac{11}{83}$ des Vollkreises; das sind 47°42ʹ39ʺ.

Liest man dagegen die ausführliche Beschreibung der Erdvermessung bei Kleomedes, so erhält man ein realistischeres Bild der Winkelmessung. Kleomedes beschreibt hier konkret, dass zur Messung eine waagrecht aufgestellte Halbkugel, *Skaphe* (σκαφός = Wanne, Schiffsbauch) genannt, verwendet wurde (Abb. 13.3). T. Heath schreibt die Entdeckung der Skaphe dem Aristarchos zu.

Abb. 13.3 Messung der
Sonnenhöhe mittels Skaphe

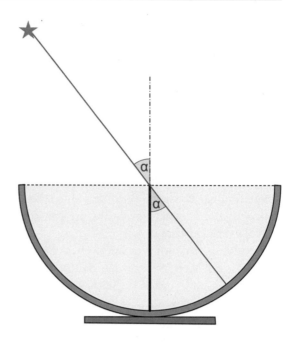

Kleomedes' Bericht *De motu circulari* (I, 10) lautet:

Die Methode des Eratosthenes ist geometrischer Natur und etwas undurchsichtiger. Das,
was er sagt, wird aber deutlich werden, wenn wir folgendes vorausschicken. [Voraus-
setzungen wie oben]. Der eine der beiden Winkel ist derjenige, den die beiden Erdradien
miteinander bilden, der andere wird gebildet vom Zeiger der in Alexandria aufgestellten Uhr
und der Geraden, die die Spitze des Zeigers mit dem Endpunkt des Schattens des Zeigers
verbindet.
     Über diesem Winkel als Zentriwinkel steht ein Kreisbogen, nämlich derjenige, der den
Endpunkt des Schattens mit dem Fußpunkt des Zeigers verbindet. Über dem im Erdmittel-
punkt liegenden Winkel als Zentriwinkel steht als Kreisbogen der Meridianbogen zwischen
Syene und Alexandria. Kreisbogen über gleichen Zentriwinkeln sind nun einander ähnlich.
Der innerhalb der Höhlung der Sonnenuhr liegende Kreisbogen hat also zum Umfang des zu
ihm gehörigen ganzen Kreises dasselbe Verhältnis wie der Meridianbogen von Alexandria
bis Syene zum Umfang der Erde. Es stellt sich heraus, dass der in der Höhlung der Sonnenuhr gelegene Kreisbogen der 50ste Teil des zugehörigen Kreisumfangs ist. Es muss also
auch die Entfernung zwischen Alexandria und Syene der 50ste Teil des Erdumfangs sein.
Diese Entfernung beträgt aber 5000 Stadien. Der Erdumfang beträgt also 250 000 Stadien.
Dies ist die Methode des Eratosthenes.

In der Antike gab es prinzipiell noch eine einfachere Methode zur Messung der Sonnenhöhe h, indem man von einem Turm die Zenithöhe z misst: $z = 90° - h$.
     Plinius d.Ä., der beim Vesuvausbruch 79 n. Chr. bei einem Rettungsversuch ums
Leben kam, würdigt in seiner Naturgeschichte (II, 247) die Erdvermessung mit den Worten:

Den gesamten Erdumfang hat Eratosthenes, in allen Wissenschaften gründlich beflissen und in dieser aber mehr als alle anderen bewandert, mit 252 000 Stadien angegeben; und soweit ich sehe, findet er die Zustimmung aller. Dies ist eine kühne, aber durch eine derart gründliche Argumentation gewonnene Behauptung, dass man sich schämen müsste, wenn man ihr nicht glaubte.

In vielen Büchern wird geschrieben, dass die Erde in der Antike als Scheibe betrachtet wurde. Dies trifft auf keinen Fall für die griechische Astronomie zu, da Aristoteles die Kugelgestalt für *alle* Himmelskörper gefordert hat. Dies zeigt die Betrachtung des berühmten *Atlas Farnese,* einer römischen Kopie (um 150 n.Chr.) einer älteren griechischen Statue, der den (mit vielen Sternbildern geschmückte) Himmelsglobus auf den Schultern trägt. Das erste Buch des Mittelalters, in dem die Scheibentheorie des Erdkreises wieder aufgenommen wird, ist die Enzyklopädie des Isidor von Sevilla (636 n.Chr. posthum erschienen).

Die Idee des Eratosthenes wurde etwa 150 Jahre später von Posidonios (von Apameis) (jetzt Syrien) kopiert. Er versuchte die Kulminationshöhe des Sterns Kanopus in Alexandria zu messen, wenn der Stern gleichzeitig auf Rhodos am Horizont erscheint (Abb. 13.4). Er erhielt den Wert $\varphi = 7,5°$ gegenüber dem wahren Wert $5,25°$, was zu einem größeren Fehler als bei Eratosthenes führt. Der sich ergebende, zu kleine Wert des Erdradius und ein verkürztes Zitat von Aristoteles haben vermutlich Kolumbus bewogen, seine Weltumsegelung zu starten. Kolumbus fand in dem Buch *Imago Mundi* von Pierre d'Ailly, das falsch wiedergegebene Zitat aus dem Buch *Opus majus* (IV, 290) von Roger Bacon:

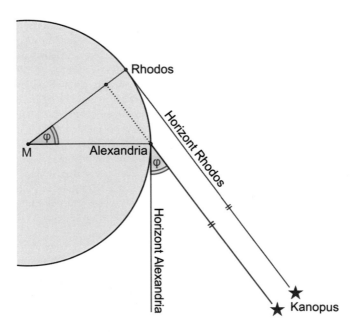

Abb. 13.4 Messung der Kulminationshöhe eines Sterns

Abb. 13.5 Spanische Briefmarke mit Aristoteles-Zitat

> Zwischen den Grenzen von Spanien im Westen und den Gestaden Indiens im Osten ist das
> Meer klein; es kann bei günstigem Wind in wenigen Tagen durchquert werden.

Aristoteles (Abb. 13.5) hatte nur geschrieben: *Das Meer ist klein zwischen den Grenzen
von Spanien im Westen und den Gestaden Indiens im Osten.* Von Seneca (*Nat. Quest.*,
V*)* stammt der Satz: *Das Meer kann bei günstigem Wind in wenigen Tagen durch-
quert werden.* Nach der Biografie von Kolumbus' Sohn kannte sein Vater auch die *Erdbeschreibung* von Strabon, die folgende Zitate von Eratosthenes und Posidonios enthält:

> Wenn es nicht die Größe des atlantischen Meeres verhindern würde, könnte man auf der-
> selben Parallelen [Breitengrad] von Iberien nach Indien […] durchschiffen.
>   Dass man, mit Ostwind vom Westen her segelnd, nach ebenso viel Stadien [70 000] wohl
> nach Indien kommen könnte.

Kolumbus war sich daher vermutlich nicht über die Länge seiner Fahrt im Klaren, als
er nach "Indien" segelte. Die älteste Erdmessung stammt von Dikaiarchos von Messana
(um 300 v.Chr.), der Geograf am Lykeion war. Er beobachtete, dass das Sternbild des
Draco in Lysimachia und des *Leo* in Syene (etwa auf demselben Längengrad liegend)
gleichzeitig im Zenit erschien. Der Winkelabstand der beiden Sternbilder schätzte er auf
$\frac{1}{15}$ des Vollkreises. Bei Entfernung von 20 000 Stadien der beiden Orte, ergibt sich der
Erdumfang zu 300 000 Stadien. Diesen Wert verwendete Archimedes in seinen Schriften.
   Die (moderne) Karte nach Angaben von Eratosthenes (Abb. 13.6) zeigt links oben die
Insel Thule (vermutlich die Orkney-Inseln), links den westlichsten Punkt von Spanien,
rechts die Mündung des Ganges und rechts die Ostküste von Indien mit der unten liegenden Insel Taprobane (= Ceylon). Der dargestellte Ausschnitt umfasst die damals
bekannte *Oikumene* (griech. οἰκουμένη) mit einer Fläche 38 000 Stadien mal 78 000
Stadien. Den „Äquator" legte Eratosthenes durch Rhodos, auf dem auch die Säulen des

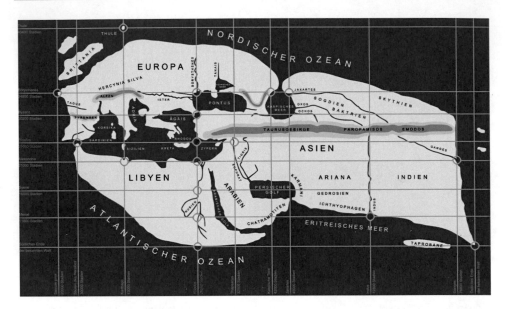

Abb. 13.6 Moderne Landkarte nach Angaben Eratosthenes' (Wikimedia Commons)

Herkules (= Gibraltar) liegen; ein weiterer Breitengrad führte durch Alexandria und die Mündung des Ganges. Der Haupt-Meridian ist ebenfalls durch Rhodos definiert und umfasste Byzantion und Meroë (nur ungefähr). Mit Hilfe der Breitengrade teilte Eratosthenes die Erde in folgende Zonen ein:

Nördl. Polarkreis	36°	25 200 Stadien
Nördl. Wendekreis	30°	21 000 Stadien
Äquator	48°	33 600 Stadien
Südl. Wendekreis	30°	21 000 Stadien
Südl. Polarkreis	36°	25 200 Stadien

Die umfangreiche *Geografie* des Eratosthenes, die aus drei Büchern bestand, ist nicht erhalten. Ihr Inhalt und die polemische Kritik des Hipparchos darüber sind jedoch von Strabon weitgehend wiedergegeben. Im ersten Buch des Werkes skizzierte Eratosthenes die Geschichte der Geografie seit den ältesten Zeiten. Dabei äußert er sich kritisch über die geografischen Nachrichten des *untrüglichen Homer,* berichtet von den ersten geografischen Karten des Anaximandros und Hekataios und verteidigt die Reisebeschreibung des Pytheas, die von den Zeitgenossen vielfach verspottet wurde. Strabon kritisiert an Eratosthenes insbesondere folgende Bemerkungen: dass Homer sich nur in seiner Heimat auskenne, aber nicht in entfernten Gebieten, dass er Fabeln und Märchen erzähle, um seine Hörer zu unterhalten, aber nicht um sie zu belehren.

Der schon erwähnte Astronom Hipparchos warf in seiner Schrift *Gegen die Geographie des Eratosthenes* diesem vor, er stelle die Hypothese von der Inselgestalt der *Oikumene* als erwiesene Tatsache hin. Eratosthenes habe zwar die Bedeutung der astronomischen Ortsbestimmung für die Geographie erkannt, sei aber auf halbem Wege stehen geblieben, da er auch Längenangaben aus anderen Quellen, z. B. Schrittzahlen von Alexanders Heer verwende und keine präzisen astronomischen Messungen. Hipparchos hatte ein Dreiecksgitter über die Orte mit bekannten Koordinaten gelegt und festgestellt, dass die angegebenen Entfernungen mit seiner Dreiecksrechnung nicht konsistent waren. Diese Kritik war jedoch nur teilweise berechtigt, da es nicht genügend astronomische Aufzeichnungen gab, aus denen die gesuchten Entfernungen hervorgingen. Die genannte Schrift Hipparchos' ist nur in Fragmenten[2] in dem Werk *Geographie* von Strabon enthalten, das insgesamt 17 Bände umfasst. Die Fragmente des Eratosthenes wurden vom selben Autor[3] zusammengestellt.

Nach einem Bericht des berühmten, später lebenden Arztes Galenos von Pergamon (129–216 n.Chr.) in *Institutio logica* hat sich Eratosthenes auch astronomisch betätigt. So berechnete er Größe und Distanz von Sonne und Mond, partielle und totale Finsternisse der beiden Himmelskörper und der Abhängigkeit der Tageslänge von Jahreszeit und Breitengrad.

Er schätzte die Monddistanz zu 780 000 Stadien bzw. zur Sonne zu 804 000 000 Stadien. Die letztere Entfernung entspricht mit der oben angegebenen Umrechnung etwa 86 % der astronomischen Einheit.

13.3 Eratosthenes als Chronologe

Die Überlieferung schreibt dem Eratosthenes drei Bücher zu, die alle nur in Auszügen erhalten sind.

- Die Königsliste von Theben
- Über Chronographien
- Liste der Olympiasieger

Wie der Chronograph Synkellos berichtet, soll die Liste von ägyptischen Pharaonen im Auftrag des Königs Ptolemaios III entstanden sein; sie ist eine Übertragung aus den Urkunden der Priester von Diospolis. Da die Liste in Teilen den Berichten des Ägypters Manethos widerspricht, geht man von einer späteren Überarbeitung durch einen fremden Autor aus.

---

[2] Berger H. (Hrsg.): Die geographischen Fragmente des Hipparch, Teubner (1869)

[3] Berger H. (Hrsg.): Die geographischen Fragmente des Eratosthenes, Teubner (1880)

Das Buch über die Chronographien ist eine rein-literarische Schrift; Eratosthenes sammelte und kommentierte die Chroniken seiner Vorgänger, was ihm ebenfalls Kritik eingebracht hat. Zur Datierung des Falls von Troja erstellt er folgende Tabelle (in Jahren) auf (nach Clem.Alex. I, 21, 138).

Von der Eroberung Troja bis zur Rückkehr der Herakliden	80
Besiedlung von Ionien	60
Bis zum Wirken Lykurgs	159
Bis zum Vorjahr der 1. Olympiade	108
Bis zur Invasion der Perser unter Xerxes	297
Bis zum Beginn des Peloponnesischen Kriegs	48
Kriegsdauer bis zur Niederlage Athens	27
Bis zur Schlacht von Leuktra (gegen Sparta)	34
Bis zum Tod Philips von Mazedonien	35
Bis zum Tod Alexanders d.Gr	12
Summe	860

Zurückrechnen vom Todesjahr Alexanders d.Gr. liefert das Datum für den Fall Trojas: 1184/3 v.Chr. W. Burkert macht hier mehrere Angaben; u. a. berechnet er das Datum nach Diogenes Laertios (IX,41) zu 1150 v.Chr. Eine ausführliche Darstellung des Sachverhalts findet sich bei Astrid Möller[4]. Eratosthenes' Datierung der ersten Olympiade um 777/76 v.Chr. ist weitgehend akzeptiert; die Olympiaden fanden anfangs nur unregelmäßig statt. Die Chronologie ist von besonderer Bedeutung, da wichtige Ereignisse mit der Nummer der jeweiligen Olympiade registriert wurden. So ist z. B. Sokrates im vierten Jahr der 70. Olympiade geboren, dies wird meist mit 469 v.Chr. angegeben.

Als der Historiker Timaios (ca. 350–255 v.Chr.) die Gründung Roms auf das Jahr 814 v.Chr. legte, ergab sich ein Problem: Die Differenz von 340 Jahren seit der Flucht Äneas' aus Troja war zu groß, als dass Romulus und Remus, dem Nationalepos gemäß, als Enkel von Äneas gelten konnten! Die Legende der Stadtgründung wurde daher von F. Pictor, dem ersten römischen Geschichtsschreiber, erweitert um zwei Zwischengenerationen des Königshauses von Alba Longa, Romulus und Remus wurden zu Kindern des Gottes Mars, gezeugt mit der Vestalin(!) Rea Silvia. Mittlerweile wird die sagenhafte Gründung Roms auf das Jahr 753 v.Chr. verlegt.

---

[4] Möller A.: Epoch-Making Eratosthenes, Greek, Roman and Byzantine Studies, 45 (2005), p. 245–260

Weitere Literatur

Berger H. (Hrsg.): Die geographischen Fragmente des Hipparch. Teubner, Leipzig (1869)

Berger H. (Hrsg.): Die geographischen Fragmente des Eratosthenes. Teubner, Leipzig (1880)

Geus K.: Eratosthenes von Kyrene – Studien zur hellenistischen Kultur- und Wissenschaftsgeschichte. C.H. Beck, München (2002)

Lattmann C.: Mathematische Modellierung bei Platon zwischen Thales und Euklid. de Gruyter, Berlin (2019)

Möller A.: Epoch-Making Eratosthenes. Greek, Roman and Byzantine Studies, **45,** 245–260 (2005)

Olshausen E. (Hrsg.): Strabon von Amaseia. Olms Verlag, Hildeheim (2022)

Roller D.W.: Eratosthenes' Geography. Princeton University, Princeton (2010)

Schäfer H.W.: Die astronomische Geographie der Griechen bis auf Eratosthenes. Buchhandlung Calvary, Berlin (1873)

Kegelschnitte

14

Das Kapitel liefert Grundwissen und elementare Aussagen über die Kegelschnitte, deren Theorie nicht mehr Teil der Schulmathematik ist; es dient als Einstieg in das folgende Kapitel über Apollonios von Perga. Es werden die wichtigsten Eigenschaften von Parabel, Ellipse und Hyperbel besprochen.

> Quotusquisque Mathematicorum est, qui tolerat laborem perlegendi Appolloninii Pergai Conica? (Wie wenige Mathematiker nehmen die Mühe auf sich, die Conica des Apollonios vollständig zu studieren? J. Kepler 1609)

Die Kegelschnitte erhielten ihren Namen dadurch, dass sie als Schnitt eines geraden Kreiskegels mit einer Ebene erzeugt werden können (Abb. 14.1). Die folgende Darstellung verwendet die Methode der Flächenanlegungen, wie sie seit Euklid bekannt war. Die Bezeichnungsweise ist von Apollonios übernommen worden.

Die Ellipse

Es sei x die Abszisse eines beliebigen inneren Punktes auf der großen Achse; y die zugehörige Ordinate (Abb. 14.2). Die Ellipse ist dadurch definiert, dass die Fläche des Rechtecks aus der Abszisse x und dem doppelten Parameter $2p$ größer ist als das Quadrat über der Ordinate y

$$y^2 < 2px$$

Der Parameter der Ellipse mit den Halbachsen a, b ist definiert durch $p = \frac{b^2}{a}$. Da das Ordinatenquadrat kleiner ist als die Rechteckfläche, wurde die Figur als Ellipse ($\check{\epsilon}\lambda\lambda\epsilon\iota\psi\iota\sigma =$ fehlend) bezeichnet.

© Springer-Verlag GmbH Deutschland, ein Teil von Springer Nature 2024
D. Herrmann, *Die antike Mathematik,* https://doi.org/10.1007/978-3-662-68478-8_14

Abb. 14.1 Kegelschnitte und
ihre Entstehung

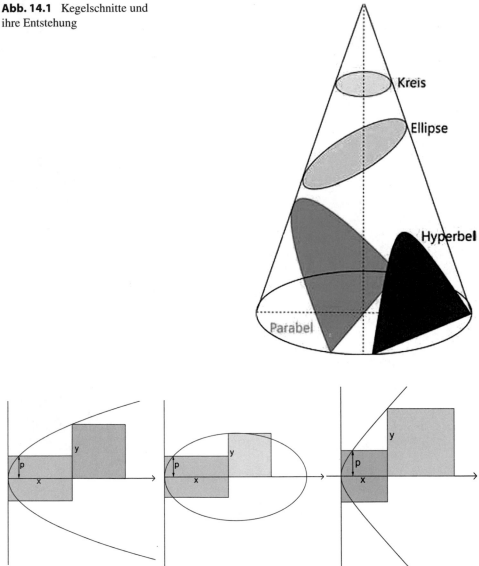

Abb. 14.2 Flächenanlegung bei den Kegelschnitten

Die Parabel

Es sei x die Abszisse eines beliebigen Punktes auf der Achse und y die zugehörige Ordinate. Dann ist die Parabel dadurch definiert, dass die Fläche des Rechtecks aus Abszisse x und dem doppelten Parameter 2p gleich ist, dem Quadrat über der zugehörigen Ordinate y

$$y^2 = 2px$$

Der Parameter der Parabel ist definiert durch den Abstand des Brennpunkts vor der Leitlinie. Da das Rechteck $(x, 2p)$ flächengleich dem Quadrat ist, wurde die Figur als Parabel
($\pi\alpha\rho\alpha\beta o\lambda\dot\eta$ = nebeneinander passend) bezeichnet.

Die Hyperbel

Es sei x die Abszisse eines beliebigen Punktes auf der Achse und y die zugehörige Ordinate. Dann ist die Hyperbel dadurch definiert, dass die Fläche des Rechtecks $(x, 2p)$ kleiner ist als das Quadrat über der Ordinate

$$y^2 > 2px$$

Der Parameter der Hyperbel ist definiert durch $p = \frac{b^2}{a}$, wobei die Asymptoten gegeben
sind durch das Geradenpaar$y = \pm\frac{b}{a}x$. Da das Ordinatenquadrat größer ist als die Recht-
eckfläche$2px$,, wurde die Figur als Hyperbel ($\dot\upsilon\pi\varepsilon\rho\beta o\lambda\dot\eta$ = überschießend) bezeichnet.

Übergang zur Koordinatenform

Im Kreis mit Radius r gilt für einen beliebigen Punkt (x; y) eines Durchmessers der
Höhensatz

$$y^2 = x \bullet x_1; x_1 = 2r - x$$

Bei der Ellipse als affines Bild des Kreises folgt für einen beliebigen Punkt $(x;; y)$ des
Durchmessers $|AB|$ mit.
     einem Streckfaktor $k = \frac{b}{a}$:

$$y^2 = k^2 x \bullet x_1$$

(Abb. 14.3). Legt man den Koordinatenursprung in den Ellipsenmittelpunkt, so folgt mit
$x \rightarrow x + a, x_1 \rightarrow a - x$

$$y^2 = k^2(x + a) \bullet (a - x) = k^2(a^2 - x^2)$$

Dabei wurde der Durchmesser AB gleich der doppelten Halbachse $|AB| = 2a$ gesetzt.
Einsetzen des Streckfaktors liefert

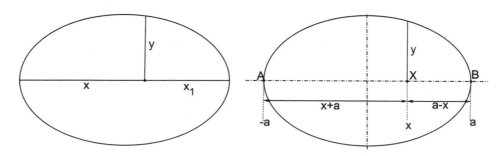

Abb. 14.3   Übergang zur Koordinatenform der Ellipse

$$y^2 = \left(\frac{b}{a}\right)^2 (a^2 - x^2)$$

Vereinfachen ergibt schließlich die Standardform der Ellipse (Mittelpunkt im Ursprung)

$$a^2 y^2 = b^2 (a^2 - x^2) = b^2 a^2 - b^2 x^2$$
$$b^2 x^2 + a^2 y^2 = a^2 b^2 \Rightarrow \left(\frac{x}{a}\right)^2 + \left(\frac{y}{b}\right)^2 = 1$$

Für die Hyperbel gilt analog

$$y^2 = k^2 (x + a) \bullet (x - a) = k^2 (x^2 - a^2)$$

Auch hier ist der Durchmesser AB gleich $|AB| = 2a$ gesetzt. Einsetzen des Streckfaktors liefert (Abb. 14.4):

$$y^2 = \left(\frac{b}{a}\right)^2 (x^2 - a^2)$$

Vereinfachen ergibt schließlich die Standardform der Hyperbel.

$$a^2 y^2 = b^2 (x^2 - a^2) = b^2 x^2 - b^2 a^2$$
$$b^2 x^2 - a^2 y^2 = a^2 b^2 \Rightarrow \left(\frac{x}{a}\right)^2 - \left(\frac{y}{b}\right)^2 = 1$$

Abb. 14.4 Koordinatenform
der Hyperbel

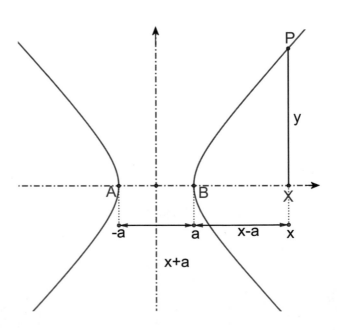

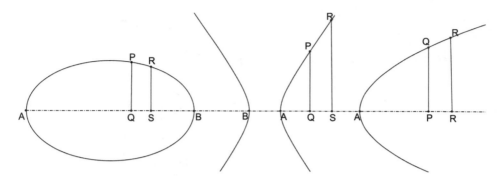

Abb. 14.5 Darstellung der Kegelschnitte mittels Proportionen berechnet

Die griechischen Autoren kannten natürlich kein Koordinatensystem, sie mussten die Abszissen bzw. die Ordinaten der Kegelschnittpunkte stets durch geeignete Proportionen ausdrücken. Für die Parabel gilt die Proportion

$$\frac{|PQ|^2}{|RS|^2} = \frac{|AQ|}{|AS|}$$

Sie findet sich auch bei Archimedes (*Quadratur der Parabel*, 3). Für die Ellipse und Hyperbel benötigt man die Doppelproportion (Abb. 14.5)

$$\frac{|PQ|^2}{|RS|^2} = \frac{|AQ|}{|AS|} \frac{|QB|}{|SB|}$$

Bei der Hyperbel ist hier die geänderte Orientierung des Durchmessers AB zu beachten.

Folgende Begriffe verwendet Apollonios in seinem Werk (Abb. 14.6):

Begriff	Definition	Beispiel
Sehne	Verbindungsstrecke zweier Punkte des Kegelschnitts	BQ, CR, DS
Durchmesser	Gerade durch die Mittelpunkte aller parallelen Sehnen	AZ
Scheitel	Schnittpunkt eines Durchmessers mit Kegelschnitt	A
Ordinate	Länge einer Halbsehne	XR, ZT
Achse	Gerade parallel zu einem Durchmesser	

14.1   Die Parabel

Neben der Definition nach Apollonios kann die Parabel auch durch ihren Brennpunkt bzw. ihre Leitlinie charakterisiert werden. Für einen beliebigen Parabelpunkt $P(x|y)$ ist der Abstand d zum Brennpunkt F und zur Leitlinie gleich $d = |PF| = |PL|$. Legt man den Ursprung des Koordinatensystems in den Scheitelpunkt S, so gilt nach dem Satz des Pythagoras (Abb. 14.7):

Abb. 14.6 Achse und
Durchmesser einer Parabel

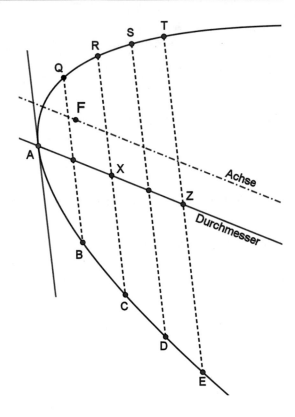

$$\left(y + \frac{p}{2}\right)^2 = x^2 + \left(y - \frac{p}{2}\right)^2$$

$$y^2 + yp + \frac{p^2}{4} = x^2 + y^2 - yp + \frac{p^2}{4}$$

$$\Rightarrow x^2 = 2yp \Rightarrow y = \frac{1}{2p}x^2$$

Vertauschung der Variablen $x \leftrightarrows y$ liefert die Normalform der Parabel bei *waagrechter* Achse

$$y^2 = 2px$$

Eigenschaften der Parabel.

(1) Tangente in einem Punkt (Abb. 14.8):

Im Parabelpunkt P wird das Lot auf die Achse gefällt; Fußpunkt ist Q. Der Schnittpunkt der Tangente in P mit der Achse sei T. Nach Apollonius [II, 49] gilt $|TS| = |SQ|$, wobei S der Scheitel ist. Abtragen der Strecke $|TS|$ auf der Symmetrieachse liefert die gesuchte Tangente TP. TQ heißt auch die Subtangente von TP.

(2) Tangente von einem Punkt P außerhalb.

Abb. 14.7 Parabel mittels
Brennpunkt und Leitlinie

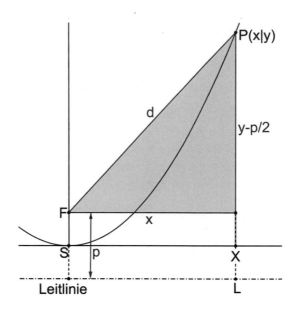

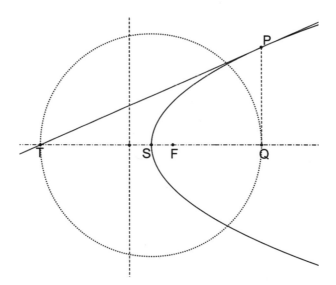

Abb. 14.8 Tangentenkonstruktion an Parabel

Eine moderne Konstruktion zeigt Abb. 14.9:

Über dem Durchmesser PF wird der Kreis errichtet; wobei F der Brennpunkt ist. Die Schnittpunkte dieses Kreises mit der senkrechten Achse (im Scheitel S) sind A bzw. C. Die Geraden AP bzw. CP sind die gesuchten Tangenten mit den Berührpunkten B_1, B_2.

(3) Brennpunkteigenschaft (Abb. 14.10):

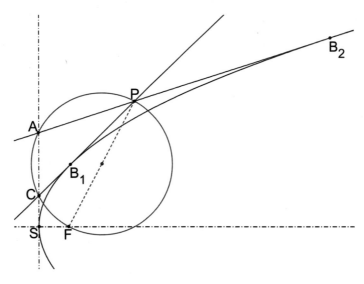

Abb. 14.9 Tangentenkonstruktion von Punkt außerhalb

Abb. 14.10 Reflektion an
einer Parabel

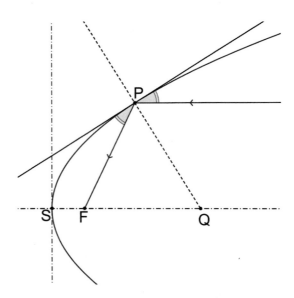

In einem Berührpunkt schließt die Verbindungsstrecke zum Brennpunkt mit der Tangente denselben Winkel ein, wie eine achsenparallele Gerade. Es gilt das *Reflexionsgesetz:* Ein zur Achse paralleler Strahl wird in einem Punkt P zum Brennpunkt F hin gebrochen. J. Kepler vermutete bereits, dass die Parabel einen zweiten Brennpunkt besitze, der im Unendlichen liegt.

Abb. 14.11 Weitere
Tangentenkonstruktion

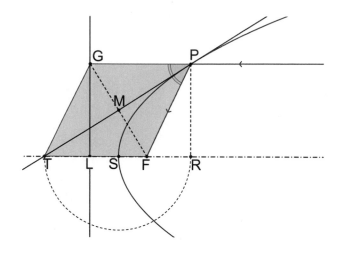

(4) Weitere Tangentenmethode (Abb. 14.11):

Aus den Eigenschaften (1) und (3) ergibt sich eine neue Konstruktion für die Tangente in einem Parabelpunkt P. Es sei Q der senkrechte Projektionspunkt von P auf die Leitlinie. Die gesuchte Tangente im Punkt P ist dann die Halbierende des Winkels ∡QPF, wobei F der Parabelbrennpunkt ist.

(5) Parabelsegment (nach Archimedes).

Sei PQ die Sehne der Parabel und AB die dazu parallele Tangente im Berührpunkt C. Nach Archimedes ist die Fläche des Parabelsegments $\frac{4}{3}$ des eingeschriebenen Dreiecks △CPQ. Das Parallelogramm APQB ist doppelt so groß wie das Dreieck. Somit gilt: Die Fläche des Parabelsegments ist $\frac{2}{3}$ der Parallelogrammfläche APQB (Abb. 14.12).

(6) Punktweise Konstruktion der Parabel.

Die Konstruktion von Menaichmos (nach Knorr[1]) beruht auf der Konstruktion des geometrischen Mittels: Zum Rechteck AB (mit A als Einheit) wird die zugehörige Höhe als Seite des flächengleichen Quadrats errichtet. Um mehrere Punkte der Parabel zu finden, wird die Rechteckseite B variiert. (Abb. 14.13). Menaichmos war ein Schüler des Eudoxos, der die (astronomische) Epizykel-Theorie seines Lehrers verbesserte und durch Schnitte mit verschiedenen Kegeln (spitz-, stumpf-, bzw. rechtwinklig) die Kegelschnitte erzeugte, deren Namensgebung erst durch Apollonios erfolgte.

(7) Konfokale Parabeln.

Parabeln mit gleichem Brennpunkt schneiden sich orthogonal (Abb. 14.14).

---

[1] Knorr W.R.: The Ancient Tradition of Geometric Problems, Dover New York (1986), p. 65.

Abb. 14.12 Parabelsegment
nach Archimedes

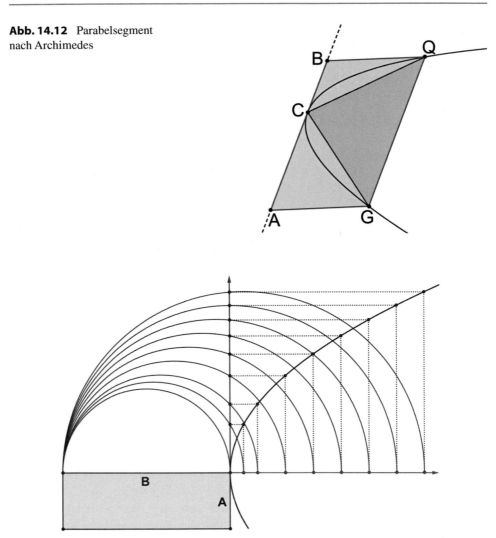

Abb. 14.13 Parabelkonstruktion nach Menaichmos

14.2 Die Ellipse

Neben der Definition nach Apollonius kann die Ellipse auch als geometrischer Ort definiert werden. Eine Ellipse ist die Menge aller Punkte P, die von zwei festen Punkten F_1, F_2 die gleiche Abstandssumme haben

$$|PF_1| + |PF_2| = 2a$$

Dabei ist $2a$ der große Durchmesser der Ellipse.

Abb. 14.14 Konfokale
Parabeln

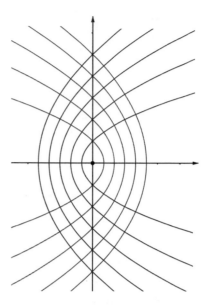

Abb. 14.15 Tangente an
Parabel

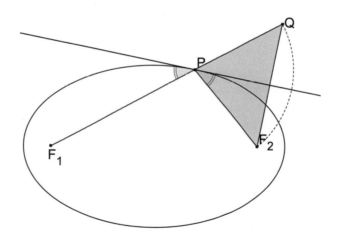

Eigenschaften der Ellipse

(1) Tangente in einem Punkt (Abb. 14.15).

Der Punkt P wird verbunden mit den beiden Brennpunkten F_1, F_2. Die Strecke F_1P wird verlängert um die Strecke F_2P zum Punkt Q. Die Mittelsenkrechte des gleichschenkligen Dreiecks ΔPF_2Q ist die gesuchte Tangente im Punkt P.

(2) Lineare Exzentrizität.

Da Mittel- und Brennpunkte nur für kreisförmige Ellipsen zusammenfallen, führte J. Kepler die lineare Exzentrizität e als Maß für den Abstand von Mittel- und Brennpunkt ein. Nach dem Satz des Pythagoras gilt (Abb. 14.16):

Abb. 14.16 Definition der
Exzentrizität

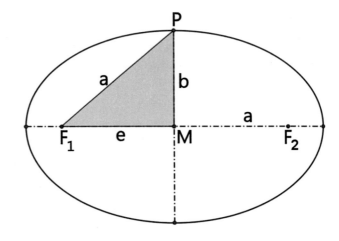

$$a^2 = b^2 + e^2 \Rightarrow e = \sqrt{a^2 - b^2}$$

Bei vielen Anwendungen, wie in der Astronomie, bezieht man die lineare Exzentrizität e
auf die große Halbachse; es ergibt sich dann die *numerische Exzentrizität* ε

$$\varepsilon = \frac{e}{a} = \frac{\sqrt{a^2 - b^2}}{a} = \sqrt{1 - \left(\frac{b}{a}\right)^2}$$

(3) Ellipsenparameter.

Die halbe Länge der senkrechten Sekante durch einen Brennpunkt nennt man den
Ellipsen-Parameter p. Nach dem Satz des Pythagoras gilt (Abb. 14.17):

$$p^2 + (2e)^2 = (2a - p)^2 \Rightarrow a^2 - ap = e^2 \Rightarrow b^2 = ap \Rightarrow p = \frac{b^2}{a}$$

(4) Fläche der Ellipse.

Abb. 14.17 Definition des
Ellipsenparameters

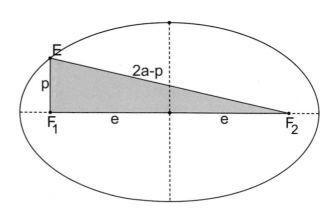

Abb. 14.18 Zusammenhang
Tangenten und Polare

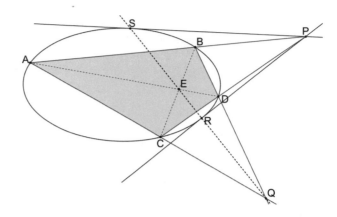

Mit Hilfe der Affinität $y' \to y\frac{b}{a}$ (hier eine Streckung in y-Richtung) leitet Archimedes in § 5 der Rotationskörper die Flächenformel her

$$\mathcal{F}_{ellipse} = \frac{b}{a}\mathcal{F}_{kreis} = \frac{b}{a} \bullet \pi a^2 = \pi ab$$

Weitere Eigenschaften der Ellipse:

(5) Tangenten-Konstruktion von C.F. Gauß: Gesucht sind die Tangenten von einem Punkt P außerhalb. Man zeichnet zwei Sekanten AB, CD ein, die sich im Punkt P schneiden. E ist der Schnittpunkt der Diagonalen im Viereck ABCD, ebenso Q der Schnittpunkte der Seiten AC, BD. Die Gerade EQ stellt die *Polare* zu P dar und liefert die Tangenten-Berührpunkte (Schnittpunkte S bzw. R). Solche Zusammenhänge sind Gegenstand der projektiven Geometrie (Abb. 14.18).

(6) Konjugierte Durchmesser (Abb. 14.19):

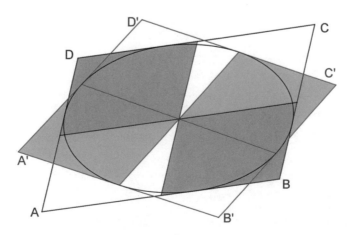

Abb. 14.19 Konjugierte Durchmesser

Konjugierte Durchmesser zerlegen die Ellipse in 4 flächengleiche Sektoren mit $\mathcal{F} = \frac{1}{4}\pi ab$. Auch die Parallelogramme, denen die Ellipsen eingeschrieben sind, sind flächengleich mit $\mathcal{F} = 4ab$; sie werden auch konjugierte Parallelogramme genannt.

14.3   Hyperbel

Abb. 14.20 zeigt die punktweise Konstruktion einer Hyperbel nach Menaichmos.

Eigenschaften der Hyperbel.

(1) Tangente in einem Punkt (Abb. 14.21).

Der Punkt P wird verbunden mit den beiden Brennpunkten F_1, F_2. Die Strecke F_1P wird verkürzt um die Strecke F_2P zum Punkt Q. Die Mittelsenkrechte des gleichschenkligen Dreiecks ΔPF_2Q ist die gesuchte Tangente im Punkt P.

(2) Achsen und Asymptoten.

Die beiden Achsenabschnitte *2a, 2b* sind Seiten eines Rechtecks, dessen Diagonalen die Richtung der Asymptoten bestimmen. Die Geradengleichung der Asymptoten ist (Abb. 14.22):

$$y = \pm\frac{b}{a}x$$

(3) Lineare Exzentrizität.

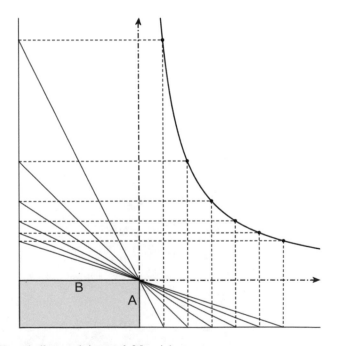

Abb. 14.20   Hyperbelkonstruktion nach Menaichmos

Abb. 14.21 Tangente an Hyperbel

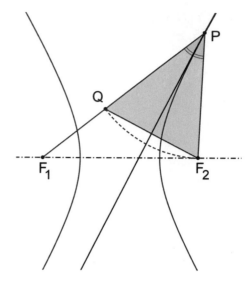

Abb. 14.22 Konstruktion der Asymptoten

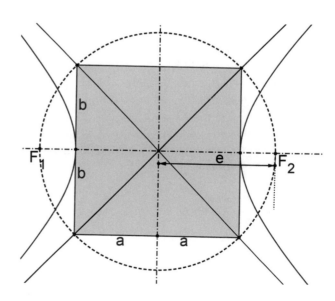

Da Mittel- und Brennpunkte verschieden sind, wird die lineare Exzentrizität e als Maß für den Abstand von Mittel- und Brennpunkt benützt. Nach dem Satz des Pythagoras gilt

$$e^2 = a^2 + b^2 \Rightarrow e = \sqrt{a^2 + b^2}$$

(4) Hyperbelparameter.

Abb. 14.23 Apollonios II, 3

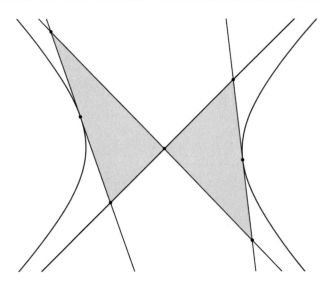

Die halbe Sekantenlänge senkrecht zur Achse durch einen Brennpunkt nennt man den Hyperbel-Parameter p. Es gilt wie bei der Ellipse $p = \frac{b^2}{a}$.

(5) Jede Tangente an die Hyperbel schneidet mit beiden Asymptoten eine konstante Fläche aus: F=ab (Abb. 14.23).

(6) Jeder Abschnitt einer Tangente zwischen den Asymptoten wird vom Berührpunkt halbiert (Apollonius II, 3).

(7) Apollonius [II, 8 + 10]

Die Abschnitte zwischen Hyperbel und Asymptoten, die durch den Schnitt mit einer Sekante erzeugt werden, sind kongruent (Abb. 14.24).

Abb. 14.24 Apollonios II, 8+10

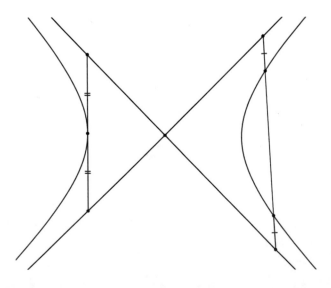

Abb. 14.25 Apollonios II, 12

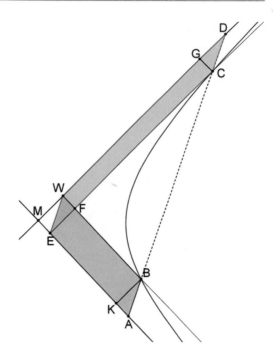

(8) Apollonius [II, 12]

Es sei AD eine Sekante einer Hyperbel, dabei sind AB bzw. CD die Abschnitte, die von der Kurve und den Asymptoten ausgeschnitten werden. Durch C und B werden die Parallelen zu den Asymptoten gezogen. Die Rechteckflächen, die durch die Asymptoten bzw. den Parallelen und den Loten in C und B gebildet werden, sind flächengleich. Mit den Bezeichnungen der Abb. 14.25 gilt

$$\mathcal{F}(MKBH) = \mathcal{F}(MECG)$$

Da die Dreiecke $\triangle$KAB, $\triangle$EFH und $\triangle$GCD paarweise kongruent sind, sind auch folgende Parallelogramme flächengleich $\mathcal{F}(HEAB) = \mathcal{F}(HECD)$

(9) Ein beliebiger Punkt P einer Hyperbel bestimmt mit dem Zentrum Z einen Halbdurchmesser. Eine Parallele zu PZ durch einen beliebigen Punkt Q der Hyperbel schneidet die Asymptoten in den Punkten R bzw. R' und den anderen Hyperbelast im Punkt Q' (Abb. 14.26). Dann gilt Apollonius [II, 11 + 16]:

$$|QR||QR\prime| = |PZ|^2 \therefore |QR| = |Q\prime R\prime|$$

(10) Gleichseitige Hyperbel.

Sind die beiden Halbachsen gleich ($a = b$), so heißt die Hyperbel gleichseitig. Die Asymptoten stehen dann aufeinander senkrecht.

Abb. 14.26 Apollonios II,
11+16

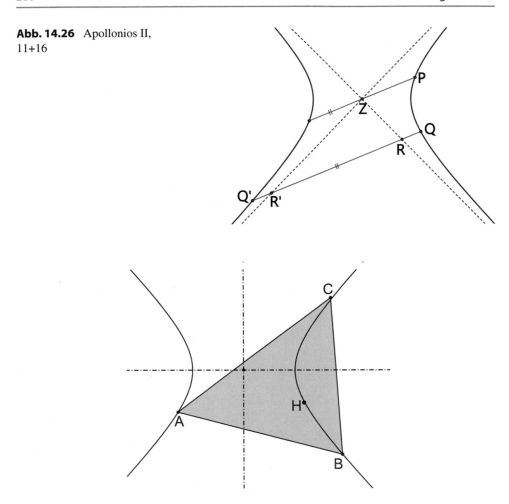

Abb. 14.27   Höhenschnittpunkt eines Dreiecks mit Umhyperbel

Satz von Dörrie[2]: Schreibt man einer gleichseitigen Hyperbel ein allgemeines Dreieck ABC ein, so liegt auch der Höhenschnittpunkt H auf der Umhyperbel (Abb. 14.27).

(11) Schnitt einer gleichseitigen Hyperbel.

Schneidet eine gleichseitige Hyperbel einen Kreis, so ergeben sich im allgemeinen 4
Schnittpunkte A, B, C, D. Einer der Punkte (in der Abb. Punkt D) ist der Spiegelpunkt
des Höhenschnittpunkts H des Dreiecks △ABC, gespiegelt am Zentrum Z der Hyperbel.
Das Zentrum Z der Hyperbel liegt somit auf dem Feuerbach-Kreis des Dreiecks △ABC
(Abb. 14.28).

---

[2] Dörrie H.: Triumph der Mathematik, Hirt Verlag Breslau (1933), S. 210–211.

Abb. 14.28 Feuerbach-Kreis
des einbeschriebenen Dreiecks

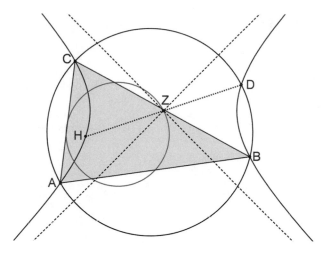

Abb. 14.29 Konfokale
Ellipsen und Hyperbeln

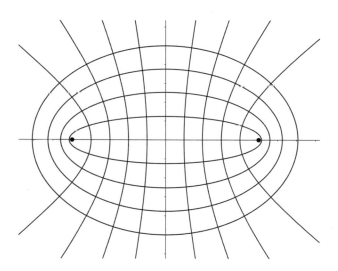

(12) Konfokale Ellipsen und Hyperbeln schneiden sich orthogonal (Abb. 14.29):

Literatur

Apollonius of Perga, Densmore D. (Ed.): Conics Books I-III, Green Lion Press, Santa Fe (1997)

Apollonius of Perga, Heath T.L. (Ed.): Treatise on Conic Sections, Carruthers Press (2010)

Czwalina A. (Hrsg.): Die Kegelschnitte des Apollonios, Wissenschaftliche Buchgesellschaft (1967)[1], de Gruyter (2019)[2]

Dörrie H.: Triumph der Mathematik, Hirt Verlag Breslau (1933)

Zeuthen H.G.: Die Lehre von den Kegelschnitten im Altertum, Kopenhagen (1886)

Apollonios von Perga

Apollonios schuf mit seinen 8 Büchern der *Conica* das grundlegende Werk zur Kegel-schnittlehre, die erst sehr viel später durch die Einführung von Koordinatensystemen er-weitert werden konnte. Kepler studierte die Theorie der Kegelschnitte intensiv, bis er die nach ihm benannten Kepler-Gesetze formulieren konnte (*Astronomia Nova 1609*). Isaac Newton bestätigte sein Gravitationsgesetz 1686 mit Hilfe des dritten Kepler-Gesetzes. Es werden exemplarische Lehrsätze aus Buch II und III besprochen.

Über das Leben Apollonios' (Ἀπολλώνιος) von Perga ist nur wenig bekannt. Wie seine Herkunft besagt, ist er in Perga (heute Murtina/ Türkei) geboren während der Regierungszeit des Ptolemaios III Euergertes. Dies berichtet Heraklios, der Autor einer (verloren gegangenen) Biografie Archimedes', die sich wiederum auf Schriften von Eutokios stützt. Er ist nicht zu verwechseln mit seinen Namensvettern Apollonios von Rhodos (dem berühmten Dichter) bzw. Apollonios von Tyana (dem Philosophen). Nach Pappos studierte er Mathematik in Alexandria an der von Euklid gegründeten Schule. Während der Regierungszeit von Ptolemaios IV Philopator (221–203) wirkte er auch als Astronom in Alexandria, bevor er später nach Pergamon umsiedelte. Als er starb, war er nach Worten von Geminus von Rhodos so berühmt, dass er den Namen *Großer Geo-meter* erhielt. In der Aufzählung der großen Mathematiker im Buch I der *Architectura* des Vitruv wird er sogar vor Archimedes genannt! Seine Popularität spiegelt sich auch in der großen Zahl seiner Kommentatoren wider: Pappos, Hypatia, Eutokios u. a.

Einige Informationen können wir den Vorworten seiner Bücher der *Conica* (κωνικά = Kegelschnitte) entnehmen. Apollonios schreibt im Vorwort von Buch I:

> Apollonios grüßt Eudemos,
> Falls du bei guter Gesundheit bist und auch sonst sich die Umstände so verhalten, wie du es dir wünscht, ist es gut. [...] In der Zeit, die wir gemeinsam in Pergamon verbrachten, bemerkte ich dein großes Interesse, mit meinen Untersuchungen bekannt zu werden. Daher schicke ich dir das erste Buch, das ich inzwischen überarbeitet habe [...] Wie du dich er-innern wirst, berichtete ich dir damals, dass ich die Studien dieses Fachs [Kegelschnitte]

© Springer-Verlag GmbH Deutschland, ein Teil von Springer Nature 2024
D. Herrmann, *Die antike Mathematik,* https://doi.org/10.1007/978-3-662-68478-8_15

auf Anregung von Naukratos, dem Geometer, betrieb zu der Zeit, als er mich in Alexandria besuchte und bei mir weilte. Als ich das Werk in 8 Büchern ausgearbeitet hatte, übergab ich sie ihm übereilt, da sein Absegeln bevorstand. Sie [die Bücher] waren deshalb nicht sorgfältig genug durchgesehen; tatsächlich hatte ich alles niedergeschrieben, wie es mir einfiel und die endgültige Überarbeitung zurückgestellt.

Die ersten drei Bücher sind dem Eudemos von Pergamon gewidmet. Im Vorwort von Buch II erwähnt er, dass er seinen Sohn Apollonios mit einem Exemplar des Buchs zu ihm nach Pergamon sendet. Gleichzeitig erlaubt er ihm, eine Kopie des Buchs an den Geometer Philonides weiterzugeben. Wie wir aus anderen Quellen wissen, war Philonides später am Hofe des Seleukiden-Königs Antiochos IV tätig, der von 175–163 v.Chr. regierte.

Die Bücher IV-VIII widmete Apollonios einem gewissen Attalos, von dem wir vermuten können, dass er identisch ist mit dem König Attalos I (Regierungszeit 241–197 v.Chr.) von Pergamon, obwohl er in seiner Anrede den Titel *König* vermeidet. Er schreibt am Anfang des Buchs IV

Apollonios grüßt Attalos:
Vor einiger Zeit erläuterte ich und sandte an Eudemos von Pergamon meine ersten drei Bücher der Conica. Da er nun verstorben ist, habe ich mich entschlossen, dir die restlichen Bücher zu widmen, da es dein Begehr ist, diese Bücher zu besitzen. Für den Anfang sende ich die Buch IV.

Ist Attalos der erwähnte König, so kann man Apollonios auf die Zeit 260–195 v.Chr. ansetzen; damit wäre er eine Generation jünger als Archimedes. G.J. Toomer[1] hält es für ausgeschlossen, dass der König Attalos nicht mit seinem Titel angesprochen wird. Man kennt zwar noch einen Attalus von Rhodos, der aber kein Zeitgenosse von Apollonios war. Somit bleibt die Identität von Attalos unklar.

Die ersten vier Bücher sind, wie schon erwähnt, durch die Kommentare des Eutokios erhalten und daher auf Griechisch überliefert worden. Die späten Bücher IV-VII wurden von Banū Mūsā übersetzt und sind nur auf Arabisch erhalten. Das Buch VIII konnte der berühmte Astronom E. Halley aus den zahlreichen Kommentaren Pappos' weitgehend rekonstruieren.

Die Bücher I-IV enthalten nach eigenen Angaben elementare Grundlagen der Kegelschnittlehre, die nach der Meinung von Pappos weitgehend auf die verlorene Schrift *Kegelschnitte* von Euklid zurückgehen. Hier definiert er die Kegelschnitte durch Flächenanlegungen; anders als sein Vorgänger Menaichmos, der diese durch Schnitte von Kegeln mit spitzen, rechtwinkligen und stumpfen Winkeln erzeugt hat. Einen Überblick über den Inhalt der *Conica*-Bücher bietet die Tabelle.

---

[1] Toomer G.J., Apollonius of Perga, *Dictionary of Scientific Biography* I (1970), p.179.

I:	Erzeugung des Kegelschnitts und Kreiskegels
II:	Achsen und Durchmesser der Kegelschnitte
III:	Transversalen der Kegelschnitte, Theorie von Pol und Polare, Brennpunkt von Ellipse und Hyperbel
IV:	Untersuchung des Schnittes von Kegelschnitten mit Kreisen
V:	Theorie der Normalen und Subnormalen, kürzeste und längste Verbindung mit einem Punkt außerhalb des Kegels und des Kegelschnitts
VI:	Untersuchung gleicher und ähnlicher Kegelschnitte
VII:	Sätze über spezielle Eigenschaften von konjugierten Durchmessern
VIII:	Spezielle Konstruktionsaufgaben für Kegelschnitte

Weitere Werke von Apollonios, die von Pappos erwähnt werden

- De Rationis Sectione (*Schnitte mit Verhältnis*)
- De Spatii Sectione (*Schnitte von ebenen Flächen*)
- De Sectione Determinata (*Bestimmung von Schnitten*)
- De Tactionibus (*Über Berührungen*)
- De Inclinationibus (*Über Neigungen*)
- De Locis Planis (*Geometrische Örter der Ebene*).

Werke, die von anderen Autoren berichtet werden

- Über das Brennglas (Beweis, Kugelspiegel ohne exakten Brennpunkt)
- Verbesserte Berechnung von π im Vergleich zu Archimedes
- Verbesserte und vereinfachte Version des Buchs X der *Elemente*
- Über den Vergleich von Dodekaeder und Ikosaeder

Die letzterwähnte Schrift wurde von Hypsikles von Alexandria bearbeitet und als Buch XIV den *Elementen* zugefügt. Sie enthält den Satz, dass wenn Ikosaeder und Dodekaeder derselben Kugel einbeschrieben werden, auch die Flächen dieser Körper demselben Kreis einbeschrieben sind. Ferner wird behauptet, dass sich die Oberflächen bzw. Volumina dieser Körper zueinander verhalten, wie die Kante des Würfels zu dem des Ikosaeders.

Die *Conica* hatten eine große Bedeutung in der Mathematikgeschichte bis zum Beginn der Neuzeit. Durch seine Berechnungen mittels Proportionen konnte Apollonios Ergebnisse vorwegnehmen, die erst nach Einführung der Koordinatengeometrie von Fermat und Descartes analytisch behandelt werden konnten. Nachdem sie von F. Commandino um 1599 ins Lateinische übertragen wurde, konnte J. Kepler sie später für seine astronomische Berechnung verwenden. Zahlreiche Sätze aus der Conica wurden von I.

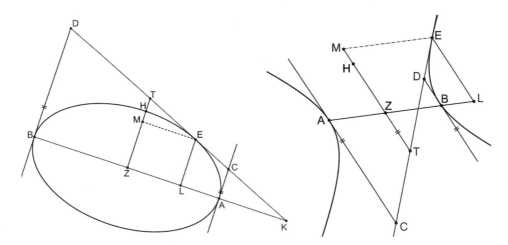

Abb. 15.1   Apollonios III, 42 für Ellipse und Hyperbel

Newton[2] in seinen *Principia* verwendet und neu bewiesen, insbesondere im Abschnitt III „Von der Bewegung der Körper in exzentrischen Kegelschnitten". Durch Newton wurden Übersetzungen von Apollonius ins Englische angeregt: I. Barrow (1675) und Edmond Halley (1710). Sein epochemachendes Werk *La Geometrie* beginnt R. Descartes mit dem von Pappos überlieferten *Vier-Geraden-Problem* Apollonios'.

Wichtige Gesamtausgaben der *Conica* stammen von T. Heath[3] (1896), P. Ver Eecke[4] (1963), R. Rashed (Siehe Literatur). G.J. Toomer[5] publizierte die Bücher V-VII. Eine deutsche Ausgabe erschien von A. Czwalina[6].

15.1   Aus dem Buch III der Conica

Apollonios [III, 42]
Das Produkt der Abschnitte zweier paralleler Tangenten, geschnitten von einer dritten Tangente, ist gleich dem Quadrat des dazu parallelen Halbmessers. Hier gilt $|BD||AC| = |ZH|^2$. (Abb. 15.1).

---

[2] Newton I., Wolfers J.Ph. (Hrsg.): Die mathematischen Prinzipien der Naturlehre, Wissenschaftl. Buchgesellschaft 1963.

[3] Heath T.: Apollonius of Perga -Treatise on Conic Sections, Reprint Dover 1896.

[4] Ver Eecke P.: Apollonius de Perga, Blanchard, Paris 1963.

[5] Toomer G.J. (Ed.): Apollonius Conics Books V to VII, The Arabic Translation of the the Banū Mūsā, Volume I+II, Springer (1990).

[6] Czwalina A. (Hrsg.): Die Kegelschnitte des Apollonios, Wissenschaftl. Buchgesellschaft 1967[1], de Gruyter (2019)[2].

Abb. 15.2 Apollonios III, 43
für Hyperbel

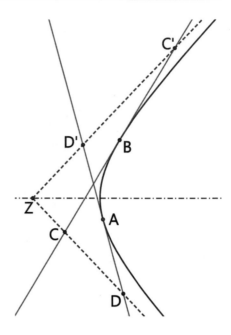

Apollonios [III, 43]

In zwei beliebigen Punkten *A, B* eines Hyperbelastes werden die Tangenten gezogen. Die Schnittpunkte mit den Asymptoten seien *C, C'* bzw. *D,D'* (Abb. 15.2). Dann sind die Produkte der Abschnitte auf den Asymptoten konstant:

$$|ZD||ZD\prime| = |ZC||ZC\prime|$$

Apollonios [III, 44]

Zieht man von einem Punkt zwei Tangenten an eine Hyperbel, so sind die Verbindungsstrecken der Schnittpunkte mit den Asymptoten und der Berührpunkte parallel (Abb. 15.3).

Apollonios [III, 45]

Es werden in den Scheitelpunkten eines zentralen Kegelschnitts die Lote errichtet und mit einer Tangente zum Schnitt gebracht. Verbindet man diese Schnittpunkte paarweise mit den Brennpunkten, so bilden die Verbindungsgeraden jeweils einen rechten Winkel. Es gilt: $\angle QER = \angle QFR = 90°$ (Abb. 15.4).

Apollonios [III, 46].

In den Endpunkten A, B einer Achse werden die Tangenten errichtet und mit einer Tangente im Punkt C zum Schnitt gebracht (Schnittpunkte G, H). Verbindet man einen der Schnittpunkte H mit den Brennpunkten E bzw. F, so sind die Winkel $\angle FHG$ und $\angle AHE$ kongruent (Abb. 15.5).

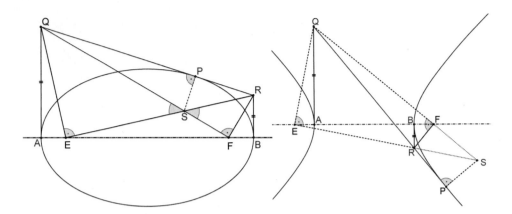

Abb. 15.3   Apollonios III, 44 für Hyperbel

Abb. 15.4   Apollonios III, 45
für Ellipse und Hyperbel

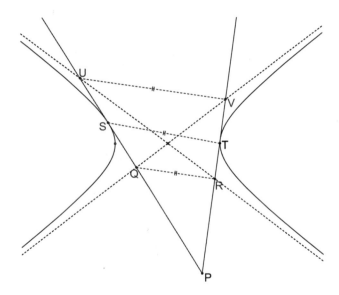

Apollonios [III, 47]

In den Endpunkten A, B einer Achse werden die Tangenten errichtet und mit einer Tangente im Punkt C zum Schnitt gebracht. Verbindet man die Schnittpunkte G, H mit den Brennpunkten E bzw. F, so ergibt sich der Schnittpunkt D. Die Verbindungsgerade von D mit dem Tangentenpunkt C steht senkrecht auf der Tangente (Abb. 15.6).

Apollonios [III, 48]

Die   Tangente in einem Punkt eines zentralen Kegelschnitts schließt mit den Verbindungsstrecken zu den Brennpunkten kongruente Winkel ein (Abb. 15.7).

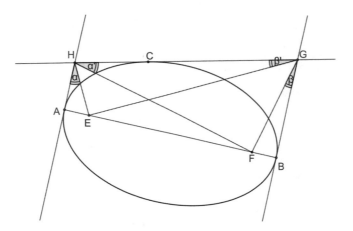

Abb. 15.5 Apollonios III, 46 für Ellipse

Abb. 15.6 Apollonios III, 47
für Ellipse

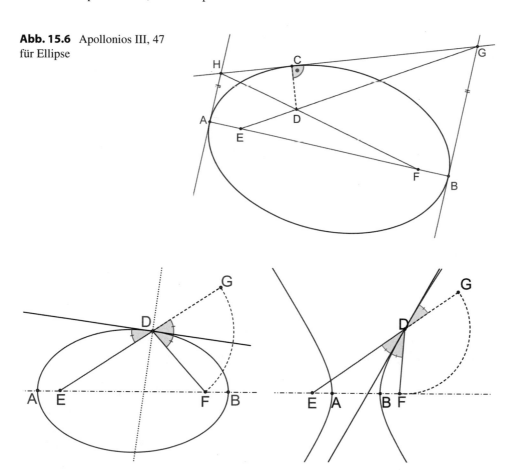

Abb. 15.7 Apollonios III, 48 für Ellipse und Hyperbel

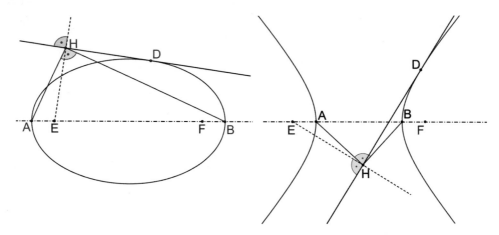

Abb. 15.8   Apollonios III, 49 für Ellipse und Hyperbel

Apollonios [III, 49]
Der Lotfußpunkt eines Brennpunkts (eines zentralen Kegelschnitts) auf eine Tangente schließt mit den Verbindungsgeraden zu den Scheitelpunkten einen rechten Winkel ein (Abb. 15.8).

Apollonios [III, 50]
Verbindet man einen Brennpunkt (eines zentralen Kegelschnitts) mit dem Berührpunkt einer Tangente, so ist der Tangentenabschnitt der Parallelen durch den Mittelpunkt gleich der großen Halbachse (Abb. 15.9).
    Hier gilt: $|CH| = \frac{1}{2}|AB|$.

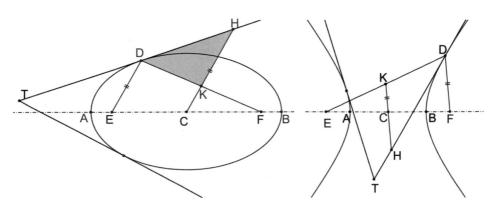

Abb. 15.9   Apollonios III, 50 für Ellipse und Hyperbel

Apollonios [III, 51 + 52]

Die Summe der Abstände eines Punktes von den Brennpunkten ist bei einer Ellipse gleich dem Durchmesser; bei der Hyperbel ist dies die Differenz der Abstände.

Zu zeigen ist: $|ED| + |DF| = |AB| = 2a$ bzw. $||ED| - |DF|| = |AB| = 2a$.

Beweis im Ellipsenfall:

Gegeben sei die Ellipse mit dem Durchmesser AB und den Brennpunkten E, F. Es ist zu zeigen $|ED| + |DF| = |AB|$. Als Hilfslinien wird die Tangente durch D, die Parallele durch den Mittelpunkt C und die Strecke DF gezogen. Mit dem Schnittpunkt H der Tangente gilt CH∥ED. Nach Satz III, 48 sind die Winkel ∡TDE und ∡FDH kongruent. Wegen der Parallelität CH ∥ ED ist auch der Stufenwinkel ∡SHC kongruent. Es gilt somit ∡FDH = ∡SHC; das ΔDKH ist somit gleichschenklig mit $|DK| = |KH|$. Da der Mittelpunkt C der Ellipse auch die Mitte zwischen den Brennpunkten E, F ist, gilt nach dem Vierstreckensatz $|CK| = \frac{1}{2}|ED|$ und $|DK| = |KF|$. Insgesamt folgt

$$|ED| + |DF| = 2|CK| + 2|DK| = 2(|CK| + |KH|) = 2|CH| = |AB|$$

Der letzte Schritt folgt aus Satz III, 50.

Apollonios [III, 53]

In den Endpunkten A, B einer Achse werden die Tangenten errichtet. Von den Endpunkten aus werden die Geraden AC bzw. BC durch einen Punkte C der Kurve zum Schnitt gebracht (Schnittpunkte F, G). Für die Tangentenabschnitte $t_1 = |AG|$ und $t_2 = |BF|$ gilt $t_1 . t_2 = p^2$; wobei $p = |DJ|$ der zugehörige konjugierte Durchmesser ist (Abb. 15.10).

Abb. 15.10 Apollonios III, 53 für Ellipse

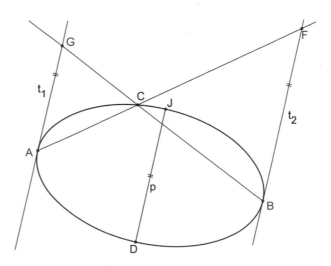

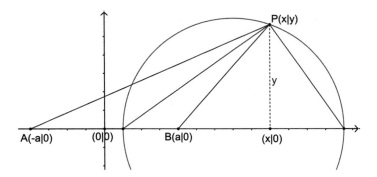

Abb. 15.11 Zur Herleitung des Apollonios-Kreises

15.2   Der Kreis des Apollonios

Eine bekannte geometrische Konstruktionsaufgabe stellt der sog. Apollonios-Kreis dar;
er ist der geometrische Ort aller Punkte P, die von zwei gegebenen Punkten A, B das
Abstandsverhältnis $|AP| : |BP| = k(k \neq 1)$ haben (Abb. 15.11). Im Buch *Meteorologica*
zeigt Aristoteles bereits Kenntnis dieses geometrischen Ortes. Simplikios' Zuordnung
des Kreises zu Apollonios ist daher nicht korrekt.

Beweis: Die Koordinaten der Punkte seien $A(-a|0)$ bzw. $B(a|0)$. Der Ursprung des
Koordinatensystems kann in den Mittelpunkt der Strecke AB gelegt werden. Es gilt dann

$$|AP|^2 = (a+x)^2 + y^2$$
$$|BP|^2 = (a-x)^2 + y^2$$

Einsetzen in Abstandsbedingung liefert

$$|AP|^2 = k|BP|^2 \Rightarrow (a+x)^2 + y^2|BP|^2 = k[(a-x)^2 + y^2]$$

Ausmultiplizieren und Sortieren zeigt

$$a^2 + 2ax + x^2 + y^2 = ka^2 - 2kax + kx^2 + ky^2 \; (1)$$
$$(k-1)x^2 + (k-1)y^2 - 2ax(k+1) = a^2(1-k)$$

Division durch $(k-1) \neq 0$ liefert die Kreisgleichung

$$x^2 + y^2 - 2ax\frac{k+1}{k-1} = -a^2$$

Quadratische Ergänzung zeigt

$$\left[x - a\frac{k+1}{k-1}\right]^2 + y^2 = a^2\frac{4k}{(k-1)^2}$$

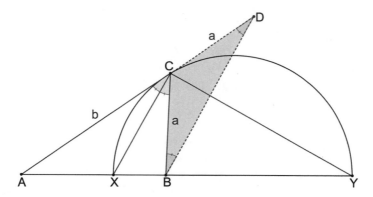

Abb. 15.12 Teilverhältnis bei Winkelhalbierender Innen

Für $k = 1$ erhält man aus (1) die Gerade $x = 0$, also die y-Achse als geometrischen Ort; diese ist genau die Symmetrieachse bzw. die Mittelsenkrechte von AB.

Nach Euklid (VI, 3) teilt die Winkelhalbierende eines Innenwinkels die Gegenseite im Verhältnis der anliegenden Seiten. Im Dreieck ABC teilt daher die Halbierende des Winkels bei C die Gegenseite AB im Verhältnis $\frac{b}{a}$. Die Gerade CY ist Halbierende des Außenwinkels bei C (Abb. 15.12).

Zu zeigen ist, dass X der Teilungspunkt von AB ist. Verlängert man die Seite AC und bringt diese zum Schnitt bei ihrer Parallelen durch B, so erhält man den Punkt D. Wegen der Parallelität sind sowohl der Wechselwinkel ∢CBD wie als auch der Stufenwinkel ∢CDB kongruent zum halbierten Innenwinkel ∢XCB. Das Dreieck △CBD hat daher zwei kongruente Basiswinkel und ist daher gleichschenklig $|BC| = |CD|$. Nach dem Viersteckensatz teilt C die Strecke AD im selben Verhältnis wie X die Strecke AB. Damit ist gezeigt, dass X der innere Teilungspunkt zum Verhältnis $\frac{b}{a}$ ist.

Im Fall des äußeren Teilungspunkts Y verläuft der Beweis analog; es ist hier eine Parallele zu CY durch B zu zeichnen; Schnittpunkt mit AC sei D (Abb. 15.13).

Wegen der kongruenten Wechselwinkel ∢DBC und der Stufenwinkel ∢BDC ist das △DBC wieder gleichschenklig. Nach dem Viersteckensatz teilt D die Strecke AC

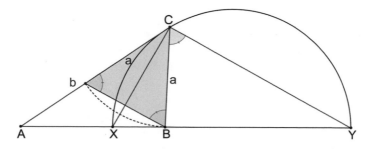

Abb. 15.13 Teilverhältnis bei Winkelhalbierender außen

im selben Verhältnis wie B die Strecke AY. Damit ist gezeigt, Y ist der äußere Teilungs-punkt. Da die Punkte A, B von drei Punkten C, X, Y das Entfernungsverhältnis $\frac{b}{a}$ haben, liegen sie auf dem Apollonios-Kreis zu AB. Da die Winkelhalbierenden eines Innen- bzw. Außenwinkels senkrecht aufeinander stehen $XC \perp CY$, ist hier der Apollonios-Kreis zu AB zugleich der Thales-Kreis über XY. (A, X, B, Y) sind daher harmonische Punkte.

15.3 Das Berührproblem des Apollonius

Das Berührproblem des Apollonios wurde von Pappos überliefert und besteht aus folgen-der Universalaufgabe: Konstruiere einen Kreis, der

(1) durch drei (verschiedene) gegebene Punkte geht
(2) eine Gerade berührt und durch zwei Punkte geht
(3) einen Kreis berührt und durch zwei Punkte geht
(4) zwei Geraden berührt und durch einen Punkt geht
(5) eine Gerade und einen Kreis berührt und durch einen Punkt geht
(6) zwei Kreise berührt und durch einen Punkt geht
(7) drei Geraden berührt
(8) zwei Geraden und einen Kreis berührt
(9) zwei Kreise und eine Gerade berührt
(10) drei Kreise berührt

Über das Problem hat Apollonios zwei Bücher *Über die Berührungen* geschrieben, die aber verloren gegangen sind. Einige Teilaufgaben sind leicht zu lösen, wie (1), bei der der Umkreis der 3 Eckpunkte Lösung ist oder (7) bei der der Inkreis die drei Seiten von innen berührt oder die drei Ankreise von außen berühren (4 Lösungen). Andere Teil-probleme sind erheblich aufwendiger zu lösen, da entweder eine Vielzahl von Fallunter-scheidungen notwendig sind oder Hilfsmittel der höheren Geometrie benötigt werden. Daher diente diese Aufgabe Jahrhunderte lang als Spielwiese für die berühmtesten Ma-thematiker

- François Viète (Vieta) schrieb darüber das Buch *Apollonius Gallus*
- René Descartes benützte das Problem in Briefen an Prinzessin Elisabeth von der Pfalz
- Isaac Newton verwendete einige Probleme in seinem Buch *Principia*
- G.F. Marquis de l'Hôpital behandelt die Aufgabe in seiner Abhandlung über Kegel-schnitte
- Thomas Simson verwendete die Aufgabe in seiner *Treatise of Algebra*
- Leonhard Euler publizierte 1788 darüber an der Akademie in Petersburg

Die Abb. 15.14 zeigt 8 Lösungen zu (10).

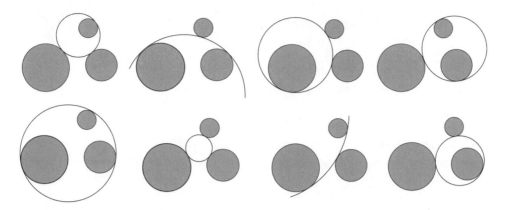

Abb. 15.14 Zum Berührproblem des Apollonios

Ein weiterer Apollonios-Kreis

Der Fall, dass ein Kreis drei andere berühren soll, wird auch gelöst durch den (weiteren) Apollonios-Kreis, der von den Ankreisen eines Dreiecks innen berührt wird (Abb. 15.15). Interessanterweise gibt es hier auch einen Transversalen-Schnittpunkt. Verbindet man nämlich die Berührpunkte der Ankreise mit dem gegenüberliegenden Eckpunkt des Dreiecks, so schneiden sich die Verbindungsgeraden in einem Punkt, der Apollonios-Punkt genannt wird.

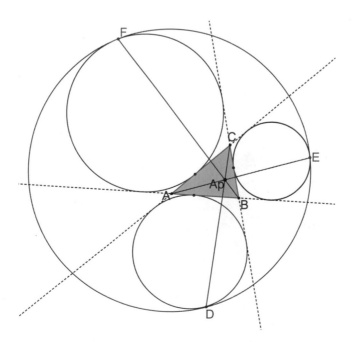

Abb. 15.15 Spezieller Apollonius-Kreis

15.4   Der Satz von Apollonios

Dieser Satz stammt aus dem verlorenen Werk *De locis planis* des Apollonios und ist überliefert durch Pappos im Satz (VII, 122) seiner *Collectio*.

Ist *m* die Seitenhalbierende DC im allgemeinen Dreieck $\triangle ABC$, so gilt (Abb. 15.16a)

$$a^2 + b^2 = 2(m^2 + p^2)$$

Durch Punktspiegelung ergibt sich ein Parallelogramm. Da sich die Diagonalen im Parallelogramm gegenseitig halbieren, ist der Lehrsatz gleichbedeutend mit dem *Parallelogramm-Satz*: Hat ein Parallelogramm die Seiten a, b und die Diagonalen e, f so gilt (Abb. 15.16b):

$$2(a^2 + b^2) = e^2 + f^2$$

Eine Verallgemeinerung ist das folgende Theorem von M. Stewart (1746):
Der Satz lautet (Abb. 15.17):

$$a^2 p + b^2 q = c(d^2 + pq)$$

Beweis: Anwendung des Cosinus-Satzes auf die Teildreiecke ADC bzw. CDB liefert:

$$b^2 = d^2 + p^2 - 2pd\cos\delta$$
$$a^2 = d^2 + q^2 - 2qd\cos(\pi - \delta)$$
$$= d^2 + q^2 + 2qd\cos\delta$$

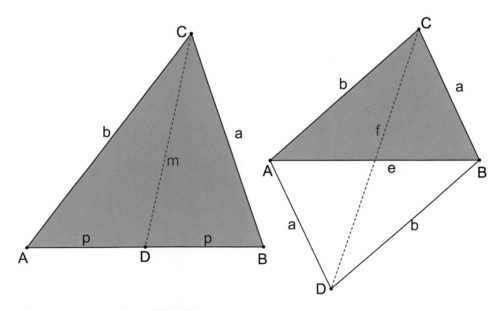

Abb. 15.16 Apollonius- und Parallelogramm-Satz

Abb. 15.17 Zum Satz des
Stewart

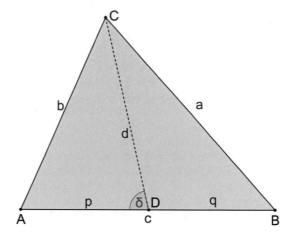

Multiplikation von (2) mit q bzw. von (1) mit p zeigt nach Addition.

$$a^2 p + b^2 q = d^2 p + q^2 p + 2pqd \cos\delta + d^2 q + p^2 q - 2pqd \cos\delta$$
$$\Rightarrow a^2 p + b^2 q = d^2 \underbrace{(p+q)}_{c} + pq \underbrace{(p+q)}_{c} = c(d^2 + pq)$$

Für die Seitenhalbierende erhält man mit $p = q$ bzw. $c = 2p$ wieder den Satz von Apollonios als Spezialfall:

$$a^2 p + b^2 p = 2d^2 p + 2p^3 \Rightarrow a^2 + b^2 = 2(d^2 + p^2)$$

Was wir von den Leistungen des Apollonios wissen, sei es aus seinen originalen Texten, sei es nach dem Zeugnis späterer Mathematiker, berechtigt indes zu dem Schluss, dass die hellenistische Epoche in seiner Gestalt einen Mathematiker ersten Ranges hervorgebracht hat, in dessen Werken die griechische Geometrie ihre höchste Entfaltung erfuhr.

Weitere Literatur

Apollonii Pergaei quae graece exstant I,II, Heiberg (Ed.), Teubner Leipzig (1841)
Apollonius de Perge, Rashed R (Ed.): Conique Livre I, de Gruyter Berlin (2009)
Apollonius de Perge, Rashed R (Ed.): Conique Livre II + III, de Gruyter Berlin (2010)
Apollonius de Perge, Rashed R (Ed.): Conique Livre IV, de Gruyter Berlin (2009)
Apollonius de Perge, Rashed R (Ed.): Conique Livre V, de Gruyter Berlin (2008)
Apollonius de Perge, Rashed R (Ed.): Conique Livre VI+VII, de Gruyter Berlin (2008)
Apollonius of Perga, Densmore D. (Ed.): Conics Books I-III, Green Lion Press (1997)
Apollonius of Perga, Fried M.N. (Ed.), Book IV, Green Lion Press (2002)
Apollonius of Perga, Toomer G.J. (Ed.): Conics Books V to VII, The Arabic Translation of the lost
    Greek Original in the Version of the Banū Mūsā, Volume I + II, Springer (1990)
Apollonius of Perga, Treatise on Conic Sections, T. Heath (Ed.), Carruthers Press (2010)
Czwalina A. (Hrsg.): Die Kegelschnitte des Apollonios, Wissenschaftl. Buchgesellschaft Darm-
    stadt (1967)[1]
Fried M., Unguru S. (Ed.): Apollonius of Perga's Conica, Brill Leiden (2001)
Heath T.: Apollonius of Perga -Treatise on Conic Sections, Dover Reprint New York (1896)
Toomer G.J. (Ed.): Apollonius Conics Books V to VII, The Arabic Translation of the Banū Mūsā,
    Volume I+II, Springer (1990)
Ver Eecke P. (Ed.): Apollonius de Perga, Blanchard, Paris (1963)
Zeuthen H.G.: Die Lehre von den Kegelschnitten im Altertum, Kopenhagen (1886)

Anfänge der Trigonometrie

16

Die Trigonometrie entwickelte sich aus den Bedürfnissen der Astronomie. *Aristarchos* versuchte die Mondentfernung mit Hilfe von Winkeln im Dreieck zu berechnen, *Hipparchos* verbesserte dessen Methoden. Von *Menelaos* sind Ansätze zur sphärischen Trigonometrie in arabischen Schriften überliefert. Bei der Bestimmung des Breitengrads mittels Gnomon-Schattenmessungen verwendeten die Griechen de facto die Tangensfunktion, ohne dafür einen Namen zu haben. Interessant ist die Schilderung der Nordland-Expedition des Pytheas, der auf der Suche nach dem sagenhaften „Thule" vermutlich den Polarkreis erreicht hat.

Die Anfänge der wissenschaftlichen Trigonometrie finden sich in der Astronomie der Griechen. Die wichtigsten Beiträge wurden von Aristarchos, Hipparchos von Nicäa und Menelaos von Alexandria erbracht. Die Ergebnisse der beiden letzteren werden von K. Ptolemaios in seinem *Almagest* übernommen. Während die Griechen stets mit Kreissehnen rechneten, verwendeten die Inder (4.-5. Jahrhundert n.Chr.) bereits mit trigonometrischen Funktionen. Die Interpretation der berühmten Keilschrifttafel *Plimpton 322* ist umstritten. Falls sie – wie viele Forscher behaupten – ein trigonometrisches Tafelwerk darstellt, müssen die Anfänge bereits in Babylon gesucht werden.

Almagest I, 10: Eine für die folgenden Abschnitte wichtige Ungleichung ist in moderner Schreibweise

$$\frac{\sin\alpha}{\sin\beta} < \frac{\alpha}{\beta} < \frac{\tan\alpha}{\tan\beta}; f\ddot{u}r\ \alpha < \beta < \frac{\pi}{2} \quad (16.1)$$

Die linke Seite der Ungleichung liest sich bei Ptolemaios so: Wenn zwei ungleiche Sehnen in einem Kreis gezogen sind, hat die größere zur kleineren ein Verhältnis, das kleiner ist als der Umfang des größeren Sektors zum kleineren. Sind die Sehnen $|AB| < |BC|$ gegeben, dann ist zu zeigen:

© Springer-Verlag GmbH Deutschland, ein Teil von Springer Nature 2024
D. Herrmann, *Die antike Mathematik,* https://doi.org/10.1007/978-3-662-68478-8_16

$$\text{Sehne}(AB) : Sehne(BC) < Bogen(AB) : Bogen(BC)$$

Beweis nach Ptolemaios: Im Umkreis des $\triangle ABC$ wird die Halbierende des Winkels $\measuredangle ABC$ gezeichnet; der Schnittpunkt der Halbierenden mit AC sei E bzw. mit dem Kreis sei D. Von D aus wird das Lot auf AC gefällt; Fußpunkt sei F. Der Kreisbogen mit dem Mittelpunkt D durch E schneidet die Gerade AD in G und die Gerade DF in H (Abb. 16.1).

Die Umkehrung des Umfangwinkelsatzes zeigt $|AD| = |DC|$, da beide Sehnen wegen der Winkelhalbierung kongruente Umfangswinkel bei B haben [Euklid III, 29]; DF ist somit Mittelsenkrechte des gleichschenkligen Dreiecks $\triangle ADC$. Ferner gilt nach [Euklid VI, 3] $|AE| < |EC|$. Außerdem zeigt sich:

$$\triangle ADE > Sektor(DEG) \therefore \triangle DEF < Sektor(DEH)$$

Daraus folgt

$$\triangle DEF : \triangle ADE < Sektor(DEH) : Sektor(DEG)$$

Nach [Euklid VI, 33] verhalten sich in gleichen Kreisen Winkel wie die zugehörigen Bögen. Ebenso folgt nach [Euklid VI, 1], dass sich bei gleicher Höhe die Dreiecksflächen verhalten wie die Grundlinien. Dies liefert

$$|FE| : |EA| < \measuredangle FDE : \measuredangle EDA \therefore |FA| : |EA| < \measuredangle FDA : \measuredangle EDA$$

Abb. 16.1 Figur nach
Ptolemaios

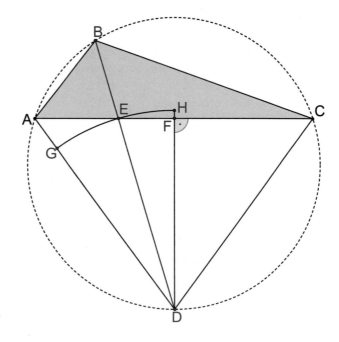

Analog ergibt sich

$$|AC| : |EA| < \angle CDA : \angle EDA \therefore |CE| : |EA| < \angle CDE : \angle EDA$$

Wegen der Teilung durch die Winkelhalbierende folgt $|CB| : |BA| = |AB| : |EC|$ und $\angle CDE : \angle EDA = \text{Bogen(CB)} : \text{Bogen(BA)}$. Wegen der gemeinsamen Sehne BC bzw. CD sind folgende Winkel kongruent: $\angle CDE = \angle CAB$ und $\angle ADE = \angle ACB$. Insgesamt folgt

$$\frac{|CB|}{|BA|} < \frac{\angle CAB}{\angle ACB} \Rightarrow \frac{\sin\alpha}{\sin\beta} < \frac{\alpha}{\beta}$$

Dies ist die Behauptung.

Zum Beweis der rechten Ungleichung verwenden wir eine Figur aus Archimedes' *Sandrechner* (Abb. 16.2) mit dem Kommentar des Commandino. Die Figur findet sich in ähnlicher Form in Euklids *Optica,* 8.

Es gilt $|BD| = |FE|$ und $|CD| = |AF|$. Der Schnittpunkt von EF mit AB sei G. Wegen $|AE| > |AG| > |AF|$ wird der Kreisbogen um A im Punkt G, die Strecke AE in H bzw. AD in K schneiden.

Hier gilt $\tan\alpha = \frac{|BD|}{|CD|}$ und $\tan\beta = \frac{|BD|}{|AD|}$. Zu zeigen ist also $\frac{|AD|}{|CD|} > \frac{\alpha}{\beta}$. Wegen der Kongruenz der Dreiecke $\triangle AFE$ bzw. $\triangle CDB$ gilt auch $\angle EAF = \alpha$. Es gilt.

$$\angle EAG : \angle GAF = Sektor(HAG) : Sektor(GAK) < \triangle EAG : \triangle GAF = |EG| : |GF|$$

Analog folgt

$$\angle EAF : \angle GAF < |EF| : |GF|$$

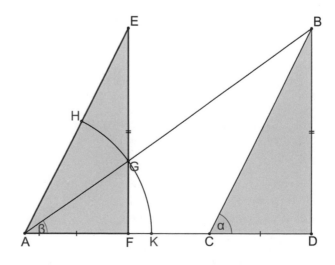

Abb. 16.2 Figur nach Archimedes

Letztere Umformung verwendet den Satz, dass sich bei gleicher Höhe die Flächen verhalten wie die Seiten. Wegen $|EF| : |GF| = |BD| : |GF| = |AD| : |AF| = |AD| : |CD|$ folgt

$$\frac{\angle EAF}{\angle GAF} < \frac{|AD|}{|CD|} \Rightarrow \frac{\alpha}{\beta} < \frac{\tan\alpha}{\tan\beta}$$

16.1   Aristarchos von Samos

Aristarchos von Samos lebte um 310 bis etwa 230 v.Chr. Er ist auf Samos geboren und soll Schüler des Aristoteles-Nachfolgers Straton von Lampsakos gewesen sein. Neben dem Aufenthalt in Athen soll er auch in Alexandria gelebt haben. Das Einzige von ihm erhaltene Werk *Über die Größen und Abstände von Sonne und Mond*[1] ist unabhängig vom geo- oder heliozentrischen Weltbild. Archimedes berichtet in seiner Schrift Sandrechner *(arenarius)*, dass Aristarchos die Sonne ins Zentrum gesetzt hat

> Du, König Gelon, weißt, dass *Universum* die Astronomen jene Sphäre nennen, in deren Zentrum die Erde ist, wobei ihr Radius der Strecke zwischen dem Zentrum der Sonne und dem Zentrum der Erde entspricht. Dies ist die allgemeine Ansicht, wie du sie von Astronomen vernommen hast. Aristarchos aber hat ein Buch verfasst, das aus bestimmten Hypothesen besteht, und das, aus diesen Annahmen folgernd, aufzeigt, dass das Universum um ein Vielfaches größer ist als das Universum, welches ich eben erwähnte. Seine Hypothesen sind, dass die Fixsterne und die Sonne unbeweglich sind, dass die Erde sich um die Sonne auf der Umfangslinie eines Kreises bewegt, wobei sich die Sonne in der Mitte dieser Umlaufbahn befindet. Und dass die Sphäre der Fixsterne, deren Mitte diese Sonne ist und innerhalb derer sich die Erde bewegt, eine so große Ausdehnung besitzt, dass der Abstand von der Erde zu dieser Sphäre dem Abstand dieser Sphäre zu ihrem Mittelpunkt gleichkommt.

Seiner Schrift stellt Aristarchos mehrere **Hypothesen** voraus:

> (3) Dass, wenn der Mond für uns halbiert erscheint, der Großkreis des Mondes, der die beleuchtete Hälfte von der dunklen trennt, in der Sichtlinie (zur Erde) fällt.
> (4) Dass, wenn der Mond für uns halbiert erscheint, der Abstand von der Sonne dann um ein Dreißigstel eines Quadranten kleiner ist als ein Quadrant: $R - \frac{1}{30}R = \frac{29}{30}R = 87°$(5) Dass die Schattenbreite [der Erde] [die] von zwei Monden ist.
> (6) Dass der Winkeldurchmesser des Mondes ein Fünfzehntel eines Tierkreiszeichens einnimmt [$\frac{1}{15}30° = 2°$]. Wie Archimedes angibt, hat Aristarchos dies später revidiert zu $\frac{1}{720}R = \left(\frac{1}{2}\right)^\circ$.

Aristarchos erkannte, dass zur Phase des Halbmonds der Mond C mit dem Sehstrahl und der Sonne einen rechten Winkel einschließt. Er postulierte, dass der Winkel $\angle ABC$ im Dreieck Sonne (A), Erde (B) und Mond (C) den in Hypothese (4) genannten Wert

---

[1] Heath T.L.: Greek Astronomy, Dover Publications, Reprint 1991, S. 100–108.

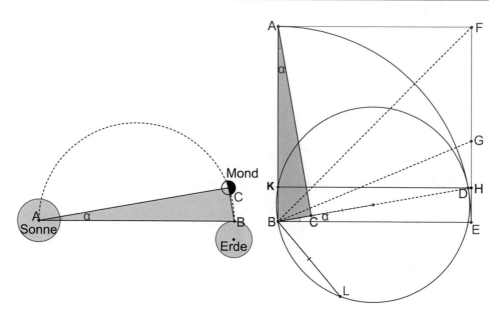

Abb. 16.3 Berechnung der relativen Mondentfernung

87° habe. Eine Messung eines solchen Winkels wird von O. Neugebauer[2] stark in Frage gestellt; er ist der Meinung, Aristarchos mache hier nur einen theoretischen Vorschlag. Mit diesem Wert konnte Aristarchos den Mondabstand in Vielfachen des Erdradius' ermitteln. Bei Kenntnis der Sinusfunktion hätte er direkt das Ergebnis erhalten

$$\cos 87° = \frac{|BC|}{|AB|} = \sin 3° \Rightarrow \frac{|AB|}{|BC|} = \frac{|BC|}{\sin 3°} = 19,1$$

Er musste daher die Strecke elementargeometrisch ermitteln. Als Hilfsfigur wird das Quadrat ABED über |AB| gezeichnet. Die Verlängerung von BC ergibt den Schnittpunkt H mit dem Quadrat. Ferner ist BG die Halbierende des Winkels ∢FBE. Der Schnittpunkt des Viertelkreises ABE mit der Parallelen HK ∥BE sei D. Auf dem Umkreis des Dreiecks BDK wird nach unten der Radius $r = |BL|$ angetragen.

Im Folgenden wird die oben hergeleitete Monotonie-Ungleichung verwendet (16.1).

Schritt 1) Nach Voraussetzung ist ∢ABC = 87° oder ∢HBE=α=3° und ∢GBE=22,5° (Abb. 16.3).

Damit folgt

$$\frac{|GE|}{|HE|} = \frac{\tan\angle GBE}{\tan\angle HBE} > \frac{\angle GBE}{\angle HBE} = \frac{22,5°}{3°} = \frac{15}{2} \quad (16.2)$$

---

[2] Neugebauer O.E.: Astronomy and History I, New York 1983, p.381.

Da die Winkelhalbierende im ΔFBE die Gegenseite im Verhältnis der anliegenden Seiten teilt, gilt

$$\frac{|FG|}{|GE|} = \frac{|FB|}{|BE|} \Rightarrow \left(\frac{|FG|}{|GE|}\right)^2 = \left(\frac{|FB|}{|BE|}\right)^2 = \frac{2}{1}$$

Mit der schon Platon bekannten Näherung für $\sqrt{2} \approx \frac{7}{5}$ folgt

$$\frac{|FG|}{|GE|} = \frac{\sqrt{2}}{1} > \frac{7}{5} \Rightarrow \frac{|FE|}{|GE|} = \frac{|FG|+|GE|}{|GE|} = \frac{|FG|}{|GE|} + 1 > \frac{12}{5}$$

Zusammen mit (16.2) ergibt sich

$$\frac{|AB|}{|BC|} = \frac{|FE|}{|EH|} = \frac{|FE|}{|GE|} \frac{|GE|}{|EH|} > \frac{12}{5} \cdot \frac{15}{2} = 18$$

Schritt 2) Es gilt $\measuredangle$BDK$=\measuredangle$DBE $= 3° = \frac{1}{30}R$, sodass der Bogen $\widehat{BK}\frac{1}{60}$ des Vollkreises wird. Ist $r = |BL|$ der Radius des Kreises, so verhalten sich die Bögen BK bzw. BL wie

$$\frac{\widehat{BK}}{\widehat{BL}} = \frac{\frac{1}{60}}{\frac{1}{6}} = \frac{1}{10} \Rightarrow \frac{\widehat{BK}}{\widehat{BL}} < \frac{|BK|}{r}$$

Bei der letzten Umformung wurde die Monotonie-Ungleichung verwendet; dies liefert

$$r < 10|BK| \therefore |BD| < 20|BK|$$

Wegen der Ähnlichkeit der ΔABC bzw. ΔBDK folgt

$$\frac{|AB|}{|BC|} = \frac{|BD|}{|BK|} < 20$$

Insgesamt ergibt sich die gesuchte Ungleichung

$$18 < \frac{|AB|}{|BC|} < 20 \iff 18 < \frac{1}{\sin 3°} < 20$$

Der Abstand der Sonne verhält sich zu dem des Mondes wie eine Zahl zwischen 18 und 20. In seiner Schrift bestimmte Aristarchos in den Lehrsätzen 15 bzw. 17 noch weitere Ungleichungen für die Durchmesser D nach T. Heath[3]:

$$\frac{19}{3} < \frac{D(Sonne)}{D(Mond)} < \frac{43}{6} \therefore \frac{108}{43} < \frac{D(Erde)}{D(Mond)} < \frac{60}{19}$$

---

[3] Heath T.: Greek Astronomy, Dover New York (1991), p.103–104.

16.2 Hipparchos von Nicäa

Hipparchos von Nicäa (heute Isnik/ Türkei) lebte etwa von 190 bis ca. 120 v.Chr.; nach Angaben von Pappos verbrachte er den größten Teil seines Lebens auf Rhodos. In der Literatur findet sich oft der nicht korrekte Hinweis, dass er auch in Alexandria gelebt habe, da von ihm eine gute Messung des dortigen Breitengrads vorliegt. Hipparchos gilt als Gründer der wissenschaftlichen Astronomie; als Verfasser der ersten Sehnentafel trug er zur Entwicklung der Trigonometrie bei. Seine Lebensdaten lassen sich aus den sorgfältigen Beobachtungen erschließen, die er zwischen 147 und 127 gemacht hat und die in den *Almagest* des Ptolemaios eingeflossen sind. O. Neugebauer schreibt in seiner dreibändigen Astronomie-Geschichte:

> Auch der flüchtigste Bericht über die antike Astronomie wird nicht umhinkommen, Hipparchos den *größten Astronomen* der Antike zu nennen. Es ist klar, dass die Klassifikation von Größen keine präzise Beschreibung hat; dennoch wird dieses Prädikat eine stehende Redewendung in der Geschichte der Naturwissenschaften sein.

Die einzigen von ihm erhaltenen Schriften sind ein Kommentar zu einem Astronomie-Gedicht des Aratus (3. Jahrhundert v. Chr.) und einige *Geografie-Fragmente*. Die beste Quelle ist der *Almagest,* da K. Ptolemaios ihn als wichtigsten Vorgänger betrachtet und wesentliche Teile seines Werkes (ca. 800 Sternörter, Idee zu einer Sehnentafel) in seinen *Almagest* integriert hat. Mit Hilfe der Ergebnisse des Hipparchos konnte er den relativen Mondabstand mittels eines Diagramms von Abb. 16.4 ermitteln, das sich bereits bei Aristarchos findet.

Die Winkel $\angle ZSE = \odot$ bzw. $\angle ZM_1E = \mathbb{C}$ heißen Sonnen- bzw. Mondparallaxe. Nach Aristarchos gilt $\mathbb{C} = 19\odot$. Für die Dreiecke $\triangle SZM_1$ und $\triangle EZM_1$ gilt nach dem Außenwinkelsatz [Euklid I, 32]:

$$\odot + \mathbb{C} = r + \rho$$

Der Winkel, unter dem der Sonnenradius von der Erde aus gesehen wird, war bekannt als $r = 15,5'$; der Winkel ρ beträgt nach Ptolemaios (IV, 8) das $2\frac{1}{2}$-fache von r. Die gesuchte Mondparallaxe ergibt sich damit zu

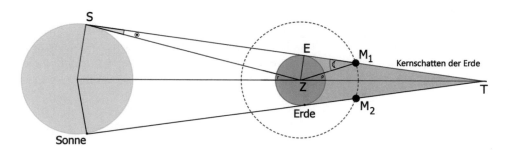

Abb. 16.4 Diagramm zur relativen Sonnenentfernung nach Aristarchos

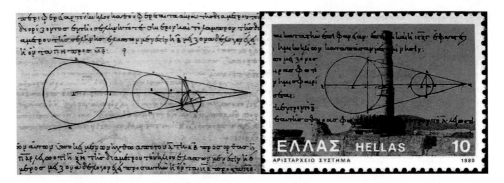

Abb. 16.5 Diagramm in einer Handschrift des 10. Jahrhunderts

$$\mathbb{C} + \frac{1}{19}\mathbb{C} = 15{,}5'(1 + 2{,}5) \;\Rightarrow\; \mathbb{C} = 51{,}5'$$

Im ΔEZM_1 gilt:

$$\sin \mathbb{C} = \frac{|EZ|}{|ZM_1|} \;\Rightarrow\; |ZM_1| = \frac{|EZ|}{\sin \mathbb{C}} = \frac{R_\varphi}{\sin 51{,}5'} = 66{,}8 R_\varphi$$

Die Mondentfernung beträgt nach Hipparchos 66,8 Erdradien (R_φ). Neben dieser Messung hat Hipparchos noch weitere Versuche angestellt, die Mondentfernung zu bestimmen. Eine dieser Messungen, die auf einer gleichzeitigen Beobachtung einer Sonnenfinsternis auf dem Hellespont und von Alexandria aus beruht, konnte G.J. Toomer[4] rekonstruieren.

Eine weitere Möglichkeit ist die folgende: Die Größe des Winkels $2\rho = \sphericalangle M_1 Z M_2$ kann mithilfe der Mondbewegung abgeschätzt werden. Es war bekannt, dass der Mond relativ zur Sonne und damit auch zum Erdschatten täglich $12{,}2°$ zurücklegt, also während der mittleren Dauer der Mondfinsternis von $2\frac{2}{3}h$ den Winkel $2\rho = 81{,}3'$. Mit dem Wert $\rho = 40{,}7'$ erhält man die Mondparallaxe und relative Mondentfernung von:

$$\mathbb{C} = 54{,}1' \;\therefore\; |ZM_1| = 63{,}5\,R_\varphi$$

16.3   Satz des Menelaos

Menelaos von Alexandria (70–140 n.Chr.) ist vermutlich bald nach seiner Ausbildung in Alexandria nach Rom gezogen. Denn zwei seiner astronomischen Beobachtungen, die er im Jahr 98 n.Chr. in Rom machte, haben sich bei Ptolemaios im *Almagest* [VII, 3] erhalten.

---

[4]Toomer G.J.: Hipparchus on the distances of the sun and moon, Archive for History of Exact Sciences 14 (1974), S. 126–142.

Der Geburtsort Alexandria wird von Pappos (*Collectio* VI) und Proklos (Euklid-Kommentar) berichtet. Auch die arabische Quelle *al-Fihrist* (=Index) von ibn al-Nadim erwähnt ihn:

Er lebte vor Ptolemaios, da letzterer über ihn berichtet. Er schrieb ein Buch über sphärische Geometrie… Die drei Bücher über die Elemente sind von Thābit ibn Qurra übersetzt worden. Von seinen Büchern „Über die Dreiecke" sind einige ins Arabische übersetzt worden.

Von seinen Werken ist nur ein einziges Buch *Sphaerica* in arabischer Übersetzung erhalten. In diesem Buch über Kugelgeometrie findet sich der nach ihm benannte Satz von Menelaos (hier für die ebene Geometrie):

Schneidet eine Transversale die Dreiecksseiten (bzw. ihrer Verlängerung) in drei Punkten, so ist das Produkt der entsprechenden Teilverhältnisse gleich 1.

Gegeben sei das Dreieck ABC; die Transversale schneide die Dreiecksseiten (bzw. deren Verlängerung) in den Punkten D, E, F (Abb. 16.6). Zu zeigen ist also

$$\frac{|AD|}{|DB|} \cdot \frac{|BF|}{|CF|} \cdot \frac{|CE|}{|EA|} = 1$$

Manche Autoren verwenden hier gerichtete Strecken. Da die Strecken $\overrightarrow{AD}$ und $\overrightarrow{DB}$ entgegengesetzt gerichtet sind, fügt man ein negatives Vorzeichen ein.

Beweis:

Als Hilfslinie wird die Parallele zu BC durch A verwendet; der Schnittpunkt der Transversalen mit der Parallelen sei G. Die Dreiecke △AGD und △BDF sind ähnlich, da sie in dem Scheitelwinkel bei D und den Wechselwinkeln ∢AGD bzw. ∢CFE (an Parallelen) übereinstimmen. Somit gilt die Proportion

$$\frac{|AD|}{|BD|} = \frac{|AG|}{|BF|} \Rightarrow |AG| = \frac{|AD|}{|BD|}|BF|$$

Abb. 16.6 Beweisfigur zum Satz von Menelaos

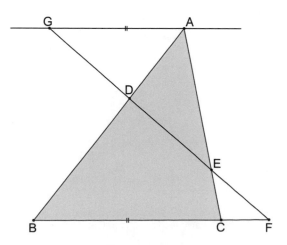

Analog gilt: Die Dreiecke $\triangle AGE$ und $\triangle ECF$ sind ähnlich, da sie in den Scheitelwinkeln bei E und den Wechselwinkeln $\sphericalangle DAG$ bzw. $\sphericalangle ECF$ (an Parallelen) übereinstimmen. Es folgt

$$\frac{|AE|}{|EC|} = \frac{|AG|}{|CF|} \Rightarrow |AG| = \frac{|AE|}{|EC|}|CF|$$

Gleichsetzen liefert schließlich

$$\frac{|AD|}{|BD|}|BF| = \frac{|AE|}{|EC|}|CF| \Rightarrow \frac{|AB|}{|DB|} \cdot \frac{|BE|}{|EC|} \cdot \frac{|CF|}{|FA|} = 1$$

Der Satz von Menelaos ist umkehrbar; mit dem Kehrsatz kann man überprüfen, ob 3 Punkte kollinear sind.

16.4   Anwendungen in der Geografie

Eine wichtige Aufgabe der Geografie war die Ortsbestimmung. Um gesicherte Werte für die Koordinaten zu erhalten, waren nicht nur Instrumente, sondern auch Berechnungsmethoden notwendig.

A) Bestimmung des Breitengrads
Eine einfache Bestimmung des Breitengrads φ kann zur Tag- und Nachtgleiche stattfinden. Für die Sonnenhöhe gilt bei der Tag- und Nachtgleiche (*Aequinoctium*)

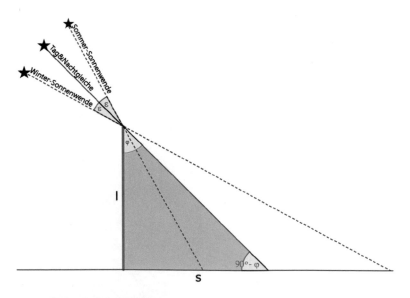

Abb. 16.7 Sonnenstandwinkel am Gnomon

$h = 90° - \varphi$; der Breitengrad als Komplementärwinkel φ kann mit Hilfe eines Gnomons ermittelt werden (Abb. 16.7). Ist s die Schattenlänge und ℓ die Gnomonlänge, so gilt:

$$\tan \varphi = \frac{s}{\ell}$$

Natürlich war den Griechen die Tangens-Funktion unbekannt, dennoch kannten sie die Bedeutung des Quotienten. Vitruv (Arch. IX, 7, 1) liefert folgende Tabelle der Breitengrade:

Stadt	Verhältnis s/ℓ	Breite φ
Rom	8/9	41°40′ N
Athen	¾	36°52′ N
Rhodos	5/7	35°35′ N
Tarent	9/11	39°20′ N
Alexandria	3/5	31°00′ N

Da Vitruv alle diese Messungen nicht selbst anstellen konnte, vermutet man, dass er ältere Werte von Aristarchos verwendet hat. Der größte Sonnenzeiger (ca. 30 m hoch) wurde auf dem *Marsfeld* in Rom von Augustus erbaut (neben dem Friedensaltar Ara Pacis); er wird ausführlich von Plinius d.Ä. (Nat. hist. 36, 72) beschrieben. Die Schattenlinien waren in den Bodenplatten eingelassen; Überreste dieser Bronze-Markierungen des mittleren Meridians wurden erst 1980/81 gefunden[5].

Im Laufe der Jahreszeiten lässt sich auch die Schiefe ε der Ekliptik bestimmen. Eratosthenes ermittelte den Wert als $\frac{11}{83}$ des Halbkreises ($\varepsilon = 23°51′$), Ptolemaios (I, 15) später genauer den Wert $\varepsilon = 23°51′20″$. Das erste Zitat zeigt, dass Winkel vor dem 2. Jahrhundert v.Chr. stets als Bruchteile von rechten Winkeln bzw. Vollkreisen angegeben wurden, die 360°-Skala wurde erst von Hypsikles, dem Autor des Buchs Euklid XIV, nach babylonischem Vorbild eingeführt.

Eine weitere Möglichkeit die geografische Breite zu bestimmen, bietet die Messung der Tageslänge des längsten Tages (Sommer-Solstitium). Plinius d.Ä. (II, 186) kennt die Abhängigkeit vom Breitengrad:

> So geschieht es, dass durch die unterschiedliche Zunahme der Tagesdauer der längste Tag im Meroë 12 Äquinoktialstunden und 8 Teile einer Stunde beträgt, in Alexandria aber 14, in Italien 15 und in Britannien 17.

Die Berechnung der Breite aus der längsten Tagesdauer beruht auf sphärischer Geometrie und wurde von K. Ptolemaios im Almagest (II, 3) erläutert, später lieferte er in seiner *Geographia* (I, 23) fertige Tabellen dafür.

---

[5] Buchner E.: Die Sonnenuhr des Augustus, Mainz 1982.

Tageslänge Sommer- Sonnenwende	Breite nach Ptolemaios
12h	0°
12,5h	8° 55′N
13h	16° 25′N
15h	40° 55′N
18h	58° N

Die Werte für höhere Breitengrade hat Ptolemaios vermutlich von Pytheas von Massilia (Marseille) übernommen (siehe Abschn. 16.5). Anschaulich lässt sich die Dauer des längsten Tages für verschiedene Breiten in einem Diagramm (Abb. 16.8) darstellen:

B) Bestimmen des Längengrads

Ungleich schwieriger ist, das Problem einen Längengrad zu bestimmen. Die einfachste Methode besteht darin, an zwei Orten mit einer präzisen Uhr den Meridiandurchgang der Sonne zu messen. Aus der Zeitdifferenz Δt der Uhren kann die Differenz der Längengrade $\Delta\lambda$ ermittelt werden; hier entspricht der Differenz $\Delta t = 1h$ genau $\Delta\lambda = 15°$.

Wie Strabon berichtet, hatte Hipparchos die Idee, astronomische Beobachtungen, die an verschiedenen Orten gemacht wurden, zur Längenbestimmung heranzuziehen. Die Idee ist später von Ptolemaios wieder aufgegriffen worden. Er schreibt in *Geogr.* (I, 4, 2) über die berühmte Mondfinsternis bei der Schlacht Alexanders d.G. von Arbela [20. Sep. 331 v.Chr.]:

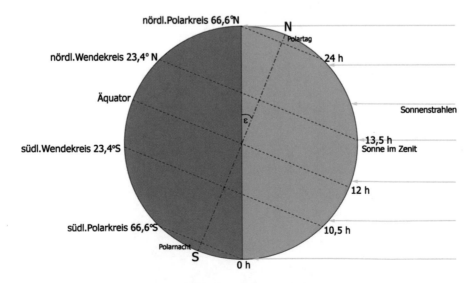

Abb. 16.8 Dauer der längsten Tageslänge für verschiedenen Breitengrade

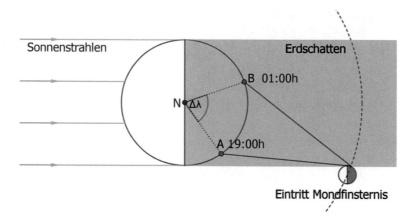

Abb. 16.9   Bestimmung Längengrads

Dagegen sind die meisten Entfernungen [...] recht ungenau überliefert [...], weil man noch nicht zum selben Zeitpunkt an verschiedenen Orten beobachtete Mondfinsternisse der Aufzeichnung wert hielt, wie diejenige, die in *Arbela* zur 5. Stunde, in *Karthago* aber zur 2. Stunde eintrat; daraus würde sich ergeben, wie viele Äquatorialgrade nach Osten oder Westen die Orte voneinander entfernt sind.

Die Abb. 16.9 zeigt den Eintritt einer Mondfinsternis, die am Ort A um 19:00 Uhr, am Ort B um 1:00 Lokalzeit sichtbar wird. Der Differenz der Ortszeiten $\Delta t = 6h$ entspricht die Differenz der Längengrade $\Delta \lambda = 90°$.

Das Problem dieser Methode ist, dass Finsternisse nicht immer an allen Orten sichtbar sind und auch die Zeitmessung nicht mit gleicher Genauigkeit erfolgt. So moniert A. Stückelberger[6], dass Ptolemaios für die oben erwähnte Mondfinsternis eine Differenz von $3h$ angibt, wobei die Lokalzeiten sich *nur* um $2h$ 14 min unterschieden haben. Die Genauigkeit der antiken Zeitmessung, die mit einer Sonnen- oder Wasseruhr erreichbar ist, ist nicht vergleichbar mit der Präzision einer modernen Messung. Bei Sonnenuhren ist auch noch das Phänomen der *Zeitgleichung* zu beachten; d. h. die Sonnenzeit kann bis zu 20 min von der lokalen Ortszeit abweichen. Die Abb. 16.10 zeigt die Wasseruhr des Ktesibios, bei der ein Schwimmer die Stunde je nach Jahreszeit anzeigt.

Gelingt die astronomische Längenbestimmung nicht, so konnte die Differenz der Längengrade nur durch eine Entfernungsmessung bestimmt werden. Ptolemaios rechnet mit 500 Stadien (= 105,7 km) für einen Grad am Äquator.

---

[6] Stückelberger A.: Bild und Wort, Philipp von Zabern 1994, S. 56.

Abb. 16.10 Wasseruhr
des Ktesibios (Wikimedia
Commons)

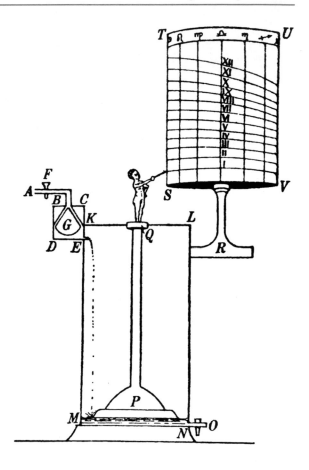

16.5   Die Expedition des Pytheas

Um 330 v. Chr. brach der Grieche Pytheas von Massilia (heute Marseille/Frankreich) aus zu einer Expedition in den Norden Europas auf. Massilias Handelsrivale war Karthago; die Karthager kontrollierten weitgehend den Seehandel im Mittelmeer. Karthago hatte zuvor bereits zwei Expeditionen des Ozeans gestartet: Hannon erkundete auf dem Seeweg die afrikanische Küste (genannt *Lybia*), Himilkon den Norden, wie Plinius (Hist. Nat. II, 67) berichtet.

So erhielt Pytheas den Auftrag, die nördlichen Länder zu erforschen, in denen Zinn- und Bernstein-Vorkommen vermutet wurden. Ziel waren die sagenhaften Zinn-Inseln im Norden; Zinn (griechisch *kassíteros*) war ein begehrtes Metall, das zusammen mit Kupfer zur Herstellung von Bronze diente. Ein weiteres Ziel war das mystische Thule (griechisch *Tyle*) zu finden, das als Nordgrenze des Erdkreises galt. Ein erster Bericht über die Reise stammt von Dikaiarchos von Messana, dem Geografen an Aristoteles' Lykeion.

Einige magere Quellen sind die *Geografie* des Strabon und die *Eisagoge* des Geminos. Die damals bekannten Informationen über Thule können der *Naturgeschichte* des Plinius d.Ä., der *Cosmographia* des Pomponius Melae (1. Jahrhundert) und der *Geographike Hyphegesis* des Ptolemaios entnommen werden. Eratosthenes bestimmte aus Pytheas' Bericht für einige Teilstrecken die Differenzen der Breitengrade, ein Vorgehen, das von Strabon, einem erklärter Gegner Eratosthenes, heftig kritisiert wurde.

Pytheas war ein erfahrener Astronom, er hatte die Sonnenhöhe zur Sommersonnenwende in Massilia gemessen und dabei die geographische Breite $\varphi = 42°42'$ [genau $43°18'$ N] ermittelt. Seine Messung mittels Gnomon zur Sommersonnenwende lieferte die Sonnenhöhe (Kulmination) zu $h = \arctan(120 : 41\frac{4}{5})$. Mit der Formel $\varphi = 90° - h + \varepsilon$ fand er den oben angegebenen Breitengrad, wobei $\varepsilon = 23°51'$ die Schiefe der Ekliptik (Wert nach Eratosthenes) ist.

Er beobachtete, wie sich die Tage verlängerten, während er nach Norden segelte und registrierte die Höhen der Sonne an verschiedenen Orten, woraus spätere Astronomen die entsprechenden Breitengrade errechnen konnten. Er stellte auch fest, dass es keinen Stern gibt, der genau den Himmelspol markiert. Pytheas nahm an, dass die Länder der *Bretanike* [Britannien] die Form eines Dreiecks hätten, das durch die drei äußersten Punkte *Kap Belerion* [Land's End], *Kantion* [Kent] und *Orcas* [Orkney-Inseln] gegeben sei; die Hauptinsel wurde *Albion* genannt. Den Umfang des „bretonischen" Dreiecks wurde später von Diodoros Siculus zu 42 500 *Stadien* (ca. 7850 km) berechnet, was völlig überschätzt ist. Pytheas sichtete auch *Ierne* [Irland], eine Insel, deren Bewohner als wild und unzivilisiert galten. Bei der Beobachtung der Gezeiten stellte er fest, dass das Meer etwa 80 *Ellen* (ca. 35 m, unrealistisch) ansteigt, und vermutete als Erster einen Einfluss des Mondes.

Von Schottland aus erreichte er nach sechs Tagen Seereise den Ort Thule, wo die Nächte zwei bis drei Stunden dauerten. Geminos (Frag. III d) überliefert dazu das einzige authentische Zitat Pytheas':

> Es zeigten uns die Barbaren, wo die Sonne schläft, dort betrug die Länge der Nacht nur zwei bis drei Stunden, so dass es kurz nach Sonnenuntergang gleich wieder Tag wurde.

Der längste Tag von 21 bis 22 h entspricht einem Breitengrad zwischen $63°40'$ und $64°40'$. Mit dem angegebenen Wert der Ekliptik ergibt sich die geografische Breite des Polarkreises zu $\varphi = 90° - \varepsilon = 90° - 23°51' = 66°09'$. Der Polarkreis wurde also nicht erreicht, sondern möglicherweise die Küste bei Trondheim (Norwegen), wie es der Polarforscher Fridtjof Nansen vorgeschlagen hat. Einige Autoren vermuten eine Landung in Island; es ist jedoch nicht sicher, ob die Insel zu dieser Zeit bewohnt war.

Das Volk von Britannien, so Pytheas, war zahlreich und hatte viele Häuptlinge, die mit Streitwagen in den Krieg zogen. Sie bemalten oder tätowierten ihre Haut blau und lebten in kleinen Behausungen aus Holzstämmen und Stroh. Sie droschen ihr Getreide in großen Scheunen, da das Klima trüb und regnerisch war, und lagerten das Getreide in Kellern, um es zu mahlen, wenn Brot benötigt wurde. Pytheas stellte fest, dass die

Menschen in Cornwall aufgrund ihres Kontakts mit ausländischen Zinnhändlern zivilisierter waren als die übrigen Bewohner. Sie bauten das wertvolle Erz mit viel Geschick ab und transportierten es bei Ebbe mit Karren oder in Booten aus Leder zu einer Insel namens *Ictis*. Das Zinn wurde dann nach Gallien verschifft und zu Pferd nach Massilia gebracht. Bei seinem Besuch in den nördlichen Ländern stellte er fest, dass er kaum Tiere fand und es außer Hafer kein Getreide, nur wildes Obst, Gemüse und Wurzeln gab. Sein Schiff setzte die Reise einen weiteren Tag nach Norden fort, die Weiterfahrt wurde dann durch eine "zugefrorene See" verhindert. Ob das Schiff in diesem Gebiet tatsächlich auf Packeis gestoßen ist, scheint fraglich. Da er den Polarkreis nicht erreicht hat, kann er das Phänomen der Mitternachtssonne von den dortigen Bewohnern erfahren haben.

Bevor er nach Hause zurückkehrte, wollte Pytheas herausfinden, woher der Bernstein kam. Es war bekannt, dass dieser begehrte Stoff von den nördlichen Küsten und Inseln Europas stammte, und Massilia hatte Handelsniederlassungen bis zum Niederrhein, aber kein Mittelmeer-Reisender vor Pytheas hatte die Küste Germaniens auf dem Seeweg erreicht. Er erwähnt zwei Stämme, die *Gutonen* und *Teutonen,* die an einem Küstenabschnitt im Gezeitenbereich und auf einer Insel namens *Abalus* [Helgoland?] lebten. Plinius d.Ä. (Nat. Hist. XXXVII, 11) berichtet:

> Pytheas sagt, dass die Gutonen, ein Volk aus Germanien, die Ufer eines Meeresarms namens Mentonomon bewohnen, dessen Gebiet sich über 6 000 Stadien erstreckt; dass eine Tagesreise von diesem Gebiet entfernt die Insel Abalus liegt, an deren Ufern im Frühjahr Bernstein von den Wellen aufgeworfen wird, der eine Ausscheidung des Meeres in konkreter Form ist, und die Bewohner diesen Bernstein als Brennstoff verwenden und an ihre Nachbarn, die Teutonen, verkaufen.

Es ist typisch für Pytheas, dass er nach dem Ursprung des Bernsteins suchte; Bernstein entsteht aus dem Harz von Kiefern, das durch Kälte und Meerwasser verdichtet wird. Über die Route seiner Heimreise ist nichts bekannt. Nach seiner Rückkehr schrieb Pytheas ein Buch mit dem Titel *Über den Ozean*[7], von dem nur einige Fragmente erhalten sind, die von griechischen Geografen zitiert wurden. Einige griechische Schriftsteller, wie Strabon und Polybios, glaubten nicht an Pytheas' Bericht. Strabon (Geographie 1.4.3) schreibt:

> Denn derjenige, der über Thoule berichtet, Pytheas, hat sich als ein Mann der größten Unwahrheiten erwiesen, da diejenigen, die Brettanike und Ierne [=Irland] gesehen haben, nichts über Thoule zu sagen haben, obwohl sie andere Inseln (die kleinen um Brettanike) erwähnen.

---

[7] Pytheas, Roseman C.H. (Ed.): On the Ocean, Ares Publishers, Chicago 1994.

Polybios (Histories 34.5.7) bemerkt dazu:

> Pytheas, der viele Leser in die Irre geführt hat, indem er behauptete, ganz Britannien zu Fuß durchquert zu haben, dessen Küstenlinie, wie er sagt, mehr als vierzigtausend Stadien umfasst ... Aber wir können nicht glauben, dass eine Privatperson, die zudem ein armer Mann war, solch gewaltige Reisen zu Land und zu Wasser unternommen haben soll. Selbst Eratosthenes bezweifelte diesen Teil seiner Geschichte, obwohl er glaubte, was dieser über Britannien, Gades und Iberien sagte.

Beide griechischen Schriftsteller, die ein oder drei Jahrhunderte nach Pytheas lebten, hatten Probleme, die Beschreibungen Pytheas' als wahr zu akzeptieren. Tatsächlich muss es ihnen schwergefallen sein, an ein fruchtbares, Getreide anbauendes Britannien zu glauben, das weiter nördlich lag als das Land der Skythen [Südrussland], wo die Regionen der gefrorenen Wüste beginnen sollten. Heutzutage gibt es keinen Grund, an Pytheas Entdeckungen zu zweifeln, der mit Recht als großer Entdecker und Geograf angesehen werden kann.

Weitere Literatur

Balss H. (Hrsg.), Antike Astronomie, Heimeran München (1949)

Berger H. (Hrsg.): Die geographischen Fragmente des Hipparch, zusammengestellt und besprochen, Teubner (1869)

Braunmühl von A.: Vorlesungen über die Geschichte der Trigonometrie Band I, II, Teubner Leipzig (1900)

Brummelen van G., Kinyon M. (Ed.): Mathematics and the Historian's Craft, Springer (2005)

Brummelen van G.: The Mathematics of the Heavens and the Earth: The Early History of Trigonometry, Princeton (2009)

Clagett M.: Archimedes in the Middle Ages, Volume I, Wisconsin (1964)

Heath T.L.: Greek Astronomy, Dover Reprint New York (1991)

Heath T.L.: Aristarchus of Samos, Dover Reprint New York (1981)

Hoppe E.: Mathematik und Astronomie im klassischen Altertum, Sändig Reprint (1966)

Mette H.J.: Pytheas von Massalia, de Gruyter Berlin (1952)

Pytheas, Roseman C.H. (Ed.): On the Ocean, Ares Publishers, Chicago (1994)

Roller D.W.: The Geography of Strabo, Cambridge University (2019)

Szabó A.: Das geozentrische Weltbild, dtv wissenschaft, München 1992

Heron von Alexandria

17

Heron von Alexandria wurde lange Zeit als zweitrangiger Mathematiker angesehen; inzwischen weiß man, dass viele seiner *Definitionen* in Bearbeitungen der *Elemente* eingeflossen sind. In seinen Werken *Metrica* und *Geometrica* zeigt er auf, wie numerische Probleme in der Praxis durchgeführt werden; er wurde daher später die Quelle der römischen Feldmesser (Agrimensoren). Obwohl al-Biruni Archimedes als Quelle für die bekannte Dreiecksflächenformel angibt, besteht die Möglichkeit, dass Heron den zugehörigen Beweis eigenständig entwickelt hat. In Alexandria wurde ein Großteil des mathematischen Wissens der Länder des Ostens gesammelt; Heron macht beim Lösen von quadratischen Gleichungen und beim babylonischen Wurzelziehen davon Gebrauch.

Die Lebensdaten von Heron von Alexandria (Ἥρων ὁ Ἀλεξανδρεύς) sind bisher nicht sicher bekannt, heute geht man meist von 10–75 n. Chr. aus. Gemäß den Quellen muss er nach Archimedes, aber vor Pappos gelebt haben, d. h. vage zwischen 200 v. Chr. und 300 n. Chr. Eine genauere Musterung aller Mondfinsternisse durch O. Neugebauer[1] hat 1938 gezeigt, dass Heron wahrscheinlich im 1. Jahrhundert n. Chr. lebte. Denn in seinem Werk *Dioptra* wird eine Mondfinsternis erwähnt, die zehn Tage vor dem Frühlingsäquinoktium gesehen worden sei. Seine Angabe, dass sie in Alexandria in der 5. (Nacht-)stunde auftrat, führt für den Zeitrahmen 200 v. Chr. bis 300 n. Chr. eindeutig zur Mondfinsternis vom 13. März 62 (julianisch).

Die oben genannte Datierung Neugebauers wurde von N. Sidoli[2] und anderen angezweifelt. Neugebauer wäre zu ungenau mit den Angaben bei Heron umgegangen, man

---

[1] Neugebauer O.: Über eine Methode zur Distanzbestimmung Alexandria-Rom bei Heron, Kongelige Danske Vidensabernes Selskabs Skrifter 26,2 (1938), S. 21–24.

[2] Sidoli N.: Heron of Alexandria's Date, Centaurus 53/1, 2011.

© Springer-Verlag GmbH Deutschland, ein Teil von Springer Nature 2024
D. Herrmann, *Die antike Mathematik,* https://doi.org/10.1007/978-3-662-68478-8_17

könne somit auch andere Mondfinsternisse zur Datierung heranziehen. Franz Krojer[3,4], hat die Berechnung Sidolis untersucht und für fehlerhaft befunden. Wie es scheint, hat Sidoli das damalige Frühlingsäquinoktium mithilfe eines NASA-Computers(!) ermittelt. Sidoli[5] gibt inzwischen zu, dass Neugebauers Berechnung *den besten Fit* ergibt, hat aber seine Zweifel an Herons Bericht wiederholt. Sein Haupteinwand ist, dass Heron eine Differenz von zwei Stunden Ortszeit bei dem Eintritt der Finsternis in Rom und Alexandria angibt, die wahre Zeitdifferenz (mit modernen Uhren) sei jedoch 1,1 h. Die Problematik der antiken Stundenmessung ist schon im Kap. 16.5 angesprochen worden.

Dass er zu dieser Zeit oder früher gelebt hat, wird bestätigt durch ein Zitat des römischen Landvermessers Columella, der 64 n. Chr. schrieb:

> ... ergaben sich Messwerte für ebene Figuren, die mit den von Heron verwendeten Formeln übereinstimmen, insbesondere für das gleichseitige Dreieck, das regelmäßige Sechseck (hier stimmt nicht nur die Formel, sondern auch die Skizze Herons überein) und das Kreissegment, das ist kleiner als ein Halbkreis.

Unklar ist die Einordnung von Pappos' Bericht, dass *Heron der Mechaniker* jünger sein soll als Menelaos (ca. 70–140 n. Chr.). Dass Pappos (*Collectio* VIII) der einzige Autor ist, der Alexandria als Wirkungsstätte Herons nennt, ist für H. Schellenberg[6] bereits Anlass, die Ortszuweisung in Frage zu stellen.

Es gibt zahllose Schriften, die unter dem Autorennamen Heron fungieren. Viele seiner Schriften wurden jahrhundertelang als Vorlesungsmanuskripte verwendet, bearbeitet und mit eigenen Beiträgen ergänzt. Aus fremder Hand stammt die Schrift *Geometrica,* wie schon E. Hoppe[7] (1918) nachgewiesen hat. Sie wurde aus mindestens 2 Handschriften verschiedener Quellen kompiliert; J. Høyrup" nennt diese Manuskripte „S" bzw. „A, C". Das Werk kann daher nur als *pseudo-heronisch* bezeichnet werden. Folgende Schriften werden als Original angesehen:

- De automatis (Automaten)
- Dioptra (Geräte und Methoden zur Messung von Entfernungen)
- Metrica (Geometrie der Figuren und Körper)
- Catroptica (erweiterte Optik)
- Pneumatica (Geräte mit Luft-, Dampf- und Wasserdruck)

---

[3] Krojer F.: Astronomie der Spätantike, die Null und Aryabhata, Differenz-Verlag 2009.

[4] Krojer F.: Heronsgezänk. In: Astronomie der Spätantike, die Null und Aryabhata, München 2009, S. 31 ff.

[5] Sidoli N.: Heron of Alexandria's Date, Centaurus, 53 (2011), S.55–61.

[6] H. M. Schellenberg: Anmerkungen zu Heron von Alexandria und seinem Werk über den Geschützbau, A Roman Miscellany, Essays in Honour of A. R. Birley on his 70th Birthday, Ed. Schellenberg u. a., Gdansk 2008, 92–130.

[7] Hoppe E.: Ist Heron der Verfasser der unter seinem Namen herausgegebenen Definitionen und Geometrie? Philogus 75 (1918), S. 202–226.

- Belopoica (Kriegsmaschinen)
- Mechanica (einfache Maschinen)

Die Standardausgabe der heronischen Schriften (Heronis Alexandrini opera quae supersunt omnia) erschien 1899 bei Teubner:

I)   Pneumatica et automata
II) Heronis definitiones cum variis collectionibus. Heronis quae feruntur geometrica
III) Rationes dimetiendi et commentatio dioptrica
IV) Mechanica et catoptrica
V)   Heronis quae feruntur stereometrica et de mensuris

Das Hauptwerk *Metrica* schien jahrhundertelang verschollen, jedoch wurde die Handschrift in griechischer Sprache 1896 von J. L. Heiberg in Konstantinopel entdeckt. Die Schrift besteht aus 3 Büchern. Buch I enthält die Berechnung von Dreiecken, Vierecken bis zum n-Eck und die Oberfläche von Rotationskörpern, Buch II entsprechend die Volumina von einfachen Körpern, Buch III spezielle Fälle der Aufteilung von Flächen und Volumina, aber auch die Bestimmung von Kubikwurzeln. In Buch III schreibt er selbst, dass er *mathematische Erkenntnisse sammeln wolle.* In der Literatur wird wenig erwähnt die *Metrica*-Edition von E. M. Bruins, die ein Bestandteil des von ihm herausgegebenen *Codex Constantinopolitanus* gr. 24 (1964) ist.

In der Literatur wird er deswegen als *zweitrangiger* Mathematiker und Nachahmer des Automatenbaus betrachtet. H. Diels nennt ihn einfach einen *Banausen,* was sicher ein zu hartes Urteil ist. T. Heath[8] schreibt:

> Der praktische Nutzen von Herons Vorlesungen war so groß, dass sie allseits beliebt waren und die populärsten unter ihnen neu herausgegeben, geändert und von späteren Autoren ergänzt wurden. Dies war unausweichlich bei Büchern, wie die Elemente von Euklid, die in Griechenland, Byzanz, Rom und Arabien jahrhundertelang zur Unterweisung dienten.

B.L. van der Waerden schätzt ihn nicht:

> Seien wir froh, dass wir die Meisterwerke eines Archimedes und Apollonios haben, und trauern wir nicht den zahlreichen verloren gegangenen Rechenbüchlein von der Art des Heron nach.

Ingeborg Hammer-Jensen[9] sieht ihn als Ignoranten an, da er ihrer Meinung nach große Teile der Pneumatica kopiert habe, ohne es zu verstehen. A.G. Drachmann[10] urteilt:

---

[8] Heath, T.L.: A History of Greek Mathematics I, II, Oxford University Press 1931, Reprint Dover 1993.

[9] Hammer-Jensen I.: Die Heronische Frage, Hermes 63(1928), S. 34–47.

[10] Drachmann, A.G.: The Mechanical Technology of Greek and Roman Antiquity, Munksgaard Copenhagen 1963.

Ein Mann, der sein Thema immer so präsentieren kann, dass es jedermann leicht versteht, ist
ein Mann, der es *selbst* versteht, und der ist mit Sicherheit kein Dummkopf oder Stümper.

M.S. Mahoney[11] notiert:

> Im Licht der neueren Forschung erscheint er [Heron] als allseits gebildeter und oft als ge-
> nialer Mathematiker, wie auch als das lebende Bindeglied zu einer andauernden Tradition
> der angewandten Mathematik, die von den Babyloniern über die Araber bis zur Renaissance
> im Abendland führt.

Jens Høyrup[12] sieht Heron in einer babylonischen Tradition, traut ihm aber den Beweis
der Flächenformel zu. Er zitiert die Aufgabe *Geometrica* 24,3, deren Muster sich auf der
Tontafel BM 13.901 #23 (aber mit anderen Zahlen) findet [vgl. Mathematik im Vorderen
Orient des Autors, S. 257].

*Die Summe aus Fläche und Umfang eines Quadrats ist 896. Gesucht sind Fläche und
Umfang einzeln.*

Lösung Heron: An das Quadrat werden außen 4 Einheiten angefügt, deren Hälfte 2
[Fuß] sind, quadriert 4. Zu 896 addiert, gibt 900, Wurzel daraus ist 30, vermindert um
die 2 Einheiten ergibt den Rest 28. So ist die Fläche 784 und der Umfang 112 [Fuß]. Die
Summe ist 896 [Fuß] wie gegeben.
Eine geometrische Interpretation nach Heiberg zeigt Abb. 17.1. Die Lösung in moderner
Schreibweise ist:

$$x^2 + 4x = 896 \Rightarrow (x + 2)^2 = 900 \Rightarrow x = 28$$

Man beachte, dass Heron alle Probleme ohne den algebraischen Formalismus löst, den
man heute benützt.
    J. Høyrup findet diese Aufgabe auch bei späteren Autoren und kann so eine Über-
lieferung festmachen:

- Abu Bakr: Liber mensurationen (um 800), Übersetzung Gerard von Cremona (um
  1150)
- Savasorda: Liber embadorum (12. Jahrhundert)
- Leonardo von Pisa: Pratica geometrie (1220)
- Piero della Francesca: Trattato d'abaco (um 1460)
- Luca Pacioli: Summa de arithmetica (1494)

---

[11] Drachmann, A.G.; Mahoney, M.S.: Biography in Dictionary of Scientific Biography, Scribner &
Sons 1970.

[12] Høyrup J.: Hero, Pseudo-Hero, and Near eastern practical geometry, Roskilde universitetscentre,
Reprint 1996, Nr.5

Abb. 17.1 Geometrische
Interpretation von Geometrica
24,3

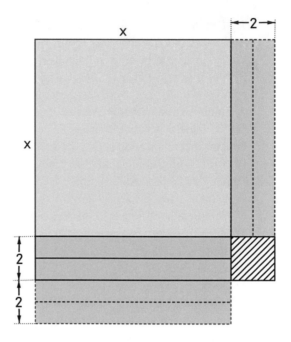

17.1 Aus den Definitionen

Die *Definitiones* werden seit Wilbur Knorr[13] (1993) als pseudo-heronisch angesehen. Sie sind für die Geschichte der Mathematik von besonderer Bedeutung, da die Möglichkeit besteht, dass Material aus den *Definitiones* nachträglich in die Elemente eingeschoben wurde. Dass die in den *Elementen* enthaltenen Definitionen unzureichend sind, war bereits im Altertum bekannt. Russo konnte 2005 zeigen, dass die Definitionen 1 bis 7 der *Elemente* aus den *Definitiones* 1–2, 4, 8 und 9 interpoliert wurden. Da Knorr[14] Heron als Autor verwirft, weist er die *Definitiones* Diophantos zu.

Die *Definitiones* umfassen (zweisprachig) die Seiten 33–198 von Band III der *opera omnia* von Heron. Es können daher nur einige wenige Definitionen abgedruckt werden; die hier gegebenen zeigen deutlich die Schwierigkeiten, Dinge so zu definieren, dass die Erklärung weder rekursiv ist noch auf Undefiniertes zurückgreift.

1) **[Punkt]** Ein Punkt ist, was keinen Teil hat oder eine Grenze ohne Ausdehnung oder Grenze einer Linie, und sein Wesen ist es, nur dem Gedanken fassbar zu sein, weil er sowohl ohne Teile als auch ohne Größe ist. […] Denn aus der Bewegung

---

[13] W. Knorr: Arithmetike stoicheiosis, On Diophantes and Hero of Alexandria, Historia Mathematica 20 (1993), 180–192.

[14] W. Knorr, The wrong Text of Euclid, Science in Context, 14 (2001), 133–143.

des Punktes oder richtiger aus der Vorstellung eines im Fluss befindlichen Punktes entsteht die Vorstellung einer Linie, und in diesem Sinne ist der Punkt Anfang der Linie wie die Fläche eines soliden Körpers.

2) [**Linie**] Eine Linie aber ist eine Länge ohne Breite und Tiefe oder das, was innerhalb der Größe zuerst Existenz annimmt, oder was nach *einer* Dimension Ausdehnung hat und teilbar ist, und sie entsteht, indem ein Punkt von oben nach unten gleitet mittels Kontinuitätsbegriffs, und ist eingeschlossen und begrenzt durch Punkte, während sie selbst Grenze dieser Fläche ist.[…].

4) [**Gerade Linie**] Eine gerade Linie ist eine solche, die zu den auf ihr befindlichen Punkten gleichmäßige Lage hat, gleichlaufend und wie ausgespannt zwischen den Endpunkten. Sie ist zwischen zwei gegebenen Punkten die kleinste der Linien, welche dieselben Endpunkte haben; sie ist so beschaffen, dass alle Teile mit allen Teilen vollständig kongruieren. […].

8) [**Fläche**] Eine Fläche ist, was nur Länge und Breite hat, oder die Grenze eines Körpers oder eines Raumes, oder was nach zwei Dimensionen Ausdehnung hat ohne Tiefe, oder die begrenzende Oberfläche jeder soliden und ebenen Figur nach den beiden Dimensionen der Länge und Breite. Sie entsteht durch Gleiten einer Linie, die in der Breite von links nach rechts gleitet. […].

27) [**Kreis**] Ein Kreis ist die von einer Linie umschlossene Ebene. Die Figur wird also Kreis genannt, die sie umschließende Linie aber Umkreis, und alle Geraden, die zu diesem reichen von *einem* der innerhalb der Figur gelegenen Punkt aus, sind unter sich gleich. […] Aber auch auf andere Weise wird Kreis genannt, eine Linie, die nach allen Teilen gleiche Entfernungen bildet. Ein Kreis entsteht, wenn eine Gerade, indem sie in derselben Ebene bleibt, während der eine Endpunkt fest liegt, mit dem anderen herumgeführt wird, bis sie wieder in dieselbe Lage zurückgebracht ist, von wo sie sich zu bewegen anfing.

36) [**Möndchen**] Ein Möndchen nun ist eine von zwei Kreisbögen, einer konkaven und einer konvexen, umschlossene Figur oder die Differenz zweier Kreise, die nicht denselben Mittelpunkt haben. [...]

40) [**Dreieck**] Ein Dreieck ist eine von drei Geraden umschlossene Figur mit drei Winkeln.

70) [**Parallele**] Parallel aber werden gleichlaufende Linien genannt, die in derselben Ebene sind und nach beiden Seiten verlängert, nach keiner von beiden Seiten hin zusammenfallen.

73) [**Parkettierung**] Von allen ebenen, gleichwinkligen und gleichseitigen Figuren aber füllen diese allein den Raum der Ebene: das Dreieck, das Quadrat und das Sechseck. Das Dreieck füllt, wenn es von seinem Scheitelpunkt aus fünf weitere hinzunimmt, den Raum der Ebene, ohne irgendeinen Platz dazwischen zu lassen, und ebenso das Quadrat, wenn es drei hinzunimmt, und das Sechseck, wenn es zwei hinzunimmt.

94) [**Kegelschnitt**] Durch die Spitze geschnitten bringt ein Kegel als Schnitt ein Dreieck hervor, der Grundfläche parallel geschnitten einen Kreis, nicht parallel ge-

schnitten aber eine andere Liniengruppe, die Kegelschnitte genannt werden. [...] Spitzwinklig ist nun der in sich zusammenhängende, der eine schildförmige Figur bildet, von einigen Ellipse genannt. Der Schnitt eines rechtwinkligen Kegels wird Parabel genannt, der des stumpfwinkligen aber Hyperbel.

119) [**Größe**] Eine Größe ist, was ins Unendliche vergrößert und geteilt werden kann; ihre Arten sind Linien, Flächen, Körper. Eine unendliche Größe aber ist eine solche, dass eine größere nicht gedacht werden kann, welche Ausdehnung sie auch habe, sodass sie keine Grenze hat.

17.2 Aus der Metrica und Geometrica

Die Nummerierung stammt vom Autor:

1) Gegeben ist die Summe aus Durchmesser, Umfang und Fläche eines Kreises. Bestimme die Größen, wenn die Summe 212 beträgt (Geom. 21,9).

Lösung: Ist d der gesuchte Durchmesser, so liefert der Ansatz mit der Archimedes-Näherung $\pi = \frac{22}{7}$

$$\frac{1}{4}\pi d^2 + \pi d + d = \frac{1}{4}\pi d^2 + (\pi + 1)d = \frac{11}{14}d^2 + \frac{29}{7}d = 212$$

Moderne Lösung ist: Vereinfachen und Erweitern mit 11 zeigt nach quadratischer Ergänzung

$$121d^2 + 638d + 29^2 = 32648 + 29^2$$
$$(11d + 29)^2 = 183^2 \Rightarrow d = 14$$

Es ist der Umfang $U = 44$, die Fläche $A = 154$. Diese Aufgabe findet sich auch in (*Geom.* 24, 27) mit der vorgegebenen Summe 67½. J. Høyrup behauptet, dass auch dieses Problem babylonischen Ursprungs ist. Da er keine Quelle angibt, kann es nicht bestätigt werden.

2) Ein rechtwinkliges Dreieck ist gegeben durch die Summe von Fläche A und Umfang, hier 280. Ist s der halbe Umfang, so soll gelten:

$$A + 2s = 280$$

Ist r der Inkreisradius des Dreiecks, so können folgende Formeln als bekannt vorausgesetzt werden:

$$A = \frac{1}{2}ab = rs \therefore r + s = a + b$$

Die gegebene Summe lässt sich faktorisieren:

$$A + 2s = (r + 2)s = 280$$

Mögliche   Faktoren   der   rechten   Seite   sind
$(2 \times 140), (4 \times 70), (5 \times 56), (7 \times 40), (8 \times 35), (10 \times 28), (14 \times 20)$. Heron wusste, dass die Flächenmaßzahl eines heronischen Dreiecks den Teiler 6 hat. Wir wählen daher die Zerlegung $r + 2 = 8 \Rightarrow r = 6$, damit auch rs durch 6 teilbar ist. Gleichzeitig folgt $s = 35$. Nach babylonischem Muster ergibt sich:

$$(b - a)^2 = (a + b)^2 - 4ab = (r + s)^2 - 8rs \Rightarrow b - a = \sqrt{(r + s)^2 - 8rs} = 1$$

Einsetzen liefert

$$b = \frac{b - a}{2} + \frac{a + b}{2} = \frac{1}{2}[1 + (r + s)] = 21 \Rightarrow a = 20$$

Das gesuchte Dreieck ist hier $(20; 21; 29)$. Ähnliche Aufgaben finden sich auch bei Diophantos, in der Form, dass die Summe aus Fläche und einer Kathete gegeben ist bzw. aus Fläche plus Katheten-Summe.

3) Gesucht ist ein heronisches Dreieck vom Flächeninhalt 5.

Heron übernimmt hier einen Rechengang von Diophantos. Da die Flächenmaßzahl eines heronischen Dreiecks durch 6 teilbar ist, wird hier die gegebene Fläche mit 36 erweitert. Zum Inhalt 180 sucht man ein passendes heronisches Dreieck; dies ist $(9; 40; 41)$. Da sich die Flächen von ähnlichen Dreiecken verhalten wie die Quadrate der entsprechenden Seiten, ergeben sich die gesuchten Seiten bei Division durch 6. Das gesuchte Dreieck ist daher $\left(\frac{3}{2}; \frac{20}{3}; \frac{41}{6}\right)$.

4) *Metrica* I, $13 + 14$: Gegeben ist ein stumpfwinkliges Dreieck mit den Seiten $(9, 10, 17)$. Gesucht sind die Durchmesser a) des Inkreises, b) des Umkreises (Abb. 17.2).

a) Heron schreibt, die Fläche $A = 36$ sei evident. Die Fläche wird vervierfacht und durch den Umfang $U = 36$ des Dreiecks dividiert, dies liefert den Inkreis-Durchmesser $d = 4$. Er kennt offensichtlich die Formel $d = \frac{4A}{U}$; sie ist gleichwertig zur Formel $A = rs$.

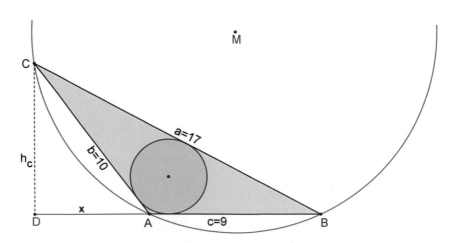

Abb. 17.2 Figur zur Geometrica 1, $13+14$

b) Die Handschrift schreibt die Höhe $h_c = 8$ sei evident und rechnet $10 \times 17 = 170$. Division liefert damit den Umkreis-Durchmesser $D = 21\frac{1}{4}$. Die Formel $Dh_c = ab$ ist gleichwertig zu $R = \frac{ab}{2h_c} = \frac{abc}{4A}$. Die Höhe wurde vermutlich mit Hilfe der Projektionsformel gefunden, bei den Agrimensoren *eiectura* genannt:

$$x = \frac{a^2 - b^2 - c^2}{2c} = \frac{108}{18} = 6 \Rightarrow h_c = 8$$

5) Gesucht sind zwei Rechtecke (a, b) bzw. (x, y) vom gleichen Umfang so, dass die Fläche des ersten das Vierfache der Fläche des zweiten ist.

In moderner Schreibweise gilt für das Vielfache:

$$a + b = x + y \therefore xy = nab$$

Auch hier liefert Heron keinen Lösungsweg; er setzt ohne Kommentar

$$a = n - 1 \therefore b = n(n^2 - 1)$$

Einsetzen liefert $x + y = (n - 1) + n(n^2 - 1) = n^3 - 1$. Damit folgt

$$(y - x)^2 = (x + y)^2 - 4xy = (n^3 - 1)^2 - 4n^2(n - 1)(n^2 - 1) = (n^3 - 2n^2 + 1)^2$$

Somit gilt:

$$y - x = n^3 - 2n^2 + 1 \therefore y + x = n^3 - 1$$

Summe und Differenz ergibt schließlich: $x = n^2 - 1 \therefore y = n^2(n - 1)$. Speziell für $n = 4$ gilt:

$$(a, b) = (3; 60) \therefore (x, y) = (15; 48)$$

Die Aufgabe wurde später von dem Byzantiner M. Planudes in seinem Rechenbuch übernommen.

6) *Metrica* I,8: Bestimme die Fläche des Dreiecks mit den Seiten 7, 8, 9 ohne dabei die Höhe zu berechnen.

Lösung: Mit Hilfe der heronischen Formel ermittelt er die Fläche mit $s = \frac{7+8+9}{2} = 12$:

$$\mathcal{F} = \sqrt{12(12 - 7)(12 - 8)(12 - 9)} = \sqrt{720}$$

Heron vereinfacht nicht $\sqrt{720} = 12\sqrt{5}$; sondern berechnet die Wurzel in einem Schritt nach seinem Verfahren. Startwert ist die Ganzzahl $\sqrt{729} = 27$.

$$\sqrt{720} \approx \frac{1}{2}\left(27 + \frac{720}{27}\right) = \frac{161}{6} = 26\frac{5}{6}$$

Er schreibt das Ergebnis als ägyptischen Bruch $26\frac{1}{2}\frac{1}{3}$.

7) Metrica II,12: Bestimme das Volumen des Kugelsegments, wenn der Basiskreisdurchmesser $2x = 12$ und die Höhe $h = 2$ beträgt (Abb. 17.3).

Abb. 17.3 Figur zum
Kugelsegment

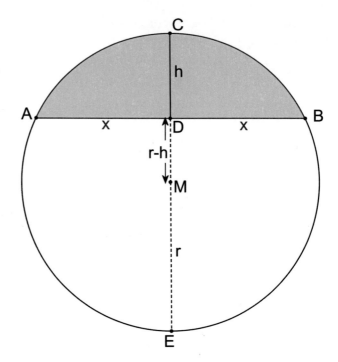

Lösung: Heron zitiert den Satz des Archimedes, dass sich das Volumen eines Kugelsegments zu einem Kegel (mit gleichem Radius und gleicher Höhe) verhält wie die Summe
aus Kugelradius und Höhe des Restsegments zur Höhe des restlichen Segments. [Archi-
medes, *Kugel und Zylinder,* II, 2]

$$\frac{Segment(ABC)}{Kegel(ABC)} = \frac{|EM| + |DE|}{|DE|}$$

Nach dem Sekantensatz Euklid [III, 35] gilt: $|AD||DB| = |CD||DE| \Rightarrow x^2 = h(2r - h)$.
Der Kugelradius ist somit

$$r = |EM| = \frac{1}{2}\left(\frac{x^2}{h} + h\right) = \frac{1}{2}\left(\frac{36}{2} + 2\right) = 10 \Rightarrow |DE| = 2r - h = 18$$

Somit ist das Segmentvolumen das $\frac{10+18}{18} = \frac{14}{9}$ fache des Kegelvolumens; dieses beträgt $\frac{1}{3}\pi x^2 h = 24\pi$. Mit der Näherung von Archimedes $\pi \approx \frac{22}{7}$ ergibt sich das gesuchte
Segmentvolumen zu

$$\frac{14}{9}.24.\frac{22}{7} = \frac{352}{3} = 117\frac{1}{3}$$

Heron kennt eine genauere Abschätzung für π von Archimedes. Denn er schreibt in Aufgabe I, 26, dass Archimedes in der (verlorenen) Schrift *Plinthides und Zylinder* folgende
Schranken bestimmt hat

$$\frac{211875}{67441} < \pi < \frac{197888}{62351}$$

8) Aufgabe I, 34: Gesucht ist die Fläche einer Ellipse mit der großen Achse 16, der kleinen 12.

Heron beruft sich auf *Archimedes* und schreibt, das Produkt der Achsen sei gleich dem Quadrat des Durchmessers eines Kreises, der flächengleich zur Ellipse sei. Er rechnet $12 \cdot 16 = 192$, davon nimmt er den Anteil $\frac{11}{14} \approx \frac{\pi}{4}$; dies gibt bei ihm $146\frac{1}{2}$ statt richtig $150\frac{6}{7}$. Die exakte Ellipsenfläche ist $\mathcal{F} = \frac{a}{2}\frac{b}{2}\pi = 48\pi$.

9 A) *Metrica* III, 20: Gegeben ist eine vierseitige Pyramide ABCDE mit der Grundfläche ABCD, der Spitze E und der Seitenlänge $|AE| = 5$. Durch eine zur Grundebene parallele Ebene soll das Pyramidenvolumen so geteilt werden, dass die abgeschnittene Pyramidenspitze viermal so groß ist wie der (verbleibende) Pyramidenstumpf (Abb. 17.4).

Lösung: Bei (ähnlichen) Pyramiden verhalten sich die Volumina wie die dritten Potenzen entsprechenden Seiten.

$$\frac{Pyramide(ABCDE)}{Pyramide(FGHKE)} = \frac{5}{4} = \left(\frac{|AE|}{|FE|}\right)^3 \Rightarrow |FE|^3 = \frac{4}{5}|AE|^3 = 100$$

Zu bestimmen ist also $|FE| = \sqrt[3]{100}$. Wegen $4 < \sqrt[3]{100} < 5$ und den Differenzen zu den benachbarten Kuben $|100 - 64| = 36$ bzw. $|125 - 100| = 25$ interpoliert Heron auf folgende Weise

Abb. 17.4 Figur zur 4-seitigen Pyramide

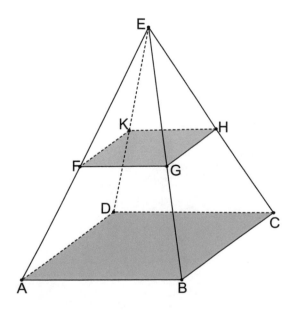

$$\sqrt[3]{100} \approx 4 + \frac{36.5}{36.5 + 25.4} = 4\frac{9}{14}$$

Die gesuchte Kantenlänge $|FE|$ ist $4\frac{9}{14}$. Heron kennt auch die Formel für den Inhalt eines Pyramidenstumpfs. Sind A_1, A_2 die Grund- und Deckfläche des Stumpfs, so gilt die Formel

$$V = \frac{h}{3}\left(A_1 + A_2 + \sqrt{A_1 A_2}\right)$$

Heron schreibt dies in der Form

$$V = h\left(\frac{2}{3}\frac{A_1 + A_2}{2} + \frac{1}{3}\sqrt{A_1 A_2}\right)$$

Die Klammer stellt ein gewichtetes Mittel aus dem arithmetischen bzw. geometrischen Mittel dar.

9B) Neben oben genannter Proportion enthält die Aufgabe (II, 8) einen komplizierten Term für den Pyramidenstumpf mit rechteckiger Grund- und Deckfläche; in moderner Schreibweise lautet er (Abb. 17.5):

$$V = \left[\frac{a+c}{2}\frac{b+d}{2} + \frac{1}{3}\frac{a-c}{2}\frac{b-d}{2}\right]h = \frac{1}{6}(2ab + 2cd + ad + bc)h$$

Dies ist ein Spezialfall der modernen Formel mit Grundfläche A_1, Deckfläche A_3 und mittlerer Fläche A_2, die der Keplerschen Faßregel entspricht.

$$V = \frac{1}{6}(A_1 + 4A_2 + A_3)h$$

9C) Hier eine Aufgabe, die Heron misslingt. Er betrachtet einen quadratischen Pyramidenstumpf, dessen Grundfläche die Seite $a = 28$ hat, die Deckfläche die Seite $b = 4$ und die Kante $k = 15$ beträgt; gesucht ist die Höhe h.

Abb. 17.5 Figur zum 4-seitigen Pyramidenstumpf

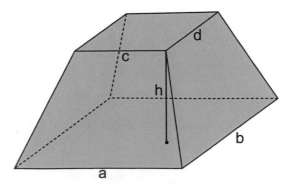

Projiziert man die Deck- in die Grundfläche, so hat ein Eckpunkt der Deckfläche den Abstand $d = \frac{1}{2}(28 - 4)\sqrt{2}$ zum zugehörigen Eckpunkt der Grundfläche. Betrachtet man das entstehende Neigungsdreieck, das eine Kante mit der Höhe bildet, so ergibt sich:

$$h^2 = k^2 - d^2 \Rightarrow h^2 = 15^2 - \left(12\sqrt{2}\right)^2 < 0$$

Dies aber führt zu einem Widerspruch! Heron rechnet hier mit dem Betrag weiter.

10) Aufgabe I, 35: Gesucht ist die Fläche eines Parabelabschnitts, wenn seine Basis 12 und die Höhe 5 ist.

Das dem Parabelausschnitt einbeschriebene Dreieck hat die Fläche $A = 30$. Nach Archimedes hat der Parabelabschnitt die $\frac{4}{3}$-fache Fläche, somit 40.

11) Aufgabe I, 14: Gesucht ist die Fläche des Vierecks ABCD mit $|AB| = 13, |BC| = 10, |CD| = 20, |AD| = 17$ und einem rechten Winkel bei C (Abb. 17.6).

Heron zeichnet die Diagonale BD ein und fällt das Lot von A auf BD. Nach Pythagoras erhält er $|BD|^2 = 500$. Die Höhe in $\triangle ABD$ berechnet er zu: $|AE|^2 = 96\frac{1}{2}\frac{1}{5}\frac{1}{10}$. Das vierfache Flächenquadrat von $\triangle ABD$ wird damit

$$4\mathcal{F}^2(ABD) = |AE|^2|BD|^2 = 96\frac{4}{5}.500 = 48.400 \Rightarrow \mathcal{F}(ABD) = 110$$

Da die Fläche des anderen Teildreiecks $\mathcal{F}(BCD) = 100$ ist, ergibt sich die gesuchte Flächensumme des Vierecks zu 210.

Abb. 17.6 Viereck mit rechtem Winkel

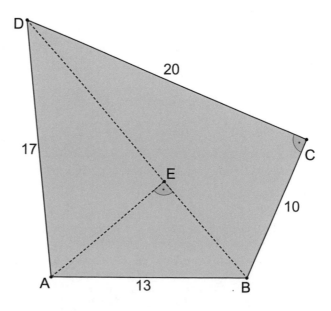

17.3   Aus der Stereometrica

Die Schrift *Stereometrica*[15] ist, ähnlich wie die *Geometrica,* ein Werk Herons, das nachträglich eine Bearbeitung zu Unterrichtszwecken erfahren hat. Das Werk ist von großer Bedeutung für die Bau- und Architekturgeschichte, da es zur Ausbildung der Architekten am Hof von Konstantinopel gedient hat. Eine Untersuchung zu Herons Vermessungs- und Gewölbelehre als Grundlage für die Planung der Hagia Sophia stammt von Helge Svenshon[16]. Prokopios von Caesarea hat in seinem Werk *De aedificiis* (I, 1) (um 560) über die zahlreichen Bauwerke berichtet, die unter Justinians Herrschaft im Imperium Romanum errichtet wurden, insbesondere in Ravenna.

Aus dem Buch I der *Stereometrica* werden hier einige typische Aufgaben vorgestellt:

Aufgabe I, 42:
Berechne die Sitzkapazität eines Theaters: Nach Messung umfasst die oberste Sitzreihe 420 Fuß, die unterste 180 Fuß. Die Zahl der Stufen ist 280.

Lösung: Die mittlere Sitzzahl ist $\frac{1}{2}(420 + 180) = 300$. Bei 280 Reihen/Stufen macht dies eine Gesamtlänge von Sitzen zu 84 000 Fuß. Rechnet man pro Person mit einer Breite von 1 Fuß (ca. 30 cm), so ist das Fassungsvermögen des Theaters 84 000 Personen.

Aufgabe I, 43:
Berechne die Anzahl der Sitze in der obersten Reihe eines Theaters, wenn die unterste Reihe 40 Personen fasst und jede höhere Reihe jeweils 5 Personen mehr hat, bei insgesamt 50 Sitzreihen.

Lösung: Heron rechnet die Anzahl der Sitze nach $(50 - 1).5 + 40 = 285$, also korrekt nach der Formel für die arithmetische Reihe.

Aufgabe I, 44:
Ein Amphitheater hat die Länge l=240 Fuß, die Breite b=60 Fuß. Gesucht ist der Flächeninhalt und Umfang.

Lösung: Heron rechnet den Flächeninhalt wie folgt: $A = \frac{11}{14}.240.60 = 11314\frac{1}{4}\frac{1}{28}$, wobei der korrekte Bruch $\frac{2}{7}$ wäre. Für den Umfang erhält er $U = 2.240 + 60.\frac{7}{6} = 550$ (Fuß).

---

[15] Heronis Alexandrinis opera quae supersunt omnia, Band V, Teubner 1914.

[16] H. Svenshon: Das Bauwerk als *aistheton soma* – eine Neuinterpretation der Hagia Sophia im Spiegel antiker Vermessungslehre und angewandter Mathematik. In: Falko Daim, Jörg Drauschke (Bd.): Byzanz – Das Römerreich im Mittelalter, Monographien des RGZM, 84 (2,1). Mainz 2010, S. 59–95.

Anhand der beigefügten Abbildung erkennt man, dass es sich um eine rechteckige Fläche mit zwei an den beiden Enden angesetzten Halbkreisen handelt. Mit der bei Heron
üblichen Näherung für π sind die korrekten Werte daher $A = 180.60 + \frac{11}{14}.60^2 = 13628\frac{4}{7}$
und $U = 2.180 + \frac{22}{7}.60 = 548\frac{4}{7}$. Der von Heron erhaltenen Wert des Umfangs erklärt
sich aus der offensichtlich empirischen Formel, die sich in einer Parallelaufgabe findet.

$$U = 2\sqrt{\mathfrak{l}^2 + b^2 + \mathfrak{l}b} = 2\sqrt{240^2 + 60^2 + 240.60} = 2\sqrt{75600} \approx 2.275 = 550$$

Aufgabe I, 50:
Ein Brunnen hat den (Innen-)Durchmesser 5 Fuß, die Mauerdicke der Wand beträgt 2
Fuß, die Tiefe 20 Fuß. Gesucht ist der Rauminhalt des Brunnens.

Lösung: Heron rechnet $\frac{11}{14}.20\left(9^2 - 5^2\right) = 880$, also korrekt als Differenz zweier Zylinder.

Aufgabe I, 51:
Ein Eimer hat den unteren Durchmesser 5 Fuß, den oberen 3 Fuß; seine Höhe beträgt 8
Fuß. Der enthaltene Wein geht bis zur Höhe 6 Fuß. Gesucht ist der Rauminhalt des ent-
haltenen Weins.

Lösung: Heron rechnet zunächst den Durchmesser des Eimers in Höhe des Flüssigkcits-
spiegels und erhält $\frac{7}{2}$ *Fuß*der mittlere Durchmesser bis zur Füllhöhe ist damit $\frac{13}{4}$. Nach
der Zylinderformel ergibt sich das Volumen $\frac{11}{14}.\left(\frac{17}{4}\right)^2.6 = \frac{9537}{112} = 85\frac{17}{112}$, was Heron zu
$85\frac{1}{7}$ rundet.

17.4   Die Dreiecksformel von Heron

Der Beweis von Herons Flächenformel für Dreiecke befindet sich in seinen Schriften
Metrica[17] (I, 8) und *Dioptra* 24. Es besteht die Möglichkeit, dass der Beweis von Heron
bereits bekannt war. Al-Biruni[18] schreibt die Formel dem Archimedes zu. Auch in der
Schrift *Verba filiorum* der Banū Mūsā findet sich ein ganz ähnlicher Beweis (Lehrsatz
VII). E. J. Dijksterhuis[19] dagegen stellt in seinem Archimedes-Buch (p. 412) fest, dass
der Beweis untypisch für Archimedes ist, da hierbei Produkte von Flächen, also Funktionen des $\mathbb{R}^4$ auftreten. Die Formel lautet

---

[17] Heronis Alexandrinis opera quae supersunt omnia, Band III, Teubner 1914.

[18] Al-Biruni, Suter H. (Hrsg.): Über die Auffindung der Sehnen im Kreis, Bibl. Math.(3), XI
(1910/11), S. 39

[19] Dijksterhuis E.J.: Archimedes, Ejnaar Munksgaard 1956.

$$\mathcal{F}(\Delta) = \sqrt{s(s-a)(s-b)(s-c)}; \; s = \frac{1}{2}(a+b+c)$$

Heron beschreibt die Formel mit Worten:

> Es existiert eine allgemeine Methode, die Fläche eines beliebigen Dreiecks bei gegebenen Seiten ohne Höhe zu ermitteln. Als Beispiel sei das Dreieck (7; 8; 9) gewählt. Addiere 7 und 8 und 9, Resultat 24. Nimm die Hälfte, das macht 12. Subtrahiere 7, Differenz ist 5; subtrahiere wieder 8, Differenz ist 4; subtrahiere erneut 9, Differenz ist 3. Multipliziere zunächst 12 mit 5, Resultat 60, dann mit 4, Ergebnis 240, schließlich mit 3, ergibt 720. Davon nimmt man die Quadratwurzel, sie liefert die Fläche des Dreiecks.

Beweis von Heron:

Gegeben ist $\triangle ABC$ mit dem Inkreis (Radius r) mit Mittelpunkt I und den Berührpunkten D, E und F. Die Verlängerung von BC über B hinaus um die Strecke $|AF|$ liefert den Punkt H. Die Lote im Punkt I auf IC und im Punkt B auf BC schneiden sich im Punkt G (Abb. 17.7). Für die 3 Teildreiecke, die durch den Inkreismittelpunkt gebildet werden, gilt

$$|BC|r = 2\mathcal{F}(\text{BCI}) \; \therefore \; |AC|r = 2\mathcal{F}(\text{CAI}) \; \therefore \; |AB|r = 2\mathcal{F}(\text{ABI})$$

Die Addition der 3 Gleichungen liefert mit dem Umfang U

$$(|AB| + |AC| + |BC|)r = Ur = 2\mathcal{F}(\text{ABC})$$

Einsetzen der Tangentenabschnitte $|AE| = |AF| = |HB|, |CD| = |CE|$ und $|BF| = |BD|$ zeigt

Abb. 17.7 Beweisfigur zur Herons Formel

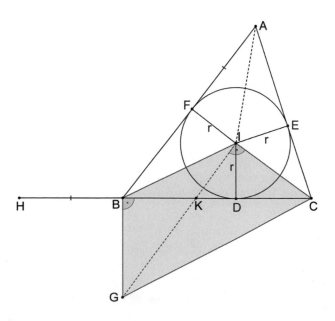

$$\left(\underbrace{|AF|}_{|HB|} + \underbrace{|BF|}_{|BD|} + |BD| + |CD| + \underbrace{|CE|}_{|CD|} + \underbrace{|AE|}_{|HB|} \right) r = 2\mathcal{F}(ABC)$$

Zusammengefasst ergibt sich

$$(|CD| + |BD| + |HB|)r = |CH|r = \frac{1}{2}Ur = \mathcal{F}(ABC)$$

Da die Strecke CG von B und I aus unter einem rechten Winkel erscheint, liegen B bzw. I auf dem Thaleskreis über CG. Die Punkte BGCI bilden somit die Ecken eines Sehnenvierecks. Die gegenüberliegenden Winkel $\angle BGC$ und $\angle BIC$ ergänzen sich daher zu 2 Rechten

$$\angle BIC + \angle BGC = 2R$$

Da die Winkelhalbierenden die Winkel am Inkreismittelpunkt halbieren, ergibt die folgende Winkelsumme die Hälfte des Vollwinkels an I

$$\angle BID + \angle DIC + \angle AIF = \angle BIC + \angle AIF = 2R$$

Im Vergleich folgt $\angle BGC = \angle AIF$. Daher sind die rechtwinkligen Dreiecke $\triangle BGC$ bzw. $\triangle AIF$ ähnlich. Es gelten daher die folgenden Proportionen

$$\frac{|BC|}{|BG|} = \frac{|AF|}{|FI|} = \frac{|BH|}{|ID|} \therefore \frac{|BC|}{|HB|} = \frac{|BG|}{|ID|} = \frac{|BK|}{|KD|}$$

Aus letzterer Proportion folgt durch Addition

$$\frac{|BC|}{|HB|} + \frac{|HB|}{|HB|} = \frac{|BK|}{|KD|} + \frac{|KD|}{|KD|} \Rightarrow \frac{|CH|}{|HB|} = \frac{|BD|}{|KD|}$$

Erweitern mit $|CH|$ bzw. $|CD|$ ergibt

$$\frac{|CH|^2}{|CH||HB|} = \frac{|BD||DC|}{|KD||CD|} = \frac{|BD||DC|}{r^2}$$

Die letzte Umformung $|KD||CD| = r^2$ erfolgt nach dem Höhensatz, da das $\triangle KCI$ rechtwinklig ist. Mit (17.1) folgt schließlich

$$\mathcal{F}(ABC)^2 = |CH|^2 r^2 = |CH||HB||BD||DC| \quad (**)$$

Setzt man $|CH| = \frac{1}{2}U = s$, so folgt sukzessive

$$|HB| = |CH| - |CB| = s - a$$

$$|DC| = |CE| = |AC| - \underbrace{|AE|}_{|HB|} = b - (s - a) = a + b - s = 2s - c - s = s - c$$

$$|BD| = |BF| = |BA| - \underbrace{|AF|}_{|HB|} = c - (s - a) = a + c - s = 2s - b - s = s - b$$

Insgesamt hat man damit erhalten

$$|\mathcal{F}(ABC)|^2 = s(s - a)(s - b)(s - c)$$

Ausblick: Die Formel von *Brahmagupta* (vgl. Abschn. 4.7).
Die heronische Formel ist ein Spezialfall der Formel von Brahmagupta für die Fläche von Sehnenvierecken:

$$\mathcal{F} = \sqrt{(s - a)(s - b)(s - c)(s - d)}$$

Zu erwähnen ist, dass Brahmagupta die Formel als allgemeingültig angibt, ohne die Bedingung des Umkreises zu erwähnen. Im Grenzfall $d \to 0$ erhält man die heronische Formel. Ein Sehnenviereck mit ganzzahligem Flächeninhalt wird auch Brahmagupta-Viereck genannt. Ein solches hat die Seiten $a = 65, b = 25, c = 33, d = 39$. Der halbe Umfang ist $s = \frac{1}{2}(65 + 25 + 33 + 39)$. Der Flächeninhalt ist somit

$$\mathcal{F} = \sqrt{(81 - 65)(81 - 25)(81 - 33)(81 - 39)} = 1344$$

Auch die Diagonalen sind ganzzahlig

$$e^2 = \frac{(ac + bd)(ad + bc)}{ab + cd} \Rightarrow e = 60 \therefore f^2 = \frac{(ab + cd)(ac + bd)}{ad + bc} \Rightarrow f = 52$$

Der Umkreisradius ist nicht notwendig ganzzahlig

$$R = \frac{1}{4A}\sqrt{(ab + cd)(ac + bd)(ad + bc)} = \frac{1}{4 \cdot 1344}\sqrt{2912 \cdot 3120 \cdot 3360} = \frac{65}{2}$$

Die Formel von Brahmagupta ist ein Spezialfall der allgemeinen Flächenformel für (konvexe) Vierecke. Sind β und Δ Gegenwinkel des Vierecks, so gilt die Formel von C.A. Bretschneider[20]

$$\mathcal{F} = \sqrt{(s - a)(s - b)(s - c)(s - d) - \frac{1}{2}abcd. \left[\cos\left(\frac{\beta + \Delta}{2}\right)\right]^2}$$

Bei Sehnenvierecken gilt für gegenüberliegende Innenwinkel $\beta + \Delta = 180°$, wegen $\cos\left(\frac{\beta + \Delta}{2}\right) = 0$ geht der Term wieder in die Formel von Brahmagupta über.

---

[20] Bretschneider C.A.: *Untersuchungen der trigonometrischen Relationen des geradlinigen Vierecks*, Archiv d. Mathematik und Physik, Greifswald 1842, S. 225.

Abb. 17.8 Figur zur Würfelverdopplung nach Heron

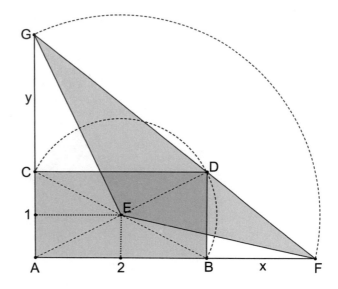

17.5 Würfelverdopplung nach Heron

W. Knorr schreibt folgende *Neusis*-Konstruktion zur Würfelverdopplung, die sich in der *Metrica* findet, dem Heron selbst zu, da auch Eutokios und Pappos diese Zuordnung machen. Allerdings spricht Knorr dem Heron jegliche Originalität ab, da dieser angeblich den Großteil seiner Werke von Archimedes übernommen habe. Somit könnte die Konstruktion letztendlich von Archimedes stammen.

Es gelten die Bezeichnungen der Abb. 17.8. Wir beschränken uns hier auf die Konstruktion von $\sqrt[3]{2}$, sodass man $\frac{|AB|}{|AC|} = 2$ setzen kann. Damit ist das Rechteck ABCD und der Diagonalpunkt E bestimmt. Gesucht wird die Strecke $|BF| = x = \sqrt[3]{2}$. Dazu wird ein Punkt F auf der Geraden AB und ein Punkt G der Geraden AC solange verschoben, bis sowohl $|EF| = |EG|$ gilt und gleichzeitig der Eckpunkt D auf der Geraden FG liegt. F und G liegen dann auf einem Kreis um E.

Beweis: Zu zeigen ist, die Strecke $|BF|$ hat die gesuchte Länge. Da die Dreiecke $\triangle BFD$ und $\triangle CDG$ ähnlich sind, folgt $\frac{y}{2} = \frac{1}{x} \Rightarrow y = \frac{2}{x}$. Wegen $|EF| = |EG|$ gilt nach Pythagoras

$$(x+1)^2 + \left(\frac{1}{2}\right)^2 = \left(y + \frac{1}{2}\right)^2 + 1^2 \Rightarrow x^2 + 2x = y^2 + y$$

Einsetzen von y ergibt nach Vereinfachen und Ausklammern

$$x^4 + 2x^3 = 2x + 4 \Rightarrow x^3(x+2) = 2(x+2)$$

Da $x = -2$ keine Lösung ist, kann vereinfacht werden zu $x^3 = 2 \Rightarrow x = \sqrt[3]{2}$

Abb. 17.9 Figur zum
regulären Fünfeck

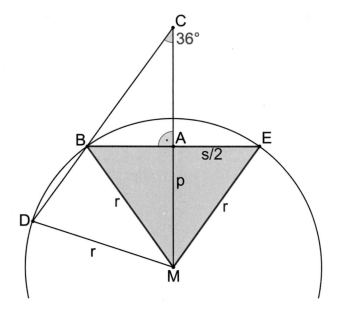

17.6   Das regelmäßige Fünfeck

In Kap. 11.6 wurde bewiesen, dass das reguläre Fünfeck nach Euklid konstruierbar ist.
Hier soll die Flächenbestimmung eines regulären Fünfecks nach Herons *Geometrica* gezeigt werden. Zur Konstruktion eines Teildreiecks BME des Fünfecks geht Heron von
folgender Konstruktion aus (Abb. 17.9).

Gegeben ist das rechtwinklige Dreieck ABC mit einem rechten Winkel bei C und dem
Winkel $\frac{2}{5}R$ bei A. Spiegelung von A an C liefert den Punkt M, die Spiegelung von B an
C den Punkt E. M ist der Mittelpunkt des Kreises mit dem Radius $r = |BM|$. Die Ver-
längerung von AB liefert den Schnittpunkt D mit dem Kreis.

Beweis: $\triangle$ABM ist gleichschenklig infolge der Spiegelung an C. Somit beträgt der
Winkel $\measuredangle$BMA ebenfalls $\frac{2}{5}R$ und $\measuredangle$MBC $= \frac{3}{5}R$. Da $\measuredangle$DBA ein gestreckter ist, folgt
$\measuredangle$DBM$=2R - 2.\frac{3}{5}R = \frac{4}{5}R$. Da $\triangle$DMB gleichschenklig ist, ist der Mittelpunktswinkel
$\measuredangle$DMB$=\frac{2}{5}R$; $\triangle$DMB ist also ein Teildreieck des regulären Zehnecks; entsprechend ist
$\triangle$BME also ein Teildreieck des regulären Fünfecks. $\triangle$DMA ist somit ebenfalls gleich-
schenklig und hat die Eigenschaft von [Euklid IV,10], nämlich, dass ein Basiswinkel
doppelt so groß ist wie der Winkel an der Spitze A; somit wird die Strecke AD im Punkt
B stetig geteilt. Nach [Euklid XIII, 1] folgt damit $(|AB| + |AC|)^2=5|AC|^2$. Dies sieht man
durch eine kleine Nebenrechnung. Ist $|AD| = |AM| = a$, so folgt wegen der stetigen Tei-
lung $|AB| = \frac{a}{2}\left(\sqrt{5} - 1\right)$ und damit

$$|AB| + |AC| = \frac{a}{2}\sqrt{5} \Rightarrow (|AB| + |AC|)^2 = 5\frac{a^2}{4} = 5|AC|^2$$

Berechnung: Im Teildreieck $\triangle$BME gilt $p = \frac{1}{2}|AM| = |AC|$. Nach Pythagoras folgt wegen der Kongruenz $(r + p)^2 = 5p^2$. Mit der heronischen Näherung $\sqrt{5} \approx \frac{9}{4}$ folgt: $r + p = \frac{9}{4}p \Rightarrow r = \frac{5}{4}p$. Für die Seite s des Fünfecks gilt dann:

$$\left(\frac{s}{2}\right)^2 = r^2 - p^2 = \frac{25}{16}p^2 - p^2 = \frac{9}{16}p^2 \Rightarrow \frac{s}{2} = \frac{3}{4}p \Rightarrow p = \frac{2}{3}s$$

Die Fläche von $\triangle$BME ist $\frac{1}{2}sp = \frac{1}{3}s^2$; die gesuchte Fläche A des regulären Fünfecks damit $\frac{5}{3}s^2$. Für eine bessere Wurzelnäherung als $\frac{9}{4}$ gibt Heron das Ergebnis $A = \frac{12}{7}s^2$. Der moderne Wert ist

$$A = \frac{1}{4}s^2\sqrt{25 + 10\sqrt{5}} \approx 1.720s^2$$

17.7   Wurzelrechnung bei den Griechen

Dem babylonischen Wurzelziehen liegt nach K. Hunrath[21] die Formel zugrunde

$$a \pm \frac{b}{2a} > \sqrt{a^2 \pm b} > a \pm \frac{b}{2a \pm 1}(b \ll a)$$

Der Nachweis der oberen Schranke erfolgt durch Quadrieren

$$\left(a \pm \frac{b}{2a}\right)^2 = a^2 \pm b + \underbrace{\left(\frac{b}{2a}\right)^2}_{\approx 0}$$

Die linke Seite der obigen Wurzelnäherung war Heron bekannt, wie man aus seiner Schrift *Metrica* (I, 8) erfährt; die rechte Seite findet sich bei al-Kharki im 11. Jahrhundert. Beispiele aus Herons Berechnungen sind

$$\sqrt{10} = \sqrt{3^2 + 1} \approx 3 + \frac{1}{6} = \frac{19}{6}$$
$$\sqrt{4500} = \sqrt{67^2 + 11} \approx 67 + \frac{11}{134} = \frac{8989}{134}$$
$$\sqrt{2} = \sqrt{\left(\frac{3}{2}\right)^2 - \frac{1}{4}} \approx 1{,}5 - \frac{1}{4}2.1{,}5 = 1{,}5 - \frac{1}{12} = \frac{17}{12}$$

Auch der von den Indern überlieferte Wert von $\sqrt{2}$ lässt sich damit erklären

---

[21] Hunrath K.: Über das Ausziehen der Quadratwurzel bei den Griechen und Indern, Schütze & Festersen, 1883.

$$\sqrt{288} = 12\sqrt{2} = \sqrt{17^2 - 1} \approx 17 - \frac{1}{2.17}$$

$$\Rightarrow \sqrt{2} \approx \frac{17}{12} - \frac{1}{12.34} = 1 + \frac{1}{3} + \frac{1}{3.4} - \frac{1}{3.4.34}$$

Ist eine Näherung nicht genau genug, so kann das Verfahren iteriert werden

$$\sqrt{3} = \sqrt{\left(\frac{9}{5}\right)^2 - \frac{6}{25}} \approx \frac{9}{5} - \frac{6}{25} 2 \cdot \frac{9}{5} = \frac{26}{15}$$

Im zweiten Schritt folgt mit diesem Näherungswert

$$\sqrt{3} = \sqrt{\left(\frac{26}{15}\right)^2 - \frac{1}{225}} \approx \frac{26}{15} - \frac{1}{225} 2 \cdot \frac{26}{15} = \frac{1351}{780}$$

Die Iteration liefert hier die obere Schranke von Archimedes-Näherung für $\sqrt{3}$. Bei T. Heath (II, p.52) findet sich ein anderer Vorschlag für die Archimedes-Schranken. Er verwendet folgende Umformungen

$$\sqrt{675} = 15\sqrt{3} = \sqrt{26^2 - 1}$$

$$\Rightarrow 26 - \frac{1}{51} < 15\sqrt{3} < 26 - \frac{1}{52}$$

$$\Rightarrow \frac{1351}{780} < \sqrt{3} < \frac{265}{153}$$

Heron gibt seine Ergebnisse im Hexagesimalsystem an. Ein Beispiel ist $\sqrt{2} = 1 + \frac{24}{60} + \frac{51}{60^2}$. Dezimal liefert dies $\sqrt{2} = \frac{1697}{1200} \approx 1.41416$. Die angegebene Näherung ist auf $\frac{1}{60^2}$ korrekt. Die Genauigkeit $\frac{1}{60^3}$ wird nicht erreicht beim Beispiel

$$\sqrt{27} = 5 + \frac{11}{60} + \frac{46}{60^2} + \frac{50}{60^3}; besser: 5 + \frac{11}{60} + \frac{46}{60^2} + \frac{9}{60^3}$$

Heron berechnet auch Kubikwurzeln. Beim Beispiel $\sqrt[3]{100}$ scheint er folgende Näherungsformel anzuwenden. Ist N der Radikand der Kubikwurzel mit den Schranken $a^3 < N < b^3$, so gilt

$$\sqrt[3]{N} \approx a + \frac{(a+1)d_1}{(a+1)d_1 + ad_2}; d_1 = N - a^3, d_2 = b^3 - N.$$

Für das Beispiel folgt damit

$$4^3 < 100 < 5^3 \Rightarrow \sqrt[3]{100} = 4 + \frac{5.36}{5.36 + 4.25} = 4\frac{1}{14}$$

Der mathematische Hintergrund dieser Formel wird in T. Heath [II, p.341] diskutiert.

Das Verfahren von Heron

Der Algorithmus von Heron verwendet für $\sqrt{a}$ bei einem Näherungswert $x > 0$ als Startwert die Formel

$$y = \frac{1}{2}\left(x + \frac{a}{x}\right)$$

Dieser Ansatz lässt sich aus dem babylonischen Verfahren herleiten. Ist x der Näherungswert der Wurzel $\sqrt{a}$, so gilt mit $b = a - x^2$

$$\sqrt{a} = \sqrt{x^2 + b} \approx x + \frac{b}{2x} = \frac{2x^2 + a - x^2}{2x} = \frac{x^2 + a}{2x} = \frac{1}{2}\left(x + \frac{a}{x}\right)$$

In der amerikanischen Literatur wird hier teilweise nicht zwischen den beiden Verfahren
unterschieden. Für $\sqrt{2}$ folgt beim Startwert $x = \frac{7}{5}$:

$$\sqrt{2} \approx \frac{1}{2}\left(\frac{7}{5} + \frac{2}{\frac{7}{5}}\right) = \frac{99}{70}$$

Falls die erreichte Genauigkeit nicht ausreicht, kann das Verfahren iteriert werden, indem
man den vorher erhaltenen Näherungswert als neuen Startwert einsetzt

$$\sqrt{2} \approx \frac{1}{2}\left(\frac{99}{70} + \frac{2}{\frac{99}{70}}\right) = \frac{19601}{13860} = 1.41421356$$

Damit hat man bereits 9 geltende Stellen erhalten! Die durch Iteration entstehende Folge
konvergiert (in zweiter Ordnung) gegen $\sqrt{a}$

$$x_{n+1} = \frac{1}{2}\left(x_n + \frac{a}{x_n}\right)$$

Dies zeigt die Fixpunkt-Gleichung

$$x = \frac{1}{2}\left(x + \frac{a}{x}\right) \Rightarrow x = \frac{a}{x} \Rightarrow x^2 = a$$

Die Beschränktheit der monoton fallenden Folge sieht man mithilfe der Ungleichung
vom arithmetischen und geometrischen Mittel

$$\frac{1}{2}\left(x + \frac{a}{x}\right) \geq \sqrt{x \cdot \frac{a}{x}} = \sqrt{a}$$

Damit ist die Konvergenz (bei geeignetem Startwert) gesichert.

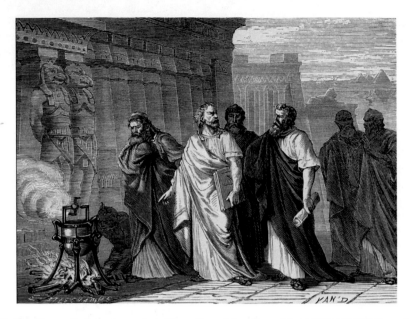

Abb. 17.10 Heron demonstriert seinen Dampfkessel in Alexandria, AKG3119985 Copyright akg/ Science Photo Library

17.8   Weitere Werke von Heron

Neben der Beschäftigung mit Mathematik war Heron insbesondere Ingenieur und Maschinenbauer. Abb. 17.10 zeigt Heron bei der Vorführung seines Dampfkessels vor einer Gruppe von Ingenieuren in Alexandria. Außer den anfangs erwähnten Werken sind folgende Schriften als pseudo-heronisch erkannt:

- Geometrica
- Stereometrica
- Mensurae
- Metrika,
- Handfeuerwaffen (*Cheiroballistra*)
- Definitiones

Für eine Diskussion der Zuordnung der pseudo-heronischen Werke wird hier der Rahmen überschritten, eine ausführliche Erörterung findet sich bei H. Schellenberg (siehe Fußnote).Pappos nennt ihn in seinem Buch VIII *Heron Mechanicus*. Er schreibt

> Die Mechaniker von Herons Schule sagen, dass die Mechanik in einen theoretischen und einen manuellen Teil unterteilt werden kann. Der theoretische Teil besteht aus Geometrie, Arithmetik, Astronomie und Physik, Metalle, Architektur; der andere mit Schreinerarbeiten und Malerei sowie alles, was mit handwerklichem Geschick zu tun hat.

Die Alten bezeichnen als Mechaniker auch die Wundertäter, von denen manche mit Pneumatik arbeiten, *wie* Heron in seiner *Pneumatica*, einige unter Verwendung von Fäden und Seilen, um die Bewegungen von Lebewesen zu simulieren, *wie* Heron in seinen Automaten und Waagen, [...] wo er Wasser benutzt, um die Zeit zu bestimmen, *wie* Heron in seiner *Hydria*, die ähnlich wie die Sonnenuhr zu funktionieren scheint.

A) **Beispiel zu Catoptrica**:

In der *Dioptra* (Optik) beschreibt er Geräte zur Feldvermessung; die Dioptra selbst ist ein Instrument, das die Funktion der heutigen Theodoliten erfüllte. In der *Catoptrica* begründet Heron das optische Prinzip: Der Lichtweg zwischen zwei Punkten verläuft stets so, dass der Lichtweg ein Minimum ist. Obwohl zur Physik gehörig, soll dieser Satz hier dargestellt werden, da seine Begründung geometrisch verläuft.

Gegeben sind zwei Punkte P, Q auf derselben Seite einer Geraden AB, jedoch nicht auf der Geraden selbst. Gesucht ist der Punkt R der Geraden so, dass der Weg von P über R nach Q der kürzeste ist: $|PR| + |RQ| \to$ *Minimum* (Abb. 17.11).

Zunächst spiegelt man Punkt P an der Geraden AB; Spiegelpunkt sei P'. Der Schnittpunkt der Geraden AB mit dem Strahl P'Q sei R. Zu zeigen ist, dass R der gesuchte Punkt ist.

Widerspruchsbeweis:

Wir nehmen an, der Punkt R' sei der gesuchte Punkt des kürzesten Weges. Wegen der Spiegelung gilt: $|PR| = |P'R|$ und $|PR'| = |P'R'|$. Für den Lichtweg über R gilt dann $|PR| + |RQ| = |P'R| + |RQ| = |P'Q|$. Für den Lichtweg über R' folgt

$$\left|PR'\right| + |R'Q| = \left|P'R'\right| + \left|R'Q\right|$$

Im Dreieck ΔP'R'Q gilt: Die Summe der Seiten $\left|P'R'\right| + \left|R'Q\right|$ ist größer als die dritte Seite $\left|P'Q\right|$; somit ist $\left|PR'\right| + \left|R'Q\right| > \left|P'Q\right|$. Daraus folgt $\left|PR'\right| + \left|R'Q\right| > |PR| + |RQ|$; dies ist ein Widerspruch zur Annahme. Somit gilt die Behauptung: $|PR| + |RQ| \to$ *Minimum*.

Abb. 17.11 Figur zum minimalen Lichtweg

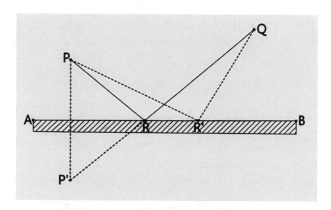

∡QRB ist als Scheitelwinkel kongruent zu ∡PRA, wegen der Spiegelung ist ∡PRA kongruent zu ∡P'RA. Somit sind auch die Winkel kongruent ∡PRA = ∡QRB. R ist also der Punkt, bei dem Einfalls- und Reflexionswinkel kongruent sind.

B) Zur Pneumatica.

Im Vorwort der *Pneumatica* verlautet Heron:

> Durch die Kombination von Luft, Erde, Feuer und Wasser und dem Zusammenwirken von drei oder vier grundlegenden Prinzipien, werden verschiedenartige Wirkungen erzielt, von denen einige zur Erfüllung der dringendsten Wünsche des täglichen Lebens dienen, während andere Erstaunen und Bestürzung hervorrufen.

In dieser Schrift wird eine Vielzahl von Erfindungen beschrieben, z. B. die Konstruktion eines Weihwasserautomaten (d). Dabei wurde nach Einwerfen eines Geldstücks eine gewisse Menge Weihwasser freigegeben. Mit dem Heronsball (c), einer mit Feuer betriebenen, wasserdampfgefüllten, in einer Halterung drehbaren Hohlkugel mit tangentialem Dampfauslass, liefert Heron die erste bekannte und dokumentierte Wärmekraftmaschine der Geschichte. Wichtige Erfindungen waren die Feuerspritze (b) und der Saugheber (e). Alle Maschinen und Vorrichtungen Herons finden sich im Sammelwerk Schmidt[22].

C) Zum Werk Automata:

In seinem Werk *automata* (Automatenbau) findet sich als Automat Nr. 73 eine Vorrichtung, die bewirkt, dass nach Entzünden eines Feuers am Tempelvorplatz sich die Tempeltüren automatisch öffnen(a). Neben den erwähnten Maschinen entwickelte Heron auch Musikautomaten; für die Gläubigen in den Tempeln den schon genannten Weihwasser-Automaten. Bei den Alexandrinern muss das Erleben dieser Vorführungen in der damaligen Zeit einen sensationellen Effekt bewirkt haben.

Alle erwähnten Maschinen zeigt Abb. 17.12.

Vorgänger beim Automatenbau war Ktesibios von Alexandria (ca. 270–230 v. Chr.), der eine Wasseruhr (siehe Abb. 16.10) und Wasserorgel baute und Philon von Byzanz (um 200 v. Chr.). Letzter war zeitweise in Alexandria und Rhodos tätig, sodass er in Alexandria in Kontakt kam mit Ktesibios oder dessen Schülern. Von ihm stammt die Idee zu einer selbst füllenden Öllampe, er kannte auch das Prinzip des Siphons.

---

[22] Heronis Alexandrini Opera Quae supersunt omnia, Schmidt. W. (Hrsg.): Vol. I, Teubner 1976.

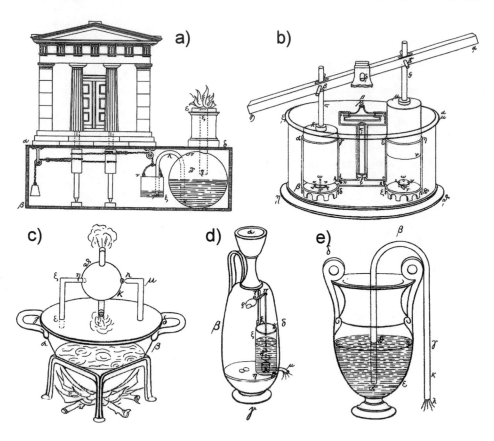

Abb. 17.12 Maschinen und Automaten Herons nach Schmidt (1899)

Weitere Literatur

Codex Constantinopolitanus Bd. I, Bruins E.M. (Ed.), Brill, Leiden Reprint (1964)
Heronis Alexandrini Opera quae supersunt Omnia I, Ia, II-V, Ed. W. Schmidt, Teubner (1899)
Herons von Alexandria Druckwerke und Automatentheater, Ed. W. Schmidt, Teubner (1899)
Krojer F.: Astronomie der Spätantike, die Null und Aryabhata, Differenz-Verlag (2009)
Krojer F.: Heronsgezänk, Astronomie der Spätantike, die Null und Aryabhata, München (2009)
Schellenberg H.M: Anmerkungen zu Heron von Alexandria und seinem Werk über den Geschütz-
   bau, A Roman Miscellany, Gdansk (2008)
Sidoli N.: Heron of Alexandria's Date, Centaurus 53/1, 2011

Klaudios Ptolemaios

18

Klaudios Ptolemaios fasste das trigonometrische Wissen der Griechen in seinem Werk *Almagest* zusammen. Diese Schrift diente jahrhundertelang (bis Kopernikus) als maßgebliches Astronomiebuch. Mit seinem Namen verknüpft ist das geozentrische Weltbild. Er verwendet das Theorem von Menelaos (ohne dessen Namen zu zitieren), verbessert die Sehnentafel des Hipparchos und findet den Satz, der die Diagonalen eines Sehnenvierecks mit dessen Seiten verknüpft. Ptolemaios ist etwas in Misskredit geraten, als man entdeckte, dass er viele seiner astronomischen „Messwerte" erfunden hat.

> *Wohl weiß ich, ein Sterblicher zu sein, Geschöpf eines Tages,*
> *aber betrachtet mein Sinn die Sterne,*
> *den kreisenden Lauf ihrer verschlungenen Bahn,*
> *dann berühren meine Füße nicht mehr die Erde,*
> *an der Seite Zeus labt mich Ambrosia, die göttliche Speis'.*
> (Klaudios Ptolemaios, Anthologia Graeca IX, 577)

Klaudios Ptolemaios stammte vermutlich aus Ptolemaïs Hermeiou (Ägypten), wie eine byzantinische Quelle berichtet. Das Suda-Lexikon nennt ihn Κλαύδιος Πτολεμαῖος. Er wirkte in Alexandria als Astronom und Geograf. Da *Claudius* ein lateinischer Name ist, kann vermutet werden, dass er oder ein männlicher Vorfahre römischer Bürger wurde, eventuell nach einer Freilassung. Er dürfte um 100 n. Chr. geboren und um 170 n. Chr. gestorben sein; jedenfalls reichte seine Lebenszeit hinein in die relativ ruhigen Regierungszeiten der Kaiser Trajan (98–117 n. Chr.), Hadrian (117–138 n. Chr.), Antoninus Pius (138–161 n. Chr.) und Marc Aurel (161–180 n. Chr.). Möglich ist, dass Theon von Smyrna sein Lehrer war, da er diesen mehrfach zitiert. Sogar ein Epigramm ist von ihm überliefert (siehe oben).

Die einzigen gesicherten Anhaltspunkte ergaben sich aus den in seinem astronomischen Hauptwerk verzeichneten Beobachtungen: Die früheste bezieht sich auf eine Mondfinsternis vom April 125 n. Chr., die späteste auf eine Merkur-Elongation vom

Abb. 18.1 Ptolemaios errichtet eine Tafel mit astronomischen Daten in Kanopus

Februar 141 n. Chr. Nach einem Bericht von Olympiodoros hat er sein Observatorium in den letzten 20 Jahren nach Kanopus (15 km östlich) verlegt und dort später eine Stele errichtet, in die die verbesserten Parameter der Planetenbahnen (gegenüber dem Almagest) eingemeißelt waren (Abb. 18.1); die erwähnte Kanopus-Inschrift kann auf 147/148 n. Chr. datiert werden.

Sein wichtigstes Werk ist die 8 Bücher umfassende Schrift *Almagest,* die vermutlich nach 141 n. Chr. fertiggestellt wurde. Es hatte entscheidende Bedeutung in der Astronomie bis zur Publikation von Kopernikus' *De Revolutionibus Orbium Coelestium,* der die Sonne ins Zentrum des Planetensystems setzte. Das bis dahin geltende geozentrische Weltbild ist untrennbar mit dem Namen *ptolemäisch* verbunden.

Einige Autoren sprechen ihm jegliche Originalität ab, da er sehr viele Sternörter von Hipparchos übernommen hat. Schon 1819 hatte der französische Astronom J. Delambre erkannt, dass Ptolemaios einige Sonnenwerte gefälscht habe. Der Amerikaner R. Newton[1] bezichtigte ihn 1977 sogar des vollständigen Betrugs; er habe keinen einzigen astronomischen Wert eigenständig gemessen. Auch B.L. van der Waerden[2] schreibt 1988, dass

[1] Robert R. Newton, *The Crime of Claudius Ptolemy,* Baltimore 1977

[2] B. L. van der Waerden, *Die Astronomie der Griechen,* Wissenschaftliche Buchgesellschaft 1988, S. 253

Ptolemaios systematisch und vorsätzlich Beobachtungen verfälscht habe, um sie in Einklang mit seiner Theorie zu bringen, wie Newton und Delambre gezeigt hätten.

G. J. Toomer schreibt:

Als didaktisches Werk ist der Almagest ein Meisterstück an Klarheit und Methodik, das jedem antiken Textbuch überlegen ist und nur wenig Gleichwertiges in allen Zeiten hat. Aber es ist mehr als das. Weit davon entfernt, bloße Systematisierung der frühen griechischen Astronomie zu sein, wie es manchmal beschrieben wird, ist es in vieler Hinsicht ein originales Werk.

Eine präzise und sachliche Analyse, die eine vollständige Fehleranalyse beinhaltet, findet sich in G. Grasshoff; er bemerkt:

Man muss davon ausgehen, dass ein substanzieller Teil des Ptolemäischen Sternkatalogs auf Beobachtungen von Hipparchos beruht, die Hipparchos bereits für den zweiten Teil seines Kommentars über Aratus verwendet hat. [...] Die Bearbeitung der Hipparchos' Beobachtungswerten sollte nicht länger unter dem Gesichtspunkt des Plagiats betrachtet werden. Ptolemaios, dessen Absicht es war, eine umfassende Theorie der Himmelskörper zu schaffen, hatte keinen Zugang zu den Methoden der modernen Datenanalyse. [...] Aus methodischen Gründen war Ptolemaios gezwungen, den Wert aus einer Reihe von Beobachtungen zu wählen, der nach seiner Ansicht der verlässlichste Wert war. Ptolemaios musste solche Werte als „beobachtet" ansehen, die durch theoretische Betrachtungen bestätigt werden konnten.

Der Almagest umfasst 8 Bücher. Buch I enthält die mathematischen Grundlagen, die Bücher II-VII die Aufzählung der bekannten Orte der *Oikumene.* Buch VIII befasst sich mit astronomischen Fragen, Hinweisen zur Erstellung von Landkarten und die Tabelle des längsten Tages (bei der Sommer-Sonnenwende) in Abhängigkeit vom Breitengrad. Eine genaue Behandlung von Ptolemaios' astronomischen Schriften übersteigt den Rahmen dieses Buches. Eine sehr gute Schilderung des astronomischen Werks und seiner lang andauernden Rezeptionsgeschichte gibt G. Grasshoff[3]; bei ihm findet man 50 Karten der wichtigsten Sternbilder (S. 219–269) und den Katalog mit 1028 Sternkoordinaten (S. 275–315), jeweils mit Vergleich mit den modernen Werten.

18.1 Trigonometrie im Almagest

Im Rahmen dieses Buches beschäftigen wir uns hauptsächlich mit seinem mathematischen Werk. Da seine *Berechnungen der dem Kreis einbeschrieben Sehnenlängen* (nun Teil von Buch I) für astronomische Zwecke bedeutsam waren, wurde das Werk um 827 ins Arabische übersetzt und am Hofe al-Mamuns neu bearbeitet, u. a. von ibn Thābit und al-Ḥaǧǧāǧ. Dort hieß es zunächst *(Große Sammlung)* und wurde schließlich *Tabrir*

---

[3] Grasshoff G.: The History of Ptolemy's Star Catalogue, Springer 1990

Abb. 18.2 Umrechnung
Sehne in Sinus eines Winkels

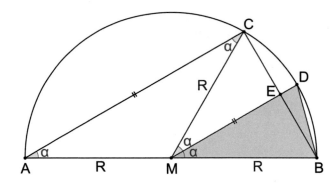

al mageste genannt, wobei das Wort *magele* durch Steigerung in *mageste* verwandelt wurde. Der *Almagest* war das bestimmende Trigonometriebuch bis zur Neuzeit. Die erste Sehnentafel in lateinischer Sprache *De triangulis omnimodis* verfasste Regiomontanus 1464; sie wurde erst 1533 posthum gedruckt.

Da bei gegebenem Kreisradius eine Sehnenlänge in den Sinus des zugehörigen *Mittelpunktwinkels* umgerechnet werden kann, stellt eine Sehnentafel den Beginn der *Trigonometrie* dar. Wie auch bei den Sternkoordinaten des Almagest, nimmt Ptolemaios Anleihen bei seinem Vorgänger Hipparchos (um 140 v. Chr.).

Umrechnung von Sehnen in Sinuswerte
Da Ptolemaios Bruchteile im babylonischen Sexagesimalsystem rechnet, setzt er die Einheit (d. h. den Kreisradius R) auf die Einheit 60. Für die Winkel übernimmt er die 360°-Skala. Es gilt die Beziehung (Abb. 18.2):

$$\sin\alpha = \frac{|BE|}{|MB|} = \frac{2|BE|}{2|MB|} = \frac{|BC|}{|AB|} = \frac{crd(2\alpha)}{2R} \Rightarrow crd(2\alpha) = 2R\sin\alpha$$

crd ist hier die Abkürzung für *chord* (engl. *Sehne*).

Spezielle Winkelwerte
Ausgangspunkt seiner Sehnenrechnung waren die Winkel, die durch bekannte Drei-, Fünf- und Zehnecke bestimmt sind. Das gleichseitige bzw. gleichschenklig-rechtwinklige Dreieck liefert die Werte:

$$crd(60°) = R = 60$$

$$crd(90°) = \sqrt{2}R = 60\sqrt{2} = 84 + \frac{51}{60} + \frac{10}{60^2}$$

$$crd(120°) = \sqrt{3}R = 103 + \frac{55}{60} + \frac{23}{60^2}$$

Das vorletzte Ergebnis zeigt, dass Ptolemaios folgende Näherung verwendet: $\sqrt{2} = 1 + \frac{24}{60} + \frac{51}{60^2} + \frac{10}{60^2}$. Nach Euklid [XIII, 10] gilt für die Seite des regulären Zehnecks (siehe Abschn. 11.9):

$$s_{10} = |ZD| = |ZE| - |DE| = |BE| - |DE| = \sqrt{R^2 + \left(\tfrac{R}{2}\right)^2} - \tfrac{R}{2} = \tfrac{R}{2}\left(\sqrt{5} - 1\right)$$

Diese Strecke ist die Sehne zum 36°-Winkel, somit folgt

$$crd(36°) = \frac{R}{2}\left(\sqrt{5} - 1\right) = 30\left(\sqrt{5} - 1\right) = 37 + \frac{4}{60} + \frac{55}{60^2}$$

Für die Seite des regulären Fünfecks folgt analog:

$$s_5 = |BZ| = \sqrt{|ZD|^2 + |BD|^2} = \sqrt{(s_{10})^2 + R^2} = \tfrac{R}{2}\sqrt{10 - 2\sqrt{5}}$$

Dies ist die Sehne zum 72°-Winkel, somit folgt

$$crd(72°) = 30\sqrt{10 - 2\sqrt{5}} = 70 + \frac{32}{60} + \frac{3}{60^2}$$

Winkelhalbierung

Für die Sehne des Supplement-Winkels $(180° - \alpha)$ nach Pythagoras

$$crd(180° - 2\alpha) = |AC| = \sqrt{4R^2 - |BC|^2} = \sqrt{4R^2 - [crd(2\alpha)]^2}$$

Dafür gibt Ptolemaios folgendes Beispiel

$$crd(144°) = crd(180° - 36°) = \sqrt{4R^2 - [crd(36)]^2} = \sqrt{14400 - \left(37 + \frac{4}{60} + \frac{55}{60^2}\right)^2}$$

$$\Rightarrow crd(144°) = \sqrt{13024 + \frac{55}{60} + \frac{45}{60^2}} = 114 + \frac{7}{60} + \frac{37}{60^2}$$

Die Sehne zum Mittelpunktswinkel 2α ist $|BC|$, zum Winkel α $|BD|$. Somit gilt

$$[crd(\alpha)]^2 = |BD|^2 = |BE|^2 + |ED|^2 = \frac{1}{4}|BC|^2 + |ED|^2 = \frac{1}{4}[crd(2\alpha)]^2 + |ED|^2$$

Dabei ist

$$|ED| = |MD| - |ME| = 2R - \frac{1}{2}|AC| = 2R - \frac{1}{2}\sqrt{4R^2 - [crd(2\alpha)]^2}$$

Mit diesen Formeln gelingt Ptolemaios die Sehnenrechnung bei fortgesetzter Winkelhalbierung $60° \to 30° \to 15° \to 7,5° \to 3,75°$ bzw. $72° \to 36°$.

Die Formel für $1°$

Mithilfe der Sehnenformel für Winkeldifferenzen kann er aus $6° = 36° - 30°$ durch Halbierung die Sehnen zu $1.5°$ und $0.75°$ berechnen. Er erhält

$$crd(1.5°) = 1 + \frac{34}{60} + \frac{15}{60^2} \therefore crd(0.75°) = \frac{47}{60} + \frac{15}{60^2}$$

Zur Interpolation der Zwischenwerte verwendet er das bereits besprochene Monotonie-gesetz

$$\beta > \alpha \Rightarrow \frac{crd(\beta)}{crd(\alpha)} < \frac{\beta}{\alpha}$$

Einsetzen des Wertepaares $\alpha = 1, \beta = \frac{3}{2}$ liefert

$$crd(1{,}5°) < \frac{3}{2}crd(1°) \Rightarrow crd(1°) > \frac{2}{3}crd(1{,}5°) = 1 + \frac{2}{60} + \frac{50}{60^2}$$

Einsetzen des Wertepaares $\alpha = \frac{3}{4}, \beta = 1$ ergibt

$$crd(1°) < \frac{4}{3}crd(0{,}75°) \Rightarrow crd(1°) < 1 + \frac{3}{60}$$

Die Sehne $crd(1°)$ ist damit genau genug eingegrenzt. Dies zeigt sich bei der Berechnung der Kreiszahl π :

$$\pi = \frac{U}{2R} = \frac{360}{120}crd(1°) = 3\left(1 + \frac{2}{60} + \frac{50}{60^2}\right) = 3 + \frac{8}{60} + \frac{30}{60^2}$$

Dieser Wert liegt, wie Ptolemaios in Buch (VI, 7) bemerkt, in dem von Archimedes ge-gebenen Intervall

$$3\frac{10}{71} < \frac{377}{120} < 3\frac{1}{7}$$

Gleichzeitig erwähnt er, dass diese Näherung ziemlich genau das Mittel aus $3\frac{10}{71}$ und $3\frac{1}{7}$ ist. Für kleinere Winkel kann linear interpoliert werden, etwa

$$crd(0{,}5°) = \frac{1}{2}crd(1°) = \frac{31}{60} + \frac{25}{60^2}$$

Für die ersten 10 Werte der Sehnentafel sind auch die entsprechenden Sinuswerte ge-geben; die vollständige Tafel findet sich in Buch (I, 11) des Almagest.

α	$crd(\alpha)$	dezimal	$2R\sin\frac{\alpha}{2}$
0,5°	$\frac{31}{60} + \frac{25}{60^2}$	0,5236	0,5236
1°	$1 + \frac{2}{60} + \frac{50}{60^2}$	1,0472	1,0472
1,5°	$1 + \frac{34}{60} + \frac{15}{60^2}$	1,5708	1,5708
2°	$2 + \frac{5}{60} + \frac{40}{60^2}$	2,0944	2,0943
2,5°	$2 + \frac{37}{60} + \frac{4}{60^2}$	2,6178	2,6178
3°	$3 + \frac{8}{60} + \frac{28}{60^2}$	3,1411	3,1412
3,5°	$3 + \frac{39}{60} + \frac{52}{60^2}$	3,6644	3,6646
4°	$4 + \frac{11}{60} + \frac{16}{60^2}$	4,1878	4,1879

Abb. 18.3 Berechnung des
Breitenkreises

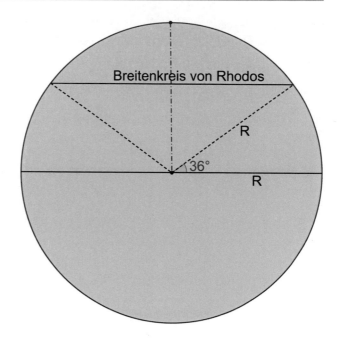

α	crd(α)	dezimal	$2R\sin\frac{\alpha}{2}$
4,5°	$4 + \frac{42}{60} + \frac{40}{60^2}$	4,7111	4,7112
5°	$5 + \frac{14}{60} + \frac{4}{60^2}$	5,2344	5,2343

Nach einer Rekonstruktion von G.J. Toomer hatte die Sehnentafel des Hipparchos zwar die größere Schrittweite 7.5°, aber dafür eine erhöhte Genauigkeit von $\frac{1}{60^3}$. Eine Anwendung der Sehnenrechnung liefert Ptolemaios in der Geografie (Abb. 18.3). Er hat den Breitengrad von Rhodos zu 36° bestimmt und ermittelt den Radius des zugehörigen Breitenkreises als $crd\,(108°)$.

Ohne Angabe des Rechenwegs gibt er den Wert:

$$crd(108°) = \frac{93}{115} \approx 0.80870 \; (R_\varphi).$$

Eigentlich würde man hier den Nenner 120 erwarten. Toomer erklärt dies mit dem Hinweis, dass Ptolemaios hier eine andere Sehnentafel verwendet, vermutlich die von Hipparchos. Der präzise Wert lässt sich über den Radius r des Breitenkreises berechnen

$$\frac{r}{R} = \cos 36° \Rightarrow crd(108°) = \cos 36° = \frac{1}{4}(1 + \sqrt{5}) \approx 0.80902 \; (R_\varphi)$$

Kurios ist, dass bis zum 17. Jahrhundert der Satz des Menelaos dem Ptolemaios zugeschrieben wurde, da dieser im Buch (I, 13) des Almagest einen Beweis führt, ohne Bezug auf Menelaos zu nehmen. Erst als Pater M. Mersenne (1588–1648) eine Handschrift des Menelaos entdeckte, konnte die Zuordnung korrigiert werden.

Abb. 18.4 Figur zum
rechtwinkligen Dreieck

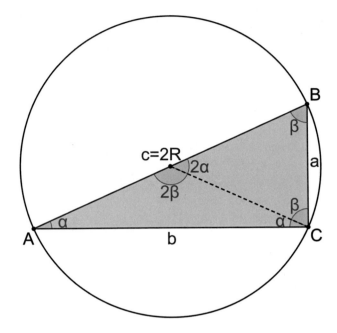

Berechnung von rechtwinkligen Dreiecken

Gegeben sei das Seitenverhältnis $\frac{a}{c} = \frac{7}{9}$. Nach Abb. 18.4 folgt

$$\frac{a}{c} = \frac{crd(2\alpha)}{2R} \Rightarrow crd(2\alpha) = 2R\frac{a}{c} = 120 \cdot \frac{7}{9} = 93.33$$

Durch Interpolation liest man aus der Sehnentafel ab: $2\alpha = 102.12° \Rightarrow \alpha = 51.06°$. Der zweite Winkel ist damit $\beta = 38.94°$. Bei gegebenem Winkel $\alpha = 28.07°$ folgt durch Interpolation $crd(2\alpha) = 56.466$. Mit obiger Formel folgt für die zugehörige Seite

$$a = c\frac{crd(2\alpha)}{2R}$$

Bei bekannter Hypotenuse $c = 17$ folgt $a = 17 \cdot \frac{56.466}{120} = 8$. Die fehlende Seite ist dann $b = \sqrt{17^2 - 8^2} = 15$.

18.2   Satz des Ptolemaios

Der Satz des Ptolemaios findet sich im Buch (I, 10); er besagt, dass im Sehnenviereck das Produkt der Diagonalen gleich ist der Summe der Produkte der Gegenseiten. Hier also

$$ef = ac + bd$$

Abb. 18.5 Beweisfigur zum
Satz des Ptolemaios

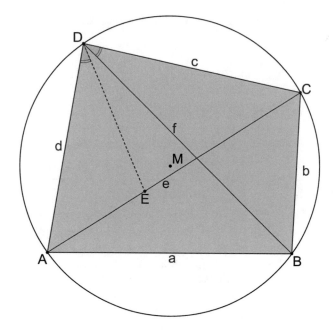

Beweis des Ptolemaios:

Als Hilfslinie verwendet er den Schenkel DE, der entsteht, wenn man den Winkel $\angle BDC$ an der Seite AD anträgt. Somit sind $\angle DE$ und $\angle BDC$ kongruent (Abb. 18.5).

(1) Behauptung: $\triangle ABD$ ähnlich zu $\triangle ECD$. Die Winkel $\angle ACD$ und $\angle ABD$ sind kongruent als Umfangswinkel über der gemeinsamen Sehne AD. Die Winkel $\angle ADB$ und $\angle EDC$ sind kongruent, da sie aus den kongruenten Winkeln $\angle ADE$ und $\angle BDC$ und dem gemeinsamen Winkel EDB zusammengesetzt sind. Somit gilt die Behauptung (1).

(2) Behauptung: $\triangle ADE$ ähnlich zu $\triangle DBC$. Die Winkel $\angle CAD$ und $\angle CBD$ sind kongruent als Umfangswinkel über der gemeinsamen Sehne CD. Die Winkel $\angle ADE$ und $\angle BDC$ sind kongruent nach Voraussetzung. Damit gilt die Behauptung (2).

Aus der Behauptung (1) folgt:

$$\frac{|BD|}{|AB|} = \frac{|CD|}{|EC|} \Rightarrow |BD| \cdot |EC| = |AB| \cdot |CD| \ (3)$$

Aus der Behauptung (2) folgt:

$$\frac{|AD|}{|AE|} = \frac{|BD|}{|CB|} \Rightarrow |AD| \cdot |CB| = |AE| \cdot |BD| \ (4)$$

Für das Produkt der Diagonalen gilt somit mit (3) und (4)

$$ef = |AC| \cdot |BD| = (|AE| + |EC|) \cdot |BD| = |AD| \cdot |CB| + |AB| \cdot |CD| = bd + ac$$

Damit ist der Satz bewiesen. Es lässt sich zeigen, dass der Satz von Ptolemaios umkehrbar ist.

Spezielle Sehnenvierecke

a) Für Rechtecke mit den Seiten a, b und der Diagonale e, so geht der Satz des Ptolemaios in den Pythagoras über: $a^2 + b^2 = e^2$.

b) Für gleichschenklige Trapeze mit den Parallelseiten a, c und dem Schenkel b, so ergibt sich die Diagonale $e = \sqrt{b^2 + ac}$.

18.3   Das Additionstheorem

Satz 3 von Buch I, 10 liefert das Additionstheorem zweier Winkel: Wenn zwei Bögen
und die umspannenden Sehnen gegeben sind, so wird auch die Sehne gegeben sein, welche die Summe der beiden Bögen umfasst (Abb. 18.6).

Ausgehend vom Sehnenviereck ABCD, das dem Halbkreis über AD einbeschrieben
ist, konstruiert Ptolemaios einen Hilfspunkt A_1 so, dass die Sehne BA_1 ein kongruen-
ter Durchmesser $|AD| = |BA_1|$ ist. Die Winkel $\sphericalangle CAD = \sphericalangle CA_1D = \alpha$ bzw. $\sphericalangle BAC =
\sphericalangle BA_1C = \beta$ sind paarweise kongruent, da beide Umfangswinkel zu den Sehnen CD
bzw. BC sind. Nach seinem Satz gilt im Sehnenviereck BA_1DC

$$|BA_1| \cdot |CD| + |BC| \cdot |DA_1| = |BD| \cdot |CA_1|$$

Ein Problem tritt bei der Sehne DA_1 auf; Ptolemaios hat übersehen, dass diese Sehne eine
Funktion des Winkels $[90° - (\alpha + \beta)]$ ist, da $\triangle BA_1C$ rechtwinklig nach Thales ist. In
moderner Ausdrucksweise gilt

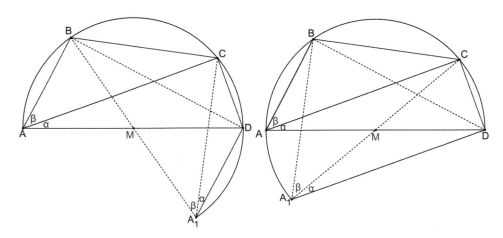

Abb. 18.6 Beweisfigur zum Additionstheorem

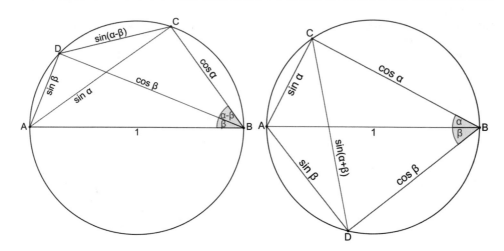

Abb. 18.7 Additionstheoreme der Sinusfunktion

$$|DA_1| = \sin\left[90° - (\alpha + \beta)\right] = \cos(\alpha + \beta)$$

O. Neugebauer[4] löste das Problem durch Spiegelung des Hilfspunktes A_1 an der Mittel-senkrechten von AD. Im Sehnenviereck BCDA folgt damit

$$|A_1B| \cdot |CD| + |BC| \cdot |A_1D| = |BD| \cdot |A_1D|$$

Setzt man den Radius $R = |AM| = \frac{1}{2}$, so wird $|AD| = 1$ und es gilt $chd(2\alpha) = \sin\alpha$. Wie bei Neugebauer wird hier der folgende Rechengang mittels Sinusfunktion dargestellt, damit die Erklärung leichter lesbar wird; dies ist *ahistorisch,* da Ptolemaios keine Sinus-funktion gekannt hat.

Im rechtwinkligen Dreieck ABD erhält man $|BD| = \sin(\alpha + \beta)$, ebenso für Drei-eck A_1BC $|BC| = \sin\beta$ bzw. $|A_1B| = \cos\beta$. Schließlich erhält man im Dreieck A_1CD $|CD| = \sin\alpha$ und $|A_1D| = \cos\alpha$. Insgesamt folgt das bekannte Additionstheorem

$$\sin(\alpha + \beta) = \sin\alpha \cos\beta + \sin\beta \cos\alpha$$

Im **Satz 1 von Buch I, 10** leitet Ptolemaios das entsprechende Theorem für die Differenz der Winkel bzw. Bögen her.

$$\sin(\alpha - \beta) = \sin\alpha \cos\beta - \sin\beta \cos\alpha$$

Eine moderne Herleitung der Additionstheoreme zeigt Abb. 18.7:

$$\sin(\alpha \pm \beta) = \sin\alpha \cos\beta \pm \sin\beta \cos\alpha$$

[4] Neugebauer O. E.: History of Ancient Mathematical Astronomy, Berlin 1975, S. 23

Abb. 18.8 Exakte
Konstruktion des Fünfecks
nach Ptolemaios

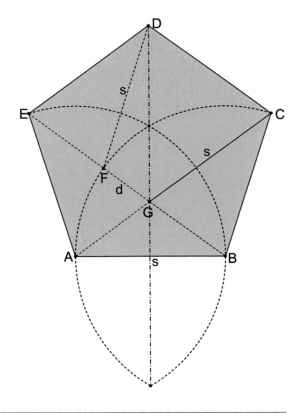

18.4   Exakte Konstruktion des Fünfecks

Exakte Konstruktion des regulären Fünfecks (Abb. 18.8).

(1) Zeichne einen Durchmesser $|FG| = 2r$

(2) Konstruiere im Mittelpunkt Z den senkrechten Durchmesser $|HD|$

(3) Konstruiere den Mittelpunkt M von ZG

(4) Schlage einen Kreis um M mit dem Radius $|MD| = \frac{r}{2}$; der Schnittpunkt mit der Strecke FG sei I.

(5) Die Strecke $|DI|$ ist die Seitenlänge s_5 des regulären Fünfecks ABCDE. Trägt man diese Strecke auf dem Umfang (vom Punkt D aus) fünfmal an, so erhält man alle Eckpunkte des Fünfecks.

Die Strecke $|DZ|$ ist hier der Radius und damit auch die Seite des regulären Sechsecks s_6. Die Strecke $|IZ|$ ist die Seitenlänge des regulären Zehnecks s_{10}. Da das Dreieck Δ IZD rechtwinklig ist, gilt, wie oben erwähnt: $s_{10}^2 + s_6^2 = s_5^2$. Damit lassen sich leicht die Seitenlängen des regulären Fünf- bzw. Zehnecks ermitteln.

Im Einheitskreis gilt $|ZM| = \frac{1}{2}$ und $|ZD| = 1 = s_6$. Im rechtwinkligen ΔZMD gilt

$$|DM| = \sqrt{|ZM|^2 + |ZD|^2} = \sqrt{\left(\frac{1}{2}\right)^2 + 1^2} = \sqrt{\frac{5}{4}} = \frac{1}{2}\sqrt{5}$$

Wegen $|IZ| = |IM| - |ZM|$ folgt $s_{10} = |IZ| = \frac{1}{2}\sqrt{5} - \frac{1}{2} = \frac{1}{2}\left(\sqrt{5} - 1\right)$. Im recht-

$\underset{|DM|}{}$

winkligen ΔIZD ergibt sich schließlich die Fünfeckseite im Einheitskreis zu

$$s_5 = \sqrt{s_{10}^2 + s_6^2} = \sqrt{\frac{1}{4}\left(\sqrt{5} - 1\right)^2 + 1} = \frac{1}{2}\sqrt{5 - 2\sqrt{5} + 1 + 4} = \frac{1}{2}\sqrt{10 - 2\sqrt{5}}$$

Neusis-Konstruktion zum Fünfeck
Da die frühen Pythagoreer die stetige Teilung noch nicht kannten, ist zu erklären, wie das reguläre Fünfeck konstruiert wurde. Eine mögliche Lösung liefert hier eine Neusis-Konstruktion, die sich auch später bei A. Dürer findet (Abb. 18.9).

Konstruktionsbeschreibung
Gegeben sei die Seitenlänge $s = |AB|$. Um die Mittelpunkte A bzw. B werden die Kreise durch den anderen Punkt gezogen; beide Kreise schneiden sich auf der Symmetrieachse zu AB. Mithilfe eines Lineals, auf dem die Strecke s markiert ist, wird die Diagonale AC so eingepasst, dass der Abstand eines Punktes der Mittelsenkrechte (Punkt G) und dem Kreis um B (Punkt C) gleich s ist und gleichzeitig die Gerade GC durch Eckpunkt A geht. Eckpunkt E ist der symmetrische Punkt von C bzgl. der Mittelsenkrechte, Eckpunkt D ergibt sich durch Schnitt der Mittelsenkrechten mit dem Kreis um C mit Radius s. Die Diagonale $d = |BE| = |AC|$ erfüllt das Kriterium für die stetige Teilung:

$$d(d - s) = s^2$$

Abb. 18.9 Neusis-Konstruktion des Fünfecks

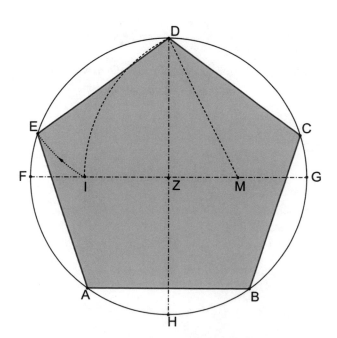

Abb. 18.10 Konstruktion des
15-Ecks

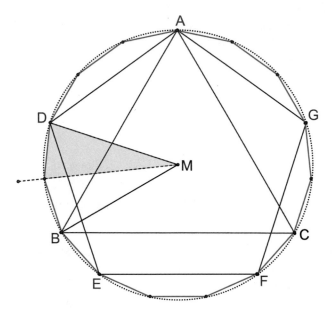

18.5   Konstruktion des 15-Eck

Aus der Konstruierbarkeit des regulären Fünf- bzw. Dreiecks folgt übrigens die
Konstruierbarkeit des 15-Ecks (Abb. 18.10). Der zu einer Seite gehörende Mittelpunktswinkel ∡AMB des gleichseitigen Dreiecks beträgt 120°; der entsprechende Winkel des
Fünfecks ∡AMD ist 72°. Die Winkeldifferenz ∡BMD beträgt daher 48°, die Halbierung
liefert einen 24°-Winkel. Dieser ist genau der Mittelpunktswinkel einer Seite des regulären 15-Ecks.

Die Kombination des regulären Drei- bzw. Fünfecks zum regelmäßigen 15-Eck kann
algebraisch (als diophantische Gleichung) berechnet werden

$$3x + 5y = 1$$

Eine mögliche Lösung ist $x = 2; y = -1$. Damit folgt nach Division durch 15

$$3(2) + 5(-1) = 1 \Rightarrow \frac{2}{5} - \frac{1}{3} = \frac{1}{15}.$$

Dies bedeutet, der Kreisbogen zum 15-Eck ergibt sich aus dem doppelten Kreisbogen
des regulären Fünfecks vermindert um den Kreisbogen des regulären Dreiecks. Dieser
Satz findet sich bei Euklid (IV, 16).

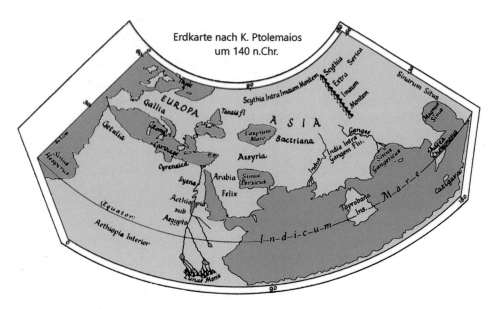

Erdkarte nach K. Ptolemaios
um 140 n.Chr.

Abb. 18.11   Rekonstruktion der Weltkarte nach Ptolemaios (Wikimedia Commons, koloriert vom Autor)

18.6   Das geografische Werk

Ähnlich bedeutend für die Geschichte der Naturwissenschaften – wie der Almagest für die Astronomie – ist die Schrift *Einführung in die Erdkunde* (Γεωγραφικὴ Ὑφήγησις) von Ptolemaios. Von der Schrift existieren zahlreiche arabische Abschriften. In seinem Werk versuchte Ptolemaios die Koordinaten von ca. 8000 Orten in Europa und Asien in eine Kegelprojektion einzubringen. Die ca. 5100 historischen europäischen Ortskoordinaten waren aber nur sehr ungenau bekannt, außerdem waren sie von verschiedener Präzision, da sie aus verschiedenen Quellen stammten. Abb. 18.11 zeigt die Darstellung von Eurasien und Afrika.

Das Werk hatte 561/62 noch Cassiodorus in der Hand gehabt, doch erst mit der lateinischen Übersetzung einer Abschrift aus Konstantinopel, die in Florenz ab 1397 erfolgte, wurde es in Europa bekannt. Die berühmteste Ausgabe stammt von Sebastian Münster (1544), die unter dem Namen *Cosmographia* publiziert wurde. Da Originalkarten von Ptolemaios im Laufe der Zeit verloren gegangen sind, wurden der *Cosmographia* in der Folgezeit mehrfach neue Karten beigefügt (um 1450). Eine prachtvoll bemalte Edition mit 26 farbigen Karten wurde um 1300 in Konstantinopel erstellt. Sie überlebte die Eroberung von Byzanz von 1453, geriet aber danach völlig in Vergessenheit. Erst 1927 wurde sie von A. Deissmann in den Beständen der alten Bibliothek des Topkapi-Palastes wieder entdeckt (Codex Seragliensis GI. 57). Farbenprächtig ist auch der Codex Latinus[5] V F.32 der Nationalbibliothek Neapel mit 27 Farbtafeln.

Seit der griechischen Ausgabe von C. F. A. Nobbe von 1843/45 war keine neuere Edition verfügbar. Auch in englischer Sprache gab es von J. L. Berggren[6] und A. Jones nur eine Teilübersetzung der theoretischen Kapitel. Daher gründete A. Stückelberger in Bern ein Ptolemaios-Forschungsinstitut, das 2006 eine zweisprachige, wissenschaftliche Edition[7] vorlegte, drei Jahre später folgte noch ein Ergänzungsband.

Für die ptolemäischen Orte in *Germania Magna* ist es den Wissenschaftlern der TU Berlin gelungen, mit Hilfe einiger Referenzpunkte (wie die Weichselmündung und Bonn) die antiken Koordinatenangaben in das moderne geografische Koordinatensystem zu übertragen. Bei einem Teil der Orte, deren Koordinaten transformierbar sind und historisch zugeordnet werden können, stellte sich heraus, dass sich die historischen Längengrade durchschnittlich als um den Faktor 1,4 zu groß erwiesen. Dies kann erklärt werden durch die Verwendung zweier verschiedener Längen für ein *Stadion*. Marinos von Neapolis setzt ein Stadion gleich 222,22 *m,* Eratosthenes aber gleich 158,73 *m,* das Verhältnis ergibt genau 7/5 (nach Kleineberg[8] et al.).

Durch die Arbeit der Forschungsgruppe um A. Kleineberg konnten neben Ortschaften auch historische Flüsse, Mündungen und Handelswege identifiziert werden, u. a. die berühmte Bernsteinstraße. Von der Adria kommend erreichte die Bernsteinstraße bei Carnuntum/Petronell die Donau, wo sie das Römische Reich verließ. Auf der nördlichen Donauseite führte sie in Germanien das Marchtal entlang nach Parienna/ Lundenburg und weiter nach Brünn. Hier traf sie mit einer Route zusammen, die in Scarbantia/Sopron, also schon in der römischen Provinz Pannonia Superior, abzweigte, die Donau bei Vindobona/Wien passierte und durch das Weinviertel verlief. Von Eburodunum/Brünn aus ging es in nordöstlicher Richtung zur Mährischen Pforte und von dort zur Weichselmündung; den weiteren Weg nach Samland kennt Ptolemaios nicht. Bedeutend war auch der Handelsweg, der über Prag zur Elbe (Nordseezugang) führte; in diesen Weg mündet auch eine Straße aus Eburodunum/Brünn kommend.

Die Ergebnisse der Forschungsgruppe Kleineberg wurden in zwei Büchern[9,10] publiziert.

---

[5] Pagani L. (Hrsg.): Ptolemäus' Cosmographia -Das Weltbild der Antike, Parkland 1990

[6] Berggren J.L., Jones A.: Ptolemy's Geography: An Annotated Translation of the Theoretical Chapters, Princeton University Press 2000.

[7] Stückelberger A., Graßhoff G. (Hrsg.): Klaudios Ptolemaios - Handbuch der Geographie, Schwabe Verlag, Basel 2006[1], 2017[2]

[8] Kleineberg et al., Die antike Karte von Germania des Klaudios Ptolemaios, Zeitschrift für Geodäsie, Geoinformation und Landmanagement 2/2011, S. 105–112

[9] Kleineberg A., Marx C., u. a.: Germania und die Insel Thule, Wiss. Buchgesellschaft 2010

[10] Kleineberg A., Marx C., u. a.: Europa in der Geographie des Ptolemaios, Wiss. Buchgesellschaft 2012

Weitere Literatur

Van Brummelen G.: The Mathematics of Heavens and the Earth, Princeton University (2009)

Grashoff G.: The History of Ptolemy's Star Catalogue, Springer (1990)

Kleineberg A., Marx C., u.a.: Europa in der Geographie des Ptolemaios, Wiss. Buchgesellschaft Darmstadt (2012)

Kleineberg A., Marx C., u.a.: Germania und die Insel Thule, Wiss. Buchgesellschaft Darmstadt (2010)

Ptolemaei Claudii Opera quae exstant Omnia I, II. Teubner Leipzig (1898)

Ptolemaios K., Kleineberg A., u.a. (Hrsg.): Europa in der Geographie des Ptolemaios, Wiss. Buchgesellschaft Darmstadt (2012)

Ptolemäus Claudius: Handbuch der Astronomie I, II, Ed. Manitius, Teubner Leipzig (1912)

Ptolemäus Cosmographia, Pagani L. (Hrsg.), Parkland (1990)

Ptolemy C., Donahue W.H. (Ed.), The Almagest: Introduction to the Mathematics of the Heavens, Green Lion, Santa Fee (2014)

Robert R. Newton, The Crime of Claudius Ptolemy, Hopkins University Baltimore (1977)

Stückelberger A., Graßhoff G. (Hrsg.): Klaudios Ptolemaios - Handbuch der Geographie, Schwabe Verlag, Basel (2017²)

Nikomachos von Gerasa 19

Nikomachos von Gerasa publizierte eine Arithmetik, die ganz im Geist der spät-pythagoreischen Zahlenlehre geschrieben ist und zur Vorlage späterer Autoren, wie *Boethius*, wird. Es ist sehr wahrscheinlich, dass ein Großteil der Ideen, die man den Pythagoreern zuschreibt, von ihm und seinem Kommentator *Iamblichos* entwickelt wurde. Bedeutsam ist auch sein Beitrag zur pythagoreischen Musiklehre, die ebenfalls Boethius als Quelle dient.

Nikomachos (ΝΚΌαος) war ein Spätpythagoreer aus Gerasa[1] (heute Jerash /Jordanien), der ca. von 60–120 n. Chr. lebte und vermutlich in Alexandria studierte. Gerasa war zur römischen Zeit ein bedeutendes Kultur- und Handelszentrum. Von ihm sind zwei Werke erhalten geblieben: Seine *Arithmetik*[2] und seine Harmonielehre *Musica*. Abb. 19.1 zeigt Nikomachos zur Rechten von Platon, der das Buch *Musica* in der Hand hält. Seine Lebensdaten können einigermaßen genau bestimmt werden.

Einerseits zitiert er in seiner Harmonielehre (XI, 6) den Autor Thrasyllos aus Alexandria, der ein Freund des Kaisers Tiberius (Kaiser von 14 bis 37 n. Chr.) und sein Astrologe war. Nikomachos muss also jünger als Thrasyllos sein. Aus der Vorrede zu seiner *Musica* geht hervor, dass das Buch im Auftrag einer hochgestellten Dame auf Reisen entstanden ist *nach Art der Alten;* d. h. nach Art der herumreisenden Philosophen. Die amerikanische Forscherin F.R. Levin[3] vermutet, dass diese Dame, die er „die beste und verehrungswürdigste aller Frauen" nennt, keine geringere war als Pompeia Plotina, die Gattin des Kaisers Trajan (Kaiser von 98–117 n. Chr.), der seine Gattin später zur Göttin

---

[1] Gerasa erscheint im Neuen Testament unter verschiedenen Namen: Matth.8,28; Markus 5,1; Lukas 8,26.

[2] D'Ooge M. L. (Hrsg.): Nicomachus of Gerasa, Introduction to Arithmetic, Macmillan 1926.

[3] Levin F.R.: The Harmonics of Nicomachus and the Pythagorean Tradition, American Classical Studies No.1, American Philological Association, 1975, S. 17.

© Springer-Verlag GmbH Deutschland, ein Teil von Springer Nature 2024   363
D. Herrmann, *Die antike Mathematik,* https://doi.org/10.1007/978-3-662-68478-8_19

Abb. 19.1 Nikomachos und Platon, Handschrift Cambridge (11. Jahrhundert), Science Photo

(Augusta) erhoben hat. Andererseits kennt man die Lebensdaten des berühmten Dichters und Übersetzers Apuleius von Madaura (123–175 n. Chr.), der Nikomachos' *Arithmetica* übersetzt hat, die leider verloren gegangen ist.

Zu einer anderen Datierung kommt John M. Dillon[4], der das Sterbejahr auf 196 n. Chr. festlegt. Der Grund ist kurios: Proklos Diadochos war nach Bericht seines Biografen überzeugt, selbst eine Reinkarnation des Nikomachos zu sein. Generell glaubten die Spät-Pythagoreer fest an eine Wiedergeburtsperiode von 216 Jahren. Die Zahl $216 = 6^3$ ist die räumliche Version der vollkommenen Zahl 6 ; ferner galt 216 als die Anzahl der Tage, in der ein Fötus heranwächst. Da Proklos im Jahr 412 n. Chr. geboren wurde, erhält man durch Zurückrechnen von 216 Jahren das angebliche Sterbedatum 196 n. Chr., das nicht mit der Übersetzungstätigkeit des Apuleius vereinbar ist.

Nikomachos kann somit als Zeitgenosse des Theon von Smyrna angesehen werden; er ist nicht zu verwechseln mit dem Sohn des Aristoteles, dem er seine Nikomachische Ethik gewidmet hat. Nikomachos war ein so berühmter Mathematiker, dass er noch nach Generationen ehrenvolle Würdigungen erhielt. Wie erwähnt hielt Proklos ihn für einen echten Seelenverwandten, Porphyrios von Tyros[5] (233–301 n. Chr.) zählte ihn in seiner Pythagoras-Biografie zu den berühmtesten Pythagoreern. Eine (anonyme) frühchristliche Streitschrift vermerkt in *Altercatio Ecclesiae:*

---

[4] Dillon J.M.: A date for the death of Nicomachus of Gerasa, Classical Review 19 (1969), S. 274–275.

[5] Porphyry of Tyre: The Life of Pythagoras, S. 123–136, im Sammelband Guthrie.

Arithmeticam Samius Pythagoras invenit, Nicomachus scripsit (Pythagoras von Samos erfand die Arithmetik, Nikomachos hat sie niedergeschrieben).

Isidor von Sevilla, Bischof, teilt in seiner Enzyklopädie (III, 2) mit:

> Der Erste, der über die Wissenschaften der Zahl geschrieben hat, war, so behaupten die Griechen, Pythagoras. Dann sei sie von Nikomachus genauer dargelegt worden; dessen Schriften übersetzten Apuleius und Boethius.

Sein Landsmann Iamblichos von Chalkis (Syrien) schrieb über ihn:

> Wir finden, dass Nikomachos in seiner Arithmetik alles über dieses Thema gemäß der Lehre von Pythagoras behandelt hat. Denn dieser Mann ist ein großer Wissenschaftler und hatte Lehrer, die sehr erfahren in Mathematik waren. Abgesehen davon, überlieferte er das Wissen über die Arithmetik mit großer Genauigkeit; er zeigt dabei eine anerkennenswerte Regelmäßigkeit und eine Theoriebildung, die eine gelungene Anwendung wissenschaftlicher Prinzipien bietet.

Ein Brief des Ostgoten-Königs Theoderich an Boethius hat Cassiodor überliefert:

> Denn du hast entdeckt, mit welchem mit welch tiefem Denken die spekulative Philosophie in all ihren Teilen erwogen wird, mit welchem geistigen Prozess das praktische Denken in allen seinen Abteilungen erlernt wird, wie du den römischen Senatoren jedes Wunder mitgeteilt hast, das die Söhne des Cecrops [=Athener] der Welt geschenkt haben. Denn in Deinen Übersetzungen werden Pythagoras, der Musiker, und Ptolemäus, der Astronom auf Lateinisch gelesen werden; dass Nikomachos über Arithmetik und Euklid über Geometrie als Ausonier [=Italiener] zu hören sind; dass Platon über Metaphysik und Aristoteles über die Logik in römischer Sprache debattiert; ihr habt sogar den Ingenieur Archimedes seinen sizilianischen Landsleuten in lateinischem Gewand vorgetragen. Und alle Künste und Wissenschaften, die die griechische Beredsamkeit durch einzelne Männer dargelegt hat, hat Rom in seiner Muttersprache erhalten dank deiner alleinigen Urheberschaft.

Die Standardausgabe seiner Werke erfolgte durch R. Hoche[6]. Anders als bei den vielen Pythagoreern sind von ihm zwei Werke vollständig überliefert, das „Handbuch der Harmonielehre" und die „Einführung in die Arithmetik". In seiner Harmonielehre stellt er die auf Zahlenproportionen aufbauende Musiktheorie der Pythagoreer dar, wobei er auf die pythagoreische Vorstellung der Sphärenmusik eingeht. Hier erzählt er die bekannte Anekdote, dass Pythagoras beim Vorübergehen an einer Schmiede erkannt habe, dass die Tonhöhe vom Gewicht der Schmiedehämmer abhängig sei. Er behandelt die Harmonien nur unter dem Gesichtspunkt der zahlentheoretischen Relevanz; die musikalische Praxis interessiert ihn nicht. In dem Werk betont er, dass er noch ein vollständiges Werk zur Musiklehre schreiben werde. Es ist möglich, dass dieses das Buch „Über die Musik" ist, von dem Eutokios in seinem Kommentar zu Archimedes berichtet. Ein Teil

---

[6] Nicomachi Geraseni Pythagorei introductionis arithmeticae libri II, Hoche R.(Hrsg.): Teubner, Leipzig 1866.

dieser Schrift lässt sich aus dem Werk *De institutione musica* von Boethius erschließen, da dieser in großem Umfang aus der *harmonia* geschöpft hat.

Ein weiteres Werk Nikomachos' *Theologie der Arithmetik* ist verschollen; sein Inhalt dürfte weitgehend mit dem gleichnamigen Buch Iamblichos' übereinstimmen, das Nikomachos als Quelle verwendet hat. Da die Zahl Zehn als heilig angesehen wurde, enthält das Buch die pythagoreische Interpretation der ersten zehn Zahlen (Dekade). Nach Aetius gilt: *Die Natur der Zahlen ist die Dekade.* Der Inhalt der *Theologie* kann etwa durch folgende Tabelle verkürzt wiedergegeben werden:

1	Monade	Einheit, Prinzip aller Dinge, essenziell, unteilbar, Punkt (in der Geometrie)
2	Dyade	Prinzip der Dualität, erste weibliche (=gerade) Zahl, Strecke (geometrisch)
3	Triade	Einheit plus Dualität, erste männliche (=ungerade) Zahl, Ebene (geometrisch)
4	Tetrade	erstes Quadrat, Vierfachheit *Tetraktys* (Elemente, Jahreszeiten, Lebensalter), Körper (geometrisch)
5	Pentade	Heirat (=weiblich + männlich), Zahl der Finger, Zehen, Platonischen Körper, Parallelkreise der Erde
6		erste vollkommene Zahl, Fläche des Grunddreiecks (3; 4; 5)
7	Heptade	Zahl der Himmelskörper, Zahl des ersten nicht-konstruierbaren Vielecks
8		erste Kubikzahl
9	Enneade	zweites Quadrat
10	Dekade	Menge aller einstelligen Zahlen, Summe der ersten Tetrade ($1+2+3+4$), Zahl der Finger oder Zehen

19.1 Aus der *Arithmetica*

In der *Arithmetik* befasst er sich vornehmlich mit der Zahlentheorie, jedoch nicht aus mathematischen Motiven, sondern um dem Leser die Grundlagen für das Verständnis der Philosophie der Mathematik zu liefern. Die mathematischen Wissenschaften umfassten damals auch Arithmetik, Musik, Geometrie und Astronomie. Letztere Wissenschaft lieferte auch die kosmologische Bedeutung der Zahlen für die Weltentstehung. Im Buch (I, 6) schreibt er dazu:

> Alle Dinge der Welt, die von Natur aus kunstgerecht angeordnet sind, [...] erscheinen gemäß der Zahl unterscheidbar und geordnet, durch die Vorhersehung und die Vernunft, die das Universum hervorgebracht hat. Denn das Muster war vorgegeben, wie bei einem Plan, kontrolliert durch die Zahl, bereits existent in den Gedanken des Schöpfer-Gottes, erkennbar nur durch Zahlen und zugleich geistig, dennoch stets das Wahre und ewige Sein, sodass in Bezug auf diesen Plan alle Dinge erzeugt werden: Zeit, Bewegung, Himmel, Sterne, Drehungen aller Art.

Über die Rolle der Arithmetik findet sich in (I, 4):

> Die Arithmetik selbst existierte bereits in Gedanken des waltenden Gottes vor allen anderen
> Dingen, als Muster eines ordnenden Prinzips$\lambda o \varsigma \grave{o}$, auf das sich der Kunstwerker des Uni-
> versums verlässt in Planung und Urform der Ordnung, hervorgebracht von allen Wesen zur
> Vollendung ihres wahren Daseins.

Der Zahlbegriff der Pythagoreer wird nicht einheitlich verstanden; Nikomachos zitiert
in (I, 7) etwa folgende Auffassungen: Eine (natürliche) Zahl hat 3 Eigenschaften; sie ist:

(a) eine begrenzte Anzahl von konkreten Dingen, z. B. 5 Schafe
(b) eine Ansammlung von Monaden (Einheiten), im Sinne einer Menge
(c) eine Konfiguration, die aus der Eins entsteht durch sukzessives Anfügen der Einheit,
     vergleichbar mit dem Anlegen von Rechensteinen

Deswegen kann das griechische Wort (*arithmos*) nicht adäquat mit dem Wort *Zahl* übersetzt werden, da dieses Wort im modernen Sprachgebrauch eine ganz andere Bedeutung
hat.

Im ersten Buch der Arithmetik stellt Nikomachos die pythagoreische Theorie über gerade und ungerade Zahlen dar. Besonders betont er die Rolle der geraden Zahlen, die
multipliziert mit einer beliebigen Zahl stets wieder ein gerades Produkt ergeben, im
Gegensatz zu den ungeraden Zahlen, die nur für ungerade Faktoren wieder ein ungerades
Produkt liefern. Er verfeinert diese Definitionen durch gerade-gerade Zahlen; das sind
Zahlen, die nach Abspalten eines geraden Teilers weitere gerade Teiler aufweisen, also
die Zweierpotenzen 2^n. Ungerade-gerade Zahlen sind von der Form $2^n p$.

Der Name Primzahlen leitet sich davon ab, dass die Zahlen ohne Teiler (außer der
Eins) als primäre, die zusammengesetzten als sekundäre Zahlen bezeichnet wurden.
Primzahlen sind bei Nikomachos stets ungerade; die Zahl 2 zählt nicht. Ungerade-gerade
Zahlen sind von der Form $2p$. Die Primzahlen werden tabellarisch aufgezählt:

3	5	7	11	13	17	19	23	29	31	37	41	43	47

usw. Erwähnt wird dabei namentlich das Primzahlsieb des Eratosthenes, das verbal und
sehr ausführlich erklärt wird. Ausgangspunkt seiner Beschreibung ist die Liste aller ungeraden Zahlen ab 3; gerade Zahlen tauchen nicht auf. Er schreibt in (I, 13):

> Die Methode zur Erzeugung dieser [Primzahlen] wird *Sieb* des Eratosthenes genannt; denn
> wenn man die ungeraden Zahlen unterschiedslos zusammennimmt, werden diese – wie mit
> einem Instrument oder Sieb – getrennt. [...] Die Natur des Siebes ist die folgende: Schreibt
> man alle ungeraden Zahlen, beginnend mit der Drei, in eine Zeile so lang wie möglich, be-
> ginne ich mit der Ersten und prüfe sie auf Teiler [...].

Ferner werden zusammengesetzte und vollkommene Zahlen definiert. Es werden wie
bei Euklid nur echte Teiler betrachtet. Eine Zahl heißt *vollkommen,* wenn sie gleich der

Summe ihrer echten Teiler ist. Die vollkommenen Zahlen bilden die Grenze zwischen den abundanten und defizienten. Dabei heißt eine Zahl *abundant,* wenn sie größer ist als die Summe ihrer Teiler. Nikomachos gibt als Beispiel die Zahl 12; 12 ist abundant, da für die echte Teilersumme gilt: $1 + 2 + 3 + 4 + 6 = 16 > 12$. Eine Zahl ist *defizient,* wenn sie kleiner ist als die Summe ihrer echten Teiler. Als Beispiel dient ihm die Zahl 14; 14 ist defizient wegen $1 + 2 + 7 = 10 < 14$. Die Statistik zeigt hier: Alle Zahlen < 1000 sind defizient außer der Zahl 945 (mit der Teilersumme 1920). Nikomachos schreibt

> Während diese beiden letzteren Zahlenarten den menschlichen Lastern gleichen, weil sie genau wie diese sehr verbreitet sind und sich keiner bestimmten Ordnung unterwerfen, verhalten sich die vollkommenen Zahlen wie die Tugend, indem sie das rechte Maß, die Mitte zwischen Übermaß und Mangel, bewahren.

Nikomachos definiert noch eine Vielzahl von Kategorien für Zahlen, deren Besprechung hier zu weit führt und deren mathematischer Nutzen beschränkt ist. Seine Bezeichnungen sind *superpartikular, subsuperpartikular, sesquitertius* und Ähnliches; die Zahlbezeichnungen werden später bei dem mittelalterlichen Zahlenspiel *Rithmomachia* (nach Folkerts[7]) verwendet.

Nikomachos erzeugt die vollkommenen Zahlen tabellarisch; einen Beweis wie bei Euklid [IX,36] liefert er nicht. Zunächst schreibt er alle gerade-gerade Zahlen, also die Zweierpotenzen, in eine Reihe, beginnend mit der Eins. Dann berechnet er die Teilsummenfolge davon, setzt diese in die zweite Reihe und streicht alle Nicht-Primzahlen. In der dritten Reihe multipliziert er die darüberstehenden Zahlen, die nicht gestrichen sind.

1	$2^1(2^2 - 1) = 6$
2	$2^2(2^3 - 1) = 28$
3	$2^4(2^5 - 1) = 496$
4	$2^6(2^7 - 1) = 8128$
5	$2^{12}(2^{13} - 1) = 33550336$
6	$2^{16}(2^{17} - 1) = 8589869056$
7	$2^{18}(2^{19} - 1) = 137438691328$
8	$2^{30}(2^{31} - 1) = 2305843008139952128$

Da er diese Tabelle nicht vollständig berechnet, findet er nur die ersten vier vollkommenen Zahlen und schließt daraus fälschlicherweise, dass die Endziffern dieser Zahlen abwechselnd 6 oder 8 sind. Richtig ist, dass die Endziffer stets 6 oder 8 ist, die Folge

---

[7] Folkerts M.: Rithmomachia, a Mathematical Game from the Middle Ages, im Sammelband Folkerts, S. I-XXIII.

ist jedoch nicht alternierend. Dies sieht man an der ergänzten Tabelle der ersten acht
vollkommenen Zahlen.

1	2	4	8	16	32	64	128	256	512	1024	2048	4096
~~1~~	3	7	~~15~~	31	~~63~~	127	~~255~~	~~511~~	~~1023~~	~~2047~~	~~4075~~	8191
	6	28		496		8128						s. unten

Die Berechnung des *ggT* zweier Zahlen verläuft nach Nikomachos rekursiv:

$$ggT(a,b) = \begin{cases} ggT(a-b,b) & f\ddot{u}r\, a > b \\ ggT(b-a,a) & f\ddot{u}r\, a < b \\ a & f\ddot{u}r\, a = b \end{cases}$$

Das Zahlenbeispiel $ggT(21,49)$ ermittelt er wie folgt

$$21 < 49 \Rightarrow ggt(21,49) = ggt(21,28)$$

$$21 < 28 \Rightarrow ggt(21,28) = ggt(21,7)$$

$$21 > 7 \Rightarrow ggt(21,7) = ggt(14,7)$$

$$14 > 7 \Rightarrow ggt(14,7) = ggt(7,7)$$

Da Nikomachos die Null nicht kennt, kann er hier die letzte Subtraktion nicht ausführen.
Er schreibt daher, das Ende sei erreicht, wenn sich ein und dieselbe Zahl ergibt. Es gilt
hier also $ggT(21,49) = 7$.

Im Buch (II, 12) finden sich die figurierten Zahlen wieder in Tabellenform, wobei er
auf die gleichen Differenzen in jeder *Spalte* hinweist:

Dreieckzahlen	1	3	6	10	15	21	28	36
Quadratzahlen	1	4	9	16	25	36	49	64
Pentagonalzahlen	1	5	12	22	35	51	70	92
Hexagonalzahlen	1	6	15	28	45	66	91	120
Heptagonalzahlen	1	7	18	34	55	81	112	148

Ferner entdeckt er noch folgendes Bildungsgesetz: Jede Polygonalzahl ist die Summe
aus der in derselben Spalte darüberstehenden Zahl und der Dreieckszahl aus der Spalte
davor. Die achte Hexagonalzahl 120 ist so die Summe aus der achten Pentagonalzahl
92 und der siebenten Dreieckszahl 28. Auch stellt er fest, jede Quadratzahl ist Summe
zweier Dreieckszahlen (vgl. Abschn. 4.3):

$$n^2 = \frac{1}{2}(n-1)n + \frac{1}{2}n(n+1)$$

Ausführlich werden auch noch die räumlichen figurierten Zahlen, wie Pyramidal- und sphärische Zahlen diskutiert.

19.2   Proportionen und Mittelwerte

Mittelwerte werden auch bei Platon erwähnt. Im *Timaios* (32B) benötigt er zwei Mittelwerte zur Vereinigung der vier Elemente:

> ... sodass sich das Feuer zur Luft wie die Luft zum Wasser, und wie die Luft zum Wasser, so das Wasser zur Erde verhalten sollte; so verband und fügte er [Gott] das Weltall zusammen.

Ein geometrisches Mittel hatte Platon zuvor in *Timaios* 32A beschrieben:

> Denn wenn sich von drei Zahlen oder Massen oder Kräften von irgendeiner Art die mittlere sich ebenso verhält zur letzten wie die erste zu ihr selbst, und ebenso wiederum zu der ersten wie die letzte zu ihr selbst...

In den Abschnitten (II, 21) bis (II, 29) behandelt Nikomachos die Proportionen und die zugehörigen Mittelwerte. Die arithmetische Proportion (II, 23) wird erläutert anhand der Folge der natürlichen Zahlen. Vier Zahlen $(a; b; c; d)$ stehen in arithmetischer Proportion, wenn gilt

$$a - b = c - d$$

Hier ist die Differenzenfolge konstant; jede Zahl ist das arithmetische Mittel seiner beiden Nachbarn

$$n = \frac{(n - 1) + (n + 1)}{2}$$

Die geometrische Proportion (II, 24) wird demonstriert mittels Zweier- und Dreierpotenzen. Vier Zahlen $(a; b; c; d)$ stehen in geometrischer Proportion, wenn gilt

$$a : b = c : d$$

Hier ist die Folge der Quotienten konstant; jede Zahl ist das geometrische Mittel seiner beiden Nachbarn

$$2^n = \sqrt{2^{n-1} \cdot 2^{n+1}}$$

Die harmonische Proportion (II, 25) von drei Zahlen $(a; b; c)$ wird definiert durch

$$(a - b) : (b - c) = a : c$$

Werden drei Saiten der Längen $\left(1; \frac{2}{3}; \frac{1}{2}\right)$ angeschlagen, so stehen diese Längen in harmonischer Proportion wegen

$$\left(1 - \frac{2}{3}\right) : \left(\frac{2}{3} - \frac{1}{2}\right) = 1 : \frac{1}{2}$$

Nicht erkannt wird, dass bei der harmonischen Reihe jedes Glied das harmonische Mittel $H = \frac{2ab}{a+b}$ seiner beiden Nachbarn ist

$$\frac{1}{n} = \frac{2 \cdot \frac{1}{n-1} \cdot \frac{1}{n+1}}{\frac{1}{n-1} + \frac{1}{n+1}}$$

Nikomachos kennt die Ungleichung zwischen den drei Mittelwerte. Ist b das Mittel von a und c, so gilt

$$a : b = b : c \ geom.Mittel$$

$$a : b < b : c \ arith.Mittel$$

$$a : b > b : c \ harm.Mittel$$

Diese drei Mittelwerte kommen bereits bei Eudoxos vor. Höhepunkt des Abschnitts II,19 ist die Würdigung als vollendetste aller Proportionen

$$a : \frac{a+b}{2} = \frac{2ab}{a+b} : b$$

Sein Kommentator Iamblichos er nennt diese Proportion *harmonia* und schreibt:

> Es bleibt mir, noch die vollendetste Proportion von allen zu beschreiben; sie ist drei-dimensional, umfassend und extrem nützlich für alle Fortschritte, die in Musik und Natur-wissenschaften gemacht werden können.... Sie sagen, dass diese [Proportion] eine Ent-deckung der Babylonier ist und nach Hellas kam durch die Vermittlung von Pythagoras. Viele Pythagoreer haben sie verwendet, wie Aristeos von Kroton, Timaios von Locris, Phi-lolaos, Archytas von Tarent und vielen andere. Auch Platon erwähnt sie im *Timaios* [36A].

Als Beispiel für die Proportion *harmonia* verwendet Iamblichos den Würfel mit $a = 12$ Kanten, $b = 6$ Flächen und $c = 8$ Ecken:

> Das arithmetische Mittel (9) übertrifft um dieselbe Zahl (3) den kleineren Term (6), um die es vom größeren Term übertroffen wird. Das harmonische Mittel (8) übertrifft um ein Drittel (2) des kleineren Terms (6) diesen Term, wie es um ein Drittel (4) des größeren Terms (12) von diesem übertroffen wird.

19.3   Der Satz des Nikomachos

In der Arithmetik (II,20) findet sich Nikomachos' eigene Entdeckung. Er erklärt diese mit folgender Tabelle

$$1 = 1 = 1^3$$

$$3 + 5 = 8 = 2^3$$

$$7 + 9 + 11 = 27 = 3^3$$

$$13 + 15 + 17 + 19 = 64 = 4^3$$

Diese Formeln sind ein Spezialfall von folgender Reihe

$$\sum_{i=1}^{n} [n(n-1) - 1 + 2i] = n^3 \, (*)$$

Durch sukzessive Addition von ungeraden Zahlen lassen sich also alle dritten Potenzen (Kuben) erzeugen. Die Addition obiger Gleichungen liefert

$$1^3 + 2^3 + 3^3 + 4^3 = 1 + 3 + 5 + \cdots + 19 = 100 = 10^2$$

Allgemein lässt sich der Satz von Nikomachos beweisen

$$1^3 + 2^3 + 3^3 + \cdots + n^3 = (1 + 2 + 3 + \cdots + n)^2$$

Mit Summenformeln lässt sich schreiben

$$\sum_{k=1}^{n} k^3 = \left(\sum_{k=1}^{n} k\right)^2 = \left(\frac{n^2 + n}{2}\right)^2$$

Ein Beweis findet sich bei Aryabhata in seinem Werk Aryabhatiya (499). Es gilt nach (*)

$$n^3 = \left(n^2 - n + 1\right) + \left(n^2 - n + 3\right) + \left(n^2 - n + 5\right) + \cdots \underbrace{\left[n^2 - n + (2n - 1)\right]}_{n^2 + n - 1}$$

Aufsummieren zeigt

$$\sum_{k=1}^{n} k^3 = \sum_{1 \le k \le \left(n^2 + n - 1\right)}^{n} k = \sum_{k=1}^{\frac{1}{2}n(n+1)} (2k - 1) = \left(\frac{n^2 + n}{2}\right)^2$$

Abb. 19.2 zeigt eine geometrische Veranschaulichung des Theorems nach Ned Gulley[8]. Um die heilige Zahl 10 zu erreichen, erfindet er im Abschnitt (II, 28) zehn weitere Proportionen, die später auch von Pappos (Buch III) erwähnt werden. Sie sind definiert durch folgende Proportionen für $a > b > c$:

---

[8] Gulley N., Shure L. (Bd.): Nicomachus's Theorem, Matlib Central, March 4 2010.

Abb. 19.2 Geometrische
Interpretation von
Nikomachos' Theorem
(Wikimedia Commons)

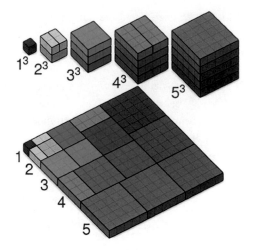

$$(a - b) : (b - c) = \frac{a}{a} \iff a + c = 2b \tag{1}$$

$$(a - b) : (b - c) = \frac{a}{b} \iff ac = b^2 \tag{2}$$

$$(a - b) : (b - c) = \frac{a}{c} \iff \frac{1}{a} + \frac{1}{c} = \frac{2}{b} \tag{3}$$

$$(a - b) : (b - c) = \frac{c}{a} \iff \frac{a^2 + c^2}{a + c} = b \tag{4}$$

$$(a - b) : (b - c) = \frac{c}{b} \iff a = b + c - \frac{c^2}{b} \tag{5}$$

$$(a - b) : (b - c) = \frac{b}{a} \iff c = a + b - \frac{a^2}{b} \tag{6}$$

$$(a - c) : (b - c) = \frac{a}{c} \iff c^2 = 2ac - ab \tag{7}$$

$$(a - c) : (a - b) = \frac{a}{c} \iff a^2 + c^2 = a(b + c) \tag{8}$$

$$(a - c) : (b - c) = \frac{b}{c} \iff b^2 + c^2 = c(a + b) \tag{9}$$

$$(a - c) : (a - b) = \frac{a}{b} \iff a^2 = 2ab - bc \tag{10}$$

Von den so definierten Proportionen wird auch später kein Gebrauch gemacht. Bei ihm
findet sich die binomische Formel, die er als wertvoll erachtet und im Mittelalter als *Regula nicomachi* bekannt war.

$$\left(\frac{a + b}{2}\right)^2 = ab + \left(\frac{a - b}{2}\right)^2$$

Damit lassen sich Quadrate berechnen, wie:

$$97^2 = \left(\frac{100 + 94}{2}\right)^2 = 100 \cdot 94 + \left(\frac{100 - 94}{2}\right)^2 = 9400 + 9$$

Nikomachos' Arithmetik war das älteste Buch der Antike, das speziell der Arithmetik gewidmet ist, bis man in der Neuzeit die Arithmetik des Diophantos entdeckt. Nikomachos
Werk hatte in den folgenden Jahrhunderten für die Arithmetik eine ähnliche Bedeutung
wie Euklids *Elemente* für die Geometrie. Sie wurde nämlich von Boethius ins Lateinische übertragen; seine Übersetzung *De institutione arithmetica* war im ganzen Mittelalter in Klosterschulen und Universitäten populär.

19.4   Aus dem Kommentar des Iamblichos

Iamblichos von Chalkis (damals in der Provinz Syria Coele) lebte ca. von 250 bis 325
n. Chr. Sein erster Lehrer hieß Anatolios, ein Neuplatoniker; später schloss sich Iamblichos dem nur wenige Jahre älteren Neuplatoniker Porphyrios an, der ein Schüler Plotins
war und nach Rom ging. Iamblichos übernahm jedoch nicht dessen Lehre und gründete
in Apameia die sog. *Syrische Schule* des Neuplatonismus. Er hat etwa 10 Schriften verfasst, von denen fünf erhalten sind: *Das Leben des Pythagoras, Aufruf zur Philosophie,
Von der allgemeinen mathematischen Wissenschaft, Theologie der Zahlen* und *Einführung in die Arithmetik des Nikomachos*. Letzteres Werk verwendete er zur Einführung
in die Mathematik.

In seinem Kommentar erwähnt Iamblichos das geometrische Mittel in der Form:

$$a : \sqrt{ab} = \sqrt{ab} : b \therefore \left(a - \sqrt{ab}\right) : \left(\sqrt{ab} - b\right) = a : \sqrt{ab}$$

Im Anschluss erzählt Iamblichos die bekannte, aber physikalisch unkorrekte Anekdote,
wie Pythagoras beim Vorbeigehen an einer Schmiede beim Klingen der Schmiedehämmer auf die Idee der Musikintervalle gekommen ist.

Er [Pythagoras] spazierte an einer Schmiede vorbei und hörte aus einer daimonischen
Fügung heraus
Hämmer, die Eisen auf einem Amboss schlugen und diejenigen Klänge von sich gaben,
die miteinander
vermischt bis auf ein Paar äußerst konsonant waren. Er erkannte aber in ihnen den Zu-
sammenklang der
Oktave und den der Quinte und den der Quarte. Dass der Zwischenraum aber zwischen
der Quarte und der Quinte im Hinblick auf sich selbst nicht konsonant war, sah er, und
dass er aber ansonsten
den größeren [Zusammenklang] unter ihnen auffüllte.

Eine besondere zahlentheoretische Leistung eines Pythagoreers hat Nesselmann[9] im Kommentar des Iamblichos entdeckt. In mühevoller Übersetzung konnte Nesselmann dem Text entnehmen, dass Thymaridas von Paros das folgende spezielle lineare Gleichungssystem (hier in moderner Schreibweise) behandelt hat:

$$x_1 + x_2 + x_3 + \cdots + x_n = s(n \geq 3)$$
$$x_1 + x_2 = a_1$$
$$x_1 + x_3 = a_2$$
$$x_1 + x_4 = a_3$$
$$\cdots\cdots\cdots$$
$$x_1 + x_n = a_{n-1}$$

Thymaridas ist einer der 218 von Iamblichos namentlich genannten Pythagoreer. Iamblichos (XXXIII, 239) berichtet in seiner Pythagoras-Biografie[10] über ihn, dass dieser plötzlich seine Reichtümer verloren habe. Daher habe der Pythagoreer Thestor aus Posidonia als Freundschaftsdienst erhebliche Mittel aufgewandt, um dessen frühere Habe zurückzukaufen.

Die von Thymaridas verbal formulierte Lösungsmethode ist in moderner Schreibweise:

$$x_1 = \frac{a_1 + a_2 + a_3 + \cdots + a_{n-1} - s}{n - 2}$$
$$x_2 = a_1 - x_1$$
$$x_3 = a_2 - x_1$$
$$\cdots\cdots\cdots$$
$$x_n = a_{n-1} - x_1$$

Beweis: Die Summation der Gleichungen $x_1 + x_{i+1} = a_i$ liefert

$$(n - 1)x_1 + \underbrace{(x_2 + x_3 + \cdots + x_n)}_{s - x_1} = (a_1 + a_2 + a_3 + \cdots + a_{n-1})$$

Vereinfachen liefert die Behauptung

$$(n - 2)x_1 = (a_1 + a_2 + a_3 + \cdots + a_{n-1}) - s$$

Das Lösungsverfahren erhielt den Namen *Blume* oder Blüte *des* Thymaridas.

Iamblichos gibt dazu **Beispiel 1:**

---

[9] Nesselmann G.H.F.: Die Geometrie der Griechen, G. Reimer-Verlag Berlin 1846, S. 235.

[10] Iamblichos, von Albrecht M. (Hrsg.): Pythagoras – Legende, Lehre, Lebensgestaltung, Artemis Zürich 1963.

Gesucht sind 4 Zahlen: Die erste und zweite ist doppelt so groß wie die dritte und vierte zusammen. Die erste und dritte ist dreimal groß wie die zweite und vierte zusammen. Die erste und vierte ist viermal so groß wie die beiden mittleren. Die Summe aller vier Zahlen ist gleich dem Fünffachen der beiden mittleren.

Gegeben ist also das lineare System:

$$a + b = 2(c + d)$$
$$a + c = 3(b + d)$$
$$a + d = 4(b + c)$$
$$a + b + c + d = 5(b + c)$$

Iamblichos bestimmt das Produkt aller Vielfachen, hier 120, und setzt das als Summe der Zahlen. Diese Summe multipliziert er zunächst mit dem Vielfachen 2, dividiert durch 3 und setzt $a + b = 80$. Ebenso multipliziert er 120 mit dem Vielfachen 3, dividiert durch 4 und setzt $a + c = 90$. Analog multipliziert er 120 mit dem Vielfachen 4, dividiert durch 5 und setzt $a + d = 96$. Iamblichos schreibt weiter:

> Da nun die 4 Zahlen in ihrer Verbindung gefunden, aber noch nicht einzeln geschieden sind, so gibt uns das *Epanthema* des *Thymaridas* den Weg zu ihrer Absonderung an die Hand. Wenn wir nämlich die 3 Summe addieren, d. h. 80, 90, 96, und von deren Gesamtsumme 266 die anfangs gefundene Summe 120 subtrahieren, so erhalten wir den Rest 146 und davon die Hälfte 73. Die gesuchten Zahlen ergeben sich aus den Differenzen von 80, 90, 96 mit der Hälfte 73.

Iamblichos erkennt, dass seine Lösung nicht eindeutig ist; er fährt fort:

> Dieses sind die kleinsten Werte in ganzen Zahlen, welche die gegebenen Verhältnisse beobachten; wenn man sie durch eine beliebige Zahl dividiert oder mit einer solchen multipliziert, so werden die dadurch gewonnenen Zahlen ebenfalls der Aufgabe genügen.

Die moderne Lösung enthält einen Parameter, da die gegebenen Gleichungen linear abhängig sind. Setzt man die Variable a als Parameter, so erhält man die Lösung:

$$b = \frac{7}{73}a \therefore c = \frac{17}{73}a \therefore d = \frac{23}{73}a$$

Die historische Lösung ergibt sich für den Parameterwert $a = 73$.

Als **Beispiel 2** ohne vorhergehende Umformungen soll die Aufgabe (XIV, 49) der Anthologia Graeca gelöst werden:

> Es soll eine Krone aus Gold, Kupfer, Zinn und Eisen im Gesamtgewicht von 60 Minen gefertigt werden. Der Gold- und Kupferanteil soll $\frac{2}{3}$, der Gold- und Zinnanteil soll $\frac{3}{4}$ und der Gold- und Eisenanteil soll $\frac{3}{5}$ betragen. Welchen Anteil haben die einzelnen Metalle?

Das Gleichungssystem ergibt sich zu

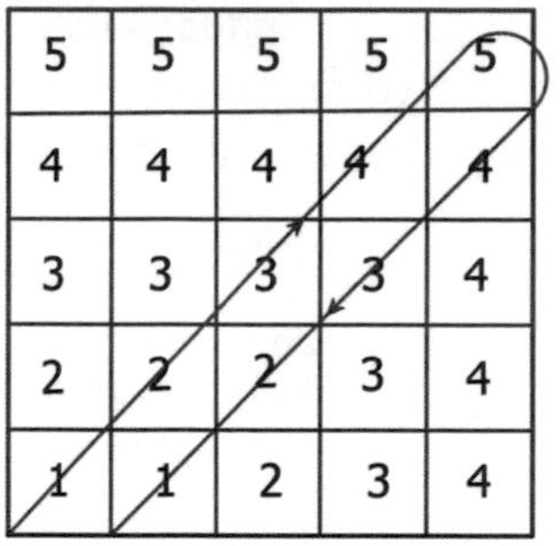

Abb. 19.3 Quadrate mittels
Summe von natürlichen Zahlen

$$x_1 + x_2 + x_3 + x_4 = 60$$
$$x_1 + x_2 = 40$$
$$x_1 + x_3 = 45$$
$$x_1 + x_4 = 36$$

Mit der angegebenen Lösungsformel folgt sukzessive

$$x_1 = \frac{1}{2}(40 + 45 + 36 - 60) = \frac{61}{2} \therefore x_2 = 40 - \frac{61}{2} = \frac{19}{2}$$
$$x_3 = 45 - \frac{61}{2} = \frac{29}{2} \therefore x_4 = 36 - \frac{61}{2} = \frac{11}{2}$$

Die Gewichtsanteile von Gold, Kupfer, Zinn und Eisen betragen $30\frac{1}{2}, 9\frac{1}{2}, 14\frac{1}{2}$ und $5\frac{1}{2}$ Minen.

In seinem Kommentar zu Nikomachos erwähnt Iamblichos eine weitere Methode zur Erzeugung von Quadratzahlen: Ist das Quadrat n^2 gesucht, beginnt man mit der Eins und zählt weiter bis n, dann dreht man um, wie ein Pferd, das nach dem Rennen zurückkehrt, und zählt rückwärts bis Eins (Abb. 19.3).

$$\left.\begin{array}{cccc} 1 & 2 & 3 & 4 \\ 1 & 2 & 3 & 4 \end{array} \; 5\right\} \Rightarrow Summe = 5^2$$

Diese Regel ist allgemeingültig. Es gilt mit der bekannten Summenformel

$$1 + 2 + \cdots + (n-1) + n + (n-1) + (n-2) + \ldots 1 = 2 \cdot \frac{(n-1)n}{2} + n = n^2$$

Auch für Rechteckzahlen findet er die „Rennbahn":

$$1 + 2 + \cdots + (n-1) + n + (n-2) + (n-3) + \cdots + 3 + 2 = n(n-1)$$

In Kap. II, 3 gibt Iamblichos weitere Summenformeln an, wie:

$$n^2 + 2n(n+1) + (n+1)^2 = (2n+1)^2$$
$$n(n+1) + 2(n+1)^2 + (n+1)(n+2) = (2n+2)^2$$

Schließlich liefert Iamblichos folgende Regel:

Addiert man drei aufeinander folgende Zahlen, wobei die größte durch 3 teilbar ist, dann liefert die wiederholte Bildung der Quersumme (QS) die Zahl 6. Sein Beispiel ist:

$$997 + 998 + 999 = 2994 \Rightarrow QS(2994) = 24 \Rightarrow QS(24) = 6$$

Die Quersummenbildung entspricht dem Rechnen *mod 9*. Kennzeichnet man die Wiederholung durch hochgestellte Indizes, so gilt bei k-facher Quersummenbildung

$$n \equiv QS(n) mod\, 9$$
$$QS(n) \equiv QS^{(2)}(n) mod\, 9$$
$$QS^{(2)}(n) \equiv QS^{(3)}(n) mod\, 9$$
$$\cdots\cdots\cdots$$
$$QS^{(k-1)}(n) \equiv QS^{(k)}(n) mod\, 9$$

Summieren und vereinfachen zeigt

$$n \equiv QS^{(k)}(n) mod 9$$

Ist die größte Zahl durch 3 teilbar ($n = 3k$), so gilt für die Summe der drei Zahlen

$$(3k - 2) + (3k - 1) + 3k \equiv (9k - 3) mod 9 \equiv 6 mod 9$$

Theon von Smyrna

20

Theon von Smyrna will in seiner Schrift die mathematischen Grundlagen erklären, die man seiner Meinung nach zum Verständnis der Platonischen Lehre benötigt. Die von ihm behandelte Doppelfolge zeigt einen Zugang zum Werk Platons, den anderen Autoren nicht haben. Sie erklärt eine zuvor nicht verstandene Stelle aus Proklos' Kommentar zur Politeia Platons. Seine astronomischen Beiträge werden von O. Neugebauer kritisch betrachtet.

Die Lebensdaten von Theon (Θέων ὁ Σμυρναῖος) sind nur ungefähr bekannt. Die Suda nennt ihn *Theon den Philosophen.* Er stammt aus Smyrna, dem heutigen Izmir (Türkei). K. Ptolemaios (von Alexandria) schreibt ihm im Almagest vier Merkur- bzw. Venus-Beobachtungen in den Jahren 127, 129, 130 und 132 während der Regierungszeit von Kaiser Trajan zu. Er wird auch namentlich in den Schriften von Theon von Alexandria der *ältere Theon* genannt.

Sein Platon-Kommentar[1] *Expositio rerum mathematicarum ad legendum Platonem utilium* ist vollständig überliefert worden. Im Vorwort seines Buches schreibt Theon stolz:

> Jeder wird darin zustimmen, dass man die von Platon verwendeten mathematischen Argumente nicht verstehen kann, wenn man nicht in dieser Wissenschaft geübt sei und das Studium dieser Sachen weder unintelligent noch in anderer Hinsicht unrentabel sei, wie es Platon selbst erscheinen würde. Derjenige, der ausgebildet ist in der ganzen Geometrie, in der ganzen Musik und Astronomie wird sich glücklich schätzen, wenn er die Schriften Platons kennenlernt; dies geschieht aber nicht einfach oder auf die Schnelle, denn es erfordert einen Großteil an Übung von Jugend auf. Um allen, die dieses Studium versäumt haben, aber dennoch Wissen an diesen Schriften erwerben wollen, sollten diesen Wunsch nicht vergeblich hegen; deswegen habe ich eine Zusammenfassung und knappe Beschreibung der

---

[1] Theon of Smyrna: Mathematics Useful for Understanding Plato, Lawlor R. (Hrsg.), Wizards Bookshelf 1979.

© Springer-Verlag GmbH Deutschland, ein Teil von Springer Nature 2024
D. Herrmann, *Die antike Mathematik,* https://doi.org/10.1007/978-3-662-68478-8_20

mathematischen Lehrsätze gefertigt, die besonders notwendig sind für Leser von Platon, die nicht nur Arithmetik und Musik erfahren wollen und Geometrie, sondern auch ihre Anwendung in Stereometrie und Astronomie, denn ohne diese Studien, wie er [Platon] sagt, ist es nicht möglich, das beste Leben zu erreichen, und in vielerlei Hinsicht macht er klar, dass die Mathematik nicht ignoriert werden sollte.

M. Cantor (Band I, S. 154) schreibt ihm eine Quelle zu, die von anderen Spätpythagoreern nicht benutzt wurde:

Was also Theon von Smyrna als pythagoreische mathematische Lehren hervorhebt, muss aus anderen nicht mythischen Schriften geschöpft sein, von welchen Porphyrios und Iamblichos in ihren Biografien des Pythagoras keinen Gebrauch gemacht haben. […] Das können aber […] nur solche Kenntnisse sein, die nach Theons bestem Wissen den platonischen Schriften vorausgingen, und in ihnen zur Verwertung kommen konnten.

Das Buch besteht aus drei Teilen: Arithmetik (I), numerische Gesetze der Musik (II) und Astronomie (III). Der Mathematikteil enthält die üblichen Definitionen von gerade, ungerade (I,5), Prim- und zusammengesetzte Zahlen (I, 6–I, 7), wie sie auch bei Nikomachos zu finden sind. Keine Anwendung erfährt seine Definition von Parallelogramm-Zahlen (I, 14), das sind Zahlen mit zwei Faktoren, bei denen der größere Faktor mindestens um zwei größer sein muss als der kleinere. In (I, 15) werden die Quadratzahlen erzeugt durch sukzessive Addition von ungeraden Zahlen. Rechteckzahlen (*Heteromeken*) finden sich in (I, 17); sie werden anders betrachtet als die Dreieckszahlen (I, 19). Figurierte Zahlen werden in (I, 18–30) behandelt. Vollkommene, defiziente und abundante Zahlen schließen den ersten Teil (I, 32) ab.

Im Musikteil (II, 38) werden auch die Tetraktys ($1 + 2 + 3 + 4 = 10$) erwähnt, es findet sich auch eine Beschreibung von Platons *Lambda* (vgl. Kap. 7). Die Abschn. (II, 55–60) über Mittelwerte schließen den Musikteil des Buches. Es werden sechs Mittelwerte aufgezählt.

Der astronomische Teil III zitiert Eratosthenes und Archimedes und berechnet mit dem Wert des Erdradius des ersten das Volumen der Erde nach der Formel des zweiten. Die Darstellung der Frequenzverhältnisse der Planetenumläufe, der sog. Sphärenmusik, übersteigt den Rahmen des Buchs.

Zwei mathematische Themen finden sich nach T. Heath (II, S. 70) ausschließlich bei Theon. Dies ist zum einen die Folge der Seiten-/Diagonalzahlen in Abschn. (I, 31), zum anderen der zahlentheoretische Satz, dass ein Quadrat niemals die Form $3n + 2, 4n + 2$ bzw. $4n + 3$ haben kann (Abschn. I, 20).

20.1   Die Seiten- bzw. Diagonalzahlen

Die bei dem Problem der Quadratverdoppelung auftauchende Frage war, ob es eine Quadratzahl gibt, die das doppelte einer anderen ist. Nach Proklos existiert keine solche Zahl. Jedoch lässt sich näherungsweise ein solches Zahlenpaar angeben, z. B. (7; 50).

Es gilt $50 = 2 \cdot 5^2 = 7^2 + 1$. Anschaulich gesehen, bedeutet dies, dass die Fläche eines Quadrats der Seite 7 fast doppelt so groß ist wie das Quadrat der Seite 5.

Diese Eigenschaft wird bei Platon [Politeia 546 C] im Kontext der *Heiratszahl* erwähnt:

> Das kleinste Verhältnis jener beiden menschlichen und göttlichen Zahlen ist 3 : 4; dieses mit 5 verbunden liefert zwei Proportionalzahlen, nachdem dreimal vermehrt worden ist: Die eine, die gleiche, gleich vielmals genommen, nämlich 100 mit sich selbst multipliziert; die andere aber, die mit ersterer zwar gleiche Länge hat, aber oblong ist, bestehend einmal aus der hundertfachen Quadratzahl einer der Diagonalen eines Quadrats, dessen Seite gleich 5 ist, welche Diagonale rational, wenn 1 subtrahiert wird, dagegen irrational, wenn 2 subtrahiert wird, wodurch beide irrational werden, ferner bestehend aus dem 100-fachen Kubus von 3.

Hier ist die Rede von einer zweifachen Darstellung der Zahl 4800. Einmal als 100-faches Quadrat der (rational gemachten) Diagonale zur Seite 5, jedes Quadrat um 1 vermindert: $100(7^2 - 1) = 4800$; zum anderen als 100-faches Quadrat der (irrationalen) Diagonale zur Seite 5, jedes Quadrat um 2 vermindert:

$$100 \left[\underbrace{\left(5\sqrt{2}\right)^2}_{50} - 2 \right] = 4800$$

Ohne antike Kommentare ist obige Platon-Stelle schwer verständlich. Zur Erklärung führt Proklos in seinem Kommentar (In Platonis rem publ. II, 27) über die sog. Seiten-/Diagonalzahlen an:

> Die Pythagoreer zeigten mit Zahlen, dass die (Quadrate der) rationalen Diagonalen, die neben der Irrationalen liegen, um eine Einheit größer oder kleiner sind als die doppelten (Quadrate der zu ihnen gehörigen Seiten) sind. Da nämlich die Einheit in jeder Hinsicht den Urgrund der Dinge bildet, ist es klar – sagen sie – dass sie sowohl Seite wie als auch Diagonale sein kann.
> Es seien nun gegeben zwei Einheiten, die eine als Einheit der Seite, die andere als die der Diagonale. In diesem Fall ist (das Quadrat der rationalen Diagonale) um eine Einheit kleiner als das doppelte (Quadrat der Seite). Man addiert zur Seiteneinheit die Diagonalen-Einheit ($1+1=2$) und zur Diagonalen-Einheit 2 Seiteneinheiten ($1+2=3$). Auf diese Weise wird die (neue) Quadratseite 2 und die (neue) Diagonale 3. Die Quadrate dieser Zahlen sind 4 bzw. 9, wobei letztere um die Einheit größer ist als das doppelte Quadrat der Seite ($9 = 2 \cdot 2^2 + 1$). Addiere wieder zur Quadratseite 2 die zugehörige Diagonale 3, und zur Diagonale 3 zweifach die entsprechende Seite 2, so wird die Seite ($5 = 3 + 2$) bzw. die Diagonale 7 ($7 = 3 + 2 \cdot 2$). Die Quadrate dieser Zahlen sind 25 und 49, wobei letztere Zahl um die Einheit kleiner ist als das doppelte Quadrat der Seite 5: $49 = 50 - 1 = 2 \cdot 5^2 - 1$. Darum sagt nun Platon, dass die Zahl 48 um 1 kleiner ist als das Quadrat der rationalen Diagonale zur Seite 5 und um 2 kleiner als das Quadrat der nicht rationalen Diagonale 50.

Proklos betont bei diesem Zitat, dass bei allen so gebildeten Quadraten, das Quadrat der rationalen Diagonale d sich stets um 1 von dem doppelten Quadrat der zugehörigen Seite a unterscheidet (Abb. 20.1)

A	B	C	D	E
a	**d**	**$2a^2$**	**d^2**	**$2a^2$-d^2**
1	1	2	1	1
2	3	8	9	-1
5	7	50	49	1
12	17	288	289	-1
29	41	1682	1681	1
70	99	9800	9801	-1
169	239	57122	57121	1
408	577	332928	332929	-1
985	1393	1940450	1940449	1
2378	3363	11309768	11309769	-1
5741	8119	65918162	65918161	1
13860	19601	384199200	384199201	-1
33461	47321	2239277042	2239277041	1

Abb. 20.1   Tabelle der Doppelfolge von Theon

$$2a^2 - d^2 = \pm 1$$

Das von Proklos beschriebene Bildungsgesetz zur schrittweisen Bildung von Seiten-/ Diagonalzahlen findet sich bereits bei Theon in seinem oben erwähnten Hauptwerk. Er beginnt mit den Einheiten:

> Die Einheit ist als Ursprung aller Zahlen sowohl Seite wie als auch Diagonale. Man nimmt zwei Einheiten: eine Seiten- und eine Diagonalen-Einheit; man bildet also die neue Seite, indem man zu der Seiten-Einheit die Diagonalen-Einheit hinzufügt, und die neue Diagonale, indem man zu der Diagonalen-Einheit zweimal die Seiten-Einheit hinzufügt.

Schreibt man die Seiten-/Diagonalzahlen im n-ten Schritt als a_n bzw. d_n, dann entsprechen folgende Formeln den Vorgaben von Theon

$$a_{n+1} = a_n + d_n; \quad a_0 = d_0 = 1$$
$$d_{n+1} = 2a_n + d_n$$

20.2   Geometrische Interpretation

Eine geometrische Interpretation dieser Doppelfolge bietet die Figur der Wechselwegnahme beim Quadrat (Abb. 20.2). Diese Figur entsteht bei der Suche nach einem gemeinsamen Maß von Diagonale und Seite des Quadrats. Dabei wird die Seite a_1 und Diagonale d_1 auf die entsprechenden Längen a_0, d_0 eines (natürlich ähnlichen) Quadrats reduziert.

Abb. 20.2 Geometrische
Interpretation der Diagonal-
,Seitenzahlen

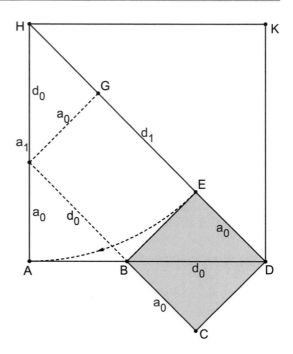

Betrachtet wird das Quadrat ADHG mit der Seite a_1 und der Diagonale d_1. Gesucht ist das Quadrat BCDE mit der Seite a_0 und der Diagonale d_0. Die Diagonale $|HD| = d_1$ wird zerlegt in die Teilstrecken $|HE| = a_1$ und $|ED| = a_0$. Die Verlängerung der Seite BC liefert den Schnittpunkt F mit der Seite AH. Das Dreieck $\triangle$FGH ist rechtwinklig gleichschenklig mit dem Schenkel $|FG| = a_0$, somit gilt $|FH| = d_0$. Damit ist auch $\triangle$ABF rechtwinklig gleichschenklig zum Schenkel $|AF| = a_0$ und der Basis $|FB| = d_0$. Insgesamt gilt also

$$a_1 = a_0 + d_0$$
$$d_1 = a_0 + a_1 = 2a_0 + d_0$$

Dies ist genau die Rekursion von Theon. Zu zeigen bleibt der Vorzeichenwechsel des Terms $d^2 - 2a^2 = \pm 1$. Einsetzen der Rekursionsformel zeigt

$$d_n^2 - 2a_n^2 = (2a_{n-1} + d_{n-1})^2 - 2(a_{n-1} + d_{n-1})^2$$
$$\Rightarrow d_n^2 - 2a_n^2 = \pm(d_{n-1}^2 - 2a_{n-1}^2)$$

Der Vorzeichenwechsel setzt sich fort bis zum Anfang wegen $a_0 = d_0 = 1$.

$$\Rightarrow d_0^2 - 2a_0^2 = -1$$

Den Ausdruck $y^2 - 2x^2 = \pm 1$ kann man auch als diophantische Gleichung betrachten; er ist ein Spezialfall einer sog. Pellschen Gleichung.

$$y^2 - dx^2 = 1 \left(\sqrt{d} \notin \mathbb{Z} \right)$$

Ist a, b eine Lösung, so erfüllt auch die lineare Abbildung $a' = a + 2b, b' = a + b$ die Gleichung

$$a'^2 - 2b'^2 = (a + 2b)^2 - 2(a + b)^2 = -a^2 + 2b^2 = -1$$

Da hier auch die Anfangsbedingung $a = b = 1$ erfüllt ist, gibt es somit unendlich viele (ganzzahlige) Lösungen.

Der Näherungswert $\frac{d_3}{a_3} = \frac{7}{5} \approx \sqrt{2}$ war schon Platon bekannt; der Wert $\frac{d_4}{a_4} = \frac{17}{12} \approx \sqrt{2}$ findet sich bei Heron. Es ist daher zu vermuten, dass die Folge $\frac{d_n}{a_n}$ Näherungsbrüche für $\sqrt{2}$ liefert. A. Szabò schreibt diese Entdeckung dem Autor E. Stamatis (1953) zu. Schon von P. Fermat stammt die Umformung:

$$d^2 - 2a^2 = \pm 1 \Rightarrow \frac{d}{a} = \sqrt{2 \pm \frac{1}{a^2}}$$

Hier sieht man die Konvergenz für größer werdende x-Werte: $\frac{d}{a} \to \sqrt{2}$. Dann folgt für den Quotienten

$$\frac{d_{n+1}}{a_{n+1}} = \frac{d_n + 2a_n}{d_n + a_n} = \frac{\frac{d_n}{a_n} + 2}{1 + \frac{d_n}{a_n}}$$

Setzt man die Konvergenz gegen den Wert w voraus, so ergibt sich insgesamt:

$$\lim_{x \to \infty} \frac{d_{n+1}}{a_{n+1}} = \frac{d_n}{a_n} = w \Rightarrow w = \frac{w + 2}{1 + w} \Rightarrow w^2 = 2 \Rightarrow w = \sqrt{2}$$

Man erhält damit die Näherungsbrüche aus der Tabelle von Abb. 20.3.

Für die Konvergenz folgt aus der Theorie der Kettenbrüche:

$$\left| \frac{d}{a} - \sqrt{2} \right| \leq \frac{1}{2a^2}$$

Die Annäherung an $\sqrt{2}$ ist ein Spezialfall eines Satzes von Euler: Ist $(x; y)$ eine Lösung der Pellschen Gleichung $y^2 - dx^2 = 1$; $\left(\sqrt{d} \notin \mathbb{Z} \right)$, dann stellt der Quotient $\frac{x}{y}$ eine Konvergente des Kettenbruchs für $\sqrt{d}$ dar.

Verallgemeinerung.

Von S. Giberson[2] und T. Osler wurde die Theon-Doppelfolge so verallgemeinert, dass sie auch Näherungswerte für andere Wurzeln $\sqrt{c}$ $(c \geq 3)$ liefert

---

[2]Giberson S., Osler T.: Extending Theon's Ladder to any Square Root (https://www.rowan.edu/open/depts/math/osler/GibersonOsler.pdf)[01.05.2013].

Abb. 20.3 Tabelle
der Quotienten der
Doppelfolgeenzahlen

a	d	d/a
1	1	1.000000000000
2	3	1.500000000000
5	7	1.400000000000
12	17	1.416666666667
29	41	1.413793103448
70	99	1.414285714286
169	239	1.414201183432
408	577	1.414215686275
985	1393	1.414213197970
2378	3363	1.414213624895
5741	8119	1.414213551646
13860	19601	1.414213564214
33461	47321	1.414213562057
80782	114243	1.414213562427

$$a_{n+1} = a_n + d_n$$
$$d_{n+1} = (c - 1)a_n + d_n$$

Für $\sqrt{3}$ erhält man hier die Folge der Näherungsbrüche

$$\frac{1}{1}; \frac{2}{1}; \frac{10}{6}; \frac{28}{16}; \frac{76}{44}; \frac{208}{120}; \frac{568}{328}$$

20.2.1 Zahlentheorie

In seiner Schrift findet sich folgender Satz aus der Zahlentheorie: Wenn m^2 ein (ganz-zahliges) Quadrat ist, dann ist.

(a) m^2 oder $m^2 - 1$ durch 3 teilbar.

(b) m^2 oder $m^2 - 1$ durch 4 teilbar.

Genauer schreibt er: Wenn m^2 ein Quadrat ist, dann sind folgende Paare von Termen ganzzahlig; es gilt dabei genau einer der vier Fälle

$$\frac{m^2 - 1}{3}, \frac{m^2}{4} \; \varepsilon \; \mathbb{Z} \tag{20.1}$$

$$\frac{m^2 - 1}{4}, \frac{m^2}{3} \; \varepsilon \; \mathbb{Z} \tag{20.2}$$

$$\frac{m^2}{3}, \frac{m^2}{4} \; \varepsilon \; \mathbb{Z} \tag{20.3}$$

$$\frac{m^2 - 1}{3}, \frac{m^2 - 1}{4} \; \varepsilon \; \mathbb{Z} \tag{20.4}$$

Beispiel für (1) ist $m^2 = 4$, für (2) $m^2 = 9$, für (3) $m^2 = 36$ und schließlich für (4) $m^2 = 25$. Ein moderner Beweis ist:

$$\text{Fall (3)} : m = 6k \Rightarrow m^2 = 36k^2 \Rightarrow \frac{m^2}{3} = 12k^2 \Rightarrow \frac{m^2}{4} = 9k^2$$

$$\text{Fall \quad (4)} : m = 6k \pm 1 \Rightarrow m^2 - 1 = 36k^2 \pm 12k \Rightarrow \frac{m^2 - 1}{3} = 12k^2 \pm 4k \Rightarrow \frac{m^2 - 1}{4} = 9k^2 \pm 3k$$

$$\text{Fall \quad (1)} : m = 6k \pm 2 \Rightarrow m^2 = 36k^2 \pm 24k + 4 \Rightarrow \frac{m^2}{4} = 9k^2 \pm 6k + 1 \Rightarrow \frac{m^2 - 1}{3} = 12k^2 \pm 8k + 1$$

$$\text{Fall \quad (2)} : m = 6k \pm 3 \Rightarrow m^2 = 36k^2 \pm 36k + 9 \Rightarrow \frac{m^2}{3} = 12k^2 \pm 12k + 3 \Rightarrow \frac{m^2 - 1}{4} = 9k^2 \pm 9k + 2$$

Einfacher wird der Beweis mittels *Modulo*-Rechnung. Wegen $36 = 4 \cdot 3^2$ folgt

$$m = \pm 1 \bmod 6 \Rightarrow m^2 = 1 \bmod 36 \Rightarrow m^2 - 1 = 0 \bmod 36 \Rightarrow m^2 - 1 = \begin{cases} 0 \bmod 3 \\ 0 \bmod 4 \end{cases}$$

Bei den Mittelwerten erwähnt Theon, dass die Zahl Fünf ein vierfaches arithmetisches Mittel von Zahlen unter 10 ist; im Diagramm wird dies so dargestellt.

1	4	7
2	5	8
3	6	9

Könnte dies der erste Versuch eines magischen Quadrats sein?

Literatur

Theon of Smyrna, Mathematics Useful for Understanding Plato, Ed. R. Lawlor, Wizards Books-helf, 1979

Theonis Smyrnaei philosophi Platonici expositio rerum mathematicarum ad legendum Platonem utilium, Ed. E. Hiller, Leipzig 1878

Diophantos von Alexandria

21

Das Thema, an dem ich, das Buch schwer trage, Freund, führt in die Tiefe und stößt ab durch Sprödigkeit.
Wer tauchend meinen Grund erreicht, [...] der wird freilich den Hauptpreis für Geometrie gewinnen und ganz zweifellos als Philosoph auch gelten – Platon bürgt dafür mit seinem Werk.[1]

Ähnlich wie bei Heron ist die zeitliche Datierung von Diophantos' Leben umstritten. Da er weder von Nikomachos von Gerasa, noch von Theon von Smyrna erwähnt wird, könnte er um 250 n.Chr. gelebt haben. Da er selbst Hypsikles von Alexandria (um 150 v.Chr.) zitiert, kann er nicht früher gelebt haben. Er selbst wird von Theon von Alexandria (335–405 n.Chr.) zitiert, somit muss er vor ihm gelebt haben. Dies liefert eine (unbefriedigende) Schranke von ca. 500 Jahren. Besonders auffällig ist, dass Diophantos von Pappos nicht erwähnt wird. Abb. 21.1 zeigt das Titelblatt der französischen Diophantos-Ausgabe (1621) von C.G. Bachet (de Meziriac).

Seine Arithmetik ist einem gewissen *Dionysos* gewidmet. Wenn mit diesem Dionysos der Bischof von Alexandria (Bischofsamt von 248–264 n.Chr.) gemeint ist, würde sich die obige Zeitangabe bestätigen. Seine Lebenszeit könnte man etwa mit 200–280 n. Chr. ansetzen. Die Widmung vom Beginn der *Arithmetica* an Dionysos lautet:

Da ich weiß, verehrter Dionysos, dass Du voller Eifer bist, die Lösung arithmetischer Probleme kennenzulernen, so habe ich versucht, Dir die Wissenschaft der Arithmetik [...] zu erklären. Da aber bei der großen Masse der Zahlen der Anfänger nur langsam fortschreitet und überdies das Erlernte leicht vergisst, so habe ich es für zweckmäßig gehalten, diejenigen Aufgaben, welche sich zu einer näheren Entwicklung eignen und vorzüglich die ersten

---

[1] Epigramm von Leon dem Geometer über die *Arithmetica* des Diophantos, Anthologia Graeca [IX,578]. Die letzte Zeile ist eine Anspielung auf Platons Inschrift *Kein der Geometrie Unkundiger trete ein.*

© Springer-Verlag GmbH Deutschland, ein Teil von Springer Nature 2024
D. Herrmann, *Die antike Mathematik,* https://doi.org/10.1007/978-3-662-68478-8_21

Abb. 21.1 Französische
Diophantos-Ausgabe von
Bachet (Wikimedia Commons)

Elementaraufgaben gehörig erklären und dabei von den einfachsten zu den verwickelteren
fortzuschreiten. Denn so wird es dem Anfänger fasslich werden, und das Verfahren wird
sich in seinem Gedächtnis einprägen, da die ganze Behandlung der Aufgaben 13 Bücher
umfasst.

Da in einem Papyrus aus dem 3. Jahrhundert die gleichen Symbole verwendet werden
wie in der *Arithmetica*, vermutet man heute, dass Diophantos um 250 n. Chr. in Alexandria gelebt hat.

Der byzantinische Universalgelehrte M. Psellus (ca. 1017–1078) berichtet dagegen,
dass ein Diophantos und Anatolios sich mit ägyptischer Mathematik beschäftigt haben:
*Der sehr gelehrte Anatolios habe die wesentlichen Teile des Lehrstoffs zusammen-
getragen und sein Werk dem Diophantos gewidmet.* Dies könnte darauf hinweisen, Anatolios sei ein Schüler Diophantos' gewesen. Da Ersterer im Jahr 280 Bischof von Laodi-
cea geworden ist, scheint die Lebenszeit Diophantos' um 250 bestätigt. Sesiano dagegen
plädiert in seiner Übersetzung (p. 3) für eine frühere Lebenszeit Diophantos': er sei ein
Zeitgenosse Herons (1. Jahrhundert n.Chr.).

Ebenso hat J. Klein gefunden, dass aus der Zeit Kaiser Neros eine Schrift existiert
über einen Astronomen Diophantos. Wenn diese Zuordnung zutrifft, wäre Diophantos in

das erste Jahrhundert n.Chr. zusetzen. Eine Schrift von Bar Hebraeus (um 1250), von den Arabern al-Faraj genannt, setzt Diophantos in die Zeit des römischen Kaisers Julian, des Apostaten (= der Abtrünnige, Regierungszeit 361–363). Diophantos wäre dann ein jüngerer Zeitgenosse Theons, was kaum dafürspricht, von Theon zitiert zu werden.

Man weiß von drei Werken Diophantos': Das erste ist die *Arithmetica* in 13 Büchern, davon sind 6 in griechischer und 4 in arabischer Sprache erhalten, eine Schrift über die *Polygonalzahlen* und ein Buch über *Porismen*. W. Knorr vermutet, dass sich nur die ersten 6 Bücher auf Griechisch erhalten haben, da Hypatia genau zu diesen einen Kommentar geschrieben hat. Diese These wird von A. Cameron[2] aufgelehnt. Das Werk über Porismen ist verloren, das über Polygonalzahlen ist unvollständig überliefert. Diophantos erwähnt drei Porismen in seiner Arithmetica, einer lautet: „Die Differenz zweier beliebiger Kuben ist auch die Summe zweier anderer Kuben".

Die Darstellung Diophantos' in der aktuellen Literatur ist seltsam zerstritten. Autoren, wie N. Schappacher[3] oder T. Heath, schreiben ihm die Fähigkeit ab, selbstständig eine solche Vielfalt an Aufgaben verfasst zu haben; vielmehr sei er Leiter eines Autorenteams gewesen, das altägyptische und babylonische Texte auswertete. Heath[4] erklärt:

> Es ist offensichtlich, dass nicht eine Person Urheber aller dieser Probleme aus Buch I-VI sein kann. Es sind sogar Ungleichungen darin enthalten; einige Probleme sind unter Niveau gegenüber dem Rest. [...] Ferner scheint es wahrscheinlich, dass Problem (V, 30), welches in Epigramm-Form vorliegt, von einem anderen Autor stammt. Die *Arithmetica* ist ohne Zweifel eine Sammlung, wie es auch die Elemente Euklids sind.

H. Hankel[5] schreibt völlig abwegig:

> Da mitten in der dieser traurigen Öde erhebt sich plötzlich ein Mann mit jugendlicher Schwungkraft: Diophant. [...] Er lebte in Alexandrien; ein Geburtsland ist unbekannt; wäre eine Conjectur [Vermutung] erlaubt, würde ich sagen, er war kein Grieche; [...] wären seine Schriften nicht in griechischer Sprache geschrieben, niemand würde auf den Gedanken kommen, dass sie aus griechischer Kultur entsprossen wären.

Positiver sieht dies M. Cantor[6]:

> Uns ist Diophantos mit seinem in Griechenland mehrfach vorkommenden Namen wirklicher Grieche, Schüler der griechischen Wissenschaft, wenn auch ein solcher, der weit über seine Zeitgenossen hervorragt, Grieche in dem, was er leistet, wie in dem, was er zu leisten nicht vermag.

---

[2] Cameron A.: Isidore of Miletus and Hypatia, On the Editing of Mathematical Texts, Greek, Roman and Byzantine Studies, 31 (1990), p.103–127.

[3] Schappacher N.: Wer war Diophant? Math. Semesterberichte, 45 (1998), S. 141 ff.

[4] Heath Th. (Hrsg.): Diophantus of Alexandria, Martino Publishing 2009, S. 128.

[5] Hankel H.: Zur Geschichte der Mathematik in Altertum und Mittelalter, Teubner Leipzig 1874, S. 157.

[6] Cantor M.: Vorlesungen über die Geschichte der Mathematik, Teubner Leipzig 1907, S. 466.

J. Klein[7] sieht Diophantos als Anregung und Quelle für Vieta:

> Die moderne Algebra und der moderne Formalismus erwuchsen aus Vietas Beschäftigung
> mit Diophant.

Nach Isabella Bashmakova[8] kennt Diophantos die Vorzeichenregeln der Algebra. In der
Aufgabe (III, 8) vereinfacht er die Gleichung $x^2 + 4x + 1 = 2x + 7$ durch Hinüber-
bringen zu $x^2 + 2x - 6 = 0$; d. h. er hat die Subtraktion $1 - 7 = -6$ ausgeführt. Ähnlich
subtrahiert er in der Aufgabe (VI, 14) $(90 - 15x^2)$ von 54 mit dem Ergebnis $15x^2 - 36$;
er wendet hier die Vorzeichenregel $-(-x) = x$ an. Negative Werte werden jedoch
nicht als Lösung akzeptiert. In Aufgabe (V, 2) ergibt sich die Gleichung $4 = 4x + 20$,
$= 4x + 20, = 4x + 20, = 4x + 20, = 4x + 20$, die von Diophantos als *absurd* bezeichnet
wird. Eine Stellungnahme zur Diskussion über die *geometrische Algebra* ist auf speziel-
len Wunsch Bashmakovas in ihrem Algebra-Buch[9] aufgenommen worden.

In einer ausführlichen Untersuchung hat K. Barner[10] 33 Stellen bei Diophantos gefunden, bei denen negative Zahlen vorgekommen. Der Bourbaki-Mitarbeiter A. Weil
schreibt in seiner Mathematikgeschichte:

> Öfter kommt es vor – und dies macht es interessant – ist das frühe Auftreten von Begriffen
> und Methoden, die erst später in das Bewusstsein der Mathematiker gelangen: Es ist die
> Aufgabe des Historikers diese zu befreien [aus ihren Kontext] und ihren Einfluss oder
> Nichteinfluss auf später folgende Entwicklungen zu prüfen.

Der populäre Autor E.T. Bell sagte über ihn in seiner Schrift *The last Problem [Fermat]*:

> Wahrscheinlich war er [Diophantos] ein mathematisches Genie mit neuartigen Ideen. Davon
> gab es mehrere.

I. Kleiner (S. 3) kennt Diophantos' Werk als Algebra an und schreibt ihm folgende Fort-
schritte zu:

> Er wendet zwei grundlegende Regeln der Algebra an, das Hinüberbringen eines Terms auf die
> andere Seite und das Aufheben gleicher Termen auf beiden Seiten einer Gleichung. Ferner
> definiert er Potenzen bis zum 6. Grad einer Unbekannten und deren Kehrwerte. Er rechnet mit
> negativen Termen und setzt ihr Produkt positiv an. Er überwindet einige bisher geltenden Vor-
> schriften, wie dass alle Terme geometrisch interpretier, Potenzen auf Dimension 3 beschränkt
> und nur Größen gleicher Dimension addiert werden.

---

[7] Klein J.: Greek Mathematical Thought and the Origin of Algebra, Dover 1992.

[8] Bashmakova I.: Diophant und diophantische Gleichungen, UTB Birkhäuser 1974, S. 38.

[9] Bashmakova I.: A new View of the Geometric Algebra of the Ancients, S. 163–176, im Band
Bashmakova.

[10] Barner K.: Diophant und negative Zahlen. Zu zwei Bemerkungen Norbert Schappachers, Math.
Schriften Kassel, Preprint 10/98.

Eines der wenigen Zeugnisse über Diophantos ist die berühmte Aufgabe in Gedichtform aus der Anthologia Graeca [XIV, 126] von einem anonymen Dichter. Sie lautet

> Unter diesem Grabhügel ruht Diophantos. Tatsächlich ein Wunder: Rechnerisch sagt uns der Stein, geistreich, das Alter des Mannes. Über ein Sechstel des Lebens vergönnte der Gott ihm die Jugend, schenkte den flaumigen Bart über ein Zwölftel ihm dann, streckte nach ein fernerem Siebentel in Brand die Hochzeitsfackel, sagte fünf Jahre danach gnädig den Sprössling ihm zu. Elend der stattliche Knabe: Nur halb so alt wie sein Vater ward er, vom Froste entrafft, hoch auf dem Holzstoß verbrannt! Durch arithmetische Berechnungen suchte der Vater vier Jahre lang noch zu bannen den Schmerz, ehe er selbst verstarb.

Eine Ungenauigkeit findet sich in Zeile 8. Eine mögliche Interpretation ist die, dass der Sohn die Hälfte des aktuellen Alters des Vaters hat. Alternativ kann hier das Sterbealter des Vaters gemeint sein. Setzt man das Sterbealter als Variable x, so ergibt sich im zweiten Fall die Gleichung

$$x = \frac{x}{6} + \frac{x}{12} + \frac{x}{7} + 5 + \frac{x}{2} + 4$$

$$\Rightarrow x = \frac{25}{28}x + 9 \Rightarrow x = 84$$

Im ersten Fall findet man

$$x = \frac{x}{6} + \frac{x}{12} + \frac{x}{7} + 5 + \frac{x-4}{2} + 4$$

$$\Rightarrow x = \frac{25}{28}x + 7 \Rightarrow x = 65\frac{1}{3}$$

Die meisten Autoren geben der ganzzahligen Lösung den Vorzug, da die Aufgabe offensichtlich so formuliert worden ist, dass 84 der Hauptnenner aller Brüche ist.

Lineare Gleichungen wurden im Altertum bevorzugt mit der *Methode des falschen Ansatzes* (Regula falsi) gelöst. Hierbei setzt man eine vermutete Zahl in beide Seiten der Gleichung ein und berechnet aus der sich ergebenden Differenz die Lösung. Die erste Vermutung sei $x_1 = 42$. Einsetzen in die Gleichung ergibt die Differenz

$$d_1 = x_1 - \frac{x_1}{6} - \frac{x_1}{12} - \frac{x_1}{7} - 5 - \frac{x_1}{2} - 4 = -4,5$$

Die zweite Vermutung sei $x_2 = 126$ zeigt die Differenz

$$d_2 = x_2 - \frac{x_2}{6} - \frac{x_2}{12} - \frac{x_2}{7} - 5 - \frac{x_2}{2} - 4 = 4,5$$

Die Regula falsi liefert damit die gesuchte Lösung

$$x = \frac{x_1 d_2 - x_2 d_1}{d_2 - d_1} = \frac{42 \cdot 4,5 - 126 \cdot (-4,5)}{4,5 - (-4,5)} = \frac{756}{9} = 84$$

Die *Arithmetica* wurde von dem christlichen Gelehrten Kostas Luka (820–912) aus Baalbeck (Armenien) auf einer Reise nach Byzanz entdeckt, wo er Interesse für griechische Manuskripte entwickelte. Daher wurde er nach Bagdad eingeladen, um dort als Übersetzer tätig zu sein; er erhielt den Namen Qusṭā ibn Lūqā. Die arabische Version der Arithmetica entstand zwischen 860–890; seine Übersetzung beeinflusste spätere arabische Mathematiker wie al-Karajī u. a. Teile der Arithmetica müssen im Konstantinopel des 13. Jahrhunderts bekannt gewesen sein, da M. Planudes einen Kommentar verfasste zu den überlieferten sechs Büchern (von 13) in griechischer Sprache. Überraschenderweise fand F. Sezgin 1968 in einer Bibliothek in Meshed (Iran) vier weitere Bücher in einer arabischen Version. Das Manuskript aus dem Jahr 1198 war unter dem Namen von ibn Lūqā katalogisiert, nicht unter dem Namen Diophantos.

Im Westen dauerte es bis zur Renaissance, bis Regiomontanus 1463 ein griechisches Diophantos-Exemplar in einer Bibliothek Venedigs entdeckte. Erst die Übersetzung von C.G. Bachet (de Meziriac) ins Lateinische regte die Mathematiker Fermat, Euler, Legendre u. a. zu eigenen Werken an, die bedeutsam für die Zahlentheorie wurden.

Die Aufgabe (V, 33) war in Gedichtform verfasst und wurde von G. Nesselmann[11] als eingeschoben betrachtet und wie folgt interpretiert:

> Zweierlei Wein, 8 Drachmen das Maß, und schlechteren zu 5 nur
> mischte der gütige Herr seinen Bediensteten zum Fest.
> Was er als Preis für beides bezahlt, war eine Quadratzahl;
> legst du dem Quadrat noch 60 hinzu, siehe so hast du ein zweites Quadrat;
> nun merke die Wurzel zeigt dir, wie viel Maß jener im Ganzen gekauft.
> Und nun sage mir an, wie viel des besseren Weins,
> und wie viel des zu 5, wurden zusammengemischt?

Falls sie von Diophantos stammt, ist sie interessant, da sie auf eine selten vorkommende quadratische Ungleichung führt. Diophantos setzt x als Gesamtmenge an, der Gesamtpreis ist dann $x^2 - 60 \rightarrow \square$. Dann versucht er den Gesamtpreis so in zwei Summanden zu zerlegen, dass ein Fünftel des einen Summanden und ein Achtel des anderen zusammen x ausmacht. Dies ist aber nur möglich, wenn gilt

$$x > \frac{1}{8}\left(x^2 - 60\right) \wedge x < \frac{1}{5}\left(x^2 - 60\right)$$

Es folgt die Doppelungleichung: $5x < \left(x^2 - 60\right) < 8x$. Addiert man zur Doppelungleichung 60, so folgt

$$5x + 60 < x^2 < 8x + 60 \Rightarrow 11 < x < 12$$

---

[11] Nesselmann G., Die Algebra der Griechen, Berlin 1842, p.395.

Setzt man den Gesamtpreis einem Quadrat gleich $x^2 - 60 = (x - z)^2$, so ergibt sich $x = \frac{z^2+60}{2z} > 11 \Rightarrow z > 19$. Einsetzen der Obergrenze liefert $x = \frac{z^2+60}{2z} < 12 \Rightarrow z < 21$. Somit ist $z = 20$. Einsetzen zeigt $x = \frac{20^2+60}{40} = \frac{23}{2} \Rightarrow x^2 = \frac{529}{4}$. Setzt man die Einzelmengen der Weinsorten gleich a, b, so ist der Gesamtpreis damit $8a + 5b = x^2 - 60 = \frac{289}{4}$; die Gesamtmenge $a + b = x = \frac{23}{2}$. Mit $b = \frac{23}{2} - a$ folgt sofort $8a + 5\left(\frac{23}{2} - a\right) = \frac{289}{4}$ oder $3a = \frac{59}{4}$. Man erhält somit die Lösung

$$(a; b) = \left(\frac{59}{12}; \frac{79}{12}\right)$$

Kuriosität am Rande: Aus den Weinpreisen dieser Aufgabe zog P. Tannery den (unberechtigten) Schluss, dass Diophantos bereits im 1. Jahrhundert n.Chr. gelebt haben muss, da er die Weinpreise im zweiten Jahrhundert erheblich höher einschätzte.

21.1   Aus Diophantos Buch I und II

> Deine Seele, Diophantos, möge beim Satan schmoren wegen der Verzwicktheit deiner sonstigen Probleme und insbesondere wegen der hier behandelten Aufgabe[12]!

Vorbemerkung: Es sei hier daran erinnert, dass alle Aufgaben des Eratosthenes in moderner Schreibweise dargestellt werden, um das Verständnis zu erleichtern.

Hier einige typische Aufgaben von Diophantos, die auf quadratische Terme führen, mit Lösungen. Zu beachten ist, dass Diophantos nur eine Unbekannte x kennt; weitere Unbekannte kann er prinzipiell nur als Term von x (meist linear) einführen.

Aufgabe I, 17
Gesucht sind vier Zahlen, von denen je drei eine Summe aus $\{22, 24, 27, 20\}$ bilden.

Lösung: Es sei x die Summe aller vier Zahlen; dann gilt für die vier Zahlen nach Angabe

$$x - 22; x - 24; x - 27; x - 20$$

Summierung liefert die Gleichung

$$4x - 93 = x \Rightarrow x = 31$$

Die gesuchten Zahlen sind somit $\{9, 7, 4, 11\}$.

Aufgabe I, 24
Gesucht sind drei Zahlen von der Art, dass, wenn ein gegebener Bruchteil der Summe zweier Zahlen addiert wird, sich jeweils dasselbe Resultat ergibt. Der Bruchteil für die erste Zahl ist 1/3, für die zweite 1/4 und für die dritte 1/5. Nimm als erste Zahl x und als Summe der beiden anderen eine Zahl mit Teiler 3, wie 3.

---

[12] Byzantinisches Scholion von J. Chortasmenos (1370–1437) zu Diophantos (II,8),

Die Summe aller drei Zahlen ist damit $x + 3$; die erste plus 1/3 der zweiten und dritten Zahl ist $x + 1$; die zweite plus 1/4 der ersten und dritten Zahl ist $x + 1$. Daher ist das
Dreifache der zweiten Zahl plus der Summe aller gleich $4x + 4$, somit ist die zweite Zahl
gleich $x + \frac{1}{3}$. Schließlich ist die dritte Zahl plus 1/5 der ersten und zweiten gleich $x + 1$
oder 4-mal die dritte plus die Summe aller gleich $5x + 5$, die dritte Zahl ist damit $x + \frac{1}{2}$.
Somit ist die Summe aller

$$x + (x + 1/3) + (x + 1/2) = x + 3 \Rightarrow x = \frac{13}{12}.$$

Die Zahlen sind $\left\{ \frac{13}{12}; \frac{17}{12}; \frac{19}{12} \right\}$ oder erweitert mit Hauptnenner $\{13; 17; 19\}$.

Aufgabe II, 8
Eine gegebene Quadratzahl (16) soll in zwei Quadrate zerlegt werden.
   Lösung: Die beiden gesuchten Quadrate sind x^2 bzw. $16 - x^2$. Für letzteres macht Diophantos den Ansatz $(2x - 4)^2$; die Konstante 4 ist hier so gewählt, dass ihr Quadrat 16
kompensiert. Dies liefert die Gleichung

$$(2x - 4)^2 = 16 - x^2 \Rightarrow 5x^2 - 16x = 0 \Rightarrow x(5x - 16) = 0$$

Lösung ist $x = \frac{16}{5} > 0$. Die gesuchten Quadrate sind daher $\left\{ \left(\frac{16}{5} \right)^2; \left(\frac{12}{5} \right)^2 \right\}$.

   Bemerkung: Beim Lesen *dieser* Aufgabe machte P. de Fermat die berühmte Notiz am
Rand seines Diophantos-Exemplars:
   Er habe einen wundersamen Beweis gefunden, dass eine Zerlegung in höhere Poten-
zen $z^p = x^p + y^p (p > 2)$ nicht möglich sei; nur sei der Rand zu klein, um den Beweis zu
fassen.
   Diese Behauptung, Großer Satz von Fermat genannt, wurde erst 1994/95 von A.
Wiles endgültig bewiesen.
   Ein allgemeiner Ansatz mit der *Steigung* m und der Konstanten z ist
$(mx - z)^2 = z^2 - x^2$. Dies liefert

$$x = \frac{2mz}{m^2 + 1}; y = mx - z = \left(\frac{m^2 - 1}{m^2 + 1} \right) z$$

Die gesuchten Quadrate sind damit

$$\frac{4m^2 z^2}{\left(m^2 + 1 \right)^2} \therefore \frac{m^4 - 2m^2 + 1}{\left(m^2 + 1 \right)^2} z^2$$

Speziell für $m = 3, z = 4$ ergibt sich wieder die obige Lösung $\left\{ \left(\frac{16}{5} \right)^2; \left(\frac{12}{5} \right)^2 \right\}$.

   Ein *moderner* Ansatz benützt die Darstellung als Kreis $x^2 + y^2 = 16$. Einen speziel-
len Punkt A des Kreises findet man sofort $(x_0; y_0) = (0; -4)$; in diesem Punkt soll eine
Sekante errichtet werden. Die Geradengleichung durch A mit unbekannter Steigung ist
$y = mx - 4$. Der Schnittpunktansatz zeigt

Abb. 21.2 Zu Diophantos
II,8

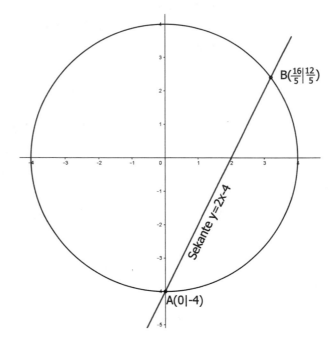

$B(\frac{16}{5}|\frac{12}{5})$

Sekante y=2x-4

A(0|-4)

$$x^2 + (mx - 4)^2 = 16 \Rightarrow x = \frac{8m}{1 + m^2}; x \neq 0$$

Wir wählen $m = 2$, d. h. die Sekante $y = 2x - 4$. Der Schnitt ergibt den Punkt B $\left(\frac{16}{5}; \frac{12}{5}\right)$ (Abb. 21.2). Der oben genannte Kreis hat die (rationale) Parameterdarstellung (außer für den Punkt (0; -4)):

$$(x; y) = \left(\frac{8t}{1 + t^2}; \frac{4(1 - t^2)}{1 + t^2} \right)$$

Einsetzen in die Sekantengleichung liefert

$$\frac{4(1 - t^2)}{1 + t^2} = \frac{16t}{1 + t^2} - 4 \Rightarrow t = \frac{1}{2} \Rightarrow (x; y) = \left(\frac{16}{5}; \frac{12}{5} \right)$$

Aufgabe II, 9
Gesucht ist die Zerlegung einer gegebenen Zahl, die Summe zweier Quadrate ist, in eine weitere Quadratsumme. Die gegebene Zahl sei $13 = 2^2 + 3^2$.

Lösung: Für die Quadrate macht Diophantos den Ansatz $(x + 2)^2$ bzw. $(2x - 3)^2$ so, dass sich die Konstanten herausheben. Es ergibt sich die Gleichung

$$13 = (x + 2)^2 + (2x - 3)^2 \Rightarrow x(5x - 8) = 0$$

Die Lösung $x = \frac{8}{5}$ liefert die gesuchte Zerlegung in Quadrate $13 = \left(\frac{18}{5}\right)^2 + \left(\frac{1}{5}\right)^2$.

Ein allgemeiner Ansatz für das zweite Quadrat ist $(mx - 3)^2$. Gleichsetzen wie oben ergibt

$$13 = (x+2)^2 + (mx-3)^2 \Rightarrow (m^2+1)x^2 + (4-6m)x = 0 \Rightarrow x\left[(m^2+1)x + (4-6m)\right] = 0$$

Dies zeigt $x = \frac{|4-6m|}{m^2+1}$. Die gesuchten Quadrate sind

$$\frac{4(m^2 + 3m - 1)^2}{(m^2+1)^2} \because \frac{(3m^2 - 4m - 3)^2}{(m^2+1)^2}$$

Für $m = 2$ speziell ergibt sich die Zerlegung (wie oben) $13 = \left(\frac{18}{5}\right)^2 + \left(\frac{1}{5}\right)^2$. Für $m = 3$ bzw. $m = 7$ ergeben sich die von Diophantos nicht gefundene Zerlegungen

$$13 = \left(\frac{34}{10}\right)^2 + \left(\frac{12}{10}\right)^2 \because 13 = \left(\frac{69}{25}\right)^2 + \left(\frac{58}{25}\right)^2$$

Aufgabe II, 10

Gesucht sind zwei Quadratzahlen mit einer vorgegebenen Differenz (60).

Lösung: Diophantos macht für die beiden Quadrate den Ansatz x^2 bzw. $(x + 3)^2$. Einsetzen liefert

$$(x + 3)^2 - x^2 = 60 \Rightarrow x = \frac{17}{2}$$

Die beiden Quadrate sind daher $\left(\frac{23}{2}\right)^2$; $\left(\frac{17}{2}\right)^2$. Ein allgemeiner Ansatz für das zweite Quadrat ist $(x + m)^2$. Gleichsetzen wie oben ergibt

$$(x + m)^2 - x^2 = 60 \Rightarrow 2mx + m^2 = 60$$

Dies zeigt $x = \frac{60-m^2}{2m}$. Die gesuchten Quadrate sind somit $\frac{(60-m^2)^2}{4m^2}$ und $\frac{(60+m^2)^2}{4m^2}$. Damit findet man weitere Lösungen, darunter 2 ganzzahlige:

- $m = 2$ ergibt $60 = 16^2 - 14^2$
- $m = 6$ ergibt $60 = 8^2 - 2^2$

Aufgabe II, 11

Zu zwei gegebenen Zahlen (2; 3) soll eine Zahl addiert werden, sodass sich jeweils ein Quadrat

($\square$) ergibt.

Diophantos wählt als erste Zahl $x^2 - 2$, so dass die Summe mit 2 ein Quadrat ist. Die zweite Summe ist damit $x^2 + 1$; dies soll ein Quadrat sein, er setzt es gleich $(x - 4)^2$. Diophantos schreibt dazu, die zweite Zahl habe die Form $(x - a)$, wobei $a^2 > 2$ sein muss; er wählt $a = 4$. Somit folgt die Gleichung

$$(x+1)^2 = (x-4)^2 \Rightarrow x = \frac{15}{8}$$

Die gesuchte Zahl ist damit $\left(\frac{15}{8}\right)^2 - 2 = \frac{97}{64}$. Es ergeben sich die Quadrate

$$\frac{97}{64} + 2 = \left(\frac{15}{8}\right)^2 \therefore \frac{97}{64} + 3 = \left(\frac{17}{8}\right)^2$$

Aufgabe II, 28
Gesucht sind zwei Quadrate so, dass ihr Produkt zu jeder der Zahlen addiert, wieder ein Quadrat ist.

Lösung: Wir setzen die Quadrate x^2, y^2; Diophantos kennt hier nur eine Unbekannte. Es muss gelten

$$\left. \begin{array}{l} x^2y^2 + x^2 = x^2\left(y^2 + 1\right) \\ x^2y^2 + y^2 = y^2\left(x^2 + 1\right) \end{array} \right\} \rightarrow \square$$

Damit der zweite Term ein Quadrat wird, setzt Diophantos $\left(x^2 + 1\right) = (x-2)^2$. Dies liefert $x = \frac{3}{4}$. Analog folgt auch: $\frac{9}{16}\left(y^2 + 1\right) \rightarrow \square$. Diophantos macht den Ansatz

$$\frac{9}{16}\left(y^2 + 1\right) = \left(\frac{3}{4}y - 1\right)^2 \Rightarrow 9y^2 + 9 = (3y - 4)^2$$

Lösung ist hier $y = \frac{7}{24}$; die gesuchten Quadrate sind damit $\left\{\left(\frac{3}{4}\right)^2; \left(\frac{7}{24}\right)^2\right\}$..

21.2   Aus Diophantos Buch III bis V

Aufgabe III, 8
Zu einer gegebenen Zahl (3) sind 3 Zahlen gesucht, sodass die Summe von je 2 Zahlen, addiert um die gegebene Zahl ein Quadrat ist, eben für die Summe aller drei Zahlen.

  Lösung: Für die Summe der ersten beiden Zahlen wird angesetzt $(x+1)^2 - 3$, für die Summe der zweiten und dritten Zahl $(x+3)^2 - 3$, für die Summe aller drei Zahlen $(x+4)^2 - 3$. Die erste Zahl ergibt sich daraus zu $(2x+7)$, die zweite Zahl zu $\left(x^2 + 2x - 6\right)$, ebenso die dritte zu $(4x + 12)$. Das fehlende Paar aus erster und dritter Zahl, addiert um 3, soll ebenfalls ein Quadrat sein. Diophantos wählt hier das Quadrat 10^2, so folgt

$$6x + 22 = 100 \Rightarrow x = 13$$

Die drei gesuchten Zahlen sind {33; 189; 64}. Weitere ganzzahlige Lösungen gibt es bei der Wahl der Quadrate $\left\{8^2; 14^2; 16^2\right\}$ und andere.

Aufgabe III, 10

Zu einer gegebenen Zahl (12) sind 3 Zahlen gesucht, sodass das Produkt von je 2 Zahlen, addiert um die gegebene Zahl ein Quadrat ist.

Lösung: Gewählt wird das Quadrat 16. Für das Produkt der ersten beiden Zahlen folgt: $16 - 12 = 4 = 4x \cdot \frac{1}{x}$. Dies sind die beiden ersten Zahlen. Als dritte Zahl wird $\frac{x}{4}$ gewählt; damit wird das Produkt mit der ersten Zahl gleich x^2, mit der zweiten gleich $\frac{1}{4}$. Die Zahl $\{x^2 + 12\}$ soll ein Quadrat sein. Mit dem Ansatz $x^2 + 12 = (x + 3)^2$ folgt $x = \frac{1}{2}$. Die drei gesuchten Zahlen sind somit $\{2; 2; \frac{1}{8}\}$. Setzt man $x^2 + 12 = 16$, so ergeben sich die Kehrwerte $\{8; \frac{1}{2}; \frac{1}{2}\}$.

Buch IV bietet einige Aufgaben, bei denen Gleichungen dritten Grades auftreten.

Aufgabe IV, 1

Gesucht ist die Zerlegung einer Zahl in zwei Kuben, sodass die Summe der Basen eine gegebene Zahl (10) ist und die Summe der Kuben (370).

Lösung: Gegeben ist das System:

$$x + y = 10$$

$$x^3 + y^3 = 370$$

Wie bei Diophantos üblich, setzt er die Summanden gleich $(5 \pm x)$. Zu erfüllen bleibt

$$(5 + x)^3 + (5 - x)^3 = 370$$

Vereinfachen liefert $250 + 30x^2 = 370$. Die positive Lösung ist $x = 2$; die gesuchten Basen sind 7 und 3. Die Probe bestätigt $7^3 + 3^3 = 370$.

Aufgabe IV, 15

Gesucht sind drei Zahlen so, dass die Summe zweier Zahlen, multipliziert mit der dritten, eine Zahl aus $\{35; 27; 32\}$ ergibt.

Lösung: Sind x, y, z die drei Zahlen, so muss gelten

$$(x + y)z = 35 \therefore (x + z)y = 27 \therefore (y + z)x = 32$$

Aus der ersten Gleichung folgt $x + y = \frac{35}{z}$. Probeweise zerlegt Diophantos die 35 in 10 und 25; dies ergibt

$$x = \frac{25}{z} \therefore y = \frac{10}{z}$$

Eingesetzt in die übrigen Gleichungen ergibt sich ein *Widerspruch*:

$$\frac{250}{z^2} + 10 = 27 \therefore \frac{250}{z^2} + 25 = 32$$

Daher wird die 35 zerlegt in 15 und 20; Hier folgt

$$\frac{300}{z^2} + 15 = 27 \quad \therefore \quad \frac{300}{z^2} + 20 = 32$$

Diese Gleichungen sind identisch mit der Lösung $z = 5$. Die gesuchten Zahlen sind $\{3; 4; 5\}$.

Aufgabe IV, 19

Gesucht sind allgemein drei Zahlen, deren paarweises Produkt, um Eins vermehrt, je ein Quadrat ist.

Lösung: Diophantos wählt die beiden Zahlen $\{x; x + 2\}$; damit wird das Produkt $(x + 1)^2 - 1$. Als dritte Zahl setzt er $(4x + 4)$; das Produkt aus erster und dritter Zahl ist dann

$$x(4x + 4) = 4x^2 + 4x = (2x + 1)^2 - 1$$

Zur Probe ermittelt man das Produkt aus zweiter und dritter Zahl

$$(x + 2)(4x + 4) = 4x^2 + 12x + 8 = (2x + 3)^2 - 1$$

Das gesuchte unbestimmte Lösungstripel ist

$$(x; x + 2; 4x + 4)$$

Aufgabe IV, 24

Zerlege eine gegebene Zahl (6) in zwei Summanden, sodass deren Produkt eine Kubikzahl ergibt, vermindert um seine Basis.

Lösung: Die beiden Summanden sind x und $6 - x$. Für das zugehörige Produkt soll also gelten

$$x(6 - x) = y^3 - y$$

Für y macht Diophantos den linearen Ansatz $y = ax - 1 (21.1)$. Dabei setzt er zunächst $a = 2$. Einsetzen liefert

$$x(6 - x) = (2x - 1)^3 - (2x - 1)$$

Ausrechnen ergibt die Gleichung dritten Grades

$$6x - x^2 = 8x^3 - 12x^2 + 4x$$

Diese Gleichung hat keine rationale Lösung außer Null. Daher setzt Diophantos den Wert $a = 3 \Rightarrow y = 3x - 1$. Einsetzen ergibt

$$6x - x^2 = 27x^3 - 27x^2 + 6x$$

Durch den Wegfall der linearen Terme ergibt sich eine rationale Lösung

$$0 = 27x^3 - 26x^2 = x^2(27x - 26)$$

Da $x = 0$ keine Lösung ist, folgt $x = \frac{26}{27}$. Die beiden Summanden sind $\left(\frac{26}{27}, \frac{136}{27}\right)$. Für das gesuchte Produkt gilt

$$\frac{3536}{729} = \left(\frac{17}{9}\right)^3 - \frac{17}{9}$$

Interpretation von I. Bashmakova

Die Mathematikerin betrachtet den allgemeinen Fall und interpretiert die Gleichung als Elliptische Kurve, bei der die Koordinatenachsen vertauscht sind.

$$x(a - x) = y^3 - y \quad (21.2)$$

Für a$=6$ ist sie in Abb. 21.3 dargestellt. Für Elliptische Kurven gilt (unter bestimmten Bedingungen) der Satz: *Hat eine solche Kurve zwei rationale Lösungen, so erhält man eine dritte, indem man die Kurve mit der zugehörigen Sekante schneidet. Fallen die beiden rationalen Punkte zusammen, so ersetzt man die Sekante durch die zugehörige Tangente.*

Gleichung (21.2) hat eine rationale Lösung $(x; y) = (0; -1)$. Durch diesen Punkt lässt sich eine Gerade legen mit der Steigung k: $y = kx - 1$.

Dies erklärt den obigen linearen Ansatz. Damit diese Gerade Tangente an die Kurve (21.2) wird, muss der Schnittpunktansatz eine Doppellösung liefern

$$x(a - x) = (kx - 1)^3 - (kx - 1)$$

Ausrechnen ergibt

$$ax - x^2 = k^3 x^3 - 3k^2 x^2 + 2kx$$

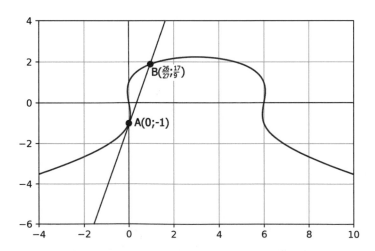

Abb. 21.3 Elliptische Kurve (mit vertauschten Achsen), Interpretation nach Bashmakova

Diese Gleichung hat sicher eine Doppellösung (Berührfall), wenn die linearen Terme entfallen. Diese Bedingung zeigt

$$a = 2k \Rightarrow k = \frac{a}{2}$$

Genau dies macht Diophantos; für die gegebene Zahl $a = 6$ setzt er $k = 3$. Damit erhält man die allgemeine Lösung

$$x = \frac{3k^2 - 1}{k^3}$$

Der Schnittpunkt der Tangente mit der Kurve ist $\left(\frac{26}{27} \mid \frac{17}{9}\right)$.

I. Bashmakova nennt diesen Ansatz die *Tangentenmethode* von Diophantos. Auch nach heftigem Widerspruch der Fachkollegen bleibt Frau Bashmakova bei ihrer Interpretation. A. Meskens verwirft in seinem Buch die Vorschläge Bashmakovas: *Sie seien originelle Interpretationen, die aber keinerlei Bezug auf die historische Entwicklung hätten.* Er schreibt:

> Es gibt keinen Zweifel in unserem Denken, dass jedes einzelne Problem, dem wir in der *Arithmetica* begegnen, bereits vor Diophantos gelöst worden ist. Seine Arithmetica ist weder Algebra, noch Zahlentheorie, sondern eine Anthologie der algorithmischen Problemlösung.

Aufgabe IV, 27

Gesucht sind zwei Zahlen, deren Produkt, addiert zu jeder der beiden Zahlen, eine Kubikzahl ergibt.

Lösung: Diophantos setzt die erste Zahl $8x$, die zweite $x^2 - 1$. Das Produkt der beiden ist $8x(x^2 - 1)$. Addiert zur ersten, ergibt $8x(x^2 - 1) + 8x = 8x^3$, also eine Kubikzahl, wie gefordert. Addiert zur zweiten Zahl, folgt: $8x(x^2 - 1) + x^2 - 1 = 8x^3 + x^2 - 8x - 1$. Dies soll gleich sein einer Kubikzahl wie $(2x - 1)^3$. Gleichsetzen liefert den Ansatz

$$8x^3 + x^2 - 8x - 1 = (2x - 1)^3 \Rightarrow 13x^2 - 14x = 0; x > 0$$

Lösung ist also $x = \frac{14}{13}$; die beiden gesuchten Zahlen sind also $\left(\frac{112}{13}, \frac{27}{169}\right)$.

Aufgabe IV, 31

Gesucht ist die Zerlegung der Einheit in zwei Zahlen, sodass das Produkt aus der ersten Zahl vermehrt um 3 und der zweiten vermehrt um 5, ein Quadrat ergibt.

Gesucht wird: $x + y = 1$; $(x + 3)(y + 5) \to \square$

Diophantos setzt $y = 1 - x$. Eingesetzt in die zweite Gleichung ergibt sich:

$$3x + 18 - x^2 \to \square$$

Er setzt zunächst $\square = 4x^2$. Dies liefert die quadratische Gleichung $3x + 18 = 5x^2 + 18 = 5x^2 + 18 = 5x^2 + 18 = 5x^2 + 18 = 5x^2$, die jedoch keine rationale Lösung hat, wie die Diskriminante zeigt. Da $5 = 2^2 + 1$, sucht er ein neues Quadrat mit $(m^2 + 1) \cdot 18 + \left(\frac{3}{2}\right)^2 \to \Box$. Dies zeigt $72m^2 + 81 \to \Box$ oder $72m^2 + 81 = (8m + 9)^2 \Rightarrow m^2 = 324$. Dies liefert die Gleichung $3x + 18 = 325x^2$. $+18 = 325x^2. +18 = 325x^2. +18 = 325x^2. +18 = 325x^2$. Der weitere Rechengang ist nicht ganz ersichtlich. Vermutlich löst er die Gleichung (geschrieben als $bx + c = ax^2$) wie folgt:

$$\frac{3}{2} \times \frac{3}{2} = 2\frac{1}{4} \quad \left(\frac{b}{2}\right)^2$$

$$325 \times 18 = 5850 \quad ac$$

$$5850 + 2\frac{1}{4} = 5860\frac{1}{4} \quad ac + \left(\frac{b}{2}\right)^2$$

$$\text{Quadratseite von } 5860\frac{1}{4} = 76\frac{1}{2} \quad \sqrt{ac + \left(\frac{b}{2}\right)^2}$$

$$76\frac{1}{2} + \frac{3}{2} = 78 \quad \frac{b}{2} + \sqrt{ac + \left(\frac{b}{2}\right)^2}$$

$$78 \div 325 = \frac{6}{25} \quad \frac{1}{a}\left(\frac{b}{2} + \sqrt{ac + \left(\frac{b}{2}\right)^2}\right)$$

Damit gilt $x = \frac{6}{25}; y = \frac{19}{25}$. Zur Kontrolle: $\left(\frac{6}{25} + 3\right)\left(\frac{19}{25} + 5\right) = \left(\frac{108}{25}\right)^2$.

In der Literatur findet sich ein weiterer Ansatz; die beiden Zahlen werden dabei $(x - 3), (4 - x)$ gesetzt. Damit ergibt sich die Gleichung $x(9 - x) \to \Box$. Als Quadrat wählt er zunächst, wie oben, $\Box = 4x^2$. Die zugehörige Gleichung $x(9 - x) = 4x^2$ liefert $x = \frac{9}{5}$. Dies verwirft er wegen der negativen Differenz $(x - 3)$. Er benötigt somit ein Quadrat mit $3 < \Box < 4$ und wählt $\Box = \frac{25}{16}x^2$. Dies liefert die Lösung $\left(\frac{21}{41}; \frac{20}{41}\right)$.

Aufgabe V, 9

Zerlege 13 in die Summe zweier Quadrate, von denen jedes größer ist als 6.

Lösung: Diophantos addiert zur Hälfte eine kleine Zahl, um daraus ein Quadrat zu machen: $\frac{13}{2} + \frac{1}{x^2}$. Da auch das Vierfache ein Quadrat ist, liefert dies $4\left(\frac{13}{2} + \frac{1}{x^2}\right) = 26 + \frac{1}{y^2}$ mit $y = \frac{x}{2}$. Für das gesuchte Quadrat macht Diophantos den Ansatz

$$26 + \frac{1}{y^2} = \left(5 + \frac{1}{y}\right)^2$$

Auflösen der quadratischen Gleichung liefert $y = 10$ oder $x = 20$. Der Term $\frac{13}{2} + \frac{1}{x^2}$ ist somit

$$\frac{13}{2} + \frac{1}{x^2} = \frac{13}{2} + \frac{1}{400} = \left(\frac{51}{20}\right)^2$$

Diophantos zerlegt 13 in zwei Quadrate und erhält $13 = 2^2 + 3^2$. Beide Wurzeln zerlegt er in eine Summe bzw. Differenz mit $\frac{51}{20}$. Dies ergibt

$$3 = \frac{51}{20} + \frac{9}{20} \therefore 2 = \frac{51}{20} - \frac{11}{20} \quad (3)$$

Nach $\frac{51}{20}$ aufgelöst, ergibt sich keine Gleichung für 13, sondern eine Näherung ($\pi\alpha\rho\iota\sigma\sigma\sigma\tau\epsilon\varsigma =$ Fast Gleichheit)

$$\left(3 - \frac{9}{20}\right)^2 + \left(2 + \frac{11}{20}\right)^2 = 2\left(\frac{51}{20}\right)^2 = 13\frac{1}{200} \approx 13$$

Mit einer neuen Variablen x ergibt sich aus (3) der Ansatz für die Seiten $(3 - 9x), (2 - 11x)$. Die Quadratzerlegung ist damit

$$(3 - 9x)^2 + (2 + 11x)^2 = 13 \Rightarrow 202x^2 - 10x + 13 = 13$$

Dies liefert $x = \frac{5}{101}$, die gesuchte Zerlegung ist schließlich

$$\left(\frac{257}{101}\right)^2 + \left(\frac{258}{101}\right)^2 = 13$$

21.3   Aus Diophantos Buch VI

Das Buch VI der *Arithmetica* enthält einige Aufgaben in geometrischer Einkleidung.

Aufgabe VI,2
Gesucht ist ein [rechtwinkliges] Dreieck so, dass die Hypotenuse zu den beiden Katheten addiert, eine Kubikzahl ergibt.

Lösung: Das Dreieck wird auf $(4 - x^2; 4x; 4 + x^2)$ gesetzt mit $x < 2$. Addition der Hypotenuse und Kathete liefert $(4 + x^2) + 4x = (x + 2)^2$. Da $x + 2 < 4$ sein muss und gleichzeitig Kubikzahl, wählt Diophantos $x + 2 = \frac{27}{8}$ und damit $x = \frac{11}{8}$. Das gesuchte Dreieck hat daher die Seiten $\left(\frac{135}{64}; \frac{11}{2}; \frac{377}{64}\right)$ oder ganzzahlig $(135; 352; 377)$. Es gilt

$$377 + 135 = 8^3 \therefore 377 + 352 = 9^3$$

Aufgabe VI, 10
Gesucht ist ein [rechtwinkliges] Dreieck so, dass die Summe aus Fläche, Hypotenuse und Kathete, eine gegebene Zahl (4) ergibt.

Lösung: Der Ansatz eines ähnlichen Dreiecks $(28x; 45x, 53x)$ liefert die Bedingung $630x^2 + (53 + 28)x = 4$. Lösung ist $x = \frac{4}{105}$. Das gesuchte Dreieck ist somit $\left(\frac{16}{15}; \frac{12}{7}; \frac{212}{105}\right)$. Mit der Fläche $A = \frac{32}{35}$ ergibt sich die gesuchte Summe zu

$$\frac{16}{15} + \frac{212}{105} + \frac{32}{35} = 4.$$

Aufgabe VI, 16
Gesucht ist ein [rechtwinkliges] Dreieck, bei dem die Winkelhalbierende (eines spitzen Winkels) eine rationale Länge hat.

    Lösung: Diophantos setzt ohne näheren Kommentar das Teildreieck CDB als ähnlich zum Dreieck $(3; 4; 5)$ an (Abb. 21.4). CD ist dabei die Winkelhalbierende des Dreiecks ABC. Die Seite $|AB|$ wird als Vielfaches der Länge 3 betrachtet; damit folgt

$$|AB| = 3y \Rightarrow |AD| = |AB| - |BD| = 3y - 3x = 3(y - x).$$

Nach Euklid [VI,3] teilt jede Winkelhalbierende die Gegenseite im Verhältnis der anliegenden Seiten. Somit gilt

$$\frac{|AC|}{|BC|} = \frac{|AD|}{|BD|} \Rightarrow |AC| = |BC| \cdot \frac{|AD|}{|BD|} = 4x \cdot \frac{3(y - x)}{3x} = 4(y - x)$$

Anwendung des Pythagoras auf das Dreieck $\triangle ABC$ liefert

$$|AC|^2 + |BC|^2 = |AB|^2 \Rightarrow 16(y - x)^2 = 9y^2 + 16x^2$$

Vereinfachen liefert für $y > 0$

$$16y^2 - 32xy + 16x^2 = 9y^2 + 16x^2 \Rightarrow y(7y - 32x) = 0 \Rightarrow x = \frac{7}{32}y$$

Damit das Vielfache x ganzzahlig wird, setzt man $y = 32$ und erhält damit $x = 7$. Das gesuchte Dreieck hat somit die Seiten $|AB| = 3y = 96, |BC| = 4x = 28$ und $|AC| = 4(y - x) = 4(32 - 7) = 100$. Die Winkelhalbierende ist $|CD| = 5x = 35$. Das gesuchte Dreieck ABC ist $(96; 28; 100)$, ähnlich zu. $(24; 7; 25)$

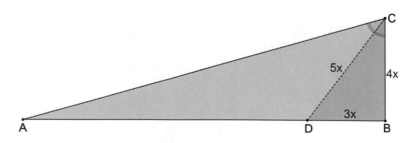

Abb. 21.4 Zur Aufgabe Diophantos VI, 16

Aufgabe VI, 17

Gesucht ist ein [rechtwinkliges] Dreieck so, dass die Summe aus Fläche und Hypotenuse ein Quadrat ergibt und der Umfang eine Kubikzahl ist.

Lösung: Diophantos setzt die Fläche x, die Hypotenuse $16 - x$; die erste Bedingung ist damit erfüllt. Das Produkt der Katheten ist damit $2x$, dies zerlegt er in $2 \cdot x$. Der Umfang ergibt sich zu 16 , das ist jedoch keine Kubikzahl. Gesucht wird daher eine Kubikzahl, die ein Quadrat um 2 übertrifft.

Neuer Ansatz: Diophantos verwendet die Variable x erneut und setzt das Quadrat zu $(x + 1)^2$, die Kubikzahl zu $(x - 1)^3$. Somit soll gelten

$$(x - 1)^3 = (x + 1)^2 + 2 \Rightarrow x^3 + x = 4x^2 + 4 \Rightarrow x(x^2 + 1) = 4(x^2 + 1)$$

Da $(x^2 + 1)$ keine Lösung ist, verbleibt $x = 4$. Das gesuchte Quadrat ist 25, die Kubikzahl 27. Setzt man, analog wie oben, die Hypotenuse zu $25 - x$, das Produkt der Katheten zu $2 \cdot x$, so gilt nach Pythagoras

$$2^2 + x^2 = (25 - x)^2 \Rightarrow x = \frac{621}{50}$$

Bemerkung: Diese Aufgabe ist ein berühmtes Problem der Zahlentheorie. Fermat vermutete, dass $(x = 25; y = 27)$ die einzigen Lösungen der diophantischen Gleichung $x^2 + 2 = y^3$ sind; Euler erbrachte in seiner *Algebra* den Beweis.

21.4 Aus Diophantos' Büchern in arabischer Sprache

Die vier Bücher von Diophantos' *Arithmetica*, die nur in arabischer Übersetzung[13] überliefert wurden, sind nummeriert als IV bis VII. Da sich diese Nummerierung mit der griechischen überschneidet, werden die vier arabischen Bücher hier als A bis D bezeichnet. Sortiert man die Aufgaben nach dem Schwierigkeitsgrad, so bietet sich die Reihenfolge I, II, III, IV, A, B, C, D, V, VI an. J. Sesiano ist der Meinung, dass das arabische Buch IV das griechische Buch III fortsetzt; die griechischen Bücher IV-VI schreibt er in Anführungszeichen. Es ergibt sich damit die ungewöhnliche Nummerierung I, II, III, IV, V, VI, „IV", „V", „VI"; Sesiano nennt die vier arabischen Bücher IV, V, VI, VII. In der französischen Ausgabe wählt R. Rashed die Folge I, II, III, 4, 5, 6, 7, IV, V, VI; hier ist keine Verwechslung möglich. J. Christianidis-Oaks wählen die Bezeichnung I, II, III, IV(Arab), V(Arab), VI(Arab), VII(Arab), IV^G, V^G, VI^G.

Die Handschrift des Buchs A (Sesiano IV) beginnt mit den Sätzen:

---

[13] Sesiano J. (Hrsg.): Books IV to VII of Diophantus' *Arithmetica* in the Arabic Translation Attributed to Qusṭā ibn Lūqā

Dies ist das vierte Buch der Schrift des Diophantus von Alexandria über Quadrate und Kuben, übersetzt aus dem Griechischen ins Arabische von Quṣṭā ibn Lūqā aus Baalbeck, aus der Hand von Muhammed ibn Abī Bakr ibn Ḥakīr, dem Astrologen, geschrieben im Jahr 595 H. Im Namen Allahs, des Gnadenvollen und Barmherzigen.

Aufgabe A1 (Sesiano IV, 1)

Gesucht sind zwei Zahlen so, dass die Summe ihrer Kubikzahlen ein Quadrat ist.

Lösung: Betrachtet wird die Gleichung

$$x^3 + y^3 = z^2$$

Diophantos macht wieder den linearen Ansatz $y = 2x$ und $z = 6x$. Eingesetzt liefert die Gleichung

$$x^3 + 8x^3 = 36x^2 \Rightarrow x = 4$$

Damit wird $y = 8$ und $z = 24$. Die gesuchten Zahlen sind somit 4, 8 und es gilt: $4^3 + 8^3 = 24^2$. Ein allgemeiner Ansatz ist: $y = mx, z = nx$. Dies führt zu $x^3(1 + m^3) = n^2 \Rightarrow x = \frac{n^2}{1+m^3}$. Es gibt zahlreiche weitere ganzzahlige Lösungen für (n, m):

n	m	x	y	z
2	1	2	2	4
4	1	8	8	16
6	1	18	18	108
6	2	4	8	24
8	1	32	32	256
9	2	9	18	81

Aufgabe A25 (Sesiano IV, 25)

Gesucht sind zwei Zahlen, die eine ein Quadrat, die andere eine Kubikzahl, so, dass die Summe ihrer Quadrate wieder ein Quadrat ist.

Lösung: Setzt man das Summenquadrat gleich z^2, so ist zu lösen

$$\left(x^2\right)^2 + \left(y^3\right)^2 = z^2$$

Diophantos setzt nun $x = 2y$ und $z = ky^2$. Damit erhält man

$$16y^4 + y^6 = k^2 y^4 \Rightarrow y^6 = (k^2 - 16)y^4 \Rightarrow y^2 = k^2 - 16$$

Ein Quadrat, das um 16 vermindert, wieder ein Quadrat ist, ist 25. Daraus folgt $y = 3$. Die gesuchte Kubikzahl ist somit $y^3 = 27$, das gesuchte Quadrat $(2y)^2 = 36$. Tatsächlich gilt

$$\left(6^2\right)^2 + \left(3^3\right)^2 = 45^2$$

Aufgabe B7 (Sesiano V, 7)

Gesucht sind zwei Zahlen so, dass ihre Summe und die Summe ihrer Kubikzahlen gleich zwei vorgegebenen Zahlen sind. Diophantos wählt die Zahlen $a = 20, b = 2240$.

Lösung: Es ist das folgende System zu lösen

$$x + y = 20 \therefore x^3 + y^3 = 2240$$

Wie üblich setzt Diophantos die Summanden $(10 \pm z)$. Einsetzen liefert

$$(10 + z)^3 + (10 - z)^3 = 2240$$

Diophantos erklärt ausführlich in Worten die Formel $(a + b)^3$ und vereinfacht die Formel zu

$$2000 + 60z^2 = 2240 \Rightarrow z = 2$$

Die gesuchten Zahlen sind somit $x = 12; y = 8$. Es gibt keine weiteren ganzzahligen Lösungen.

Aufgabe B8 (Sesiano V, 8)

Gesucht sind zwei Zahlen so, dass ihre Differenz und die Differenz ihrer Kubikzahlen gleich zwei vorgegebenen Zahlen sind. Diophantos wählt die Zahlen $a = 10, b = 2170$.

Lösung: Es ist also folgendes System zu lösen

$$x - y = 10 \therefore x^3 - y^3 = 2170$$

Einsetzen von $y = x - 10$ in die zweite Gleichung liefert vereinfacht

$$x^3 - (x - 10)^3 = 2170 \Rightarrow x^2 - 10x = 39$$

Die Lösung ist somit $x = 13; y = 3$. Es gibt keine weiteren ganzzahligen Lösungen.

Aufgabe B9 (Sesiano V, 9)

Eine gegebene Zahl soll so in zwei Summanden zerlegt werden, dass die Summe ihrer Kubikzahlen ein vorgegebenes Vielfaches des Quadrats ihrer Differenz wird. Diophantos wählt die Zahlen $a = 20, b = 140$.

Lösung: Es ist das folgende System zu lösen

$$x + y = 20 \therefore x^3 + y^3 = 140(x - y)^2$$

Einsetzen von $y = 20 - x$ in die zweite Gleichung liefert vereinfacht

$$x^3 + (20 - x)^3 = 140(2x - 20)^2 \Rightarrow x^2 - 20x + 96 = 0$$

Die Lösung ist somit $x = 12, y = 8$.

Aufgabe C1 (Sesiano VI, 1)

Zwei Zahlen stehen im Verhältnis 2 : 1. Gesucht sind die Zahlen so, dass eine ein Quadrat, die andere eine Kubikzahl darstellt und die Summe beider Quadrate wieder ein Quadrat ist.

Lösung: Es soll gelten

$$\left(x^3\right)^2 + \left(y^2\right)^2 = z^2 \therefore \frac{x}{y} = \frac{2}{1}$$

Um die sechste Potenz zu kompensieren, wird gesetzt $z = 10y^3$. Einsetzen beider Bedingungen liefert

$$64y^6 + y^4 = 100y^6 \Rightarrow y^2 = \frac{1}{36}$$

Dies ergibt $x^3 = \frac{8}{216}$ und $z = \frac{10}{216}$. Tatsächlich gilt

$$\left(\frac{8}{216}\right)^2 + \left(\frac{1}{36}\right)^2 = \left(\frac{10}{216}\right)^2$$

Aufgabe C17 (Sesiano VI, 17)

Die Summe dreier Quadrate soll wieder ein Quadrat sein, dabei soll gelten: Das Quadrat der ersten Zahl ist gleich der zweiten, das Quadrat der zweiten Zahl ist gleich der dritten.

$$x^2 + y^2 + z^2 = w^2 \therefore x^2 = y \therefore y^2 = z$$

Lösung: Einsetzen liefert $x^8 + x^4 + x^2 = w^2$. Mit dem Ansatz $w = \left(x^4 + \frac{1}{2}\right)^2$ entfällt die achte und vierte Potenz; es folgt $x^2 = \frac{1}{4}$. Die gesuchte Summe ist damit

$$\left(\frac{1}{2}\right)^2 + \left(\frac{1}{4}\right)^2 + \left(\frac{1}{16}\right)^2 = \left(\frac{9}{16}\right)^2$$

Aufgabe D8 (Sesiano VII, 8)

Addiert man zum Quadrat eines Kubus eine Zahl, so soll dies ein Quadrat sein, ebenso wenn man das doppelte der Zahl addiert.

Es soll gelten: $\left(x^3\right)^2 + y \to \square_1 \therefore \left(x^3\right)^2 + 2y \to \square_2$

Lösung: Diophantos setzt zunächst $x = 2$; damit gilt:

$$64 + y \to \square_1 \therefore 64 + 2y \to \square_2 \quad (21.3)$$

Das Problem wird allgemein gelöst:

$$u^2 + v \to \square_1 \therefore u^2 + 2v \to \square_2$$

Hier findet er die Teillösung $u^2 = \frac{1}{16}$; $v = \frac{3}{2}$. Multiplikation mit 16 liefert die ganzzahlige Lösung $u^2 = 1$; $v = 24$. Um auf die Lösung von (21.3) zu kommen, wird mit 64 multipliziert: $\left(x^3\right)^2 = 64$; $y = 1536$. Zur Kontrolle: $\left(x^3\right)^2 + y = 40^2$; $\left(x^3\right)^2 + 2y = 56^2$.

Aufgabe D13 (Sesiano VII, 13)

Ein gegebenes Quadrat (25) soll zerlegt werden in Summe dreier Zahlen, sodass die paarweisen Summen (mit dem Quadrat) jeweils wieder ein Quadrat sind.

Lösung: Es soll gelten

$$w^2 = x + y + z \therefore w^2 + x \rightarrow \square_1 \therefore w^2 + y \rightarrow \square_2 \therefore w^2 + z \rightarrow \square_3$$

Addition der letzten drei Gleichungen liefert zusammen mit der ersten

$$4w^2 = 100 = \square_1 + \square_2 + \square_3$$

Ohne Begründung gibt Diophantos die Quadrate $\square_1 = 36; \square_2 = 33\frac{471}{841}; \square_3 = 30\frac{370}{841}$ an. Subtraktion von 25 liefert die gesuchten Summanden $\left\{ 11; 8\frac{471}{841}; 5\frac{370}{841} \right\}$.

21.5   Zur Mathematik Diophantos

In seiner Einleitung gibt er eine genaue Beschreibung, wie eine (lineare) Gleichung zu lösen ist:

> Wenn man nun bei einer Aufgabe auf eine Gleichung kommt, die zwar aus den nämlichen allgemeinen Ausdrücken besteht, jedoch so, dass die Koeffizienten an beiden Seiten ungleich sind, so muss man Gleichartiges von Gleichartigem abziehen, bis ein Glied einem Gliede gleich wird. Wenn aber auf einer oder auf beiden Seiten abzügliche Größen vorkommen, so muss man diese abzüglichen Größen auf beiden Seiten hinzufügen, bis auf beiden Seiten nur Hinzuzufügendes entsteht. Dann muss man wiederum Gleichartiges von Gleichartigem abziehen, bis auf jeder Seite nur ein Glied übrigbleibt.

Eigentümlich für Diophantos ist der Gebrauch besonderer Ausdrücke für die Unbekannte und ihre Potenzen bis zur sechsten: *arithmos, dynamis* (Δ), *kybos* (K), *dynamodynamis* ($\Delta\Delta$), *dynamokybos* (ΔK), *kybokybos* (KK). Die Unbekannte schreibt er mit einem Zeichen „ς", dem Endbuchstaben von ἀριϑμός. Die Form der natürlichen Zahlen folgt dem Alphabet, jeweils mit Akzent: ά = 1 usf. Das Gleichheitszeichen wird geschrieben als „ι^σ", abgekürzt für ἴσος (=gleich).

Entsprechend wählt er für die reziproken Werte $\frac{1}{x}$ bis $\frac{1}{x^6}$ Namen, die ähnlich gebildet sind wie die Benennungen von Brüchen: *arithmoston, dynamoston, kyboston* usw. Bei Quadratzahlen unterscheidet er *tetragonos* und *dynamis*: Ersteres heißt jede Quadratzahl, *dynamis* ist die Unbekannte in der zweiten Potenz; dagegen bedeutet *kybos* sowohl x^3 als auch Kubikzahl allgemein. Bei Brüchen schreibt er entweder Nenner über den Zähler oder nebeneinander mit dem Kehrwert des Nenners; ein Beispiel ist

$$\frac{3}{2} = \frac{\beta}{\gamma} \ \textit{oder} \ \beta^\times \gamma$$

Diophantos' Zeichen sind einfach Abkürzungen der Namen; die Subtraktion nennt er
leipsis (λεῖψις), sein Minuszeichen ist „⋔", in den Handschriften wie „⋔" zu lesen. Die
Addition heißt *hyparxis* (ὕπαρξις); für „plus" hat er kein Zeichen, er stellt die Summanden nebeneinander, wie man es bei den ägyptischen Stammbrüchen findet. Die Einheit
heißt *mona* und wird geschrieben als M, somit die Konstante 5 als Mε. Alle Terme werden so angeordnet, dass die zu addierenden Zahlen vorne stehen, dahinter die zu Sub-
trahierenden. Einen Term wie $(x^3 + 3x - 2x^2 - 4)$ schreibt er als:
$K^Y α ϛ γ ⋔ Δ^Y β M δ$

Folgende **algebraische Kenntnisse** finden sich bei Diophantos, hier in moderner
Form geschrieben:

1) $(a^2 + b^2) \pm 2ab = (a \pm b)^2$ ist ein Quadrat (II,31), (II,39).

2) $\left(\frac{x-y}{2}\right)^2 + xy = \left(\frac{x+y}{2}\right)^2$ ist ein Quadrat (II,35).

3) $x^3 + y^3 + 3x^2y + 3xy^2 = (x + y)^3$ ist eine Kubikzahl.

4) Jede Zahl, die Summe zweier Quadrate ist, hat beliebig viele Zerlegungen in zwei (rationale) Quadrate (II, 8)(II, 9).

5) Eine Zahl der Form $4n + 3$ kann niemals Summe zweier (ganzzahliger) Quadrate sein
   (V,12).

6) Jede Primzahl der Form $4n + 1$ kann in die Summe zweier (ganzzahliger) Quadrate
   zerlegt werden (V,12).

7) Eine Zahl der Form $8n + 7$ kann niemals Summe dreier (ganzzahliger) Quadrate sein
   (V,12).

8) Jede Zahl ist Summe von höchstens 4 (rationalen) Quadraten. Beispiele sind

$$13 = \left(\frac{6}{5}\right)^2 + \left(\frac{8}{5}\right)^2 + \left(\frac{9}{5}\right)^2 + \left(\frac{12}{5}\right)^2$$

$$30 = 1^2 + 2^2 + 3^2 + 4^2 = 2^2 + 3^2 + \left(\frac{1016}{349}\right)^2 + \left(\frac{1019}{349}\right)^2$$

9) Es gilt

$$\frac{a+b}{2} + \frac{a-b}{2} = a \therefore \frac{a+b}{2} - \frac{a-b}{2} = b (I, 18)(I, 19)$$

Die folgenden drei Sätze sind vermutlich Beispiele der verlorenen Porismen.

10) Wenn 3 Zahlen verschieden sind, dann ist die Summe ihrer Differenzen das Dop-
    pelte von der Differenz der größten und kleinsten Zahl (IV, 14) (IV, 25):

$$a > b > c \Rightarrow (a - b) + (b - c) = 2(a - c)$$

11) Haben 3 Zahlen gleiche Differenz, so ist die Summe der größten und kleinsten das Doppelte der mittleren Zahl (I, 39).

$$a - b = b - c \Rightarrow a + c = 2b$$

12) Haben 3 Zahlen gleiche Differenz, so gilt dies auch für die Summen von je 2 dieser Zahlen.

$$a - b = b - c \Rightarrow (a + c) - (b + c) = (a + b) - (a + c)$$

$$\Rightarrow (a + b) - (a + c) = (a + c) - (b + c)$$

13) Die doppelte Summe zweier Quadrate übertrifft das Quadrat der Summe um eine Quadratzahl (I,28).

$$2(a^2 + b^2) = (a + b)^2 + (a - b)^2$$

14) Das vierfache Produkt zweier Zahlen vermehrt um das Quadrat der Differenz ergibt eine Quadratzahl (I,30).

$$4ab + (a - b)^2 = (a + b)^2$$

15) Das Produkt zweier aufeinander folgender Quadratzahlen vermehrt um ihre Summe ergibt wieder eine Quadratzahl (III, 15).

$$n^2(n + 1)^2 + n^2 + (n + 1)^2 = \left[n^2 + (n + 1) \right]^2$$

16) Die Differenz zweier Quadrate kann stets in ein Produkt zerlegt werden (II, 11)

$$\left(\frac{a + b}{2} \right)^2 - \left(\frac{a - b}{2} \right)^2 = ab$$

In (II, 34) verwendet Diophantos diesen Satz in folgender Form: *Addiert man zum Produkt zweier Zahlen das Quadrat aus dem Mittelwert beider Faktoren, so erhält man wieder ein Quadrat.*

17) Jede Quadratzahl kann stets in die Summe zweier (rationaler) Quadrate zerlegt werden:

$$x^2 = \left(\frac{2m}{m^2 + 1} x \right)^2 + \left(\frac{m^2 - 1}{m^2 + 1} x \right)^2$$

18) Die Differenz zweier Kubikzahlen ist auch die Summe zweier (rationaler) Kubikzahlen (V, 16). Diophantos liefert hier kein Beispiel. Eine Lösung findet Vieta, eigentlich François Viète, in seiner Schrift Zetetica IV, 18–20:

$$a^3 - b^3 = x^3 + y^3 \Rightarrow x = \frac{a(a^3 - 2b^3)}{a^3 + b^3} ; y = \frac{b(2a^3 - b^3)}{a^3 + b^3}$$

Beispiele sind:

$$6^3 - 3^3 = 4^3 + 5^3 \therefore 8^3 - 4^3 = \left(\frac{16}{3}\right)^3 + \left(\frac{20}{3}\right)^3$$

Bemerkenswert sind auch die Umformungen formaler Brüche in Buch IV. In Problem (IV, 39) wird folgende Gleichung aufgelöst:

$$3x^2 + 12x + 9 = (3 - nx)^2 \Rightarrow x = \frac{12 + 6n}{n^2 - 3}$$

Die verbale Beschreibung dazu ist: „x ist ein Sechsfaches einer Zahl, vermehrt um 12, die dividiert wird durch die Differenz aus dem Quadrat der Zahl und 3". Einige Umformungen, hier in moderner Form:

$$\frac{3x}{x - 3} \cdot \frac{4x}{x - 4} = \frac{12x^2}{x^2 + 12 - 7x} \quad (IV, 36)$$

$$\frac{96}{x^4 + 36 - 12x^2} - \frac{12}{6 - x^2} = \frac{2x^2 + 24}{x^4 + 36 - 12x^2} \quad (IV, 13)$$

$$\frac{8}{x^2 + x} + 1 = \frac{x^2 + x + 8}{x^2 + x} \quad (IV, 25)$$

$$(4x^2 + 6x + 2) = (x + 1)(4x + 2) \quad (IV, 19)$$

Die letzte Formel zeigt, dass Diophantos Terme (wie Polynome) zerlegen konnte. Dies könnte erklären, warum er in Aufgabe (VI, 19) einfach schreibt, es gilt: $x^3 + 3x - 3x^2 - 1 = x^2 + 2x + 3$, daraus folge $x = 4$. Vielleicht konnte er umformen:

$$x^3 + x = 4x^2 + 4 \Rightarrow x(x^2 + 1) = 4(x^2 + 1) \Rightarrow x = 4$$

Folgende Identität von Quadratsummen findet sich bereits bei Diophantos (III, 19), wurde aber erst von Leonardo von Pisa (Fibonacci) bewiesen.

$$(a^2 + b^2)(c^2 + d^2) = (ac \pm bd)^2 + (ad \mp bc)^2$$

Die Identität wird auch nach Brahmagupta (598–668) benannt. Damit gilt der Satz: *Das Produkt zweier Zahlen, die beide Summe zweier Quadrate sind, lässt sich stets zerlegen in eine Summe zweier Quadrate* (III, 19). A. Weil[14] vermutet, dass dieser Satz der zweite

---

[14]Weil A.: Zahlentheorie: Ein Gang durch die Geschichte von Hammurapi bis Legendre, Birkhäuser 1992, S. 11.

angesprochene Porismus ist. Diophantos verwendet den Satz im Zusammenhang mit zwei rechtwinkligen Dreiecken, wie L.E. Dickson[15] erklärt. Sind (a, b) bzw. (c, d) die Kathetenpaare, so erhält man aus $(ac \pm bd, ad \mp bc)$ vier weitere Kathetenpaare, wenn gilt

$$\frac{c}{d} \notin \left\{ \frac{a}{b}; \frac{b}{a}; \frac{a \pm b}{a \mp b} \right\}$$

Wir betrachten die Dreiecke $(3; 4; 5)$ und $(5; 12; 13)$. Multipliziert man die Katheten des ersten Dreiecks mit der Hypotenuse des zweiten und umgekehrt, so erhält man die Zahlenpaare $\{(39; 52); (25; 60)\}$. Damit hat man zwei Dreiecke mit Hypotenuse 65 gefunden:$(39; 52; 65), (25; 60; 65)$. Diese Hypotenuse kann nach Konstruktion zerlegt werden:

$$65 = 5 \cdot 13 = \left(2^2 + 1^2\right)\left(3^2 + 2^2\right)$$

Aus diesem Produkt lassen sich aus der oben genannten Identität von Fibonacci zwei weitere Zerlegungen herleiten:

$$\left(2^2 + 1^2\right)\left(3^2 + 2^2\right) = (6 + 2)^2 + (4 - 3)^2 = 8^2 + 1^2$$

$$\left(2^2 + 1^2\right)\left(3^2 + 2^2\right) = (6 - 2)^2 + (4 + 3)^2 = 4^2 + 7^2$$

21.6 Lineare diophantische Gleichung

Unter einer linearen diophantischen Gleichung versteht man *heute* eine lineare Gleichung in mehreren Unbekannten, bei der nur *ganzzahlige* Lösungen gesucht werden, im Gegensatz zu Diophantos, der stets auch rationale Lösungen zuließ. Bei Diophantos treten nur vereinzelt unbestimmte lineare Gleichungen auf, da in der Regel eine Zahl vorgegeben wird. Die ersten Lösungen von linearen Gleichungen mittels Elimination stammten von Brahmagupta und später Bhaskara II.

Eine lineare diophantische Gleichung mit zwei Unbekannten x, y hat die Form

$$ax + by = c; a, b, c \in \mathbb{Z}$$

Nach dem Satz von C.G. Bachet (de Méziriac) ist die Gleichung $ax + by = c$ stets lösbar, wenn gilt: $ggT(a, b)$ ist ein Teiler von c. Man sucht zunächst eine spezielle Lösung von $ax + by = ggT(a, b)$. Dies impliziert, dass der $ggT(a, b)$ stets als Linearkombination der beiden Zahlen a, b darstellbar ist. Als Beispiel sei gewählt:

$$4x + 7y = 5 \quad (21.4)$$

---

[15] Dickson L.E.: History of the Theory of Numbers, Volume II, Diophantine Analysis, Dover 2005, S. 165, 225.

Die Gleichung ist lösbar wegen $ggT(4,7) = 1|5$. Eine Lösung von $4x + 7y = 1 (21.5)$ ergibt sich aus dem erweiterten Algorithmus von Euklid

$$7 = 1 \cdot 4 + 3 \Rightarrow 3 = 7 - 1 \cdot 4$$

$$4 = 1 \cdot 3 + 1 \Rightarrow 1 = 4 - 1 \cdot 3$$

$$3 = 1 \cdot 3 + \boxed{0}$$

Zurückrechnen liefert

$$1 = 4 - 1 \cdot 3 = 4 - 1(7 - 1 \cdot 4) = 2 \cdot 4 + (-1) \cdot 7$$

Damit ist $(x = 2; y = -1)$ eine mögliche Lösung von (21.5). Multiplikation mit 5 ergibt $4 \cdot 10 + 7 \cdot (-5) = 5$. Eine spezielle Lösung von (21.4) ist daher $x_0 = 10, y_0 = -5$. Die allgemeine Lösung muss einen Parameter t enthalten; man setzt daher $x = x_0 + t \cdot b$ bzw. $y = y_0 - t \cdot a$. Nachrechnen bestätigt diese Wahl

$$ax + by = a(x_0 + t \cdot b) + b(y_0 - t \cdot a) = ax_0 + tab + by_0 - tab = ax_0 + by_0 = c$$

Die allgemeine ganzzahlige Parameterlösung unseres Beispiels ist damit

$$\begin{pmatrix} x \\ y \end{pmatrix} = \begin{pmatrix} 7 \\ -4 \end{pmatrix} t + \begin{pmatrix} 10 \\ -5 \end{pmatrix}; t \in \mathbb{Z}$$

Die Darstellung ist jedoch nicht eindeutig; sie lässt sich auch darstellen als

$$\begin{pmatrix} x \\ y \end{pmatrix} = \begin{pmatrix} -7 \\ 4 \end{pmatrix} t + \begin{pmatrix} -4 \\ 3 \end{pmatrix}; t \in \mathbb{Z}$$

Die linearen diophantischen Gleichungen waren seit dem Altertum und Mittelalter als Aufgabenstellung sehr populär. Berühmt ist die chinesische 100-Vögel-Aufgabe von Chang Ch'iu-Chien:

> Ein Hahn kostet 5 *sapek*, eine Henne 3 *sapek*, 3 Küken kosten 1 *sapek*. Wie viele Vögel von jeder Sorte kann man erwerben für die Summe von 100 *sapek*, wenn insgesamt 100 Tiere gekauft werden sollen?

Es ergibt sich das diophantische System:

$$x + y + z = 100 \therefore 5x + 3y + \frac{1}{3}z = 100$$

Elimination von z liefert: $7x + 4y = 100$. Das System ist unterbestimmt, wir setzen den Parameter $t = \frac{x}{4}$. Dies ergibt $y = 25 - 7t$ und nach Einsetzen $z = 75 + 3t$. Die allgemeine (ganzzahlige) Lösung ist

$$\begin{pmatrix} x \\ y \\ z \end{pmatrix} = \begin{pmatrix} 0 \\ 25 \\ 75 \end{pmatrix} + \begin{pmatrix} 4 \\ -7 \\ 3 \end{pmatrix} t; t \in \mathbb{Z}$$

Positive Lösungen ($y > 0$) gibt es für $t \in \{1; 2; 3\}$; diese sind $\{4; 18;78\}$, $\{8;11;81\}$ und $\{12;4,84\}$, wie von Ch'iu-Chien angegeben.

21.7 Ausblick

Zahlreiche zahlentheoretische Fragestellungen, die sich bei Diophantos finden, wie die Zerlegung in zwei Quadrate oder das Fermat-Problem, haben die Nachwelt zu vielfältigen Forschungen angeregt. G.J. Jacobi urteilte daher sehr treffend über Diophantos:

> Immer aber wird Diophantos der Ruhm bleiben, zu den tiefer liegenden Eigenschaften und Beziehungen der Zahlen, welche durch die schönen Forschungen der neueren Mathematik erschlossen wurden, den ersten Anstoß gegeben zu haben.

Das berühmte zehnte Problem von Hilbert wurde erst 1970 von J. Matijassewitch gelöst (Beweis auf 288 Seiten); er konnte beweisen, dass die Menge der Lösungsmengen von diophantischen Gleichungen gleichmächtig ist mit der Menge der rekursiv abzählbaren Mengen und damit unentscheidbar. Der schon erwähnte Große Satz von Fermat spielte eine bedeutende Rolle in der Entwicklung der Zahlentheorie. G. Faltings konnte nachweisen, dass das Fermat-Problem höchstens endlich viele Lösungen hat, A. Wiles 1994 zeigte, dass das Problem (für $n > 2$) keine Lösung hat (Beweis auf 90 Seiten).

Die Rezeption des diophantischen Werks hat eine umfangreiche Geschichte. An der Übersetzung und Bearbeitung waren viele bekannte Mathematiker beteiligt, wie M. Planudes, Fibonacci, Regiomontanus, R. Bombelli, Xylander, Vieta und schließlich C.G. Bachet (de Meziriac). Letzter fertigte 1621 eine mustergültige Bearbeitung an, von der P. Fermat[16] ein Exemplar erwarb und an dessen Rand wichtige Erkenntnisse notierte; dies war die Geburtsstunde der (modernen) Zahlentheorie. Die ganze Geschichte lässt sich bei A. Meskens[17] nachlesen.

Zwei weitere Fragestellungen werden hier angesprochen.

21.7.1 Das Problem der kongruenten Zahlen

Ausgangspunkt des Problems war die Aufgabe (VI,20), die nach Angaben von T. Heath ein späterer Einschub von C.G. Bachet (de Meziriac) ist.

Aufgabe VI, 20: Gesucht ist ein (rechtwinkliges) Dreieck so, dass die Summe aus Flächeninhalt und einer Kathete eine Kubikzahl, der Umfang eine Quadratzahl ist. [Lösung: $\left(\frac{16}{9}; \frac{63}{9}; \frac{65}{9}\right)$]

---

[16] Müller M.(Hrsg.): Bemerkungen zu Diophant von Pierre Fermat, Akademische Verlagsgesellschaft Leipzig 1932.

[17] Meskens A.: Travelling Mathematics -The Fate von Diophantos' Arithmetic, Birkhäuser 2010.

P. Fermat schrieb bei dieser Aufgabe am Rand seiner Diophantos-Ausgabe: *Das Flächenmaß eines rechtwinkligen Dreiecks mit rationalen Seiten kann niemals ein Quadrat sein!* Daraus erwuchs die Fragestellung, welche Zahlen das Flächenmaß eines solchen Dreiecks sein können. Man definiert: Eine Zahl heißt *kongruent*, wenn sie das ganzzahlige Flächenmaß eines rechtwinkligen Dreiecks mit rationalen Seiten ist. Das Problem wurde bereits in einem arabischen Manuskript von Mohammed Ben al-Ḥokain (10. Jahrhundert) erwähnt, das sich mit pythagoreischen Tripeln beschäftigt. Das Problem kann formuliert werden als

$$a^2 + b^2 = c^2 \wedge \frac{1}{2}ab = n; a, b, c \in \mathbb{Q}, n \in \mathbb{N}$$

Mittels der Substitution

$$a = \frac{1}{y}\left(x^2 - n^2\right); b = \frac{1}{y}2nx; c = \frac{1}{y}\left(x^2 + n^2\right)$$

kann die Aufgabe auf die Lösung der diophantischen Gleichung $y^2 = x^3 - n^2 x$ zurückgeführt werden, die zur Klasse der Elliptischen Kurven gehört. Abb. 21.5 zeigt die Elliptische Kurve $y^2 = x^3 - 36x$; ganzzahlige Funktionswerte (für $y \neq 0$) sind:

$$(\pm 6; 0), (-3, \pm 9), (-2, \pm 8), (12, \pm 36), (18, \pm 72)$$

Abb. 21.5 Elliptische Kurve zur Aufgabe Diophantos VI, 20

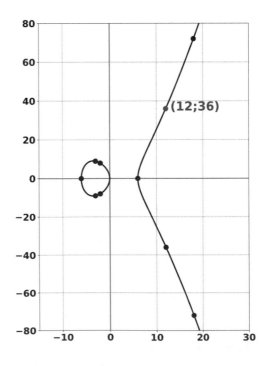

Die Wahl von $(x = 12; y = 36)$ liefert:

$$a = \frac{108}{36} = 3 \therefore b = \frac{144}{36} = 4 \therefore c = \frac{180}{36} = 5$$

Die liefert das (rechtwinklige) Dreieck $(3; 4; 5)$ mit der Fläche 6; die Zahl 6 ist daher kongruent.

Es wird vermutet, dass eine natürliche Zahl $n \geq 5$ kongruent ist, wenn sie quadratfrei und $\{5, 6, 7 \bmod 8\}$ ist. Alle kongruenten Zahlen bis 25 finden sich in der folgenden Tabelle

Fläche A	a	b	c
5	$\frac{3}{2}$	$\frac{20}{3}$	$\frac{41}{6}$
6	3	4	5
7	$\frac{35}{12}$	$\frac{24}{5}$	$\frac{337}{60}$
13	$\frac{780}{323}$	$\frac{323}{30}$	$\frac{106921}{9690}$
14	$\frac{8}{3}$	$\frac{63}{6}$	$\frac{65}{6}$
15	4	$\frac{15}{2}$	$\frac{17}{2}$
20	3	$\frac{40}{3}$	$\frac{41}{3}$
21	$\frac{7}{2}$	12	$\frac{25}{2}$
22	$\frac{33}{15}$	$\frac{140}{3}$	$\frac{4901}{105}$
23	$\frac{80155}{20748}$	$\frac{41496}{3485}$	$\frac{905141617}{42306780}$

21.7.2 Darstellbarkeit als Summe von 2 Quadraten

Diophantos' Aufgabe (II, 8) führte zu der Fragestellung: Welche Zahlen lassen sich als Summe zweier Quadrate darstellen? In Aufgabe (VI,15) stellt Diophantos fest, dass die Zahl 15 nicht in die Summe zweier Quadrate zerlegbar ist.

Hier gilt der Satz von G.J. Jacobi (1828): Jede natürliche Zahl ist genau dann Summe zweier (ganzzahliger) Quadrate, wenn die in der Faktorisierung auftretenden Primzahlen der Form $(3 \bmod 4)$ in gerader Anzahl auftreten und entweder den Primfaktor Zahl 2 mit ungerader Vielfachheit oder mindestens ein Primfaktor der Form $(1 \bmod 4)$ auftritt.

Beispiele: Die Zahl $306 = 2 \cdot 3^2 \cdot 17$ hat den Primfaktor 3 doppelt und den Primfaktor 2 einfach, also ist sie zerlegbar

$$306 = 9^2 + 15^2$$

Der Satz von Jacobi erlaubt die Anzahl der Zerlegungen in Quadrate von ganzen Zahlen zu ermitteln, wobei die Vertauschungen und Vorzeichenwechsel mitzählen. Die Anzahl der Möglichkeiten ist:

$$4\left[d_{1,4}(n) - d_{3,4}(n)\right]$$

Dabei ist $d_{r,4}(n)$ die Anzahl aller Teiler d der Zahl n ($1 \leq d \leq n$), für die gilt: d mod 4 = r. Berücksichtigt man, dass es stets 4 Kombinationen der Vorzeichen:

$$a^2 + b^2 = (-a)^2 + b^2 = a^2 + (-b)^2 = (-a)^2 + (-b)^2$$

und 2 Kombinationen ($a \leftrightarrow b$) der Vertauschung gibt, verbleibt die Anzahl der Zerlegungen

$$\frac{1}{2}\left[d_{1,4}(n) - d_{3,4}(n)\right]$$

Beispiele: Die Zahl 325 hat die Teilermenge $\{1, 5, 13, 25, 65, 325\}$, alle Teiler sind 1 mod 4. Somit gilt: $d_{1,4}(325) = 6$; $d_{3,4}(325) = 0$. Somit verbleiben nur 3 Zerlegungen in Quadratsummen von natürlichen Zahlen. Diese sind

$$325 = 1^2 + 18^2 = 6^2 + 17^2 = 10^2 + 15^2$$

Für die oben betrachtete Zahl 306 gilt: Von den 12 Teilern sind vier davon gleich (1 *mod* 4) und zwei gleich (3 *mod* 4). Es gibt nur $\frac{1}{2}\left[d_{1,4}(306) - d_{3,4}(306)\right] = \frac{1}{2}(4 - 2) = 1$ Zerlegung in Quadratsummen von natürlichen Zahlen (wie oben)

$$306 = 9^2 + 15^2$$

Literatur

Bashmakova I., Smirnova G.: The Beginnings and Evolution of Algebra, Math. Assoc. of America (1964)
Bashmakova I.G.: Diophant und diophantische Gleichungen, UTB Birkhäuser (1974)
Christianidis J., Oaks J.: The Arithmetica of Diophantus. Routledge, London (2022)
Dickson L.E.: History of the Theory of Numbers II Dover Diophantine Analysis (2005)
Diophanti Alexandrini Opera Omnia, Ed. P. Tannery, Teubner (1893)
Heath Th. (Ed.): Diophantus of Alexandria, Martino Publishing (2009)
Knorr W.R.: Arithmetike stoicheiosis, On Diophantes and Hero of Alexandria, Historia Mathematica 20 (1993)
Meskens Ad: Travelling Mathematics – The Fate of Diophantos' Arithmetic, Birkhäuser (2010)
Rashed R., Houzel Ch.(Eds.): Les Arithmétiques de Diophante, de Gruyter Berlin (2013)
Schappacher N.: Wer war Diophant? Math. Semesterberichte, 45 (1998)
Sesiano J. (Ed.): Books IV to VII of Diophantus' Arithmetica in the Arabic Translation, Springer (1982)

Pappos von Alexandria

22

Pappos, einer der letzten namentlich bekannten Mathematiker Alexandrias, lebte in einer Zeit des totalen Zusammenbruchs der altplatonischen Lehre um 300 n.Chr. Dank seines enzyklopädischen Wissens und seiner umfassenden Literaturkenntnis ist in seinem Werk eine Fülle von mathematischen Wissen bewahrt worden, die sonst in Vergessenheit geraten wäre. Diese Vielzahl von Einzelthemen hat man früher als Sammelsurium angesehen und ihn selbst als zweitrangigen Mathematiker eingestuft, da er in seiner *Collectio* nicht die systematische Strenge eines Euklid zeigte.

Pappos (Παππος ο Αλεξανδρευς) lebte etwa um 300 n.Chr. und wirkte wahrscheinlich in Alexandria. Die Bestimmung seiner Lebensdaten ist schwierig, da es von späteren Generationen kaum Kommentare gibt. In seinem Kommentar zu Ptolemaios' Almagest (Buch V) bestätigt er, die Sonnenfinsternis vom 18. Oktober 320 n.Chr. selbst beobachtet zu haben; aus der Zeitangabe lässt sich der Beobachtungsort Alexandria ermitteln. Dies ist der einzige Hinweis, der Pappos mit Alexandria verbindet. Die Zuschreibung der Finsternis erfolgt durch A. Rome[1]; in Frage gekommen wäre noch die fast totale Finsternis von 346 n.Chr. Das Erleben dieser Finsternis (von 346) hätte Pappos sicher berichtet. Das Manuskript Leiden B.P.G. 78 (9. Jahrhundert) zeigt eine Tabelle, die Pappus in die Regierungszeit (284–305) Diokletians setzt.

Die Suda schreibt, dass Pappos in der Regierungszeit von Theodosios (379–395) ein Zeitgenosse von Theon von Alexandria gewesen sei; dies ist mit den oben genannten daten kaum noch vereinbar ist.

Pappos lebte als Anhänger der altplatonischen Mathematik in einem bewegten Jahrhundert. Hatte in den Jahren 302/3 noch eine Christenverfolgung stattgefunden, wurde das Christentum 395 bereits zur Staatsreligion. Die Mathematik wurde als heidnische Wissenschaft zurückgedrängt und hatte keine Zukunft mehr. Pappos konnte nur

---

[1] A. Rome: Commentaires de Pappus et de Theon d'Alexandrie sur l'Almageste I, Rom (1931).

© Springer-Verlag GmbH Deutschland, ein Teil von Springer Nature 2024
D. Herrmann, *Die antike Mathematik,* https://doi.org/10.1007/978-3-662-68478-8_22

zurückschauen und versuchen, einen möglichst großen Anteil der mathematischen Tradition in seinen Büchern zu bewahren. S. Cuomo[2] schreibt:

> Vor ein paar Jahren gab es Leute, die noch glaubten oder (schlimmer) in Druck gaben, dass die späte Antike eine Periode des Niedergangs und des Zerfalls in Sachen Mathematik war. Ein Zeitlang sammelte man Belege dafür, dass nach Apollonius *Dunkelheit die Erde* überschattet hat, dass dies eine degenerierte Zeit und Pappos' Collection das *Requiem der griechischen Mathematik* war. Die Historiographie hat sich zwar geändert, aber die Jahre der Vernachlässigung und des Missverstehens haben dazu geführt, dass relativ wenige Studien über diese Zeit geführt wurden.

Pappos' Hauptwerk συνᾰγωγή (lat. *Collectio*) ist ein *einzigartiges* Sammelwerk der griechischen Geometrie in acht Büchern, das vermutlich in einem längeren Zeitraum entstanden ist. Zeitlich voraus gegangen ist sein *Kommentar zum Almagest;* im Buch VIII, 46 erwähnt er nämlich einen Lehrsatz von Archimedes, den er unabhängig von diesem bewiesen habe:

Das Rechteck aus Radius und Umfang eines Kreises ist gleich [der Fläche des] doppelten Kreis: $2\pi r^2 = 2A$.

Die *Collectio,* vermutlich auf 12 Bücher ausgelegt, enthält eine Vielzahl von Lehrsätzen, Aufgaben und Kommentaren zur griechischen Mathematik, die sonst anderweitig nicht überliefert worden wären. Pappos, der am Ende einer langen Ära der griechisch-hellenistischen Mathematik steht, liefert hier eine Zusammenschau, deren Informationswert man kaum überschätzen kann.

In vielen Büchern wird Pappos nur als zweitrangiger Mathematiker eingestuft, da er die Lehrsätze seiner Bücher nicht mit der Zielstrebigkeit von Euklids *Elementen* anordnet. Neben zahlreichen Lemmata zu Apollonios hat Pappos aber eigenständige Beiträge zu der Geometrie geleistet, die man 1200 Jahre später projektiv nennt. Es sind dies die Sätze zum Vierseit und zu der nach ihm benannten Pappos-Figur. Daher verdient er einen gebührenden Platz in der Mathematikgeschichte. Das siebente und achte Buch seiner *Collectio* widmete Pappos seinem Sohn Hermodoros; dieser ist vermutlich identisch mit dem Hermodoros, der nach Proklos' Angabe eine Mathematikerschule in Alexandria leitete. Von seinen zahlreichen Werken haben sich neben der *Collectio* nur Teile seines Ptolemaios-Kommentars und zwei Bücher seiner Euklid-Bemerkungen erhalten.

Das Werk *Collectio* ist als *Codex Vaticanus* gr. 218 erhalten. Die Standard-Ausgabe stammt von Friedrich Hultsch[3]. Neuere Ausgaben in englischer Sprache liegen von Heike Sefrin-Weis und Alexander Jones vor (siehe Literatur).

---

[2] Cuomo S.: Ancient Mathematics, Routledge London (2001), S. 249.
[3] Hultsch F. (Hrsg.): Pappi Alexandrini Collectionis, 3 Bände, Berlin 1876–1878.

Von den acht Büchern sind nur fünf vollständig bewahrt. **Buch I** fehlt vollständig; es enthielt vermutlich nur Rechenregeln. **Buch II** ist erst ab Lehrsatz 14 erhalten; es enthält ein Zahlensystem von Apollonios für Werte größer 10.000. **Buch III** enthält die Lehrsätze über Mittelwerte, die Paradoxa eines sonst unbekannten Erykinos und Sätze über das Einbeschreiben der Platonischen Körper in eine Umkugel, die von der Euklidischen Darstellung abweicht.

Buch IV enthält eine Vielzahl von interessanten Einzelthemen, eine Verallgemeinerung des Satzes von Pythagoras und wichtige Ergänzungen zu Archimedes: Sätze zur Arbelos-Figur, Winkeldreiteilung mithilfe der Spirale und einige Spezialfälle aus dem Buch der Lemmata. Ferner gibt er eine Definition der Parabel mithilfe von Leitgerade und Brennpunkt, die sich nicht bei Apollonios findet.

Buch V befasst sich im ersten Teil mit isoperimetrischen Kurven (d. h. Kurven gleichen Umfangs); hier wird gezeigt, dass der Kreis unter allen geschlossenen Kurven bei gleichem Umfang die größte Fläche hat. Ein analoger Satz besagt, dass die Kugel von allen Körpern gegebener Oberfläche das größte Volumen hat. Ferner enthält es einen fast literarischen Beitrag über die *Schlauheit der Bienen*. Ferner bespricht er 13 halbreguläre Körper, die er dem Archimedes zuschreibt und die daher später Archimedische Körper genannt werden; Kepler diskutiert sie im zweiten Buch seiner *Harmonices Mundi*. **Buch VI** enthält astronomische Beiträge zu verschiedenen Autoren; diese sind nicht unser Thema.

Buch VII ist einzigartig; es enthält eine Fülle von wertvollen Informationen über Werke, die nicht überliefert worden sind. Diese sind die *Data* und *Porismen* von Euklid, das *Buch der Flächenzerlegungen*, das B*uch der Neigungen*, das *Buch der Berührungen* und das *Buch der (geometrischen) Örter*. Er liefert auch zahlreiche Lemmata zu den *Conica* des Apollonios, insbesondere auch zu dem verloren gegangenen Buch VIII.

Das Buch der Örter enthält ein Kriterium, wie man prüft, ob vier Punkte A, B, C, D kollinear sind.

$$|AD|^2|BC| + |BD|^2|CA| + |CD|^2|AB| + |BC||CA||AB| = 0$$

Das Theorem wurde später von R. Simson bewiesen, aber nach M. Stewart benannt. Im Vorwort des Buchs steht die später nach P. Guldin (1557–1643) benannte Regel.

Das im zweiten Teil enthaltene *Buch der Porismen* enthält im Lehrsatz 129 die Bewahrung des Doppelverhältnisses bei projektiven Abbildungen, in Lehrsatz 130 das vollständige Vierseit mit der Invarianz der harmonischen Teilung. Lehrsatz 139 liefert das berühmte Theorem über die Sechseckfigur von Pappos.

Buch VIII wurde nur teilweise überliefert und umfasst mechanische Probleme mit Rad und Achse, Hebel, Flaschenzug, Rolle und Schraube. Es enthält auch die Konstruktion von Kegelschnitten bei Vorgabe von fünf Punkten und die Einschreibung von sieben regulären Sechsecken in einen Kreis.

22.1   Aus Buch VII der Collectio

Pappus VII, 91
Eine kleine Übungsaufgabe ist folgende (Abb. 22.1):

Gegeben sind zwei Halbkreise, deren Durchmesser auf der Geraden AF liegen. Der erste Halbkreis über AC hat den Mittelpunkt D, der zweite den Durchmesser DF. Eine beliebige Gerade durch F schneidet den ersten Kreis in den Punkten B bzw. G, den zweiten im Punkt E. Zu zeigen ist $|BE| = |EG|$.

Beweis: $\angle DEG$ ist ein rechter, da E auf dem Thaleskreis über DF liegt. $\triangle BDG$ ist gleichschenklig, da $|BD| = |DG|$. Die Strecke DE ist somit die Höhe im $\triangle BDG$ und gleichzeitig Mittelsenkrechte. Somit gilt die Behauptung $|BE| = |EG|$.

Pappos VII, Schluss
Den Abschluss des Buches VII bildet in allen Handschriften ein Lemma, das *Analuomes* genannt ist und von Pappus offensichtlich besonders herausgestellt wird. Es besagt:

Werden im rechtwinkligen Dreieck $\triangle ABC$ die beiden Katheten AB und BC durch die Punkte F bzw. G im Verhältnis der Katheten geteilt, so schneiden sich die Transversalen AG und FC im Punkt E so, dass gilt BE senkrecht zu AC(Abb. 22.2). Pappos zeigt, dass gilt:

$$\frac{|AD|}{|DB|} = \frac{|AB|}{|BC|}$$

Die Hypotenuse wird also im Verhältnis der Katheten geteilt.

Abb. 22.1 Figur zu Pappos
VII,91

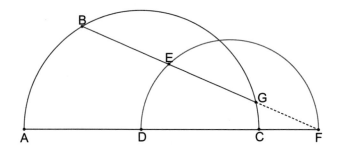

Abb. 22.2 Figur zum Lemma
Analoumes

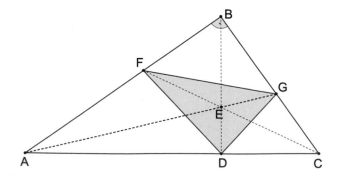

22.2   Die Regel von Pappos

Die folgenden Regeln zur Bestimmung des Volumens oder der Oberfläche finden sich aber bereits im Buch VII der *Collectio* und wurden Paul Guldin zugeschrieben. Heute weiß man, dass P. Guldin ein Exemplar der *Collectio* in seiner Bibliothek gehabt hat; die Namensgebung ist wohl zu Unrecht geschehen.

(1) Rotiert ein Bogen (ohne Schnitt) um eine Achse, so ist die so erzeugte Mantelfläche gleich dem Produkt aus Bogenlänge ℓ und dem Weg d des Bogenschwerpunkts S bei der Rotation.

$$M = \ell \cdot \mathrm{d}$$

Betrachtet wird ein Kegel mit der Höhe h und dem Radius r des Grundkreises. Für die Länge der Mantellinie gilt nach Pythagoras $\ell = \sqrt{r^2 + h^2}$. Der Schwerpunkt S liegt in der Mitte des Bogens, sein Abstand von der Drehachse ist $d = \frac{r}{2}$. Damit ergibt sich für die Mantelfläche des Kegels (Abb. 22.3)

$$M = \sqrt{r^2 + h^2} \cdot 2\pi \frac{r}{2} = \pi r \sqrt{r^2 + h^2}$$

(2) Rotiert eine Fläche um eine Achse (ohne Überscheidung), so ist das so erzeugte Volumen gleich dem Produkt aus Flächeninhalt F und dem Weg d des Flächenschwerpunkts S bei der Rotation.

$$V = \mathcal{F}d \tag{22.1}$$

Das Volumen eines Kegels (Höhe h, Radius des Grundkreises r) wird erzeugt durch ein rechtwinkliges Dreieck mit den Katheten r und h. Die Dreiecksfläche beträgt $\mathcal{F} = \frac{1}{2}rh$. Der Schwerpunkt S des Dreiecks liegt auf einer Schwerlinie; aus dem bekannten Teilverhältnis folgt für seinen Abstand von der Drehachse $d = \frac{r}{3}$. Damit gilt für das Volumen des Kegels

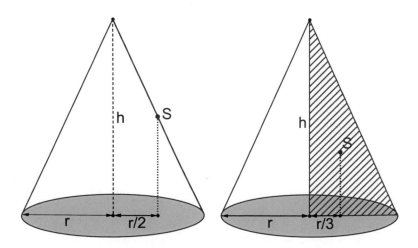

Abb. 22.3 Zur Regel von Pappos-Guldin

Abb. 22.4 Schwerpunkt einer
Halbkugel

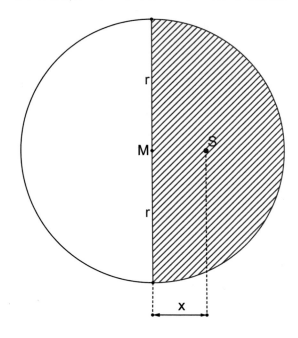

$$V = \frac{1}{2}rh \cdot 2\pi \frac{r}{3} = \frac{1}{3}\pi r^2 h$$

Ergänzung: Umgekehrt lässt sich bei bekanntem Volumen auch der Schwerpunkt
des erzeugenden Flächenstücks ermitteln. Im Fall einer Kugel ist das Flächenstück ein
Halbkreis, der um seinen Durchmesser rotiert. Für den Weg des Schwerpunkts gilt nach
(22.1) (Abb. 22.4):

$$d = \frac{V}{\mathcal{F}} = \frac{\frac{4}{3}\pi r^3}{\frac{1}{2}\pi r^2} = \frac{8}{3}r$$

Der Abstand x des Schwerpunkts von der Drehachse ist damit

$$x = \frac{d}{2\pi} = \frac{4r}{3\pi}$$

22.3   Das Berührproblem des Pappos

Das Berührproblem des Apollonios wurde von Pappos vereinfacht. Es lautet:

Wenn von Punkten, Geraden und Kreisen irgend zwei in der Ebene vorgegeben sind,
ist ein Kreis von gegebenem Radius zu konstruieren, der die gegebenen Punkte, Geraden
oder Kreise berühre.

Dabei können gegeben sein:

1. zwei Punkte
2. ein Punkt und eine Gerade
3. ein Punkt und ein Kreis
4. zwei Gerade
5. eine Gerade und ein Kreis
6. zwei Kreise

Lösung wie bei Apollonios (siehe Abschn. 15.3).

22.4   Das Theorem von Pappos

Das berühmte Theorem des Pappos [VII, 139,143] war eines der ersten Sätze der später entwickelten projektiven Geometrie.

Liegen 6 Punkte einer affinen Ebene $\{A, A', B, B', C, C'\}$ abwechselnd auf 2 Geraden und werden diese Punkte paarweise ($A \to B', A \to C'$ bzw. $B \to A', B \to C'$ und $C \to A', C \to B'$) verbunden, so schneiden sich diese Verbindungsgeraden in drei kollinearen Punkten

$$D = AB' \cap A'B \therefore E = AC' \cap A'C \therefore F = BC' \cap B'C$$

Im Fall der projektiven Ergänzung stellt die Gerade durch D, E, F die Ferngerade dar (Abb. 22.5).

Das Pappus-Theorem in der Euklidischen Ebene lautet:

Gilt: $BC'||B'C$ und $AB'||A'B$, dann gilt auch $AC'||C'A$ (Abb. 22.6).

Beweis: Nach der Ähnlichkeit der Dreiecke gelten nach Voraussetzung

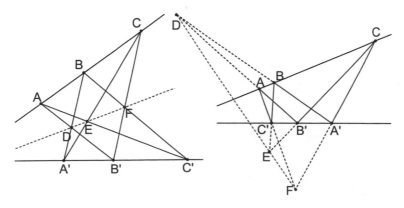

Abb. 22.5   Theorem von Pappos in der projektiven Ebene

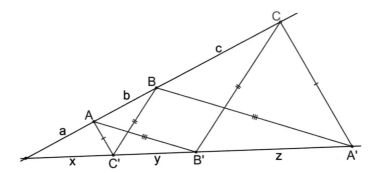

Abb. 22.6 Theorem von Pappos in der Euklidischen Ebene

$$\frac{a+b}{x} = \frac{a+b+c}{x+y} \quad \therefore \quad \frac{a}{x+y} = \frac{a+b}{x+y+z}$$

Division der beiden Gleichungen liefert nach Umformung

$$\frac{a}{a+b+c} = \frac{x}{x+y+z} \Rightarrow \frac{a}{x} = \frac{a+b+c}{x+y+z}$$

Dies bedeutet: $AC'||C'A$.

Fasst man das Geradenpaar AC, A'C' als entarteten Kegelschnitt auf, so geht das Theorem von Pappus in den Satz von Pascal über. Die Abb. 22.7 zeigt die Konfiguration von Pascal bei verschiedenen Kegelschnitten.

Die Theorie der Kegelschnitte fand eine wichtige Anwendung bei der Planetenbahnberechnung in den Büchern von Kepler und Newton. Den Höhepunkt der Theorie der Kegelschnitte brachte dann die projektive Geometrie im 19. Jahrhundert.

Ein Beweisprinzip der projektiven Geometrie ist das sog. *Dualitätsprinzip*; es besagt, dass ein Lehrsatz korrekt bleibt, wenn man die Aussage „drei Punkte liegen auf einer Geraden" ersetzt durch „drei Geraden schneiden sich in einem Punkt" und umgekehrt. Ein Beispiel des Dualitätsprinzips sind die Sätze von Pascal bzw. Brianchon (Abb. 22.8):

Satz von Pascal: Bei einem Sehnensechseck einer Ellipse (eines Kreises) liegen die Diagonal-Schnittpunkte der Gegenseiten auf einer Geraden.

Satz von Brianchon: Bei einem Tangentensechseck einer Ellipse (eines Kreises) gehen die Verbindungsstrecken der Gegenecken durch einen Punkt.

22.5   Das Doppelverhältnis

Unter dem Doppelverhältnis von vier Punkten $(A, B; C, D)$ versteht man den Quotienten der Teilverhältnisse:

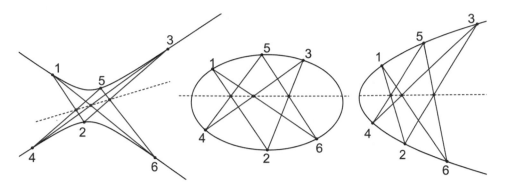

Abb. 22.7 Satz von Pascal für drei Kegelschnitte

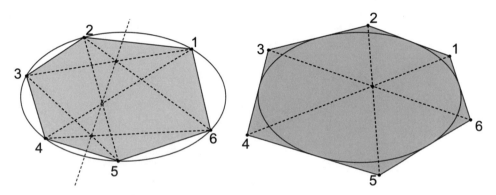

Abb. 22.8 Duale Sätze von Pascal und Brianchon

$$DV(A, B; C, D) = \frac{|AC|}{|BC|} : \frac{|AD|}{|BD|}$$

Pappos (VII, 129): Werden zwei Geraden von vier Geraden eines Geradenbüschels geschnitten (Abb. 22.9), so gilt

$$DV(A, X; Y, B) = DV\left(A', X', Y', B'\right)$$

Die Invarianz des Doppelverhältnisses wurde erst 1639 von G. Desargues in seiner Schrift *Brouillon-Projekt* wiederentdeckt.

Umgekehrt gilt: Gilt für zwei sich schneidende Geraden (mit Schnittpunkt A):

$$DV(A, X; Y, B) = DV\left(A', X', Y', B'\right)$$

dann schneiden sich die Geraden *XX', YY'* und *BB'* im Büschelpunkt *T* (Abb. 22.10).

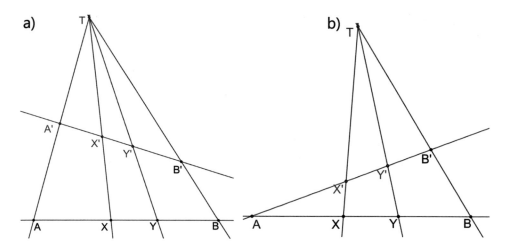

Abb. 22.9 Figur zum Doppelverhältnis

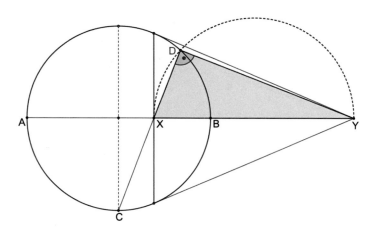

Abb. 22.10 Harmonische Teilung einer Strecke

Die folgende Konstruktion von Pappos aus Buch III der *Collectio* ist ein Spezialfall der harmonischen Teilung von (A, X; B,Y).

22.6   Das vollständige Vierseit

Verlängert man die (nicht-parallelen) Seiten eines Vierecks ABCD, so entstehen die Schnittpunkt E bzw. F. Die Diagonale AC schneidet die Gerade EF im Punkt P, ebenso die Diagonale DB im Punkt Q. Das resultierende Vierseit ABCDEF hat somit drei

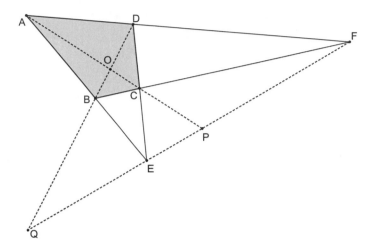

Abb. 22.11 Figur zum Vierseit

Diagonalen AC, DB und EF, die genau 2 Ecken und zwei weitere Schnittpunkte mit Diagonalen enthalten (Abb. 22.11).

Pappos entdeckte, dass jeweils die vier Punkte auf den Diagonalen *harmonisch* liegen:

$$DV(D, B; O, Q) = DV(F, E; P, Q) = DV(A, C; O, P)$$

22.7   Das Vier-Geraden-Problem

Ebenfalls große Bedeutung in der Geometriegeschichte hatte das Vier-Geraden-Problem des Pappos, das am Anfang seines Buchs VII erwähnt wird. Pappos hat es von Apollonios übernommen, konnte es aber nicht allgemein lösen.

Das Drei-Geraden-Problem konnte Pappos nach Apollonios lösen. Gesucht ist der geometrische Ort eines Punktes P, der von drei sich schneidenden Geraden gleichen Abstand hat. Er konnte zeigen, dass dieser geometrische Ort ein Kegelschnitt ist (Abb. 22.12). Es soll dabei gelten:

$$d_1 \cdot d_2 = d_3^2$$

Beim Vier-Geraden-Problem wird verallgemeinert: Statt senkrechte Abstände werden auch „Abstände" unter beliebigen Winkeln zugelassen:

Gegeben sind 4 (nicht zusammenfallende) Geraden $a_i (1 \leq i \leq 4)$ und ein beliebiger Punkt P. Die Geraden durch P, die die gegebenen Geraden a_i unter dem vorgegebenen Winkel α_i schneiden, erzeugen 4 Schnittpunkte Q, R, S und T. Gesucht ist der geometrische Ort des Punktes P, für den gelten soll

$$\frac{|PQ|}{|PR|} \frac{|PS|}{|PT|} = k$$

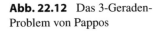

Abb. 22.12 Das 3-Geraden-
Problem von Pappos

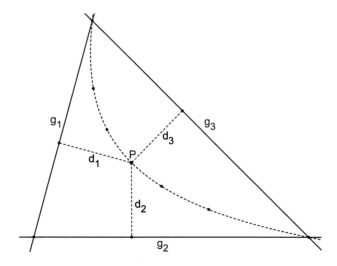

Mit dieser Aufgabe beschäftigte sich R. Descartes in seinem Werk *La Géométrie*
(S. 306), das 1637 zuerst als Anhang seines berühmten Werkes *Discours de la Méthode*
publiziert wurde. Das Problem umfasst mit seinen Erweiterungen mehr als die Hälfte
von Buch I und II der *Geometrie*. Descartes zitiert Pappos darin in lateinischer Sprache:

> Das Problem des geometrischen Ortes von 3 oder 4 Geraden, über das er [Apollonios] in
> seinem Buch III berichtet, war weder von Euklid gelöst, noch gab es einen, der dazu fähig
> war; keiner konnte zu dem, was Euklid geschrieben hat, auch nur die geringste Ergänzung
> dazugeben.

R. Descartes konnte zeigen, dass der gesuchte geometrische Ort ein Kegelschnitt ist, was
schon Apollonios vermutet hat. Mit Hilfe der von ihm entwickelten analytischen Geometrie konnte er das Problem auf n Geraden verallgemeinern. Zehn Jahre später behandelte I. Newton das Problem rein geometrisch in seinen Principia (1687) und konnte
zeigen, dass der geometrische Ort bei 4 Geraden ein Kegelschnitt ist. In dem Kommentar zu seinem Lemma (XIX, cor. II) konnte sich Newton einen Seitenhieb auf Descartes
nicht verkneifen. Auf lateinisch schrieb er:

> Was das Problem der vier Geraden betrifft, das von Euklid aufgeworfen, von Apollonios
> fortgeführt, wurde ohne Calculus von mir nur mit geometrischen Mitteln, wie es die Alten
> verlangten, in diesem Satz gelöst.

Es soll hier die **Umkehrung** gezeigt werden (Abb. 22.13): Sind die vier Graden die Seiten eines Sehnenvierecks, so gibt es einen Punkt P des Umkreises so, dass das Verhältnis
der Abstände gleich Eins ist.
Als Abstände werden hier die Lote verwendet; die Punkte Q, R, S und T sind die Fuß-
punkte der Lote von P auf die Geraden. Gewählt wird der Fall, dass der Kegelschnitt ein
Kreis ist durch den Punkt P, der auf dem Umkreis eines Sehnenvierecks ABCD liegt. Die

Abb. 22.13 Das 4-Geraden-
Problem von Pappos

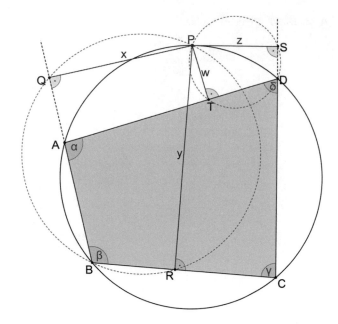

vier gegebenen Geraden sind dann die Viereckseiten. In diesem Fall lässt sich zeigen,
dass die obige Konstante den Wert $k = 1$ hat.

Da sie je zwei Lotseiten enthalten, sind die Vierecke PQBR und PTDS ebenfalls
Sehnenvierecke, da sich gegenüberliegende Winkel zu 2R ergänzen. Der Winkel $\angle QPR$
ist der Gegenwinkel zu β und damit kongruent zu δ, da beide Gegenwinkel im Sehnenviereck ABCD sind. Analog ist der Winkel $\angle TPS$ der Gegenwinkel zu $\angle TDS = 180° - \delta$
und damit kongruent zu δ. Somit stimmen die Sehnenvierecke PQBR und PTDS in allen
Winkeln überein und sind daher ähnlich. Für die anliegenden Seiten des Winkels δ folgt

$$\frac{x}{y} = \frac{w}{z} \Rightarrow \frac{|PQ|}{|PR|} \frac{|PS|}{|PT|} = 1$$

22.8   Weitere Probleme des Pappos

Von der Vielzahl der von Pappos behandelten Themen sollen hier noch einige weitere behandelt werden:

Von der Vielzahl der von Pappos behandelten Themen sollen hier noch einige weitere
behandelt werden:

(1) Pappos [IV, 1]:

Über den Seiten AB und BC des Dreiecks ABC werden beliebige Parallelogramme
DABE und CFGB errichtet. Die Verlängerungen von DE bzw. FG schneiden sich im

Abb. 22.14   Figur zu Pappos
IV,1

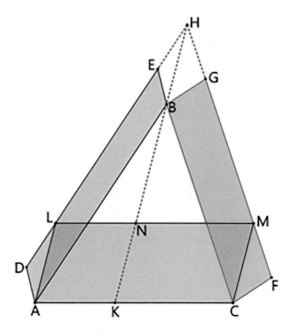

Punkt H (Abb. 22.14). Die Parallelogramme DABE und CFGB sind flächengleich dem Parallelogramm ACML, gebildet von den Seiten $|AC|$ und $|HB|$ mit einem Basiswinkel ∡LAC = ∡BAC + ∡DHB.

Dies ist eine Verallgemeinerung des Pythagoras-Satzes.

Beweis: Die Gerade HB schneidet AC im Punkt K. In A und C wird die Parallele zu HB gezeichnet; die Schnittpunkte mit DE bzw. FG sind L bzw. M. Die Gerade LM schneidet HB in N. Dann ist ACML ein Parallelogramm mit $|AL| = |KN|$. Der Winkel LAK ist kongruent zu ∡BAC + ∡DHB. Das Parallelogramm LABH ist flächengleich zu DABE bzw. LAKN, da je zwei Parallelogramme in Grundlinie und Höhe überein-stimmen. Analog folgt CFGB flächengleich zu CMHB bzw. NKCM. Somit ist Parallelo-gramm LACM flächengleich zur Summe der Parallelogramme DABE und CFGB.

Pappos war stolz auf sein Ergebnis; er schreibt: *Dieses Ergebnis ist viel allgemeiner als der Satz (I, 47) in den Elementen über die Quadrate an rechtwinkligen Dreiecken.* Der Satz gilt auch, wenn das Parallelogramm über AC nach außen beschrieben wird. In dieser Form erinnert die Figur an den Satz Euklid (VI, 31), bei dem über den Seiten eines rechtwinkligen Dreiecks ähnliche Figuren konstruiert werden. Der Lehrsatz wurde in der Neuzeit vom Bruder des Mathematikers Alexis Clairaut neu entdeckt. Ozanam entdeckte später, dass das Theorem bereits von Pappos gefunden worden war.

(2) Das Hexagon-Problem
Das letzte Theorem, das sich bei Pappos [VIII, 16] findet, ist das Einschreibproblem von 7 regulären zusammenhängenden Sechsecken in einen Kreis (Abb. 22.15).

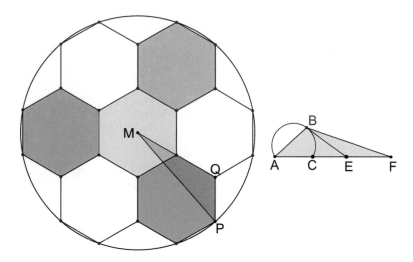

Abb. 22.15 Hexagon-Problem des Pappos

Zu konstruieren ist also Dreieck $\triangle MPQ$ mit $\angle MQP = 120°$ und $|MQ| = 2|PQ|$. Auf der Seite $|AF| = |MP|$ werden die Punkte C, E markiert mit $|AC| = \frac{1}{3}|AF|$ und $|CE| = \frac{4}{5}|AC|$. Über AC wird ein Kreis zum Umfangswinkel 60° konstruiert und die Tangente von E an den Kreis mit Berührpunkt B. Die Strecke $|AB| = |QP|$ liefert die gesuchte Seite des Dreiecks MPQ.

(3) Pappos [IV, 18]

In Buch IV, 18] setzt Pappos die Einschreibung von Kreisen in die Arbelos -Figuren des Archimedes fort (Abb. 22.16). Man nummeriert die Kreise der Pappos-Kette wie folgt: Der zum Kreis ergänzte Arbelos-Halbkreis über CB erhält die Nummer 0, der erste Arbelos-Inkreis die Nummer 1 usw. (vgl. Abbildung). Analog werden die Kreismittelpunkte P_n, die Radien dieser Kreise r_n bezeichnet. Die Radien der beiden kleinen Arbelos-Halbkreise seien $a = \frac{1}{2}|CB| = r_0$; $b = \frac{1}{2}|AC|$. Dann gelten folgende Sätze:

Abb. 22.16 Pappos-Kette (Wikimedia Commons)

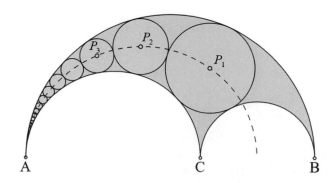

- Der Kreis mit der Nummer n hat den Radius $r_n = \frac{ab(a+b)}{n^2a^2+b(a+b)}$
- Der Mittelpunkt P_n des Kreises n hat den Abstand $d = 2nr_n$ von der Grundlinie AB
- Die Mittelpunkte der Kreise der Pappos-Kette liegen auf einer <u>Ellipse</u> (gestrichelt). Die <u>Brennpunkte</u> dieser Ellipse sind die Mittelpunkte der Strecken $|AB|$ und $|AC|$.
- Die Punkte, in denen die Kreise der Pappos-Kette einander berühren, liegen auf einem Kreis.

Die Figur wird oft gespiegelt und zu je zwei berührenden Kreisen ein dritter Berührkreis konstruiert. Setzt man dies rekursiv fort, so erhält man eine Apollonios-Kreisfüllung (gemäß der Berührungsaufgabe). Im englischen Sprachraum heißt die zugehörige Figur Apollonian-Gasket (Abb. 22.17).

4) Isoperimetrie
Am Anfang von Buch V formulierte Pappos das berühmte Essay *Über die Weisheit der Bienen,* indem er die Klugheit der Bienen rühmt zu wissen: Dass von allen konvexen Polygonen, die eine Parkettierung der Ebene erlauben, die Honigwaben in Form von regulären Sechsecken eine optimale Fläche besitzen. Dabei dient der Umfang der Sechsecke als Maß für den Materialverbrauch Wachs:

> Obwohl Gott den Menschen, mein lieber Megethion, den besten und vollkommensten Verstand für Weisheit und Mathematik gegeben hat, hat er doch einen Teil davon für einige nicht mit Vernunft ausgestattete Geschöpfe reserviert. [...] Dieser Instinkt kann bei mehreren Geschöpfen beobachtet weren, am deutlichsten erkennbar bei den Bienen. [...] Vertraut, ohne Zweifel, mit der Aufgabe von den Göttern zu den wohlerzogenen Menschen einen Anteil am Nektar zu bringen, wissen sie, dass es nicht angemessen ist, diesen irgendwo auf

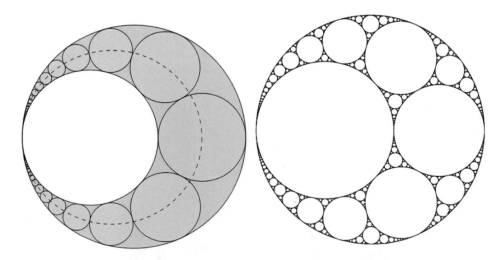

Abb. 22.17 Pappus-Kette und Apollonios-Kreisfüllung (Wikimedia Commons)

der Erde oder im Holz zu vergießen, sondern, indem sie die schönsten Teile der süßesten Blüten der auf der Erde wachsenden Blumen sammeln, bauen sie von sich aus Waben zum Speichern des Honigs, die alle eine kongruente, zusammenpassende und hexagonale Form haben. [...] Die Bienen wissen also, was nützlich ist für sie [...], dass das Sechseck größer ist als das Quadrat und das Dreieck [bei gegebenem Umfang] und dass es bei gleichem Materialaufwand mehr Honig aufnehmen kann.

Schon bei den Pythagoreern tauchte die Frage auf, ob es Polygone gibt, die bei gegebenem Umfang eine größere Fläche als andere haben. Den ersten Hinweis auf das Problem gab Theon von Alexandria in seinem Kommentar zu Almagest, in dem er K. Ptolemaios zitiert:

Genau so wie bei den Polygonen bei gegebenem Umfang, diejenigen die größte Fläche haben, je mehr Ecken sie haben, genau hat der Kreis in der Ebene die größte Fläche und die Kugel im Raum das größte Volumen (bei gegebener Oberfläche).

Wie man der Schrift Theons entnimmt, beschäftigte sich bereits Zenodoros (ca. 200–140 v.Chr.) mit isoperimetrischen Figuren; seine Schriften sind jedoch verloren. Nach Theon bewies Zenodoros folgende Sätze:

- Von allen geschlossenen Kurven der Ebene von vorgegebenem Umfang hat der Kreis den größten Flächeninhalt.
- Von allen geschlossenen Kurven der Ebene mit gleichem Flächeninhalt hat der Kreis den kleinsten Umfang.

Pappos behandelt die Isoperimetrie in *Collectio* (III, 86–95) und (V, 72–105). Er untersucht auch andere Figuren und beweist, dass von allen Kreissegmenten (bei gegebenem Umfang) der Halbkreis die größte Fläche hat; ferner, dass von allen Polygonen mit gleicher Eckenzahl und gleichem Umfang, das reguläre *n*-Eck die größte Fläche hat. Ebenfalls: Von allen räumlichen Figuren bei gegebener Oberfläche hat die Kugel das größte Volumen.

Weitere Literatur

Cuomo S.: Pappus of Alexandria and the Mathematics of Late Antiquity, Cambridge (2007)

Cuomo S.: Ancient Mathematics, Routledge London (2001)

Gerhardt C.I. (Hrsg.): Die Sammlung des Pappus von Alexandrien, 2 Bände, Halle (1871)

Pappus of Alexandria: Book IV of the Collection, H. Sefrin-Weis (Ed.), Springer (2010)

Pappus of Alexandria: Book VII of the Collection, Part 1, 2, A. Jones (Ed.), Springer (1986)

Rome A.: Commentaires de Pappus et de Theon d'Alexandrie sur l'Almageste I, Rom (1931)

Pappus d'Alexandrie, Ver Eecke P.: La Collection Mathématique, Desclée de Brouwer, Paris (1933)

Theon von Alexandria

23

Mit Theon von Alexandria ist die Phase der hellenistischen Mathematik in Alexandria beendet. Seine Bearbeitung der *Elemente* Euklids ist insofern bedeutsam, da alle Euklid-Ausgaben bis 1800 auf seiner redaktionellen Arbeit beruhen. Seine Tochter Hypatia ist die einzige namentlich bekannte Mathematikerin des griechischen Altertums. Sie vertrat, wie ihr Vater, die altplatonische Philosophie und wurde 415 von einem christlichen Pöbel ermordet; von ihren Werken ist keines überliefert.

23.1 Leben und Werk

Theon von Alexandria (Θέων ὁ Ἀλεξανδρεύς) (335–405 n.Chr.) war Mathematiker und Astronom in Alexandria zu einer Zeit, in der die alten (heidnischen) Institutionen heftig umkämpft waren. Seine Lebenszeit ist durch zwei astronomische Beobachtungen fixiert. Er hat die Sonnenfinsternis vom 16. Juni 364 und eine Mondfinsternis vom November des gleichen Jahres in Alexandria beobachtet, wie er in seinem Almagest-Kommentar (Buch VI) berichtet. Die Suda gibt an, dass er unter Kaiser Theodosius I (Regierungszeit 379–395) in Alexandria lebte; ferner, dass er Mitglied des Museions war. Die Datierung passt zu den gegebenen Daten; mit *Museion* ist vielleicht ein Nachfolge-Institut gemeint. Die von Ptolemaios begonnenen chronologischen Tafelwerke setzte er fort bis zur Konsular-Liste des Jahres 372.

Sein Hauptwerk ist der schon erwähnte, elf Bände umfassende Kommentar zum Almagest des K. Ptolemaios, der in zahlreichen Manuskripten überliefert ist. Im Vorwort berichtet er, dass er von den Zuhörern seiner Vorlesung zur Herausgabe gedrängt worden ist. Er verspricht

> … es besser zu machen wie andere Kommentatoren, die vorgeben, nur das auszulassen, was offensichtlich ist, aber über die wahren Schwierigkeiten hinweggehen.

© Springer-Verlag GmbH Deutschland, ein Teil von Springer Nature 2024
D. Herrmann, *Die antike Mathematik,* https://doi.org/10.1007/978-3-662-68478-8_23

Zu Theons Almagest-Kommentar schreibt T. Heath:

> Dieser Kommentar ist nicht dafür geeignet, uns eine sehr hohe Meinung über Theons ma-
> thematische Fähigkeit zu verschaffen; aber er ist wertvoll wegen der verschiedenen histori-
> schen Hinweise, die er gibt. Wir verdanken ihm einen nützlichen Bericht über das Rechnen
> der Griechen mit Sexagesimalbrüchen, der durch Beispiel zu Multiplikation, Division und
> Wurzelziehen, auch durch Approximation, illustriert wird.

Von Euklids Schriften bearbeitete Theon die *Elemente,* das Buch *Data* und die *Optik.*
Seine Fassung der Elemente war um Klarheit und Widerspruchsfreiheit bemüht. Er
schaltete in schwierigere Beweise zusätzliche Zwischenschritte ein, behandelte Spezialfälle und formulierte zusätzliche Lemmata und Korollare. T. Heath bemerkt zur Euklid-
Edition:

> Er machte nur unbedeutende Ergänzungen zum Inhalt der *Elemente* und bemühte sich dabei
> Schwierigkeiten, die Anfänger beim Studieren des Werks haben könnten, zu beseitigen, wie
> es auch ein moderner Herausgeber bei Schulbüchern macht. Ohne Zweifel fand die Edition
> die Zustimmung seiner Schüler in Alexandria, für die diese Ausgabe geschrieben wurde,
> wie auch die der später lebenden Griechen, die sie fast ausschließlich benutzten.

Seine Bearbeitung der *Elemente* ist daran zu erkennen, dass er in seinem Kommentar
eine von ihm vorgenommene Ergänzung zu Proposition Euklid [VI, 33] erwähnt:

> Dass Kreissektoren in gleichen Kreisen sich verhalten wie die Winkel, auf denen sie stehen,
> habe ich in meiner Ausgabe der Elemente am Ende von Buch VI bewiesen.

Anhand dieses Merkmals konnte festgestellt werden, dass alle bis zum Beginn des 19.
Jahrhunderts bekannt gewordenen griechischen, arabischen und lateinischen Text-
fassungen der Elemente auf den von Theon redigierten Text zurückgehen.

Erst 1808 fand François Peyrard (1760–1822), damals Bibliothekar der Pariser *École
Polytechnique,* in alten Manuskripten ein griechisches Manuskript, das sich durch das
Fehlen des Zusatzes zu (VI, 33) als Text *vor* Theon zu erkennen gab. Dieses Manuskript
war während des napoleonischen Feldzuges in Italien aus der Bibliothek des Vatikans
geraubt und von dem bekannten Mathematiker G. Monge nach Paris gebracht worden.
Er verwendete dieses Manuskript für die 1814/16 erschienene Neuauflage einer dreibändigen griechisch-lateinisch-französischen Ausgabe der *Elemente.* Dieses Manuskript,
heute als „P" (nach Peyrard) oder als *Codex Vat. graec. 190* berühmt, wurde 1814 nach
dem Sturz Napoleons an den Vatikan zurückgegeben. Es diente am Ende des 19. Jahrhunderts als Hauptquelle für die heute maßgebliche griechisch-lateinische Textfassung
der Elemente von J.L. Heiberg, auf der auch alle modernen Ausgaben in lebenden Sprachen beruhen.

Zu erwähnen ist, dass in Herculaneum gefundenen Papyri etwa 120 Zeilen von
Euklids Buch I aufweisen; von denen etwa die Hälfte nicht mit dem Heiberg-Text
übereinstimmen. Auch die beiden arabischen Übersetzungen von *al-*Ḥaǧǧāǧ (Ende
8. Jahrhundert) und Ishaq ibn Ḥunayn, später verbessert von Thābit ibn Qurra

(Mitte 9. Jahrhundert), zeigen verschiedene Abweichungen. Speziell W.R. Knorr[1] artiku-
lierte seine Unzufriedenheit mit der Heiberg-Version. Eine ausführliche Diskussion über
die Abweichungen des griechischen bzw. arabischen „Euklid" liefert M. Klamroth[2]. Er
kommt zu dem Schluss, dass die arabische Übersetzung auf einer älteren griechischen
Handschrift basiert, die aber verloren ist.

Theon widmete seinen Kommentar einem Knaben namens Epiphanios, der möglicherweise sein Sohn war. Ferner bestätigt er, dass seine Tochter Hypatia zum Buch III
beigetragen und das ganze Werk herausgegeben habe. Theon und Hypatia sind die letzten (heidnischen) Wissenschaftler aus Alexandria, deren Namen überliefert worden sind.

23.2 Hypatia von Alexandria

> Bewundernd blick´ ich auf zu dir und deinem Wort,Wie zum Sternbild der Jungfrau, das am
> Himmel prangt.Denn all dein Tun und Denken strebet himmelwärts,Hypatia, du Edle, süßer
> Rede Born, gelehrter Bildung unbefleckter Stern![3]

Hypatia (Ὑπατία) von Alexandria (370–415), war die erste Mathematikerin, deren
Namen überliefert wurde. Da Mädchen das *Gymnasion* nicht besuchen durften, wurde
sie von ihrem Vater umfassend unterrichtet. Ihr Vater war Theon von Alexandria, ein pla-
tonischer Philosoph und Astronom am Nachfolge-Institut des Museions. Hypatia arbeitete am Serapeion, das aus dem von Arsinoe II gestifteten Serapis-Tempel und der übrig
gebliebenen Bibliothek des Museion bestand. Als Kaiser Theodosius im Jahre 391 n.Chr.
befahl, alle heidnischen Tempel zu zerstören, wurde auch der Rest der Bibliothek ver-
brannt. Hypatia lehrte dort nicht nur die Philosophie der platonischen Schule, sondern
auch Mathematik und Astronomie. Ein Schüler Hypatias schrieb über sie:

> Im Philosophentalar zog sie durch die Innenstadt und sprach für alle, die zuhören wollten,
> öffentlich über die Lehren des Platon oder des Aristoteles. […] Die Magistraten pflegten für
> die Verwaltung der Staatsgeschäfte zuerst ihren Rat einzuholen.

Der Zeitgenosse Sokrates Scholasticus (ca. 380–439) von Konstantinopel schrieb in seiner *Historia Ecclesiastica*:

> Es lebt eine Frau in Alexandria, mit Namen Hypatia, Tochter des Philosophen Theon, die
> solche Fortschritte in Literatur und Wissenschaft machte, dass sie bald alle Philosophen
> ihrer Zeit übertraf. Nach Abschluss ihrer Studien von Platon und Plotin erklärte sie die Prin-

---

[1] Knorr W.R.: The wrong Text of Euclid: On Heiberg's Text and its Alternatives, Centaurus 1996,
Vol. 38, S. 208–276.

[2] Klamroth M.: Über den arabischen Euklid, Zeitschrift der Deutschen Morgenländischen Gesellschaft, Band 35, 1881, S. 270–326.

[3] Palladas, Anthologia Graeca IX,400.

zipien der Philosophie ihren Hörern, von denen viele von weit her kamen, um von ihr unterrichtet zu werden.

Sie fertigte auch auf Wunsch des *Synesius* von Kyrene, dem späteren Bischof von Ptolemaïs (heute in Libyen), ein Astrolabium und ein Hydroskop an. In seinen Briefen nannte Synesius sie *Mutter, Schwester und verehrte Lehrerin.* In einem Schreiben bittet er sie um ein Urteil über zwei Bücher, die er veröffentlichen möchte

> Wenn Du der Meinung bist, dass ich meine Bücher publizieren soll, will ich diese allen Rednern und Philosophen widmen. Die erstgenannten wird es erfreuen, den anderen wird es nützlich sein; vorausgesetzt das Projekt wird von Dir gebilligt, denn Du bist wahrhaft imstande ein Urteil zu fällen. Wenn es nicht wert ist, von griechischen Ohren vernommen zu werden, dann setzt Du – wie Aristoteles – die Wahrheit höher ein als die Freundschaft; eine tiefe Dunkelheit wird das Projekt überschatten und die Menschheit wird nie davon erfahren.

Die Suda schreibt ihr drei Werke zu, nämlich je einen ausführlichen Kommentar zur Arithmetik des Diophantos, den Kegelschnitten des Apollonios und dem astronomischen *Kanon.* Sicher ist auch ihre Mitarbeit am Buch III von Theons Almagest-Kommentar, wie ihr Vater am Beginn des Buches schreibt.

Seit seiner Gründung war Alexandria ein Sammelbecken für verschiedene Glaubensrichtungen geworden. Das Hellenentum entwickelte sich in Ägypten aus christlicher Sicht zu einer heidnischen Religion mit einer Vielzahl von Göttern. Da das Ptolemäerreich auch Syrien umfasste, lebten auch zahlreiche Juden in Alexandria. Nach der Teilung des Römischen Reiches war Alexandria an Ostrom (=Byzanz) gefallen. Da der (ost-)römische Kaiser Theodosius 380 n.Chr. das Christentum zur Staatsreligion erhoben hatte, war das Christentum offizielles Bekenntnis. Religiöse Eiferer zettelten mehrfach gewaltsame Auseinandersetzungen an, unter anderem zerstörten sie 391 n.Chr. das Serapeion. Eine der vielen gewaltsamen Ausschreitungen führte schließlich im März 415 zum Tod der Hypatia, die als letzte Vertreterin des heidnischen Glaubens galt (Abb. 23.1).

Die Überlieferung besagt, dass Kyrill, der seit 412 Bischof von Alexandria war, eine Menge christlicher Eiferer angestiftet haben soll, Hypatia zu ermorden. Er gab vor, Hypatia habe einen unheilvollen Einfluss auf den römischen Präfekten Orestes. Da er später auf dem Konzil von Ephesos (431) gegen den Widerstand Nestorius' die Gottesmutterschaft Marias durchsetzen konnte, wurde er sogar heiliggesprochen. Mit Hypatias Tod erlosch die neuplatonische Schule Alexandrias. Im Jahre 529 wurde auch die (späte) Akademie in Athen durch Justinian geschlossen. Damit ging ein Großteil des wissenschaftlichen Wissens der Antike für immer verloren. Ein sehr geringer Teil der Schriften überlebte nur, weil er in Byzanz oder von islamischen Gelehrten bewahrt und übersetzt wurde oder bereits eine lateinische Übersetzung davon existierte.

Abb. 23.1 Ermordung Hypatias, AKG182994 Copyright / akg-images

Tertullian (160–220 n.Chr.), der erste christliche, lateinisch schreibende Autor, bemerkt in *De Praescriptione Haereticorum* VII:

> Was hat also Athen mit Jerusalem zu schaffen, was die Akademie [Athens] mit der Kirche, was die Häretiker mit den Christen? Unsere Lehre stammt aus der Säulenhalle Salomos, der selbst gelehrt hatte, *man müsse den Herrn in der Einfalt seines Herzens suchen.* […] Wir bedürfen seit Jesus Christus der Forschung nicht mehr, auch nicht des Untersuchens, seitdem das Evangelium verkündet worden ist. Nach Christus brauchen wir keinerlei Wissbegier mehr; nach den Evangelien sind keinerlei Forschungen mehr nötig.

Weitere Literatur

Cameron A.: Isidore of Miletus and Hypatia, On the Editing of Mathematical Texts, Greek, Roman and Byzantine Studies, 31 (1990)
Deakin M.: Hypatia of Alexandria – Mathematician and Martyr, Prometheus Books 2007
Rome A.: Commentaires de Pappus et de Theon d'Alexandrie sur l'Almageste I, Rom 1931

Proklos Diadochos

24

Während das Serapeion in Alexandria bereits 391 n.Chr. von christlichen Eiferern zerstört wurden, konnte die Akademie in Athen mit Unterbrechungen noch bis zum Jahr 529 existieren. Proklos war der viertletzte Philosoph dieser Akademie. Von ihm sind zahlreiche Schriften erhalten; für die Mathematikgeschichte bedeutsam ist sein Kommentar zum Buch I der Elemente geworden. Dieses Werk enthält das sog. *Mathematikerverzeichnis;* dies ist ein Ausschnitt aus der von Aristoteles in Auftrag gegebenen Mathematikgeschichte des Eudemos.

> Das aber ist Mathematik: Sie erinnert dich an die unsichtbaren Formen der Seele; sie gebiert ihre eigenen Entdeckungen; sie erweckt den Geist und reinigt den Intellekt; sie erleuchtet die uns innewohnenden Ideen; sie vernichtet das Vergessen und die Ahnungslosigkeit, die uns mit der Geburt zu eigen ist. (Proklos)

Proklos (411–485 n.Chr.) wurde in Byzanz geboren. Er sollte, wie sein Vater Patricius, ein Rechtsgelehrter werden. Er studierte Rhetorik und Rechtswesen in Xanthus (Lykien) und später in Alexandria. Auf Wunsch des römischen Statthalters Theodorus begleitete der junge Proklos den Gelehrten Leonas von Isauria nach Byzanz. Die Begegnung am Hof von Byzanz mit der Kaiserin Eudocia und ihres Vaters Leontios erweckten in ihm den Wunsch, sich der Philosophie zu widmen. Sein Biograf berichtet, er habe eine Vision gehabt: Die Göttin Athene empfahl ihm das Studium der Philosophie in Athen. Er kehrte zunächst nach Alexandria zurück, um dort Logik und Mathematik zu studieren.

Mit diesen Kenntnissen nahm er 430 (dem Todesjahr Augustinus') mit 19 Jahren das Studium in Athen an der Neuen Akademie auf, die von Plutarch von Athen gegründet worden war. Plutarch bestimmte nicht einen seiner Söhne zum Nachfolger, sondern Syrianos. Da dieser bald sein Talent erkannte, nahm er Proklos in sein Haus auf, wo er speziell mit den Werken Aristoteles' und Teilen des platonischen Werkes geschult wurde. Nach dem plötzlichen Tod des Syrianos 437 wurde Proklos dessen Nachfolger und

© Springer-Verlag GmbH Deutschland, ein Teil von Springer Nature 2024
D. Herrmann, *Die antike Mathematik,* https://doi.org/10.1007/978-3-662-68478-8_24

erhielt daher den Beinamen *Diadochos* (=Nachfolger) und übernahm dessen platonische Philosophievorlesungen. Sein ehemaliger Schüler und spätere Biograf Marinos[1] von Neapolis berichtet, dass Proklos ein arbeitsintensives und asketisches Leben führte und seine Lehrtätigkeit bis zu seinem Tod 485 ausübte:

> Tag und Nacht arbeitend mit nicht ruhender Disziplin und Sorgfalt, alles Gesagte in verständlicher und kritischer Weise niederschreibend, machte Proklos Fortschritte in so kurzer Zeit, dass er – obwohl erst 28 Jahre alt – zahlreiche Abhandlungen verfasste, die gekonnt sein umfassendes Wissen zeigten, insbesondere über Platos *Timaios* (*Vita Procli* 13, 10)

Proklos' enzyklopädisches Wissen schlug sich in etwa 50 Werken nieder; er versuchte das Wissen mit Hilfe von Logik, Ethik, (Meta-)Physik, Mathematik und Theologie zu reflektieren. Besonders erwähnenswert ist sein Glaube an die alles bestimmende Vorsehung (*pronoia*). Er verfasste zahlreiche Kommentare zu den platonischen Werken (insbesondere zu *Parmenides* und *Timaios*), von denen aber nur ein Bruchteil erhalten ist. Auch seine Interpretationen von Homer und Hesiod sind verloren gegangen. Vollständig erhalten aber ist sein Kommentar zum ersten Buch des Euklid. Dies ist ein absoluter Glücksfall für die Mathematik-H, da der Kommentar wichtige Auszüge aus der *Geschichte der Mathematik* von Eudemos zitiert, das Werk Eudemos' war um 370 v.Chr. im Auftrag des Aristoteles geschrieben worden. Dieser Eudemos-Bericht ist eine wertvolle Informationsquelle über frühere Mathematiker, die in keiner anderen Schrift erwähnt werden. In seinem *Timaios*-Kommentar äußert sich Proklos unzufrieden mit Ptolemaios' Planetentheorie.

Ein Abschnitt über die grundlegende Rolle der Mathematik aus dem Vorwort zu Buch I des Euklid-Kommentars wird von J. Kepler[2] in den Vorreden zu den Büchern III und IV seiner *Harmonices Mundi* verwendet:

> Dass nun die Mathematik für die Philosophie vor allem Nutzen gewährt, ist hieraus klar... Denn sie zeigen in den Zahlen die Bilder ihrer das natürliche Sein überragenden Eigenschaften und lassen die Kräfte der intellektuellen Figuren in denen des vermittelnden Denkens erkennen. Deshalb lehrt uns Platon viele wunderbare Lehrsätze über die Götter mit Hilfe von mathematischen Figuren, und die Philosophie der Pythagoreer verbirgt hinter solchen Schleiern die geheimnisvolle Lehre von den göttlichen Wahrheiten.

Er fährt fort:

> Ferner ist sie [die Mathematik] für die Naturwissenschaft von größtem Nutzen: Sie erhellt die schöne Ordnung der Verhältnisse, die dem geschaffenen All zugrunde liegt und die Analogie, die, wie irgendwo Timaios sagt, alles in der Welt miteinander verbindet ... Sie

---

[1] Marinos von Neapel, Männlein-Robert, I (Hrsg.): Über das Glück – Das Leben des Proklos, Mohr Siebeck 2019.

[2] Kepler J., Kraft F. (Hrsg.): Was die Welt im Innersten zusammenhält, Reprint Marix 1923, S. 178.

erforscht endlich auch die Zahlen, die jedem der entstehenden Körper, seinen Umläufen und seiner Rückkehr zum Ausgangspunkt zu eigen sind und die uns instand setzen die Zeiten gesunder Nachkommenschaft allen Lebens und auch der ungesunden zu erforschen.

Kritik äußert Proklos auch an der Formulierung des Parallelen-Axioms von Euklid, das ihm nicht einsichtig erscheint. Er schreibt

…ebenso wird auch bei den Axiomen das angenommen, was auf der Stelle ersichtlich ist und das unserem ungeschulten Denken keine Schwierigkeit bereitet, bei den Postulaten aber suchen wir das zu finden, was leicht zu beschaffen und festzustellen ist.

Er weist darauf hin, dass schon Geminos von Rhodos es bemerkt hatte, dass es gewisse Kurven und Geraden gibt, die ins Unendliche gehend sich annähern, ohne aber sich zu schneiden, wie die Asymptoten die Äste einer Hyperbel.

Interessant sind auch seine Bemerkungen über Abstufungen von unendlichen Mengen. Er stellt fest, dass es unendlich viele Möglichkeiten gibt, einen Kreis mittels Durchmesser zu halbieren. Die beiden Kreishälften können aber auf zwei verschiedene Arten zusammengesetzt werden; somit gibt es mehr Kreis-Zusammensetzungen als Halbierungen.

24.1   Mathematische Probleme von Proklos

(1) Punktweises Konstruieren einer Ellipse (Abb. 24.1).

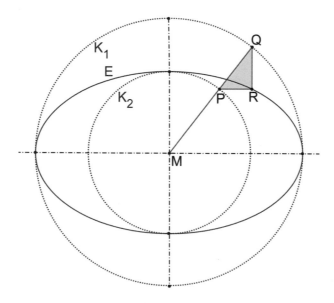

Abb. 24.1 Punktweise Konstruktion einer Ellipse

Sucht man eine Ellipse mit den Halbachsen (a, b), so konstruiert man zwei konzentrische Kreise K_1, K_2 mit diesen Radien. Der Radiusvektor zu einem gegebenen Winkel
schneidet die beiden Kreise in den Punkten P und Q. Das Lot von Q auf die waag-
rechte Achse und die Parallele durch P zur waagrechten Achse schneiden sich im
Ellipsenpunkt R. Durchläuft P den Kreis K_2 und Q den Kreis K_1, so liefert die Konstruktion die gesuchte Ellipse E. Die Abbildung $K_1 \to E$ ist eine Streckung in y-Richtung mit dem Streckfaktor $\frac{b}{a}(b < a)$.(2)   Auf welcher Kurve bewegt sich ein be-
stimmter Punkt einer Strecke mit *fester* Länge, wenn sich die Strecken-Endpunkte auf
zueinander senkrechten Achsen bewegen?

Es sei P der Punkt, der die Streckenlänge im Verhältnis $a : b$ teilt (Abb. 24.2).

Proklos stellte fest, dass sich der Punkt P auf einem Kegelschnitt bewegt. Nach Abbildung gilt:

$$x = a \sin \alpha \; \therefore \; y = b \cos \alpha$$

Der zugehörige geometrische Ort ist eine Ellipse mit den Halbachsen a, b:

$$\left(\frac{x}{a}\right)^2 + \left(\frac{y}{b}\right)^2 = (\sin \alpha)^2 + (\cos \alpha)^2 = 1$$

Ist P speziell der Mittelpunkt der Strecke, so ergibt sich wegen $a = b$ ein Kreis.

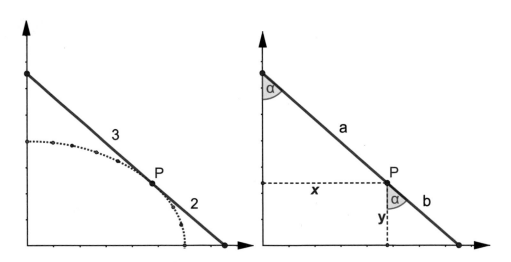

Abb. 24.2 Bewegung einer Strecke auf senkrechten Achsen

24.2   Das Mathematiker-Verzeichnis des Eudemos

In dem Vorwort zum Buch II seines Euklid-Kommentars gibt Proklos[3] einen Ausschnitt aus der Mathematikgeschichte des Eudemos wieder. Eudemos hatte um 334 im Auftrag von Aristoteles vier Bücher zur Geschichte der *Mathematik* und *Astronomie* geschrieben. Der Bericht enthält zahlreiche Namen von Mathematikern, die sonst aus anderen Quellen nicht belegt sind. Der Bericht wird daher auch das Mathematiker-Verzeichnis genannt.

Wie nun bei den Phönikern aus Handel und Verkehr die Anfänge der genauen Kenntnis der Zahlen sich ergaben, so wurde auch bei den Ägyptern aus dem bezeichneten Grunde die Geometrie geschaffen. Thales aber verpflanzte zuerst, nachdem er nach Ägypten gekommen, diese Wissenschaft nach Griechenland und machte selbst viele Entdeckungen; zu vielen anderen legte er für die Späteren den Grund[stein]. Sein Verfahren war teilweise mehr allgemeiner Art, teilweise mehr auf Sinnendinge ausgerichtet. Nach ihm war es *Mamertios*, der Bruder des Dichters Stesichoros, der sich nach der Überlieferung mit dem Studium der Geometrie befasste; ferner Hippias von Elis, der aufgrund seiner der Geometrie zu Ruhm gelangte. Ihnen folgte Pythagoras, der ihren wissenschaftlichen Betrieb in das System der höheren Bildung einbezog. Seine Untersuchungen galten ihren obersten Prinzipien und seine theoretischen Forschungen bewegten sich frei von materiellen Einflüssen im Bereich des reinen Denkens. Er war es auch, der die Lehre von den Proportionen und die Darstellung von den fünf Weltkörpern schuf. Nach diesen befasste sich Anaxagoras von Klazomenai mit vielen Problemen der Geometrie und dann, ein wenig jünger als Anaxagoras, Oinopides von Chios. Von beiden bemerkte Platon in den Rivalen, sie seien wegen ihrer mathematischen Kenntnisse berühmt geworden. Nach diesen waren Hippokrates von Chios, der Erfinder der Möndchen-Quadratur, und Theodoros von Kyrene namhafte Fachvertreter. Denn Hippokrates begegnet uns in der Geschichte als erster Verfasser eines Elementarbuchs.

Auf sie folgte Platon, dessen eifrigem Studium es zu verdanken ist, dass die anderen mathematischen Wissenszweige und besonders die Geometrie den größten Aufschwung nahmen. Er hat ersichtlich seine Schriften mit mathematischem Gedankengut ganz und gar durchsetzt und geht allenthalben darauf aus, in den Philosophie beflissenen das Staunen über diese Dinge hervorzurufen. In dieser Zeit lebten auch Leodamas von Thasos, Archytas von Tarent und Theaitetos von Athen, von denen die Lehrsätze vermehrt und in ein den wissenschaftlichen Anforderungen entsprechendes System gebracht wurden. Jünger als Leodamas ist Neokleides und dessen Schüler Leon, die den Wissensstand ihrer Vorgänger beträchtlich erweiterten, sodass Leon ein in dieser Hinsicht auf Reichtum und Brauchbarkeit der Beweise gediegenes Elementarbuch verfassen und auch genaue Bestimmungen dafür geben konnte, wann die Lösung einer gestellten Aufgabe möglich ist oder auch nicht. Eudoxos von Knidos sodann, wenig jünger als Leon und ein Freund von Platons Schülern, hat als erster die Zahl der sogenannten allgemeinen Lehrsätze vermehrt, zu den drei Proportionen drei weitere hinzugefügt und die Lehre von der Teilung der Geraden, die Platon zugrunde gelegt hatte, in mehreren Sätzen weitergeführt, wobei er sich auch der analytischen Methode bediente.

---

[3] Proklus Diadochos, Steck M.(Hrsg.): Euklid-Kommentar, Deutsche Akademie der Naturforscher Halle 1945, S. 211–214.

Amyntas von Heraklea, ein Freund Platons, Menaichmos, Schüler des Eudoxos, der auch mit Platon gleichzeitig war, und dessen Bruder Deinostratos bauten das ganze System der Geometrie noch vollkommener aus. Theudios von Magnesia ferner war hervorragend auf dem Gebiet der Mathematik und anderen Wissenschaften. Denn er brachte die Elementarlehre in ein geordnetes System und gab vielen definitionsartigen Bestimmungen eine allgemeine Fassung. Auch Athenaios von Kyzikos, der derselben Zeit angehört, machte sich durch seine Leistungen auf dem Gebiet der anderen mathematischen Disziplinen und besonders der Geometrie einen Namen. Alle diese lebten miteinander in der Akademie und betrieben gemeinsam ihre Forschungen. Hermotimos von Kolophon entwickelte die Ergebnisse des Eudoxos und Theaitetos weiter, leistete einen bedeutenden Beitrag zu den Elementen und schrieb eines über (geometrische) Örter. Philippos von Medma ferner, Platons Schüler und von diesem zum Studium der Mathematik angeregt, betrieb seine Forschungen nach Anleitung Platons und stellte sich nur solche Aufgaben, von denen er sich eine Förderung der platonischen Philosophie versprach. Bis auf diesen herab führten die Geschichtsschreiber der Entwicklung dieser Wissenschaft zurück.

Der Eudemos-Bericht wird von Proklos noch ergänzt:

Nicht viel jünger als dieser ist Euklid, der die Elemente zusammenstellte, viele Ergebnisse von Eudoxos zusammenfasste, viele des Theaitetos zum Abschluss und die weniger stringenten Beweise seiner Vorgänger in eine nicht widerlegbare Form brachte. Er lebte zur Zeit des ersten Ptolemaios. Denn Archimedes, der nach dem ersten Ptolemaios lebte, erwähnt Euklid und erzählt auch in der Tat, Ptolemaios habe ihn einmal gefragt, ob es nicht für die Geometrie einen kürzeren Weg gebe als die Lehre der Elemente. Er aber antwortete, es führe kein königlicher Weg zur Geometrie. Er ist jünger als Platons Schüler, aber älter als Eratosthenes und Archimedes; denn diese sind Zeitgenossen, wie Eratosthenes irgendwo sagt. Er gehörte zur platonischen Schule und war mit dieser Philosophie vertraut, weshalb er auch als Ziel der gesamten Elementarlehre die Darstellung der sog. Platonischen Körper aufstellte. Von ihm stammt auch eine große Menge anderer mathematischen Schriften, alle ausgezeichnet durch bewundernswerte Exaktheit und wissenschaftliche Spekulation.

Dieser Teil über Euklid kann nicht von Eudemos stammen, da Euklid nach ihm gelebt hat. Dies ist bereits P. Tannery in seinem Werk *La geométrié greque* (1887) aufgefallen; er vermutete Geminos von Rhodos als Verfasser. Dem widerspricht T. Heath (I, S. 109), er schreibt die Autorenschaft einem späteren Schriftsteller zu. Das Problem ist noch heute offen; denkbar ist auch, dass Proklos selbst den Bericht fortgeführt hat. Ein Teil von Eudemos' *Geschichte der Mathematik* hat sich auch im Kommentar vom Simplikios zu Aristoteles' Physik erhalten. Dieser Teil bezieht sich auf die Möndchen-Quadratur des Hippokrates von Chios.

24.3   Weitere wichtige Zitate

(1) **Zum Parallelenproblem (S. 287)**

Posidonios aber sagt, parallel sind die Geraden, die in einer Ebene sich weder nähern noch entfernen, sondern alle Senkrechten gleich haben, die von den Punkten der einen zu der anderen gezogen werden. Diejenigen, die immer kleiner werdende Senkrechte bilden, laufen zusammen; die Senkrechte kann nämlich die Höhe der Orte und die Ab-stände der Linien bestimmen. Sind daher die Senkrechten gleich, so sind auch die Ab-stände der Geraden gleich; werden sie aber größer oder kleiner, so vermindert sich auch der Abstand, und sie laufen auf der Seite zusammen, wo die Senkrechten kürzer werden. Von Asymptoten, die in einer Ebene liegen, wahren immer den gleichen Abstand voneinander, die anderen verringern immer mehr den Abstand gegenüber der Gera-den, wie die Hyperbel und die Konchoide. Diese bleiben nämlich bei stetiger Ver-ringerung des Abstands immer Asymptoten; sie nähern sich zwar einander, aber nie gänzlich. Von den Linien, die stets den gleichen Abstand wahren, sind die Geraden, die ihren Abstand nie verringern und in einer Ebene liegen, Parallelen.

(2) **Beweisversuch des Ptolemaios (S. 422)**

Nachdem Ptolemaios dies [Summe der Nachbarwinkel von Parallelen gleich 2R] im Vorhinein bewiesen und zum vorliegenden Satz gekommen war, wollte er eine besondere Finesse anbringen und zeigen, dass wenn eine Gerade zwei Geraden so schneidet, dass die auf derselben Seite liegenden Innenwinkel kleiner sind als zwei Rechte. Die Geraden sind nicht nur keine Asymptoten, wie gezeigt wurde, son-dern auch ihr Zusammentreffen auf *der* Seite erfolgt, wo die Winkel kleiner als 2R sind, nicht, wo sie größer sind. Es seien also die 2 Geraden AB und CD und EFGH schneide sie so, dass die Winkel AFG und CGF zusammen kleiner als 2R. Dann sind also die übrigen größer als 2R. Wenn sie aber zusammentreffen, so werden sie ent-weder auf der Seite von AC oder auf der Seite von BD zusammentreffen. Sie sol-len nun auf der Seite von BD im Punkt K zusammentreffen. Da die Winkel AFG und CGF zusammen kleiner als 2R sind, die Winkel aber AFG+BFG = 2R, so wird nach Wegnahme des gemeinsamen Winkels AFG der Winkel CGF kleiner sein als der Winkel BFG. Dann ist also der Außenwinkel des Dreiecks kleiner als der gegen-überliegende Innenwinkel, was unmöglich ist. Aber sie treffen zusammen. Sie wer-den also auf der anderen Seite zusammentreffen, wo die Winkel kleiner sind als 2R. Soweit Ptolemaios (Abb. 24.3).

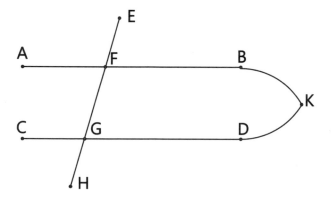

Abb. 24.3 Figur zum Beweisversuch des Ptolemaios

(3) **Unendliche Mengen (S. 276)**

Wenn es aber nur einen Durchmesser, hingegen zwei Halbkreise gibt und Durchmesser von unbegrenzter Zahl durch den Mittelpunkt gehen, so ergibt sich die Folgerung einer Verdopplung des der Zahl nach Unbegrenzten. Einige werfen nämlich
diese Schwierigkeit auf bei der Teilung der Größen, die ins Unendliche fortgeführt
wird. Dagegen bemerken wir, dass die Größe zwar ins Unendliche fortgeschritten
wird, aber nicht in eine unendliche Zahl. Denn letzteres bewirkt erst in Wirklichkeit
die Unendlichkeit, ersteres nur in Potenz, und letzteres bedingt das Wesen des Unbegrenzten, ersteres nur seinen Ursprung. Zugleich mit einem Durchmesser gibt es
also zwei Halbkreise, und die Durchmesser werden niemals unendlich sein, wenn sie
auch ins Unbegrenzte fortgenommen werden, sodass es niemals eine Verdopplung
des Unbegrenzten geben wird, sondern die entstehenden Verdopplungen werden stets
Verdopplungen von begrenzten Zahlen sein.

Literatur

Diadochos et al., 1945. Proklus Diadochos, Steck M. (Hrsg.): Euklid-Kommentar, Deutsche Akademie der Naturforscher Halle (1945)
Neapel et al., 2019.Marinos von Neapel, Männlein-Robert I. (Hrsg.): Über das Glück – Das Leben
des Proklos, Mohr Siebeck (2019)

Die römische Mathematik

25

Obwohl die römischen Architekten und Ingenieure zahlreiche technische Bauten wie Aquädukte, Thermen, Kanalisationen u. a. errichteten, findet sich unten ihnen kein eigenschöpferischer Mathematiker. Zahlreiche Handschriften der Landmesser (ab dem ersten Jahrhundert n.Chr.) wurden im sog. Corpus agrimensorum gesammelt, wobei viele Methoden auf Heron zurückgehen. Die Arbeit der Landmesser war von strategischer Bedeutung, da viele der eroberten Länder erst vermessen werden mussten, zum Straßenbau u.ä. Besprochen werden die Ziffernsysteme des römischen Rechnens, insbesondere die Methoden des Bruchrechnens. Vielfache Zitate aus der lateinischen Literatur illustrieren den Umgang mit Zahlen.

Da die Römer im gesamten Imperium – von Schottland bis zum Kaspischen Meer – gewaltige Aquädukte, Kastelle, Hafenanlagen, Grenzmauern und Brücken gebaut haben, müssen sie dabei über fundierte Kenntnisse in Logistik, Ingenieurswissenschaft und Architektur verfügt haben. Als Beispiel zur Architektur zeigt Abb. 25.1. das berühmte Forum Romanum zur Zeit Caesars. Jedoch ist aus römischer Zeit kein schöpferisch tätiger Mathematiker bekannt geworden. Die Mathematik war bei den Römern nur eine Hilfswissenschaft für Feldmesser (*Agrimensoren*), Ingenieure und Architekten. Beispielhaft lässt sich diese Auffassung bei Cicero nachlesen:

> Jeder weiß, wie dunkel das Fachgebiet der Mathematiker, wie abgelegen, kompliziert und spitzfindig die Wissenschaft ist, mit der sie sich beschäftigen. Trotzdem hat es viele sog. Mathematiker gegeben, dass man den Eindruck gewinnt, kaum jemand, der sich einigermaßen ernsthaft mit Mathematik beschäftigt hat, daran gescheitert ist [*De oratore* I, 3,10].
> Höchster Wertschätzung erfreute sich bei ihnen auch die Geometrie, und deshalb war niemand angesehener als die Mathematiker. Die Geometrie genoss bei den Griechen höchstes Ansehen. Darum war für die Mathematiker nichts bedeutender als die Geometrie; wir [Römer] aber haben den Geltungsbereich dieser Wissenschaft auf den Nutzen beschränkt, den sie uns beim Messen und Rechnen bringt. [*Tusc. Disp.* V, 1.2]

D. Herrmann, *Die antike Mathematik,* https://doi.org/10.1007/978-3-662-68478-8_25

Abb. 25.1 Forum Romanum zur Zeit Caesars (Wikimedia Commons)

> Wenn diese Wissenschaft überhaupt einen Wert hat, dann doch nur den, dass sie die Verstandeskraft der jungen Leute ein wenig schärft und ihr gleichsam einen Anreiz bietet, damit sie das Wichtigere umso leichter lernen können. [*De Re Pub* I, 18]

Cicero ist auch der erste römische Schriftsteller, der Euklid erwähnt (*De oratore* III, 132). Der Autor Claudius Aelian (um 220 n.Chr.) spottet in *De natura animalium* (VI, 57):

> Es scheint, dass alle Spinnen … von Natur ausgeschickt sind in Geometrie. Sie sitzen Im Zentrum ihres Spinnennetzes und verbessern mit großer Genauigkeit ihre äußeren Webkreise. Sie brauchen keinen Euklid dazu.

Die Haltung Senecas, Neros Lehrer, ist gespalten; er schreibt in seinen Briefen:

> Dass die Sonne groß ist, wird dir der Philosoph beweisen; wie groß die Sonne ist, der Mathematiker, der durch eine Art der Anwendung und Übung zu einem Ergebnis kommt; doch um dieses zu erhalten, muss er bestimmte Grundlagen haben. [Epist. 88.27]
> Soll ich am Staub [in dem die Figuren gezeichnet werden] hängen bleiben? Habe ich mich schon so weit von der gesunden Maxime entfernt: Gehe sparsam mit deiner Zeit um! Das [die Geometrie] soll ich wissen? Und was soll ich dafür weglassen? [Epist. 88.42]

J.L. Heiberg[1] kommentierte das oben gegebene Cicero-Zitat polemisch:

---

[1] Heiberg J. L.: Naturwissenschaften und Mathematik im Altertum, S. 73, Teubner Leipzig 1912.

Der Erz-Dilettant Cicero rühmt einmal seine Landsleute, dass sie, Gott sei Dank, nicht sind wie jene Griechen, sondern das Studium der Mathematik und dergleichen auf das praktisch Anwendbare und Nützliche beschränken. Auf den hier behandelten Gebieten haben die Römer daher nichts Selbständiges geleistet; was sie brauchten, entlehnten sie den Griechen.

Zu erwähnen ist, dass die Mathematik als „heidnisches Erbe" im Zuge der Christianisierung verpönt war. So liest man im Codex Iustiani[2] (Buch IX, Titel XVIII, § 9)

Von Übeltätern, Mathematikern und dergleichen (*De maleficis et mathematicis et ceteris similibus*).
(§9.18.2) Die Kunst der Geometrie zu lehren und auszuüben, ist eine öffentliche Aufgabe. Die Kunst der Mathematik, aber ist verdammenswert und ganz und gar verboten.
(§9.18.3) Kein Opferschauer (*haruspex*), kein Tempelpriester (*sacerdos*) und keiner von denen … soll die Wohnung eines anderen betreten…
(§9.18.4) Strafbar und mit Recht durch die strengste Rechtsprechung zu verfolgen ist die Zauberei derjenigen, die, entweder dem Wohlergehen der Menschen zuwider handeln oder ein keusches Gemüt zur Wollust verleitet haben….
(§9.18.5) Niemand soll einen Opferschauer oder einen Sterndeuter oder einen Wahrsager (*hariolus*) um Rat fragen. Das krumme Gewerbe der Vorzeicherseher (*auguris*) und Weissager (*vates*) soll schweigen…

25.1   Das Rechnen mit römischen Zahlen

Die ersten 30 römischen Zahlen zeigt der in Rom gefundene Steckkalender (*parapegma*) (um 350 n.Chr.). In der Mitte sieht man die 12 Tierkreiszeichen, oben die 7 Götter (links Saturn, Sol, Luna, Mars, Merkur, Jupiter und Venus), die Namen der Wochentage liefern. Links und rechts befinden sich die Steckplätze für 30 Tage des römischen Monats (Abb. 25.2).

Die erste grundlegende Untersuchung zur römischen Arithmetik stammt von G. Friedlein in seiner Schrift „Zahlzeichen"[3]. Voraus gegangen war ein Artikel über römische Zahlzeichen von M. Cantor[4] in seiner Schrift über das Kulturleben. Friedleins Buch hatte international wenig Resonanz gefunden.

Relativ spät hat die internationale Mathematikgeschichte die römische Arithmetik zum Thema gemacht. Ein neuerer amerikanischer Grundsatzartikel[5] stammt von D. Mahrer und J. Makowski und beginnt mit den Worten:

---

[2] www.opera-platonis.de/CI/

[3] Friedlein G.: Die Zahlzeichen und das elementare Rechnen der Griechen und Römer, Deichert Erlangen 1869.

[4] Cantor M.: Mathematische Beiträge zum Kulturleben der Völker, Halle 1863, Reprint Olms 1964, S. 155–167.

[5] Maher D. W., Makowski J. F.: Literary evidence for Roman Arithmetic with Fractions, S. 376–399, Classical Philology 96 (2001).

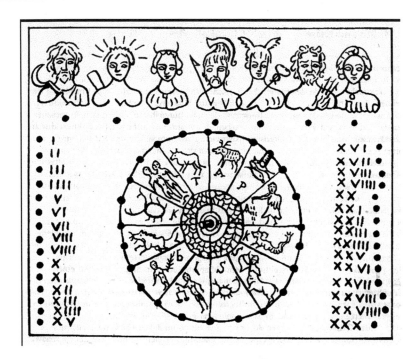

Abb. 25.2 Römischer Steckkalender, Lexikon der Technik Leipzig 1980

Die römische Arithmetik ist ein immerwährendes problematisches Thema, sowohl für Alt-
philologen, als auch für Mathematiker. Gelehrte berichten weltweit über die Schwierigkeiten, die sich ergeben durch die [rein] verbale Beschreibung, sowohl bei geometrischen
Figuren, wie als auch bei der Ausführung schriftlichen Rechnens.

Eine gute Beschreibung, wie speziell die römische Bruchrechnung funktioniert haben
könnte, liefert W.F. Anderson[6] in seinem Grundsatzartikel (1956). Die Unübersichtlich-
keit der römischen Zahlen und das fehlende Stellenwertsystem machten einige Autoren
ratlos. L. Motz und J. Weaver schreiben: *Gibt es irgendjemanden, der irgendeine Rechnung mit DCCCLXXXVIII ausführen kann?* F. Cajori[7] stellt fest:

Während die älteren Zahlsysteme dazu dienen, Ergebnisse zu fixieren, trägt die wunderbare
Macht der Notation der Inder dazu bei, den Rechengang selbst durchzuführen. Um dies zu
prüfen, sollten Sie die Zahl 723 mit 364 multiplizieren und in römischer Schreibweise das
Produkt DCCXXIII mal CCCLXIV ausführen. Letztere Notation liefert wenig bis gar keine
Hilfestellung. So sind die Römer gezwungen, für derartige Rechnungen den Abakus einzu-
setzen.

---

[6]Anderson W. F.: Arithmetical Computations in Roman Numerals, S. 154 ff., Classical Philology 3
(1956).

[7]Cajori F.: A History of Elementary Mathematics, S. 11, New York 1950.

Longitudo

I	II	III	IIII	V	VI	VII	VIII	VIIII	X
II	IIII	VI	VIII	X	XII	XIIII	XVI	XVIII	XX
III	VI	VIIII	XII	XV	XVIII	XXI	XXIIII	XXVII	XXX
IIII	VIII	XII	XVI	XX	XXIIII	XXVIII	XXXII	XXXVI	XL
V	X	XV	XX	XXV	XXX	XXXV	XL	XLV	L
VI	XII	XVIII	XXIIII	XXX	XXXVI	XLII	XLVIII	LIIII	LX
VII	XIIII	XXI	XXVIII	XXXV	XLII	XLVIIII	LVI	LXIII	LXX
VIII	XVI	XXIIII	XXXII	XL	XLVIII	LVI	LXIIII	LXXII	LXXX
VIIII	XVIII	XXVII	XXXVI	XLV	LIIII	LXIII	LXXII	LXXXI	XC
X	XX	XXX	XL	L	LX	LXX	LXXX	XC	C

Latitudo (left) · Latitudo (right)

Longitudo

Abb. 25.3 Einmaleins-Tabelle, französisches Boethius-Manuskript

J. Tropfke (1930) schreibt über die römische Arithmetik:

> Das lange Festhalten an diesem höchst ungeschickten Systeme, in dem schwierige Rechnungen römischer Ingenieure und Feldmesser nur noch schwieriger und unübersichtlicher wurden, ist ein Zeugnis für die geringe wissenschaftlich-mathematische Mitarbeit der Römer.

Im Gegensatz zu altägyptischen und mesopotamischen Quellen haben wir kein Werk, das eine genaue Beschreibung der römischen Rechenarten liefert. Auch von dem beliebten Fingerrechnen finden sich Aufzeichnungen erst bei Beda Venerabilis. Hierbei musste das Einmaleins bis 5 auswendig gelernt werden, größere einstellige Zahlen wurden multipliziert gemäß der Formel:

$$a \cdot b = 10(a + b - 10) + (10 - a)(10 - b); a > 5; b < 10$$

Beispiel ist: $9 \cdot 7 = 10(9 + 7 - 10) + (10 - 9)(10 - 7) = 60 + 3 = 63$

Die erweiterte Formel ist wohl erst später benützt worden:

$$a \cdot b = 10(a + b - 10) - (a - 10)(10 - b); a \geq 10; b < 10$$

Muster ist: $14 \cdot 7 = 10(14 + 7 - 10) - (14 - 10)(10 - 7) = 110 - 12 = 98$

Erst bei Boethius findet man die Beschreibung einer *Einmaleins-Tafel*, jedoch ist sie als Anreihung von Vielfachen von 1 bis 10 gedacht. Die Abb. 25.3 zeigt eine Einmaleins-Tabelle aus einer französischen Boethius[8]-Handschrift.

---

[8] Guillaumin J.-Y. (Hrsg.): Boèce, Institution arithmétique, Les Belles Lettres, Paris 1995, S. 54.

Abb. 25.4 Division römischer Zahlen nach Victorius

DCCCCLX	LXXX	mille XL	LXXX
DCCCXL	LXX	DCCCCX	LXX
DCCXX	LX	DCCLXXX	LX
DC	L	DCL	L
CCCCLXXX	XL	DXX	XL
CCCLX	XXX	CCCXC	XXX
CCXL	XX	CCLX	XX
CXX	X	CXXX	X
CVIII	VIIII	CXVII	VIIII
XCVI	VIII	CIIII	VIII
LXXXIIII	VII	XCI	VII
LXXII	VI	LXXVIII	VI
LX	V	LXV	V
XLVIII	IIII	LII	IIII
XXXVI	III	XXXVIIII	III
XXIIII	II	XXVI	II
XII	I	XIII	I
XI	ꟻꟻꟻ	XI ꟻꟻꟻ	ꟻꟻꟻ
X	ꟻꟻꟻ	X ꟻꟻꟻ	ꟻꟻꟻ
VIIII	ꟻꟻ	VIIII ꟻꟻ	ꟻꟻ
VIII	ꟻꟻ	VIII ꟻꟻ	ꟻꟻ
VII	ꟻ	VII ꟻ	ꟻ
VI	ꟻ	VI ꟻ	ꟻ

Die *erste* Schrift „Assis Distributio", die alle namentlich gegebenen Brüche darstellt, stammt von L. Volusius Maecianus aus dem Jahr 146 n.Chr. Das erste Tabellenwerk zur Multiplikation bzw. Division von römischen Zahlen liefert erst der Kleriker Victorius von Aquitanien (5. Jahrhundert) in seinem Werk *Calculus*[9]. Die Schrift wurde später von Abbo von Fleury ausführlich kommentiert; so dass man den Inhalt weitgehend wiederherstellen kann. Von Victorius ist ein Lebensdatum bekannt: Er verfasste im Jahr 457 im Auftrag des römischen Erzdiakons und späteren Papstes Hilarius ein Werk zur Bestimmung des Ostertermins *(Cursus paschalis)*. Abb. 25.4 zeigt 2 Spalten der Divisionstabellen von Victorius, hier die Divisionen durch {12; 13}. Wenn ein Dividend nicht in der Tabelle erscheint, muss er in Summanden zerlegt werden, die tabelliert sind. Als Beispiel soll die (ganzzahlige) Division $1027 \div 13$ dienen:

$$MXXVII \div XIII = (DCCCCX + CIIII + XIII) \div XIII$$
$$= LXX + VIII + I = LXXVIIII$$

Als weiteres Muster wird hier die Tabelle zur Verdopplung gezeigt (Abb. 25.5):

---

[9] *Victorii calculus ex codice Vaticano editus,* Friedlein G. (Hrsg.): Bullettino di bibliografia e di storia delle scienze matematiche e fisiche. Band 4 (1871), S. 443–463.

Bis	distas	[ʃʃʃ]	id est	assis et bisse	[I ʃ]
Bis	iabus	[ʃʃʃ]	id est	assis et distas	[I ʃʃ]
Bis	assis	[I]	id est	dipondius	[II]
Bis	bini	[II]	id est	quaterni	[IIII]
Bis	terni	[III]	id est	seni	[VI]
Bis	quaterni	[IIII]	id est	octeni	[VIII]
Bis	quini	[V]	id est	deni	[X]
Bis	seni	[VI]	id est	decus dipondius	[XII]
Bis	septeni	[VII]	id est	decus quartus	[XIIII]
Bis	octus	[VIII]	id est	decus sextus	[XVI]
Bis	nonus	[VIIII]	id est	decus octus	[XVIII]
Bis	deni	[X]	id est	viceni	[XX]
Bis	vigeni	[XX]	id est	quadrageni	[XL]
Bis	trigeni	[XXX]	id est	sexageni	[LX]
Bis	quadrageni	[XL]	id est	octogeni	[LXXX]
Bis	quinquai	[L]	id est	cean	[C]
Bis	sexai	[LX]	id est	ceanbiae	[CXX]
Bis	septai	[LXX]	id est	cean quadrai	[CXL]
Bis	octai	[LXXX]	id est	cean sexai	[CLX]
Bis	nonai	[XC]	id est	cean octai	[CLXXX]
Bis	cean	[C]	id est	ducen	[CC]
Bis	ducen	[CC]	id est	quadricen	[CCCC]
Bis	tricen	[CCC]	id est	sexacen	[DC]
Bis	quadricen	[CCCC]	id est	octicen	[DCCC]
Bis	quinquien	[D]	id est	chile	[I milia]

Abb. 25.5 Verdopplung römischer Zahlen nach Victorius

Das Lesen alter Manuskripte mit Brüchen ist schwierig, da sich manche Zahldarstellungen im Laufe der Zeit (bis zur Einführung der indischen Ziffern) geändert haben, wie man beispielsweise der Tabelle der Zehnerpotenzen entnimmt:

1000	(ǀ); ⅭƆ; ∞
10.000	((ǀ)); ⅭⅭƆƆ
100.000	(((ǀ))); ⅭⅭⅭƆƆƆ
1.000.000	|$\overline{X}$|

Die frühen Formen der Zahlzeichen für 1000 bzw. 100.000 finden sich an der Siegessäule *Columna Rostrata* (rote Säule rechts in Abb. 25.1) auf dem *Forum Romanum* in der Nähe der Rednerbühne *(rostrum),* in der (vor dem Umbau Caesars) die Rammspornen der erbeuteten Schiffe eingemauert waren. Die Säule enthält eine Tafel (Abb. 25.6) mit

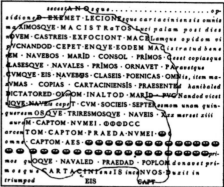

Abb. 25.6 Tafel der Kriegsbeute an der Siegessäule Columna Rostrata mit Umzeichnung (Wikimedia Commons)

der Aufzählung der Kriegsbeute, die die Römer in der Seeschlacht von Mylae (260 v.Chr.) gegen die Karthager erobert haben. Das Zeichen für 100.000 (⊕) nach dem Wort „AES" (= *Erz*) findet man 35 Mal. Geldeinheit war das *As;* dies entsprach anfangs dem Wert eines Kupferbarrens von 1 Pfund. Plinius d.Ä. bestätigt, dass es damals kein Zeichen für Zahlen größer als 100.000 gab:

> Non est apud antiquos numerus ultra centum milia; itaque et hodie multiplicantur haec, ut decies centena milia aut saepius dicuntur. (Bei den Alten gab es keine Zahl größer als 100.000; so vervielfacht man auch heute noch zehnmal mal zehntausend und so weiter).

Später wurde es üblich, Vielfache von 1000 durch einen Querstrich oberhalb zukennzeichnen; so liest sich $\overline{XXX}\,MM$ als 32.000. Vielfache von 10.000 wurden durch ein unten offenes Kästchen markiert. Auch die Stellung der Zeichen war nicht genormt, da das subtraktive Prinzip nicht allgemein beachtet wurde. So finden sich die Schreibweisen ($XC, LXXXX$) für 90 oder ($CCM, DCCC$) für 800.

Eine weitere Schwierigkeit tritt noch bei römischen Brüchen auf, nämlich dass nur bestimmte, wie Vielfache von 1/12, einen Namen tragen; alle anderen Brüche mussten als Vielfache dargestellt werden. Eine weitere, wenig benützte Möglichkeit einen Bruch zu benennen, liefert das Wort *pars,* das Zähler und Nenner verbindet; *partes assis* ist das Wort für einen Bruch. So bedeuten

- Viginti *pars* undesexagesima $= 20/59$
- Diei *pars* MDCXXIII $= 1/1623$ Tag

Auch auf einem römischen Abakus findet man Zahlzeichen für Unzen, d. h. Brüche mit Nenner 12 (Abb. 25.7). Kleinere Brüche konnten als Vielfaches von Unzen bezeichnet werden, z. B. $\frac{1}{36}$ als 1 Drittel Unze *(triens unciae);* da $\frac{1}{72}$ auch *sextula* hieß, war auch der Name *binae sextulae* $\left(2 \times \frac{1}{72}\right)$ möglich.

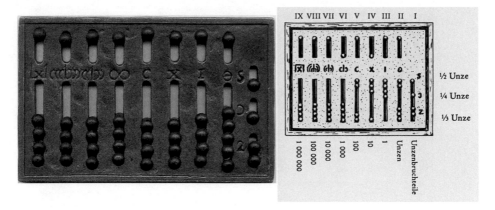

Abb. 25.7   Römischer Abakus mit Umzeichnung (Wikimedia Commons)

Hier die Tabelle aller Brüche mit Namen, sie zeigt deutlich, wie sich in drei Jahrhunderten die Bruchzeichen verändert haben (aus Tropfke[10]) (Abb. 25.8):

Die römischen Bruchzeichen erscheinen selten in der Literatur. D.E. Smith[11] hat eine Liste der Häufigkeiten aufgestellt, mit der die Bruchzeichen erscheinen: Varro (12), Maecianus (14), Isidor (8).

Nach H. Hankel[12] soll unter Verwendung römischer Brüche der folgende Term berechnet werden:

$$\left(1\frac{1}{3}\right)^2 \div \left(1\frac{1}{4}\right)^2$$

Ein möglicher Rechengang ist:

$$\left(1\frac{1}{3}\right)^2 \div \left(1\frac{1}{4}\right)^2 = \left(\frac{4}{3}\right)^2 \times \left(\frac{4}{5}\right)^2 = \left(\frac{16}{15}\right)^2 = \left(1+\frac{1}{15}\right)^2 = \left(1+\frac{1}{5}\cdot\frac{1}{3}\right)^2$$

$$\Rightarrow = 1 + 2\cdot\frac{1}{5}\cdot\frac{1}{3} + \left(\frac{1}{5}\cdot\frac{1}{3}\right)^2 = 1 + \frac{2}{5}triens + \frac{1}{25}triens^2$$

Benötigte Zwischenrechnungen sind:

---

[10] Tropfke J., K. Vogel, K. Reich, H. Gericke (Hrsg.): Geschichte der Elementarmathematik Band 1, De Gruyter New York 1980, S. 105.

[11] Smith D.E.: History of Mathematics, Volume II, Dover 1958, S. 215.

[12] Hankel H.: Zur Geschichte der Mathematik im Altertum und im Mittelalter, Reprint Bibliolife 2010, S. 61.

Bruchteil des As	Name	Erklärung	Zeichen Volusius Maecianus	Victorius
$\frac{1}{2}$	semis	$\frac{1}{2}$ as	S	S
$\frac{1}{12}$	uncia	$\frac{1}{12}$ as	—	∕
$\frac{1}{24}$	semuncia	$\frac{1}{2}$ uncia	Ƹ	Ƽ
$\frac{1}{48}$	sicilicus	$\frac{1}{4}$ uncia	Ɔ	Ɔ
$\frac{1}{72}$	sextula	$\frac{1}{6}$ uncia	∿	∪
$\frac{1}{144}$	dimidia sextula	$\frac{1}{2}$ sextula	⋋	Ψ
$\frac{1}{288}$	scripulum	$\frac{1}{24}$ uncia	⋨	
$\frac{1}{3}$	triens	4 unciae	==	3S
$\frac{1}{4}$	quadrans	3 unciae	=−	3ˀ
$\frac{1}{6}$	sextans	2 unciae	=	3
$\frac{1}{8}$	sescuncia	$1\frac{1}{2}$ unciae	Ƹ−	ℰˀ
$\frac{1}{9}$	nona	1 uncia, 2 sextulae	−⋀	∕∪∪
$\frac{5}{12}$	quincunx	5 unciae	==−	3ℎ
$\frac{7}{12}$	septunx	$\frac{1}{2} + \frac{1}{12}$	S −	ℱ
$\frac{2}{3}$	bessis	$\frac{8}{12}$	S =	SS
$\frac{3}{4}$	dodrans	$\frac{9}{12}$	S =−	SS
$\frac{10}{12}$	dextans	$\frac{10}{12}$	S ==	SSS
$\frac{11}{12}$	deunx	1 as − 1 uncia	S ==−	SSS−

Abb. 25.8 Tabelle der benannten römischen Brüche nach Tropfke

$$triens^2 = 16\,dimidiaesextulae = 32\,scrupuli$$

$$\frac{2}{5}triens = 1\,uncia + \frac{1}{5}quadrans = 1\,uncia + semuncia + \frac{1}{10}uncia$$

$$= \frac{1}{8} + \frac{24}{10}scripuli$$

In römischer Schreibweise ergibt sich

$$\left(1\frac{1}{3}\right)^2 \div \left(1\frac{1}{4}\right)^2 = 1 + \frac{32}{25}scripuli + \frac{1}{8} + \frac{24}{10}scripuli \approx 1 + \frac{1}{8} + 3\frac{2}{3}scripuli$$

$$\left(\frac{32}{25} + \frac{24}{10}\right)scripuli = 3\frac{34}{50}scripuli \approx 3\frac{34}{51}scripuli = 3\frac{2}{3}scripuli$$

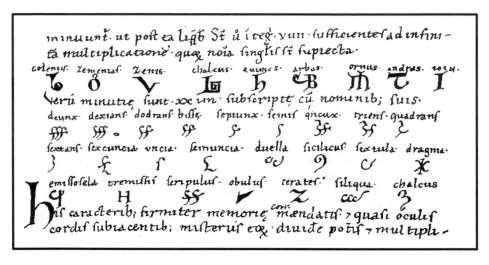

Abb. 25.9 Römische Zahlzeichen aus einer Boethius-Handschrift (Wikimedia Commons)

Das verbale Ergebnis der Rechnung ist damit: *unum et octava hoc est sescuneia et scripuli tres et bes scripuli,* in moderner Schreibweise:

$$\left(1\frac{1}{3}\right)^2 \div \left(1\frac{1}{4}\right)^2 = 1 + \frac{1}{8} + \frac{3\frac{2}{3}}{288}$$

Einige (spätere) römische Zahlzeichen für Brüche findet man in der Boethius-Handschrift (BM Arundel 343) des 12. Jahrhunderts (Abb. 25.9):

25.2 Mathematische Beispiele aus der Literatur

Bekannt ist ein Beispiel des Dichters Horaz (Ep. 2.1.69–71), der sich im reifen Alter sehr wohl noch daran erinnert, wie ihm als Knaben die Gesänge des *Livius* diktiert wurden. Sein Lehrer war L. Orbilius Pupillus, der als *freigebig in Sachen Prügel* in Erinnerung geblieben ist:

> Nicht als wär' ich ein Feind von Livius Versen
> und wünschte alles vertilgt, was Orbilius einst
> unter Schlägen – noch weiß's ich -
> vordeklamiert mir dem armen Knaben.

In folgendem Gedichtausschnitt spottet Horaz (*Ars poetica,* Z. 323–330) über die römische Bildung; er erinnert sich wohl dabei an seine eigene Schulzeit:

Grais ingenium, Grais dedit ore rotundo
Musa loqui, praeter laudem nullius auaris;
Romani pueri longis rationibus assem
discunt in partis centum diducere. „Dicat
filius Albini: si de quincunce remota est
uncia, quid superat? Poteras dixisse. — Triens. — Eu!
Rem poteris seruare tuam. Redit uncia, quid fit? Semis"

Den Griechen gab die Muse Talent und die Fähigkeit wohlklingend
zu sprechen, nach nichts außer Ruhm sind sie begierig;
römische Jungen lernen, in langen Berechnungen ein As
in hundert Teile zu teilen. „Du, Sohn des Albinus sag' mir:
Wenn von fünf Zwölfteln eines weggenommen wird,
was bleibt übrig? – Sprich!" – „Ein Drittel" – „Gut! Du wirst deine Habe
zu wahren wissen. Ein Zwölftel dazu, was wird's?"- „Ein Halb".

Es wird hier gerechnet: $\frac{5}{12} - \frac{1}{12} = \frac{1}{3} \therefore \frac{5}{12} + \frac{1}{12} = \frac{1}{2}$

Da die Römer für die vom Dichter erwähnten Hundertstel keine Namen haben, versuchte G. Friedlein (1866) einen entsprechenden Rechengang zu rekonstruieren, der eine Zerlegung in verfügbare Brüchen angibt:

$$\frac{1}{100} = \frac{144}{14400} = \frac{100+44}{14400} = \frac{1}{144} + \frac{44}{14400}\frac{44}{14400}$$
$$= \frac{132}{43200} = \frac{1}{432} + \frac{32}{43200} \therefore \frac{32}{43200} = \frac{128}{17200} = \frac{1}{1728} + \frac{28}{172800}$$
$$\Rightarrow \frac{1}{100} = \frac{1}{144} + \frac{1}{432} + \frac{1}{1728} = \frac{1}{72}\left(\frac{1}{2} + \frac{1}{6} + \frac{1}{24}\right)$$

Der letzte Bruch mit Nenner 172.800 wird vernachlässigt. Angesichts dieses Rechenaufwands fragt man sich, ob die Hundertstel von Horaz nicht doch eine Erfindung des Dichters sind.

Gaius Plinius Secundus Maior, genannt Plinius d.Ä., Verfasser einer 37-bändigen Naturgeschichte *(Naturalis Historia)* gibt bei der Landvermessung Strecken in Schritten *(passus)* an; da aber 1000 *(mille) passus* genau eine Meile sind, können seine Angaben direkt in römische Meilen umgerechnet werden. Ein Beispiel ist die „Breite" von Afrika:

$\overline{|XVIII|\,LXXV} = 1875.000\ (passus) = 1875\ (Meilen)$

Im Buch VI seiner Naturgeschichte will Plinius (Hist. Nat. VI, 38) die Größe der Kontinente ermitteln:

Est ergo ad hoc praescriptum Europae magnitudo […] longitudo $\overline{|XXXVII|\,XLVIII}$. . Africae (ut media ex omni varietate prodentium computatio) efficit longitudo $\overline{|XXXVII|\,XCVIII}$ latitudo, qua colitur, nusquam $\overline{DCCL}$ excedit. Sed quoniam in Cyrenaica eius parte $\overline{DCCCCX}$ eam fecit Agrippa, deserta eius ad Garamantas usque, qua noscebantur, completens, universa mensura quae veniet in comparationem $\overline{|XLVII|\,VIII}$ efficit. Asiae longitudo in confesso est *overline|LX|* $\overline{III}$ *DCCL*, latitudo sane computetur ab Aethiopico mari Alexandriam iuxta Nilum sitam, ut per Meroen et Syenen mensura currat *overline|XVIII|LXXV*.

Es ist nach dieser Vorschrift die Größe von Europa ***[Stelle verdorben], die Länge 8148 Meilen. Von Afrika – um von allen verschiedenen Angaben die Mittelzahl zu nehmen – macht die Länge 3798 Meilen, die Breite, soweit es bewohnt wird, geht nirgends über 750 [Meilen] hinaus; weil aber Agrippa die Breite als 910 Meilen ausgemacht hat, indem er seine Wüsten bis zu Garamanten, soweit man sie kannte, mit einbegriff, macht das Gesamtmaß, das hier in Rechnung kommt, 4708 Meilen. Asiens Länge ist nach aller Zugeständnis 6375 Meilen; die Breite freilich errechnet sich vom Äthiopischen Meer bis nach Alexandria, das am Nil liegt, sodass die Messstrecke über Meroë und Syene läuft, zu 1875 [Meilen].

Man staunt, Plinius *addiert*(!) hier die Breite von Afrika zur Länge und erhält 4708 als „Fläche". Oder ist das der in der Antike bekannte, häufig auftretende Fehlschluss, dass man aus dem Umfang einer Figur auf dessen Flächeninhalt schließen könne, der erst von dem Redner Marcus Fabius Quintilianus[13] aufgedeckt wurde? Er formulierte es so: Die Behauptung *Figuren gleichen Umfangs haben gleiche Fläche* ist falsch, es gelte nämlich*, dass der Kreis habe mehr Fläche als das umfangsgleiche Quadrat.* Quintilianus war übrigens der erste vom Staat bezahlte Rhetoriklehrer (um 60 n.Chr.). Er forderte mehr Pädagogik bei der Rednerausbildung und plädiert für eine mathematische Unterweisung (*Inst. Orat.* I, 10, 34):

Geometrie soll schon in jungen Jahren gelernt werden, denn daher kommt Beweglichkeit des Geistes, Schärfe des Verstands und schnelle Auffassungsgabe *(cedunt agitari namque animos et acui ingenia et celeritatem percipiendi venire inde concedunt).*

Später führt er aus:

Die Geometrie ist in zwei Teile geteilt: Zum einen ist sie mit Zahlen befasst, zum anderen mit Figuren. Nun ist die Kenntnis der ersteren notwendig, nicht nur für Redner, sondern für alle, die zumindest Elementarunterricht erfahren haben. Ein solches Wissen wird vielfach in wirklichen Fällen benötigt, in denen es dem Redner an Bildung fehlt. Ich will nichts sagen, wenn er zögert beim Vorrechnen, aber es darf sich kein Widerspruch ergeben zwischen dem, was er mit Worten sagt, und dem, was er durch unsichere oder unpassende Gesten [beim Fingerrechnen] ausdrückt.

Die von Plinius im Folgetext gelieferte Bruchrechnung zeigt, dass im römischen System Brüche ohne Namen als Summe von Stammbrüchen dargestellt und dabei Näherungen in Kauf genommen werden:

Es wird also deutlich, dass Europa um etwas weniger als die Hälfte Asiens größer als Asien ist, um das Doppelte aber und den sechsten Teil von Afrika größer als Afrika. Zählt man alle diese Werte zusammen, wird offenbar, dass Europa von der ganzen Erde den dritten Teil und etwas mehr als achten ausmacht, Asien aber den vierten Teil und vierzehnten, Afrika jedoch den fünften und den sechzigsten.

Plinius bestimmt die Anteile an der Erdoberfläche der drei Kontinente wie folgt:

---

[13] Quintilianus M. F.: Institutiones oratoricae, Ed. Halm, Band 1, Leipzig 1868, S. 62.

$$\text{Europa} \geq \frac{11}{24} \therefore \text{Asien} \geq \frac{9}{28} \therefore \text{Afrika} \geq \frac{13}{60}$$

Diese Teile summieren sich zu Eins ($\geq \frac{279}{280}$). Ermittelt man die „Fläche" von Asien analog zu Afrika, so ergibt sich 6888 ¾. Aus den Zahlen für Asien bzw. Afrika ergibt sich hier für die Erdober-„fläche":

$$\frac{6888.75}{\frac{9}{28}} = 21431.7 \therefore \frac{4708}{\frac{13}{60}} = 21729.2$$

Die Übereinstimmung beider Werte ist relativ gut.

Obwohl das folgende Problem mathematisch nicht korrekt gestellt ist, wurde es in fast alle Rechenbücher des Mittelalters übernommen, wie in der *Practica Ratisbonensis* (Nr. 35):

> Ein auf dem Sterbebett liegender Vater hat eine schwangere Frau und plant sein Testament: Wird das Kind ein Knabe, so erhält er 2/3 des Erbes, 1/3 die Frau. Wird das Kind ein Mädchen, so soll es 1/3 erben, die Frau 2/3. Nun wird aber ein Zwillingspaar (Knabe und Mädchen) geboren. Wie ist das Erbe zu verteilen?

Das Problem kann nicht mathematisch, sondern nur juristisch gelöst werden. Der Rechtsgelehrte *Salvianus* Julianus, der unter Hadrian die Rechte von Freigelassenen in Gesetzesform brachte, verfügte über eine Siebenteilung, wobei der Knabe 4, das Mädchen 2 und die Frau 1 Anteil(e) erhalten solle. Schon M. Cantor stellte fest, dass diese Entscheidung keinesfalls dem Sinn des Testaments entspricht.

Gaius Petronius (Plinius d. Ä. nennt ihn Titus) war Statthalter in Bithynien und Konsul. Obwohl er zum Umkreis Neros gehörte, wurde er durch Intrigen zum Selbstmord getrieben. Er schrieb den ersten römischen Roman *Satyricon libri,* der nicht vollständig überliefert ist. Kernstück des Romans ist das „Gastmahl des Trimalchion" (*Cena Trimalchionis* 58,7); bei diesem Gelage treffen sich etwa zwei Dutzend Parvenüs und Freigelassene und plaudern. Einer der Gäste ist der Freigelassene *Hermeros,* der sich über die Schule und höhere Bildung mokiert und dabei ein Vulgärlatein spricht:

> Non didici geometrias, critica et *alogas menias,* sed lapidarias litteras scio, partes centum dico ad aes, ad pondus, ad nummum. (Ich habe die Geometrie nicht gelernt, nicht die Literaturkritik und den Unsinn bei Homer; kann aber steinerne Inschriften lesen und sage die Prozente beim Kleingeld, Gewicht und Barvermögen).

Das vulgäre Latein verwendet Wörter wie „alogos menia"; „ἄ-λογος" ist das griechische Wort „widersinnig", „menia" ist wohl eine Verballhornung des Ilias-Beginns: "Μῆνιν ἄειδε, θεά..." (Singe den Zorn, o Göttin…).

Der Dichter Decimus Iunius Iuvenalis *(Juvenal)* war Rhetor und ist erst im Alter zum Autor geworden, da sein Freund Martial seine Schreibtätigkeit nicht erwähnt. Juvenal ist populär geworden durch seine Sinnsprüche; einige sind als Redensarten wohlbekannt:

Schwer ist's keine Satire zu schreiben (I, 30)
Ein gesunder Geist wohne in einem gesunden Körper (X, 356)
In Rom ist alles für Geld zu haben (III, 183)
Das Volk wünscht sich dringend zwei Dinge: Brot und Spiele (X, 81)

Er verfasste 16 Satiren in 5 Büchern; in der Tradition von Horaz prangert er die Sitten-
verderbnis und die Heuchelei der Gesellschaft an, insbesondere der Oberschicht. Die Satire IX wird von Chr. Schmitz[14] „Klage eines alternden Gigolos" genannt. Juvenal spottet
hier über einen gewissen Naevolus, der sogar ein Rechenbrett anfordern muss, um den
Entgelt für seine Liebesdienste zu kalkulieren (IX, 27):

> Er rechnet und schmeichelt. Eine Abrechnung soll erstellt werden, ruft die jungen Skla-
> ven mit dem Abakus herbei: Rechne 5000 Sesterzen für alles, dann sollen noch meine Be-
> mühungen berücksichtigt werden.

Als Marcus Tullius Cicero noch ein junger Anwalt war, bot sich ihm die Gelegenheit,
sich als Anwalt bei einer Klage der sizilianischen Provinzen zu profilieren. Es ging um
den Amtsmissbrauch gegen den zurückgetretenen korrupten Statthalter Gajus *Verres*. In
seiner Rede gegen Verres[15] (II.3.49) berechnete er die Nebeneinkünfte Verres' durch den
Verkauf von Getreide und zeigte dabei seine Fertigkeit, mit großen Zahlen zu jonglieren:

> Professio est agri Leontini ad iugerum $\overline{XXX}$; haec sunt ad tritici medimnum $\overline{XC}$, id est
> mod. $\overline{DXXXX}$; deductis tritici mod. $\overline{CCXVI}$, quanti decumae venierunt, reliqua sunt tritici
> $\overline{CCCXXIIII}$. Adde totius summae $DXXXX$ milium mod. tres quinquagesimas; fit tritici mod.
> $\overline{XXXII CCCC}$ (ab omnibus enim ternae praeterea quinqugesimae exigebantur) sunt haec iam
> ad $\overline{CCCLX}$ mod. tritici.
> Der Umfang des Ackergebietes von Leontinoi beträgt etwa 30.000 Morgen; das ergibt etwa
> 90 000 griechische oder 540.000 römische Scheffel Korn. Zieht man hiervon die 216.000
> Scheffel ab, die als Steuerquote verpachtet waren, so bleibt ein Rest von 324 000 Schef-
> feln. Nun muss man aber noch sechs Prozent von der Gesamtsumme, also von den 540.000
> Scheffeln, hinzurechnen (denn jedem, ohne Ausnahme, wurden diese 6 Prozent außer dem
> Übrigen abgenommen); das ergibt schon 360.000 Scheffel Korn.

Der folgende Abschnitt über die römische Schule zeigt, dass die Mathematik keinen besonderen Stellenwert innehatte:

25.3   Die römische Schule

Schulen existierten nach Livius (III, 33, 6) schon länger, vermutlich seit der Etruskerzeit.
Nach Plutarch (Quaest. Rom. 59, 278E) gibt es Schule seit dem 3. Jahrhundert v. Chr. Im
Alter von etwa 7 bis 11 oder 12 Jahren besuchten Jungen und Mädchen die Grundschule

---

[14] Schmitz Chr.: Juvenal, S. 122, Georg Olms Verlag 2019.

[15] Cicero M. T.: Orationes in Verrem, Friedrich Spiro (Hrsg.), e-artnow, 2014.

Abb. 25.10 Römische Schulszene (Relief Grabmal Trier) (Wikimedia Commons)

(ludus litterarius), die privat organisiert war. Es gab keine Schulpflicht; der Lehrer *(ludi magister)* musste das Schulgeld selbst von den Eltern eintreiben, wie es ein Edikt von Marc Aurel erfordert. Der Unterricht fand meist in einem privaten Laden oder in einer öffentlichen Halle statt. Abb. 25.10 zeigt eine idealisierte Schulszene: Der Lehrer mit Bart (im griechischen Stil) doziert – auf einem erhöhten Sitz- zwischen zwei Schülern gesetzt, die ihrerseits geöffnete Schriftrollen in der Hand halten. Rechts erscheint ein zu spät gekommener Schüler mit zum Gruß erhobener Hand.

Das Schuljahr begann im März und wurde unterbrochen in den Sommermonaten; ein freies Wochenende gab es nicht, dafür viele Feiertage, insbesondere in der Spätzeit. Gelernt wurde schreiben, lesen und elementares Rechnen, Regeln wurden gepaukt. Es ging wohl nicht ohne Prügelstrafe ab; bekannt ist das Bild aus Pompeji, indem der Lehrer die Rute *(ferula)*schwingt. Die Prügelstrafe war den Schülern stark verhasst, wie Augustinus[16] (Confess. I, 14) berichtet:

> Denn schon, da ich noch ein Knabe war, […] flehte zu dir, noch klein zwar, doch mit großer Innigkeit, dass ich in der Schule doch keine Schläge bekäme, und da du mich nicht erhörtest, was mir zum Heile war, spotteten die Erwachsenen, ja selbst meine Eltern, die doch nur mein Bestes wollten, über die Schläge, die ich bekam.

Da Auswendiglernen gefiel nicht allen Schülern, Augustinus (Confess. I, 13) schreibt:

> Nun aber war mir *das eins und eins ist zwei, zwei und zwei ist vier* usw. ein Lied von gar verhasstem Klang und das angenehmste Schauspiel für meine Eitelkeit das hölzerne Pferd von Bewaffneten, der Brand Trojas und der Schatten Creusas.

In seiner Schrift *Über die Kindeserziehung* schreibt Plutarch:

> Schicken sie [=die Schüler] darauf in die Schule, so legen sie es den Lehrern weit dringender ans Herz, auf die gute Zucht ihrer Kinder zu sehen, als auf Lesen; Schreiben, Rechnen und Lautenspiel. Und die Lehrer sehen auch darauf; und haben dann jene das Lesen gelernt

---

[16]Augustinus A., Lachmann O. (Hrsg.): Die Bekenntnisse, e-artnow 2015.

und beginnen nun die Schrift ebenso gut wie vorher die mündliche Rede zu verstehen, so legen sie ihnen auf ihren Bänken die Verse guter Dichter zum Lesen vor und halten sie an, diese auswendig zu lernen, in denen viele gute Lehren und ferner viele Schilderungen, Lobeserhebungen und Verherrlichungen trefflicher Männer aus alter Zeit enthalten sind, damit der Knabe ihnen nacheifere und ihnen ähnlich zu werden bestrebt.

Die nächst höhere Stufe war die Grammatik-Schule. Der Unterricht basierte auf der griechisch-hellenistischen Bildung; der Lehrer hieß *grammaticus* oder *litterator,* sein Amt erforderte eine höhere Qualifikation. Gelesen und interpretiert wurden Homer, die griechischen Tragiker und lateinische Autoren wie Terenz und Vergil. Auch für willige Schüler war es nicht einfach, Griechisch zu lernen; so gesteht Augustinus seinen Unwillen gegen das Griechisch-Lernen:

Wie es aber eigentlich kam, dass mir die griechische Literatur verhasst war, ist mir selbst nicht ganz klar. Denn die lateinische Literatur gewann ich lieb, freilich nicht, wie sie die Elementarlehrer, sondern die sogenannten Grammatiker lehrten; denn jener Elementarunterricht war mir nicht weniger lästig und peinlich als alles Griechische.

Die Schüler besuchten die Grammatikschule bis zum vollendeten 17. Lebensjahr, das Alter, in dem sie die Männertoga *(toga virilis)* anlegten. Im Höchstpreis-Edikt[17] Diokletians VII ist das maximale Schulgeld festgelegt, das eine Lehrkraft je Schüler verlangen konnte:

- Grundschullehrer 50 Denare
- Rechenlehrer 75 Denare
- Oberschul- bzw. Geometrielehrer 200 Denare
- Rhetor 275 Denare

Erst als das Christentum Staatsreligion wurde, übernahm der Staat das Betreiben der Grammatik-Schulen. Nach einem Edikt von Theodosius' II wurde der Privatunterricht verboten (Cod. Theod. 14, 9, 3).

Die dritte und höchste Stufe war die Schule des *Rhetors* oder *Orators.* Hauptgegenstand des Unterrichts war die Rhetorik, es wurden dabei auch Grundlagen in Philosophie und Rechtslehre vermittelt, damit die Studenten mit diesen Kenntnissen für ihre spätere Karriere als Rechtsanwalt, Offizier, Konsul oder Redenschreiber gewappnet waren. Neben theoretischen Vorlesungen wurden berühmte Reden von Demosthenes und Cicero besprochen, praktische Deklamationsübungen und Konversation mit den Lehrern praktiziert. Es gab Schulen, die von Kommunen oder kaiserlichen Sponsoren unterhalten wurden, und daher meist besser ausgestaltet waren. Finanziell bessergestellte Eltern konnten ihre Söhne nach Athen, Rhodos oder Alexandria schicken – eine solche externe Schulung galt als Krönung einer akademischen Ausbildung. Umgekehrt kamen auch viele Gelehrte

---

[17] www.hs-augsburg.de/~harsch/Chronologia/Lspost04/Diocletianus/dio_ep_i.html [12.09.2019].

nach Rom, um dort zu unterrichten. Bekannte Philosophen waren Plotin (in Rom ab 245) und später Porphyrios (in Rom ab 263). Letzter übernahm die (neuplatonische) Philosophieschule von Plotin. Für konservative Kreise waren diese Zuwanderer unerwünscht; so hatte der bekannte Zensor Cato d.Ä. schon 155 v. Chr. eine ganze Gruppe von eingewanderten Philosophen ausweisen lassen.

25.4   Die Rolle der römischen Feldmesser

Mathematische Bemühungen der Römer finden wir nur bei den römischen Feldmessern, etwa seit Mitte des 1. Jahrhunderts n.Chr. Sie werden auch mit Agrimensoren oder Gromatiker bezeichnet. Der Name Gromatiker (lat. *gromaticus*) leitet sich von dem verwendeten Messgerät *groma* ab. Die Schriften der Agrimensoren wurden vielfach kopiert und später im 6. Jahrhundert n.Chr. zu einem *Corpus agrimensorum* zusammengefasst. Die Agrimensoren reisten im Tross der römischen Truppen mit und gewannen so Kenntnisse vor Ort. Der Feldmesser Columella, der jahrelang als Militärtribun in Syrien gewirkt hat, erlangte im ersten nachchristlichen Jahrhundert möglicherweise die Kenntnis der Dreiecksformel gleichzeitig mit Heron. Die späteren Schriften der Agrimensoren zeigen genaue Kenntnisse von Herons Verfahren und Rechentechniken. Die Enzyklopädie der Militärtechnik des Sextus Africanus hat die Messmethoden von Flussbreiten und Mauerhöhen aus Herons Dioptra übernommen. Als Verfasser von frühen gromatischen Schriften werden genannt:

- Marcus Terentius Varro (116–27 v.Chr.)
- Lucius Iunius Columella (um 65 n.Chr.)
- Sextus Iulius Frontinus (ca. 40–103 n.Chr.)
- Balbus (um 107 n.Chr.)

Spätere Autoren ab dem 2. Jahrhundert n. Chr. sind:

- Hyginus (Gromaticus)
- Siculus Flaccus
- Marcus Iunius Nipsus
- Epaphroditus
- Vitruvius Rufus

Eine Übersicht über die Autoren bietet der Artikel von Pepa Castillo[18].

---

[18]Castillo P.: Die *conversia de iure territorii* bei den Gromatikern, S. 149–170, im Sammelband Knobloch-Möller.

Die Handschrift Hygini Gromatici Liber[19] *wurde gelesen als Buch des Hyginus Gromaticus; inzwischen weiß man, dass sich Liber Gromaticus auf das Buch bezieht. Der* Beiname Gromaticus wurde jedoch oft beibehalten, um Hyginus von seinen Namensvetter, dem Fabeldichter Hyginus Mythographus zu unterscheiden. Obwohl die Schriften der überlieferten Manuskripte oft schön gestaltet sind, enthalten die Texte doch manche Schreibfehler und Ungenauigkeiten. Dies ist eine Folge der Unkenntnis der frühmittelalterlichen Kopisten: teilweise wurde das Lateinische nur unvollkommen verstanden, manche technische Einzelheiten und Fachausdrücke überhaupt nicht. Als Beispiel eines solchen spätantiken Lateintextes (mit Korrekturen in eckigen Klammern) wird hier ein Zitat des Landvermessers Agennius *Urbicus* (De controversiis agrorum, 22.7–8) gegeben:

Omnium igitur honestarum artium, quae sive naturaliter aguntur sive a[d] naturae imitationem proferentur, materiam optinet rationis artificium geometria, principio ardua ac difficilis incessu, delectabilis ordine, plena praestantiae, effectu insuperabilis. manifestis enim rationi[bu]s executionibus declarat [rat]ionalium materiam, ita ut geometria[m] inesse artibus aut arte[s] ex geometria esse intelligat[ur].

Von allen freien Künsten, die nach der Natur oder in ihrer Nachahmung ausgeführt werden, erhält die Geometrie ihren Gegenstand nach dem Plan der Künstler; sie ist anfangs mühevoll und schwer zugänglich, angenehm in ihrer Regelhaftigkeit, voller Schönheit, unübertroffen in ihrem Wirken. Sie erhellt in ihren klaren Vorgaben das rationale Denken, sodass man versteht, Geometrie gehört zu den Künsten und die Künste können aus der Geometrie verstanden werden.

Bei seinen angestrebten Reformen des Römischen Reiches plante Caesar sowohl eine Reichsvermessung wie eine Kalenderreform. Durch seinen gewaltsamen Tod konnte das Vermessungsprojekt erst von seinem Neffen Oktavian, dem späteren Kaiser Augustus, durchgeführt werden. Letzterer beauftragte den Feldherren Vipsanius *Agrippa* und den Landvermesser *Balbus,* die sich militärisch bewährt hatten, mit dieser Aufgabe. Ein Nebenzweck war die Erstellung einer übergroßen, maßstabsgetreuen Karte des *Orbis Romanus,* die öffentlich zur Schau gestellt werden sollte. Für militärische Zwecke war besonders wichtig, die Entfernung zwischen zwei römischen Siedlungen zu bestimmen; daraus konnte der Feldherr die Anzahl der benötigten Tagesmärsche ermitteln.

Exkurs: Eine solche Straßenkarte stellt die *Tabula Peuteringeriana* dar, eine im 12. Jahrhundert gefertigte Kopie einer spätrömischen Karte (wohl um 450 n.Chr.). Der Humanist Conrad Celtis (1459–1508) entdeckte sie 1507 in einem süddeutschen Kloster und brachte sie in seinen Besitz. Die Tabula hatte die Form einer Rolle (lat. *rotulus*), die damals noch aus 11 aneinander geklebten Pergamenten bestand. Drei oder vier Folien fehlten bereits am Anfang, es waren die Karten des nordwestlichen Europas (Iberien, Britannien). Kurz vor seinem Tod vermachte Celtis seinem Freund Konrad Peutinger (1493–1547) die Karte, mit

---

[19] Hyginus, J.-O. Lindermann, E. Knobloch, C. Möller (Hrsg.), Das Feldmesserbuch, wbg academic, Darmstadt (2018).

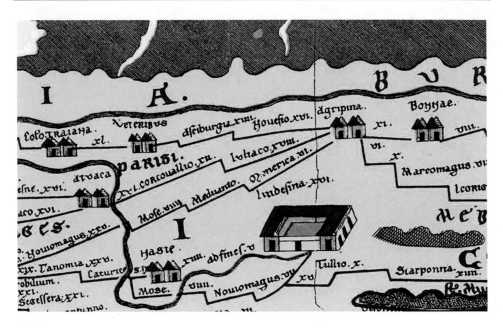

Abb. 25.11 Tabula Peuteringeriana (Ausschnitt) (Wikimedia Commons)

dem Auftrag (lat. *Itinerarium*), sie einem breiten Publikum bekannt zu machen *(ad usum publicum)*. Die Nachkommen Peutingers wusste mit der Karte nichts anzufangen; erst ein entfernter Verwandter bereitete 1598 eine Publikation vor: *Tabula Itineraria ex illustri Peuteringorum bibliotheca*. Ein weiterer Nachfahre verkaufte die Karte, die schließlich 1717 in die Sammlung des Prinzen von Savoyen kam. Kaiser Karl IV. kaufte die Karte 1737 aus dessen Nachlass, so dass nun endgültig in die Hofbliblithek Wien gelangte *(Codex Vindobonensis 324)*. Im Jahr 2007 wurde die Karte zum Teil des Weltkultur-Erbes der UNESCO erklärt.

Abb. 25.11 zeigt einen Ausschnitt der Tabula Peuteringeriana, die am oberen Rand die Verbindung der Städte Bonn *(Bonnae)*, Köln *(Agrip[p]ina)* und Xanten *(Colo[nia] Traiana)* zeigt. Die Anzahl der „Ecken" gibt vermutlich die jeweils benötigten Tagesmärsche an.

Zu Caesars Zeit bestand zwischen dem offiziellen Kalender und dem Sonnenkalender eine Differenz von 90 Tagen. Der Vorschlag Sosigenes', den Kalender sofort auf das korrekte astronomische Datum umzustellen, wurde von Caesar verworfen. Die Änderungen erfolgten in langen Jahren, so dass am alten römischen Kalender nur wenig geändert wurde.

Aufgabe der Feldmesser war es, erobertes Land zu vermessen und juristisch aufzuteilen, wie *Siculus* Flaccus in seinem Werk *De conditionibus agrorum* schreibt:

Das vermessene Land wird den besiegten Feinden genommen und den siegreichen Soldaten und <u>Veteranen</u> zugeteilt *(ex hoste uictori militi ueteranoque assignatus hostibus pulsis.*

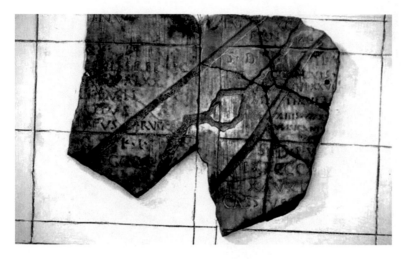

Abb. 25.12 Römischer Kataster der Stadt Orange (Ausschnitt), (Wikimedia Commons)

Er weiß von den Auseinandersetzungen, die zwischen den Besatzern und den Besiegten bei der Landnahme vor sich gehen und leitet daher fälschlich das Wort *territorium* etymologisch von *terror* ab. In der Frühzeit unterlag die Landnahme einem religiösen Ritus, wie die Sage der Stadtgründung von Rom durch Remus und Romulus erzählt. Auguren wurden beauftragt, den Willen der Götter durch Beobachtung des Vogelflugs zu erkunden. Waren die Götter geneigt, so wurde in einer feierlichen Prozession die äußere Grenze der künftigen Siedlung festgelegt mit Hilfe einer Ackerfurche, wobei der Pflug von zwei Ochsen gezogen wurde. Wird über dieser Furche eine Mauer gebaut, so ist diese heilig. Als Remus die von Romulus errichtete Mauer leichtfertig übersprang, verletzte er ein göttliches Gebot und wurde von Romulus erschlagen.

Die Grundstücke wurden steuerfrei für Neubürger bzw. gegen Pacht für reiche Privatleute vergeben. Die Aufteilungen geschahen meist in Rechteck- bzw. Trapez-Form, die sich an gegebenen Örtlichkeiten wie das vorhandene Wegenetz, an Flussläufen usw. orientierte. Die Grenzen wurden meist durch spezielle Steinsetzungen markiert. Zum Schutz wurde für die Versetzung eines Grenzsteins *(terminos singulos, quos eiecerit locoue mouerit)* eine Geldstrafe von 5000 Sesterzen verhängt. Die Kartierung wurde dokumentiert durch Gravuren in Stein oder Einritzungen in Kupferplatten.

Von der Stadt Arausio (heute Orange/ Frankreich) haben sich 3 Teile – A, B, C genannt – eines Katasters erhalten, der in eine Marmorplatte gemeißelt ist. Abb. 25.12 zeigt das Fragment 7 des Katasters A. In der Mitte verläuft ein Fluss mit einer Insel. Auffallend ist, dass die Straßen parallel zum Fluss Eygues verlaufen und nicht dem Raster folgend; sie sind wohl vor der Kartierung entstanden. Von Kataster B konnte man die ursprüngliche Größe rekonstruieren; sie betrug 5,5 m × 7 m (nach Dilke[20]).

---

[20] Dilke O.A.W.: The Roman Land Surveyors, Newton Abbott, David and Charles 1971, S. 166.

Abb. 25.13 Siedlung Anxur-Tarracona, Handschrift von Hyginus, (Wikimedia Commons)

Auf dem Gebiet von *Villanova di Camposampiero* (Padua) in der Poebene ist die Parzellierung in der Flächeneinheit *centuria* als quadratisches Wegenetz bis auf den heutigen Tag erhalten. Die Aufteilung ist auf *Google Earth* in beeindruckender Vollständigkeit erkennbar. Die Messgenauigkeit kann man folgender Meldung entnehmen: Prof. H. Stohler (Basel) entdeckte eine 80 km lange gerade Strecke des obergermanisch-rätischen Limes, die nach einer Vermessung von Prof. E. Hammer (Stuttgart) auf 30 km Distanz nur mit einem mittleren Richtungsfehler von $\pm\,1{,}9$ m behaftet ist!

Die oben erwähnte Einheit *centuria* mit der Seitenlänge 20 *actus* (Plural actus) umfasst 50,4 ha, wobei 1 *actus* $= 35.484$ m beträgt.

Die Abb. 25.13 aus *De limitibus constitionibus* (Codex Palatinus, folio 89r) von Hyginus (Gromaticus) zeigt das Quadrat-Raster für die Siedlung Axurnas der Region Anxur-Tarracona, gegründet 329 v.Chr. (nach Dilke S. 218). Die Kartierung erfolgt parallel zur *Via Appia*. Frühere Konsuln, wie *Appius* Claudius Caecus (312 v.Chr.) konnten berühmt werden, wenn die Straßen oder Wasserkanäle, deren Bau sie anregten, nach ihnen benannt wurden.

Von Balbus, der auch noch unter Trajan diente, ist der Anfang seines Werks *Ad Celsum expositio et ratio omnium formarum* erhalten. Darin berichtet er in überschwänglichen Worten seinem Adressaten *Celsus,* einem Berufskollegen, wie er einer Militärexpedition des Kaisers zu Diensten war:

Sobald wir das feindliche Land erobert hatten, erforderten die [geplanten] Schanzarbeiten unseres Caesars den sofortigen Beginn der Vermessungsarbeiten. Es waren in einem vorgegebenen Abstand zwei parallele Linien zu ziehen, entlang dieser ein riesiger Palisadenwall zum Schutz unserer Operationen errichtet werden sollte. Mithilfe deiner Erfindung [der Dioptra] konnten wir durch Visieren die Parallelen überallhin verlängern. Um den Bau von Brücken zu planen, konnten wir die Breite von Flüssen am diesseitigen Ufer ermitteln, auch wenn der Feind [am Gegenufer] versuchte uns zu stören. Dann zeigte uns diese herrliche Messmethode [die Triangulation] auch wie die Höhe der eroberten Berge bestimmt werden konnte. Diese Methodik der Berechnung begann ich, nach langen Erfahrungen und Teilnahme an solchen Unternehmungen, immer mehr wertzuschätzen, wie einen Ritus im Tempel.

Cassiodorus (490–583), ein Beamter am Hof Theoderichs in Ravenna, hat noch Kenntnisse von der Landvermessung auf der Grundlage von Herons Schriften und schreibt im sarkastischen amtlichen Stil (zitiert nach Dilke S. 45–46):

Andere Wissenschaften sind so theoretisch, dass die Professoren nur eine Handvoll Studenten haben. Aber der *agrimensor* ist mit der Beilegung von Grenzstreitigkeiten betraut, die entstanden ist, damit mutwilligen Streitereien ein Ende gesetzt werde. Er ist ein Richter eigener Art; sein Gerichtshof sind die verlassenen Felder; man könnte ihn für verrückt halten, sieht man ihn gewundene Pfade entlanglaufen. Wenn er nach Beweismaterial [wie Grenzsteine] sucht im wilden Gehölz oder im Dickicht, läuft er nicht wie du und ich, er wählt seinen eigenen Weg. Er erläutert seine Entscheidungen, er wendet seine Kenntnisse an, er entscheidet Streitigkeiten durch seine Fußstapfen, und wie ein gigantischer Strom nimmt er dem einen Stücke des Landes weg und gibt sie dem anderen.

Im folgenden Brief (X, 42) schlägt Plinius d.J. (damals Statthalter von Bythinien) Kaiser Trajan vor, auch Landvermesser in den Provinzen zur Kontrolle der Finanzen einzusetzen.

Ich prüfe gerade die Finanzen der Stadt *Prusa*, Ausgaben, Einkünfte und Vermögen, je tiefer ich in die Bücher schaue, umso mehr bin ich von der Notwendigkeit der Inspektion überzeugt. Ich schreibe diesen Report, Imperator, unmittelbar nach meiner Ankunft hier.
Ich betrat meine Provinz am 17. September und fand allgemein Gehorsam und Loyalität vor, ein Tribut der Allgemeinheit an Sie. Ziehen Sie in Betracht, Imperator, einen Landvermesser zu senden? Nach Einholung zuverlässiger Erkundungen könnte man, meiner Meinung nach, erhebliche Geldsummen hier von den Beamten eintreiben, die öffentliche Ämter innehaben. Davon bin ich überzeugt, seitdem ich die Bücher von Prusa in der Hand halte.

Exkurs über Plinius d.J.:

Er war der Neffe von Plinius d. Ä., der nach dem Tod seiner Schwester, diesen adoptierte. Von kaum einer römischen Person – außer von Cicero – kennen wir so viele Details aus seinem Leben. Alle von ihm verfassten Briefe (369 Stück, zusammengefasst in 10 Bänden) sind so geschrieben, dass jede Stelle zitierfähig ist und jeder Brief wie ein amtliches Protokoll klingt. Berühmt sind insbesondere die Briefe (VI, 16) (VI, 20) an Tacitus, in denen er vom Tod seines Onkels während des Vesuv-Ausbruchs berichtet, ferner der Brief (X, 96) an den Kaiser, den er über die Vorgehensweise bei der Christenverfolgung konsultiert. Tacitus stand im engen Kontakt mit dem älteren Plinius und hat dessen Aufzeichnungen (*Bella Germaniae*) über die Feldzüge nach Germanien verwendet beim Abfassen seiner Schrift *Germania*.

Die Antwort Trajans ist überliefert (*Briefe* I, 97): Bei der Untersuchung der Fälle derer, die bei dir als Christen angezeigt worden sind, hast du den rechten Weg eingeschlagen. Denn insgesamt lässt sich überhaupt nichts festlegen, was gleichsam als feste Norm dienen könnte. Nachspionieren soll man ihnen nicht; werden sie angezeigt und überführt, sind sie zu bestrafen, so jedoch, dass, wer leugnet, Christ zu sein und das durch die Tat, das heißt: durch Anrufung unserer Götter beweist, wenn er auch für die Vergangenheit verdächtigt bleibt, aufgrund seiner Reue Verzeihung erhält. Anonym eingereichte Klageschriften dürfen bei keiner Straftat Berücksichtigung finden, denn das wäre ein schlimmes Beispiel und passt nicht in unsere Zeit.

25.5   Aus dem Corpus Agrimensorum

Die Mathematik der römischen Landmesser fristet nach Ansicht von M. Folkerts[21] ein Schattendasein in der Mathematik-Historie. Er führt dafür zwei Gründe an. Zum einen war es der starke Einfluss von M. Cantor[22], der ein maßgebliches Werk über die Landvermesser verfasst hatte. Da Nicolai Bubnov[23] seiner Auffassung über die Geometrie des Pseudo-Boethius widersprach, versuchte Cantor dessen Werk zu verdrängen. Zum anderen ist Bubnovs Werk schwierig zu lesen, da es sehr viele lateinische Zitate enthält. Ferner sind die zahlreichen Korrekturen nur im Anhang zu finden; man muss also beim Lesen eines Artikels im umfangreichen Anhang prüfen, ob er später korrigiert wurde. Ein neuerer Aufsatz von Folkerts[24] findet sich im Sammelband Knobloch/ Möller.

Der *Corpus Agrimensorum* ist eine Sammlung verschiedener Schriften der römischen Landvermesser, die im 6. Jahrhundert kompiliert wurde. Das Werk liegt in zwei Haupt-Handschriften vor, die verschiedene Redaktionen repräsentieren: Codex *Arcerianus* (A), (B) (Wolfenbüttel, 6. Jahrhundert) bzw. Codex Palatinus (P) (9. Jahrhundert). Arcerianus A wurde 1495 im Kloster *Bobbio* (Provinz Piacenza) entdeckt, das Kloster in dem Gerbert Abt war und dessen Bibliothek er eifrig benutzte. Der Name des Codex leitet sich von Johannes Arcerianus ab, der den Codex 1566 erwarb. Wichtige Abschriften und Kopien sind:

- Handschriften, die gemischte Texte aus beiden Hauptschriften enthalten, finden sich in Florenz (F, Ende des 9.Jahrhunderts) bzw. in Erfurt (E, 11. Jahrhundert), wobei E umfangreicher als F ist.

---

[21] Folkerts M.: Mathematische Probleme im Corpus agrimensorum 1992, S. 25–27, im Sammelband Folkerts.

[22] Cantor M.: Die römischen Agrimensoren und ihre Stellung in der Geschichte der Feldmesskunst, Leipzig 1876.

[23] Bubnov, N. (Hrsg.): Gerberti, postea Silvestri II papae, Opera Mathematica 972–1003, Berlin 1899

[24] Folkerts M.: Die Mathematik der Agrimensoren 2013, S. 131–148, im Sammelband Knobloch – Möller.

- Abschriften von (P) gibt es in Wolfenbüttel (G) bzw. Brüssel, wobei letztere keine Bilder enthalten.
- Abschriften von (A), (B) existieren im Vatikan (V) bzw. in Jena (J), wobei beide sich in der Anordnung und Texttreue unterscheiden.

Arcerianus A enthält allein 33 Einzelschriften; einzelne Teile davon erschienen 1491 im Druck, der vollständige Codex erst 1607. Der Druck enthält folgende Schriften:

- Zwei Fragmente, die möglicherweise von Varro (116–27 v.Chr.) stammen
- Balbus' Schrift Expositio etratio omnium formarum aus der Zeit Trajans
- Den sog. Liber podismi (anonym)
- Schrift der (sonst nicht bekannten) Autoren Epaphroditus und Vitruvius Rufus
- Schrift Fluminis Varatio (Bestimmung der Flussbreite)
- Schrift De iugeribus metiendis (Flächenbestimmungen von Grundstücken)
- Auszüge aus den ersten Büchern der Elemente von Euklid
- Schrift De re rustica von Columella

Die Schriften 1) bis 6) finden sich bei Bubnov, Schrift 8) in zwei Teilen im Werk[25]. Wichtige Editionen stammen von F. Blume[26] u. a., H. Butzmann[27] (1970), C.O. Thulin[28] (1913). Eine neue, umfassende Herausgabe liegt im Englischen von B. Campell[29] vor.

Für alle Lateiner eine Aufgabe im Original, die die Verwendung der römischen Zahlen zeigt:

Si fuerit arca longa *ped. XXX*, lata *ped. XV*, alta *ped. VII*, duco longitudinem: fiunt *ped. CCX*. Hoc duco per latitudinem: fiunt *ped. $\overline{III}CL$*.
Wenn eine Zisterne 30 *Fuß* lang, 15 *Fuß* breit und 7 *Fuß* hoch ist, multipliziere ich die Länge mit der Höhe: dies macht 210 [Quadrat-]*Fuß*. Mit der Breite multipliziert ergibt dies 3150 [Kubik-]Fuß.

Die Inhaltsbestimmung eines Wein- oder Kalkfasses wird wie folgt beschrieben: Man misst zunächst die 3 Durchmesser des Fasses am Boden, in der Mitte und am Deckel. Davon bildet man die Summe, 1/3 der Summe wird quadriert und mit 11/14 der Fasshöhe multipliziert.

---

[25] Columella, Löffler K. (Hrsg.): De re rustica, Band I + II, Litterarischer Verein, Stuttgart (1914).

[26] Blume F., Karl Lachmann K., Rudorff A. F. (Hrsg.): Gromatici veteres. Die Schriften der römischen Feldmesser, 2 Bände, Berlin (1848–52).

[27] Butzmann H. (Hrsg.): Corpus agrimensorum Romanorum, Leiden (1970).

[28] Thulin (Hrsg.): Corpus agrimensorum Romanorum, Leipzig (1913).

[29] Campbell B. (Ed.): The writings of the Roman land surveyors, London (2000).

Die überlieferten Polygonal-Zahlen wurden irrtümlich so als Flächenformeln interpretiert. Die Formel für die k-te Polygonalzahl des n-Ecks lautet[30]:

$$P_n(k) = \frac{1}{2}\left[(n-2)k^2 - (n-4)k\right]; n \geq 3, k \geq 1$$

Setzt man fälschlicherweise für k die Seite a des regulären n-Ecks ein, so erhält man

$$P_n(a) = \frac{1}{2}\left[(n-2)a^2 - (n-4)a\right]; n \geq 3, a \geq 1$$

Für das (reguläre) Drei-, Fünf- bzw. Sechseck ergeben sich die unsinnigen Formeln

$$P_3(a) = \frac{1}{2}\left(a^2 + a\right); P_5(a) = \frac{1}{2}\left(3a^2 - a\right); P_6(a) = \frac{1}{2}\left(4a^2 - 2a\right)$$

Die Verwendung von Polygonal-Zahlen zur Flächenbestimmung lieferte (neben der falschen Dimension) auch Widersprüche zu gängigen Rechenmethoden. So wurde für die Flächenbestimmung des gleichseitigen Dreiecks (Seite $a = 7$; $h = \frac{6}{7}a = 6$) die Dreieckszahl $P_3(a) = \frac{1}{2}a(a+1)$ verwendet. Das Ergebnis $F_3(7) = 28$ steht im Widerspruch zur Flächenberechnung als halbes Rechteck $F = \frac{1}{2}ah$, das 21 ergibt.

Dies war das Problem, das von seinem Schüler Adelbold an Gerbert von Aurillac herangetragen wurde., allerdings mit anderen Zahlen: $a = 30$; $h = \frac{6}{7}a \approx 26$. Welches Ergebnis denn nun die wahre Fläche ergebe? Gerbert[31] hatte folgende *bemerkenswerte* Idee:

Er legt das Dreieck auf ein Gitter von Einheitsquadraten (Abb. 25.14) und erhält (mit einem Quadrat an der Spitze) 28 Quadrate. Dies erklärt das Ergebnis der Dreieckszahl $P_3(7)$. Für die korrekte Flächenmessung würden alle außen liegenden Teile der Gitterquadrate abgeschnitten, hier also 12 halbe Quadrat und das eine an der Spitze. Es entfallen somit 7 Quadrate; dies erklärt das (gewöhnliche) Resultat $F = 21$. Der Brief an Adelbold endet:

> Um dies klarer zu verstehen, musst du auf diese Figur schauen und *mich immer in Erinnerung* behalten.

A) Aus den Fragmenten von Varro

Marcus Terentius Varro, geboren 116 v.Chr. bei Rom, war um 86 Quaestor, kam um 82 zum Studium nach Athen, wurde 70 Volkstribun und 68 Praetor. Varro war lange Zeit Gefolgsmann von Pompeius; nach dessen Tod wurde er von Caesar begnadigt und mit dem Aufbau einer Staatsbibliothek beauftragt. Nach Caesars Tod wurde er geächtet,

---

[30] „Boethius" Geometrie II, Folkert M.(Hrsg.): Steiner Verlag (1970).

[31] Sigismondi C.: Gerbert of Aurillac: Astronomy and Geometry in Tenth Century Europe, arXiv:1201.6094v1.

Abb. 25.14 Interpretation
von Gerbert

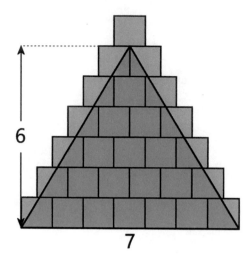

er entkam der Todesstrafe und starb 27 v.Chr. Cicero [Academia I] nennt Varro *einen Mann, der mit uns durch gleiche Studien und alte Freundschaft verbunden ist.*

Seine Schriften sind nicht erhalten, waren aber noch in der Zeit bekannt, in der das *Corpus Agrimensorum* zusammengestellt wurde. So konnte noch Cassiodorus einige Zitate aus Varros Schriften liefern. Einige Fragmente aus dem Codex Arcerianus werden dem Varro zugeschrieben; wenn diese Zuordnung zutrifft, handelt es sich hier um die *ältesten* Schriftstücke römischer Mathematik! Sie wurden von Bubnov in seinem Gerbert-Buch im Anhang VII gesammelt. Bemerkenswert ist, dass Varro – wie Diophantos – für Potenzen der Unbekannten griechische Wörter verwendet: *dynamus* (Quadrat), *kybus* (Kubik) und *dynamodynamus* (4.Potenz).

Zunächst erläutert Varro die gängigen Längenmaße:

- Fingerbreite *(digitus)* 1,85 cm
- Handbreite *(palma* = 4 Fingerbreiten) 7,4 cm
- Fuß *(pes* = 16 Fingerbreiten) 29,57 cm
- Elle *(cubitus* = 3/2 Fuß) 44,63 cm
- Schritt *(gradus* = 2 1/2 Fuß) 73,93 cm
- Doppelschritt *(passus)* 1479 m
- Meile *(mille passuum)* 1479 km

Flächenmaße sind:

- *actus quadratus* (120 Fuß)^2 1259 m^2
- *iugerum* = 2 actus

Hier einige **Aufgaben** von Varro:

1. Sic quaere hoc (ped. XIIII) duco ter, fit XLII. Huic adjico II, id est XL[IIII]: erit circuitus (Aus dem Durchmesser den Umfang bestimmen. Mache es so: Den Durchmesser 14 Fuß nimm dreimal, es ist 42. Füge 2 [= 1/7 Durchmesser] hinzu, es ist 44: dies ist der Umfang). Hier wird mit dem archimedischen Wert gerechnet $\pi \approx 3\frac{1}{7}$.

2. Dieselbe Lösung auf andere Weise: Vervielfache den Durchmesser mit 22, macht 308; nimm den siebenten Teil, ergibt 44.

3. Aus dem Kreisumfang wird der Durchmesser berechnet, indem man durch 22 dividiert und mit 7 multipliziert.

4. Ein rechtwinkliges Trapez *(ager cuneatus)* ist 100 Fuß lang, auf einer Seite 130 Fuß, auf den anderen 70 Fuß breit. Gesucht ist die Fläche in *jugera*. Gerechnet wird $\frac{70+130}{2} \cdot 100$[Quadrat-]Fuß. Umwandlung in jugera: Es wird sukzessive durch 100, 24 und 12 geteilt. Ergebnis $\frac{1}{2}$.

5. Fläche eines gleichseitigen Dreiecks der Seite 40 [Fuß]. Der Wert der Höhe 34 ist gerundet; nach Heron sollte sich $34\frac{2}{7}$ es wurde offenbar gerundet. Fläche ist $40 \cdot \frac{34}{2} = 695$.

6. Das Dreieck (13, 14, 15). Hier wird die Höhe 12 korrekt, aber ohne Rechengang, bestimmt. Da Höhe und Fläche ganzzahlig sind, ist das Dreieck heronisch.

7. Polygonalzahlen:
   - *Dreieck:* Nimm die Seite, quadriere, addiere die Seite selbst und nimm die Hälfte. Hier wird fälschlich die Polygonalzahl $\frac{1}{2}(a^2 + a)$ als Flächenmaß verwendet.
   - *Fünfeck:* Nimm die Seite, quadriere, das Ergebnis mal 3, subtrahiere die Seite selbst und nimm die Hälfte.
   - *Zehneck:* Nimm die Seite, quadriere, das Ergebnis mal 8, subtrahiere die Seite selbst sechsmal und nimm die Hälfte.

8. Ein Feld hat die Länge 1600 Fuß. Seine Fläche in *jugera* habe ich zum Dreieck multipliziert und die Breite erhalten. Rechengang: $28.800 \div 1600 = 18$, verdoppelt ergibt 36, eine Einheit weg 35. Die zugehörige Dreieckszahl ist $\frac{1}{2} \cdot 35 \cdot 36 = 630$.

9. Ein Feld hat die Länge 1800 Fuß. Seine Fläche in jugera habe ich zum Kubus multipliziert und die Breite erhalten. Es wird gerechnet: $28.800 \div 1800 = 16$; $\sqrt{16} = 4$; $4^3 = 64$. Die Breite ist 64 Fuß.

10. Zehneck: Nimm die Seite, quadriere, nimm die Hälfte, vom Ergebnis die Seite [d. h. die Wurzel], addiere die halbe Seite. Dies gibt die Höhe. Dann nehme man die Seite viermal und multipliziere mit der Höhe; das ist die Fläche.

B) Flächenberechnungen nach Columella:

L. Junius Moderatus Columella stammte aus Gades (heute Cadix) und war Militärtribun der 6. gepanzerten Legion, die lange in Syrien eingesetzt war. Nach Italien zurückgekehrt, widmete er sich der Landwirtschaft. Er verfasste darüber das Buch *De re rustica,* das als Hilfe für künftige Landvermesser gedacht war. Hier einige seine Berechnungen:

1. Die Fläche eines Quadrats der Seite 100 [Fuß] ist $100^2 = 10.000$
2. Die Fläche eines Rechtecks der Seiten 240 und 120 ist 28.800. Für beliebige Vierecke verwendet er die Formel, die schon von ägyptischen Landvermessern verwendet wurde:

$$A = \frac{a+c}{2} \frac{b+d}{2}$$

Die Formel wurde auch für allgemeine Dreiecke verwendet, mit dem Grenzfall $d \to 0$.

3. Ein Trapez der „Länge" 100 und den Breiten 20 und 10 hat die Fläche:

$$\frac{10+20}{2} \cdot 100 = 1500$$

Als „Länge" misst Columella den Abstand der Mittelpunkte der Parallelseiten. Daher ist die Formel nur für gleichschenklige Trapeze gedacht.

4. Ein gleichseitiges Dreieck der Seite 300 hat die Fläche: $\frac{1}{3} \cdot 300^2 + \frac{1}{10} \cdot 300^2 = 39.000$. Die Näherung $\frac{1}{3}a^2 + \frac{1}{10}a^2 = \frac{13}{30}a^2$ stammt wohl von Heron. Dieser schreibt nämlich über das gleichseitige Dreieck: *Die Höhe ist gleich der Seite, um 1/7 vermindert.* Dahinter steht die Wurzelnäherung

$$\sqrt{3} \approx \frac{12}{7} \Rightarrow h = \frac{\sqrt{3}}{2}a \approx \frac{6}{7}a$$

Wie M. Folkerts festgestellt hat, wird auch die Formel $a \cdot \frac{a}{2}$ verwendet; sie enthält die grobe Näherung $\sqrt{3} \approx 2$. Sie lässt sich herleiten aus der Feldmesser-Formel für Vierecke, indem man $d \to 0$ setzt.

5. Ein rechtwinkliges Dreieck mit den Katheten 50 und 100 hat die Fläche $\frac{50 \cdot 100}{2} = 2500$
6. Ein Kreis vom Durchmesser 70 hat die Fläche $\frac{11}{14} \cdot 70^2 = 3850$
7. Ein Halbkreis von der Grundlinie *(basis)* 140 und der Breite *(curvaturae latitudo)* 70 hat die Fläche

$$\frac{11}{14} \cdot 70 \cdot 140 = 7700$$

8. Ein Kreissegment, das kleiner als ein Halbkreis ist, hat die Grundlinie 14, die Breite 4. Die Fläche:

$$\frac{1}{2}(16+4)4 + \frac{1}{14}\left(\frac{16}{2}\right)^2 \text{ ist etwas mehr als } 44$$

Hier wird die heronische Näherung für Kreissegmente verwendet: Ist s die Sehnenlänge und h die Segmenthöhe, so gilt für die Fläche

$$A \approx \frac{1}{2}(s+h)h + \frac{1}{14}\left(\frac{s}{2}\right)^2$$

Da Heron die richtige Flächenformel nicht herleiten konnte, wählte er den Ausdruck
so, dass er im Falle des Halbkreises einen exakten Wert ergibt. In diesem Fall gilt
$s = 2r$ und $h = r$. Damit ergibt sie heronische Näherung tatsächlich die halbe Kreisfläche:

$$A = \left(\frac{3}{2} + \frac{1}{14}\right)r^2 = \frac{11}{7}r^2 \approx \frac{1}{2}\pi r^2$$

9. Ein [reguläres] Sechseck der Seite 30 hat die Fläche $\left(\frac{1}{3} \cdot 30^2 + \frac{1}{10} \cdot 30^2\right) \cdot 6$, was
   2340 ergibt (siehe (4)).
10. Ergänzend hier noch eine Zinsrechnung von Columella:

> Der ganze Preis [des Darlehens] beträgt 29.000 Sesterzen. Hinzu kommen Zinsen von 6%
> pro Jahr, die 3480 Sesterzen in 2 Jahren betragen. So ergeben sich die Gesamtkosten von
> Darlehen und Zinsen auf 32.480 Sesterzen. Der Kreditgeber kann für die erwähnten 6% auf
> die Gesamtkosten als jährliche Annuität 1950 Sesterzen vereinnahmen.

Der erste Teil der Rechnung ist exakt: $29.000\left(1 + 2 \cdot \frac{6}{100}\right) = 32.480$. Dagegen beträgt
für die Annuität $32.480 \cdot \frac{6}{100} = 1948,80$. Hier ist vermutlich eine Rundung erfolgt, da $\frac{6}{100}$
nicht korrekt als Summe römischer Brüche bestimmt wurde. Der Rechengang von Colu-
mella ist nicht ersichtlich.

C) Weitere Berechnungen aus dem Codex:

a) Fläche Halbkreis: $A = d \cdot r \cdot \frac{11}{14}$ (d=Durchmesser, r=Radius)

b) Fläche der Raute: $A = d \cdot h; h = \sqrt{a^2 - \left(\frac{d}{2}\right)^2}$ (a=Seite; d=Diagonale; h=Höhe)

c) Höhe des Achtecks: $h = \sqrt{\frac{s^2}{2} + \frac{s}{2}}$ (s=Seite)

d) Kreisfläche: $A = \frac{U}{2} \cdot \frac{d}{2}$ oder $A = \left(\frac{U}{4}\right)^2$ (U=Umfang)

Durchmesser des Inkreises eines rechtwinkligen Dreiecks:$d = a + b - c$

e) Rechtwinkliges Trapez: $A = \frac{a+b}{2} \cdot c$ (c senkrecht zu a, b); Diagonale
$d = \sqrt{c^2 + b^2 + a^2 - 2ab}$

f) Spitzwinkliges Dreieck (Abb. 25.15): Zerlegung der Basis durch Höhenfußpunkt
   (*praecisura x*) nach Euklid [II, 13]:

$$x = \frac{a^2 + c^2 - b^2}{2b}$$

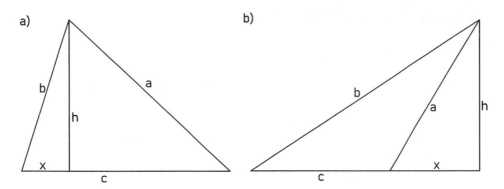

Abb. 25.15 Höhe im spitz- und stumpfwinkligen Dreieck

g) Stumpfwinkliges Dreieck: Verlängerung der Basis zum Höhenfußpunkt *(eiectura x)* nach Euklid [II, 12]:

$$x = \frac{b^2 - a^2 - c^2}{2c}$$

Die beiden letztgenannten Formeln wurden insbesondere benützt, um die Höhe des Dreiecks mittels Pythagoras zu ermitteln.

D) Aufgaben von Nipsus:

Marcus Junius Nipsus war vermutlich nicht von römischer Abstammung, wie man der Vielzahl seiner Namensschreibweisen (u. a. Nypsios) entnimmt. Vielleicht war er ein freigelassener Grieche, der in Diensten der Familie der *Junier* stand. Seine Lebenszeit ist unbestimmt, die meisten Autoren setzen ihn in das 4. Jahrhundert n. Chr. Falls er Verbindung mit dem Haus der Junier hatte, hat er im 2. Jahrhundert gelebt.

1. Gegeben ist ein stumpfwinkliges Dreieck mit der Basis 9 und den Seiten 17 und 10. Von der Spitze wird das Lot auf die Basis gefällt; gesucht ist die Verlängerung *(eiectura)* der Basis zum Fußpunkt.

   Die folgende Aufgabe nennt M. Cantor etwas euphorisch *eine der unschätzbarsten der ganzen Geometrie*:

2. Von einem rechtwinkeligen Dreieck ist gegeben die Hypotenuse *c*, die Summe der Katheten *a, b* und der Flächeninhalt *A*:

$$c = 17 \therefore a + b = 23 \therefore A = 60$$

Die Handschrift rechnet umschweifig mit Worten, was hier mit modernen Formeln ausgedrückt wird:

$$(a - b)^2 = a^2 + b^2 - 2ab = c^2 - 4A \Rightarrow a - b = \sqrt{c^2 - 4A}$$

Addition von $(a + b)$ liefert die Kathete

$$a = \frac{1}{2}\left(\sqrt{c^2 - 4A} + a + b\right) = 15 \Rightarrow b = 23 - a = 8$$

Es ergibt sich das Dreieck (15; 8; 17). Die Angabe ist überbestimmt; Nipsus kennt hier auch eine bestimmte Version:

3. In trigono hortogonio, cujus podismus est ped. XXV, embadum ped. CL, dicere cathetus et basem separatim (Von einem rechtwinkeligen Dreieck ist gegeben die Hypotenuse c und der Flächeninhalt A):

$$c = 25 \therefore A = 150$$

Die Berechnung auf der Handschrift ist teilweise unleserlich. Vermutlich verwendet Nipsus folgenden Rechengang:

$$a \pm b = \sqrt{c^2 \pm 4A}$$

Damit folgt:

$$a + b = \sqrt{625 + 600} = 35 \therefore a - b = \sqrt{625 - 600} = 5$$

Dies liefert die Seiten

$$a = \frac{a+b}{2} + \frac{a-b}{2} = 20 \therefore b = \frac{a+b}{2} - \frac{a-b}{2} = 15$$

Das gesuchte Dreieck (20; 15; 25) ist ähnlich zum Standarddreieck (4; 3; 5). Auch hier verläuft die Rechnung rein verbal.

4. Betrachtet wird das spitzwinklige Dreieck mit den Seiten (13; 14; 15) wobei die Basis 14 ist. Gesucht ist die Zerlegung der Basis durch den Lotfußpunkt. Dieselbe Aufgabe findet sich in der *Metrica* des Heron.

5. Nipsus kann pythagoreische Tripel wie (7; 24; 25) berechnen, bei denen die Hypotenuse die größere Kathete um Eins übertrifft. Er schreibt

Datum numerum, id est III, in se. fit IX. hinc semper tollo assem. fit VIII. huius tollo semper partem dimidiam. fit IV. erit basis. ad basem adicio assem. erit hypotenusa, pedum V (Gegeben ist die Zahl 3, mit sich multipliziert ergibt 9, um 1 vermindert 8, halbiert 4, dies ist die [andere] Kathete. 1 addiert liefert die Hypotenuse 5.

Er verwendet hier die von Heron (*Geometrica* 8, 1) angegebenen Formeln:

$$a^2 + \left(\frac{a^2 - 1}{2}\right)^2 = \left(\frac{a^2 - 1}{2} + 1\right)^2 \; ; a = 1 \bmod 2$$

$$a^2 + \left(\frac{a^2}{4} - 1\right)^2 = \left(\frac{a^2}{4} + 1\right)^2 \; ; a = 0 \bmod 2$$

Damit konnte Nipsus zu jeder natürlichen Zahl $a \geq 3$ (als Kathete) ein ganzzahliges Dreieck bestimmen.

6. Nipsus kennt auch die Heron-Formel für die Dreiecksfläche:

$$A = \sqrt{s(s-a)(s-b)(s-c)}; \ s = \frac{1}{2}(a+b+c)$$

Er beschreibt den Rechengang in Worten, so wie er ihn aufschreibt:

> Zur Vermessung der Fläche eines beliebigen Dreiecks – sei es recht-, spitz- oder stumpf-winklig – mit Hilfe *einer* Methode. Man findet es wie folgt: Ich fasse die drei Seiten von irgendeinem der 3 Dreiecke zusammen. Dies geschieht im Falle des rechtwinkligen Drei-ecks, das gegeben ist durch die Kathete 6 Fuß, die Basis 8 Fuß, die Hypotenuse 10 Fuß. Zu-sammengefasst ergeben sie die Zahl 24, davon nehme ich jeweils die Hälfte, macht 12. Dies setzte ich fest und subtrahiere einzeln die anderen Zahlen.

7. Gesucht ist die Zerlegung der Hypotenuse eines rechtwinkligen Dreiecks durch den Lotfußpunkt der Höhe. Nipsus ermittelt noch die Höhe, die sich als Produkt der Ka-theten, dividiert durch die Hypotenuse ergibt. Dann bricht die Handschrift lapidar ab mit den Worten: *Hier endet das Buch des M. Junius Nipsus.*

E) Aus dem Werk von Frontinus

Sextus Julius Frontinus war – wenn man Julius als Gens-Namen deutet – ein Mitglied der adligen Familie der Julier; er lebte etwa von 30 bis 103 n. Chr. und diente unter den Kaisern Vespasian, Titus, Domitian, Nerva und Trajan. Im Jahr 70 war Frontinus *prae-tor urbanus* und Konsul, ein Jahr später wurde er Kommandant der Legio II Adiutrix im Feldzug gegen die Bataver. Ab 74 war er Statthalter (legatus Augusti pro praetore) der Provinz Britannia, bis er 77 von seinem Nachfolger Agricola abgelöst wurde. An-schließend fungierte Frovntinus als Kommandant der Provinz *Germania inferior,* ein Amt, bei dem er für den Bau der Thermen in Trier und für die Wasserleitung Eifel-Köln (Gesamtlänge 91 km) verantwortlich war. Später hat er als Prokonsul in der Provinz Asia gewirkt. 97 n. Chr. wurde er zum c*urator aquarum* der Stadt Rom berufen und war damit verantwortlich für den Betrieb und die Instandhaltung der Wasserversorgung der Groß-stadt Rom. Das von ihm verfasste Werk *De aquae ductu urbis Romae enthält eine* de-taillierte Beschreibung der wassertechnischen Anlagen Roms. Eine Gesamtausgabe aller Werke Frontinus' in englischer Sprache bietet Benett[32].

Frontinus[33] (*De Aqua,* I, 16) ist überzeugt, dass es die wichtigste Aufgabe der Archi-tektur sei, Aquädukte und Wasserleitungen zu bauen – im Gegensatz zum Bau von Py-ramiden und griechischen Tempeln. Sein römisches Architekturverständnis ist so ganz anders als das griechische:

---

[32] Frontinus S.J., Benett C.E. (Hrsg.): The Complete Works of Frontinus, Delphi Classics (2015).

[33] Frontinus S.J., Dederich A. (Hrsg.): Über die Wasserleitungen der Stadt Rom, August Prinz (1841).

Mit diesen, so vielen und notwendigen Wasserleitungen möge man die überflüssigen Pyramiden oder die nutzlosen, weithin gerühmten Bauwerke der Griechen vergleichen.

Dass dies allgemeiner römischer Konsens war, zeigt das Zitat von Cicero [De officiis II, 60]:

> Besser ist auch der Aufwand, den man für Stadtmauern, Schiffswerften, Häfen, Wasserleitungen und dergleichen Werke macht, die zu allgemeinem Nutzen beitragen [...] Was die Schauspielhäuser, Säulenhallen, neuen Tempel betrifft, so möchte ich [...] meinen Tadel mit Zurückhaltung aussprechen; aber die gelehrtesten Männer billigen solche Ausgaben nicht, wie zum Beispiel [...] Demetrius aus Phaleros, der den Perikles, einen der ersten Männer Griechenlands, tadelt, dass er so große Summen Geldes auf jene herrlichen Propyläen verschwendet habe.

Es folgen einige Ausschnitte aus dem Werk Frontinus', das sich, wie kein anderes, mit Bruchrechnung beschäftigt. Eine vollständige Tabelle der bei Frontinus erwähnten Wasserdüsen findet sich bei Landels[34]. Zunächst vergleicht er die Flächen, die ein Quadrat der Seite 1 *digitus* (Fingerbreite) und der eingeschriebene Kreis haben. Da 4 Fingerbreiten eine Handbreite ergibt, ebenso 4 Handbreiten ein *Fuß*, so beträgt 1 *digitus* $= \frac{29,57}{16}$ cm $= 1848$ cm Er schreibt im Kapitel (I, 24):

Die Fläche eines Quadrats von 1 *digitus* ist größer als die Fläche des eingeschriebenen Kreises um $\frac{3}{14}$ seiner eigenen Größe; der Kreis hat eine kleinere Fläche als das Quadrat um $\frac{3}{11}$ seiner Größe, da hier die Quadratecken wegfallen.

Daraus lässt sich der von ihm verwendete Wert der Kreiszahl ermitteln: Ist a die Seitenlänge bzw. der Durchmesser, so muss gelten

$$a^2 - \frac{3}{14}a^2 = \frac{1}{4}\pi a^2 \therefore \frac{1}{4}\pi a^2 + \frac{3}{44}\pi a^2 = a^2$$

Beide Gleichungen liefern für $a = 1$ den archimedischen Wert

$$1 - \frac{3}{14} = \frac{1}{4}\pi \therefore \frac{1}{4}\pi + \frac{3}{44}\pi = 1 \Rightarrow \pi = \frac{22}{7}$$

Etwa 150 Jahre zuvor hatte der Architekt Vitruv noch die Kreiskonstante $\pi = 3\frac{1}{8}$ verwendet; ein Wert, der erst bei Albrecht Dürer wiederkehrt. Die Konstante ergibt sich bei Vitruv durch die Angabe, dass ein Rad vom Durchmesser 4 [Fuß] den Umfang 12½ hat.

Im Abschn. 1.26 beschreibt Frontinus vier verschiedene Wasserrohre, die in Wasserleitungen verwendet werden:

- digitus *rotundus* hat einen kreisförmigen Querschnitt mit dem Durchmesser 1 *digitus*
- digitus *quadratus* hat als Querschnitt ein Quadrat der Seite 1 *digitus*

---

[34]Landels J.G.: Die Technik der antiken Wissenschaften, S. 66, C.H. Beck München (1989).

- *quinaria* hat einen kreisförmigen Querschnitt von $\frac{5}{4}$ des *rotundus-Durchmessers*
- *uncia* hat einen kreisförmigen Querschnitt mit dem Durchmesser 1 *uncia*

Die Einheit 1 Unze *(uncia)* ist definiert durch $\frac{1}{12}$ *Fuß* $= \frac{29,57}{12}$ cm $= 1848$ cm. Er vergleicht den Querschnitt eines quinaria-Rohrs mit dem eines *uncia:*

Das 1 Unzen-Rohr hat einen Durchmesser von 1 1/3 digits. Sein Querschnitt ist mehr als 1 1/8 *quinariae,* dies ist 1 und 1/8 eines quinaria-Rohrs plus 3/288 und 2/3 von 1/288.

Die erste Behauptung folgt aus: $\left(1 + \frac{1}{3}\right)\frac{1}{16} = \frac{1}{12}$; die zweite aus

$$\left(\frac{4}{3}\right)^2 \div \left(\frac{5}{4}\right)^2 = \frac{256}{225} = 1\frac{31}{225} > 1\frac{1}{8}$$

Auf welchem Rechenweg Frontinus die angegebenen Bruchwerte ermittelt hat ist, ist unklar. Die Abweichung ist gering:

$$1 + \frac{1}{8} + \frac{3}{228} + \frac{2}{3} \cdot \frac{1}{288} = 1\frac{119}{864} \therefore \left|1\frac{31}{225} - 1\frac{119}{864}\right| = \frac{1}{21.600}$$

Ferner behauptet er, dass der Querschnitt eines digitus *rotundus* 7/12 und 1/24 plus 1/72 eines *quinarias* ist. Allerdings ist hier der Fehler größer:

$$\frac{7}{12} + \frac{1}{24} + \frac{1}{72} = \frac{23}{36} \therefore \left|\frac{23}{36} - \frac{16}{25}\right| = \frac{1}{900}$$

F) Messung einer Flussbreite

Die Bestimmung einer Flussbreite, falls das Gegenufer nicht erreichbar oder vom Feind besetzt ist, war eine typische Aufgabe für Landvermesser.

M. Cantor erwähnt noch den Landvermesser Sextus Julius Africanus, der aus dem heutigen Libyen stammt (um 200 n.Chr.); obwohl er Griechisch schreibt, soll er hier erwähnt werden. In seiner Schrift Κεστοι (XXXI) beschreibt er eine Methode zur Messung einer Flussbreite (Abb. 25.16a).

a) Ein markanter Punkt C des Gegenufers wird von einem Punkt A anvisiert, so die Gerade AC ein Lot zum Flussufer ist. Die Strecke AK wird parallel zum Flussufer abgesteckt und der Mittelpunkt F markiert. Vom Endpunkt K wird erneut Punkt C anvisiert. In einem Punkt D der Visierlinie AC wird die parallele Strecke $|DE|$ eingepasst mit $|DE| = |AF|$. Damit ist das Rechteck AFED bestimmt. Das so entstehende Dreieck $\triangle$EFK ist kongruent zu $\triangle$CDE; somit gilt $|EF| = |CD|$. Subtrahiert man von $|EF|$ die Strecke $|DG|$, so erhält man die gesuchte Flussbreite x.

b) Ebenfalls einfach ist die von Nipsus in seiner Schrift *Fluminis variatio* geschilderte Methode (Abb. 25.16b). Der Punkt A wird so gewählt, dass die Visierlinie zu einem Punkt C am Gegenufer senkrecht zum Flussufer verläuft. An A wird parallel zum

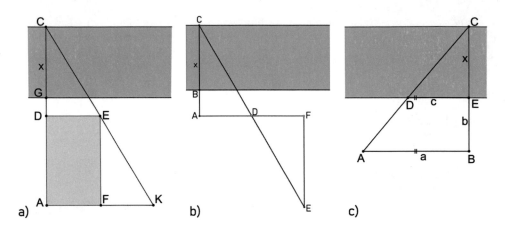

Abb. 25.16 Methoden zur Messung einer Flussbreite

Ufer die Strecke $|AD|$ markiert und um dieselbe Länge $|AD| = |DF|$ verlängert. Die
Senkrechte zu AF im Punkt F wird so verlängert, dass man vom Endpunkt E den jenseitigen Punkt C genau über D anvisieren kann. Das Dreieck $\triangle DEF$ ist kongruent zu
$\triangle ADC$; somit gilt $|AC| = |EF|$. Die gesuchte Flussbreite x erhält man wie bei a)

c) Nicht bekannt war die elegantere Methode mittels Ähnlichkeit (Abb. 25.16c). Am
Flussufer wird zunächst die Strecken DE markiert. Senkrecht zum Flussufer wird nun
Punkt ein B gewählt. Parallel zum Ufer wird nun die Strecke AB abgesteckt, sodass A
mit D auf einer Sichtlinie zum jenseitigen Punkt C liegen. Dann werden die Strecken
$|AB| = a, |BE| = b, |DE| = c$ gemessen. Wegen der Ähnlichkeit der Dreiecke $\triangle ABC$
und $\triangle DEC$ ergibt sich die gesuchte Flussbreite x zu

d) $\frac{a}{c} = \frac{b+x}{x} \Rightarrow x = \frac{cb}{a-c}$

Die Methode eignet sich auch zur Messung der Mauerhöhe einer belagerten Stadt mittels
Visierstab. Die Methode des Visierens wird durch Abb. 25.17 illustriert; im unteren Teil
sieht man das von Vitruv (VIII, 5.1) beschriebene Instrument *Chorbates*, das auch zur
Neigungsmessung des Geländes geeignet war.

E) Weitere Konstruktionen der Feldmesser

Eine weitere Aufgabe der Vermesser war die Bestimmung der Himmelsrichtung Ost-
West (Abb. 25.18a). Ein einfaches Verfahren dazu schildert Hyginus. Dazu wurde um
einen (senkrecht stehenden) Schattenstab ein Kreis gezogen, dessen Radius kleiner als
die größte Schattenlänge war. Markiert man am Vor- bzw. Nachmittag jeweils den Punkt,
an dem der Schatten genau den Kreis berührt, so erhält man durch die Verbindung der
beiden Punkte die Ost-West-Linie (*decumanus* maximus).

Abb. 25.18b zeigt die Konstruktion eines rechten Winkels, die sich nicht bei Euklid
findet. Auf der gegebenen Geraden wird die Strecke AB beliebig markiert und in den
Endpunkten jeweils ein Kreis geschlagen mit Radius $|AB|$. Der Schnittpunkt C, der mit

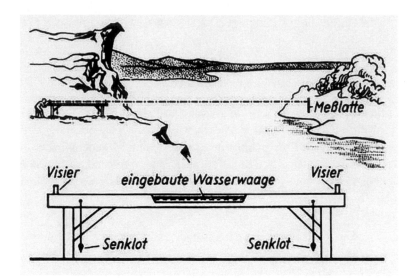

Abb. 25.17 Visier-Einrichtung Chrobates (nach Vitruv) und Anwendung im Gelände, Lexikon der Technik, Leipzig 1980

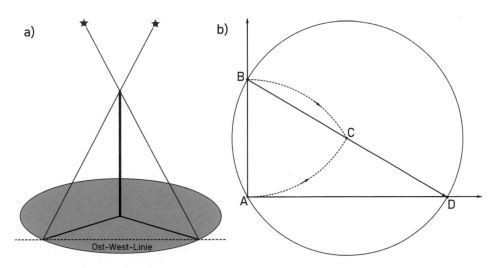

Abb. 25.18 Konstruktionen der Agrimensoren

A, B ein gleichseitiges Dreieck bildet, ist Mittelpunkt eines weiteren Kreises mit Radius $|AC| = |BC|$. Die Gerade BC schneidet den Kreis um C im Punkt D, der die Lotgerade AD bestimmt. Mit Hilfe dieser Lotkonstruktion konnte zur Ost-West-Linie die senkrechte Süd-Nord-Linie (*kardo* maximus) konstruiert werden.

Etwas polemisch fällt das Gesamturteil J.L. Heibergs über die römische Mathematik aus:

> Der Gesamteindruck der römischen *Gromatik* ist der, als wäre sie 1000 Jahre älter als die griechische Geometrie und es hätte sich zwischendurch die Sintflut ereignet.

Epilog: Mit dem Epos *Aeneïs* (VI, 847 ff.) versuchte Publius Vergilius Maro *(Vergil)* in dem Schicksal des Aeneas aus dem trojanischen Sagenkreis schon die ganze Helden-geschichte des römischen Volkes sichtbar zu machen. Seiner Meinung nach übertreffen zwar die Griechen die Römer in der Kunstfertigkeit, aber die Römer werden die Herren der Welt, stolz und überheblich (Übersetzung von Ulrich v. Wilamowitz-Moellendorf):

> Es werden and're besser es versteh'n,
> das Erz in edle Menschenform zu treiben;
> ich glaub' es gern. Sie werden aus dem Marmor
> ein lebenswahres Menschenantlitz meißeln,
> beredter werden sie mit Worten fechten,
> des Himmels Bahnen mit Zirkel messen
> und künden, wann der Stern erscheint und schwindet.
> Du Römer, sei der Herr den Völkern allen,
> dein ist die Herrscherkunst: so übe sie,
> und zwing' die Welt, den Frieden zu ertragen,
> den Trotz'gen furchtbar, mild den Überwund'nen.

Literatur

Blume, F., Karl Lachmann, K., Rudorff, A. F. (Hrsg.): Gromatici veteres. Die Schriften der römi-schen Feldmesser, 2 Bände. Berlin (1848–1852)

Bubnov, N. (Hrsg.): Gerberti, postea Silvestri II papae, Opera Mathematica 972-1003. Berlin (1899)

Butzmann, H. (Hrsg.): Corpus agrimensorum Romanorum. Leiden (1970)

Campbell, B. (Hrsg.): The writings of the Roman land surveyors. London (2000)

Columella, L. K. (Hrsg.): De re rustica, Band I + II. Litterarischer Verein, Stuttgart (1914)

Dilke, O.A.W.: Mathematics and measurement. British Museum (1987)

Dilke, O.A.W.: The Roman Landsurveyors – An Introduction to the Agrimensores. David & Charles (1971)

Folkerts, M.: Die Mathematik der Agrimensoren im Sammelband Knobloch – Möller

Frontinus, S.J., Benett, C.E. (Hrsg.): The complete works of Frontinus. Delphi Classics

Frontinus, S.J., Dederich, A. (Hrsg.): Über die Wasserleitungen der Stadt Rom. August Prinz (1841)

Hyginus, J.-O. Lindermann, E. Knobloch, C. Möller (Hrsg.): Das Feldmesserbuch. wgb academic, Darmstadt (2018)

Lachmann K. (Hrsg.): siehe Blume

Möller C., Knobloch E. (Hrsg.): In den Gefilden der römischen Feldmesser. de Gruyter (2013)

Thulin (Hrsg.): Corpus agrimensorum Romanorum. Leipzig (1913)

Das Erbe der hellenistischen Mathematik 26

Nach dem Ende der Unterrichtstätten in Athen und Alexandria wirkte der hellenistische Geist weiterhin. Byzantinische Bibliotheken bewahrten einen Teil der hellenistischen Schriften vor dem Verfall; berühmt geworden ist die Anthologia Graeca, die in Buch XIV die älteste mathematische Aufgabensammlung enthält. Römische Schriftsteller wie Boethius übernahmen die Arithmetik von Nikomachos, Neu ist hier die Besprechung der „Geometrie", die dem Boethius zugeschrieben wird, in deutscher Sprache. Schließlich sammelten die arabisch-islamischen Gelehrten zahlreiche Handschriften, die in arabischer Übersetzung für die Nachwelt erhalten wurden. In der Renaissance erlebte die antike Kultur durch die Übersetzung ins Latein der Gelehrten eine neue Blüte.

26.1 Mathematik in Byzanz

Die neuplatonische Akademie in Athen wurde 529 n.Chr. durch Kaiser Justinian I (Regierungszeit 527–565) geschlossen. Zwei der verbliebenen Lehrer Simplikios von Kikilien und Damaskios von Damaskus zogen mit anderen an den Hof des persischen Königs Chosrau I, den sie bereits nach einem Jahr wieder verließen. Alle, bis auf einen, kehrten nach Athen zurück. Der Einzige, den es nach Konstantinopel zog, war Isidor von Milet, der später einer der Baumeister der berühmten *Hagia Sophia* (Heilige Weisheit) wurde. Konstantinopel war die alte Stadt Byzanz, die von Kaiser Konstantin 324 neu gegründet und nach ihm benannt wurde. Isidor war auch Leiter einer Schule, in der Euklids Elemente behandelt wurden. Die dort gewonnenen Erkenntnisse wurden als 15. Buch der Elemente nachträglich eingefügt. Der Autor dieses Buches nennt nämlich den berühmten „Isidor" als seinen Lehrer.

Exkurs: Die Hagia Sophia wurde von 532 bis 537 n.Chr. im Auftrag von Kaiser Justinian erbaut. Sie ist das bedeutendste frühbyzantinische Bauwerk und der Höhepunkt der Architektur der Spätantike. Wie Prokop *(De aedificiis I, 1,123)* berichtet, wurde die

© Springer-Verlag GmbH Deutschland, ein Teil von Springer Nature 2024
D. Herrmann, *Die antike Mathematik,* https://doi.org/10.1007/978-3-662-68478-8_26

Kirche nach einem Brand, verursacht durch den blutigen Nika-Aufstand, zerstört. Der Wiederaufbau wurde von Anthemios von Tralleis und Isidor von Milet geleitet, wobei letzterer nach dem Tod des ersten die Bauleitung übernahm.

Anthemios war befreundet mit dem Mathematiker Eutokios von Askalon, der wie Simplikios ein Schüler des letzten Leiters der Alexandrinischen Schule *Ammonios* war. Eutokios verdanken wir einen wichtigen Kommentar zu Archimedes und zu den ersten vier Büchern der *Conica* von Apollonios.

Leon der Geometer (aus Byzanz) sammelte zahlreiche mathematische Handschriften von Archimedes, Apollonios, Proklos und Theon und ließ Abschriften von ihnen fertigen; er verfasst darüber vier Epigramme, die in der *Anthologia Graeca* (IX, 200, 202, 203, 578) überliefert sind. Epigramm 202 feiert die beiden letztgenannten

> Gegrüßt [seist] du, Meister Theon, der du alles weißt
> und Alexanders Stadt durch deine Leistung krönst.
> Gegrüßt gleichfalls, Proklos, der als bester Spross
> Sarpedons[1] du von aller Welt gepriesen wirst!

Die berühmteste Euklid-Handschrift ist jetzt in Oxford; eine Archimedes-Abschrift gelangte über normannischen Besitz in den Vatikan, wo sie im 16. Jahrhundert verschwunden ist. Auch die bekannteste Ptolemaios-Handschrift stammt aus Konstantinopel. Bei einer der zahlreichen Belagerungen Konstantinopels durch die Araber geriet ein Schüler Leons in Gefangenschaft und berichtete am Hofe des Kalifen al-Mamun über die Übersetzungen Leons. Der Kalif wollte Leon an seinen Hof bringen; dieser schlug die Einladung des Kalifen jedoch aus. Der oströmische Kaiser Theophilos (Regierungszeit 829–842) belohnte den Verbleib Leons, indem er diesen zum Leiter der neuen Schule für Philosophie und Wissenschaft ernannte.

So bewahrte Konstantinopel einen Teil des hellenistischen Erbes. Dies gelang bis die Stadt am Bosporus nach langer Belagerung im Mai 1453 von osmanischen Truppen erobert wurde. Der letzte Gesandte Roms war kein Geringerer als der berühmte christliche Gelehrte *Cusanus* (Nikolaus von Kues). Rom und die Republik Venedig waren nicht bereit gewesen, die christliche Bevölkerung Konstantinopels ausreichend mit Truppen zu unterstützen. Es muss ein großer Triumph für Sultan Mehmet II gewesen sein, die Hagia Sophia noch am Tag der Kapitulation zu betreten. Seit der Spaltung der Kirche in einen west- und oströmischen Teil hatte es erhebliche Spannungen zwischen dem seit 395 n.Chr. geteilten Ost- und Weströmischen Reich gegeben. Als Rache für das Jahr 1189, als Konstantinopel dem Heer von Barbarossa den Durchzug verweigerte, plünderte der vierte Kreuzzug 1204 die Stadt vollkommen aus. Abb. 26.1 zeigt das Hippodrom von Byzanz, das Gegenstück zum Circus Maximus in Rom, nach der islamischen Eroberung. Die bekannteste Kriegsbeute war die bronzene Quadriga (Viergespann) des Hippodroms und die 4-Tetrarchen-Säule, die heute an der Mauer des Markusdoms (Venedig) stehen.

---

[1] König von Lykien, Der kleine Pauly, dtv 1979, Spalte 1559.

Abb. 26.1 Der Großwesir besucht das Hippodrom, Gemälde von Vanmour (um 1710), AKG585462 Copyright / akg-images

Der wichtigste (griechisch schreibende) byzantinische Gelehrte war Maximos Planudes (1255–1310), der Kommentare zu den ersten beiden Büchern des Diophantos verfasst hat. Ferner stammt von ihm die Schrift *Rechnen nach Art der Inder*, die zusammen mit griechischer Lyrik und Rätseln als *Anthologia Graeca* überliefert wurde. Planudes war 1297 Gesandter des oströmischen Kaisers Andronikos II (1282–1328) in der Republik Venedig gewesen und hat dort vermutlich ein Manuskript von 1225 eines unbekannten Autors über das indische Rechnen studiert. In Westeuropa erschienen diese Ziffern in Buchform erst bei Leonardo von Pisa in seinem Werk *Liber Abbaci* (1202).

26.1.1 Aus der Anthologia Graeca

Die Anthologie (Abb. 26.2) entstand zunächst ab 70 v.Chr. als eine Sammlung von Epigrammen der Dichter Meleager, Philipps und Agathias, wobei im 2. Jahrhundert n.Chr. eine Sammlung erotischer Gedichte Stratons von Sardis hinzukam. Um 980 fügte der Konstantinopeler Hofgeistliche Konstantinos Kephalas die Epigramme der Dichter Meleagros, Philippos von Thessalonike, Palladas und Kallimachos bzw. der Autoren Theokrit und Diogenes Laertios hinzu. Ferner ergänzte er noch christliche Gedichte und heidnische Tempel- und Grab-Inschriften und sammelte so die 15 Bücher der Anthologia

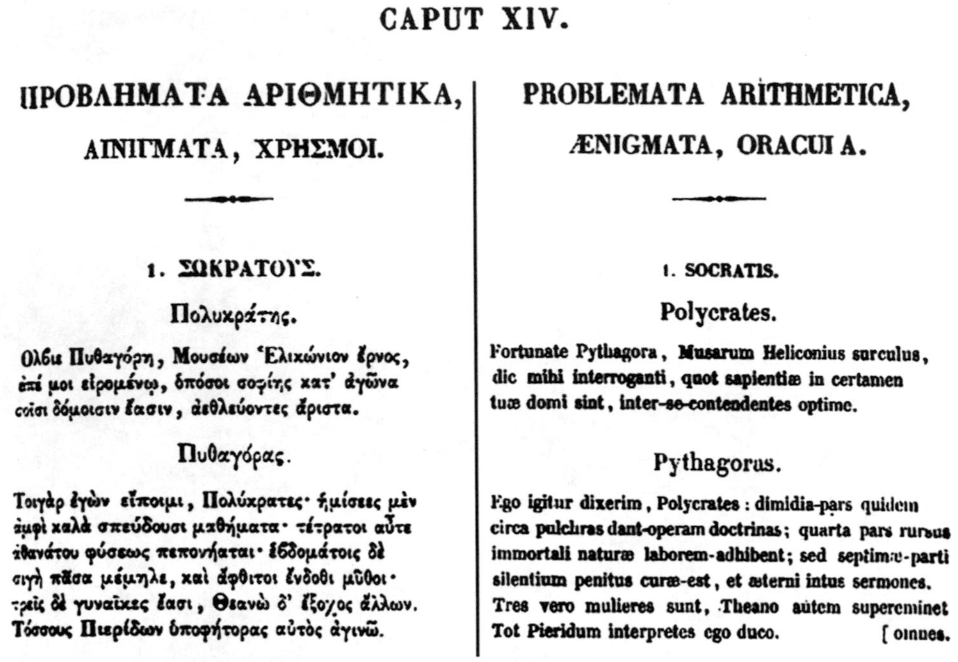

CAPUT XIV.

ΠΡΟΒΛΗΜΑΤΑ ΑΡΙΘΜΗΤΙΚΑ,	PROBLEMATA ARİTHMETICA,
ΑΙΝΙΓΜΑΤΑ, ΧΡΗΣΜΟΙ.	ÆNIGMATA, ORACUI A.

1. ΣΩΚΡΑΤΟΥΣ.

Πολυκράτης.

Ολδις Πυθαγόρη, Μουσέων Ἑλικώνιον ἔρνος,
ἐπί μοι εἰρομένῳ, ὁπόσοι σοφίης κατ᾽ ἀγῶνα
σοῖσι δόμοισιν ἔασιν, ἀθλεύοντες ἄριστα.

Πυθαγόρας.

Τοιγὰρ ἐγὼν εἴποιμι, Πολύκρατες· ἡμίσεες μὲν
ἀμφὶ καλὰ σπεύδουσι μαθήματα· τέτρατοι αὖτε
ἀανάτου φύσεως πεπονήαται· ἑβδομάτοις δὲ
σιγὴ πᾶσα μέμηλε, καὶ ἄφθιτοι ἔνδοθι μῦθοι·
τρεῖς δὲ γυναῖκες ἔασι, Θεανὼ δ᾽ ἔξοχος ἄλλων.
Τόσσους Πιερίδων ὑποφήτορας αὐτὸς ἀγινῶ.

1. SOCRATIS.

Polycrates.

Fortunate Pythagora, Musarum Heliconius surculus,
dic mihi interroganti, quot sapientiæ in certamen
tuæ domi sint, inter-se-contendentes optime.

Pythagoras.

Ego igitur dixerim, Polycrates : dimidia-pars quidem
circa pulchras dant-operam doctrinas; quarta pars rursus
immortali naturæ laborem-adhibent; sed septim:e-parti
silentium penitus curæ-est, et æterni intus sermones.
Tres vero mulieres sunt, Theano autem supereminet
Tot Pieridum interpretes ego duco.   [omnes.

Abb. 26.2   Buch XIV einer griechisch-lateinischen Ausgabe der Anthologia Graeca

Graeca. Pikanterweise übernahm Kephalas auch die erwähnte Sammlung Stratons von Liebesgedichten auf und richtete dabei an den Leser folgende Bemerkung:

> Was wäre ich wohl für einer, wenn ich dir einerseits alle bisher gebotenen Epigramme zur Kenntnis gebracht habe und dir andererseits die von Straton von Sardis stammenden Liebesgedichte auf Knaben unterschlüge! Hat der Dichter sie doch selbst zum Spaß im Freundeskreis vorgelesen und sich dabei an der Darstellung, keineswegs am Inhalt, ergötzt.

Der oben erwähnte byzantinische Gelehrte M. Planudes fertigte 1299 eine eigene Ausgabe der Anthologie an, wobei er zahlreiche Gedichte redaktionell bearbeitete und mehr als 100 Liebesgedichte entfernte. Andererseits fügte er 388 Epigramme hinzu, darunter Gedichte von hohem Wert, die nun das Buch XVI bilden. Buch XIV enthält etwa 140 Rätsel und Aufgaben, die hauptsächlich von dem Grammatiker *Metrodoros* (um 520 n.Chr.) stammen.

Gemeinsam mit der Anthologie ist auch das Rechenbuch des M. Planudes überliefert worden. Ein Manuskript von Planudes wurde in San Marco (Venedig) aufgefunden und 1494 erstmals gedruckt. Die Anthologie erhielt auch den Namen *Palatina* (lat. Pfalz) nach der gleichnamigen Bibliothek, aus der ein dort vorhandenes Manuskript nach der Eroberung Heidelbergs durch die Franzosen nach Rom und Paris gelangte. Abb. 26.2 zeigt den Anfang von Buch XIV einer griechisch-lateinischen Ausgabe.

Das genannte Buch XIV enthält neben diversen Rätseln genau 46 Rechenaufgaben. Davon sind 23 lineare Gleichungen, wie die berühmte Aufgabe (Nr. 126) vom Alter des Diophantos. 12 Aufgaben enthalten Systeme von linearen Gleichungen mit 2 Unbekannten. 6 Aufgaben sind vom Typ „Röhrenaufgabe". Die 2 Aufgaben (Nr. 48, 144) liefern lineare, unbestimmte Gleichungen, die über Diophantos hinausgehen. Die drei restlichen Aufgaben (Nr.51, 49, 144) umfassen lineare Systeme mit 3 bzw. 4 Unbekannten und eine Parameterlösung.

1) Seliger Denker Pythagoras, Spross helikonischer[2] Musen, gib mir doch bitte Auskunft: Wie viele Schüler in deinem Hause erstreben wetteifernd den Kampfpreis im geistigen Ringen?

Gerne erteile ich Antwort, Polykrates: Eifrig studiert die Hälfte die edle Mathematik. Der ewigen Physis [Natur] widmet sich fleißig $\frac{1}{4}$. $\frac{1}{7}$ befleißigt des strengen Schweigens, behütet im Herzen niemals zerstörbare Werte. Weiter gehören 3 Frauen dazu, als beste Theano. So viele Jünger pierischer Mädchen [der Musen] erziehe ich heute! [Lösung: 28]

3) Niedergeschlagen zeigt sich Eros. Da fragte ihn Kypris: Was für ein Ärger peinigt dich, Junge? Er gab ihr zur Antwort: Die Pieriden [= Musen] entrissen die Äpfel mir, die ich gerade holte vom Helikon, stoben dann schnell wie der Wind auseinander. Klio entraffte $\frac{1}{5}$ der Äpfel, Euterpe $\frac{1}{12}$, aber ein $\frac{1}{8}$ die hehre Thalia; und Melpomene raffte $\frac{1}{20}$ davon, Terpsichore dagegen $\frac{1}{4}$; Muse Erato nahm sich $\frac{1}{7}$ von der Beute, 30 vom Vorrat entführte Polyhymnia, 120 raubte Urania; und Kalliope lud sich als Bürde 300 auf und suchte schwerfällig stapfend das Weite. Meinerseits komme ich zu Dir mit mächtig erleichterten Armen, bringe an Äpfeln nur 50, die mir die Göttinnen ließen. [Lösung: 3360]

7) Löwe aus Bronze bin ich. Mir springt aus den Augen, dem Rachen und unter der Pranke rechts auch, Wasser in Strahlen hervor. Rechts mein Auge benötigt zum Füllen des Beckens 2 Tage, aber das linke schon 3, schließlich meine Pranke gar 4. Freilich genügen dem Rachen 6 h. Nun sag' mir: Wie lange brauchen alle vereint, Auge, Pranke und Schlund? (1 Tag = 12 h) [Lösung: $3\frac{33}{37}h$]

12) Kroisos (Krösus), der König, weihte 6 Schalen, die wogen 6 Minen, jede Schale ist um eine Drachme schwerer, als die vorige wog. (1 Mine = 100 Drachmen). [Lösung: $(97\frac{1}{2}; \ldots; 102\frac{1}{2})$]

49) Schmiede mir einen Kranz! (Mischungsproblem, siehe Abschn. 18.4)

51) Ich wiege, wie mein Nachbar plus $\frac{1}{3}$ des Dritten. Ich wiege wie der Dritte plus $\frac{1}{3}$ von dem Ersten. 10 Minen ich, dazu $\frac{1}{3}$ vom Zweiten. [Lösung: 45; $37\frac{1}{2}$; $22\frac{1}{2}$]

123) Nimm dir $\frac{1}{5}$, mein Sohn, von meinem Vermögen; $\frac{1}{12}$ komme, Gemahlin, dir zu; ihr, die 4 Kinder des Sohns, der schon verstarb, ihr 2 Brüder, du, schmerzlich stöhnende Mutter, nehmet als Erbschaftsteil euch jeweils $\frac{1}{11}$ hinweg. Ihr, als Vettern, ihr sollt 12 Talente zu eigen bekommen; Eubulos seien, als Freund, 5 der Talente gewährt. Freiheit und Abfindung gebe ich meinen treuesten Sklaven; Geld für geleistete Dienste zahle ich ihnen wie folgt: 25 Minen möge Onesimus haben, Davos nehme darauf 20 als Lohn

---

[2] Gebirge in Böotien, Der kleine Pauly, dtv, Spalte 994.

in Besitz, 50 mein Syros, Tibios 8 und 10 Synete, während des Syros Sohn, Synetos, 7 erhält. 30 Talente mögt ihr zur Pflege meines Grabes verwerten, und auch zum Opfer für Zeus, der in der Unterwelt thront; 2 für den Scheiterhaufen, das Totenmahl, Binden des Leichnams; 2 noch zu weiterem Dienst für den vergänglichen Leib. (1 Talent $= 60$ Minen)[Lösung: 660]

126) Alter des Diophantos (siehe Kap. 21).

136) Gerne beschleunigen möchte ich, Ziegelbrenner, den Hausbau! Heute erstreckt sich der Himmel wolkenlos, wenige Ziegel brauche ich, da mir am Ganzen nur 300 fehlen. So viele brennst du allein an einem einzigen Tage. Freilich, dein Sprössling legt die Arbeit nach 200 nieder, während dein Schwiegersohn wenigstens 50 dazu noch bewältigt. Wie viele Stunden benötigt ihr drei bei gemeinsamer Arbeit? [Lösung: $\frac{24}{5}h$]

144) „Mit dem Sockel zusammen erhöht sich mein Gewicht beachtlich". „Mir und dem Sockel ergibt gleiches Gewicht sich bestimmt". „Aber ich wiege allein schon doppelt so viel wie dein Sockel". „Und ich besitze allein dreimal dein Sockelgewicht". [Gespräch zweier Statuen mit den Gewichten x, y bzw. der Sockel x_1, y_1; Parameterlösung: $(x, y, x_1, y_1) = (2t; \frac{3}{2}t; \frac{1}{2}t; t)$]

145) Gib mir 10 Minen, dreimal bin ich dann so schwer wie du. Gib mir das gleiche, fünfmal bin ich dann so schwer wie du. [Lösung: $15\frac{5}{7}$; $18\frac{4}{7}$]

Ergänzt sei hier noch die bekannte Eselsaufgabe, die dem Euklid zugeschrieben wird. Sie gefiel Philipp Melanchthon so gut, dass er sie ins Lateinische[3] übersetzte.

> Schwer bepackt ein Eselchen ging und des Eselchen Mutter
> und die Eselin seufzte schwer, da sagte das Söhnlein:
> Mutter, was klagst und stöhnst du wie ein jammerndes Mägdelein;
> Gib ein Pfund mir ab, so trag' ich die doppelte Bürde.
> Nimmst Du es aber von mir, gleich viel haben wir dann beide.
> Rechne mir aus, wenn Du kannst, mein Bester, wie viel sie getragen!

26.2   Ausblick auf das lateinische Früh-Mittelalter

Als Folge der Völkerwanderung kam es seit dem 4. Jahrhundert zu zahlreichen Kriegen beim Eindringen der Barbaren in das Weströmische Reich; es war schließlich dem Ansturm zuerst der Goten, Vandalen und Franken nicht gewachsen. Mit dem Ende des Weströmischen Reiches endete das römische Bildungssystem, das größtenteils auf griechischen Erziehungswerten beruhte. Die philosophischen Schriften der Alten wurden als heidnisch abgelehnt, insbesondere dienten die astronomischen Werke der Astrologie, Magie und dem Aberglauben.

Das vordergründigste und wichtigste aus der Antike übernommene Kulturgut war die lateinische Sprache, die sich für lange Zeit zur universellen europäischen Sprache

---

[3] Euclidis opera omnia, Ed. Heiberg und Menge, Band VIII, S. 286.

der Religion, Kultur und Wissenschaft etablierte und fest mit der von ihr transportierten Ideologie verband. Erst später versuchte man, die geistige Bevormundung der Kirche abzuschütteln und in den jeweiligen Landessprachen zu kommunizieren. Ein Beispiel dafür ist die Herausgabe der ersten deutschsprachigen Bibel, die 1466 von Johannes Mentelin in Straßburg gedruckt wurde.

Von den frühen Kirchenlehrern *Tertullian* (160–220 n. Chr.), *Origenes* (185–254) und *Augustinus* (354–430), die alle noch das antike Bildungswesen durchlaufen hatten, gehen wenige Impulse für einen naturwissenschaftlichen Unterricht aus. Ostgotenkönig Theoderich (453–526) versammelte in Ravenna zwei Gelehrte vom alten römischen Adel an seinem Hof als Beamte und Sekretäre. Flavius Aurelius *Cassiodorus* (490–583) und *Boethius* (480–526) versuchten, die alten heidnischen Lehren mit der neuen christlichen Doktrin in Einklang zu bringen. Es kam zu einem langen Stillstand in den Wissenschaften; man zehrte einzig von dem Wissen, das die Enzyklopädisten aus alten Schriften zusammengetragen hatten. Abb. 26.3 zeigt rechts Cassiodorus neben der personifizierten *Geometria* stehend.

Abb. 26.3 Cassiodorus und Geometria, Handschrift der Bayerische Staatsbibliothek

Abb. 26.4   Holzschnitt von Flammarion (1888), koloriert, (Wikimedia Commons)

Der wichtigste Enzyklopädist des frühen Mittelalters war der westgotische Bischof *Isidor von Sevilla* (560–636), der dazu beitrug, die verbliebenen naturwissenschaftlichen Kenntnisse der Griechen im lateinischen Westen lebendig zu erhalten; viele der heidnischen Schriften waren den christlichen Eiferern zum Opfergefallen. Seine Etymologie, die sich auf oft fantastische Ableitungen verschiedener *Termini technici* gründete, blieb viele Jahrhunderte hindurch Quelle so manchen Wissens von der Astronomie bis zur Medizin. Für Isidor war das Weltall in seiner Größe begrenzt, nur ein paar Jahrtausende alt und dem Untergang nahe. Die Erde habe, so dachte er, die Gestalt einer vom Ozean umschlossenen Scheibe. Rings um die Erde herum befanden sich konzentrische Sphären, in welchen die Planeten und Sterne ihre Bahn zogen, und jenseits der letzten Sphäre war der höchste Himmel. Besonders schön wird dies in dem bekannten (kolorierten) Holzschnitt von E. Flammarion in Abb. 26.4 dargestellt; die ursprüngliche Schwarz-Weiß-Version des Bilds wurde lange Zeit als aus dem Mittelalter stammend angesehen, bis man es als Werk Flammarions (1888) entdeckte.

Weitere Enzyklopädisten waren *Beda* Venerabilis (675–735), *Alkuin* von York (735–804) und Hrabanus Maurus (776–856). Jeder von ihnen schrieb unbekümmert von seinen Vorgängern ab. Die Überlieferung dieser Schriften ist der Gründung von Klöstern mit den angeschlossenen Schulen zu verdanken. Die Erstellung von Handschriften hatte in Westeuropa nach der Gründung von Monte Cassino durch Benedikt von Nursia im Jahre 529 eingesetzt.

Die Existenz derartiger Bildungszentren ermöglichte eine zeitweilige Wiederbelebung der Wissenschaft, im 6. und 7. Jahrhundert in Irland, in Northumbrien zur Zeit Bedas und im 9. Jahrhundert im Reich Karls d.Gr. Letzterer lud Alkuin an seinen Hof ein und machte ihn zu seinem Unterrichtsminister. Eine der wichtigsten Reformen Alkuins war die Gründung von Kloster- und Domschulen. In diesen Lehranstalten bestimmten die Schriften der Enzyklopädisten den Lehrplan bis zum 12. Jahrhundert. Das Studium war beschränkt auf die sieben Freien Künste, wie sie von Varro im ersten Jahrhundert v.Chr. und später durch Boethius definiert worden waren. Grammatik, Logik und Rhetorik bildeten die erste Stufe oder das *Trivium,* und Geometrie, Arithmetik, Astronomie und Musik das fortgeschrittenere *Quadrivium.* Als Lehrbücher dienten die Werke des Plinius, Boethius, Cassiodorus und Isidor von Sevilla. Im Laufe der Entwicklung kam es zu einer Assimilation des Neoplatonismus.

Dies war von größter Tragweite, denn sie bestimmte das Weltbild bis zum späten Mittelalter. Durch Augustinus (354–430) strömten grundlegende Themen der griechischen Philosophie in das Denken des christlichen Abendlandes ein; Augustinus selbst war von Platon und Neuplatonikern wie Plotin (um 203–270 n.Chr.) beeinflusst. Im Bereich der Naturwissenschaften wurden die Vorstellungen von Aristoteles übernommen, sofern sie in das christliche Weltbild passten. Diese waren insbesondere:

- das geozentrische Weltbild
- Gott als der „erste unbewegte" Beweger der himmlischen Sphären
- alle Himmelskörper bewegen sich auf festen Kreisbahnen
- Erklärung des freien Falls: Alle Dinge haben ihren natürlichen Ort

Augustinus [*De Libero Arbitro* II, 8, 21] übernimmt den Glauben an die unzerstörbare Wahrheit der Zahlen:

> Und ich weiß nicht, wie lange irgendetwas, was ich mit einem körperlichen Sinnesorgan berühre, bestehen wird, wie z. B. dieser Himmel und diese Erde und was immer ich für andere Körper in ihnen wahrnehme. Aber 7 und 3 sind 10, und nicht nur jetzt, sondern immer; auch sind 7 und 3 auf keine Weise und zu keiner Zeit nicht 10 gewesen, noch werde 7 und 3 zu irgendeiner Zeit nicht 10 sein. Darum habe ich gesagt, dass diese unzerstörbare Wahrheit der Zahl allgemein ist, für mich und für jeden, der überhaupt denkt.

Die Astronomie muss jedoch, wie die allgemeine Wissenschaft, vor der Theologie zurückstehen. In *De Genesi adverus Manicheos* stellt Augustinus fest:

> Im Evangelium liest man nicht, dass der Herr gesagt hätte: Ich schicke euch den Heiligen Geist, damit er euch über den Lauf der Sonne und des Mondes belehre. Er wollte Christen machen und nicht Mathematiker.

Unter *Mathematik* versteht Augustinus immer noch die Astrologie. Dies erklärt eine *kuriose* Stelle im *De Civitate Dei* (V, 3–4), es geht dabei um das Schicksal von Zwillingen. Nigidius, ein Zeitgenosse Ciceros, hatte zur Erklärung, warum kurz nacheinander geborene Zwillinge (nach Ansicht der Astrologen) nicht dasselbe Schicksal erleiden, folgenden Versuch gemacht. Er ließ eine Kugel auf einer Töpferscheibe rotieren und markierte blitzschnell nacheinander zwei Stellen, die sich nach Stillstand der Kugel weit auseinander befanden. Dies sollte als Gleichnis für die verschiedenen Sternkonstellationen dienen und damit auch die abweichenden Lebenswege von Zwillinge erklären. Augustinus schreibt dazu:

> Beruft man sich aber darauf, dass sich hier die Aussagen nicht auf so geringe Zeitabstände stützen, die sich der Wahrnehmung entziehen […], was soll dann das Gleichnis von der Töpferscheibe, das doch nur Menschen mit erdhaftem Herzen im Kreise herumtreibt, *damit der Schwindel, den die Mathematiker treiben,* nicht aufkomme.

26.2.1 Boethius

Der Ostgotenkönig *Theoderich* hatte dem germanischen Söldnerführer Odoaker, der 476 dem letzten weströmischen Kaiser Romulus Augustulus gefolgt war, gewaltsam die Herrschaft entrissen und musste sich mit dem herrschenden römischen Adel auseinandersetzen, der die in Ravenna residierenden Goten als Fremdherrscher betrachtete. Einer der zahlreichen römischen Beamten am Hof war Ancius Manlius Torquatus Severinus *Boethius* (480–524), der zugleich ein vielseitiger Gelehrter war.

Er stammte aus einer noblen Familie; sein Vater war Prätorianerpräfekt gewesen, später Stadtpräfekt von Rom und schließlich 487 Konsul. Nach dem frühen Tod des Vaters wurde Boethius in das Haus des Quintus Aurelius Memmius Symmachus (Konsulat 485) aufgenommen. Dieser hatte sich aus der Politik zurückgezogen und war Schriftsteller geworden, seine *Römische Geschichte* in 7 Bänden ist nicht erhalten geblieben. Da Boethius später dessen Tochter Rustica heiratete, wurde Symmachus sein Stief- und Schwiegervater. Zur Ausbildung wurde Boethius vermutlich nach Athen geschickt. Dort lernte er nicht nur perfekt Griechisch, sondern begeisterte sich auch für die griechische Philosophie und andere Wissenschaften. Nach seiner Rückkehr nach Rom übernahm er wichtige Ämter: 510 wurde er Konsul, 522 *magister officiorum* und somit höchster Verwalter des römischen Westreiches.

Bereits um 515 hatte Boethius ein Projekt zu einer kommentierten lateinischen Übersetzung der Werke Platons und Aristoteles' angekündigt und dabei seine Absicht erklärt, die Anschauungen beider Autoren in die gängige neuplatonische Tradition einzuordnen. Unter anderem übersetzte er das Buch *Organon* von Aristoteles und die *Kategorien* von Porphyrios. Das wichtigste Werk, das Boethius aus dem Griechischen ins Lateinische übertrug, war das Werk[4] *De institutione arithmetica* des Nikomachos. Eine neuere Übersetzung stammt von Kai Brodersen[5]. Die Schrift widmet er Symmachus:

---

[4] Anicii Manlii Torquati Severini Boetii: De Institutione Arithmetica, Friedlein G. (Hrsg.), Leipzig 1867.

[5] Boethius, Brodersen K. (Hrsg.): Arithmetik, Wissenschaftliche Buchgesellschaft Darmstadt 2021.

Da ich nicht den Plänen anderer folgen muss – und zu keiner Lehre verpflichtet bin – habe ich mir die Freiheit genommen, von vorgefassten Übersetzungsregeln abzuweichen und einen eigenen Weg zu beschreiten und nicht fremden Fußspuren zu folgen. Was Nicomachus weitläufiger über Zahlen angibt, habe ich mäßig kurz gefasst. Was hingegen flüchtig durchlaufen wurde und nur einen beschränkten Zugang gewährte, habe ich durch maßvolle Zutat zugänglich gemacht […]. Dass uns dieses [Vorgehen] viele Nächte Schlaf und Schweiß gekostet hat, kann ein verständiger Leser leicht einsehen.

Als der Burgunderkönig Gunibald von Theoderich eine Wasser- und Sonnenuhr wünschte, beauftragte Theoderich Boethius mit dem Bau der Uhren. In einem bei Cassiodorus überlieferten Brief schrieb Theoderich an Boethius:

Denn du hast entdeckt, mit welchem tiefen Denken die spekulative Philosophie in all ihren Teilen erwogen wird, mit welchem geistigen Prozess das praktische Denken in allen seinen Abteilungen erlernt wird, wie Du den römischen Senatoren jedes Wunder mitgeteilt hast, das die Söhne des Cecrops [=Athener] der Welt geschenkt haben. Denn in Deinen Übersetzungen werden die Musik des Pythagoras und Astronomie des Ptolemäus auf Lateinisch gelesen; dass Nikomachos über Arithmetik und Euklid über Geometrie als Ausonier [=Italiener] zu hören sind; dass Platon über Metaphysik und Aristoteles über die Logik in römischer Sprache debattiert; ihr habt sogar den Ingenieur Archimedes seinen sizilianischen Landsleuten in lateinischem Gewand vorgetragen. Und alle Künste und Wissenschaften, die die griechische Beredsamkeit durch einzelne Männer dargelegt hat, hat Rom in seiner Muttersprache erhalten, dank deiner alleinigen Urheberschaft.

Abb. 26.5 zeigt links Boethius sitzend, mit einem Monochord auf dem Schoß, daneben rechts Pythagoras, der mit einem Hammer auf ein Glockenspiel schlägt und in einer

Abb. 26.5 Boethius und Pythagoras, Handschrift Cambridge (11. Jahrhundert), Science Photo Library

Hand eine Waage mit Hämmern hält. Boethius, der sich loyal zu seinen Dienstherren verhielt, geriet durch politische Intrigen in den Verdacht, Mitglied einer (oströmischen) Verschwörung gegen Theoderich zu sein. Verbannt nach Pavia, schrieb er während seiner langen Haft im Kerker sein berühmtes philosophisch-dichterisches Werk *Consolatio philosophiae*. Ein bekanntes Zitat daraus ist (II, 7):

> Du hast aus astronomischen Beweisen gelernt, dass die ganze Erde, verglichen mit dem Weltall, nicht größer ist als ein Punkt, das heißt, verglichen mit der Sphäre der Himmel hat sie sozusagen überhaupt keine Ausdehnung. Von diesem winzigen Eckchen nun ist nach Ptolemäus nur ein Viertel für Lebewesen bewohnbar. Wenn man von diesem Viertel die Meere, Sümpfe und anderen wüsten Gegenden abzieht, dann verdient der Raum, der für den Menschen übrig bleibt, sogar kaum noch, unendlich klein genannt zu werden.

Er wurde dann 524, zusammen mit seinem Schwiegervater, hingerichtet. Es ist bezeichnend, dass Boethius, der in seinen Schriften die christliche Lehre predigte, im Kerker bei der (heidnischen) *philosophia* und nicht bei einem Engel oder Christus Trost fand; dies zeigt, dass sein Weltbild durch den Neuplatonismus geprägt war.

Sein Zahlbegriff ist gegenüber Nikomachos vereinfacht; hat dieser noch 3 Aspekte des Zahlbegriffs unterschieden, so kennt Boethius nur zwei: *Numerus est untitatis collectio vel quantitatis acervus unitatibus profusus* (I, 3). Eine Zahl ist eine Ansammlung von Einheiten oder eine Menge von Größen einer bestimmten Einheit. Alle Definitionen, wie gerade oder ungerade, Prim- oder zusammengesetzte Zahl, übernimmt Boethius von Nikomachos. Er verwendet römische Zahlzeichen, die 4 schreibt er IIII.

In der Arithmetica findet sich zum ersten Mal der Begriff des *quadruvium* (= Kreuzweg, später quadrivium) zur Bezeichnung der mathematischen Fächer Arithmetik, Geometrie, Musik und Astronomie. Für den Unterrichtsbetrieb an Klöstern und Universitäten wurde diese Einteilung des Wissens in sieben freie Künste bestimmend. In seiner Einleitung betont Boethius die Wichtigkeit des Quadriviums:

> Von allen Männern großen Ansehens, die der platonischen Lehre anhängen und sich durch ihren Verstand auszeichnen, wird es als gegeben betrachtet, dass keiner die höchste Vollkommenheit in der Philosophie erringen kann, der nicht den Weg des Quadriviums gegangen ist.

Neben dem Quadrivium wurde noch das *trivium* (= Dreifachweg aus Grammatik, Rhetorik und Dialektik) bis zur Renaissance und Reformation gelehrt. Boethius hatte keine Schule gegründet, dagegen versuchte sein Freund Cassiodorus um 555 eine theologische Akademie zu gründen. Cassiodorus (485–580) war Senator von altem römischen Adel, der im Dienst des Ostgotenkönigs Theoderich d.Gr. stand und nach dessen Tod (526) die Staatsgeschäfte für Theoderichs Tochter übernahm. Als sich der Niedergang der gotischen Herrschaft abzeichnete, zog er sich aus der Politik zurück; sein Akademie-Projekt entwickelte sich schließlich zu einem Kloster (Vivarium in Kalabrien), für dessen Mönche er zahlreiche Schriften verfasste.

Zur Geometrie des Pseudo-Boethius

Neben der Arithmetik findet sich in den überlieferten Handschriften auch eine sog. *Geometrie* des „Boethius". Wie M. Folkerts[6] nachgewiesen hat, entstand diese im 11. Jahrhundert als Zusammenfassung von hauptsächlich zwei Schriften. Die eine ist eine ursprünglich auf Boethius zurückgehende Auswahl aus den Elementen: Postulate, Axiome und Namen der Sätze aus Buch I, die ersten 10 Sätze aus Buch II, einiges aus Buch III und IV und schließlich die Sätze I, 1–3 ohne Beweise. Die andere Schrift *Boethii quae dicitur geometria altera* des Ps.Boethius umfasst zwei Bücher; das erste enthält Ausschnitte aus Euklid (wie die erste Schrift), das zweite agrimensorische Texte mit einem Schlusskapitel zu Brüchen.

Eine erste Bearbeitung kam von G. Friedlein[7], der nur zwei der vorhandenen Manuskripte bearbeitete. Das Standardwerk (in Latein) zur *geometria* verfasste M. Folkerts[8]. Er konnte zeigen, dass alle Manuskripte aus Ausschnitten des *Corpus Agrimensorum* bestehen, die ein mathematischer Laie zusammengestellt hat. Die meisten Aufgaben wurden aus den Schriften des Epaphroditus und dem anonymen *Podismi liber* übernommen.

Wie schon im Abschn. 25.5 erwähnt, verwendeten die Agrimensoren zur Flächenberechnung regulärer Vielecke irrtümlich eine Formel mit Polygonalzahlen. Für die Seite a eines regulären n-Ecks erhält man:

$$P_n(a) = \frac{1}{2}\left[(n-2)a^2 - (n-4)a\right]; n \geq 3; a \geq 1$$

Für das gleichseitige Dreieck folgt hier: $P_3(a) = \frac{1}{2}(a^2 + a)$. Die nachfolgenden Abbildungen sind zum Teil der Edition von G. Friedlein entlehnt

Über die Dreiecke (De triangulis)

Abb. 26.6 zeigt die Dreiecksfiguren der Handschrift:

a) Für das gleichseitige Dreieck der Seitenlänge $a = 30$ bestimmt der Autor den Flächeninhalt zu 390. Offensichtlich wusste er das Ergebnis und hat merkwürdigerweise einfach vom Quadrat den Wert 510 subtrahiert: $a^2 - 510 = 390$.M. Cantor erklärt ihn mit der Näherungsformel: $A = \frac{1}{3}a^2 + \frac{1}{10}a^2$, die sich aus der Anmerkung von Heron ergibt, die Höhe des gleichseitigen Dreiecks sei gleich der Seite, vermindert um ein Siebentel.

b) Für das gleichschenklige Dreieck mit der Basis $g = 14$ und der Höhe $h = 24$ gibt der Autor die Fläche $A = 160$ an. Er verwendet nicht die einfache Formel $A = \frac{1}{2}gh$; vermutlich, weil dem Autor nicht klar ist, wie die Höhe zu bestimmen ist. Im Text richtig

---

[6] Folkerts M.: "Boethius" Geometrie II, Franz Steiner 1970.

[7] Friedlein G. (Hrsg.): Anicii Manlii Torquati Severini Boethii de institutione arithmetica libri duo, de institutione musica libri quinque, accredit geometria quae fertur Boethii, Leipzig 1867.

[8] Folkerts M.: „Boethius" Geometrie II, Steiner Verlag Wiesbaden 1970.

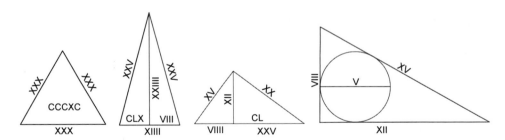

Abb. 26.6 Dreiecke, Geometrie des Ps.Boethius

gerechnet, erscheint in der Zeichnung der falsche Wert für die halbe Basis $\frac{g}{2} = 8$. Der Autor erkennt nicht, dass das Teildreieck (8;24;25) nicht den Satz des Pythagoras erfüllt.

c) Das stumpfe Dreieck besteht aus zwei rechtwinkligen Teildreiecken mit gleicher Kathete 12. Die in der Zeichnung erscheinende Zahl 25 gehört zur Basis; damit ist die Flächenangabe 150 erklärt.

d) Das vierte Dreieck (8; 12; 15) wird fälschlich als rechtwinklig bezeichnet; der Autor hat hier vermutlich einen Schreibfehler von Epaphroditus übernommen. Das Dreieck müsste heißen (9; 12; 15). Ps.-Boethius rechnet folgerichtig mit der Inkreisformel $2\rho = a + b - c = 8 + 12 - 15 = 5$; er führt die Formel auf Archytas zurück.

Über die Vierecke (De tetragonis)

Abb. 26.7 zeigt einige Vierecke des Manuskripts:

a) Im Rechteck (60; 80) bestimmt der Autor die Quadratsumme zweier Seiten zu 10.000 und berechnet die Diagonale als Seite des zugehörigen Quadrats $d = 100$.

b) Der Autor geht von der Diagonale $e = 12$ des Rhombus aus, die er halbiert und quadriert $\left(\frac{e}{2}\right)^2 = 36$. Die Differenz zum Quadrat der Seite $a^2 = 100$ ergibt 64. Die zweite Diagonale ist somit $f = 8$. Die Fläche ergibt sich daraus korrekt zu $A = 12 \cdot 8 = 96$.

c) Der Mittelwert der Parallelseiten $\frac{15+45}{2} = 30$ wird mit der Höhe $h = 30$ (gleich der Lotseite) multipliziert. Dies liefert den richtigen Wert der Fläche $A = 900$.

d) Für das allgemeine Viereck (tetragonum) fand der Autor keine Vorlage bei Epaphroditus oder dem *Podismi liber*. Für das Viereck (6; 2; 8; 4) wandte er daher die

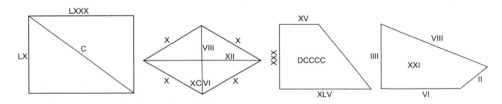

Abb. 26.7 Vierecke, Geometrie des Ps.Boethius

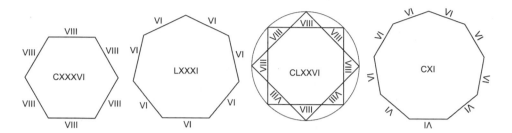

Abb. 26.8 Vielecke, Geometrie des Ps.Boethius

Flächenformel der Landvermesser an: $A = \frac{a+c}{2} \frac{b+d}{2} = 7 \cdot 3 = 21$. Die Formel war bereits den Ägyptern bekannt (Darstellung am Edfu-Tempel).

Über die Vielecke (De multiangulis figuris)
Abb. 26.8 gibt einige reguläre Vielecke der Handschrift wieder:

a) Für das reguläre Sechseck *(exagonum)* der Seite $a = 8$ gibt der Autor die Fläche $A = 136$ an; die Polygonalformel liefert hier jedoch den Wert $P_6(a) = \frac{1}{2}(4a^2 - 2a) = 120$. Vermutlich wurde hier Subtraktion und Addition verwechselt und die Formel $\frac{1}{2}(4a^2 + 2a)$ angewandt.

b) Die Fläche des Siebenecks *(eptagonum)* der Seite $a = 6$ wird korrekt mit der Polygonalformel ermittelt $(A = 81)$.

c) Die Polygonalformel zeigt hier die Fläche $(A = 176)$ des Achtecks *(octogonum)*

d) Auch für das Neuneck *(ennagonum)* der Seite $a = 6$ liefert die Polygonalformel die Fläche $(A = 111)$.

Bei dem hier nicht abgebildeten Fünfeck *(pentagonum)* wird derselbe Fehler wie beim Sechseck (a) gemacht, zusätzlich wird die Division durch 2 vergessen.

Über den Kreis (De sphera?)
a) Die Kreisrechnung (Abb. 26.9) gelingt dem Autor nicht recht. Er gibt die Werte für den Umfang $U = 44$ und den Durchmesser $D = 14$ (nach Epaphroditus) vor, ohne zu erklären, wie die Werte zusammen gehören. Er bildet das Quadrat des Durchmessers $D^2 = 196$, schreibt aber im Text von einer „Summe". Das Produkt mit 11 und die anschließende Division durch 14 liefert die Kreisfläche $\frac{11}{14}D^2 = 154$. Der Faktor $\frac{11}{14}$ erklärt sich aus der Näherung von Archimedes.

b) Bei der Figur des Halbkreises *(emicyclus)* ist die „Basis" $D = 28$ und die „Halbdiagonale" $\frac{D}{2} = 14$ vorgegeben. Das Produkt $D \cdot \frac{D}{2} = 392$ wird erneut als „Summe" bezeichnet. Der Anteil $\frac{11}{14}$ davon ergibt die gesuchte Fläche des Halbkreises zu 308.

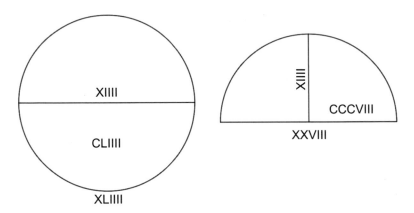

Abb. 26.9   Kreisteile, Geometrie des Ps.Boethius

Abb. 26.10   Figur zur
Messung der „Fläche" eines
Berges

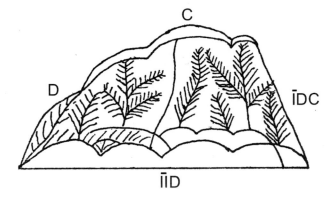

Über die Fläche eines Berges

Boethius verwendet hier die schon erwähnte Flächenberechnung des Epaphroditus. Die
Maße der „Umfänge" sind: am Boden 2500, in der halben Höhe 1600, am Gipfel 100
und am Aufstieg 500 (Abb. 26.10). Der Autor rechnet den Mittelwert der ersten drei zu
$\frac{1}{3}(2500 + 1600 + 100) = 1400$. Diesen Mittelwert multipliziert er mit dem Aufstieg;
dies ergibt 700.000 $(\overline{DCC})$.

Man kann sagen, dass Boethius der letzte Beamte war, der die römische Würde *(dig-
nitas)* im westlichen Abendland verkörperte, mit ihm ging die römische Ordnung *(civi-
tas)* – verkörpert durch Konsuln und Senatoren -zu Ende. B. Russell[9] sagt über ihn:

> He would have been remarkable in any age, in the age in which he lived, he is utterly ama-
> zing. (Er wäre in jedem Zeitalter eine herausragende Person gewesen; für das Zeitalter, in
> dem er lebte, war er äußerst erstaunlich).

[9] Russell B.: History of Western Philosophy, London, 1961, S. 366.

Abb. 26.11   Isidor von Sevilla und Bischof Braulio, (Wikimedia Commons)

26.2.2 Isidor von Sevilla

Isidor von Sevilla (lat. *Isidorus Hispanis*) wurde um 560 in Cartagena (Südspanien) geboren und schlug, wie seine Geschwister, eine kirchliche Laufbahn ein. Abb. 26.11 zeigt Isidor rechts sitzend neben seinem Bischof Braulio (mit Bischofstab). Isidors Geburtsstadt war Teil des als Folge der Völkerwanderung gebildeten Westgotenreichs. Die Westgoten waren im Laufe des 5. Jahrhunderts als Bundesgenossen von Ostrom nach Norditalien gekommen, hatten nach dem Zusammenbruch des Westreiches 410 Rom geplündert und waren nach dem Tod ihres berühmten Königs Alarich aus Italien vertrieben worden. Sie zogen zunächst nach Südfrankreich (412), von wo sie von Ostrom in Spanien zusammen mit Sueven angesiedelt wurden.

In der Jugendzeit Isidors vereinigte der Westgoten-König Leowigild die iberische Halbinsel unter seiner Macht. Die Bekehrung des Königsohns Rekarred vom Arianismus zum Katholizismus brachte auch den Religionsfrieden ins Land. Unter den Königen wurden die Bischöfe politisch mächtiger, da die Konzilien als gesetzgeberische Versammlungen fungierten. Ausbildungszentren des westgotischen Reiches waren die drei Bischofssitze in Toledo, Saragossa und Sevilla. Vermutlich im Auftrag des genannten Königs verfasste Isidor eine Vielzahl von Schriften in lateinischer Sprache, so auch die Enzyklopädie. Isidor wird daher von einigen Historikern als letzter Autor mit Latein als Muttersprache angesehen.

Die Enzyklopädie Isidors

Die 20 Bücher umfassende Enzyklopädie[10] war die im Mittelalter meist verbreitete Handschrift; man kennt über 1000 Kopien dieses *Handbuchs* aus allen kulturellen Zentren des Abendlands. Die Handschrift wird von allen späteren Kirchengelehrten zitiert, u. a. von Beda Venerabilis und Hrabanus Maurus, dem bekannten Schüler Alkuins, der in der englischen Literatur *Teacher of Germany* genannt wird. Der lateinische Quelltext[11] der Enzyklopädie wurde erst 1911 von W. M. Lindsay herausgegeben. Ernst R. Curtius[12], der Autor des fundamentalen Werks *Europäische Literatur des Mittelalters* nennt es das *Grundbuch des Mittelalters.*

Das Werk diente einem dreifachen Zweck. In erster Linie war es eine Wortkunde oder Etymologie (griechisch ἐτυμολογίας). Ferner diente es als kurzgefasster Grundriss des gesamten Wissens. Schließlich liefert es eine Zusammenschau des Weltbilds, das aus den verbliebenen griechisch-heidnischen Elementen und der christlichen Lehre bestand. Gregor von Tours (538–594) klagt:

> Das Unglück unserer Tage ist, dass das Studium der alten Schriften tot ist, es findet sich keiner, der die Geschichte der alten Zeit bewahrt.

Isidor von Pelusium, erst Rhetor, später Mönch in der Wüste schreibt um 420:

> Der Glaube der Griechen, der so viele Jahre den Ton angab und dabei für solche Schmerzen sorgte, so viel Geld ausgab, so oft die Waffen schwenkte, ist von der Erde verschwunden.

Fredegar Scholasticus bedauert in seiner Chronik (um 640):

> Die [Geistes-]Welt ist am Absterben; das intellektuelle Leben ist erloschen und die alten Schriftsteller haben keine Nachfolger gefunden.

Bernhard von Cluny trauert dem alten Rom nach (*De contemptu mundi* I, Zeile 949–952):

> Wo bleibt nun die himmlische Stimme Ciceros bei seinen philippinischen Wutreden?
> Wo der Bürgerfrieden oder gar der rebellische Zorn des Cato?
> Wo nun Regulus oder Remus oder Romulus?
> Das alte Rom steht nur noch als Name, uns bleiben bloß die Namen!

Der Biograph des St. Elegius zweifelt jedoch am Sinn der alten Bildung:

---

[10] Isidor von Sevilla, Möller L. (Hrsg.): Die Enzyklopädie des Isidor von Sevilla, Marix 2009.

[11] Lindsay W. M.: Isidori Hispalensis Episcopi Etymologiarum sive Originum Libri XX, Oxford 1911.

[12] Curtius E. R.: Europäische Literatur und Lateinisches Mittelalter, Bern 1948.

Was sollen wir mit den sogenannten Philosophien des Pythagoras, Sokrates, Platon und Aristoteles oder mit dem Schund und Unsinn von solchen schamlosen Dichtern wie Homer, Vergil und Menander? Welchen Sinn macht das Lesen der Schriften von Sallust, Herodot, Livius, Demosthenes oder Cicero für unsere Gottesdiener?

Das mathematische Wissen der Enzyklopädie

Tolle numerum in rebus omnibus, et omnia pereunt (Nimm die Zahlvon allen Dingen und alles geht zugrunde), Buch III, 4, 4

Der Mathematik im weiteren Sinn widmet Isidor das Buch III:

Die Mathematik besitzt vier Unterdisziplinen: Arithmetik, Musik, Geometrie und Astronomie. Die Arithmetik ist die Wissenschaft der in sich zählbaren Menge. Musik ist die Wissenschaft der Zahlen, die sich in Klängen finden. Geometrie ist die Wissenschaft von Größen und Figuren. Astronomie ist die Wissenschaft vom Lauf der Himmelskörper und den Positionen und Bildern von Sternen.

Die Vorbilder Isidors sind Cassiodorus und Boethius. Die Theorie der Mittelwerte übernimmt er von Nikomachos und dessen Kommentator Iamblichos. Der Unterschied zwischen Arithmetik, Geometrie und Musik besteht in der Wahl der Mittelwerte. Das arithmetische Mittel zweier Zahlen erklärt Isidor am Beispiel von 6 und 12. Addiert ergibt sich 18, in der Mitte geteilt ergibt sich 9; die Differenz beider Zahlen zum Mittel $12 - 9 = 9 - 6$ ist gleich. Allgemein hat das arithmetische Mittel A zweier Zahlen $a < b$ gleichen Abstand zu beiden Zahlen

$$A - a = b - A \Rightarrow A = \frac{a+b}{2}$$

Sucht man das geometrische Mittel von $a = 6$; $b = 12$, so bildet man das Produkt der Zahlen $6 \times 12 = 72$; dies ist gleich dem Produkt der Mittelwerte $H = 8$ und $A = 9$. Isidor setzt hier *fälschlich* das geometrische Mittel gleich dem Produkt aus arithmetischem und harmonischem Mittel. Tatsächlich ist dieses Produkt gleich dem Quadrat des geometrischen Mittels

$$\frac{a+b}{2} \times \frac{2ab}{a+b} = ab = \left(\sqrt{ab}\right)^2$$

Die genannten Mittelwerte erfüllen die bekannte Ungleichung:

$$\frac{a+b}{2} > \sqrt{ab} > \frac{2ab}{a+b}; a \neq b$$

Die darauf folgende Beschreibung des harmonischen Mittels ist unverständlich, der Text der Handschrift scheint hier verdorben. Eine korrekte Beschreibung des harmonischen Mittels – als Anwendung der Musik – findet sich in Buch III, 23. Er erklärt dies wieder am Zahlenbeispiel $a = 6$; $b = 12$: Die Differenz der Zahlen beträgt 6, das Quadrat 36, die Summe macht 18. 36 dividiert durch 18 ergibt 2. Addiert man die Zwei zur kleineren Zahl, so ergibt sich 8; 8 ist also das (harmonische) Mittel von 6 und 12. 8 übertrifft 6 um 2, also um ein Drittel von 6. 8 wird von 12 um 4 übertroffen, also ebenfalls um ein Drittel der Zahl. Somit übertrifft die größere Zahl das Mittel im selben Verhältnis, wie das Mittel die kleinere Zahl. Ist H das harmonische Mittel zweier Zahlen $a < b$, so gilt tatsächlich

$$\frac{H - a}{a} = \frac{b - H}{b} \Rightarrow H = \frac{2ab}{a + b}$$

Ferner schreibt Isidor, dass die Zahlenreihe unendlich ist. Nicht nur, dass man zu einer gedachten Endzahl stets noch 1 addieren kann, sondern dass auch ein beliebiges Vielfaches dieser Zahl gebildet werden kann.

Ausblick auf eine weitere Enzyklopädie:
Eine weitere, wichtige Enzyklopädie ist ebenfalls ist im kirchlichen Bereich in Freiburg entstanden. Es ist die berühmte (um 1496 beendete) Schrift *Margarita Philosophica* (Perle der Weisheit) (Abb. 26.12): Das Werk des Kartäusermönchs Gregorius Reisch

Abb. 26.12 Titelblatt der Margarita Philosophica, koloriert (Universität Freiburg)

(1467–1525) weist eine Vielzahl populärer Holzschnitte auf, die u. a. Michael Wolgemut (dem Lehrer von A. Dürer) zugeschrieben werden. Erasmus von Rotterdam sagte über ihn: *seine Lehre habe in Deutschland das Gewicht eines Orakels.* Bekannte Schüler von Reisch waren die Theologen J. Eck und S. Münster, wie auch der Kartograf Martin Waldseemüller.

26.3 Griechisches Erbe im Islam

> Man muss die Wahrheit auch bei den fernen Nationen suchen, die nicht unsere Sprache sprechen[13].

Nach dem Tod des Propheten und Religionsstifters *Mohammed* im Jahre 634 n.Chr. begann die Expansionsphase des Islam relativ schnell. 635 wurde Damaskus, 637 Persien, 642 Alexandria erobert und 711 setzte der Feldherr Tarik von Gibraltar nach Spanien über.

Der Kalif al-Mansur (Kalifat 754–775) hatte nach dem Sieg der Abbasiden über die Umayyaden 762 Bagdad als neue Hauptstadt des Reiches gegründet. Da ein großer Bedarf an Ärzten bestand, holte er mehrfach Mediziner aus Harran an seinen Hof. Kontakt gab es auch mit Indien 771, als eine Hindu-Delegation dem Kalifen ihr Astronomie-Tafelwerk *Sindhind* (in Sanskrit *Siddhanta*) präsentierte. Mit der Übersetzung ins Arabische kam auch das Rechnen mit indischen Ziffern nach Bagdad.

Der Kalif Harun al-Rashid (= der Rechtgeleitete) (Kalif 786–809) war der Enkel von al-Mansur, dessen Hofhaltung und Reichtum bekannt ist aus den *Geschichten aus Tausend und einer Nacht* und durch die Entsendung eines Elefanten an Karl d.G. Er war ein despotischer Herrscher, dem es gelang, erhebliche Tributzahlungen aus Konstantinopel während der Regentschaft von Kaiserin Irene zu erpressen. Als ihr Nachfolger, der Kaiser Nikophoros I, den Tribut verweigerte, wurden dessen Truppen bei Phrygia 805 besiegt und er zu einer jährlichen Abgabe von 30.000(!) Goldnumismata gezwungen. Zugleich aber förderte er die Wissenschaft und ließ eine Bibliothek bauen, die Bücher aus Sanskrit, altsyrischer, persischer und griechischer Sprache enthielt. Es wurde daher notwendig, die vorhandene Literatur ins Arabische zu übersetzen; der Gelehrte *al-Ḥaǧǧāǧ* war der erste Übersetzer der *Elemente* Euklids. Al-Jahiz (ca. 776–869) schreibt im *Buch der Tiere:*

> Unser Anteil an der Weisheit wäre stark vermindert, und unsere Mittel zum Erwerb von Wissen würden geschwächt, hätten die alten [Griechen] nicht für uns ihre wunderbare Weisheit und ihre vielfältige Lebensweisen in Schriften festgehalten, die offenbart haben, was vor uns verborgen war, und uns eröffneten, was uns verschlossen war, so dass sie uns

---

[13] Al-Kindi Ishaq, Alfred Ivy (Ed.): Über die erste Philosophie, State University of New York Press 1974.

Abb. 26.13   Bayt al-Hikma (Haus der Weisheit) (www.1001inventions.com)

erlaubten, zu ihrer Fülle das wenige hinzuzufügen, das wir haben, und zu erreichen, was wir ohne sie nicht hätten erreichen können.

Der nachfolgende Kalif al-Mamun (= der Zuverlässige) (Kalifat 813–833), Sohn des al-Rashid, errichtete in Bagdad das *Haus der Weisheit (bayt al-hikma)* (Abb. 26.13), das auch eine Bibliothek und eine Sternwarte umfasste.

Für die Bibliothek erpresste er zahlreiche Manuskripte vom byzantinischen Kaiser Michael II, den er 823 besiegt hatte. An dieser Institution – über 200 Jahre eines der bedeutendsten Wissenschaftszentren – zusammen mit Samarkand, Kairo und Damaskus, wirkten viele Wissenschaftler aus verschiedenen Regionen. Zu ihnen gehörte der Mathematiker Mohammed al-Khwārizmī aus dem heutigen Usbekistan, der Mathematiker und Übersetzer Thābit ibn Qurra aus dem heutigen Diyarbakir (Türkei) und die Übersetzer Qusṭā ibn Lūqā (aus Syrien) und Isḥaq ibn Ḥunayn. Neben diesen Gelehrten gab es auch reiche Bürger, wie die drei Brüder Ahmad, Hasan und Muhammed Musa, genannt Banū Mūsā (Abb. 26.14), die Handschriften aufkauften und diese entweder selbst übersetzten oder andere Übersetzer damit beauftragten.

Die Schwierigkeiten beim Übersetzen seien am Beispiel der *Conica* des Apollonius gezeigt. Zunächst konnten die Brüder Mūsā nur eine unvollständige Handschrift erwerben, die von den 8 Büchern nur die ersten sieben enthielt. Nach ihrem Bericht[14] war die Übersetzung sehr mühsam, da die Handschrift stark fehlerhaft war. Auf mehreren Reisen suchte Ahmad daher nach einer besseren Kopie, bis er in Syrien die Bücher I bis

---

[14] G. J. Toomer, Apollonius Conics Book V to VII, Preface to the Conics of the Banu Musa, Berlin 1990, S. 624–628.

Abb. 26.14   Gebrüder Banū Mūsā auf einer syrischen Briefmarke

IV mit den Kommentaren von Eutokios fand. Sie hatten nun die *Conica* in zwei Teilen von unterschiedlicher Qualität, die sie von Hilal al-Himsi und Thābit ibn Qurra getrennt übersetzen ließen. Diesem Umstand verdanken wir, dass der zweite Teil separat überliefert wurde.

Die wichtigsten Übersetzungen aus dem Griechischen waren um 900 n.Chr. abgeschlossen; viele dieser Übertragungen enthielten auch ausführliche und sachverständige Kommentare. Der arabischen Überlieferung verdanken wir insbesondere die Erhaltung wichtiger Werke der griechischen Autoren, deren Originale verloren sind:

- Bücher IV bis VII von Diophantos' *Arithmetik* (Qusṭā ibn Lūqā)
- Wiederherstellung von Euklids *Data* (Thābit ibn Qurra)
- Vervollständigung der *Conica* Apollonius' (Ibn al-Haytham)
- Arabische Version von Euklids *Optika* (Ibn al-Haytham u. a.)
- *Über Brennspiegel* von Diokles (1976 entdeckt, Bibliothek Mashhad/ Iran)

Neben den genannten mathematischen Werken wurden auch philosophische Schriften von Platon *(Politeia, Nomoi, Timaios)* und Aristoteles *(Analytik, Physik)* übertragen. Die Abb. 26.15 zeigt Aristoteles in einer islamischen Handschrift.

Verfasser	Werke	Übersetzer	Zeit
Euklid	Elemente	*al*-Ḥaǧǧāǧ ben Yūsuf, Isḥaq ibn Ḥunayn	um 800 um 850
Archimedes	Kugel u. Zylinder, Kreismessung, Gleichgewicht ebener Figuren, Buch d. Lemmata	Thābit ibn Qurra	geb. 836
Apollonius	Conica	Ahmad ben Mūsā, Hilal al-Himsi, Thābit ibn Qurra, al-Haytham	um 830

Abb. 26.15 Aristoteles als
Lehrer (Kitāb na't hayawān,
13.Jh.)

Verfasser	Werke	Übersetzer	Zeit
Diophant	Arithmetica	Qusṭā ibn Lūqā	gest. 912
Menelaos	Sphaerica	Ishaq ibn Ḥunayn	geb. 809
Heron	Metrica	Qusṭā ibn Lūqā	gest. 912
Ptolemaios	Almagest	Thābit ibn Qurra	geb. 836
Pappos	Collectio	al-Sijzi	um 870

Bagdad wurde nach 900 n.Chr. politisch bedeutungslos; das Ende kam 1258, als die
Mongolen unter ihrem Anführer Hulagus Bagdad eroberten. Ab 1405 geriet Bagdad
unter türkische Herrschaft.

Epilog: Die Schlusssätze von J.L. Berggren[15] (1984) sind immer noch aktuell:

---

[15] Berggren J.L.: Greek Mathematics: Recent Research (1984), S. 3–15, im Sammelband Sidoli-
Van Brummelen.

Die Geschichte der griechische Mathematik ist lebendig und rege. Sie zehrt von den Kulturen des Ostens – insbesondere von Indien und der islamischen Welt – und verlangt nach frischem Blut, die alten Texte werden auf eine neue Art gelesen von einer neuen Generation Gelehrter; die alten Rätsel faszinieren weiterhin. Die Herausforderung die Entwicklung dieses Gedankensystems zu verstehen wurde zum Lehrbeispiel für die Mathematik und inspiriert weiterhin die Gelehrten zu ihren besten Anstrengungen, sodass die Geschichte der griechischen Mathematik ein wichtiger und wachsender Anteil der Wissenschaftsgeschichte bleibt.

Literatur

Al-Kindi Ishaq, A. I. (Hrsg.): Über die erste Philosophie. State University of New York Press (1974)

Banū Mūsā: Verba filorum, im Sammelband Clagett

Barney, S. A., Lewis, W. J., Beach, J. A., et al. (Hrsg.): The Etymologies of Isidore of Seville. Cambridge (2006)

Berggren, J.L.: Episodes in the mathematics of medieval islam. Springer (2003)

Boethius: De Institutione Arithmetica, (engl.) Number Theory, Hrsg. M. Masi, Rodopi (2006)

Boetii Manlii Torquati Severini: De Institutione Arithmetica, Ed. G. Friedlein, Teubner (1867)

Daim, F., Jörg Drauschke, J. (Hrsg.): Byzanz – Das Römerreich im Mittelalter. Monographien des RGZM, 84 (2,1), Mainz (2010)

Isidor von Sevilla, Müller L. (Hrsg.): Die Enzyklopädie des Isidor von Sevilla. Marix (2008)

Lyons, J.: The house of wisdom, How the Arabs transformed western civilization. Bloomsbury (2009)

Anhang

A) Zeittafel der wichtigsten Mathematiker

Alle Datumsangaben gelten nur ungefähr		
624–547	Thales	Satz des Thales
610–547	Anaximander	Philosoph
572–497	Pythagoras	Satz des Pythagoras
um 500	Hippasos von Metapont	Erfinder der Irrationalität
490–420	Zenon von Elea	Paradoxien
470–400	Hippokrates von Chios	Möndchen des Hippokrates
um 465	Parmenides von Elea	Philosoph
465–398	Theodoros von Kyrene	Wurzelspirale
435–347	Archytas von Tarent	Pythagoreer Sizilien
428–348	Plato	Gründer der *Akademie*
415–369	Theaitetos	Platonische Körper
408–355	Eudoxos von Knidos	Exhaustionsmethode
384–322	Aristoteles von Stageira	Gründer des *Peripatos*
380–320	Menaichmos	Erfinder der Parabel, Hyperbel
371–287	Theophrastos von Eresos	Nachfolger des Aristoteles
370–300	Eudemos von Rhodos	Mathematiker-Katalog
360–285	Dikaiarchos	Mitglied des Peripatos
336–262	Zenon von Kition	Begründer der *Stoa*
341–270	Epikur	Begründer des *Kepos*
322–275	Euklid von Alexandria	Verfasser der „Elemente"
310–230	Aristarchos von Samos	Heliozentrisches Weltbild
287–212	Archimedes	Kreismessung, Rotationskörper
280–210	Nikomedes v. Alexandria	Konchoide

© Springer-Verlag GmbH Deutschland, ein Teil von Springer Nature 2024
D. Herrmann, *Die antike Mathematik,* https://doi.org/10.1007/978-3-662-68478-8

Alle Datumsangaben gelten nur ungefähr		
273–192	Eratosthenes v. Kyrene	Primzahlsieb
262–190	Apollonius von Perga	Buch der Kegelschnitte
240–180	Diokles	Erfinder der Zissoide
190–120	Hipparchos von Nicäa	Trigonometrie
90–20	Vitruv	Architekt
46–125	Plutarch von Chaironeia	Schriftsteller
60–120	Nikomachos von Gerasa	Verfasser Arithmetik
70–135	Menelaos v. Alexandria	Satz des Menelaos
70–135	Theon von Smyrna	Seiten-, Diagonalzahlen
100–169	Ptolemaios	Satz des Ptolemaios
um 200	Alexander v. Aphrodisias	Kommentator Platons
214–298	Diophantos	Verfasser einer Arithmetik
232–302	Porphyrios	Philosoph
289–350	Pappos von Alexandria	Satz des Pappos
335–405	Theon von Alexandria	Bearbeitung der „Elemente"
370–415	Hypatia	Erste Mathematikerin
412–485	Proklos Diadochos	Platon-Kommentartor
442–537	Isidor von Milet	Bau der Hagia Sophia
450–526	Isidor von Alexandria	Mitglied der späten Akademie
480–560	Simplikios von Kikilien	Aristoteles-Kommentator

B) Landkarte der wichtigsten im Buch erwähnten Orte

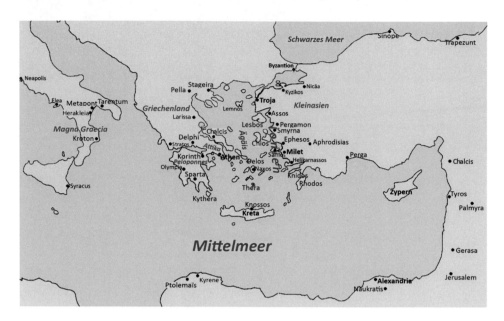

Literatur

Aaboe A.: Episodes of early history of mathematics, math. Association of America (1964)

Abbo Floriacensis, Peden A.M. (Hrsg.): Abbo of Fleury and Ramsey: Commentary on the calculus of victorius of Aquitaine. Oxford (2003)

Al-Kindi Ishaq, Alfred Ivy (Hrsg.): Über die erste Philosophie, State University of New York Press (1974)

Anderson W. F.: Arithmetical computations in roman numerals. Classical Philology 3 (1956)

Anglin W.S., Lambek J.: The heritage of Thales. Springer (1995)

Anglin W.S.: Mathematics-A concise history and philosophy. Springer (1994)

Anicii Manlii Torquati Severini Boetii: De Institutione Arithmetica, Friedlein G. (Hrsg.). Leipzig (1867)

Anthologia Graeca: Die Griechische Anthologie I-III, Hrsg. D. Ebner. Aufbau Verlag (1981)

Apollonii Pergaei quae graece exstant I, II, Heiberg (Hrsg.). Teubner (1841)

Apollonius of Perga, Books I–III, Hrsg. D. Densmore, Green Lion Press (1998)

Apollonius of Perga, Densmore, D. (Hrsg.): Conics Books I–III. Green Lion Press, Santa Fe (1997)

Apollonius of Perga, Fried, M.N. (Hrsg.): Book IV. Green Lion Press (2002)

Apollonius of Perga, Heath, T. L. (Hrsg.): Treatise on Conic Sections. Carruthers Press (2010)

Apollonius of Perga, Toomer, G.J. (Hrsg.): Conics books V to VII, The arabic translation of the lost greek original in the version of the Banū Mūsā, Volume I+II. Springer (1990)

Apollonius of Perga: Treatise on conic sections, T. Heath (Hrsg.). Carruthers Press (2010)

Archimedes in the Middle Ages, Vol. I, Clagett M. (Hrsg.). University of Wisconsin, Madison (1964)

Archimedes, A. Czwalina, Heiberg (Hrsg.), Werke, Wissenschaftliche Buchgesellschaft (1983)

Archimedes, Gerard von Cremona (Hrsg.): De Mensura Circuli, im Sammelband Clagett. University of Wiscosin, Wiscosin (1964)

Archimedes, Heath T. (Hrsg.): Works of Archimedes. Dover (2003)

Archimedis Opera Omnia I–III, Hrsg. Heiberg, Menge, Teubner ab (1880)

Aristoteles-Handbuch: Rapp, C., Corcilius, K. (Hrsg.), Metzler (2011)

Artmann, B.: Euclid – The creation of mathematics. Springer (1999)

Ash, A., Gross, R.: Elliptic tales, curves, counting and number theory. Princeton University (2012)

Augustinus, A., Lachmann, O. (Hrsg.): Augustinus- Die Bekenntnisse. e-artnow (2015)

Aumann, G.: Archimedes – Mathematik in bewegten Zeiten, Wissenschaftl. Buchgesellschaft (2013)

Aumann, G.: Euklids Erbe. Wissenschaftliche Buchgesellschaft (2006)

Balss H. (Hrsg.), Antike Astronomie. Heimeran, München (1949)

© Springer-Verlag GmbH Deutschland, ein Teil von Springer Nature 2024
D. Herrmann, *Die antike Mathematik,* https://doi.org/10.1007/978-3-662-68478-8

Banū Mūsā : Verba filorum. im Sammelband Clagett

Barney, S. A., Lewis, W. J., Beach, J. A., et al. (Hrsg.): The Etymologies of Isidore of Seville. Cambridge (2006)

Bashmakova, I., Smirnova, G.: The beginnings and evolution of algebra. Math. Assoc. of America (1964)

Bashmakova, I.G.: Diophant und diophantische Gleichungen. UTB Birkhäuser (1974)

Becker, O. (Hrsg.): Zur Geschichte der griechischen Mathematik. Wissenschaftl. Buchgesellschaft (1965)

Becker, O.: Das mathematische Denken der Antike. Vandenhoek & Ruprecht (1967)

Berger, H. (Hrsg.): Die geographischen Fragmente des Hipparch. Teubner, Leipzig (1869a)

Berger, H. (Hrsg.): Hipparchos: Die geographischen Fragmente. Teubner (1869b)

Becker, O.: Grundlagen der Mathematik in geschichtlicher Entwicklung. Karl Alber (1975)

Berger, H. (Hrsg.): Die geographischen Fragmente des Eratosthenes. Teubner, Leipzig (1880)

Berggren, J.L.: Episodes in the Mathematics of Medieval Islam. Springer (2003)

Berggren, J.L.: Greek mathematics: Recent research. im Sammelband Sidoli-Van Brummelen (1984)

Blume, F., Karl Lachmann, K., Rudorff, A. F. (Hrsg.): Gromatici veteres. Die Schriften der römischen Feldmesser, 2 Bände. Berlin (1848–52)

Bold, B.: Famous problems of geometry. Dover (1969)

Bonola, R.: Non-euclidean geometry. Dover (1954)

Braunmühl, von A.: Vorlesungen über die Geschichte der Trigonometrie Band I, II. Teubner, Leipzig (1900)

Bretschneider, C.A.: Die Geometrie und die Geometer vor Euklid. Sändig Reprint (2002)

Bretschneider, C.A.: Untersuchungen der trigonometrischen Relationen des geradlinigen Vierecks, Archiv d. Mathematik und Physik. Greifswald (1842)

Brigaglia, A., Rashed, R. (Hrsg.): Apollonius de Perge: Conique Livre I. de Gruyter, Berlin (2009)

Brigaglia, A., Rashed R (Hrsg.): Apollonius de Perge: Conique Livre II + III. de Gruyter, Berlin (2010)

Brigaglia, A., Rashed, R. (Hrsg.): Apollonius de Perge: Conique Livre IV. de Gruyter, Berlin (2009)

Brigaglia, A., Rashed R (Hrsg.): Apollonius de Perge: Conique Livre V. de Gruyter, Berlin (2008)

Brigaglia, A., Rashed R (Hrsg.): Apollonius de Perge: Conique Livre VI+VII. de Gruyter, Berlin (2008)

Bruins E.M. (Hrsg.): Codex Constantinopolitanus Bd. I, Brill. Leiden Reprint (1964)

Brummelen van, G., Kinyon, M. (Hrsg.): Mathematics and the Historian's Craft. Springer (2005)

Brummelen van, G.: The mathematics of the heavens and the earth: The early history of trigonometry. Princeton (2009)

Bubnov, N. (Hrsg.): Gerberti, postea Silvestri II papae, Opera Mathematica 972–1003. Berlin (1899)

Buchner, E.: Die Sonnenuhr des Augustus. Mainz (1982)

Bunt, L.N., Jones, P.S., Bedient, J.D.: The historical roots of elementary mathematics. Dover (1988)

Burkert, W.: Babylon, Memphis, Persepolis. Harvard (2004)

Burkert, W.: Die Griechen und der Orient. Beck (2003)

Burkert, W.: Lore and science in ancient pythagoreanism. Harvard University (1972)

Burkert, W.: The orientalizing revolution. Harvard (1992)

Burkert, W.: Weisheit und Wissenschaft: Studien zu Pythagoras, Philolaos und Platon. Hans Carl Verlag Nürnberg (1962)

Butzmann, H. (Hrsg.): Corpus agrimensorum Romanorum. Leiden (1970)

Caesar, G. J., Jahn, C. (Hrsg.): Kriege in Alexandrien, Afrika und Spanien. Wissenschaftliche Buchgesellschaft (2012)

Cajori, F.: A history of elementary mathematics. New York (1950)

Calinger, R. (Hrsg.): Vita mathematica. Mathematical Association of America (1996)

Calinger, R.: A contextual history of mathematics. Prentice-Hall (1999)

Cameron, A.: Isidore of Miletus and Hypatia, On the Editing of Mathematical Texts, Greek, Roman and Byzantine Studies, 31 (1990)

Campbell, B. (Hrsg.): The writings of the Roman land surveyors. London (2000)

Cantor, M.: Die römischen Agrimensoren und ihre Stellung in der Geschichte der Feldmeßkunst. Leipzig (1876)

Cantor, M.: Euclid und sein Jahrhundert. Zeitschrift für Mathematik und Physik (1867)

Cantor, M.: Mathematische Beiträge zu Kulturleben der Völker, Halle 1863. Reprint Olms (1964)

Cantor, M.: Vorlesungen über Geschichte der Mathematik I. Teubner (1900)

Castillo, P.: Die conversia de iure territorii bei den Gromatikern, Knobloch-Möller (Hrsg.): In den Gefilden der römischen Feldmesser, de Gruyter (2013)

Christianidis, J., Oaks, J.: The arithmetica of diophantus. Routledge, London (2023)

Clagett, M.: Archimedes in the middle ages, Volume I. Wisconsin (1964)

Clauss, M.: Alexandria – Eine antike Weltstadt. Klett Cotta (2003)

Columella, Löffler K. (Hrsg.): De re rustica, Band I + II. Litterarischer Verein, Stuttgart (1914)

Cooke, R.L.: The history of mathematics. Wiley^3(2013)

Cuomo, S.: Ancient mathematics. Routledge (2001)

Cuomo, S.: Pappus of Alexandria and the mathematics of late antiquity. Cambridge (2007)

Curtius, E. R.: Europäische Literatur und Lateinisches Mittelalter. Bern (1948)

Czwalina, A. (Hrsg.): Die Kegelschnitte des Apollonios, Wissenschaftliche Buchgesellschaft 1967[1]. de Gruyter (2019)[2]

D' Ooge, M. L. (Hrsg.): Nicomachus of Gerasa: Introduction to Arithmetic. Macmillan Company (1926)

Dicks, D.R.: Commentary to Solomon Bochner, The Role of Mathematics in the rise of science. Princeton University (1966)

Dahan-Dalmedico, A., Peiffer, J.: Une Histoire des mathematiques- Routes et dedales, Hrsg. du Seuil (1986)

Daim, F., Jörg Drauschke, J. (Hrsg.): Byzanz – Das Römerreich im Mittelalter, Monographien des RGZM, 84 (2,1). Mainz (2010)

Deakin, M.: Hypatia of Alexandria – Mathematician and Martyr. Prometheus Books (2007)

Demidov, S., Folkerts, M., Rowe, D, et al. (Hrsg.): Amphora – Festschrift für H. Wussing. Birkhäuser(1992)

Descartes, R.: The geometry of Facsimile of 1637. Dover (1954)

Dickson, L.E.: History of the theory of numbers, Volume II, Diophantine Analysis. Dover (2005)

Dijksterhuis, E.J.: Archimedes. Eijnar Munksgaard (1956)

Dilke, O.A.W.: Mathematics and measurement. British Museum (1987)

Dilke, O.A.W.: The Roman Landsurveyors-An introduction to the Agrimensores. David and Charles (1971)

Dörrie, H.: Triumph der Mathematik. Hirt Verlag Breslau (1933)

Drachmann, A.G.: The mechanical technology of greek and roman antiquity. Munksgaard Copenhagen (1963)

Drachmann, A.G., Mahoney, M.S.: Biography in dictionary of scientific biography. Scribner & Sons (1970)

Dueck, D.: Geographie in der antiken Welt. Wissenschaftliche Buchgesellschaft (2013)

Dürer, A.: Unterweisung der Messung (1525). Reprint Verlag Dr, Uhl (1983)

Düring, I.: Aristotle in the ancient biographical tradition (1957)

Euclid, Heath T. (Hrsg.): Euclid's elements. Green Lion Press (2002)

Euclidis Opera Omnia (Hrsg.): Heiberg, Menge, Teubner (ab 1886)

Eudoxos von Knidos, Lasserre, F. (Hrsg.): Die Fragmente. De Gruyter, Berlin (1966)

Eves, H.: An introduction to the history of mathematics. Rinehart & Winston, Holt (1953)

Flashar H.: Das Leben, im Sammelband: Aristoteles-Handbuch

Folkerts M. (Hrsg.): „Boethius" Geometrie II, Steiner Verlag (1970)

Folkerts, M. (Hrsg.): Essays on early medieval mathematics. Ashgate (2003)

Folkerts, M.: Mathematische Probleme im Corpus agrimensorum. im Sammelband Knobloch-Möller (1992)

Folkerts, M.: Rithmomachia, a mathematical game from the middle ages. im Sammelband Folkerts

Fowler, D.H.: The mathematics of Plato's academy, a new reconstruction. Oxford Science (1987)

Fraser, P.M.: Ptolemaic Alexandria I. Oxford (2000)

Freely, J.: Aladdin's lamp: How greek science came to Europe. Vintage Books(2010)

Freeth, T., Bitsakis, Y., et al.: Decoding the ancient greek astronomical calculator known as the Antikythera mechanism. Nature Bd.444 (2006)

Fried, M., Unguru, S. (Hrsg.): Apollonius of Perga's Conica. Brill Leiden (2001)

Friedell, E.: Kulturgeschichte Griechenlands. dtv (1981)

Friedlein, G. (Hrsg.): Boetii Manlii Torquati Severini: De Institutione Arthmetica. Teubner (1867)

Friedlein G. (Hrsg.): Victorii calculus ex codice Vaticano editus. Bullettino di bibliografia e di storia delle scienze matematiche e fisiche. Band 4 (1871)

Friedlein, G.: Die Zahlzeichen und das elementare Rechnen der Griechen und Römer, Deichert Erlangen (1869)

Fritz von, K.: Die Entdeckung der Inkommensurabilität, im Sammelband Becker (1965)

Fritz von, K.: Grundprobleme der Geschichte der antiken Wissenschaften. de Gruyter, Berlin (1971)

Fritz von, K.: Platon, Theaetet und die antike Mathematik. Wissenschaftliche Buchgesellschaft (1969)

Frontinus, S.J., Benett, C.E. (Hrsg.) : The complete works of Frontinus. Delphi Classics (o. J.)

Frontinus, S.J., Dederich, A. (Hrsg.): Über die Wasserleitungen der Stadt Rom. August Prinz (1841)

Gemelli-Marciano, M.L. (Hrsg.): Die Vorsokratiker Band I-III, Artemis & Winkler. Akademie-Verlag (2007–2016)

Gerhardt, C.I. (Hrsg.): Die Sammlung des Pappus von Alexandrien, 2 Bände, Halle 1871. Eisleben (1875)

Gerike, H.: Mathematik in Antike, Orient und Abendland. Fourier(2003)

Geus, K.: Eratosthenes von Kyrene – Studien zur hellenistischen Kultur- und Wissenschaftsgeschichte. Beck, München (2002)

Gigon, O.: Die Kultur der Griechen. VMA-Verlag, Wiesbaden (1979)

Göll H.: Die Gelehrten des Altertums, Reprint-Verlag Leipzig (1876)

Gow, J.: A short history of greek mathematics. University of Michigan (1923)

Grashoff, G.: The history of ptolemy's star catalogue. Springer (1990)

Grattan-Guinness, I.: History or heritage? An important distinction in mathematics and for mathematics education. im Sammelband Van Brummelen, Springer (2005)

Guillaumin, J.-Y. (Hrsg.): Boèce, Institution arithmétique. Les Belles Lettres, Paris (1995)

Gulley, N., Shure, L. (Hrsg.): Nicomachus's theorem. Matlib Central, March 4 (2010)

Guthrie, K.S. (Hrsg.): Pythagorean sourcebook and library. Phanes Press (1988)

Haarmann, H.: Weltgeschichte der Zahlen. Beck (2008)

Hammer-Jensen, I.: Die Heronische Frage. Hermes 63 (1928)

Hankel, H.: Zur Geschichte der Mathematik im Altertum und Mittelalter. Reprint (2010)

Hartshorne, R.: Geometry – Euclid and beyond. Springer (2000)

Heath, T.L.: Apollonius of Perga-Treatise on conic sections. Dover Reprint (1896)

Heath, T.L.: Aristarchus of Samos. Dover Reprint (1981a)

Heath, T.L: A history of greek mathematics I, II. Dover (1981b)

Heath, T.L.: Greek Astronomy. Dover Reprint (1991)

Heath, T.L.: Mathematics in Aristotle. Routledge (1980)

Heath, T.L.: Diophantus of Alexandria. Martino Publishing (2009)

Heath, Th.: The thirteen books of elements Vol. I–III. Dover (1956)

Heiberg, J.L.: Geschichte der Mathematik und Naturwissenschaften im Altertum. Beck (1960)

Heiberg, J.L.: Litterärgeschichtliche Studien über Euklid. Leipzig (1870)

Heiberg, J.L.: Naturwissenschaften und Mathematik im klassischen Altertum. Teubner, Leipzig (1912)

Herrmann, D.: Mathematik der Neuzeit. Springer (2023)

Herrmann, D.: Mathematik im Mittelalter. Springer (2016)

Herrmann, D.: Mathematik im Vorderen Orient. Springer (2019)

Herz-Fischler, R.: A mathematical history of the golden number. Dover (1998)

Hilbert, D.: Gesammelte Abhandlungen Band III. Springer (1970)

Hilbert, D.: Grundlagen der Geometrie. Teubner[11] (1968)

Hiller, E. (Hrsg.): Theonis Smyrnaei philosophi Platonici expositio rerum mathematicarum ad legendum Platonem utilium. Leipzig (1878)

Hoche, R. (Hrsg.): Nicomachi Geraseni Pythagorei introductionis arithmeticae libri II. Teubner, Leipzig (1866)

Hodgin, L.: A history of mathematics. Oxford University Press (2005)

Hofmann, J.E.: Quadratwurzel bei Archimedes und Heros. in Sammelband Becker (1965)

Honsberger, R.: Episodes in 19th and 20th century Euclidean Geometry. Math. Association of America (1995)

Honsberger, R.: Episodes in 19th and 20th century Euclidean Geometry. MAA (1995)

Hoppe, E.: Mathematik und Astronomie im klassischen Altertum. Sändig Reprint (1966)

Horn, C., Müller, J., Söder, J. (Hrsg.): Platon-Handbuch. Metzler (2009)

Høyrup, J.: Hero, Pseudo-Hero, and Near eastern practical geometry, Nr.5. Roskilde universitetscentre, Reprint (1996)

Hyginus, J.-O. Lindermann, E. Knobloch, C. Möller (Hrsg.): Das Feldmesserbuch, wgb academic. Darmstadt (2018)

Iamblichos, Albrecht M. von, (Hrsg.) Pythagoras – Legende, Lehre, Lebensgestaltung. Artemis (1963)

Ibn Dchubair: Tagebuch eines Mekkapilgers, Bibliothek arabischer Erzähler. Goldmann (1988)

Ifrah, G.: Universalgeschichte der Zahlen. Campus (1987)

Isidor von Sevilla, Müller L. (Hrsg.): Die Enzyklopädie des Isidor von Sevilla. Marix (2008)

Itard, J.: Les livres arithmétiques. Hermann (1961)

Jones, A. (Hrsg.): Pappus of Alexandria, Book VII of the Collection (Part 1 + Part 2). Springer (1968a)

Jones, A. (Hrsg.): Pappus of Alexandria: Book VII of the Collection, Springer (1986b)

Joseph, G.G.: The crest of the peacock, Non-European roots of mathematics. Penguin (1991)

Juschkewitsch, A.P., Rosenfeld, B.A.: Die Mathematik der Länder des Ostens im Mittelalter. Verlag der Wissenschaften Dt, Berlin (1963)

Juschkewitsch, A.P.: Geschichte der Mathematik im Mittelalter. Teubner (1964)

Kahn, Ch.: Pythagoras and the Pythagoreans. Hackett Publishing (2001)

Katz, V.J., Volkerts, M., Hughes, B. et al.: (Hrsg.): Sourcebook in the mathematics of medieval Europe und Northern Africa. Princeton (2016)

Katz, V.J.: A history of mathematics. Harper Collins (1993)

Kechre, N.L.: Archimedes – Buch der Lemmata (Griechisch). Athen (2018)

Kedrovskij, O.I.: Wechselbeziehungen zwischen Philosophie und Mathematik im geschichtlichen Entwicklungsprozess. Leipzig (1984)

Kepler, J., Kraft, F. (Hrsg.): Was die Welt im Innersten zusammenhält. Reprint Marix (1923)

Kirk, G.S., Raven, J.E., Schofield, M. (Hrsg.): Vorsokratische Philosophen. Metzler (2001)

Klein, J.: Greek mathematical thought and the origin of algebra. Dover (1992)

Kleineberg, A., Marx, C., u.a.: Europa in der Geographie des Ptolemaios. Wiss. Buchgesellschaft (2012)

Kleineberg A., Marx C., u.a.: Germania und die Insel Thule, Wiss. Buchgesellschaft (2010)

Kleiner, I.: A history of abstract Algebra, Birkhäuser (2007)

Kline, M.: Mathematical thought from ancient to modern times. Oxford University (1972)

Knorr, W.R.: Arithmetike stoicheiosis, On Diophantes and Hero of Alexandria. Historia Mathematica **20,** 180–192 (1993a)

Knorr, W.R.: The ancient tradition of geometric problems. Dover Publications, N.Y. (1993b)

Knorr, W.R.: The wrong text of Euclid. Science in Context **14**(1–2), 133–143 (2001)

Knorr, W.R.: The wrong text of Euclid: On Heiberg's text and its alternatives*, Centaurus **38**(2–3), 208–276 (1996)

Krafft, F.: Geschichte der Naturwissenschaft I. Rombach Freiburg (1971)

Krojer, F.: Astronomie der Spätantike, die Null und Aryabhata. Differenz-Verlag (2009)

Krojer, F.: Heronsgezänk, Astronomie der Spätantike, die Null und Aryabhata. München (2009)

Lachmann, K. (Hrsg.): siehe Blume

Landels, J.G.: Die Technik der antiken Welt. Beck München (1989)

Lattmann, C.: Mathematische Modellierung bei Platon zwischen Thales und Euklid. de Gruyter, Berlin (2019)

Lawlor, R (Hrsg.): Theon of Smyrna, Mathematics Useful for Understanding Plato. Wizards Bookshelf (1979)

Levin, F.R.: The Harmonics of Nicomachus and the Pythagorean Tradition. University Park (1975)

Levin, F.R. (Hrsg.): Nicomachus of Gerasa: Manual of harmonics. Phanes Press (1993)

Lindsay, W. M.: Isidori Hispalensis Episcopi Etymologiarum sive Originum Libri XX. Oxford (1911)

Lyons, J.: The House of Wisdom, How the Arabs Transformed Western Civilization. Bloomsbury (2009)

Masi, M. (Hrsg.): Boethius: De Institutione Arithmetica, (engl.) Number Theory. Rodopi (2006)

Maher, D. W., Makowski, J. F.: Literary evidence for roman arithmetic with fractions. Classical Philology **96,** 376–399 (2001)

Mainzer, K.: Geschichte der Geometrie, B.I. Wissenschaftsverlag (1980)

Malink, M.: Logik. Aristoteles-Handbuch: Rapp C., Corcillius K. (Hrsg.), Metzler (2011)

Malink, M.: Syllogismus. Aristoteles-Handbuch: Rapp C., Corcillius K. (Hrsg.), Metzler (2011)

Manitius, K. (Hrsg.): Ptolemäus Claudius: Handbuch der Astronomie I, II. Teubner (1912)

Männlein-Robert, I. (Hrsg.): Marinos von Neapel: Über das Glück – Das Leben des Proklos. Mohr Siebeck (2019)

Menninger, K.: Zahlwort und Ziffer. Vandenhoeck & Ruprecht (1979)

Meskens Ad: Travelling Mathematics – The Fate of Diophantos' Arithmetic. Birkhäuser (2010)

Mette, H.J.: Pytheas von Massalia. de Gruyter, Berlin (1952)

Möller, A.: Epoch-making Eratosthenes. Greek, Roman and Byzantine Studies **45,** 245–260 (2005)

Möller, C., Knobloch, E. (Hrsg.): In den Gefilden der römischen Feldmesser. de Gruyter (2013)

Müller, M. (Hrsg.): Bemerkungen zu Diophant von Pierre Fermat. Akademische Verlagsgesell-
    schaft Leipzig (1932)
Nesselmann, G. H.: Die Algebra der Griechen. Reimer (1842)
Netz, R., Noel, W.: Der Kodex des Archimedes. Beck (2008)[5]
Netz, R., Noel, W.: The Archimedes codex. Weidenfeld & Nicolson (2007)
Netz, R.: A new history of greek mathematics. Cambridge University (2022)
Netz, R.: The shaping of deduction in greek mathematics. Cambridge University (1999)
Netz, R.: The works of Archimedes, Vol. I. Cambridge University (2004)
Netz, R.: The works of Archimedes, Vol. II. Cambridge University (2017)
Neugebauer, O.: A history of ancient mathematical astronomy I–III. Springer (1975)
Neugebauer, O.: The exact sciences in antiquity. Dover (1969)
Neugebauer, O.: Vorgriechische Mathematik. Springer (1934)
Neugebauer, O.: Zur geometrischen Algebra, Quellen u. Studien zur Geschichte d. Mathematik.
    Springer (1936)
Newton, R.R: The crime of Claudius Ptolemy. Baltimore (1977)
Newton, I., Wolfers, J.Ph. (Hrsg.): Die mathematischen Prinzipien der Naturlehre. Wissenschaft-
    liche Buchgesellschaft (1963)
Nikomachos, Brodersen K. (Hrsg.): Einführung in die Arithmetik. de Gruyter, Berlin (2021)
Nixey, C.: Heiliger Zorn – Wie die frühen Christen die Antike zerstörten. DVA München (2019)
Olshausen, E. (Hrsg.): Strabon von Amaseia. Olms Verlag, Hildeheim (2022)
Ostermann, A., Wanner, G.: Geometry by its history. Springer (2012)
Pagani, L. (Hrsg.): Ptolemäus Cosmographia. Parkland (1990)
Pappi Alexandrini Collectionis quae supersunt I–V. Weidmann (ab 1876)
Pappus d'Alexandrie, Ver Eecke, P. (Hrsg.): La Collection Mathématique. Declée de Brouwer,
    Paris (1933)
Pollard, J., Reid, H.: The rise and fall of Alexandria, Penguin, Oxford (2007)
Porphyry of Tyre: The Life of Pythagoras. im Sammelband Guthrie, Phanes (1988)
Proklus Diadochos, Steck, M. (Hrsg.): Euklid-Kommentar. Deutsche Akademie d. Naturforscher,
    Halle (1945)
Ptolemaei Claudii Opera quae exstant Omnia I, II. Teubner (1898)
Ptolemaios, K., Kleineberg, A., Marx, C., Lelgemann, D. (Hrsg.): Europa in der Geographie des
    Ptolemaios. Wissenschaftliche Buchgesellschaft (2012)
Ptolemy, C., Donahue, W.H. (Hrsg.): The Almagest: Introduction to the mathematics of the hea-
    vens. Green Lion Press (2014)
Pytheas, Roseman, C.H. (Hrsg.): On the ocean. Ares Publishers, Chicago (1994)
Rashed, R., Houzel, Ch. (Hrsg.): Les Arithmétiques de Diophante. de Gruyter, Berlin (2013)
Rashed, R.: Abū Kāmil. Algèbre et analyse Diophantienne. de Gruyter (2012)
Reich, K. (Hrsg.): Diogenes Laertios: Leben und Lehre der Philosophen. Meiner (2008)
Reidemeister, K.: Das exakte Denken der Griechen. Claasen & Goverts (1949)
Riedweg, C.: Pythagoras, Leben, Lehre, Nachwirkung. Beck (2002)
Roller, D.W.: Eratosthenes' Geography. Princeton University, Princeton (2010)
Roller, D.W.: The geography of Strabo. Cambridge University (2019)
Rome, A.: Commentaires de Pappus et de Theon d'Alexandrie sur l'Almageste I. Rom (1931)
Rose, V. (Hrsg.): Aristotelis qui ferebantur librorum fragmenta. Teubner, Leipzig (1886)
Rosenfeld, B.A.: A history of non-Euclidean geometry. Springer (1988)
Rowe, D.E.: New trends and old images in the history of mathematics, im Sammelband Calinger,
    MAA (1996)
Rozanskij, I.D.: Geschichte der antiken Wissenschaft. Piper (1984)
Russell, B.: Philosophie des Abendlandes. Piper München (2007)

Russo, L.: Die vergessene Revolution. Springer (2005)

Sachs, E.: Die fünf platonischen Körper. Philol. Unters. Heft 24, Berlin (1917)

Sartorius, J. (Hrsg.): Alexandria Fata Morgana. Wissenschaftliche Buchgesellschaft (o. J.)

Schadewaldt W.: Anfänge der Philosophie bei den Griechen. Suhrkamp Wissenschaft (1978)

Schäfer, H.W.: Die astronomische Geographie der Griechen bis auf Eratosthenes. Buchhandlung Calvary Berlin (1873)

Schappacher, N.: Wer war Diophant? Math. Semesterberichte **45,** 141–156 (1998)

Schellenberg, H.M: Anmerkungen zu Heron von Alexandria und seinem Werk über den Geschützbau, A Roman Miscellany. Gdansk (2008)

Schmidt, W. (Hrsg.): Heronis Alexandrini Opera quae supersunt Omnia I, Ia, II–V. Teubner (ab (1899))

Schmidt, W. (Hrsg.): Herons von Alexandria Druckwerke und Automatentheater. Teubner (1899)

Schneider, H.: Einführung in die Antike Technikgeschichte. Wissenschaftliche Buchgesellschaft (1992)

Schneider, I.: Archimedes, Wissenschaftl. Buchgesellschaft (1979). Springer (2019)

Schönbeck, J.: Euklid. Birkhäuser (2003)

Schreiber, P.: Euklid. Teubner, Leipzig (1987)

Scriba, C.J., Schreiber, P.: 5000 Jahre Geometrie. Springer (2000)

Sesiano, J. (Hrsg.) Diophantus' Arithmetica, Books IV to VII from Arabic translation. Springer (1982)

Sefrin-Weis, H. (Hrsg.): Pappus of Alexandria: Book IIII of the Collection. Springer (2010)

Sefrin-Weis, H. (Hrsg.): Pappus of Alexandria: Book IV of the collection. Springer (2010)

Sesiano, J.: An introduction to the history of algebra. American Mathematical Society (2009)

Sidoli, N., Van Brummelen G. (Hrsg.): From Alexandria through Baghdad. Springer (2014)

Sidoli, N.: Heron of Alexandria's date. Centaurus **53,** 1 (2011)

Sigismondi, C.: Gerbert of Aurillac: Astronomy and geometry in tenth century Europe. arXiv:1201.6094v1

Simplikios, Diels, H. (Hrsg.): In Aristotle's Physicarum laboris quattuor priores commentaria. Berlin (1932)

Smith, D.E.: History of Mathematics, Volume II. Dover (1958)

Sonar, T.: 3000 Jahre analysis: Geschichte, Kulturen, Menschen. Springer (2011)

Steele, A.D.: Über die Rolle von Zirkel und Lineal in der griechischen Mathematik. im Sammelband Becker (1965)

Stoeber, E. (Hrsg.): Die römischen Grundsteuervermessungen. Kessinger Reprint (1876)

Stückelberger, A., Graßhoff, G. (Hrsg.): Klaudios Ptolemaios – Handbuch der Geographie. Schwabe Verlag, Basel (2017^2)

Stückelberger, A.: Bild und Wort – Das illustrierte Fachbuch in der antiken Naturwissenschaft. Von Zabern (1994)

Stückelberger, A.: Einführung in die antiken Naturwissenschaften. Wissenschaftliche Buchgesellschaft (1988)

Suidas: Suda-Lexikon. www.stoa.org/sol (suda on line)

Szabo, A.: Anfänge der griechischen Mathematik. Oldenbourg (1969)

Szabó, A.: Das geozentrische Weltbild. dtv wissenschaft, München (1992)

Szabo A.: Die Entfaltung der griechischen Mathematik, B.I. Wissenschaftsverlag (1994)

Tannery, P. (Hrsg.): Diophanti Alexandrini Opera Omnia. Teubner (1893)

Thaer, C. (Hrsg.): Euklid: Die Elemente, Oswalds Klassiker Band 235. Harri Deutsch (1997)

Thaer, C. (Hrsg.): Euklid: Die Elemente. Harri Deutsch (1997)

Thomas, I.: Selections illustrating the history of greek mathematics I, II. Heinemann London (1967)

Thulin (Hrsg.): Corpus agrimensorum Romanorum. Leipzig (1913)

Toeplitz, O.: Mathematik und Ideenlehre bei Plato. im Sammelband Becker (1965)

Toomer, G.J. (Hrsg.): Apollonius conics books V to VII, The arabic translation of the Banū Mūsā, Volume I+II. Springer (1990)

Toomer, G.J.: Apollonius of Perga. Dictionary of Scientific Biography I (1970)

Toomer, G.J.: Hipparchus on the distances of the sun and moon. Archive for History of Exact Sciences **14,** 126–142 (1974)

Toomer, G.J.: Ptolemy's Almagest, Princeton (1998)

Tropfke, J., Vogel, K., Reich, K., Gericke, H. (Hrsg.): Geschichte der Elementarmathematik Band 1. De Gruyter, New York (1980)

Trudeau, R.: Die geometrische Revolution. Birkhäuser (1998)

Turnbull, H.W., The great mathematicians. New York University Press (1929)

Van Brummelen, G.: The mathematics of heavens and the earth. Princeton University (2009)

Varadarajan, V.S.: Algebra in ancient times. American Mathematical Society (1998)

Ver, E.P. (Hrsg.): Apollonius de Perga. Blanchard, Paris (1963)

Vitruvius Marcus Pollio, Reber, F. (Hrsg.): Zehn Bücher über die Architektur. Marix Reprint (2012)

Waerden van der, B. L.: Die Arithmetik der Pythagoreer. Sammelband Becker (1965)

Waerden van der, B. L.: Science awakening. Oxford University (1961)

Waerden van der, B.L.: Die Astronomie der Griechen. Wissenschaftliche Buchgesellschaft (1988)

Waerden van der, B.L.: Geometry and Algebra in Ancient Civilisations. Springer (1983)

Waterfield, R. (Hrsg.): Iamblichos of chalcis: Theology of Arithmetic. Phanes Press (1988)

Weil, A.: Zahlentheorie: Ein Gang durch die Geschichte von Hammurapi bis Legendre. Birkhäuser(1992)

Wilder, R.: Evolution of mathematical concepts. Wiley (1968)

Zeuthen, H.G.: Die Lehre von den Kegelschnitten im Altertum. Kopenhagen (1886)

Zeuthen, H.G.: Die Mathematik im Altertum und im Mittelalter. Teubner (1912)

Zhmud, l.: Philosophie und Religion im frühen Pythagorismus, Akademie Verlag (1997)[1]. de Gruyter (2016)[2]

Zhmud, l.: Pythagoras and the early Pythagoreans. Oxford University (2012)

Ziebart, E.: Aus der alten Schule. Maraus & Webers-Verlag Bonn (1910)

Ziegler, K.: Plutarchos von Chaironeia. Druckenmüller Stuttgart (1964)

Stichwortverzeichnis

Printed in the United States
by Baker & Taylor Publisher Services